电力金具手册

董吉谔

中国电力出版社
CHINA ELECTRIC POWER PRESS

内容提要

本手册共分八章，系统地阐述了架空电力线路、变电所和发电厂的金具系列、品种、结构性能、使用范围、技术条件，简要叙述了金具的安装、试验、验收方法及制造工艺标准，并编入了大量的绝缘子串典型组合；附录中还编入了有关金具设计、制造用金属材料、紧固件、导线和绝缘子规范数据、设计参考资料等，以方便查用。

本手册可供从事送变电工程的科研、设计、施工、运行和金具制造等方面的人员及有关专业师生参考。

图书在版编目（CIP）数据

电力金具手册/董吉谔编. -3版. -北京：中国电力出版社，2010.4（2024.8重印）

ISBN 978-7-5083-9710-8

Ⅰ.①电… Ⅱ.①董… Ⅲ.①电力金具-手册 Ⅳ.①TM2-62

中国版本图书馆 CIP 数据核字（2009）第 205444 号

中国电力出版社出版、发行

（北京市东城区北京站西街 19 号 100005 http://www.cepp.sgcc.com.cn）

三河市航远印刷有限公司印刷

各地新华书店经售

*

1987 年 12 月第一版

2010 年 4 月第三版 2024 年 8 月北京第二十八次印刷

850 毫米×1168 毫米 32 开本 22.875 印张 588 千字

印数 85562—86561 册 定价 **66.00** 元

前　言

本手册初版于1987年、第二版于2000年，经多次重印，得到广大读者的欢迎和支持，谨此表示衷心感谢。

电力金具国家标准于1985年修订，1995年按1985标准编制一套（1996）电力金具全国统一设计。这套设计对金具设计选型定型系列化生产和施工运行起到一定作用。2000年以来，根据国家标准的整顿和修订政策，推荐性国家标准加强了金具技术条件和试验方法等，金具的产品标准改为电力行业标准，并不再规定产品结构形式和具体尺寸。

此次修订仍以（1996）电力金具全国统一设计为基础，增加如下内容：

（1）根据标准规定要提高金具材质强度和紧固件强度，缩小螺栓直径，减轻金具质量，对连接金具增加高强度系列产品，并与老标准低强度金具并存。

（2）新标准《圆线同心绞架空导线》种类多、系列全。为推行新标准导线增加了为新标准导线相配套的接续金具和耐张金具。

（3）增加了超高压、特高压金具，节能金具及特殊导线的金具。

本书第三版承蒙电力老专家徐乃管主审，在此表示衷心感谢。

由于水平所限，手册中难免还有不妥之处和错误，敬请广大读者批评指正。

编　者

2009 年 11 月

第一版前言

近十几年来，我国电力工业得到迅速发展，20世纪70年代建成了第一条330kV超高压输电线路，80年代又建成第一条500kV超高压输电线路和大容量变电所，所用的金具均为我国自行设计和制造。通过运行的考验，这些金具已纳入了国家标准。1980年经国家标准局批准颁发了第一批《电力金具》国家标准，1985年又对这些标准进行了修订。这为金具标准化、系列化打下了良好的基础。

为了适应电力建设的发展，满足科研、设计、施工、运行、制造等方面工作人员的需要，在总结金具的制造和使用经验的基础上，编写了这本手册。本手册是以1985年修订版国家标准《电力金具》及(1974)金具定型设计部分产品为依据，详细介绍了金具的产品系列、结构性能、使用说明、技术要求、安装、试验方法及金具制造工艺标准、产品检验等，并编入了大量的绝缘子串典型组合、钢芯铝绞线新标准及尚未纳入国标的其他导线的配套金具。

手册作为工具书，在附录中编入了导线、绝缘子、金属材料、紧固件及有关的常用资料，供参考。

承蒙水利电力部机械制造局孙玉庆，基建司官其斌、李博之等同志审阅了本手册，在此表示衷心感谢。

由于水平所限，手册中难免有缺点和错误，望批评指正。

编 者

1985 年 12 月

第二版前言

《电力金具手册》于1987年出版以来，经多次重印，承蒙广大读者的厚爱，谨此表示感谢。

随着电力工业的发展，电力建设所用的导线、绝缘子、紧固件及制造金具的原材料标准均已进行了清理、整顿和修订；1985年颁布的电力金具国家标准修订工作已基本完成，原标准中大部分产品标准调整为电力行业标准，一部分产品标准改为技术条件。为适应需要，对《电力金具手册》(第一版)进行了一次全面修订，主要依据是新颁布的国家标准、电力行业标准及(1996)全国统一设计产品，删去第一版中一部分老产品，适当增加部分新品种。

手册中难免还有不妥之处，请读者批评指正。

编　者

2000年9月

目 录

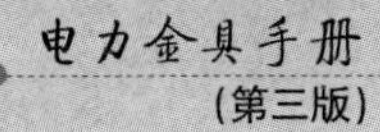

第一章 总　论

发电厂生产的强大电力，经升压变电所、架空输电线路、降压变电所、低压配电线路送到用户。升压变电所和降压变电所的配电装置中的设备与导体、导体与导线、输电线路导线自身的连接及绝缘子连接成串，导线、绝缘子自身保护等所用附件均称为电力金具。

我国的金具发展较早的是线路金具。20 世纪 50 年代，我国用自行设计制造的金具架设了第一条 220kV 输电线路，1962 年水利电力部颁发了行业标准《高压架空电力线路和变电所金具》，紧接着又编制了金具定型设计［简称（1963）定型］，使金具的品种扩大到变电所和电站大电流母线金具，开始走上定型生产、成套供应金具的阶段。70 年代，我国自行建设第一条 330kV 超高压输电线路和变电所并投入运行，促使金具品种不断完善，随后将分裂导线的金具列入（1974）金具定型设计。80 年代，我国又建成第一条 500kV 超高压输电线路，所用全套金具均系自行设计、制造。1980 年国家标准局批准颁发了第一套国家标准《电力金具》。这个标准总结了建国以来金具的设计、制造和运行经验，所列出的金具产品系列、结构和性能完全适合我国具体情况，为今后金具标准化打下了基础。

根据我国电力工业的总体规划，21 世纪将大力发展水电、高效火电，实现西电东送、全国联网。因此，500、750kV 及特高压输电线路和大型变电所将随着西部大开发有更大的发展。与此同时，直流输电、高压进入城市及农村小水电也会有较大的发展。这些都将要求电力金具有更多的品种和数量，以

满足电力建设日益增长的需要。

各种电力金具在气候复杂、污秽程度不一的环境条件下运行。因此，金具的材料选用和工艺质量应符合有关的标准，金具应有足够的机械强度、耐磨和耐腐蚀性，金具的结构应有利于选择能源消耗低的先进生产工艺和常用的材料进行制造，配件应尽量做到互换性和通用化，为施工、运行和检修创造方便条件。

电力金具产品虽然较简单，但担负着安全送电的重大使命。因此，应不断总结经验，加强科学研究，提高金具结构的合理性，不断采用新工艺，提高产品质量，确保整个电力系统的供电安全。

第一节 金具的用途

金具在架空电力线路及配电装置中，主要用于支持、固定和接续裸导线、导体及绝缘子连接成串，亦用于保护导线和绝缘体。

按金具的主要性能和用途，金具大致可分为以下几类：

（1）悬吊金具，又称支持金具或悬垂线夹。这种金具主要用来悬挂导线于绝缘子串上（多用于直线杆塔）及悬挂跳线于绝缘子串上，如图 1-1-1 所示。

（2）锚固金具，又称紧固金具或耐张线夹。这种金具主要用来紧固导线的终端，使其固定在耐张绝缘子串上，也用于避雷线终端的固定及拉线的锚固，如图 1-1-2 所示。锚固金具承担导线、避雷线的全部张力，有的锚固金具亦作为导电体。

（3）连接金具，又称挂线零件。这种金具用于绝缘子连接成串及金具与金具的连接。它承受机械载荷。

（4）接续金具。这种金具专用于接续各种裸导线、避雷线。接续金具承担与导线相同的电气负荷，大部分接续金具承担导线或避雷线的全部张力。

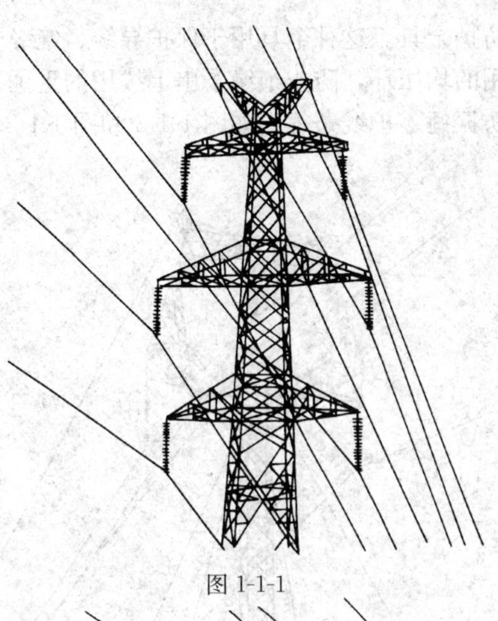

图 1-1-1

图 1-1-2

（5）防护金具。这种金具用于保护导线、绝缘子等，如保护绝缘子用的均压环，防止绝缘子串上拔用的重锤及防止导线振动用的防振锤、护线条等，如图 1-1-3 和图 1-1-4 所示。

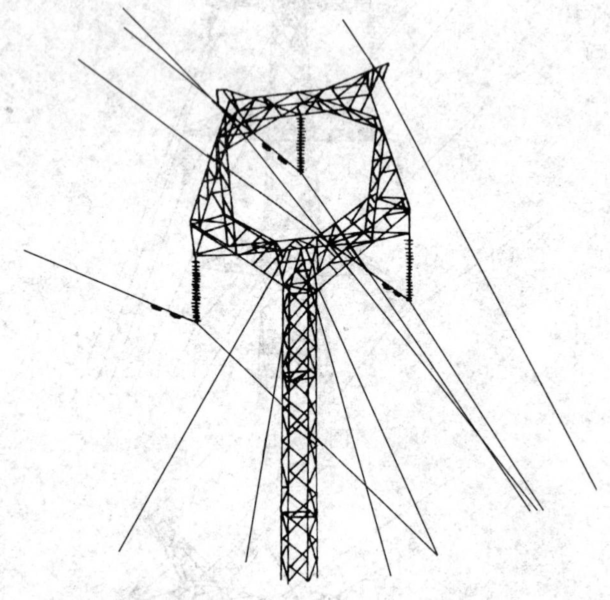

图 1-1-3

图 1-1-4

（6）接触金具。这种金具用于硬母线、软母线与电气设备的出线端子相连接，导线的 T 接及不承力的并线连接等。这些连接处是电气接触。因此，要求接触金具有较高的导电性能和接触稳定性，如图 1-1-5 所示。

图 1-1-5

（7）固定金具（如图 1-1-6 所示），亦称电厂金具或大电流母线金具。这种金具用于配电装置中的各种硬母线或软母线与支柱绝缘子的固定、连接等，大部分固定金具不作为导电体，仅起固定、支持和悬吊的作用。但由于这些金具是用于大电流，故所有元件均应无磁滞损失。

图 1-1-6

第二节 金具的分类

金具的分类，关系到金具产品系列规划、金具标准的制定及科学管理。分类方法主要按金具结构性能、安装方法及使用范围来划分。以往的分类是分为线路金具、变电金具和电厂金具三大门类九大系列。由于线路金具亦用于变电所和电厂，故本书介绍的分类是将电力金具分为架空电力线路金具和配电装置金具两大体系，共八类：

（1）悬垂线夹类，以字母 C 表示；

（2）耐张线夹类，以字母 N 表示；

（3）连接金具类，无分类代表字母，型号首字按产品名称首字，但不与分类代表字母重复；

（4）接续金具类，以字母 J 表示；

（5）防护金具类，以字母 F 表示；

（6）T 接金具类，以字母 T 表示；

（7）设备线夹类，以字母 S 表示；

（8）母线金具类，以字母 M 表示。

金具分类如表 1-2-1 所示。

表 1-2-1　　　　金具分类表

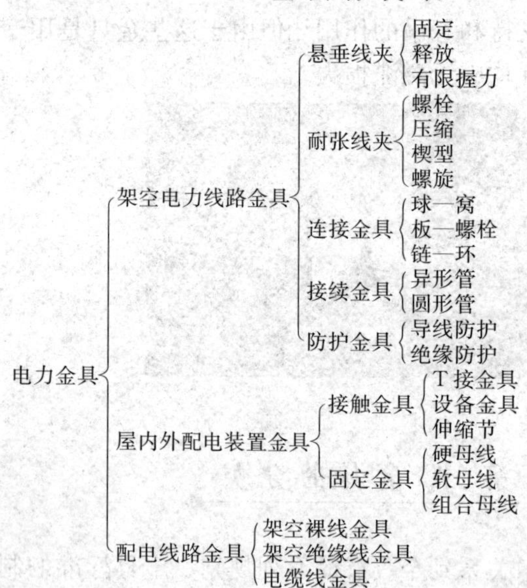

根据金具的产品规划，其系列以结构性能划分为七大类，每大类分若干组，每组有若干型，每种型按不同安装条件、结构特点、使用范围分为若干形式。金具体系表见表 1-2-2。金具系列表见表 1-2-3。

表 1-2-2　　　　金具体系表

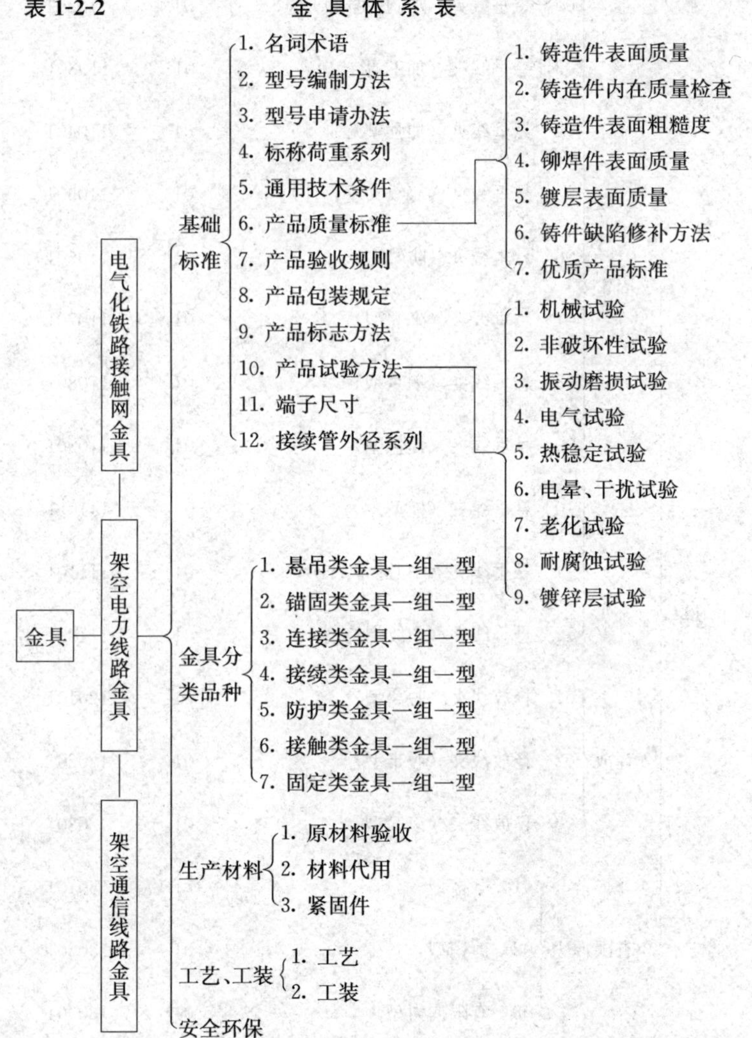

表 1-2-3　　金具系列表

类	组	型式		系列	产品代号
1 悬吊	1 固定	01	悬垂线夹（U形螺丝型）	01	110101
		02	悬垂线夹（加碗头挂板）	01	110201
		03	悬垂线夹（加U形挂板）	01	110301
		04	悬垂线夹（加强型）	01	110401
		05	悬垂线夹（双线夹垂直挂）	01	110501
		06	悬垂线夹（防晕型）	01	110601
		07	悬垂线夹（坐立型）	01	110701
		08	悬垂线夹（喇叭型）	01	110801
		09	悬垂线夹（提包型）	01	110901
		10	悬垂线夹（楔型）	01	111001
		11	悬垂线夹（中心回转型）	01	111101
		12	悬垂线夹（预绞螺旋型）	01	111201
	2 释放	01	释放线夹（脱离型）	01	120101
		02	释放线夹（履带型）	01	120201
		03	释放线夹（滚筒型）	01	120301
	3 有限握力	01	摩擦型	01	130101
		02	剪销型	01	130201
		03	有限握力型	01	130301

续表

类	组	型式		系列	产品代号
2 锚固	1 螺栓锚固	01	倒装型	01	210101
		02	倒装螺栓反装	01	210201
		03	倒装（铝合金）	01	210301
		04	心形拉环	01	210401
		05	U 形拉板	01	210501
		06	蜗牛型	01	210601
	2 压缩锚固	01	钢绞线用	01	220101
		02	液压分离型	01	220201
		03	爆压（引流 0°）	01	220301
		04	爆压（引流 30°）	01	220401
		05	液压（引流 0°）［（1974）标准］	01	220501
		06	液压（引流 30°）［（1974）标准］	01	220601
		07	爆压（引流 0°）［（1974）标准］	01	220701
		08	爆压（引流 30°）［（1974）标准］	01	220801
		09	液压（大截面）［（1974）标准］	01	220901
		10	液压（铝合金导线）	01	221001
		11	液压（钢芯铝合金导线）	01	221101
		12	液压（铝包钢线）	01	221201
		13	液压（钢芯铝包钢线）	01	221301
		14	液压（铝钢比 1.71 加强型钢芯铝线）	01	221401
		15	自阻尼导线	01	221501
		16	可调拉线（A 型）	01	221601
		17	可调拉线（B 型）	01	221701
		18	可调拉线（C 型）	01	221801
		19	可调拉线（D 型）	01	221901
		20	耐热铝合金	01	222001
		21	扩径空心导线	01	222101
	3 楔 锚 固	01	钢绞线	01	230101
		02	钢绞线（可调型）	01	230201
		03	钢绞线（不可调型）	01	230301
	4 预绞锚固	01	钢绞线预绞型	01	240101
		02	铝包钢线预绞型	01	240201
		03	铝合金线预绞型	01	240301
	5 组合锚固	01	楔型螺栓组合	01	250101
		02	压缩螺栓组合	01	250201
		03	浇铅压缩组合	01	250301

续表

类	组	型式		系列	产品代号
3 连接	1 球—窝	01	球头挂环	01	310101
		02	单联碗头	01	310201
		03	双联碗头	01	310301
		04	双球头	01	310401
		05	异形环球头	01	310501
		06	带钩球头	01	310601
		07	槽形挂板球头	01	310701
		08	可装保护间隙方颈球头	01	310801
		09	可装保护间隙单联碗头	01	310901
		10	单联鼓形碗头	01	311001
	2 板—螺栓	01	双眼平行挂板	01	320101
		02	平行挂板	01	320201
		03	U 形挂板	01	320301
		04	三腿平行挂板	01	320401
		05	三腿直角挂板	01	320501
		06	直角挂板	01	320601
		07	联板（二联）	01	320701
		08	联板（二联耐张）	01	320801
		09	联板（三联）	01	320901
		10	联板（方形）	01	321001
		11	联板（三角形）	01	321101
		12	联板（双导线用）	01	321201
		13	联板（330kV 装均压环）	01	321301
		14	联板（330kV 耐张）	01	321401
		15	联板（500kV 组合）	01	321501
		16	联板（500kV 上扛）	01	321601
		17	联板（500kV 四线下垂）	01	321701
		18	联板（500kV 组合下垂）	01	321801
		19	750kV 联板	01	321901
		20	±800kV 联板	01	322001
		21	1000kV 联板	01	322101
		22	调整板	01	322201
		23	平行调整板	01	322301
		24	牵引板	01	322401
		25	十字联板	01	322501
		26	花篮螺丝（环）	01	322601
		27	花篮螺丝（板）	01	322701
	3 链—环	01	U 形挂环	01	330101
		02	U 形挂环（加长）	01	330201
		03	延长环	01	330301
		04	直角环	01	330401
		05	延长拉环	01	330501
		06	U 形螺丝	01	330601
		07	U 形螺丝（加强型）	01	330701
		08	吊杆	01	330801

续表

类	组	型式		系列	产品代号
4 接续	1 异形管	01	铝绞线搭接钳压	01	410101
		02	钢芯铝绞线搭接钳压	01	410201
		03	钢芯铝绞线搭接爆压	01	410301
		04	铜绞线搭接钳压	01	410401
		05	钢绞线搭接爆压	01	410501
		06	钢芯铝绞线搭接钳压[(1974)标准]	01	410601
		07	钢芯铝绞线不承力钳压	01	410701
		08	单金属线扭接	01	410801
	2 圆形管	01	钢绞线对接	01	420101
		02	钢绞线散股搭接	01	420201
		03	铝绞线对接	01	420301
		04	钢芯铝绞线钢芯搭接液压	01	420401
		05	钢芯铝绞线钢芯搭接爆压	01	420501
		06	钢芯铝绞线钢芯搭接液压[(1974)标准]	01	420601
		07	钢芯铝绞线钢芯搭接爆压[(1974)标准]	01	420701
		08	钢芯铝绞线钢芯对接液压[(1974)标准]	01	420801
		09	钢芯铝绞线钢芯对接爆压	01	420901
		10	铝合金绞线对接液压	01	421001
		11	钢芯铝合金绞线钢芯对接液压	01	421101
		12	铝包钢绞线对接液压	01	421201
		13	钢芯铝合金绞线钢芯对接液压	01	421301
		14	高强度钢芯铝绞线(铝钢比 1.71)对接液压	01	421401
		15	自阻尼钢芯铝绞线对接	01	421501
		16	铜铝过渡接续管	01	421601
		17	扩径空心导线对接	01	421701
		18	耐热铝钢芯铝绞线钢芯对接	01	421801
		19	钢芯铝绞线内爆接续管	01	421901
	3 螺旋线	01	铝绞线螺旋接续线	01	430101
		02	铝合金线螺旋接续线	01	430201
		03	铜绞线螺旋接续线	01	430301
		04	钢绞线螺旋接续线	01	430401
		05	铝包钢线螺旋接续线	01	430501
		06	钢芯铝绞线螺旋接续线	01	430601
		07	钢芯铝合金绞线螺旋接续线	01	430701

续表

类	组	型式		系列	产品代号
5 防护	1 导线防护	01	钢芯铝绞线用防振锤	01	510101
		02	钢绞线用防振锤	01	510201
		03	预绞补修条	01	510301
		04	预绞护线条	01	510401
		05	二分裂间隔棒	01	510501
		06	铝补修管	01	510601
		07	钢补修管	01	510701
		08	多频防振锤	01	510801
		09	释放防振锤	01	510901
		10	防振环	01	511001
		11	管母线消振器	01	511101
		12	绝缘间隔棒	01	511201
		13	三分裂间隔棒	01	511301
		14	四分裂间隔棒	01	511401
		15	六分裂间隔棒	01	511501
		16	八分裂间隔棒	01	511601
		17	大跨越用预绞丝	01	511701
		18	预绞式防振锤（防滑）	01	511801
	2 绝缘防护	01	均压环	01	520101
		02	屏蔽环	01	520201
		03	均压屏蔽环	01	520301
		04	招弧角	01	520401
		05	避雷线放电间隙	01	520501
		06	悬重锤及其附件	01	520601

续表

类	组	型式		系列	产品代号
6 接触	1 线—线接触	01	并沟线夹（钢绞线）	01	610101
		02	并沟线夹（钢芯铝绞线）	01	610201
		03	T形线夹（螺栓型）	01	610301
		04	线卡子	01	610401
		05	并槽线夹	01	610501
		06	楔型线夹	01	610601
		07	双母线T形线夹（螺栓型）	01	610701
		08	双母线T形线夹（单引下）	01	610801
		09	R形引流线夹	01	610901
		10	并线螺柱	01	611001
		11	端子转换线夹	01	611101
		12	带电装卸线夹	01	611201
		13	C形T接管	01	611301
	2 线—板接触	01	0°压缩型设备线夹	01	620101
		02	30°压缩型设备线夹	01	620201
		03	90°压缩型设备线夹	01	620301
		04	0°压缩型设备线夹（闪光焊过渡）	01	620401
		05	30°压缩型设备线夹（闪光焊过渡）	01	620501
		06	压缩型T形线夹	01	620601
		07	0°螺栓型设备线夹	01	620701
		08	30°螺栓型设备线夹	01	620801
		09	0°螺栓型设备线夹（闪光焊过渡）	01	620901
		10	30°螺栓型设备线夹（闪光焊过渡）	01	621001
		11	压缩型跳线线夹	01	621101
		12	0°螺栓型设备线夹（钎焊）	01	621201
		13	30°螺栓型设备线夹（钎焊）	01	621301
		14	0°螺栓型设备线夹（覆铜）	01	621401
		15	30°螺栓型设备线夹（覆铜）	01	621501
		16	0°螺栓型设备线夹（覆铜）	01	621601
		17	30°螺栓型设备线夹（覆铜）	01	621701
		18	0°螺栓型双母线设备线夹	01	621801
		19	45°螺栓型双母线设备线夹	01	621901
		20	90°螺栓型双母线设备线夹	01	622001
		21	铝线端子（单孔）	01	622101
		22	铝线过渡铜端子（单孔）	01	622201
		23	双母线压缩型设备线夹0°	01	622301
		24	双母线压缩型设备线夹45°	01	622401
		25	双母线压缩型设备线夹90°	01	622501
		26	双母线压缩型覆铜设备线夹0°	01	622601
		27	双母线压缩型覆铜设备线夹45°	01	622701
		28	双母线压缩型覆铜设备线夹90°	01	622801
		29	铝线过渡铜端子（双孔）	01	622901
		30	铝线过渡铜端子（双孔加长）	01	623001
		31	铜端子	01	623101
	3 板—板接触	01	铜铝过渡板（闪光焊）	01	630101
		02	铝伸缩节	01	630201
		03	铜铝过渡伸缩节	01	630301

续表

类	组	型式		系列	产品代号
7 固定	1 硬母线	01	矩形母线固定金具(户内平放一片)	01	710101
		02	矩形母线固定金具(户内平放二片)	01	710201
		03	矩形母线固定金具(户内平放三片)	01	710301
		04	矩形母线固定金具(户外平放一片)	01	710401
		05	矩形母线固定金具(户外平放二片)	01	710501
		06	矩形母线固定金具(户外平放三片)	01	710601
		07	矩形母线固定金具(户内立放一片)	01	710701
		08	矩形母线固定金具(户内立放二片)	01	710801
		09	矩形母线固定金具(户内立放三片)	01	710901
		10	矩形母线固定金具(户外立放一片)	01	711001
		11	矩形母线固定金具(户外立放二片)	01	711101
		12	矩形母线固定金具(户外立放三片)	01	711201
		13	矩形母线间隔垫	01	711301
		14	槽形母线固定金具(户外)	01	711401
		15	槽形母线固定金具(户内)	01	711501
		16	槽形母线吊挂	01	711601
		17	槽形母线间隔垫	01	711701
		18	管形母线固定金具	01	711801
		19	管形母线 T 接	01	711901
		20	管形母线终端	01	712001
		21	管形母线封头	01	712101
		22	管形母线支架	01	712201
		23	管形母线设备伸缩节	01	712301
		24	管形母线伸缩节	01	712401
		25	悬吊管形母线金具	01	712501
		26	菱形母线户内固定金具	01	712601
		27	菱形母线户外固定金具	01	712701
		28	菱形母线间隔垫	01	712801
		29	菱形母线吊挂	01	712901
	2 软母线	01	软母线固定金具(单母线)	01	720101
		02	软母线固定金具(双母线，间隔 120mm)	01	720201
		03	软母线固定金具(双母线，间隔 200mm)	01	720301
		04	软母线固定金具(双母线，间隔 400mm)	01	720401
		05	软母线间隔棒(间隔 120mm)	01	720501
		06	软母线间隔棒(间隔 200mm)	01	720601
		07	软母线间隔棒(间隔 400mm)	01	720701
		08	扩径导线固定金具	01	720801
		09	扩径导线间隔板	01	720901
	3 组合母线	01	组合母线圆环	01	730101
		02	组合母线终端	01	730201

注 系列按强度（kN）截面等进行编号，如 01，02……；相应产品代号的最后两位数为系列号，如 110101，110102……

金具产品代号是根据金具体系分类编制，以方便生产管理和电传数据处理。代号按类型、体系特点划分成类、组、型式，系列等四级，产品型式、系列各用两位数字表示，其余用一位数字表示，即产品型式可以达到 99 种，每种型式的系列（强度、截面等）顺序可以纳入 99 个序号，以达到产品代号不重复。

产品代号表示方法如下：

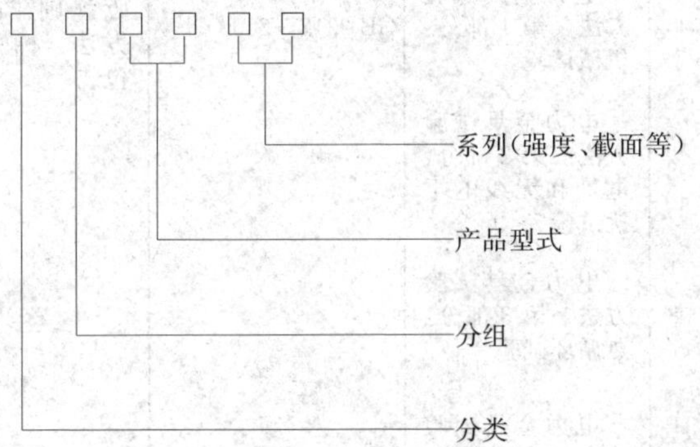

例如 球头挂环 7 级（表示 70kN），代号为 310102。

产品代号以 6 位数字编号，保证产品不发生重号现象。根据体系表，可以编出现行标准产品的代号，亦可编出未来可能开发的产品的代号。系列品种顺序号均从最小值到最大值（如标称荷重系列是从小荷重到大荷重，导线是从小截面到大截面等）进行排列。

第三节 金具的现行标准

国家质量技术监督局将部分国家标准调整为电力行业标准，原 1985 年颁布的国家标准 GB/T 2314—1985～GB/T 2345—1985《电力金具》中的产品标准经修订后改为电力行业标准，电力金具标准按种类进行归并分类，已批准标准见表 1-3-1。

表 1-3-1　　电力金具国家标准、电力行业标准

标准号	标准名称	代替标准	标准名称
GB/T 2314—2008	电力金具通用技术条件	GB 2314—1997	电力金具通用技术条件
GB/T 2315—2008	电力金具标称破坏载荷系列及连接型式尺寸	GB 2315—1999	电力金具标称破坏荷重系列及零件连接尺寸
GB/T 2317.1—2008	电力金具试验方法　第1部分：机械试验	GB 2317—2000	电力金具验收规则、试验方法、标志与包装
GB/T 2317.2—2008	电力金具试验方法　第2部分：电晕和无线电干扰试验		
GB/T 2317.3—2008	电力金具试验方法　第3部分：热循环试验		
GB/T 2317.4—2008	电力金具试验方法　第4部分：验收规则		
GB/T 2340—1998	T形线夹	GB 2340—1985	T形线夹
GB/T 2341—1998	设备线夹	GB 2341—1985	设备线夹
GB/T 5075—2001	电力金具名词术语	GB 5075—1985	
DL/T 683—1999	电力金具产品型号命名方法	GB 2316—1985	
DL/T 696—1999	软母线固定金具	GB 2345.1—1985	软母线固定金具（单、双母线）
DL/T 697—1999	硬母线固定金具	GB 2345.2—1991	软母线固定金具（组合圆环）
		GB 2344.1—1985	硬母线固定金具　矩形母线
		GB 2344.2—1985	硬母线固定金具　槽形母线
		GB 2344.3—1985	硬母线固定金具　管母线

续表

标准号	标 准 名 称	代替标准	标 准 名 称
DL/T 682—1999	母线金具用沉头螺钉		
DL/T 1098	间隔棒技术条件和试验方法	GB 2338—1985	间隔棒
DL/T 1099	防振锤技术条件和试验方法	GB 2336—1985	防振锤
DL/T 756—2001	悬垂线夹	GB/T 2318.1—1985	悬垂线夹（固定型）
		GB/T 2318.2—1985	悬垂线夹（加强型）
		GB/T 2318.3—1985	悬垂线夹（双线夹）
		GB/T 2318.4—1985	悬垂线夹（防晕型）
DL/T 757—2001	耐张线夹	GB/T 2320.1—1985	耐张线夹（螺栓型）
		GB/T 2320.2—1985	耐张线夹（压缩型）
		GB/T 2320.3—1985	耐张线夹（液压型）
		GB/T 2320.4—1985	耐张线夹（爆压型）
		GB/T 2320.5—1985	耐张线夹（楔型）
DL/T 758—2001	连接金具	GB/T 2323—1985	球头挂环
		GB/T 2324—1985	碗头挂板
		GB/T 2325—1985	U形挂环
		GB/T 2326.1—1985	挂环
		GB/T 2326.2—1985	拉杆
		GB/T 2327—1985	挂板
		GB/T 2328—1985	联板
		GB/T 2329—1985	U形螺丝
		GB/T 2330.1—1985	调整板
		GB/T 2330.2—1985	牵引板

续表

标准号	标准名称	代替标准	标准名称
GB/T 14315—1993	压接型钢铝接线端子和连接管		
DL/T 759—2001	接续金具	GB/T 2331.1—1985	接续管（椭圆形）
		GB/T 2331.2—1985	钢绞线用接续管（圆形）
		GB/T 2331.3—1985	铝绞线用接续管（圆形）
		GB/T 2331.4—1985	钢芯铝绞线用接续管（圆形）
		GB/T 2331.5—1985	钢芯铝绞线用接续管（爆压、圆形）
		GB/T 2333—1985	补修管
		GB/T 2334—1985	线卡子
		GB/T 2335.1—1985	并沟线夹
		GB/T 2335.2—1985	跳线线夹
DL/T 760.3—2001	均压环、屏蔽环和均压屏蔽环	GB/T 2339—1985	均压屏蔽环
DL/T 763—2001	架空线路用预绞式金具技术条件	GB/T 2337—1985	
DL/T 764.1—2001	电力金具专用紧固件　六角头带销孔螺栓	SD 25—1982	六角头带销孔螺栓
DL/T 764.2—2001	电力金具专用紧固件　闭口销	SD 26—1982	闭口销
DL/T 765.1—2001	架空配电线路金具技术条件		
DL/T 766—2003	光纤复合架空地线（OPGW）用预绞式金具技术条件和试验方法		
DL/T 767—2003	全介质自承方式光缆（ADSS）用预绞式金具技术条件和试验方法		

现行的金具材质标准及适用范围见表 1-3-2，电力金具用紧固件标准及适用范围见表 1-3-3。

表 1-3-2　　金具材质标准及适用范围

材质名称	标 准 号	标准名称	牌 号	适用范围
炭 钢	GB/T 700—2006	炭素结构钢	Q235A	挂板、联板及所有圆杆及板件
优 质 钢	GB/T 699—1999	优质炭素结构钢	10 35，45	钢压接管 球头挂环
合 金 钢	GB/T 3077	普通低合金结构钢	16Mn	联板代用料
可锻铸铁	GB/T 9440—1988	可锻铸铁件	黑心 KTH330—08	悬垂线夹、耐张线夹、楔型线夹等
炭钢件	GB/T 11352—1989	一般工程用铸造炭钢件		
锌	GB/T 470—1997	锌锭	Zn-2	所有镀锌件
铝	GB/T 1196—2002	重熔用铝锭	L3，L2，L1	T 形线夹、设备线夹
青 铜	GB/T 5233—1985	加工青铜化学成分和产品形状	QSn6. 5—0. 1	弹簧销
球墨铸铁	GB/T 1348—1988	球墨铸铁件	QT500—7	碗头挂板 联板
铝 合 金	GB/T 1173—1995	铸造铝合金	ZL—102 ZL 101A	并沟线夹 设备线夹 T 形线夹等
钢 绞 线	YB/T 5004—2001	镀锌钢绞线	7/2. 6， 7/3. 0 19/2. 2， 19/2. 6	防振锤
钢 绞 线	YB/T 4165—2007	防振锤用钢绞线		
灰 铸 铁	GB/T 9439—1988	灰铸铁件	HT100	重锤 防振锤锤头
铝合金丝	GB/T 3196—2001	铆钉用铝及铝合金线材	LF—10	预绞丝 铆钉
钢 管	GB/T 8162—1999	结构用无缝钢管		均压屏蔽环

续表

材质名称	标准号	标准名称	牌号	适用范围
不锈钢	GB/T 1220—2007	不锈钢棒	1G18Ni9	锁销
铜板	GB/T 2040—2002	铜及铜合金板材	T2	过渡板
铝板	GB/T 3880.1—2006	一般工业用铝及铝合金板、带材　第1部分：一般要求	L3	过渡板
铝板	GB/T 3880.2—2006	一般工业用铝及铝合金板、带材　第2部分：力学性能	L3	过渡板
铝板	GB/T 3880.3—2006	一般工业用铝及铝合金板、带材　第3部分：尺寸偏差	L3	过渡板
铝板	GB/T 4437.1—2000	铝及铝合金热挤压管　第1部分：无缝圆管	L	
铝板	GB/T 6892—2006	一般工业用铝及铝合金挤压型材	L	
焊条	GB/T 5117—1985	碳钢焊条	E4303	
铝管	GB/T 3190—1996	铝及铝合金变形铝及铝合金化学成分	L3	直线接续管 耐张线夹

表 1-3-3　　电力金具用紧固件标准及适用范围

名称	标准号	标准名称	适用范围
螺栓	GB/T 5780—2000	六角头螺栓C级	杆件受拉
螺栓	GB/T 5781—2000	六角头螺栓全螺纹C级	
活节螺栓	GB/T 798—1988	活节螺栓	
螺母	GB/T 41—2000	六角头螺母C级	所有金具
垫圈	GB/T 95—2002	平垫圈C级	所有金具
标准型弹簧垫圈	GB/T 93—1987	标准型弹簧垫圈	所有金具

续表

名称	标准号	标准名称	适用范围
沉头螺钉	GB/T 68—2000	开槽沉头螺钉	母线固定金具
半圆头方颈螺栓	GB/T 12—1988	半圆头方颈螺栓	防振锤
等长双头螺柱	GB/T 953—1988	等长双头螺柱 C 级	加工 U 形螺丝
螺　栓	DL/T 764.1—2001	电力金具专用紧固件　六角头销孔螺栓	杆部受剪金具——U 形环、直角挂板等
闭口销	DL/T 764.2—2001	电力金具专用紧固件　闭口销	所有金具
加厚垫圈	SD 27—1982	加厚大垫圈	导电端子平面紧固用
销　钉	SD 30—1982	六角头销钉	螺栓耐张线夹
螺　钉	DL/T 682—1999	母线金具用沉头螺钉	
锁紧销	JB/T 8181—1999	绝缘子串元件球窝连接用锁紧销	
	DL/T 764.4—2002	输电线路铁塔及电力金具用冷镦镀锌螺栓与螺母	

第四节　金具型号的编制

一、基本要求

（1）产品的型号应简单明确，能表示产品名称、结构特征和主要参数。

（2）型号以汉语拼音字母和阿拉伯数字组成，型号中的汉语拼音字母，以汉字的汉语拼音首位字母代表。

（3）在型号中出现重复字母时，则以该汉字汉语拼音的第二个字母代表。

（4）型号编制应有一定的规律性，便于记忆。

（5）代号（产品编码）的意义统一，型号的构成也基本统一，同一小类或同一大类产品的第一个字母也力求统一，而且尽量做到互不重复。

二、编制方法

根据电力行业标准 DL/T 683—1999《电力金具产品型号命名方法》，金具产品型号由1～3 个汉语拼音字母及阿拉伯数字、附加字母或数字组成。

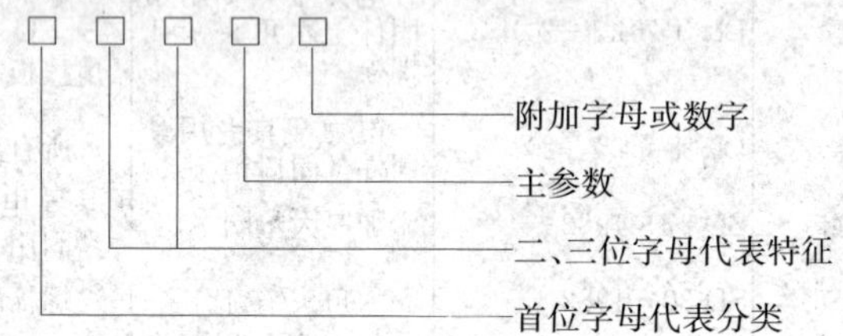

1. 首位字母意义

型号首位字母代表意义：

（1）型号首位字母分类，见表 1-4-1。

表 1-4-1　　型号首位字母分类

首位字母	C	N	J	F	T	S	M
分类名称	悬垂	耐张	接续	防护	T 接	设备	母线

（2）连接金具类产品系列名称，见表 1-4-2。

表 1-4-2　　连接金具类产品系列名称

首位字母	系列名称	首位字母	系列名称
B	避雷	U	U 形挂环、U 形螺丝
D	调整	W	碗头挂板
L	联板	Y	延长
P	平行	Z	直角、十字
Q	球头、牵引		

2. 二、三位字母意义

型号的二、三位字母代表分组、型，包括产品特征、结构和形式；二、三位字母表示意义见表 1-4-3。

表 1-4-3　　型号二、三位字母表示意义

字母	意　义	字母	意　义
B	板、爆、并、避、包、变、补	P	平、屏
C	槽、垂、锤、悬	Q	球、牵、轻
D	倒、单、导、吊、搭	R	软
F	方、防、封	S	双、三、伸、设
G	固、钢、过、隔、钩、管	T	椭、跳、调、T（形）
H	环、护、合、弧	U	U形
J	矩、间、均、加、绞、绝	V	V形
K	卡、扛、扩	W	外、碗
L	螺、拉、立、菱、铝	X	楔、修、悬
M	母	Z	终、支、组、十、重
N	内	Y	压、圆、（牵）引、预

3. 主参数

（1）表示适用导线的标称截面，mm^2。

（2）表示适用导线的标称截面，铝截面/钢截面。

（3）当产品适用多种标称截面导线时，采用组合号以代表相应范围内的导线标称截面，组合号见表 1-4-4。

表 1-4-4　　组合号及其导线截面范围

组合号	导线截面（mm^2）	
	铝绞线、钢芯铝绞线	钢绞线
0	16～25	
1	35～50	25～35
2	70～95	50～70
3	120～150	100～120
4	185～240	135～150
5	500～400	
6	500～630	

（4）当产品适用多种外径的导线时，采用组合号以代表相应直径范围的导线，组合号及其导线直径范围见表 1-4-5。

表 1-4-5　　　　组合号及其导线直径范围

组合号	标称截面（mm^2）	钢芯铝绞线			铝绞线直径（mm）	选定直径范围标准（mm）
		线规数量	直　径（mm）	直径范围（mm）		
0	10 16 25	1 1 1	4.50 5.55 6.96	4.50～6.96	5.10 6.45	4.50～6.96
1	35 50	1 2	8.16 9.60	8.16～9.60	7.50 9.00	7.50～9.60
2	70 95	2 3	11.40～13.60 13.61～13.87	11.40～13.87	10.80 12.48	10.80～13.87
3	120 150	4 4	14.50～15.74 16.00～17.50	14.50～17.50	14.00 15.75	14.00～17.50
4	185 210 240	4 4 3	18.00～19.60 19.00～20.86 21.06～22.40	18.00～22.40	17.50 18.75 20.00	17.50～22.40
5	300 400	6 6	23.43～25.20 26.64～29.14	23.43～29.14	22.40 25.90	22.40～29.14
6	500 630	3 3	30.00～30.96 33.60～34.82	30.00～34.82	29.12 32.67	29.12～34.82
7	800 900	3	38.40～38.97 48.92	38.40～48.92	36.9	36.90～48.92

（5）表示标称破坏荷重，t。

（6）表示间距，cm（或 mm）。

（7）表示母线的规格。

（8）表示圆杆的直径，mm。

（9）表示杆件的长度，mm。

（10）表示适用电压，kV。

4. 附加字母

附加字母是补充性的区分代号，字母代表的含义：

（1）以 A、B、C 作区分，代表含义见表 1-4-6。

表 1-4-6　　　　型号附加字母代表含义

区　　分	区分总长度	区分引流角度	区分附属构件
A	短　型	0°	附碗头挂板
B	长　型	30°或 45°	附 U 形挂板
C		90°	

（2）用附加字母区分导线结构，代表含义见表1-4-7。

表1-4-7　　附加字母代表导线结构含义

代表字母	L	Q	J	G	B	K	H	HG	GB	Z	N
导线结构型　式	铝绞线	减轻型	加强型	钢绞线	铝包钢	扩径	铝合金	钢芯铝合金	钢芯铝包钢	自阻尼	耐热铝合金

5. 型号结构表

型号结构见表1-4-8。电力金具型号一览表见表1-4-9。

表1-4-8　　型号结构表

分类	序号	结构及意义	举　例
首位一个汉语拼音字母	1	名—吨	Q—7
	2	名—吨 附加字	W—7A
	3	名—吨 长度	L—1040
	4	名—直径 开档	U—1880
首位二个汉语拼音字母	1	名 型—组合号	NX—1
	2	名 型—组合号 附加字	SL—1A
	3	名 型—吨	QP—7
	4	名 型—导线截面	NY—300
	5	名 型—导线截面 附加字	NY—300A
	6	名 型—吨 长度	LF—2040
	7	名 型—母线规格	MG—80×8
首位三个汉语拼音字母	1	名 型 式—组合号	CGU—1
	2	名 型 式—组合号 附加字	SLG—1A
	3	名 型 式—导线截面	JTB—120
	4	名 型 式—导线截面 附加字	FYH—500C
	5	名 型 式—母线规格	MCN—100
	6	名 型 式—母线片数 序号	MNP—101
	7	名 型 式—线间距 组合号	FJQ—404
	8	名 型 式—导线截面/线间距	MSG—300/200

表 1-4-9　　电力金具型号一览表

类	类组型代号	附加字	名　　称
悬垂线夹（C）	CGU		悬垂线夹 固定型 U 形螺丝式
	CGU	A	悬垂线夹 固定型 U 形螺丝式（带碗头挂板）
	CGU	B	悬垂线夹 固定型 U 形螺丝式（带 U 形挂板）
	CGF	A	悬垂线夹 固定型（防电晕）
	CGF	K	悬垂线夹 固定型（防电晕）上扛
	CGF	X	悬垂线夹 固定型（防电晕）下垂
	CGS		悬垂线夹 垂直排列双线夹
	CGG		悬垂线夹 固定型 钢板
	CGH		悬垂线夹 固定型 铝合金
	CGX		悬垂线夹 固定型 楔式
	CGJ		悬垂线夹 固定型 加强式
	CYJ		悬垂线夹 预绞式
耐张线夹（N）	NLD		耐张线夹 螺栓型 倒装式
	NY		耐张线夹 压缩型
	NY	G	耐张线夹 压缩型（钢绞线）
	NY	Q	耐张线夹 压缩型（减轻型钢芯铝绞线）
	NY	J	耐张线夹 压缩型（加强型钢芯铝绞线）
	NE		耐张线夹 楔型
	NUT		耐张线夹 调整型
	NU		耐张线夹 不可调整型
	NY	I	耐张线夹 压缩型 30°跳线线夹
	NLL		耐张线夹 螺栓型 铝合金
	NY	HG	耐张线夹 压缩型（钢芯铝合金线）
	NY	H	耐张线夹 压缩型（铝合金线）
	NY	B	耐张线夹 压缩型（铝包钢线）
	NY	BG	耐张线夹 压缩型（钢芯铝包钢线）
	NY	K	耐张线夹 压缩型（扩径导线）
	NY	Z	耐张线夹 压缩型（自阻尼导线）

续表

类	类组型代号　附加字	名　称
连接金具	BD	避雷线悬垂吊架
	DB	调整板
	L	联板
	LF	联板（方形）
	LJ	联板（装均压环用）
	LK	联板（上扛）
	LL	联板（下垂菱形）
	LS	联板（双导线用）
	LV	联板（V形）
	LX	联板（下垂组合联板）
	LH	花篮螺丝
	P	平行挂板
	PD	平行挂板（单板）
	PH	平行环
	PS	平行挂板（双腿）
	PT	平行调整板
	Q	球头挂环
	QG	球头钩
	QH	球头环
	QP	球头挂环（平面接触）
	QY	牵引板
	QS	双球头
	U	U形挂环
	U	U形螺丝
	UB	U形挂板
	UJ	U形螺丝（加强）
	UL	U形挂环（加长）
	W	碗头
	WS	碗头双联
	YL	延长拉杆
	Z	直角挂板
	ZG	十字挂板
	ZH	直角环
	ZS	直角挂板（三腿）

续表

类	类组型代号	附加字	名　称
接续金具（J）	JT		接续管椭圆形
	JT	L	接续管椭圆形（铝线）
	JTB		接续管椭圆形（爆压用）
	JTJ		接续管椭圆形（跳线用）
	JY		接续管圆形
	JY	G	接续管圆形（钢绞线）
	JY	Q	接续管圆形（减轻型钢芯铝绞线）
	JY	J	接续管圆形（加强型钢芯铝绞线）
	JX		接续管修补
	JK		线卡子
	JYT		跳线线夹
	JB		并沟线夹
	JBB		并沟线夹（避雷线用）
	JY	HG	接续管圆形（钢芯铝合金绞线）
	JY	H	接续管圆形（铝合金绞线）
	JY	B	接续管圆形（铝包钢线）
	JY	BG	接续管圆形（钢芯铝包钢绞线）
	JY	K	接续管圆形（扩径导线）
	JY	Z	接续管圆形（自阻尼导线）
	JYD	HG	接续管圆形 钢芯搭接（钢芯铝合金绞线）
	JYD	BG	接续管圆形 钢芯搭接（钢芯铝包钢绞线）
	JYD	Z	接续管圆形 钢芯搭接（自阻尼导线）
	JYD	Q	接续管圆形 钢芯搭接（减轻型钢芯铝绞线）
	JYD	J	接续管圆形 钢芯搭接（加强型钢芯铝绞线）
	JBD		接续管 爆压钢芯搭接
防护金具（F）	FD		防振锤（导线用）
	FG		防振锤（钢绞线用）
	FYB		预绞丝 补修
	FYH		预绞丝 护线
	FJH		间隔棒 环绞式
	FJQ		间隔棒 球绞式
	FJZ		间隔棒 阻尼式

续表

类	类组型代号	附加字	名　　称
防护金具（F）	FJP	N	均压屏蔽环（耐张串用）
	FJP	C	均压屏蔽环（悬垂串用）
	FJP	NB	均压屏蔽环（变电耐张串用）
	FJP	XD	均压屏蔽环（单联悬垂串用）
	FJP	XS	均压屏蔽环（双联悬垂串用）
	FJP	XL	均压屏蔽环（轮型悬垂串用）
	FR		防振锤，多频
	FH		防振环
	FZC		重锤
T接金具（T）	TY		T形线夹 压缩型
	TL		T形线夹 螺栓型
	TYS		T形线夹 压缩型 双母线
	TLS		T形线夹 螺栓型 双母线
设备线夹（S）	SL	A	设备线夹 螺栓型 0°
	SL	B	设备线夹 螺栓型 45°
	SLG	A	设备线夹 螺栓型 铜铝过渡 0°
	SLG	B	设备线夹 螺栓型 铜铝过渡 45°
	SY	A	设备线夹 压缩型 0°
	SY	B	设备线夹 压缩型 45°
	SY	C	设备线夹 压缩型 90°
	SYG	A	设备线夹 压缩型 铜铝过渡 0°
	SYG	B	设备线夹 压缩型 铜铝过渡 45°
	SYG	C	设备线夹 压缩型 铜铝过渡 90°
	SYS	A	设备线夹 压缩型 双导线 0°
	SYS	B	设备线夹 压缩型 双导线 45°
	SYS	C	设备线夹 压缩型 双导线 90°
	SLS	A	设备线夹 螺栓型 双导线 0°
	SLS	B	设备线夹 螺栓型 双导线 45°
	SLS	C	设备线夹 螺栓型 双导线 90°

续表

类	类组型代号 附加字	名　　称
母线金具（M）	MG	过渡板
	MS	母线伸缩节
	MSS	母线伸缩节（铜铝过渡设备用）
	MNP	母线户内平放固定金具
	MNL	母线户内立放固定金具
	MWP	母线户外平放固定金具
	MWL	母线户外立放固定金具
	MJG	母线间隔垫
	MCN	槽型母线户内
	MCW	槽型母线户外
	MCD	槽型母线吊挂
	MCG	槽型母线间隔
	MDG	单导线固定金具
	MSG	双导线固定金具
	MRJ	间隔棒
	MGG	管型母线固定金具
	MGT	管型母线 T 接金具
	MGZ	管型母线终端金具
	MGJ	管型母线支架
	MGF	管型母线封头
	MYH	组合母线圆环
	MZD	终端固定装置
	MLN	菱形母线户内固定金具
	MLW	菱形母线户外固定金具
	MLD	菱形母线吊挂
	MLG	菱形母线间隔

第五节　金具一般技术条件

架空电力线路和变电所用金具的设计、制造、一般技术条件，应符合国家标准 GB 2314—2008《电力金具通用技术条件》的规定。

一、基本要求

（1）电力金具均应按现行有关标准及规定的程序批准的图纸制造。

（2）电力金具的破坏载荷应不小于标称值。

（3）电力金具的电气接触性能应符合下列规定：

1）导线接续处两端点之间的电阻，应不大于同样长度导线的电阻；

2）导线接续处的温升应不大于被接续导线的温升；

3）承受电气负荷的所有金具，其载流量应不小于被安装导线的载流量。

（4）耐张线夹、接续金具对导线的握力，与绞线额定抗拉力之百分比应不小于表 1-5-1 中的规定。对承受全张力的压缩型接续管、耐张线夹不小于被接续导线额定抗拉力的 95%，螺栓型耐张线夹为 90%，变电所用的承力线夹，不小于被接续导线额定抗拉力的 65%；对不承受全张力的 T 形线夹、设备线夹等，不小于被接续导线额定抗拉力的 10%。

表 1-5-1　　耐张线夹、接续金具和接触金具握力与绞线额定抗拉力之百分比

金具类别	百分比（%）
压缩型接续管及耐张线夹	95
非压缩型耐张线夹	90
T 形线夹及设备线夹（接触金具）	10
特大截面导线、扩径导线和绝缘线用耐张线夹	65

（5）悬垂线夹对不同导线的握力与导线额定抗拉力之百分比应不小于表 1-5-2 中的规定。

表 1-5-2　　悬垂线夹握力与绞线额定抗拉力之百分比

绞线类别	铝钢截面比	百分比（%）
钢芯铝绞线、钢芯铝合金绞线	＞1.7	14
	4.0～4.5	18
	5.0～6.5	20
	7.0～8.0	22
	11.0～20.0	24
铜绞线		28
钢绞线、铝包钢绞线		14
铝绞线、铝合金绞线		24

（6）制造电力金具的原材料，应按金具图样规定的材料牌号选用，并符合有关材料标准的技术要求。

（7）电力金具的黑色金属制件，除灰铸铁件外，其表面均应采用热镀锌防腐处理，锌应符合国家标准GB/T 470—1997《锌锭》。

二、金具的结构

（1）船式悬垂线夹船体线槽的曲率半径应不小于导线或地线直径的 8 倍。

（2）非压缩型耐张线夹的弯曲延伸部分与承受张力的导线相互接触时，则此弯曲延伸部分出口处的曲率半径不应小于被安装导线直径的 8 倍。

（3）各种线夹及接续管的出口，均应制成圆滑的喇叭状。

（4）电力金具应尽量考虑减少磁损，特别是用于大电流的母线金具，均应采用非磁性材料制造。

（5）接线端子板的电气接触面必须光洁，粗糙度为 12.5μm，且平整，具有良好的电气接触性能。

（6）与绝缘子连接的球和窝，其连接尺寸应与国际电工委员会（IEC）标准 120《悬式绝缘子的球窝连接尺寸》相适应。

（7）受剪螺栓的螺纹，允许进入受力板件的深度，不大于该板件厚度的1/3。

（8）电力金具的标称破坏载荷及连接尺寸，应符合国家标准GB/T 2315—2008《电力金具标称破坏载荷系列及连接型式尺寸》。

（9）用于额定电压330kV及以上的金具，当不采用屏蔽装置时，应考虑金具自身能防电晕。

三、金具的可锻铸铁件及球墨铸铁件

（1）金具的可锻铸铁件应符合国家标准GB/T 9440—1988《可锻铸铁件》规定的牌号及技术条件，球墨铸铁件应符合国家标准GB/T 1348—1988《球墨铸铁件》规定的牌号及技术条件。选用牌号应符合金具制造图样的规定。

（2）当图样未标注时，铸件的尺寸偏差值应符合下列规定：

1）铸件的公称尺寸小于或等于50mm时，允许偏差为±1.0mm；

2）铸件的公称尺寸大于50mm时，其允许偏差为公称尺寸的±2%。

（3）铸件的壁厚相对偏差，不应超过1mm。

（4）铸件的错箱不应超过1mm。

（5）铸件挂板孔中心偏移及对称轴中心偏移，不应大于1mm。

（6）铸件的表面质量应符合如下规定：

1）铸件表面不允许有裂纹、缩松，重要部位（指图样标注不允许降低破坏荷重的部位）不允许有气孔、渣眼、砂眼及飞边等缺陷。

2）在铸件的非重要部位，允许有直径不大于4mm，深度不大于1.5mm的气孔、砂眼，但每件不应超过两处，两个缺陷之间距离不小于25mm，两缺陷不能处于内外表面的同一对应位置，且不降低镀锌质量。

3）铸件表面应平整，不允许有多肉等缺陷。

（7）浇冒口清除后的剩余高度，不应超过铸件表面 2mm，且应平整。由清除浇冒口所造成的铸件缺陷深度，不应超过铸件该处厚度的 10%。

（8）线夹、压板的线槽和喇叭口，不允许有毛刺、锌刺等。

四、金具的钢制件

（1）钢制件的剪切、压型和冲孔，不允许有毛刺、开裂和叠层等缺陷。

（2）U 形金具，当弯曲半径与板厚或棒材直径之比小于 2.5 时，必须采用热弯曲。由弯曲加工引起的厚度或直径的减少，应符合如下规定：

1）板厚或直径为 25mm 及以下时，允许减小 0.5mm；

2）板厚或直径大于 25mm 时，允许减小 1.0mm。

（3）板件的宽度在弯曲处的尺寸偏差，应不超过表1-5-3 的规定。

表 1-5-3　板件弯曲部位尺寸偏差

板厚（mm）	料宽 40～60mm	
	加大（mm）	减小（mm）
4～6	1.3	0.5
6～8	1.5	0.7
10～12	3.0	1.0
16 以上	5.0	2.0

（4）气割件的切割面应均整，并倒棱去刺。

（5）金具挂板的冲压弧度，应以中心线对称，允许偏差不大于 1.0mm。

（6）锻件和热弯杆件不允许有过烧、叠层、局部烧熔、严重锤印及氧化鳞皮等缺陷。

（7）锻件及热弯杆件公称尺寸的偏差，应符合表 1-5-4 的规定。

表 1-5-4　　锻件及热弯件尺寸偏差

公称尺寸（mm）		50	51～100	101～300	301～500
偏差（mm）	锻　件	±1.5	±2.0	±2.5	±3.0
	热弯杆件				

（8）锻件、锻模飞边的冲剪厚度不大于 2.5mm，球头“过规”部位应清除冲剪飞边痕迹。

（9）对称的双耳挂环孔不同轴度，应不大于 1mm。

（10）焊接件用焊条应符合国家标准 GB/T 5117—1985《碳钢焊条》的规定，选用牌号应符合金具制造图纸的规定。

（11）焊缝应是细密平整的细鳞形，并应封边。

（12）焊缝应无裂纹、气孔、夹渣，咬边深度不大于 1mm。

（13）钢接续管内径及外径尺寸允差，应符合表 1-5-5 的规定。

（14）钢接续管内壁应无锌层。

（15）钢接续管的孔中心偏移不超过±0.25mm。

（16）挂环焊接处，焊后直径不大于基体直径的 110%。

（17）U 形螺丝的无扣杆件直径不允许小于螺纹中径。

表 1-5-5　　钢接续管外径及内径尺寸极限偏差

外径（mm）		内径（mm）	
基本尺寸	极限偏差	基本尺寸	极限偏差
≤14	±0.2	≤9	±0.15
>14～22	−0.2～+0.3		
>22～34	−0.2～+0.4	>9～16	±0.20

（18）作为吊挂用 U 形螺丝的螺纹部分及杆件均不允许缩径。

（19）U 形螺丝的螺纹应符合国家标准粗牙普通螺纹 4 级

7H/8g 标准。

（20）均压屏蔽环镀锌的外侧管表面，应无锌刺、锌渣。但当环内侧及支持杆上的凝锌面积不大于 25mm^2 时，允许修补。

（21）均压屏蔽环表面有 5mm^2 或相当于 5mm^2 面积的脱锌时，允许涂油漆补救。

五、金具的铜、铝件

（1）铜、铝件表面应光滑、平整、清洁，不应有裂纹、起泡、起皮、夹渣、压折、气孔、砂眼、严重划伤及分层等缺陷。

允许有轻微的局部的不使板厚（或管壁厚）超出允许偏差的划伤、斑点、凹坑、压印及修理痕迹等缺陷。

（2）铜、铝件的电气接触平面不允许有碰伤、划伤、斑点、凹坑、压印等缺陷。

（3）铜、铝铸件应清除飞边、毛刺，但规整的合模缝允许存在。

（4）铜、铝铸件的浇冒口清除后，允许有个别针孔存在。其面积不大于浇冒口面积的 5%，深度不大于 1mm。

（5）铜、铝铸件的合模错模不应大于 0.5mm。

（6）铜、铝件钻孔应倒棱去刺。铸铝件不允许冲孔。铸造成形的孔的边缘允许圆角存在。

（7）挤压铝管外径及内径尺寸极限偏差，应符合表 1-5-6 的规定。

表 1-5-6　挤压铝管外径及内径尺寸极限偏差　mm

外径		内径	
基本尺寸	极限偏差	基本尺寸	极限偏差
≤32	±0.4	≤22	−0.3
>32～50	+0.6	>22～36	−0.4
>50～80	+1.0	>36～38	−0.5

（8）拉制和挤压铝管均应进行退火处理，其布氏硬度不大于 25，退火产生的氧化色允许存在。

表 1-5-7　预绞丝单丝直径允差

单丝直径（mm）	允　差（mm）
3.6	±0.05
4.6	±0.06
6.3	±0.08

（9）预绞丝端部应为光滑的半球形。

（10）预绞丝单丝直径允差应符合表 1-5-7 的规定。

（11）铜铝过渡板对焊平面错边不超过 2.0mm，厚度错边不超过 0.7mm。

（12）铜板、铝板表面应平整、光洁，局部划伤深度不大于 0.5mm。

（13）铜铝对焊的过渡板在焊接处弯曲 180°时，焊缝不应断裂。

六、金具用紧固件

（1）所有紧固件应按图样的规定采用国家标准和电力行业紧固件标准。为确保金具紧固件的互换，尽量不采用非标准紧固件。

（2）金具用紧固件的螺纹基本尺寸按 GB/T 196—1981《普通螺纹　基本尺寸（直径 1～600mm）》的规定加工，然后热镀锌，但内螺纹允许热镀锌后加工，并应涂防腐油。

（3）加大尺寸的内螺纹与有镀层的外螺纹配合，其公差应符合 GB/T 197—1981《普通螺纹　公差与配合（直径 1～355mm）》的粗牙 4 级 7H/8g 标准。

绝缘子与金具的组装

第一节 绝缘子数量的选择

高压架空电力线路绝缘子的选择，应按照 DL/T 5092—1999《110～500kV 架空送电线路设计技术规程》的有关规定进行。

一、悬垂绝缘子串绝缘子数量的选择

直线杆塔上悬垂绝缘子串的绝缘子数量，应按表 2-1-1 所列数量选用。

表 2-1-1　直线杆塔上悬垂绝缘子串的绝缘子数量

线路电压（kV）	35	110	220	330	500	±500	750	±800	1000
绝缘子数量	3～4	7～8	14～16	21～22	30～32	32～37	39～40	60～79	52～54

表 2-1-1 中列出的数值适用于架设在一般地区的线路，这时绝缘子串泄漏距离，不应小于 1.6cm/kV（额定线电压）。

对全高超过 40m 的有避雷线的杆塔，高度每增加 10m 应增加一个绝缘子。线路经过空气污秽地区时，宜采用防尘绝缘子或根据运行经验和可能污染的程度，增加绝缘子数量或绝缘子串的泄漏距离。

在海拔为 1000～3500m 的地区，绝缘子串的绝缘子数量，一般按下式确定

$$n_{\rm n}=n[1+0.1(H-1)]$$

式中　$n_{\rm n}$——高海拔地区的绝缘子数量（个）；

n——海拔1000m以下地区的绝缘子数量（个）；

H——海拔高度（km）。

二、耐张绝缘子串绝缘子数量的选择

耐张绝缘子串的绝缘子数量应比悬垂绝缘子串的同型绝缘子多一个。

第二节 绝缘子串数的选择

根据DL/T 5092—1999《110～500kV架空送电线路设计技术规程》的规定，绝缘子机械强度的安全系数，不应小于表2-2-1所列数值。

表2-2-1 绝缘子机械强度的安全系数

绝缘子种类	运行情况	断线情况	绝缘子种类	运行情况	断线情况
瓷 横 担	3.0	2.0	悬式绝缘子	2.7	1.8

绝缘子机械强度的安全系数按下式计算

$$K=\frac{T}{T_{\max}}$$

式中 T——瓷横担的受弯破坏载荷或悬式绝缘子1h机电试验载荷（kN）；

$T_{\max}$——绝缘子最大使用载荷（kN）。

一、悬垂绝缘子串数的选择

导线悬挂在直线杆塔上，其悬垂绝缘子串数应由以下两个条件进行验算。

1. 按最大垂直载荷进行验算

$$n\geqslant\frac{K\times\Sigma G}{R}$$

$$\Sigma G=G_{\mathrm{n}}+G_{\mathrm{v}}，G_{\mathrm{n}}=g_{7}Sl$$

式中　n——绝缘子串数；

K——绝缘子的安全系数；

R——绝缘子的机电载荷；

ΣG——作用于绝缘子串上的载荷；

G_v——绝缘子串重量；

g_7——单位长度导线自重、覆冰、风载等综合载荷；

G_n——直线档距导线垂直载荷，包括自重、覆冰、风载等综合载荷；

S——导线总截面；

l——直线档距（最大值）。

2. 按导线断线条件进行验算

当导线断线时，绝缘子串承受断线张力，因此所选择的绝缘子串数必须承担导线断线的张力，即

$$\frac{nR}{T_n}=K$$

式中　n——绝缘子串数；

R——绝缘子的机电载荷；

T_n——断线张力；

K——绝缘子的安全系数，导线断线时绝缘子的安全系数可以降低到 1.3。

二、耐张绝缘子串数的选择

绝缘子串安装在耐张杆塔上时，应承受导线全部拉力。因此，耐张绝缘子串数按下式确定

$$n\geqslant\frac{KT}{R}$$

式中　T——导线最大拉力；

K——绝缘子的安全系数；

R——绝缘子的机电载荷。

导线允许拉力与绝缘子串的配合，见表 2-2-2。

表 2-2-2　导线允许拉力与绝缘子串配合表

导线标称截面（mm^2）	导线允许拉力（kN）（K=2.5）								配套绝缘子		
	LJ	HL2J	LGJQ	HLJ	LGJ	非热处理铝合金绞线 HL2GJ	LGJJ	热处理铝合金绞线 HLGJ	串数	型号	允许载荷（kN）
10	0.63	0.98		1.15	1.47	1.92		2.00			
16	1.03	1.54		1.81	2.12	2.60		2.88			
25	1.60	2.39		2.82	3.16	3.92		4.28			
35	2.22	3.32		3.92	4.76	5.80		6.72	单串	XP—60	22.50
50	3.00	4.40		5.64	6.20	7.60		8.80	单串	XP—70	25.00
70	3.96	5.92		7.92	8.52	8.60		12.40			
95	6.04	9.04		10.64	15.76	17.00		18.60			
120	7.12	10.44		13.32	17.24	20.96		22.96			
150	9.00	13.20	16.60	16.88	20.32	24.32	24.68	27.84	双串	XP—70	45.00
185	11.12	16.32	20.44	20.84	26.28	31.44	28.80	36.00	单串	XP—120	45.00
240	13.48	20.20	28.48	26.96	31.44	37.92	37.64	43.60			
300	18.08	26.56	34.52	33.92	44.48	53.60	50.00	62.80	双串	XP—100	70.00
400	22.68	34.00	44.32	45.20	53.72	64.80	64.56	75.20			
500	28.40	42.40	55.48	56.80					双串	XP—120	90.00
630	32.60	51.60	65.00	69.20							
700			77.44								

第三节 绝缘子串组装

一、线路悬垂绝缘子串

35～220kV 输电线路的悬垂绝缘子串，一般选用型号为 XP—70型、LXP—70 型及防尘型 XW1—70 型的悬式绝缘子组装。根据绝缘子的允许荷重，单串绝缘子串已能满足所选用导线要求的垂直档距，对大导线特大垂直档距，单串绝缘子串不能满足要求时，可采用双串或强度较高的单串绝缘子串。

电压为 330kV 的高压输电线路，由于采用二分裂导线，垂直荷重较大，根据不同气象条件和垂直档距，其悬垂绝缘子串可分别采用型号为 XP—100 型、XP—120 型或 XP—160 型的悬式绝缘子组装。

电压为 500～1000kV 的超高压、特高压输电线路采用高强度绝缘子，如 XP—320 型、XP—420 型、XP—550 型及合成绝缘子。

（一）悬垂绝缘子串类别

1. 单串悬垂绝缘子串

在一般情况下，线路上常用的悬垂绝缘子串采用单串单线夹悬垂绝缘子串即能满足设计要求。其组装形式见图 2-3-1。

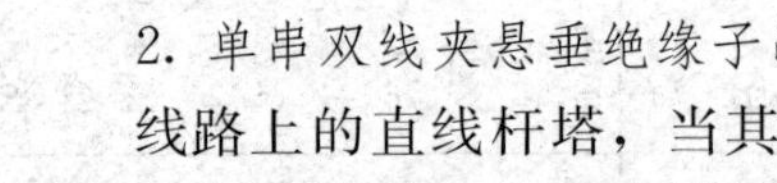

图 2-3-1

2. 单串双线夹悬垂绝缘子串

线路上的直线杆塔，当其相邻杆塔悬挂点高差很大时，此时直线杆塔上导线悬垂角已超过线夹的允许范围，而绝缘子串经计算其垂直荷重又不超过绝缘子的允许载荷时，可采用单串双线夹悬垂绝缘子串，不必设计特殊悬垂角的线夹。其组装形式见图 2-3-2。

3. 双串悬垂绝缘子串

线路跨越山谷、河流或重冰区时，导线的综合载荷很大，已超过单串悬垂绝缘子串所允许的荷重范围，在这种情况下采用双串悬垂绝缘子串组合。双串悬垂绝缘子串组合与杆塔横担固定方法分为一点固定（见图 2-3-3）和两点固定（见图 2-3-4）两种。

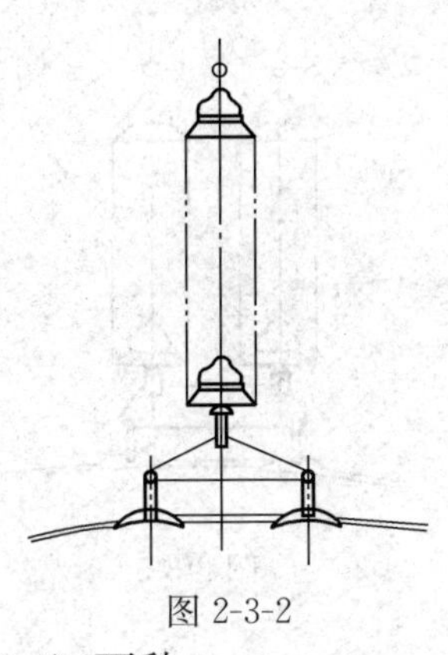
图 2-3-2

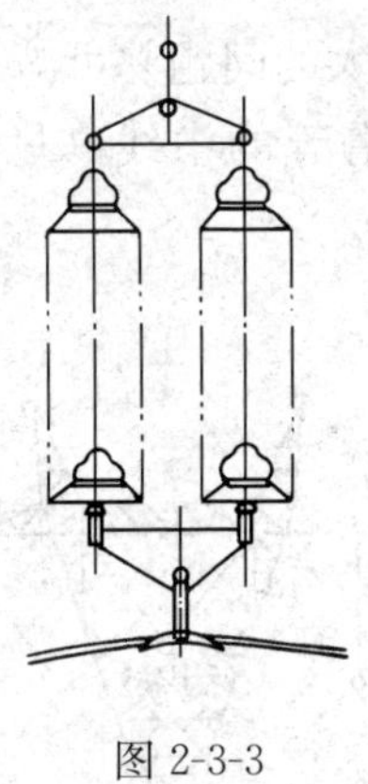
图 2-3-3

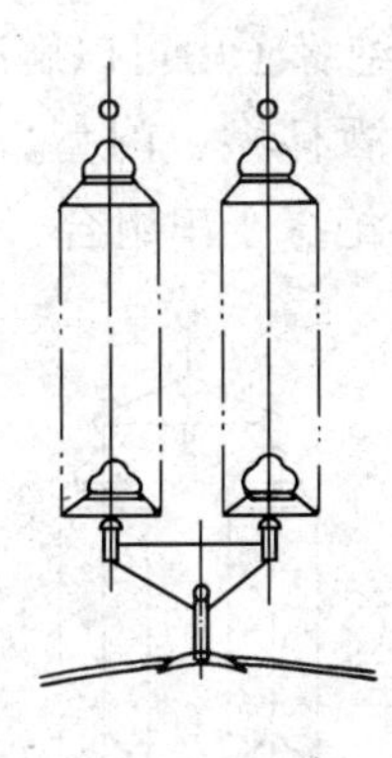
图 2-3-4

4. 双串双线夹两点固定

双串双线夹两点固定带有联板的组合，如图 2-3-5 所示。两组单串绝缘子串并联使用，如图 2-3-6 所示。

5. 双串双线夹一点固定

双串双线夹一点固定，如图 2-3-7 所示。采用双线夹，不但可以承担垂直载荷，而且还可以增大线夹对导线的握力。

所有双串绝缘子串应顺线路方向布置，即两串绝缘子串所形成的平面应平行于线路方向，以减少塔头尺寸。

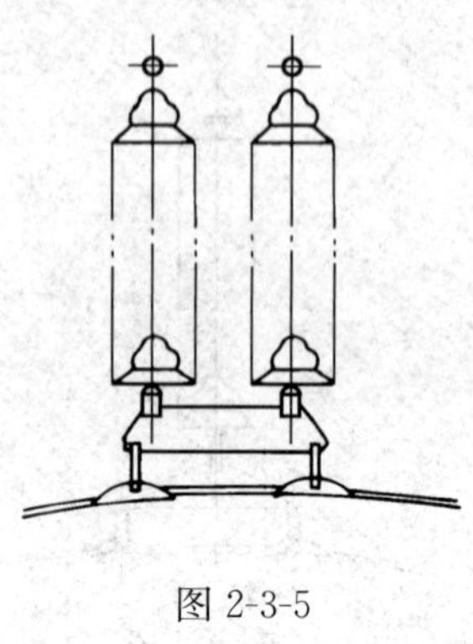
图 2-3-5

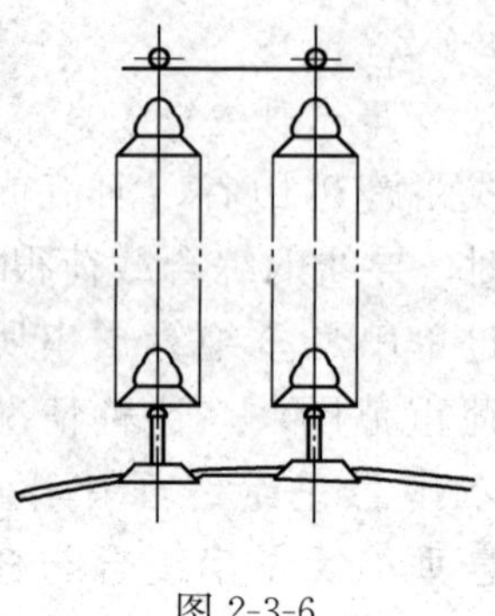
图 2-3-6

6. 单串 V 形绝缘子串

V 形绝缘子串可以解决摇摆角过大的问题并可减小塔头尺寸，一般酒杯型、门型、猫头型杆塔等的中线（见图 2-3-8）采用 V 形绝缘子串组合（见图 2-3-9）。

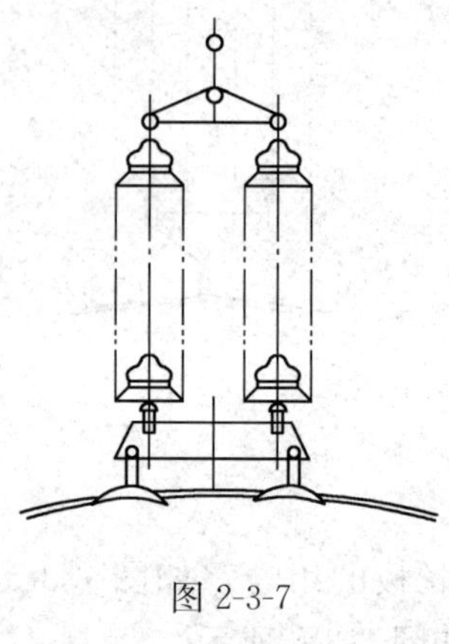
图 2-3-7

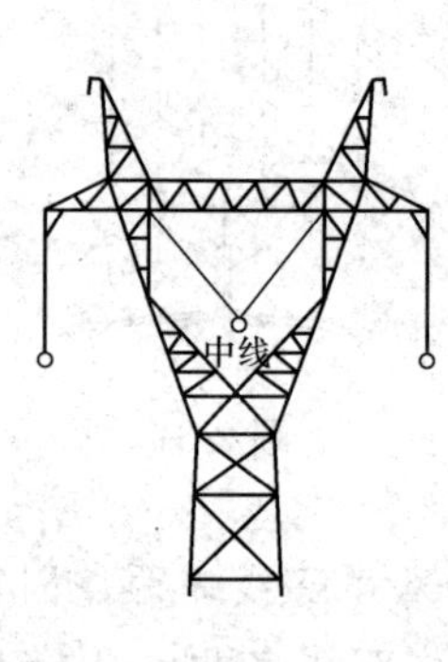

图 2-3-8

V 形绝缘子串与杆塔连接的悬挂点应保证当断线时顺线路方向转动灵活。为避免在导线最大风偏时，产生绝缘子串受压的不利条件，V 形绝缘子串夹角一般取 120°为宜。V 形绝缘子串的缺点是所用的绝缘子数量多 1 倍，检修不方便。

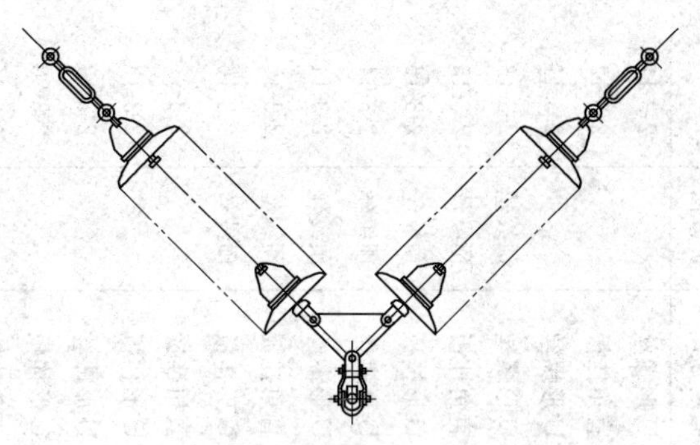

图 2-3-9

7. 二分裂导线垂直排列的单串悬垂绝缘子串

二分裂导线垂直排列的单串悬垂绝缘子串见图 2-3-10。

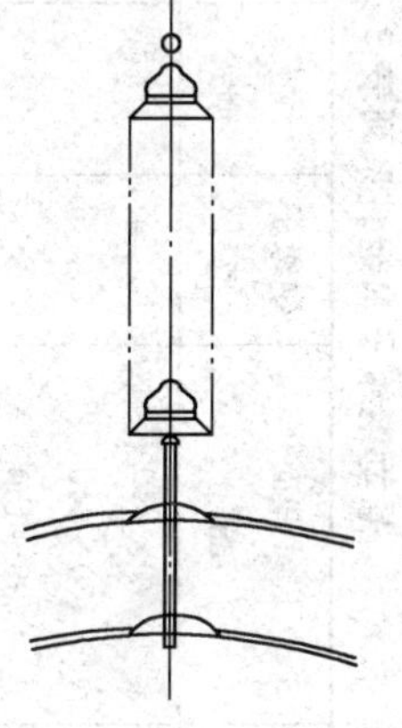

图 2-3-10

（二）典型悬垂绝缘子串组装

典型悬垂绝缘子串与杆塔相连接的第一个零件可分别选用直角挂板、U 形螺丝和 U 形挂板。悬垂绝缘子串分为单串、双串及 V 形串三类。220kV 二分裂导线用的绝缘子串分为垂直排列和水平排列，大档距采用双线夹组装。绝缘子串的绝缘子型号采用 XP—70 型、XP—160 型。绝缘子数量选用如下：

电压（kV）	20～35	66	110	154	220
绝缘子数量	2～5	5～7	7～9	10～12	12～15
电压（kV）	330	500	750	800	1000
绝缘子数量	19～22	25～31	34～40	42～48	44～54

35～500kV 输电线路悬垂绝缘子串组装系列，见表 2-3-1。

表 2-3-1　悬垂绝缘子串组装系列表

序号	组合串名称	串别	电压（kV）	导线截面（mm^2）	绝缘子型号	线夹型式	分裂导线排列	与横担固定方式	导线保护方法	图号
1	悬垂	单串	35、60、110	70～240				U形螺丝		2-3-11
2	悬垂	单串	35、60、110	70～240				直角挂板		2-3-12
3	悬垂	单串	110	95～150				U形螺丝		2-3-11
4	悬垂	单串	110	95～150				U形螺丝	预绞丝	2-3-13
5	悬垂	单串	110	185～240		5A		直角挂板	预绞丝	2-3-15
6	悬垂	单串	110	185～240		5A		U形挂板	预绞丝	2-3-16
7	悬垂	单串	110	185～240		5A		U形螺丝	预绞丝	2-3-14
8	悬垂	单串	220	300～400		6A		U形螺丝	预绞丝	2-3-14
9	悬垂	单串	220	300～400		6A		直角挂板	预绞丝	2-3-15
10	悬垂	单串	220	300～400		6A		U形挂板	预绞丝	2-3-16
11	悬垂	单串	220	300～400		5A		直角挂板		2-3-17
12	悬垂	单串	220	300～400		5A		U形挂板		2-3-18
13	悬垂	单串	220	300～400	XP—70	5A		U形螺丝		2-3-19
14	悬垂	单串	220	2×（185～240）			水平	U形挂板		2-3-20
15	悬垂	单串	220	2×（185～240）			水平	直角挂板		2-3-21
16	悬垂	单串	220	2×（185～240）			水平	U形螺丝		2-3-22
17	悬垂	单串	220	2×（185～240）		5B		直角挂板	预绞丝	2-3-23

续表

序号	组合串名称	串别	电压(kV)	导线截面(mm²)	绝缘子型号	线夹型式	分裂导线排列	与横担固定方式	导线保护方法	图号
18	悬垂	单串	220	2×（185～240）		5B		U形螺丝	预绞丝	2-3-26
19	悬垂	单串	220	2×（185～240）		5B		U形挂板	预绞丝	2-3-27
20	悬垂	双串	220	300～400		双线夹		U形螺丝	预绞丝	2-3-28
21	悬垂	双串	220	300～400		双线夹		直角挂板	预绞丝	2-3-29
22	悬垂	单串	220	2×（185～240）	XP—100	双线夹	水平	U形螺丝		2-3-24
23	悬垂	单串	220	2×（185～240）	XP—100	双线夹	水平	U形螺丝	预绞丝	2-3-25
24	悬垂	单串	220	2×（185～240）	XP—70	双线夹	垂直	U形挂板		2-3-30
25	悬垂	单串	330	2×（300～400）	XP—100	6B	水平	U形挂板	预绞丝	2-3-31
26	悬垂	单串	330	2×（300～400）	XP—160	6B	水平	U形挂板	预绞丝	2-3-31
27	悬垂	单串	500	4×（300～400）	XP—160	防晕型	四分裂	U形挂板		2-3-32
28	悬垂	单串	500	4×（300～400）	XP—160	防晕型	四分裂	U形挂板		2-3-33
29	悬垂	单串	500	4×（300～400）	XP—160	防晕型	四分裂	U形挂板	悬重锤	2-3-34
30	悬垂	单串	500	4×（300～400）	XP—160	防晕型	四分裂	U形挂板	悬重锤	2-3-35
31	悬垂	双串	500	4×（300～400）	XP—160	5B	四分裂	U形挂板	均压环	2-3-36
32	悬垂	双串	500	4×（300～400）	XP—160	5B	四分裂	U形挂板	均压环	2-3-37

组合串图形及零件表分别见图 2-3-11～图 2-3-37 及表 2-3-2～表2-3-33。

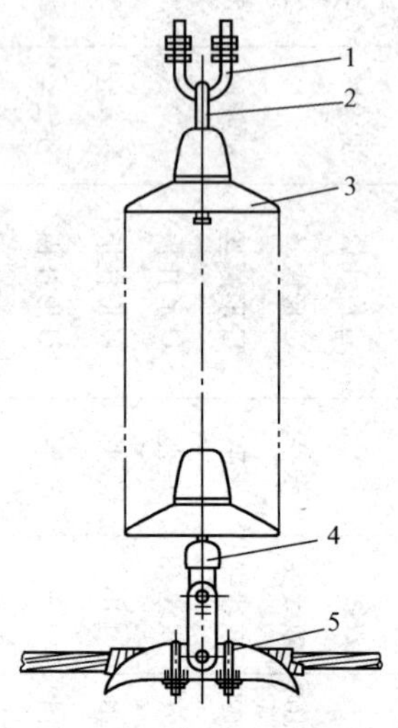

图 2-3-11

表 2-3-2　　悬垂绝缘子串组装零件表（一）

<table>
<tr><th>图号</th><th>件号</th><th>名　称</th><th>质量(kg)</th><th>数量</th><th colspan="6">型　　号</th></tr>
<tr><td rowspan="6">2-3-11</td><td>1</td><td>U形螺丝</td><td>0.72</td><td>1</td><td colspan="6">U—1880</td></tr>
<tr><td>2</td><td>球头挂环</td><td>0.30</td><td>1</td><td colspan="6">Q—7</td></tr>
<tr><td rowspan="2">3</td><td rowspan="2">绝缘子</td><td colspan="2">型号</td><td colspan="6">XP—70</td></tr>
<tr><td colspan="2">数量</td><td colspan="2">3</td><td colspan="2">5</td><td colspan="2">7</td></tr>
<tr><td>4</td><td>碗头挂板</td><td>0.82</td><td>1</td><td colspan="6">W—7A</td></tr>
<tr><td>5</td><td>悬垂线夹</td><td>1.8
2.0
3.0</td><td>1</td><td>CGU—2</td><td>CGU—3</td><td>CGU—3</td><td>CGU—4</td><td>CGU—3</td><td>CGU—4</td></tr>
</table>

续表

<table>
<tr><th>图号</th><th>件号</th><th>名　称</th><th>质量
(kg)</th><th>数量</th><th colspan="6">型　　号</th></tr>
<tr><td colspan="5">绝缘子串长度 L（mm）</td><td>690</td><td>710</td><td>1002</td><td>1012</td><td>1304</td><td>1304</td></tr>
<tr><td colspan="5">绝缘子串质量（kg）</td><td>18.64</td><td>18.84</td><td>28.84</td><td>29.84</td><td>38.84</td><td>39.84</td></tr>
<tr><td colspan="5">适用导线</td><td colspan="2">LGJ—70/10
～120/20</td><td colspan="2">LGJ—95/15
～185/30</td><td colspan="2">LGJ—150/
25～240/40</td></tr>
<tr><td colspan="5">适用电压（kV）</td><td colspan="2">35</td><td colspan="2">60</td><td colspan="2">110</td></tr>
</table>

表 2-3-3　　　　悬垂绝缘子串组装零件表（二）

<table>
<tr><th>图号</th><th>件号</th><th>名　称</th><th>质量
(kg)</th><th>数量</th><th colspan="3">型　　号</th></tr>
<tr><td rowspan="6">2-3-
11</td><td>1</td><td>U形螺丝</td><td>0.72</td><td>1</td><td colspan="3">U—1880</td></tr>
<tr><td>2</td><td>球头挂环</td><td>0.30</td><td>1</td><td colspan="3">Q—7</td></tr>
<tr><td rowspan="2">3</td><td rowspan="2">绝缘子</td><td colspan="2">型号</td><td colspan="3">XP—70</td></tr>
<tr><td colspan="2">数量</td><td colspan="3">7</td></tr>
<tr><td>4</td><td>碗头挂板</td><td>0.82</td><td>1</td><td colspan="3">W—7A</td></tr>
<tr><td>5</td><td>悬垂线夹</td><td>3.0</td><td>1</td><td colspan="3">CGU—3</td></tr>
<tr><td colspan="5">绝缘子串长度 L（mm）</td><td>1309</td><td>1309</td><td>1309</td></tr>
<tr><td colspan="5">绝缘子串质量（kg）</td><td>39.84</td><td>39.84</td><td>39.84</td></tr>
<tr><td colspan="5">适用导线</td><td>LGJ—95/15</td><td>LGJ—120/20</td><td>LGJ—150/25</td></tr>
<tr><td colspan="5">适用电压（kV）</td><td colspan="3">110</td></tr>
</table>

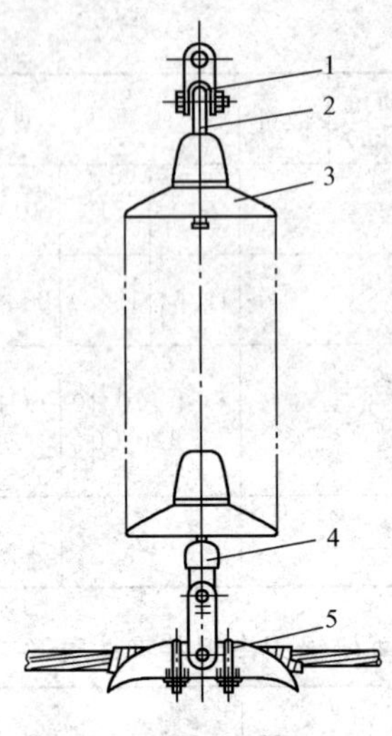

图 2-3-12

表 2-3-4　　悬垂绝缘子串组装零件表（三）

图号	件号	名　称	质量（kg）	数量	型　号					
2-3-12	1	挂　板	0.56	1	Z—7					
	2	球头挂环	0.27	1	QP—7					
	3	绝缘子	型号		XP—70					
			数量		3		5		7	
	4	碗头挂板	0.82	1	W—7A					
	5	悬垂线夹	1.80 2.00 3.00	1	CGU—2	CGU—3	CGU—3	CGU—4	CGU—3	CGU—4
绝缘子串长度 L（mm）					700	720	1012	1020	1304	1312
绝缘子串质量（kg）					18.45	18.65	28.65	29.65	38.65	39.65
适用导线					LGJ—70/10～120/20		LGJ—95/15～185/30		LGJ—150/25～240/40	
适用电压（kV）					35		60		110	

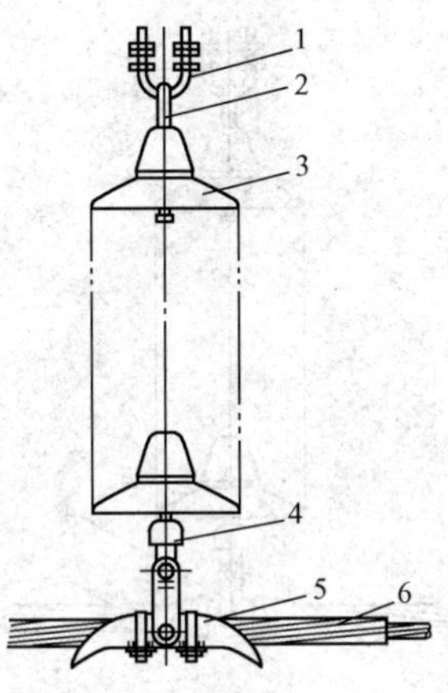

图 2-3-13

表 2-3-5　　悬垂绝缘子串组装零件表（四）

<table>
<tr><th>图号</th><th>件号</th><th>名　称</th><th>质量
(kg)</th><th>数量</th><th colspan="6">型　　号</th></tr>
<tr><td rowspan="7">2-3-13</td><td>1</td><td>U 形螺丝</td><td>0.72</td><td>1</td><td colspan="6">U—1880</td></tr>
<tr><td>2</td><td>球头挂环</td><td>0.30</td><td>1</td><td colspan="6">Q—7</td></tr>
<tr><td rowspan="2">3</td><td rowspan="2">绝缘子</td><td colspan="2">型号</td><td>XP—70</td><td>LXP—4.5</td><td>XP—70</td><td>LXP—4.5</td><td>XP—70</td><td>LXP—4.5</td></tr>
<tr><td colspan="2">数量</td><td colspan="2">7</td><td colspan="2">7</td><td colspan="2">7</td></tr>
<tr><td>4</td><td>碗头挂板</td><td>0.82</td><td>1</td><td colspan="6">W—7A</td></tr>
<tr><td>5</td><td>悬垂线夹</td><td>3.0</td><td>1</td><td colspan="6">CGU—4</td></tr>
<tr><td>6</td><td>预绞丝</td><td>0.53
0.57
0.64</td><td>1</td><td colspan="2">FYH—95/15</td><td colspan="2">FYH—120/20</td><td colspan="2">FYH—150/25</td></tr>
<tr><td colspan="5">绝缘子串长度 L（mm）</td><td>1309</td><td>1267</td><td>1309</td><td>1267</td><td>1309</td><td>1267</td></tr>
<tr><td colspan="5">绝缘子串质量（kg）</td><td>40.37</td><td>34.77</td><td>40.41</td><td>34.81</td><td>40.48</td><td>34.88</td></tr>
<tr><td colspan="5">适用导线</td><td colspan="2">LGJ—95/15</td><td colspan="2">LGJ—120/20</td><td colspan="2">LGJ—150/25</td></tr>
<tr><td colspan="5">适用电压（kV）</td><td colspan="6">110</td></tr>
</table>

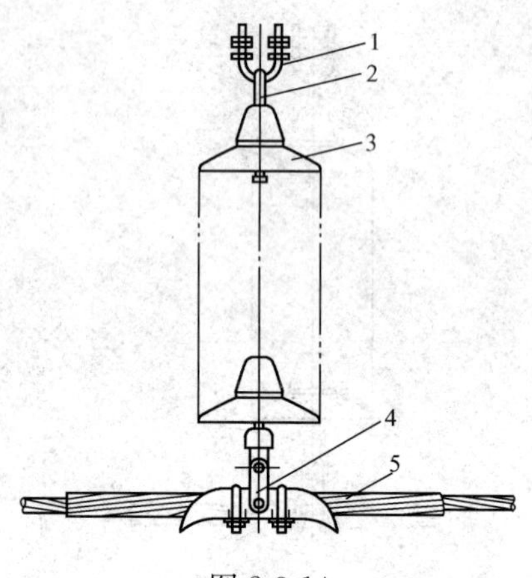

图 2-3-14

表 2-3-6　　悬垂绝缘子串组装零件表（五）

<table>
<tr><td>图号</td><td>件号</td><td>名　称</td><td>质量(kg)</td><td>数量</td><td colspan="6">型　　号</td></tr>
<tr><td rowspan="6">2-3-14</td><td>1</td><td>U形螺丝</td><td>0.72</td><td>1</td><td colspan="6">U—1880</td></tr>
<tr><td>2</td><td>球头挂环</td><td>0.30</td><td>1</td><td colspan="6">Q—7</td></tr>
<tr><td rowspan="2">3</td><td rowspan="2">绝缘子</td><td colspan="2">型号</td><td>XP—70</td><td>LXP—70</td><td>XW1—70</td><td>XP—70</td><td>LXP—70</td><td>XW1—70</td></tr>
<tr><td colspan="2">数量</td><td>7</td><td>7</td><td>7</td><td>7</td><td>7</td><td>7</td></tr>
<tr><td>4</td><td>悬垂线夹</td><td>5.7</td><td>1</td><td colspan="6">CGU—5A</td></tr>
<tr><td>5</td><td>预绞丝</td><td>1.26
1.44</td><td>1</td><td colspan="3">FYH—185/30</td><td colspan="3">FYH—240/40</td></tr>
<tr><td colspan="5">绝缘子串长度 L（mm）</td><td>1286</td><td>1244</td><td>1384</td><td>1286</td><td>1244</td><td>1384</td></tr>
<tr><td colspan="5">绝缘子串质量（kg）</td><td>42.98</td><td>37.38</td><td>46.48</td><td>43.16</td><td>37.56</td><td>43.96</td></tr>
<tr><td colspan="5">适用导线</td><td colspan="3">LGJ—185/30</td><td colspan="3">LGJ—240/40</td></tr>
<tr><td colspan="5">适用电压（kV）</td><td colspan="6">110</td></tr>
</table>

表 2-3-7　　悬垂绝缘子串组装零件表（六）

图号	件号	名　称	质量（kg）	数量	型　　号					
2-3-14	1	U形螺丝	0.88	1	U—2080					
	2	球头挂环	0.30	1	Q—7					
	3	绝缘子	型号		XP—70	LXP—70	XW1—70	XP—70	LXP—70	XW1—70
			数量		13	13	13	13	13	13
	4	悬垂线夹	6.1	1	CGU—6A					
	5	预绞丝	2.34 2.80	1	FYH—300/40			FYH—400/50		
绝缘子串长度 L（mm）					2168	2090	2350	2168	2090	2350
绝缘子串质量（kg）					74.62	64.22	81.12	75.08	64.68	81.58
适用导线					LGJ—300/40			LGJ—400/50		
适用电压（kV）					220					

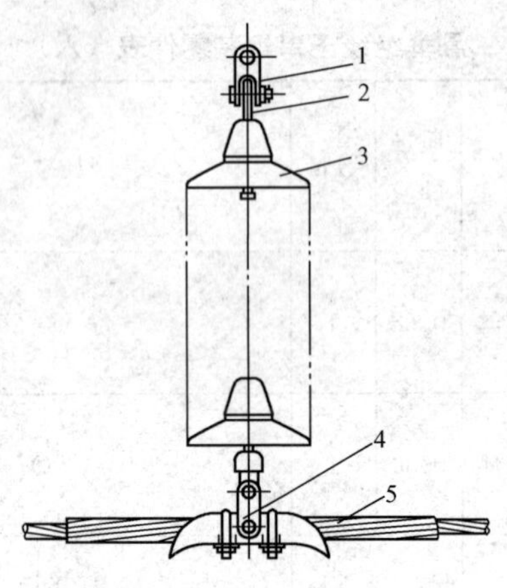

图 2-3-15

表 2-3-8　　悬垂绝缘子串组装零件表（七）

<table>
<tr><th>图号</th><th>件号</th><th>名　称</th><th>质量
(kg)</th><th>数量</th><th colspan="6">型　　号</th></tr>
<tr><td rowspan="6">2-3-15</td><td>1</td><td>挂　板</td><td>0.56</td><td>1</td><td colspan="6">Z—7</td></tr>
<tr><td>2</td><td>球头挂环</td><td>0.27</td><td>1</td><td colspan="6">QP—7</td></tr>
<tr><td rowspan="2">3</td><td rowspan="2">绝缘子</td><td colspan="2">型号</td><td>XP—70</td><td>LXP—70</td><td>XW1—70</td><td>XP—70</td><td>LXP—70</td><td>XW1—70</td></tr>
<tr><td colspan="2">数量</td><td colspan="3">7</td><td colspan="3">7</td></tr>
<tr><td>4</td><td>悬垂线夹</td><td>5.7</td><td>1</td><td colspan="6">CGU—5A</td></tr>
<tr><td>5</td><td>预绞丝</td><td>1.26
1.44</td><td>1</td><td colspan="3">FYH—185/30</td><td colspan="3">FYH—240/40</td></tr>
<tr><td colspan="5">绝缘子串长度 L（mm）</td><td>1289</td><td>1247</td><td>1387</td><td>1289</td><td>1247</td><td>1387</td></tr>
<tr><td colspan="5">绝缘子串质量（kg）</td><td>42.79</td><td>37.19</td><td>46.29</td><td>42.97</td><td>37.37</td><td>46.47</td></tr>
<tr><td colspan="5">适用导线</td><td colspan="3">LGJ—185/30</td><td colspan="3">LGJ—240/40</td></tr>
<tr><td colspan="5">适用电压（kV）</td><td colspan="6">110</td></tr>
</table>

表 2-3-9　　悬垂绝缘子串组装零件表（八）

<table>
<tr><th>图号</th><th>件号</th><th>名　称</th><th>质量（kg）</th><th>数量</th><th colspan="6">型　　号</th></tr>
<tr><td rowspan="6">2-3-15</td><td>1</td><td>挂　板</td><td>0.87</td><td>1</td><td colspan="6">Z—10</td></tr>
<tr><td>2</td><td>球头挂环</td><td>0.27</td><td>1</td><td colspan="6">QP—7</td></tr>
<tr><td rowspan="2">3</td><td rowspan="2">绝缘子</td><td colspan="2">型号</td><td>XP—70</td><td>LXP—70</td><td>XW1—70</td><td>XP—70</td><td>LXP—70</td><td>XW1—70</td></tr>
<tr><td colspan="2">数量</td><td>13</td><td>13</td><td>13</td><td>13</td><td>13</td><td>13</td></tr>
<tr><td>4</td><td>悬垂线夹</td><td>6.1</td><td>1</td><td colspan="6">CGU—6A</td></tr>
<tr><td>5</td><td>预绞丝</td><td>2.34
2.80</td><td>1</td><td colspan="3">FYH—300/40</td><td colspan="3">FYH—400/50</td></tr>
<tr><td colspan="5">绝缘子串长度 L（mm）</td><td>2181</td><td>2103</td><td>2363</td><td>2181</td><td>2103</td><td>2363</td></tr>
<tr><td colspan="5">绝缘子串质量（kg）</td><td>74.58</td><td>64.18</td><td>81.08</td><td>75.04</td><td>64.64</td><td>81.54</td></tr>
<tr><td colspan="5">适用导线</td><td colspan="3">LGJ—300/40</td><td colspan="3">LGJ—400/50</td></tr>
<tr><td colspan="5">适用电压（kV）</td><td colspan="6">220</td></tr>
</table>

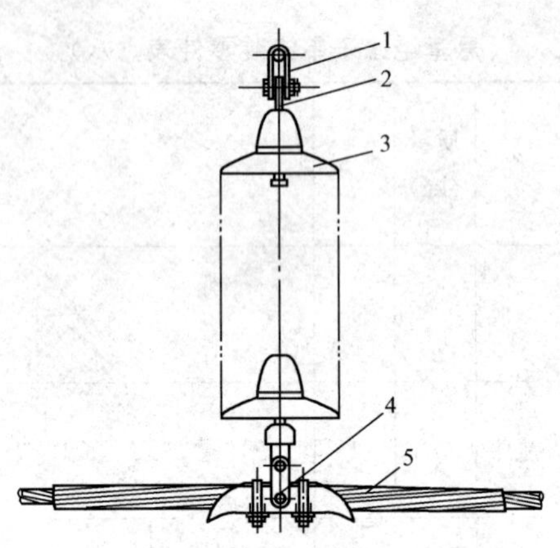

图 2-3-16

表 2-3-10　　悬垂绝缘子串组装零件表（九）

<table>
<tr><th>图号</th><th>件号</th><th>名　称</th><th>质量（kg）</th><th>数量</th><th colspan="6">型　　号</th></tr>
<tr><td rowspan="6">2-3-16</td><td>1</td><td>挂　　板</td><td>0.75</td><td>1</td><td colspan="6">UB—7</td></tr>
<tr><td>2</td><td>球头挂环</td><td>0.27</td><td>1</td><td colspan="6">QP—7</td></tr>
<tr><td rowspan="2">3</td><td rowspan="2">绝缘子</td><td colspan="2">型号</td><td>XP—70</td><td>LXP—70</td><td>XW1—70</td><td>XP—70</td><td>LXP—70</td><td>XW1—70</td></tr>
<tr><td colspan="2">数量</td><td colspan="3">7</td><td colspan="3">7</td></tr>
<tr><td>4</td><td>悬垂线夹</td><td>5.7</td><td>1</td><td colspan="6">CGU—5A</td></tr>
<tr><td>5</td><td>预绞丝</td><td>1.26
1.44</td><td>1</td><td colspan="3">FYH—185/30</td><td colspan="3">FYH—240/40</td></tr>
<tr><td colspan="5">绝缘子串长度 L（mm）</td><td>1299</td><td>1257</td><td>1397</td><td>1299</td><td>1257</td><td>1397</td></tr>
<tr><td colspan="5">绝缘子串质量（kg）</td><td>42.98</td><td>37.38</td><td>46.48</td><td>43.16</td><td>37.56</td><td>43.96</td></tr>
<tr><td colspan="5">适用导线</td><td colspan="3">LGJ—185/30</td><td colspan="3">LGJ—240/40</td></tr>
<tr><td colspan="5">适用电压（kV）</td><td colspan="6">110</td></tr>
</table>

表 2-3-11　　　　悬垂绝缘子串组装零件表（十）

图号	件号	名　称	质量(kg)	数量	型号					
2-3-16	1	挂　板	1.08	1	UB—10					
	2	球头挂环	0.27	1	QP—7					
	3	绝缘子	型号		XP—70	LXP—70	XW1—70	XP—70	LXP—70	XW1—70
			数量		13	13	13	13	13	13
	4	悬垂线夹	6.1	1	CGU—6A					
	5	预绞丝	2.34 2.80	1	FYH—300/40			FYH—400/50		
绝缘子串长度 *L*（mm）					2191	2113	2373	2191	2113	2373
绝缘子串质量（kg）					74.79	64.39	81.29	75.25	64.85	81.75
适用导线					LGJ—300/40			LGJ—400/50		
适用电压（kV）					220					

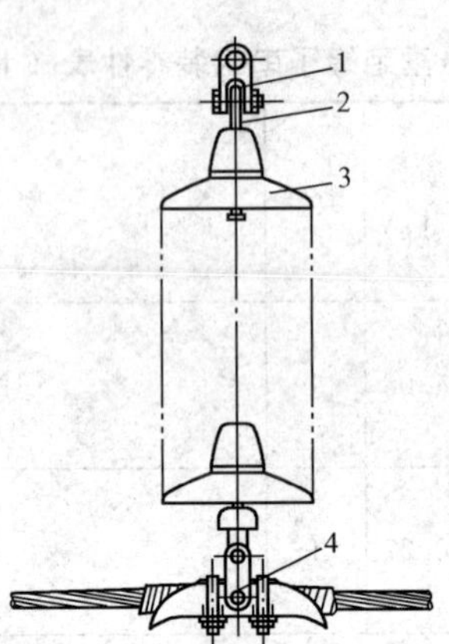

图 2-3-17

表 2-3-12　　悬垂绝缘子串组装零件表（十一）

<table>
<tr><th>图号</th><th>件号</th><th>名称</th><th>质量(kg)</th><th>数量</th><th colspan="9">型　　号</th></tr>
<tr><td rowspan="5">2-3-17</td><td>1</td><td>挂板</td><td>0.87</td><td>1</td><td colspan="9">Z—10</td></tr>
<tr><td>2</td><td>球头挂环</td><td>0.27</td><td>1</td><td colspan="9">QP—7</td></tr>
<tr><td rowspan="2">3</td><td rowspan="2">绝缘子</td><td colspan="2">型号</td><td colspan="3">XP—70</td><td colspan="3">LXP—70</td><td colspan="3">XW—70</td></tr>
<tr><td colspan="2">数量</td><td>13</td><td>14</td><td>15</td><td>13</td><td>14</td><td>15</td><td>13</td><td>14</td><td>15</td></tr>
<tr><td>4</td><td>悬垂线夹</td><td>5.7</td><td>1</td><td colspan="9">CGU—5A</td></tr>
<tr><td colspan="5">绝缘子串长度 L (mm)</td><td>2175</td><td>2321</td><td>2467</td><td>2097</td><td>2237</td><td>2377</td><td>2357</td><td>2517</td><td>2677</td></tr>
<tr><td colspan="5">绝缘子串质量（kg）</td><td>71.84</td><td>76.84</td><td>81.84</td><td>61.44</td><td>65.64</td><td>69.84</td><td>78.34</td><td>83.84</td><td>89.34</td></tr>
<tr><td colspan="5">适用导线</td><td colspan="9">LGJ—300/40，LGJ—400/50</td></tr>
<tr><td colspan="5">适用电压（kV）</td><td colspan="9">220</td></tr>
</table>

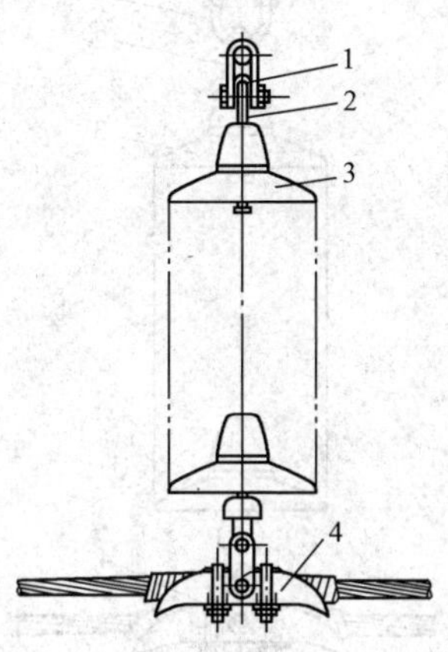

图 2-3-18

表 2-3-13　　悬垂绝缘子串组装零件表（十二）

<table>
<tr><th>图号</th><th>件号</th><th>名称</th><th>质量（kg）</th><th>数量</th><th colspan="9">型　　号</th></tr>
<tr><td rowspan="5">2-3-18</td><td>1</td><td>挂板</td><td>1.08</td><td>1</td><td colspan="9">UB—10</td></tr>
<tr><td>2</td><td>球头挂环</td><td>0.27</td><td>1</td><td colspan="9">QP—7</td></tr>
<tr><td rowspan="2">3</td><td rowspan="2">绝缘子</td><td colspan="2">型号</td><td colspan="3">XP—70</td><td colspan="3">LXP—70</td><td colspan="3">XWP—70</td></tr>
<tr><td colspan="2">数量</td><td>13</td><td>14</td><td>15</td><td>13</td><td>14</td><td>15</td><td>13</td><td>14</td><td>15</td></tr>
<tr><td>4</td><td>悬垂线夹</td><td>5.7</td><td>1</td><td colspan="9">CGU—5A</td></tr>
<tr><td colspan="5">绝缘子串长度 L（mm）</td><td>2185</td><td>2331</td><td>2477</td><td>2107</td><td>2247</td><td>2387</td><td>2367</td><td>2527</td><td>2687</td></tr>
<tr><td colspan="5">绝缘子串质量（kg）</td><td>72.05</td><td>77.05</td><td>82.95</td><td>61.65</td><td>65.85</td><td>70.05</td><td>78.55</td><td>84.05</td><td>89.55</td></tr>
<tr><td colspan="5">适用导线</td><td colspan="9">LGJ—300/40，LGJ—400/50</td></tr>
<tr><td colspan="5">适用电压（kV）</td><td colspan="9">220</td></tr>
</table>

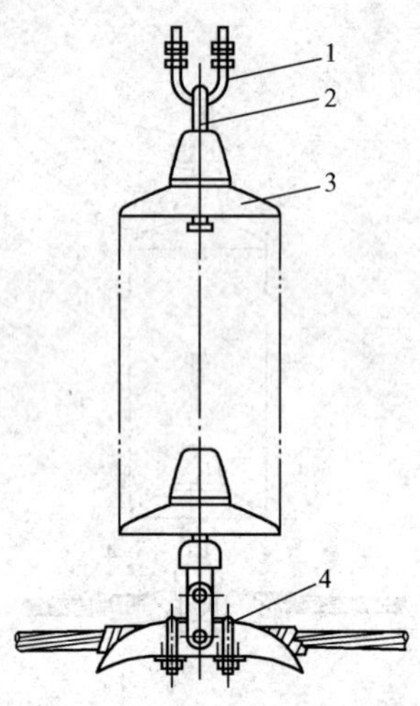

图 2-3-19

表 2-3-14　　悬垂绝缘子串组装零件表（十三）

<table>
<tr><th>图号</th><th>件号</th><th>名称</th><th>质量（kg）</th><th>数量</th><th colspan="9">型　　号</th></tr>
<tr><td rowspan="5">2-3-19</td><td>1</td><td>U形螺丝</td><td>0.88</td><td>1</td><td colspan="9">U—2080</td></tr>
<tr><td>2</td><td>球头挂环</td><td>0.30</td><td>1</td><td colspan="9">Q—7</td></tr>
<tr><td rowspan="2">3</td><td rowspan="2">绝缘子</td><td colspan="2">型号</td><td colspan="3">XP—70</td><td colspan="3">LXP—70</td><td colspan="3">XWP—70</td></tr>
<tr><td colspan="2">数量</td><td>13</td><td>14</td><td>15</td><td>13</td><td>14</td><td>15</td><td>13</td><td>14</td><td>15</td></tr>
<tr><td>4</td><td>悬垂线夹</td><td>5.7</td><td>1</td><td colspan="9">CGU—5A</td></tr>
<tr><td colspan="5">绝缘子串长度 L（mm）</td><td>2162</td><td>2308</td><td>2454</td><td>2084</td><td>2224</td><td>2364</td><td>2344</td><td>2504</td><td>2664</td></tr>
<tr><td colspan="5">绝缘子串质量（kg）</td><td>71.88</td><td>76.88</td><td>82.78</td><td>61.48</td><td>65.68</td><td>69.88</td><td>78.38</td><td>83.88</td><td>89.38</td></tr>
<tr><td colspan="5">适用导线</td><td colspan="9">LGJ—300/40，LGJ—400/50</td></tr>
<tr><td colspan="5">适用电压（kV）</td><td colspan="9">220</td></tr>
</table>

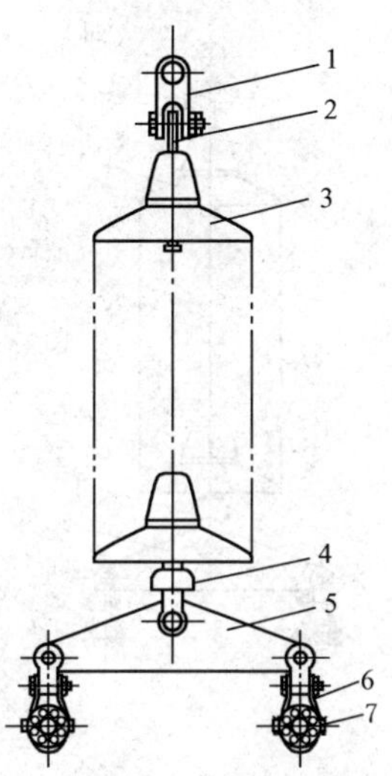

图 2-3-20

表 2-3-15 悬垂绝缘子串组装零件表（十四）

<table>
<tr><th>图号</th><th>件号</th><th>名　称</th><th>质量 (kg)</th><th>数量</th><th colspan="3">型　　号</th></tr>
<tr><td rowspan="8">2-3-20</td><td>1</td><td>挂　　板</td><td>1.08</td><td>1</td><td colspan="3">UB—10</td></tr>
<tr><td>2</td><td>球头挂环</td><td>0.27</td><td>1</td><td colspan="3">QP—7</td></tr>
<tr><td rowspan="2">3</td><td rowspan="2">绝缘子</td><td colspan="2">型号</td><td>XP—70</td><td>LXP—70</td><td>XWP—70</td></tr>
<tr><td colspan="2">数量</td><td>13</td><td>13</td><td>13</td></tr>
<tr><td>4</td><td>碗头挂板</td><td>0.97</td><td>1</td><td colspan="3">WS—7</td></tr>
<tr><td>5</td><td>联　　板</td><td>4.43</td><td>1</td><td colspan="3">L—1040</td></tr>
<tr><td>6</td><td>挂　　板</td><td>0.58</td><td>2</td><td colspan="3">ZS—7</td></tr>
<tr><td>7</td><td>悬垂线夹</td><td>3.0</td><td>2</td><td colspan="3">CGU—4</td></tr>
<tr><td colspan="5">绝缘子串长度 L（mm）</td><td>2338</td><td>2260</td><td>2520</td></tr>
<tr><td colspan="5">绝缘子串质量（kg）</td><td>78.91</td><td>68.51</td><td>85.41</td></tr>
<tr><td colspan="5">适用导线</td><td colspan="3">2×LGJ—185/30，2×LGJ—240/40</td></tr>
<tr><td colspan="5">适用电压（kV）</td><td colspan="3">220</td></tr>
</table>

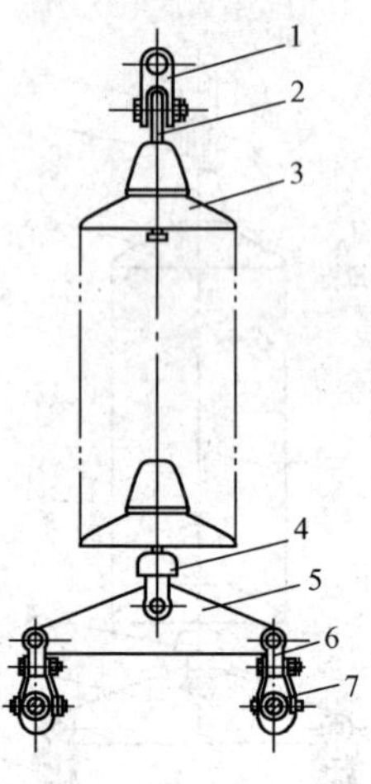

图 2-3-21

表 2-3-16　　悬垂绝缘子串组装零件表（十五）

<table>
<tr><th>图号</th><th>件号</th><th>名　称</th><th>质量
(kg)</th><th>数量</th><th colspan="3">型　　号</th></tr>
<tr><td rowspan="8">2-3-21</td><td>1</td><td>挂　板</td><td>0.87</td><td>1</td><td colspan="3">Z—10</td></tr>
<tr><td>2</td><td>球头挂环</td><td>0.27</td><td>1</td><td colspan="3">QP—7</td></tr>
<tr><td rowspan="2">3</td><td rowspan="2">绝缘子</td><td colspan="2">型号</td><td>XP—70</td><td>LXP—70</td><td>XWP—70</td></tr>
<tr><td colspan="2">数量</td><td>13</td><td>13</td><td>13</td></tr>
<tr><td>4</td><td>碗头挂板</td><td>0.97</td><td>1</td><td colspan="3">WS—7</td></tr>
<tr><td>5</td><td>联　板</td><td>4.43</td><td>1</td><td colspan="3">L—1040</td></tr>
<tr><td>6</td><td>挂　板</td><td>0.58</td><td>2</td><td colspan="3">ZS—7</td></tr>
<tr><td>7</td><td>悬垂线夹</td><td>3.0</td><td>2</td><td colspan="3">CGU—4</td></tr>
<tr><td colspan="5">绝缘子串长度 L（mm）</td><td>2328</td><td>2250</td><td>2510</td></tr>
<tr><td colspan="5">绝缘子串质量（kg）</td><td>78.7</td><td>68.3</td><td>85.2</td></tr>
<tr><td colspan="5">适用导线</td><td colspan="3">2×LGJ—185/30，2×LGJ—240/40</td></tr>
<tr><td colspan="5">适用电压（kV）</td><td colspan="3">220</td></tr>
</table>

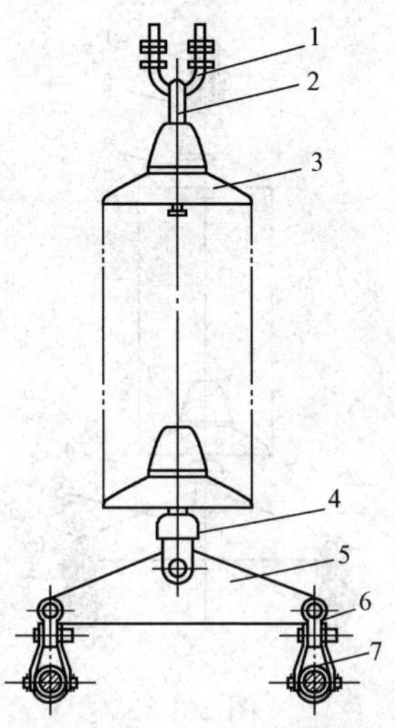

图 2-3-22

表 2-3-17　　　悬垂绝缘子串组装零件表（十六）

图号	件号	名　称	质量（kg）	数量	型　　号		
2-3-22	1	U 形螺丝	0.88	1	U—2080		
	2	球头挂环	0.30	1	Q—7		
	3	绝缘子	型号		XP—70	LXP—70	XWP—70
			数量		13	13	13
	4	碗头挂板	0.97	1	WS—7		
	5	联　板	4.43	1	L—1040		
	6	挂　板	0.58	2	ZS—7		
	7	悬垂线夹	3.0	2	CGU—4		
绝缘子串长度 L（mm）					2315	2237	2497
绝缘子串质量（kg）					78.74	68.34	85.24
适用导线					2×LGJ—185/30，2×LGJ—240/40		
适用电压（kV）					220		

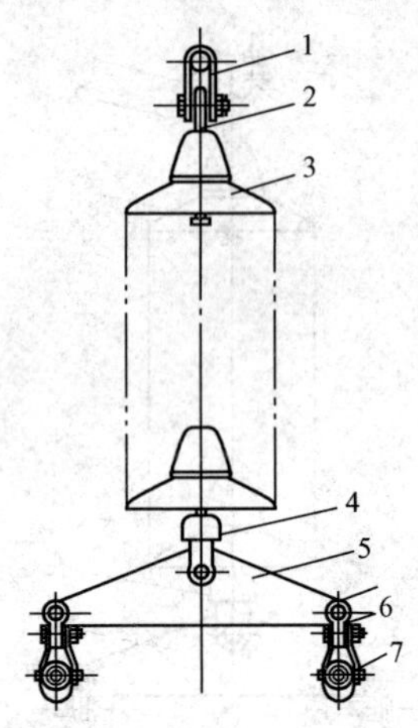

图 2-3-23

表 2-3-18　　悬垂绝缘子串组装零件表（十七）

<table>
<tr><th>图号</th><th>件号</th><th>名　称</th><th>质量
(kg)</th><th>数量</th><th colspan="6">型　　号</th></tr>
<tr><td rowspan="8">2-3-23</td><td>1</td><td>挂　板</td><td>0.87</td><td>1</td><td colspan="6">Z—10</td></tr>
<tr><td>2</td><td>球头挂环</td><td>0.27</td><td>1</td><td colspan="6">QP—7</td></tr>
<tr><td rowspan="2">3</td><td rowspan="2">绝缘子</td><td colspan="2">型号</td><td>XP—70</td><td>LXP—70</td><td>XW1—70</td><td>XP—70</td><td>LXP—70</td><td>XW1—70</td></tr>
<tr><td colspan="2">数量</td><td colspan="2">13</td><td colspan="4">13</td></tr>
<tr><td>4</td><td>碗头挂板</td><td>0.97</td><td>1</td><td colspan="6">WS—7</td></tr>
<tr><td>5</td><td>联　板</td><td>4.43</td><td>1</td><td colspan="6">L—1040</td></tr>
<tr><td>6</td><td>悬垂线夹</td><td>5.40</td><td>2</td><td colspan="6">CGU—5B</td></tr>
<tr><td>7</td><td>预绞丝</td><td>1.26
1.44</td><td>2</td><td colspan="3">FYH—185/30</td><td colspan="3">FYH—240/40</td></tr>
<tr><td colspan="5">绝缘子串长度 L（mm）</td><td>2293</td><td>2215</td><td>2475</td><td>2293</td><td>2215</td><td>2475</td></tr>
<tr><td colspan="5">绝缘子串质量（kg）</td><td>84.86</td><td>74.46</td><td>91.36</td><td>85.22</td><td>74.82</td><td>91.72</td></tr>
<tr><td colspan="5">适用导线</td><td colspan="3">2×LGJ—185/30</td><td colspan="3">2×LGJ—240/40</td></tr>
<tr><td colspan="5">适用电压（kV）</td><td colspan="6">220</td></tr>
</table>

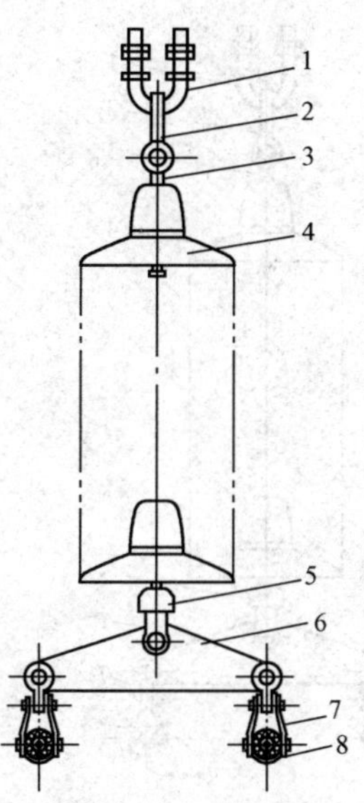

图 2-3-24

表 2-3-19　　悬垂绝缘子串组装零件表（十八）

<table>
<tr><th>图号</th><th>件号</th><th>名　称</th><th>质量
(kg)</th><th>数量</th><th colspan="3">型　　号</th></tr>
<tr><td rowspan="9">2-3-24</td><td>1</td><td>U形螺丝</td><td>0.88</td><td>1</td><td colspan="3">U—2080</td></tr>
<tr><td>2</td><td>U形挂环</td><td>0.54</td><td>1</td><td colspan="3">U—10</td></tr>
<tr><td>3</td><td>球头挂环</td><td>0.32</td><td>1</td><td colspan="3">QP—10</td></tr>
<tr><td rowspan="2">4</td><td rowspan="2">绝缘子</td><td colspan="2">型号</td><td colspan="3">XP—100</td></tr>
<tr><td colspan="2">数量</td><td>13</td><td>14</td><td>15</td></tr>
<tr><td>5</td><td>碗头挂板</td><td>1.20</td><td>1</td><td colspan="3">WS—10</td></tr>
<tr><td>6</td><td>联　　板</td><td>4.43</td><td>1</td><td colspan="3">L—1040</td></tr>
<tr><td>7</td><td>挂　　板</td><td>0.58</td><td>2</td><td colspan="3">ZS—7</td></tr>
<tr><td>8</td><td>悬垂线夹</td><td>3.0</td><td>2</td><td colspan="3">CGU—4</td></tr>
<tr><td colspan="5">绝缘子串长度 L（mm）</td><td>2389</td><td>2535</td><td>2681</td></tr>
<tr><td colspan="5">绝缘子串质量（kg）</td><td>87.33</td><td>92.93</td><td>98.53</td></tr>
<tr><td colspan="5">适用导线</td><td colspan="3">2×LGJ—185/30，2×LGJ—240/40</td></tr>
<tr><td colspan="5">适用电压（kV）</td><td colspan="3">220</td></tr>
</table>

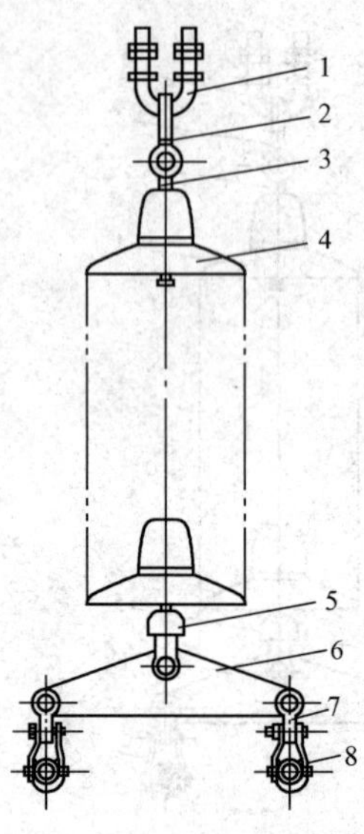

图 2-3-25

表 2-3-20　　悬垂绝缘子串组装零件表（十九）

图号	件号	名称	质量(kg)	数量	型号					
2-3-25	1	U形螺丝	0.88	1	U—2080					
	2	U形挂环	0.54	1	U—10					
	3	球头挂环	0.32	1	QP—10					
	4	绝缘子	型号		XP—100			XP—100		
			数量		13	14	15	13	14	15
	5	碗头挂板	1.20	1	WS—10					
	6	联　板	4.43	1	L—1040					
	7	悬垂线夹	5.4	2	CGU—5B					
	8	预绞丝	1.26 1.44	2	FYH—185/30			FYH—240/40		
绝缘子串长度 L（mm）					2356	2502	2648	2356	2502	2648
绝缘子串质量（kg）					93.49	99.09	104.69	93.85	99.45	105.05
适用导线					2×LGJ—185/30			2×LGJ—240/40		
适用电压（kV）					220					

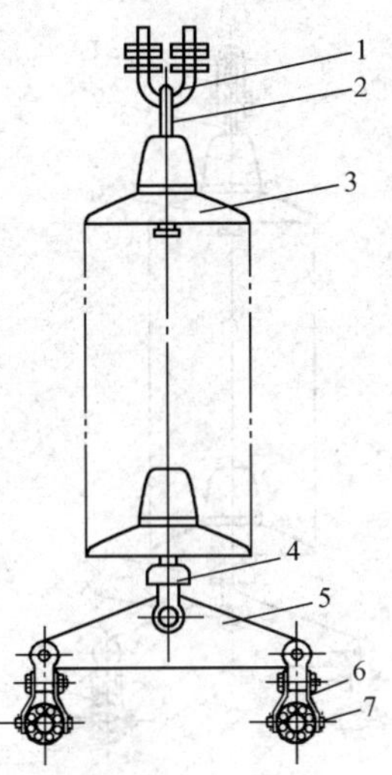

图 2-3-26

表 2-3-21　　悬垂绝缘子串组装零件表（二十）

图号	件号	名　称	质量 (kg)	数量	型　　号					
2-3-26	1	U形螺丝	0.88	1	U—2080					
	2	球头挂环	0.27	1	QP—7					
	3	绝缘子	型号		XP—70	LXP—70	XW1—70	XP—70	LXP—70	XW1—70
			数量		13	13	13	13	13	13
	4	碗头挂板	0.97	1	WS—7					
	5	联　板	4.43	1	L—1040					
	6	悬垂线夹	5.40	2	CGU—5B					
	7	预绞丝	1.26 1.44	2	FYH—185/30			FYH—240/40		
绝缘子串长度 L（mm）					2282	2204	2464	2282	2204	2464
绝缘子串质量（kg）					84.87	74.47	91.37	85.23	74.83	91.73
适用导线					2×LGJ—185/30			2×LGJ—240/40		
适用电压（kV）					220					

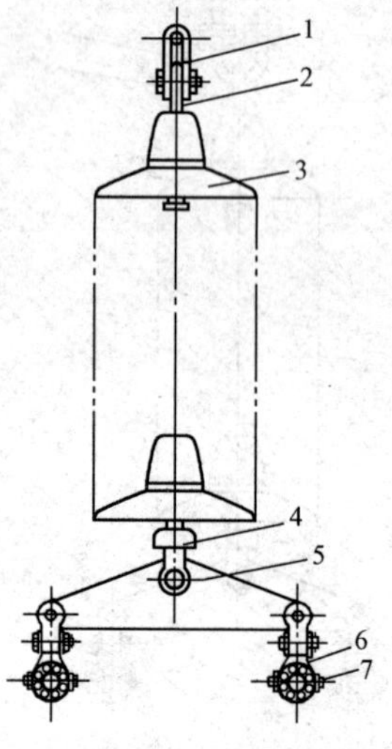

图 2-3-27

表 2-3-22　　悬垂绝缘子串组装零件表（二十一）

<table>
<tr><th>图号</th><th>件号</th><th>名　称</th><th>质量
(kg)</th><th>数量</th><th colspan="6">型　　号</th></tr>
<tr><td rowspan="8">2-3-27</td><td>1</td><td>挂　　板</td><td>1.08</td><td>1</td><td colspan="6">UB—10</td></tr>
<tr><td>2</td><td>球头挂环</td><td>0.27</td><td>1</td><td colspan="6">QP—7</td></tr>
<tr><td rowspan="2">3</td><td rowspan="2">绝缘子</td><td colspan="2">型号</td><td>XP—70</td><td>LXP—70</td><td>XW1—70</td><td>XP—70</td><td>LXP—70</td><td>XW1—70</td></tr>
<tr><td colspan="2">数量</td><td colspan="3">13</td><td colspan="3">13</td></tr>
<tr><td>4</td><td>碗头挂板</td><td>0.97</td><td>1</td><td colspan="6">WS—7</td></tr>
<tr><td>5</td><td>联　　板</td><td>4.43</td><td>1</td><td colspan="6">L—1040</td></tr>
<tr><td>6</td><td>悬垂线夹</td><td>5.40</td><td>2</td><td colspan="6">CGU—5B</td></tr>
<tr><td>7</td><td>预绞丝</td><td>1.26
1.44</td><td>2</td><td colspan="3">FYH—185/30</td><td colspan="3">FYH—240/40</td></tr>
<tr><td colspan="5">绝缘子串长度 L（mm）</td><td>2303</td><td>2225</td><td>2485</td><td>2303</td><td>2225</td><td>2485</td></tr>
<tr><td colspan="5">绝缘子串质量（kg）</td><td>85.07</td><td>74.67</td><td>91.57</td><td>85.43</td><td>75.03</td><td>91.93</td></tr>
<tr><td colspan="5">适用导线</td><td colspan="3">2×LGJ—185/30</td><td colspan="3">2×LGJ—240/40</td></tr>
<tr><td colspan="5">适用电压（kV）</td><td colspan="6">220</td></tr>
</table>

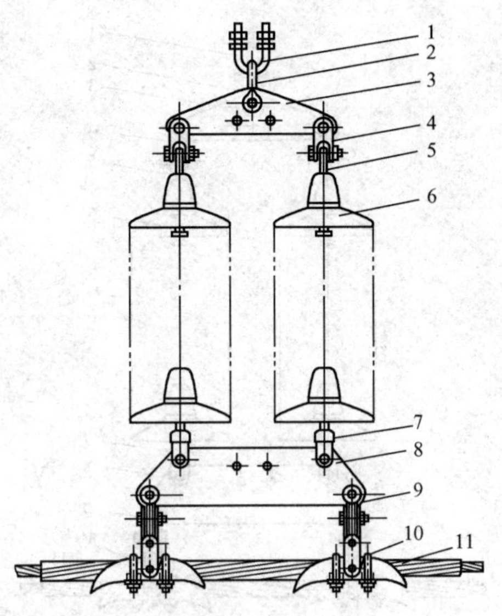

图 2-3-28

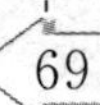

表 2-3-23　　悬垂绝缘子串组装零件表（二十二）

图号	件号	名　称	质量(kg)	数量	型　　号					
2-3-28	1	U形螺丝	0.88	1	U—2080					
	2	U形挂环	0.95	1	U—12					
	3	联　板	4.66	1	L—1240					
	4	挂　板	0.56	2	Z—7					
	5	球头挂环	0.27	2	QP—7					
	6	绝缘子	型号		XP—70	LXP—70	XW1—70	XP—70	LXP—70	XW1—70
			数量		2×13			2×13		
	7	碗头挂板	0.97	2	WS—7					
	8	联　板	8.66	1	LS—1255					
	9	挂　板	0.58	2	ZS—7					
	10	悬垂线夹	5.8	2	CGU—6B					
	11	预绞丝	2.34 2.80	2	FYH—300/40			FYH—400/50		
绝缘子串长度 L（mm）					2546	2468	2748	2546	2468	2748
绝缘子串质量（kg）					160.39	139.59	173.39	161.31	140.51	174.31
适用导线					LGJ—300/40			LGJ—400/50		
适用电压（kV）					220					

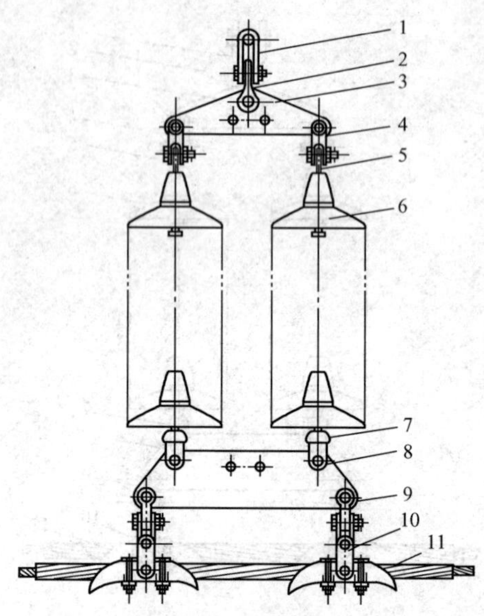

图 2-3-29

表 2-3-24　　悬垂绝缘子串组装零件表（二十三）

<table>
<tr><th>图号</th><th>件号</th><th>名　称</th><th>质量
(kg)</th><th>数量</th><th colspan="6">型　　号</th></tr>
<tr><td rowspan="12">2-3-29</td><td>1</td><td>挂　　板</td><td>1.16</td><td>1</td><td colspan="6">Z—12</td></tr>
<tr><td>2</td><td>U形挂环</td><td>0.95</td><td>1</td><td colspan="6">U—12</td></tr>
<tr><td>3</td><td>联　　板</td><td>4.66</td><td>1</td><td colspan="6">L—1240</td></tr>
<tr><td>4</td><td>挂　　板</td><td>0.56</td><td>2</td><td colspan="6">Z—7</td></tr>
<tr><td>5</td><td>球头挂环</td><td>0.27</td><td>2</td><td colspan="6">QP—7</td></tr>
<tr><td rowspan="2">6</td><td rowspan="2">绝缘子</td><td colspan="2">型号</td><td>XP—70</td><td>LXP—70</td><td>XW1—70</td><td>XP—70</td><td>LXP—70</td><td>XW1—70</td></tr>
<tr><td colspan="2">数量</td><td>2×13</td><td>2×13</td><td>2×13</td><td>2×13</td><td>2×13</td><td>2×13</td></tr>
<tr><td>7</td><td>碗头挂板</td><td>0.97</td><td>2</td><td colspan="6">WS—7</td></tr>
<tr><td>8</td><td>联　　板</td><td>8.66</td><td>1</td><td colspan="6">LS—1255</td></tr>
<tr><td>9</td><td>挂　　板</td><td>0.58</td><td>2</td><td colspan="6">ZS—7</td></tr>
<tr><td>10</td><td>悬垂线夹</td><td>5.8</td><td>2</td><td colspan="6">CGU—6B</td></tr>
<tr><td>11</td><td>预绞丝</td><td>2.34
2.80</td><td>2</td><td colspan="3">FYH—300/40</td><td colspan="3">FYH—400/50</td></tr>
<tr><td colspan="5">绝缘子串长度 L（mm）</td><td>2576</td><td>2498</td><td>2778</td><td>2576</td><td>2498</td><td>2778</td></tr>
<tr><td colspan="5">绝缘子串质量（kg）</td><td>159.7</td><td>138.9</td><td>172.7</td><td>160.63</td><td>139.82</td><td>173.62</td></tr>
<tr><td colspan="5">适用导线</td><td colspan="3">LGJ—300/40</td><td colspan="3">LGJ—400/50</td></tr>
<tr><td colspan="5">适用电压（kV）</td><td colspan="6">220</td></tr>
</table>

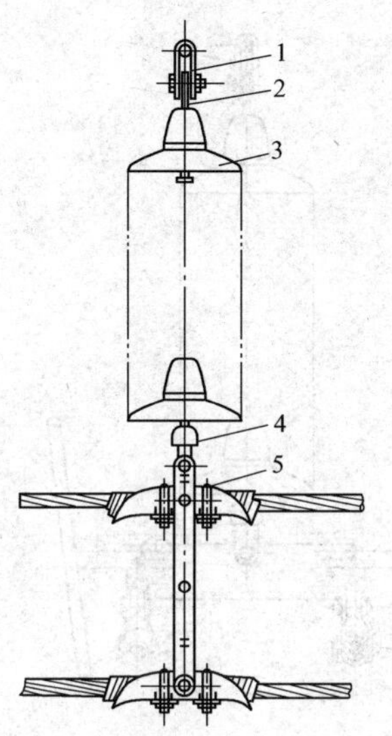

图 2-3-30

表 2-3-25　　悬垂绝缘子串组装零件表（二十四）

图号	件号	名　称	质量 (kg)	数量	型　　号	
2-3-30	1	挂　板	1.08	1	UB—10	
	2	球头挂环	0.27	1	QP—7	
	3	绝缘子	型号		XP—70	
			数量		13	
	4	碗头挂板	0.97	1	WS—7	
	5	悬垂线夹	14.6	1	CCS—5	
绝缘子串长度　L（mm）					2605	2605
绝缘子串质量（kg）					85.34	85.7
适用导线					2×LGJ—185/30	2×LGJ—240/40
适用电压（kV）					220	

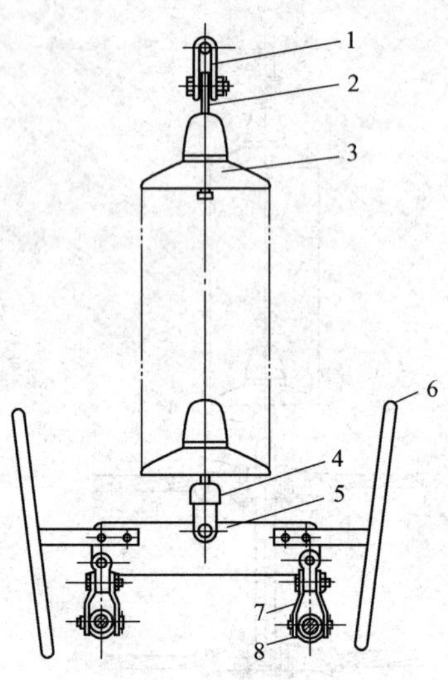

图 2-3-31

表 2-3-26　　悬垂绝缘子串组装零件表（二十五）

图号	件号	名　称	质量 (kg)	数量	型　　号	
2-3-31	1	挂　　板	1.08	1	UB—10	
	2	球头挂环	0.32	1	QP—10	
	3	绝缘子	型号		XP—100	XP—100
			数量		19	19
	4	碗头挂板	1.20	1	WS—10	
	5	联　　板	4.43	1	LJ—1040	
	6	均压屏蔽环	5.4	2	FJP—330C	
	7	悬垂线夹	5.8	2	CGU—6B	
	8	预绞丝	2.34 2.80	2	FYH—300/40	FYH—400/50
绝缘子串长度 L（mm）					3202	3202
绝缘子串质量（kg）					140.51	141.43
适用导线					2×LGJ—300/40	2×LGJ—400/50
适用电压（kV）					330	

表 2-3-27　　悬垂绝缘子串组装零件表（二十六）

<table>
<tr><th>图号</th><th>件号</th><th>名　称</th><th>质量（kg）</th><th>数量</th><th colspan="2">型　号</th></tr>
<tr><td rowspan="9">2-3-31</td><td>1</td><td>挂　板</td><td>2.89</td><td>1</td><td colspan="2">UB—16</td></tr>
<tr><td>2</td><td>球头挂环</td><td>0.5</td><td>1</td><td colspan="2">QP—16</td></tr>
<tr><td rowspan="2">3</td><td rowspan="2">绝缘子</td><td colspan="2">型号</td><td colspan="2">XP—160</td></tr>
<tr><td colspan="2">数量</td><td colspan="2">19</td></tr>
<tr><td>4</td><td>碗头挂板</td><td>2.64</td><td>1</td><td colspan="2">WS—16</td></tr>
<tr><td>5</td><td>联　板</td><td>9.54</td><td>1</td><td colspan="2">LJ—1640</td></tr>
<tr><td>6</td><td>均压屏蔽环</td><td>5.4</td><td>2</td><td colspan="2">FJP—330C</td></tr>
<tr><td>7</td><td>悬垂线夹</td><td>5.8</td><td>2</td><td colspan="2">CGU—6B</td></tr>
<tr><td>8</td><td>预绞丝</td><td>2.34
2.80</td><td>2</td><td>FYH—300/40</td><td>FYH—400/50</td></tr>
<tr><td colspan="5">绝缘子串长度 L（mm）</td><td>3443</td><td>3443</td></tr>
<tr><td colspan="5">绝缘子串质量（kg）</td><td>156.65</td><td>157.57</td></tr>
<tr><td colspan="5">适用导线</td><td>LGJ—300/40</td><td>LGJ—400/50</td></tr>
<tr><td colspan="5">适用电压（kV）</td><td colspan="2">330</td></tr>
</table>

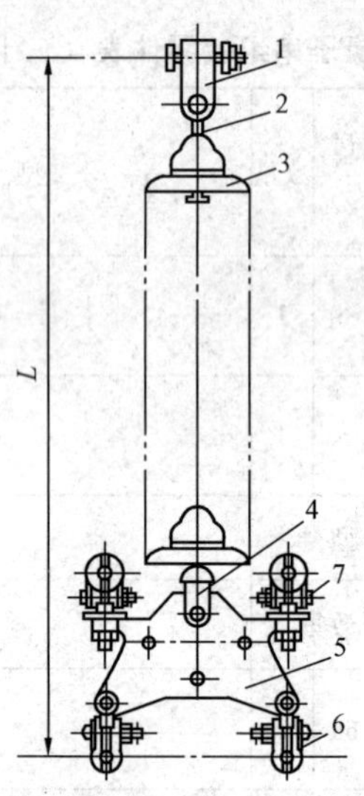

图 2-3-32

表 2-3-28　　500kV 单串悬垂绝缘子串组装零件表

图号	件号	名　称	质量（kg）	数量	型　　号
2-3-32	1	U 形挂板	2.0	1	UB—16T
	2	球头挂环	0.5	1	QP—16
	3	绝缘子	型号		XP—160
			数量		28
	4	碗头挂板	2.6	1	WS—16
	5	联　　板	18	1	LK—1645
	6	悬垂线夹	2.4	2	CGF—5K
	7	悬垂线夹	3.6	2	CGF—5C
绝缘子串长度 *L*（mm）					4945
绝缘子串质量（kg）					220.6
适用导线					LGJ—300/35，LGJ—400/50
适用电压（kV）					500

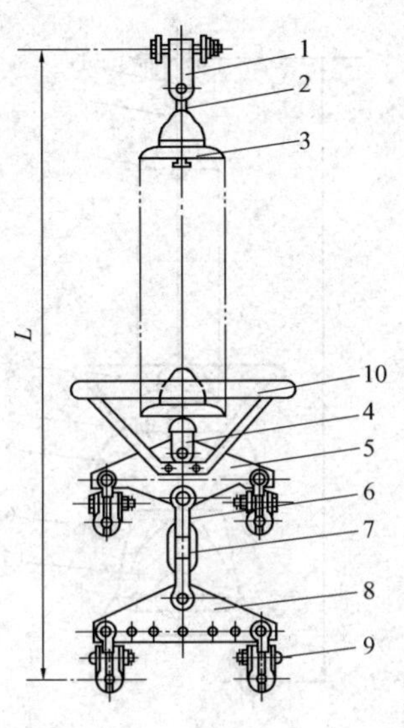

图 2-3-33

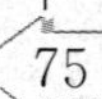

表 2-3-29　500kV 单串悬垂绝缘子串(组合联板装均压环)组装零件表

图号	件号	名　称	质量(kg)	数量	型　　号
2-3-33	1	U形挂板	2.0	1	UB—16T
	2	球头挂环	0.5	1	QP—16
	3	绝缘子	型号		XP—160
			数量		28
	4	碗头挂板	2.6	1	WS—16
	5	联　板	7.4	1	LL—1645
	6	U形挂环	1.0	2	U—12
	7	延长环	0.88	1	PH—12
	8	联　板	5.0	1	L—1245
	9	悬垂线夹	3.6	4	CGF—5C
	10	均压环	8.4	1	FJP—500CD
绝缘子串长度 L（mm）					5240
绝缘子串质量（kg）					226.56
适用导线					LGJ—300/35，LGJ—400/50
适用电压（kV）					500

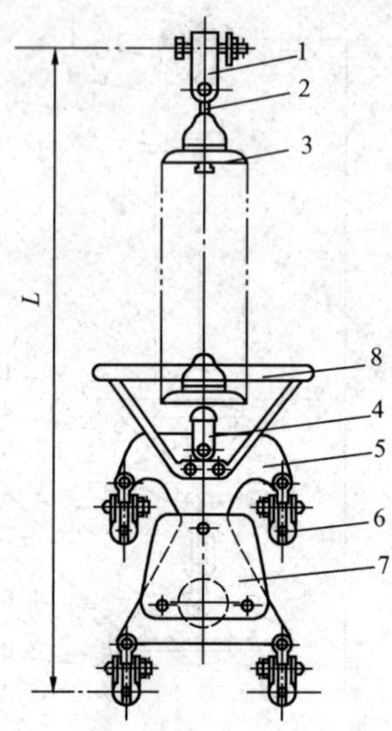

图 2-3-34

表 2-3-30　500kV单串悬垂绝缘子串（加重锤）组装零件表

图号	件号	名　称	质量（kg）	数量	型　号
2-3-34	1	U形挂板	2.0	1	UB—16T
	2	球头挂环	0.5	1	QP—16
	3	绝缘子	型号		XP—160
			数量		28
	4	碗头挂板	2.6	1	WS—16
	5	联　板	24.8	1	LK—1645
	6	悬垂线夹	3.6	4	CGF—5C
	7	悬重锤	21.8		ZC—18
	8	均压环	8.4	1	FJP—500CD
绝缘子串长度 L（mm）					5265
绝缘子串质量（kg）					230.1
适用导线					LGJ—300/35，LGJ—400/50
适用电压（kV）					500

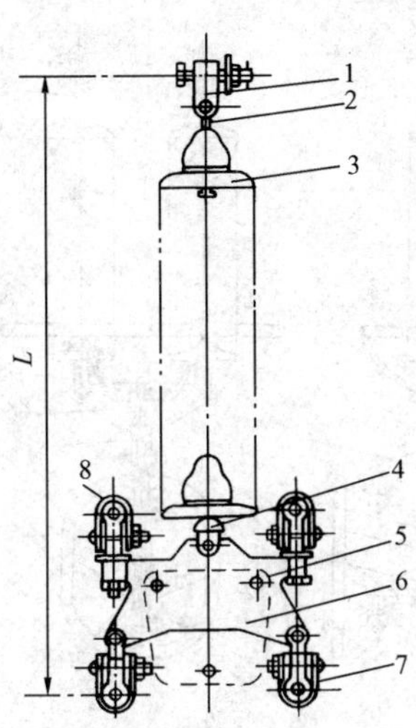

图 2-3-35

表 2-3-31　500kV 单串跳线悬垂绝缘子串（加重锤）组装零件表

图号	件号	名　称	质量（kg）	数量	型　号
2-3-35	1	U形挂板	2.0	1	UB—16T
	2	球头挂环	0.5	1	QP—16
	3	绝缘子	型号		XP—160
			数量		28
	4	碗头挂板	2.6	1	WS—16
	5	联　　板	16	1	LK—1045
	6	悬重锤	21.8		ZC—18
	7	悬垂线夹	2.4	2	CGF—5K
	8	悬垂线夹	3.6	2	CGF—5C
绝缘子串长度 L（mm）					4790
绝缘子串质量（kg）					170
适用导线					LGJ—300/35，LGJ—400/50
适用电压（kV）					500

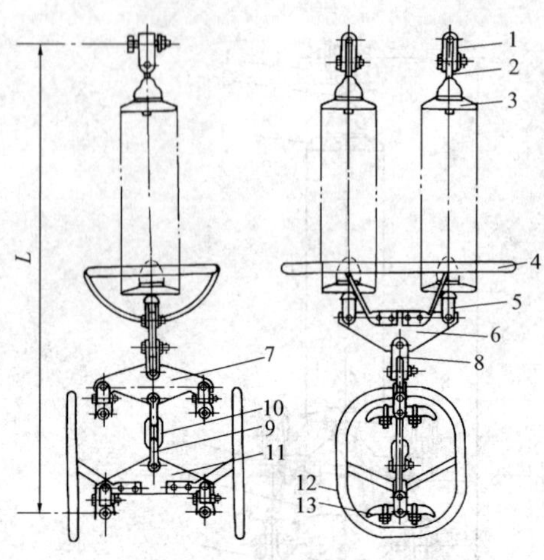

图 2-3-36

表 2-3-32　　500kV 双串绝缘子串组装零件表

<table>
<tr><th>图号</th><th>件号</th><th>名　称</th><th>质量
(kg)</th><th>数量</th><th>型　　号</th></tr>
<tr><td rowspan="14">2-3-36</td><td>1</td><td>U 形挂板</td><td>2.0</td><td>2</td><td>UB—16T</td></tr>
<tr><td>2</td><td>球头挂环</td><td>0.5</td><td>2</td><td>QP—16</td></tr>
<tr><td rowspan="2">3</td><td rowspan="2">绝缘子</td><td colspan="2">型号</td><td>XP—160</td></tr>
<tr><td colspan="2">数量</td><td>2×28</td></tr>
<tr><td>4</td><td>均压环</td><td>12</td><td>1</td><td>FJP—500CS</td></tr>
<tr><td>5</td><td>碗头挂板</td><td>2.6</td><td>2</td><td>WS—16</td></tr>
<tr><td>6</td><td>联　　板</td><td>8.5</td><td>1</td><td>L—3045—1</td></tr>
<tr><td>7</td><td>联　　板</td><td>7.4</td><td>1</td><td>LL—1645</td></tr>
<tr><td>8</td><td>U 形挂环</td><td>1.47</td><td>2</td><td>U—16</td></tr>
<tr><td>9</td><td>U 形挂环</td><td>1.0</td><td>2</td><td>U—12</td></tr>
<tr><td>10</td><td>延长环</td><td>0.88</td><td>1</td><td>PH—12</td></tr>
<tr><td>11</td><td>联　　板</td><td>5.0</td><td>1</td><td>L—1245</td></tr>
<tr><td>12</td><td>屏蔽环</td><td>8</td><td>2</td><td>FJP—500C</td></tr>
<tr><td>13</td><td>悬垂线夹</td><td>5.4</td><td>4</td><td>CGU—5B</td></tr>
<tr><td colspan="5">绝缘子串长度 L（mm）</td><td>5520</td></tr>
<tr><td colspan="5">绝缘子串质量（kg）</td><td>456.6</td></tr>
<tr><td colspan="5">适用导线</td><td>LGJ—300/35，LGJ—400/50</td></tr>
<tr><td colspan="5">适用电压（kV）</td><td>500</td></tr>
</table>

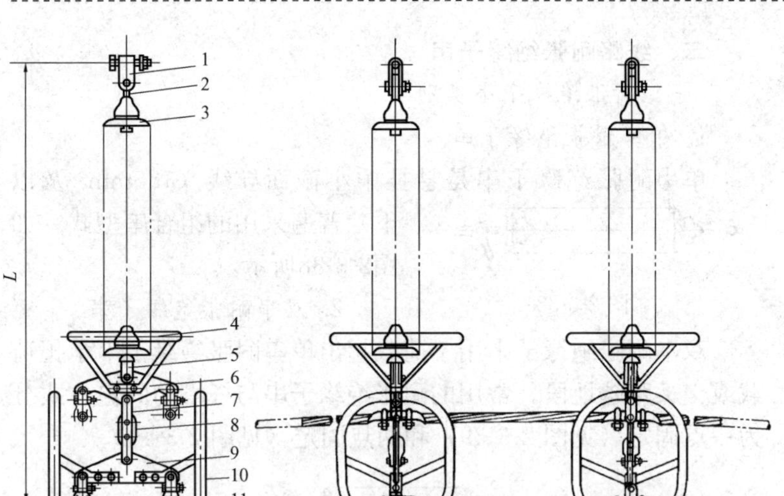

图 2-3-37

表 2-3-33　　500kV 双串两点固定悬垂绝缘子串组装零件表

图号	件号	名　称	质量（kg）	数量	型　　　号
2-3-37	1	U 形挂板	2.0	2	UB—16T
	2	球头挂环	0.5	2	QP—16
	3	绝缘子	型号		XP—160
			数量		2×28
	4	均压环	8.4	2	FJP—500CD
	5	碗头挂板	2.6	2	WS—16
	6	联　板	9.4	2	LL—1645
	7	U 形挂环	1.0	4	U—12
	8	延长环	0.88	2	PH—12
	9	联　板	5.0	2	L—1245
	10	屏蔽环	8.0	4	FJP—500C
	11	悬垂线夹	5.4	8	CGU—5B
绝缘子串长度 L（mm）					5258
绝缘子串质量（kg）					518
适用导线					LGJ—300/35，LGJ—400/50
适用电压（kV）					500

二、线路耐张绝缘子串

（一）耐张绝缘子串类别

1. 单串耐张绝缘子串

单串耐张绝缘子串是悬挂中小截面导线（185mm² 及以下）普遍采用的组合串型式，如图2-3-38所示。

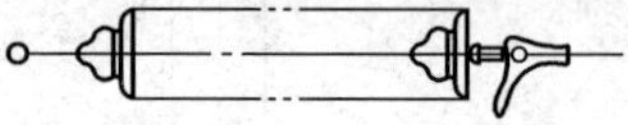

图 2-3-38

2. 双串耐张绝缘子串

双串耐张绝缘子串用于荷载超出单串耐张绝缘子串承担荷载或交叉跨越地段。常用的耐张绝缘子串与杆塔的固定方式分为一点固定（见图 2-3-39）和两点固定（见图 2-3-40）。

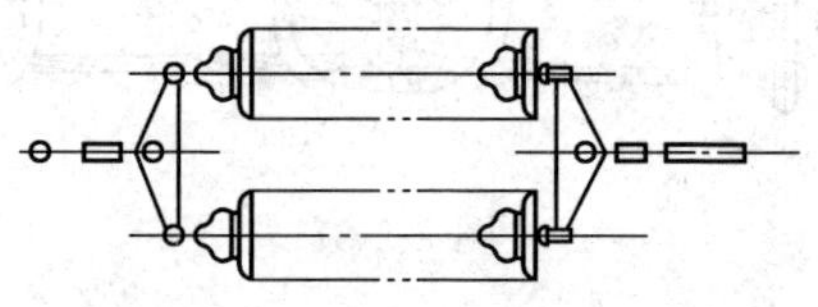

图 2-3-39

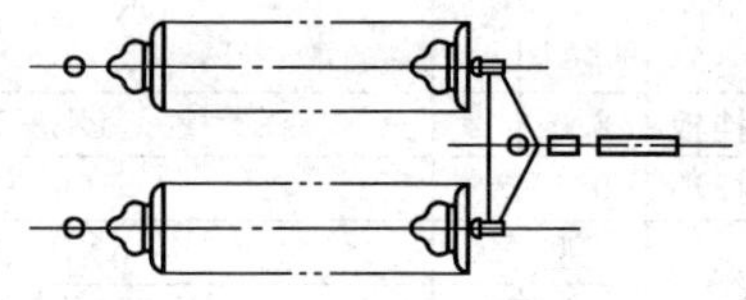

图 2-3-40

一点固定可用于耐张杆塔，亦可用于转角杆塔。当用于转角杆塔时，它能随线路转角而转换悬挂角度，施工方便，但金具用量较多。两点固定金具用量少，当断一串绝缘子串时，仍可继续运行。但当它用于转角杆塔时，转角外侧的绝缘子串须加延长的金具，架线牵引时比较麻烦。采用这种组装形式，杆塔横担固定点之间距离应随转角度数不同进行布置，从而使杆塔横担悬挂点复杂化，不能通用。

3. 三串耐张绝缘子串

单串耐张绝缘子串线路遇到特大档距，导线张力很大，用双串耐张绝缘子串不能满足要求时，若采用高一级强度的绝缘子组装，将给运行维护造成不便，此时，采用相同强度的绝缘子组成三串耐张绝缘子串。图 2-3-41 所示为较好的组装形式。

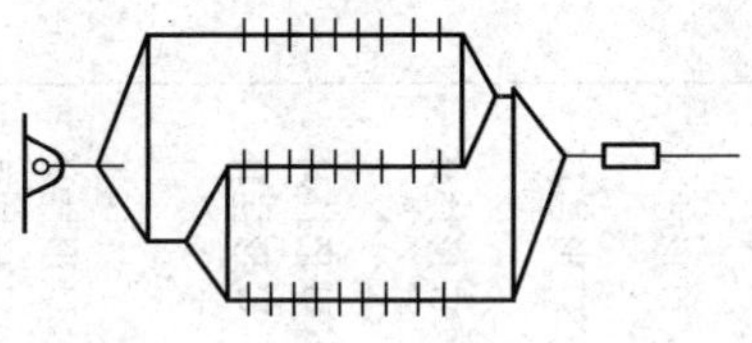

图 2-3-41

但这种绝缘子串使用的绝缘子较多，金具零件多，检修时检修人员在绝缘子串上操作不够稳定。整个一条线路均采用这种组装是不可取的，有的可采用加大一级强度的绝缘子组成双串绝缘子串。

（二）典型耐张绝缘子串组装

35～220kV 输电线路耐张绝缘子串典型组装分为单串、双串、倒挂双串三种。绝缘子串与杆塔横担固定可分别选用直角挂板、U 形挂环。电压 220kV 线路耐张绝缘子串用于二分裂导线分别以水平排列和垂直排列组装，所有的耐张绝缘子串与杆塔横担固定选用一点固定方式。

500kV 耐张绝缘子串根据导线总拉力分别选用 XP—210 型双串及 XP—300 型双串绝缘子组装。大档距的耐张绝缘子串是以 XP—160 型 4 串绝缘子组装。绝缘子串与杆塔横担采用两点固定方式，每串绝缘子各拉两根导线，用于转角塔时，其中一串加装调整延长板，以调整转角长度。

35～500kV 输电线路耐张绝缘子串组装系列如表 2-3-34。

表 2-3-34　　耐张绝缘子串组装系列表

序号	组合串名称	串别	电压(kV)	导线型号	绝缘子型号	线夹形式	分裂导线排列	与横担固定方式	绝缘子保护方式	图号
1	耐张	单串	35、60、110	LGJ—35/6～150/25		螺栓		直角挂板		2-3-42
2	耐张	单串	110、154	LGJ—70/10～150/25		螺栓		U形挂环		2-3-43
3	耐张	双串	110、154	LGJ—185/30 LGJ—240/40	XP—70	螺栓		U形挂环		2-3-44
4	耐张	双串	110 154	LGJ—185/30 LGJ—240/40		压接		U形挂环		2-3-46
5	耐张	双串	220	LGJ—240/40		螺栓		U形挂环		2-3-44
6	耐张	单串	220	LGJ—240/40 LGJ—300/50 LGJ—400/65	XP—100	压接		U形挂环		2-3-45
7	耐张	双串	220	LGJ—240/40		压接		U形挂环		2-3-46
8	耐张	双串	220	LGJ—300/40	X—4.5	压接		U形挂环		2-3-46
9	耐张	双串	220	LGJ—300/50	XP—70	压接		U形挂环		2-3-46
10	耐张	双串	220	LGJ—400/50		压接		U形挂环		2-3-46
11	耐张	双串	220	LGJ—400/65 LGJ—500/45 LGJ—400/95	X—100	压接		U形挂环		2-3-46

续表

序号	组合串名称	串别	电压（kV）	导线型号	绝缘子型号	线夹型式	分裂导线排列	与横担固定方式	绝缘子保护方式	图号
12	耐张	双串	220	2×LGJ—185/30 2×LGJ—240/40	XP—100	压接	垂直	U形挂环		2-3-47
13	耐张	双串	220	2×LGJ—185 2×LGJ—240	XP—100	压接	水平	U形挂环		2-3-48
14	耐张倒装	双串	220	LGJ—300/40 LGJ—400/50	XP—70	压接		U形挂环		2-3-49
15	耐张	双串	330	2×LGJ—300 2×LGJ—300	XP—120 XP—160	压接	水平	U形挂环	均压屏蔽环	2-3-50
16	耐张	双串	500	4×（LGJ—300～400）	XP—210	压接	四分裂	U形挂环		2-3-54
17	耐张	双串	500	4×（LGJ—300～400）	XP—210	压接	四分裂	U形挂环		2-3-51
18	耐张	三串	500	4×（LGJ—300～400）	XP—210	压接	四分裂	U形挂环		2-3-52
19	耐张	四串	500	4×（LGJ—300～400）	XP—160	压接	四分裂	U形挂环		2-3-53

组合串图形及零件表见图 2-3-42～图 2-3-51 及表 2-3-35～表 2-3-50。

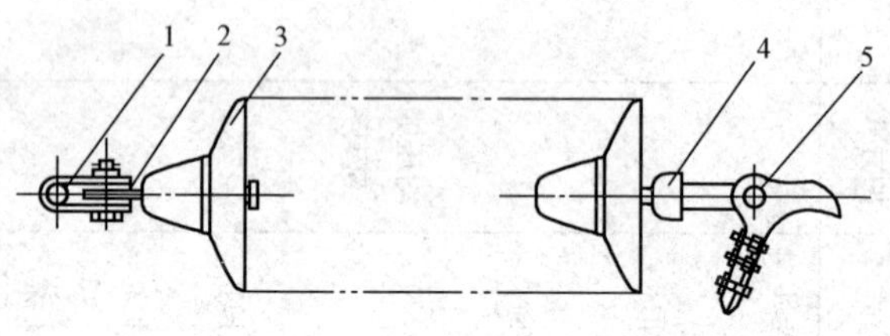

图 2-3-42

表 2-3-35　　耐张绝缘子串组装零件表（一）

图号	件号	名　称	质量（kg）	数量	型　号					
2-3-42	1	挂　板	0.56	1	Z—7					
	2	球头挂环	0.27	1	QP—7					
	3	绝缘子	型号		XP—70					
			数量		4		6		8	
	4	碗头挂板	1.07	1	W—7B					
	5	耐张线夹	1.3 2.1 4.6	1	NLD—1	NLD—2	NLD—2	NLD—3	NLD—2	NLD—3
绝缘子串长度 L（mm）					929	939	1231	1261	1523	1553
绝缘子串质量（kg）					23.2	24.0	34.0	36.5	44.0	46.5
适用导线					LGJ—35/6～50/8	LGJ—70/10～95/15	LGJ—70/10～95/15	LGJ—120/20～150/25	LGJ—70/10～95/15	LGJ—120/20～150/25
适用电压（kV）					35		60		110	

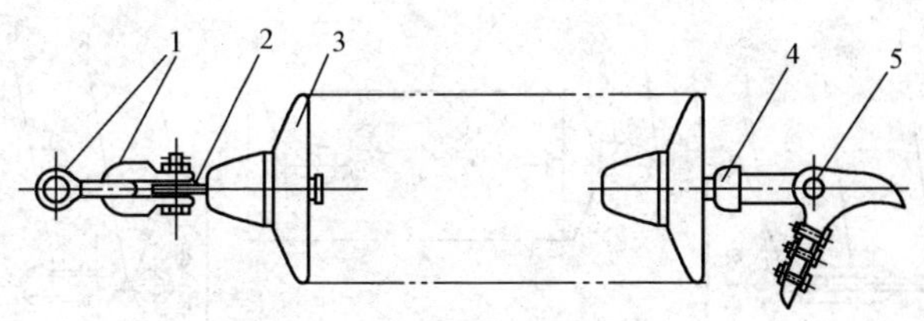

图 2-3-43

表 2-3-36　　　　耐张绝缘子串组装零件表（二）

<table>
<tr><th>图号</th><th>件号</th><th>名　称</th><th>质量
(kg)</th><th>数量</th><th colspan="4">型　　　号</th></tr>
<tr><td rowspan="6">2-3-43</td><td>1</td><td>U 形挂环</td><td>0.42</td><td>2</td><td colspan="4">U—7</td></tr>
<tr><td>2</td><td>球头挂环</td><td>0.27</td><td>1</td><td colspan="4">QP—7</td></tr>
<tr><td rowspan="2">3</td><td rowspan="2">绝缘子</td><td colspan="2">型号</td><td colspan="4">XP—70</td></tr>
<tr><td colspan="2">数量</td><td>8</td><td>8</td><td>11</td><td>11</td></tr>
<tr><td>4</td><td>碗头挂板</td><td>1.07</td><td>1</td><td colspan="4">W—7B</td></tr>
<tr><td>5</td><td>耐张线夹</td><td>2.1
4.6</td><td>1</td><td>NLD—2</td><td>NLD—3</td><td>NLD—2</td><td>NLD—3</td></tr>
<tr><td colspan="5">绝缘子串长度 L（mm）</td><td>1523</td><td>1553</td><td>1961</td><td>1991</td></tr>
<tr><td colspan="5">绝缘子串质量（kg）</td><td>44.28</td><td>46.78</td><td>59.28</td><td>61.78</td></tr>
<tr><td colspan="5">适用导线</td><td>LGJ—70
/10～95
/15</td><td>LGJ—120
/20～150
/25</td><td>LGJ—70
/10～95
/15</td><td>LGJ—120
/20～150
/25</td></tr>
<tr><td colspan="5">适用电压（kV）</td><td colspan="2">110</td><td colspan="2">154</td></tr>
</table>

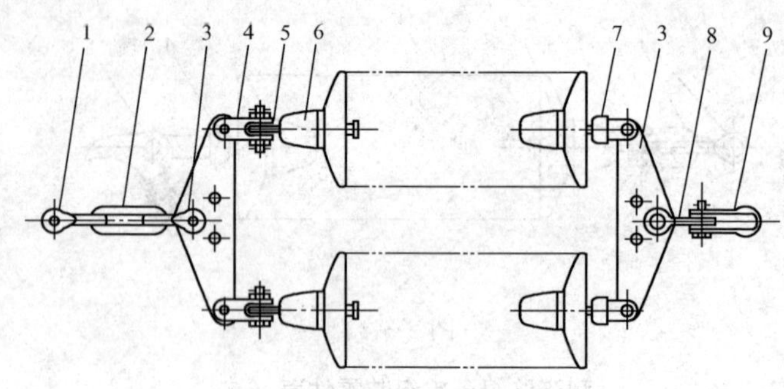

图 2-3-44

表 2-3-37　　耐张绝缘子串组装零件表（三）

图号	件号	名　称	质量 (kg)	数量	型　号			
2-3-44	1	U形挂环	0.54	2	U—10			
	2	挂　环	0.49	1	PH—10			
	3	联　板	4.43	2	L—1040			
	4	挂　板	0.56	2	Z—7			
	5	球头挂环	0.27	2	QP—7			
	6	绝缘子	型号		XP—70			
			数量		2×8		2×11	
	7	碗头挂板	0.97	2	WS—7			
	8	U形挂环	0.92	1	UL—10			
	9	耐张线夹	7.0	1	NLD—4			
绝缘子串长度 L（mm）					1918	1918	1681	1681
绝缘子串质量（kg）					101.95	101.95	131.95	131.95
适用导线					LGJ—185/30	LGJ—240/40	LGJ—185/30	LGJ—240/40
适用电压（kV）					110		154	

表 2-3-38　　耐张绝缘子串组装零件表（四）

<table>
<tr><th>图号</th><th>件号</th><th>名　称</th><th>质量
(kg)</th><th>数量</th><th colspan="3">型　　号</th></tr>
<tr><td rowspan="10">2-3-44</td><td>1</td><td>U形挂环</td><td>0.54</td><td>2</td><td colspan="3">U—10</td></tr>
<tr><td>2</td><td>挂　环</td><td>0.49</td><td>1</td><td colspan="3">PH—10</td></tr>
<tr><td>3</td><td>联　板</td><td>4.43</td><td>2</td><td colspan="3">L—1040</td></tr>
<tr><td>4</td><td>挂　板</td><td>0.56</td><td>2</td><td colspan="3">Z—7</td></tr>
<tr><td>5</td><td>球头挂环</td><td>0.27</td><td>2</td><td colspan="3">QP—7</td></tr>
<tr><td rowspan="2">6</td><td rowspan="2">绝缘子</td><td colspan="2">型号</td><td>XP—70</td><td>LXP—70</td><td>XW1—70</td></tr>
<tr><td colspan="2">数量</td><td>2×14</td><td>2×14</td><td>2×14</td></tr>
<tr><td>7</td><td>碗头挂板</td><td>0.97</td><td>2</td><td colspan="3">WS—7</td></tr>
<tr><td>8</td><td>U形挂环</td><td>0.92</td><td>1</td><td colspan="3">UL—10</td></tr>
<tr><td>9</td><td>耐张线夹</td><td>7.0</td><td>1</td><td colspan="3">NLD—4</td></tr>
<tr><td colspan="5">绝缘子串长度 L（mm）</td><td>2874</td><td>2790</td><td>3070</td></tr>
<tr><td colspan="5">绝缘子串质量（kg）</td><td>91.95</td><td>80.75</td><td>98.95</td></tr>
<tr><td colspan="5">适用导线</td><td colspan="3">LGJ—240/40</td></tr>
<tr><td colspan="5">适用电压（kV）</td><td colspan="3">220</td></tr>
</table>

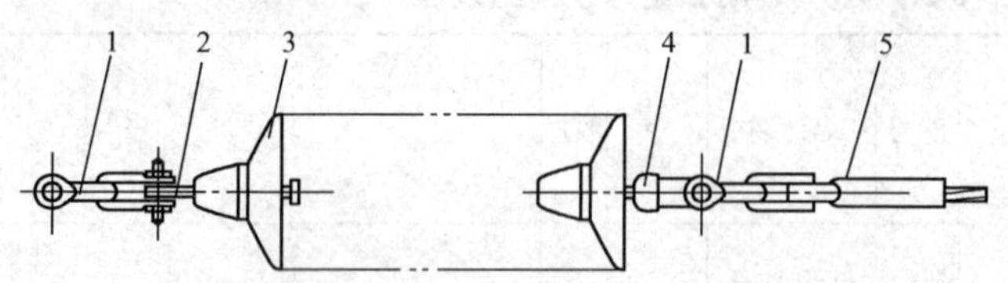

图 2-3-45

表 2-3-39　　耐张绝缘子串组装零件表（五）

<table>
<tr><th>图号</th><th>件号</th><th>名　称</th><th>质量（kg）</th><th>数量</th><th colspan="2">型　　号</th></tr>
<tr><td rowspan="6">2-3-45</td><td>1</td><td>U 形挂环</td><td>0.54</td><td>3</td><td colspan="2">U—10</td></tr>
<tr><td>2</td><td>球头挂环</td><td>0.32</td><td>1</td><td colspan="2">QP—10</td></tr>
<tr><td rowspan="2">3</td><td rowspan="2">绝缘子</td><td colspan="2">型号</td><td colspan="2">XP—100</td></tr>
<tr><td colspan="2">数量</td><td colspan="2">14</td></tr>
<tr><td>4</td><td>碗头挂板</td><td>0.82</td><td>1</td><td colspan="2">W—7A</td></tr>
<tr><td>5</td><td>耐张线夹</td><td>2.30
2.52</td><td>1</td><td>NY—240/40</td><td>NY—300/50</td></tr>
<tr><td colspan="5">绝缘子串长度 L（mm）</td><td>2774</td><td>2764</td></tr>
<tr><td colspan="5">绝缘子串质量（kg）</td><td>83.36</td><td>83.82</td></tr>
<tr><td colspan="5">适用导线</td><td>LGJ—240/40</td><td>LGJ—300/50</td></tr>
<tr><td colspan="5">适用电压（kV）</td><td colspan="2">220</td></tr>
</table>

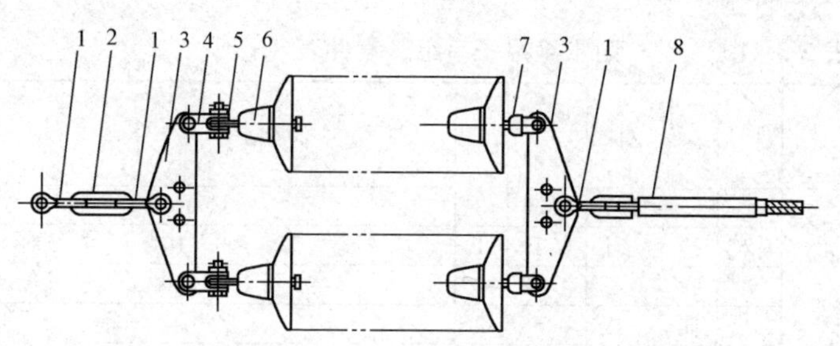

图 2-3-46

表 2-3-40　　　　耐张绝缘子串组装零件表（六）

<table>
<tr><th>图号</th><th>件号</th><th>名　称</th><th>质量
(kg)</th><th>数量</th><th colspan="4">型　　　号</th></tr>
<tr><td rowspan="9">2-3-46</td><td>1</td><td>U 形挂环</td><td>0.54</td><td>3</td><td colspan="4">U—10</td></tr>
<tr><td>2</td><td>挂　　环</td><td>0.49</td><td>1</td><td colspan="4">PH—10</td></tr>
<tr><td>3</td><td>联　　板</td><td>4.43</td><td>2</td><td colspan="4">L—1040</td></tr>
<tr><td>4</td><td>挂　　板</td><td>0.56</td><td>2</td><td colspan="4">Z—7</td></tr>
<tr><td>5</td><td>球头挂环</td><td>0.27</td><td>2</td><td colspan="4">QP—7</td></tr>
<tr><td rowspan="2">6</td><td rowspan="2">绝缘子</td><td colspan="2">型号</td><td colspan="4">XP—70</td></tr>
<tr><td colspan="2">数量</td><td colspan="2">2×8</td><td colspan="2">2×11</td></tr>
<tr><td>7</td><td>碗头挂板</td><td>0.97</td><td>2</td><td colspan="4">WS—7</td></tr>
<tr><td>8</td><td>耐张线夹</td><td>1.66
2.20</td><td>1</td><td>NY—185
/30</td><td>NY—240
/40</td><td>NY—185
/30</td><td>NY—240
/40</td></tr>
<tr><td colspan="5">绝缘子串长度 L（mm）</td><td>1988</td><td>2038</td><td>2426</td><td>2476</td></tr>
<tr><td colspan="5">绝缘子串质量（kg）</td><td>96.23</td><td>96.77</td><td>126.23</td><td>126.27</td></tr>
<tr><td colspan="5">适用导线</td><td>LGJ—185
/30</td><td>LGJ—240
/40</td><td>LGJ—185
/30</td><td>LGJ—240
/40</td></tr>
<tr><td colspan="5">适用电压（kV）</td><td colspan="2">110</td><td colspan="2">154</td></tr>
</table>

表 2-3-41　　耐张绝缘子串组装零件表（七）

图号	件号	名称	质量(kg)	数量	型号	
2-3-46	1	U形挂环	0.54	3	U—10	
	2	挂　环	0.49	1	PH—10	
	3	联　板	4.43	2	L—1040	
	4	挂　板	0.56	2	Z—7	
	5	球头挂板	0.27	2	QP—7	
	6	绝缘子	型号		XP—70	XP—70
			数量		2×14	2×14
	7	碗头挂板	0.97	2	WS—7	
	8	耐张线夹	2.2 2.35	1	NY—240/40	NY—240/55
绝缘子串长度 L（mm）					2914	2934
绝缘子串质量（kg）					85.8	85.95
适用导线					LGJ—240/40	LGJ—240/55
适用电压（kV）					220	

表 2-3-42　　耐张绝缘子串组装零件表（八）

图号	件号	名称	质量(kg)	数量	型号		
2-3-46	1	U形挂环	0.54	3	U—10		
	2	挂　环	0.49	1	PH—10		
	3	联　板	4.43	2	L—1040		
	4	挂　板	0.56	2	Z—7		
	5	球头挂板	0.27	2	QP—7		
	6	绝缘子	型号		XP—70	LXP—70	XW1—70
			数量		2×14	2×14	2×14
	7	碗头挂板	0.97	2	WS—7		
	8	耐张线夹	2.66	1	NY—300/40		
绝缘子串长度 L（mm）					2974	2890	3170
绝缘子串质量（kg）					89.89	78.69	96.89
适用导线					LGJ—300/40		
适用电压（kV）					220		

表 2-3-43　　耐张绝缘子串组装零件表（九）

<table>
<tr><th>图号</th><th>件号</th><th>名　称</th><th>质量(kg)</th><th>数量</th><th colspan="3">型　　号</th></tr>
<tr><td rowspan="9">2-3-46</td><td>1</td><td>U形挂环</td><td>0.95</td><td>3</td><td colspan="3">U—12</td></tr>
<tr><td>2</td><td>挂　　环</td><td>0.73</td><td>1</td><td colspan="3">PH—12</td></tr>
<tr><td>3</td><td>联　　板</td><td>4.66</td><td>2</td><td colspan="3">L—1240</td></tr>
<tr><td>4</td><td>挂　　板</td><td>0.56</td><td>2</td><td colspan="3">Z—7</td></tr>
<tr><td>5</td><td>球头挂环</td><td>0.27</td><td>2</td><td colspan="3">QP—7</td></tr>
<tr><td rowspan="2">6</td><td rowspan="2">绝缘子</td><td colspan="2">型号</td><td>XP—70</td><td>LXP—70</td><td>XW1—70</td></tr>
<tr><td colspan="2">数量</td><td>2×14</td><td>2×14</td><td>2×14</td></tr>
<tr><td>7</td><td>碗头挂板</td><td>0.97</td><td>2</td><td colspan="3">WS—7</td></tr>
<tr><td>8</td><td>耐张线夹</td><td>2.49</td><td>1</td><td colspan="3">NY—300/50</td></tr>
<tr><td colspan="5">绝缘子串长度 L（mm）</td><td>3009</td><td>2925</td><td>3205</td></tr>
<tr><td colspan="5">绝缘子串质量（kg）</td><td>88.99</td><td>86.19</td><td>95.99</td></tr>
<tr><td colspan="5">适用导线</td><td colspan="3">LGJ—300/50</td></tr>
<tr><td colspan="5">适用电压（kV）</td><td colspan="3">220</td></tr>
</table>

表 2-3-44　　耐张绝缘子串组装零件表（十）

<table>
<tr><th>图号</th><th>件号</th><th>名　称</th><th>质量(kg)</th><th>数量</th><th colspan="3">型　　号</th></tr>
<tr><td rowspan="9">2-3-46</td><td>1</td><td>U形挂环</td><td>0.95</td><td>3</td><td colspan="3">U—12</td></tr>
<tr><td>2</td><td>挂　　环</td><td>0.73</td><td>1</td><td colspan="3">PH—12</td></tr>
<tr><td>3</td><td>联　　板</td><td>4.66</td><td>2</td><td colspan="3">L—1240</td></tr>
<tr><td>4</td><td>挂　　板</td><td>0.56</td><td>2</td><td colspan="3">Z—7</td></tr>
<tr><td>5</td><td>球头挂环</td><td>0.27</td><td>2</td><td colspan="3">QP—7</td></tr>
<tr><td rowspan="2">6</td><td rowspan="2">绝缘子</td><td colspan="2">型号</td><td>XP—70</td><td>LXP—70</td><td>XW1—70</td></tr>
<tr><td colspan="2">数量</td><td>2×14</td><td>2×14</td><td>2×14</td></tr>
<tr><td>7</td><td>碗头挂板</td><td>0.97</td><td>2</td><td colspan="3">WS—7</td></tr>
<tr><td>8</td><td>耐张线夹</td><td>3.45</td><td>1</td><td colspan="3">NY—400/50</td></tr>
<tr><td colspan="5">绝缘子串长度 L（mm）</td><td>3009</td><td>2925</td><td>3205</td></tr>
<tr><td colspan="5">绝缘子串质量（kg）</td><td>89.95</td><td>78.75</td><td>96.95</td></tr>
<tr><td colspan="5">适用导线</td><td colspan="3">LGJ—400/50</td></tr>
<tr><td colspan="5">适用电压（kV）</td><td colspan="3">220</td></tr>
</table>

表 2-3-45　　耐张绝缘子串组装零件表（十一）

<table>
<tr><th>图号</th><th>件号</th><th>名　称</th><th>质量(kg)</th><th>数量</th><th colspan="3">型　　号</th></tr>
<tr><td rowspan="9">2-3-46</td><td>1</td><td>U形挂环</td><td>1.47</td><td>3</td><td colspan="3">U—16</td></tr>
<tr><td>2</td><td>挂　环</td><td>0.97</td><td>1</td><td colspan="3">PH—16</td></tr>
<tr><td>3</td><td>联　板</td><td>5.80</td><td>2</td><td colspan="3">L—1640</td></tr>
<tr><td>4</td><td>挂　板</td><td>0.87</td><td>2</td><td colspan="3">Z—10</td></tr>
<tr><td>5</td><td>球头挂环</td><td>0.32</td><td>2</td><td colspan="3">QP—10</td></tr>
<tr><td rowspan="2">6</td><td rowspan="2">绝缘子</td><td colspan="2">型号</td><td colspan="3">XP—100</td></tr>
<tr><td colspan="2">数量</td><td colspan="3">2×14</td></tr>
<tr><td>7</td><td>碗头挂板</td><td>1.20</td><td>2</td><td colspan="3">WS—10</td></tr>
<tr><td>8</td><td>耐张线夹</td><td>3.87
4.25
4.34</td><td>1</td><td>NY—400/65</td><td>NY—500/35</td><td>NY—400/95</td></tr>
<tr><td colspan="5">绝缘子串长度 L（mm）</td><td>3204</td><td>3224</td><td>3274</td></tr>
<tr><td colspan="5">绝缘子串质量（kg）</td><td>102.53</td><td>102.91</td><td>103</td></tr>
<tr><td colspan="5">适用导线</td><td>LGJ—400/65</td><td>LGJ—500/35</td><td>LGJ—400/95</td></tr>
<tr><td colspan="5">适用电压（kV）</td><td colspan="3">220</td></tr>
</table>

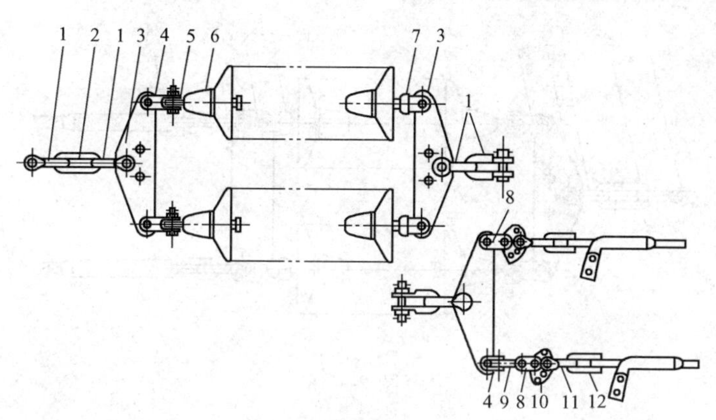

图 2-3-47

表 2-3-46　　　耐张绝缘子串组装零件表（十二）

图号	件号	名称	质量(kg)	数量	型号	
2-3-47	1	U形挂板	2.19	4	U—20	
	2	挂环	1.27	1	PH—20	
	3	联板	6.90	3	L—2040	
	4	挂板	0.87	3	Z—10	
	5	球头挂环	0.32	2	QP—10	
	6	绝缘子	型号		XP—100	XP—100
			数量		2×14	
	7	碗头挂板	1.20	2	WS—10	WS—10
	8	挂板	0.60 0.85	2	P—7	P—10
	9	挂板	0.88 1.30	1	YL—1040	YL—1243
	10	调整板	1.70 2.70	2	DB—7	DB—10
	11	U形挂环	0.42 0.54	2	U—7	U—10
	12	耐张线夹	1.66 2.20	2	NY—185/30	NY—240/40
绝缘子串长度 L（mm）					3399	3469
绝缘子串质量（kg）					123.21	126.53
适用导线					2×LGJ—185/30	2×LGJ—240/40
适用电压（kV）					220	

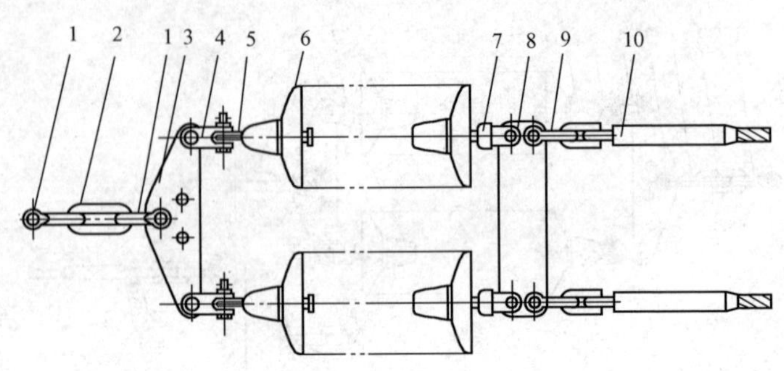

图 2-3-48

表 2-3-47　　耐张绝缘子串组装零件表（十三）

<table>
<tr><th>图号</th><th>件号</th><th>名　称</th><th>质量(kg)</th><th>数量</th><th colspan="2">型　　号</th></tr>
<tr><td rowspan="11">2-3-48</td><td>1</td><td>U形挂环</td><td>1.47</td><td>2</td><td>U—16</td><td>U—20</td></tr>
<tr><td>2</td><td>挂　环</td><td>0.97</td><td>1</td><td>PH—16</td><td>PH—20</td></tr>
<tr><td>3</td><td>联　板</td><td>5.80</td><td>1</td><td>L—1640</td><td>L—2040</td></tr>
<tr><td>4</td><td>挂　板</td><td>0.87</td><td>4</td><td>Z—10</td><td>Z—10</td></tr>
<tr><td>5</td><td>球头挂环</td><td>0.32</td><td>2</td><td>QP—10</td><td>QP—10</td></tr>
<tr><td rowspan="2">6</td><td rowspan="2">绝缘子</td><td colspan="2">型号</td><td>XP—100</td><td>XP—100</td></tr>
<tr><td colspan="2">数量</td><td>2×14</td><td>2×14</td></tr>
<tr><td>7</td><td>碗头挂板</td><td>1.20</td><td>2</td><td>WS—10</td><td>WS—10</td></tr>
<tr><td>8</td><td>联　板</td><td>5.99</td><td>1</td><td>LF—2040</td><td>LF—2040</td></tr>
<tr><td>9</td><td>U形挂环</td><td>0.42</td><td>2</td><td>U—7</td><td>U—10</td></tr>
<tr><td>10</td><td>耐张线夹</td><td>1.66
2.20</td><td>2</td><td>NY—185/30</td><td>NY—240/40</td></tr>
<tr><td colspan="5">绝缘子串长度 L（mm）</td><td>3299</td><td>3369</td></tr>
<tr><td colspan="5">绝缘子串质量（kg）</td><td>106.98</td><td>114.34</td></tr>
<tr><td colspan="5">适用导线</td><td>2×LGJ—185/30</td><td>2×LGJ—240/40</td></tr>
<tr><td colspan="5">适用电压（kV）</td><td colspan="2">220</td></tr>
</table>

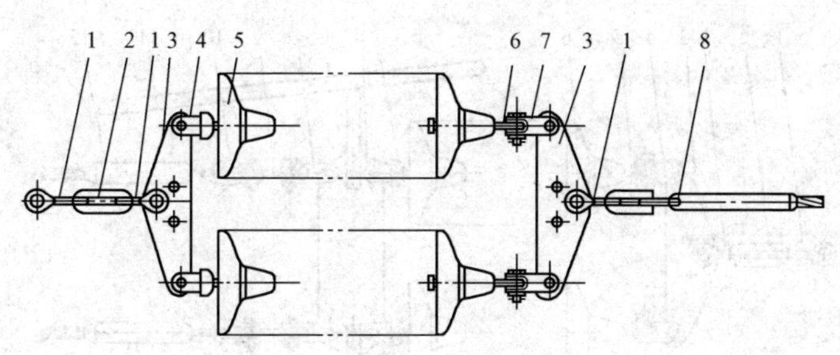

图 2-3-49

表 2-3-48　　　耐张绝缘子串组装零件表（十四）

图号	件号	名　称	质量（kg）	数量	型　　号			
2-3-49	1	U 形挂环	0.54	3	U—10		U—12	
	2	挂　　环	0.49	1	PH—10		PH—12	
	3	联　　板	4.43	2	L—1040		L—1240	
	4	碗头挂板	0.97	2	WS—7		WS—7	
	5	绝缘子	型号		XP—70			
			数量		2×14		2×14	
	6	球头挂环	0.27	2	QP—7		QP—7	
	7	挂　　板	0.56	2	Z—7		Z—7	
	8	耐张线夹	2.2 2.66 2.49 2.45	1	NY—240/40	NY—300/40	NY—300/50	NY—400/50
绝缘子串长度 *L*（mm）					2984	2974	3079	3079
绝缘子串质量（kg）					156.77	157.23	158.99	158.95
适用导线					LGJ—240/40	LGJ—300/40	LGJ—300/50	LGJ—400/50
适用电压（kV）					220			

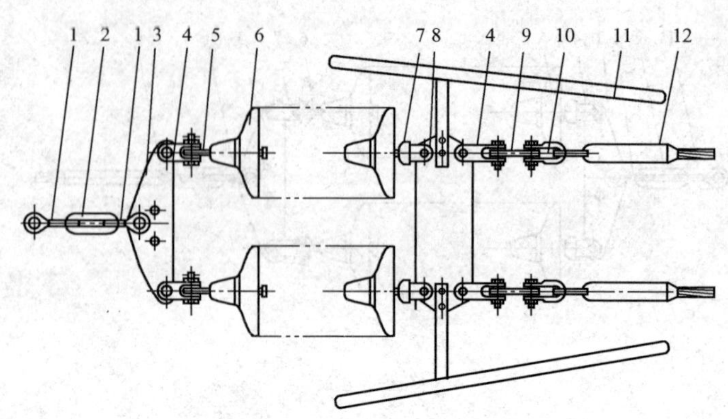

图 2-3-50

表 2-3-49　　耐张绝缘子串组装零件表（十五）

图号	件号	名　称	质量（kg）	数量	型　号	
2-3-50	1	U形挂环	2.79	2	U—30	
	2	挂　环	1.62	1	PH—30	
	3	联　板	9	1	L—3040	
	4	挂　板	1.16	4	Z—16	
	5	球头挂环	0.46	2	QP—16	
	6	绝缘子	型号		XP—160	
			数量		2×20	
	7	碗头挂板	1.92	2	WS—16	
	8	联　板	11.10	1	LJ—3040	
	9	调整板	3.2	2	DB—16	
	10	U形挂环	0.95	2	U—16	
	11	均压屏蔽环	5.2	2	FJP—330N	
	12	耐张线夹	3.42 3.87	2	NY—300/70	NY—400/65
绝缘子串长度 L（mm）					4835	4845
绝缘子串质量（kg）					303.92	304.37
适用导线					2×LGJ—300/70	2×LGJ—400/65
适用电压（kV）					330	

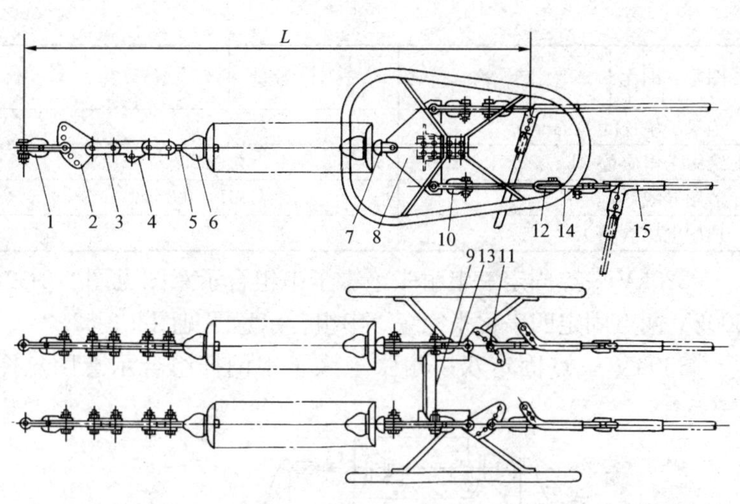

图 2-3-51

表 2-3-50　500kV 双串两点固定耐张绝缘子串组装零件表

图号	件号	名　称	质量 (kg)	数量	型　号
2-3-51	1	U 形挂环	2.3	4	U—21
	2	调整板	7.4	2	DB—21
	3	平行挂板	4.10	4	P—21
	4	牵引板		2	QY—21
	5	球头挂环	0.95	2	QP—21
	6	绝缘子	型号		XP—210
			数量		2×30
	7	碗头挂板	4.3	2	WS—21
	8	联　板	13.8	2	L—2145
	9	支撑架	10.5	2	ZCJ—45
	10	U 形挂环	1.0	8	U—12
	11	调整板	4.0	4	DB—12
	12	直角挂板	1.32	2	Z—12
	13	挂　板	1.8	2	YL—1243
	14	均压屏蔽环	18.2	2	FJP—500N
	15	耐张线夹	4.2	4	NY—400/50

续表

图号	件号	名　称	质量(kg)	数量	型　　号
绝缘子串长度 L（mm）			6330		
绝缘子串质量（kg）			688		
适用导线			LGJ—400/50		
适用电压（kV）			500		

220kV 一点固定三串耐张绝缘子串组合示意图见图 2-3-52。500kV 两点固定四串耐张绝缘子串组合示意图见图 2-3-53。

330kV 一点固定双串耐张绝缘子串倒挂组合示意图见图 2-3-54。

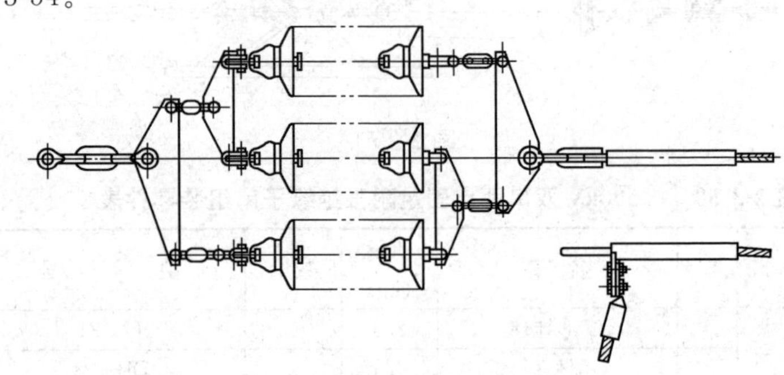

图 2-3-52

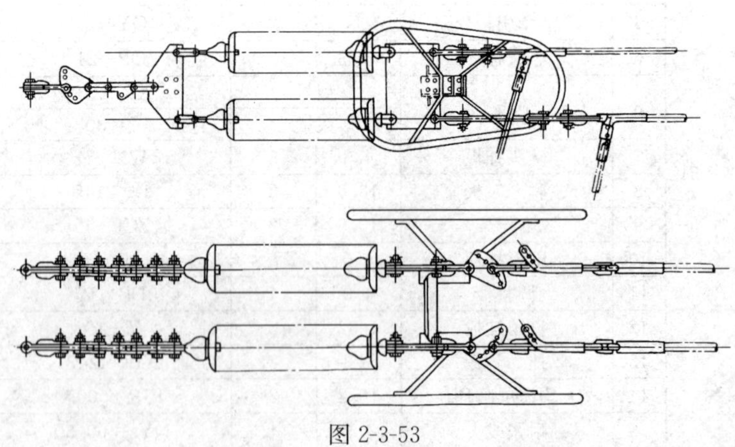

图 2-3-53

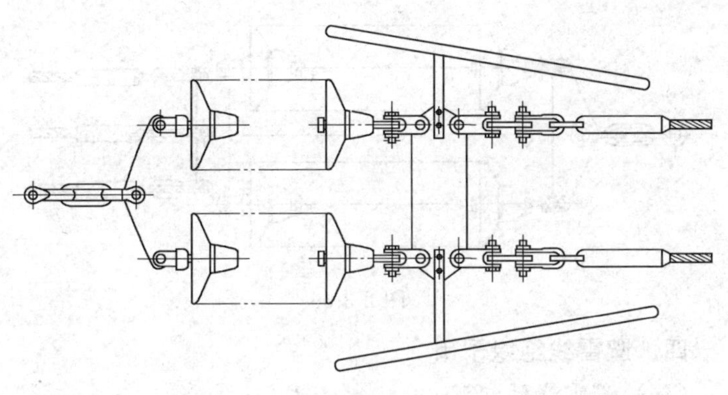
图 2-3-54

三、变电所用绝缘子串

屋外配电装置中所用的导线、绝缘子和金具的强度安全系数，根据 SDJ5—1985《高压配电装置设计规程》规定为 4。

对中小截面的导线，按允许拉力，均能与一般悬式绝缘子的允许值相配合，用单串绝缘子串已能满足。所用的绝缘子串与线路所使用的单串绝缘子串相同。但由于安装在变电架构上均属于安装在孤立档上，所以绝缘子串上均应装设孤立档调整板、延长环或花篮螺丝，以解决过牵引的问题。

由多根软导线组成的组合导线，其承重导线是两根钢芯铝绞线，再配以相应载流母线组成圆桶状导体。

母线由两根及三根导线组成时，耐张绝缘子串可选用单串或双串。两根导线用的双串单点固定耐张绝缘子串见图2-3-55，三根导线用的双串单点固定耐张绝缘子串见图 2-3-56。

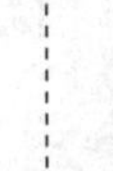

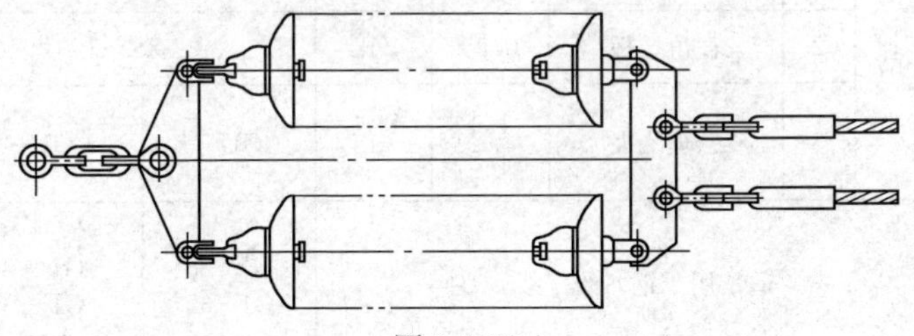
图 2-3-55

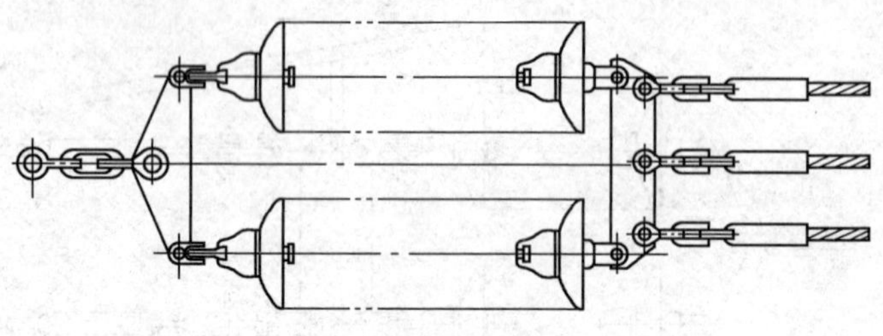

图 2-3-56

四、避雷线绝缘子串

（一）避雷线的组装

避雷线在直线杆塔上的悬挂和在耐张杆塔上的固定，分别以悬垂组合及耐张组合完成。

避雷线的一般组合仅以连接金具和线夹组成，组合应保证悬挂点顺线路和垂直线路方向转动灵活，悬垂组合的长度愈短愈好。

常用的悬垂组合和耐张组合见图 2-3-57～图 2-3-62，零件表见表 2-3-51～表 2-3-56。

图 2-3-57

表 2-3-51　　避雷线的组装零件表（一）

图号	件号	名　称	质量(kg)	数量	型　号	
2-3-57	1	直角挂板	0.58	1	ZS—7	
	2	直角挂板	0.58	1	ZS—7	
	3	悬垂线夹	1.4 1.8	1	CGU—1	CGU—2
适　用　钢　绞　线					GJ—25 GJ—35	GJ—50 GJ—70

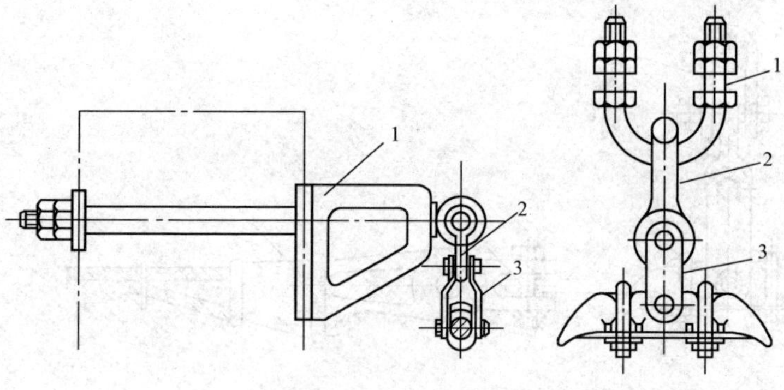

图 2-3-58　　　　图 2-3-59

表 2-3-52　　　　避雷线的组装零件表（二）

图号	件号	名　称	质量 (kg)		数量	型　　号	
2-3-58	1	避雷线悬垂吊架	4.26 4.77	5.25 7.10	1	DJ—1839 DJ—2244	DJ—2451 DJ—2762
	2	直角挂板	0.58		1	ZS—7	
	3	悬垂线夹	1.4 1.8		1	CGU—1	CGU—2
适　用　钢　绞　线						GJ—25 GJ—35	GJ—50 GJ—70

表 2-3-53　　　　避雷线的组装零件表（三）

图号	件号	名　称	质量 (kg)	数量	型　　号	
2-3-59	1	U形螺丝	0.83	1	U—1880	
	2	直角环	0.85	1	ZH—7	
	3	悬垂线夹	1.4 1.8	1	CGU—1	CGU—2
适　用　钢　绞　线					GJ—25 GJ—35	GJ—50 GJ—70

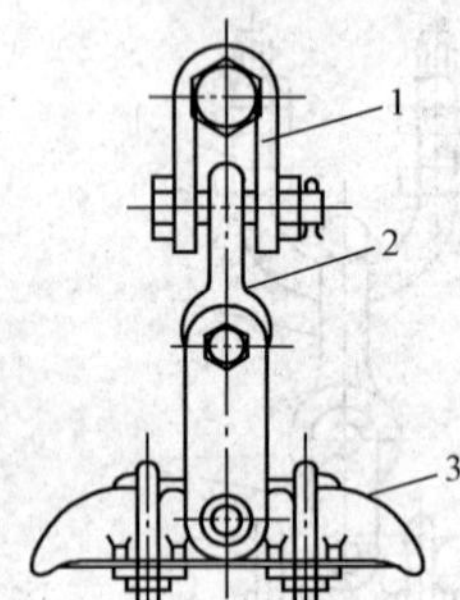

图 2-3-60

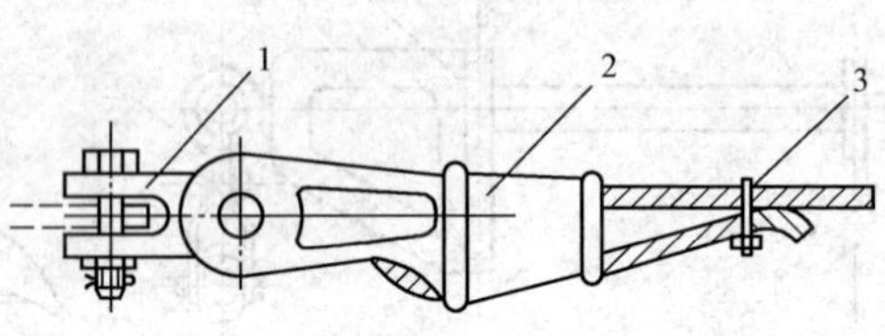

图 2-3-61

表 2-3-54　　避雷线的组装零件表（四）

<table>
<tr><th>图号</th><th>件号</th><th>名　称</th><th>质量
(kg)</th><th>数量</th><th colspan="2">型　　号</th></tr>
<tr><td rowspan="3">2-3-60</td><td>1</td><td>U 形挂板</td><td>0.75</td><td>1</td><td colspan="2">UB—7</td></tr>
<tr><td>2</td><td>直角环</td><td>0.85</td><td>1</td><td colspan="2">ZH—7</td></tr>
<tr><td>3</td><td>悬垂线夹</td><td>1.4
1.8</td><td>1</td><td>CGU—1</td><td>CGU—2</td></tr>
<tr><td colspan="5">适　用　钢　绞　线</td><td>GJ—25
GJ—35</td><td>GJ—50
GJ—70</td></tr>
</table>

表 2-3-55　　避雷线的组装零件表（五）

<table>
<tr><th>图号</th><th>件号</th><th>名　称</th><th>质量
(kg)</th><th>数量</th><th colspan="2">型　　号</th></tr>
<tr><td rowspan="3">2-3-61</td><td>1</td><td>直角挂板</td><td>0.58
0.90</td><td>1</td><td>ZS—7</td><td>ZS—10</td></tr>
<tr><td>2</td><td>楔型线夹</td><td>1.2
1.8</td><td>1</td><td>NX—1</td><td>NX—2</td></tr>
<tr><td>3</td><td>钢线卡子</td><td>0.18
0.30</td><td>1</td><td>JK—1</td><td>JK—2</td></tr>
<tr><td colspan="5">适　用　钢　绞　线</td><td>GJ—25
GJ—35</td><td>GJ—50
GJ—70</td></tr>
</table>

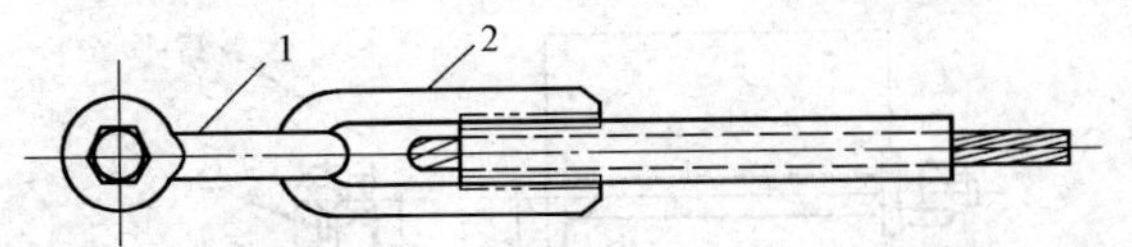

图 2-3-62

表 2-3-56　　避雷线的组装零件表（六）

图号	件号	名　称	质量(kg)	数量	型　　号			
2-3-62	1	U形挂环	0.44 0.54 0.95	1	U—7		U—10	U—12
	2	耐张线夹	0.52 0.63 1.02 1.63	1	NY—35G	NY—50G	NY—70G	NY—100G
适　用　钢　绞　线					GJ—35	GJ—50	GJ—70	GJ—100

（二）避雷线绝缘子串组装

架空避雷线需要绝缘时，采用带有放电间隙的架空避雷线用悬式绝缘子。避雷线悬垂绝缘子串和耐张绝缘子串一般情况均采用单串，个别大档距采用双串。耐张绝缘子串的跳线以针式绝缘子固定在横担上。

常用的避雷线绝缘子串见图 2-3-63～图 2-3-70，零件表如表 2-3-57～表 2-3-64 所示。

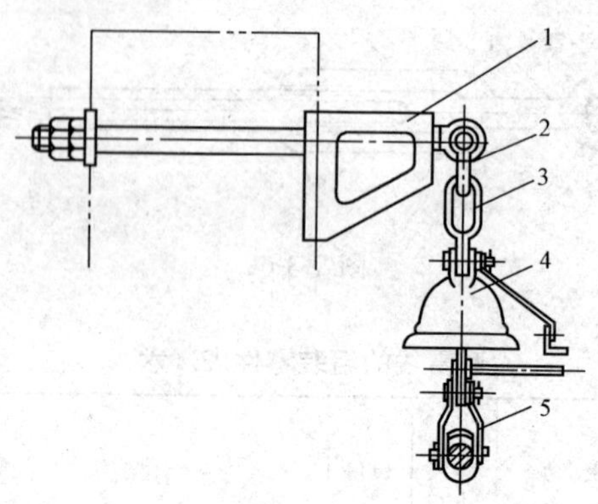

图 2-3-63

表 2-3-57　　避雷线绝缘子串组装零件表（一）

图号	件号	名　称	质量 (kg)	数量	型	号
2-3-63	1	避雷线悬垂吊架	4.26 4.77 5.25 7.10	1	DJ—1839 DJ—2244	DJ—2451 DJ—2762
	2	U 形挂环	0.44	1	U—7	
	3	直　角　环	0.85	1	ZH—7	
	4	避雷线用悬式绝缘子	3.1	1	XDP—6C	
	5	悬垂线夹	1.4 1.8	1	CGU—1	CGU—2
适　用　钢　绞　线					GJ—25 GJ—35	GJ—50 GJ—70

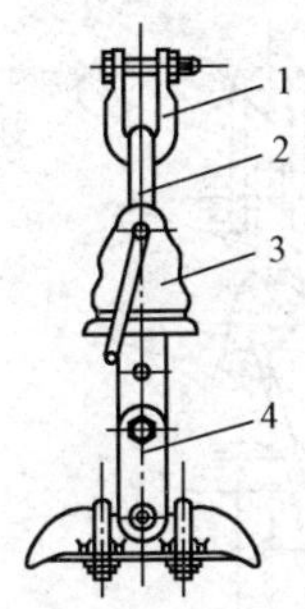

图 2-3-64

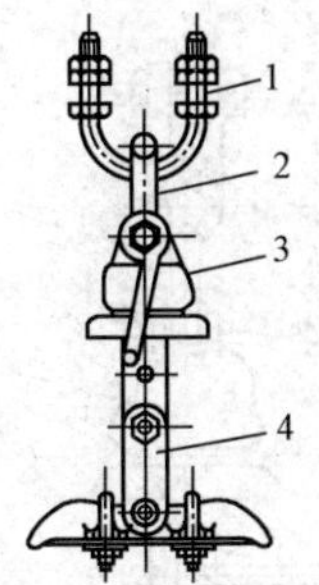

图 2-3-65

表 2-3-58 避雷线绝缘子串组装零件表（二）

图号	件号	名 称	质量(kg)	数量	型 号	
2-3-64	1	U形挂环	0.44	1	U—7	
	2	直角环	0.85	1	ZH—7	
	3	避雷线用悬式绝缘子	3.1	1	XDP—6C	
	4	悬垂线夹	1.4 1.8	1	CGU—1	CGU—2
适 用 钢 绞 线					GJ—25 GJ—35	GJ—50 GJ—70

表 2-3-59 避雷线绝缘子串组装零件表（三）

图号	件号	名 称	质量(kg)	数量	型 号	
2-3-65	1	U形螺丝	0.83	1	U—1880	
	2	直角环	0.85	1	ZH—7	
	3	避雷线用悬式绝缘子	3.1	1	XDP—6C	
	4	悬垂线夹	1.4 1.8	1	CGU—1	CGU—2
适 用 钢 绞 线					GJ—25 GJ—35	GJ—50 GJ—70

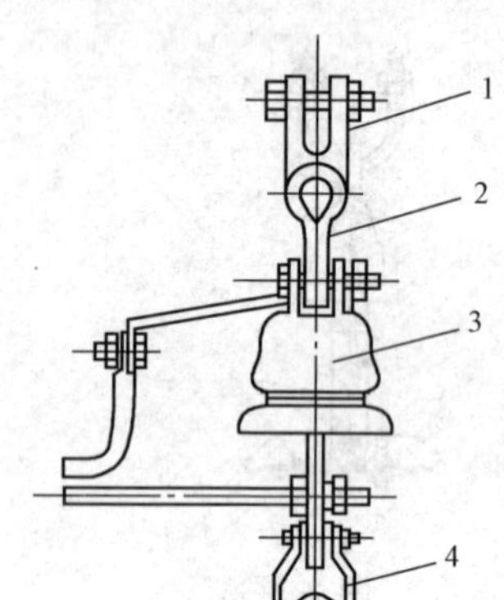

图 2-3-66

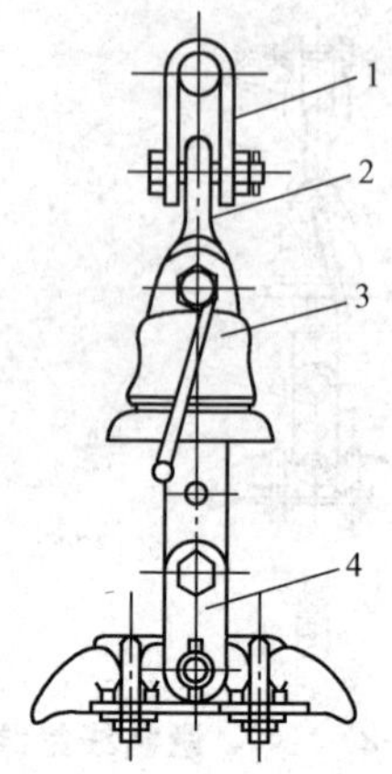

图 2-3-67

表 2-3-60　　避雷线绝缘子串组装零件表（四）

图号	件号	名　称	质量（kg）	数量	型　号	
2-3-66	1	直角挂板	0.58	1	ZS—7	
	2	直角挂板	0.58	1	ZS—7	
	3	避雷线用悬式绝缘子	3.1	1	XDP—6C	
	4	悬垂线夹	1.4 1.8	1	CGU—1	CGU—2
适　用　钢　绞　线					GJ—25 GJ—35	GJ—50 GJ—70

表 2-3-61　　避雷线绝缘子串组装零件表（五）

图号	件号	名　称	质量（kg）	数量	型　号	
2-3-67	1	U形挂板	0.75	1	UB—7	
	2	直角环	0.85	1	ZH—7	
	3	避雷线用悬式绝缘子	3.1	1	XDP—6C	
	4	悬垂线夹	1.4 1.8	1	CGU—1	CGU—2
适　用　钢　绞　线					GJ—25 GJ—35	GJ—50 GJ—70

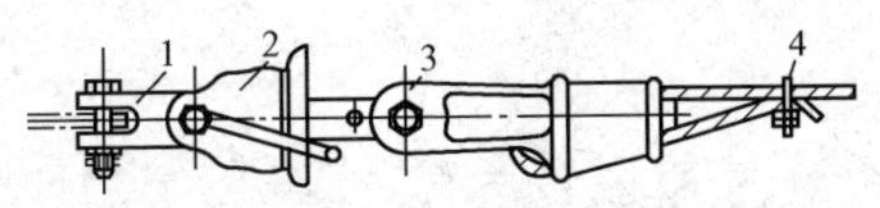

图 2-3-68

表 2-3-62　　避雷线绝缘子串组装零件表（六）

图号	件号	名　称	质量(kg)	数量	型	号
2-3-68	1	直角挂板	0.58	1	ZS—7	
	2	避雷线用悬式绝缘子	3.1	1	XDP—6C	
	3	楔型线夹	1.2 1.8	1	NX—1	NX—2
	4	钢线卡子	0.18 0.30	1	JK—1	JK—2
适　用　钢　绞　线					GJ—25 GJ—35	GJ—50 GJ—70

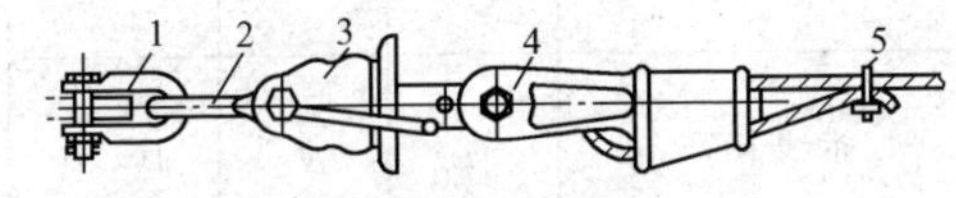

图 2-3-69

表 2-3-63　　避雷线绝缘子串组装零件表（七）

图号	件号	名　称	质量(kg)	数量	型	号
2-3-69	1	U形挂环	0.44	1	U—7	
	2	直角环	0.85	1	ZH—7	
	3	避雷线用悬式绝缘子	3.1	1	XDP—6C	
	4	楔型线夹	1.2 1.8	1	NX—1	NX—2
	5	钢线卡子	0.18 0.30	1	JK—1	JK—2
适　用　钢　绞　线					GJ—25 GJ—35	GJ—50 GJ—70

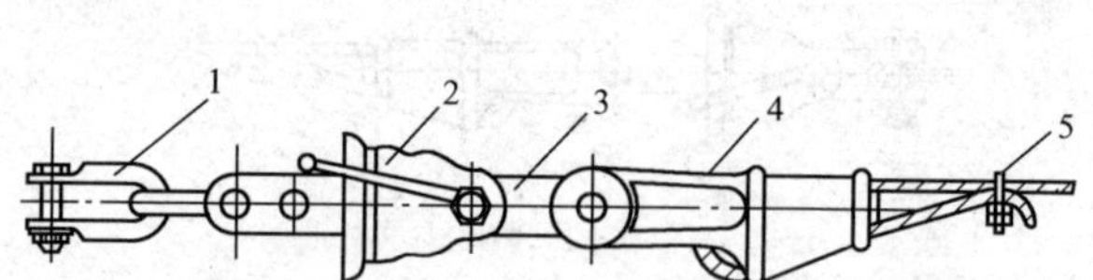

图 2-3-70

表 2-3-64　　避雷线绝缘子串组装零件表（八）

图号	件号	名　称	质量(kg)	数量	型　号	
2-3-70	1	U 形挂环	0.44	2	U—7	
	2	避雷线用悬式绝缘子	3.1	1	XDP—6C	
	3	平行板	0.45	1	PD—7	
	4	楔型线夹	1.2 1.8	1	NX—1	NX—2
	5	钢线卡子	0.18 0.30	1	JK—1	JK—2
适　用　钢　绞　线					GJ—25 GJ—35	GJ—50 GJ—70

第四节　绝缘子串与杆塔的连接

绝缘子串与杆塔的连接包括悬垂绝缘子串在直线杆塔上的悬挂、耐张绝缘子串在非直线杆塔上的拉紧固定、跳线绝缘子串的吊挂及避雷线在杆塔上的悬挂和拉紧固定。

绝缘子串与杆塔的连接方式直接影响着线路的安全运行。因此，在选择连接方式时，应视杆塔结构型式而定，满足以下几点要求：

（1）经济合理；

（2）结构简单，施工检修方便；

（3）连接可靠，所用的连接金具均应具有锁紧装置；

（4）保证绝缘子串在顺线路方向和横线路方向均能转动灵活；

（5）应保证有足够强度，必要时相连接的第一个零件其标称破坏荷重加大一级；

（6）尽量减少因振动和摆动造成元件磨损。

架空电力线路上绝缘子串与杆塔的连接方式均与定型的杆塔结构相配合。

钢筋混凝土电杆均采用铁横担，其悬挂点与铁塔相一致，铁横担上悬挂悬垂绝缘子串可选用 U 形螺丝、直角挂板、U 形环和 U 形挂板，如图 2-4-1～图 2-4-3 所示。

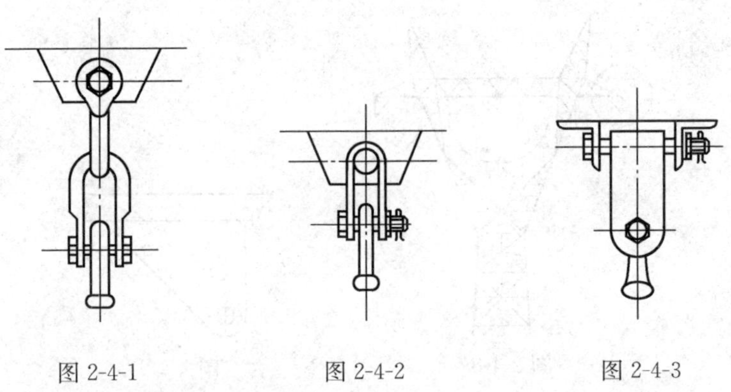

图 2-4-1　　图 2-4-2　　图 2-4-3

在耐张杆塔横担上悬挂耐张绝缘子串通常多选用 U 形挂环和直角挂板，如图 2-4-4～图 2-4-7 所示。

当线路采用酒杯型铁塔，且两边线间隙不足时（见图 2-4-8），可采用在悬挂点上加装悬挂板（见图 2-4-9～图 2-4-11）的方法解决。

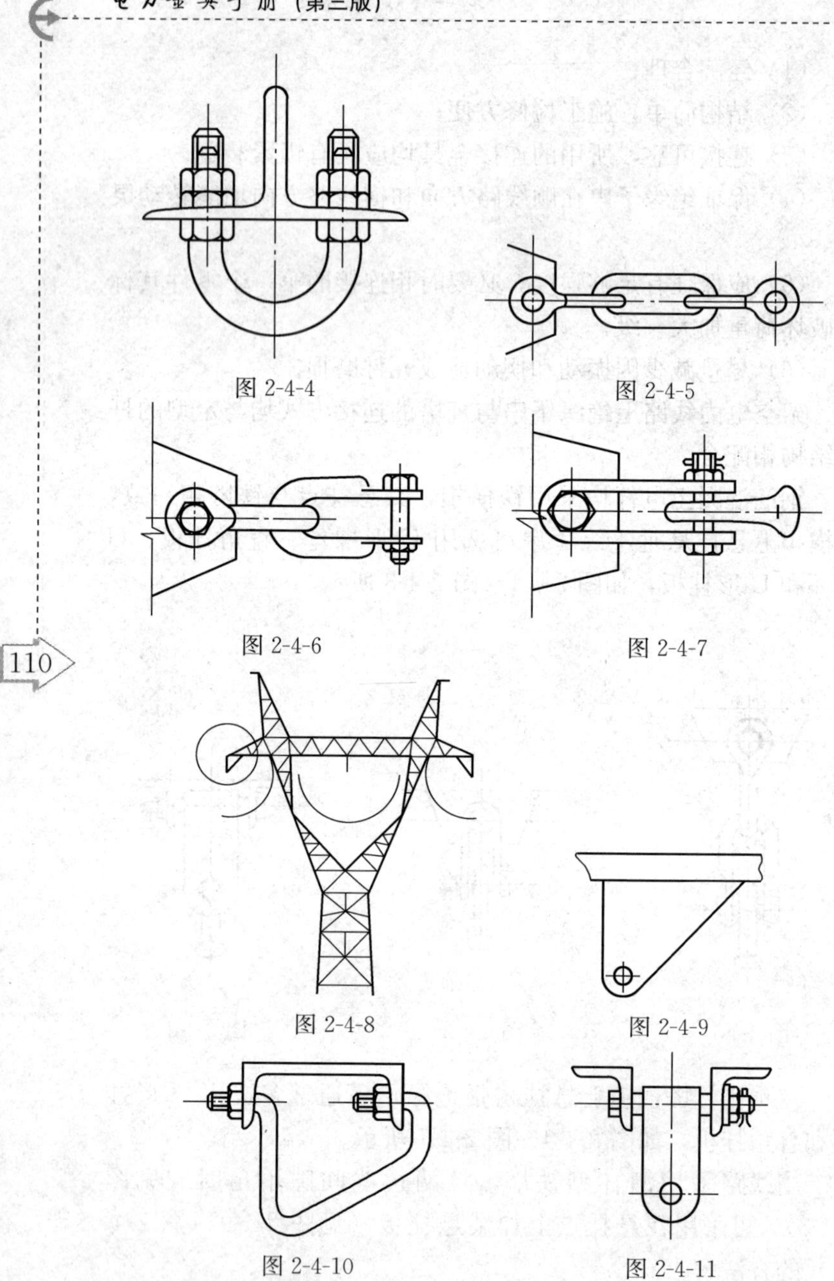

图 2-4-4

图 2-4-5

图 2-4-6

图 2-4-7

图 2-4-8

图 2-4-9

图 2-4-10

图 2-4-11

第五节 相分裂导线的金具与绝缘子串的组装

我国能源基地与负荷中心相距遥远，采用高压远程输电是电力发展的基本方针。分裂导线是最佳输电结构，分裂数愈多，电晕损失愈小，传输容量愈大。近 30 年来继 500kV 超高压输电线路运行后，又架设投运±800kV 直流输电线路和电压为 1000kV 的特高压输电线路。

远程高压输电的建设涉及到许多新问题，线路路径经过不同的气象条件，如高海拔、重冰区、跨江河等恶劣条件，给设计和施工带来许多难题。建设工作者精心设计、精心施工，坚持质量第一、安全第一，为安全送电创造条件。

一、相分裂导线金具的选型原则

（1）在设计选型中按国家经济政策，一律选用新标准高强度系列产品，原则上不应与老标准金具混用，以免给运行维护造成麻烦。

（2）载荷相同而标记不同的绝缘子不应在工程中混用，因为它们之间不能互换。

（3）尽可能避免金具连接点接触，推行板—板、螺栓连接方式，减少事故隐患。

（4）在满足设计条件所要求机械载荷，选用金具的品种愈少愈好。

（5）在满足机械强度前提下，尽可能减轻金具的重量，提高综合效益。

二、相分裂导线结构及有关参数

常用相分裂导线结构见图 2-5-1，有关参数见表 2-5-1～表 2-5-3。

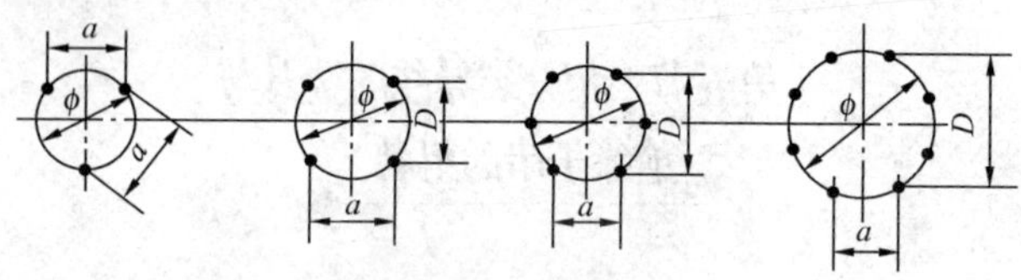

图 2-5-1

表 2-5-1　　相分裂导线参数

线路电压（kV）	分裂数 n	线束距 a（mm）	对边 D（mm）	圆周直径 ϕ（mm）	图　号
330	2	400			2-5-1
500	3	450		515	
	4	450　500	450　500	636　707	
750	6	400	690	800	
1000	8	400	970	1045	
		500	1200	1300	

表 2-5-2　　我国已建、在建相分裂导线参数

电　压（kV）	导线截面（mm）	相分裂数 n	线束距 a（mm）	圆周直径 ϕ（mm）	等效半径 r_e（mm）
220	240/30 300/25	2	400	400	220 235
330	300/40	2	400 500	400 500	240
500	300/40 300/50 400/35 400/50 500/35	4	450	636	
	630/45 720/50		500 600	707 848	335 360
紧凑型 750	240/30 300/40	6	375 400 500	750 800 1000	240
1000	500/35 630/45	8	400 500 600	1045 1300 1570	300 330

注　$r_e \approx 10d$，d 为导线直径。

表 2-5-3 相分裂导线的线束距 a 与导线直径 d 比值 a/d

电 压 (kV)	相分裂数 n	线束距离 a(mm)	导线截面(mm^2)									
			240/30	300/40	300/50	400/35	400/50	500/35	500/45	630/45	630/55	720/50
220												
330	2	400	18.5	16.70	16.48	14.97						
500	4	450		18.79	18.50	16.71	16.28	15.0	15.0	13.29		12.42
		500						16.7	16.7	19.86		13.80
		600						20.0		17.8		16.56
紧凑型	6	375	17.3	15.5								
750	6	400		16.7			14.47					
1000	8	400						14.70		13.33		11.00
		500						16.16		14.68		13.30

注 要求 $a/d \geqslant 14.0$。

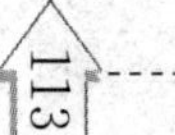

三、绝缘子串的选择

合理选择绝缘子串数及结构决定着输电线路的建设投资、运行费用及运行可靠性。

1. 悬垂绝缘子串的选择

悬垂绝缘子串承担导线垂直载荷、风压及覆冰的综合载荷。钢芯铝绞线综合载荷 g_7 见表 2-5-4。对它的选择涉及线路路径、气象条件、垂直档距等多种因素。绝缘子参数及不同串数的允许载荷见表 2-5-5。

1000kV 八分裂导线不同覆冰厚度绝缘子串允许档距见表 2-5-6。

表 2-5-4　　钢芯铝绞线综合载荷 g_7

导线截面 (mm^2)	导线自重 g_1 (kg/km)	综合载荷 g_7 (kg/km)		
		覆冰 5mm	覆冰 10mm	覆冰 15mm
240/30	922	1198	1660	2760
240/40	964	1390	1920	2880
300/40	1133	1520	2070	2760
300/50	1210	1690	2240	2940
400/50	1511	1970	2570	3310
400/65	1611	2150	2750	3500
500/35	1642	2340	2980	3730
500/45	1688	2340	2980	3730
630/45	2060	2678	3286	4738
近似值		$g_7 \approx g_1 \times 1.30$	$g_7 \approx g_1 \times 1.8$	$g_7 \approx g_1 \times 2.3$

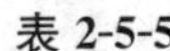

表 2-5-5　　绝缘子参数及不同串数的允许载荷

绝缘子型号	连接标记	破坏强度(kN)	盘径(mm)	高度(mm)	双串距(mm)	允许载荷(K=2.7)(kN)			
						单串	双串	3 串	4 串
XP—160	20	160	255 280	146	400	59.2	118.4	177.6	236.8
XP—210	20 24	210	280	170	400 500	77.8	155.6	233.4	311.2
XP—300	24	300	320	195	450 500	111.0	222.0	333.0	444.0
XP—400	28	400	360 380	205 220	500 550 600	148.0	296.0	444.0	592.0
XP—550	32	550	380 440	240 255	550 600	196.3	392.6	588.9	785.0

悬垂绝缘子串的串型有单串、双串、V 形串三种。

（1）单串绝缘子串是最经济最普遍使用的串型，但可靠性差，当绝缘子串中有一片绝缘子破坏就会造成导线落地停电事故。单串的优点是绝缘子用量少、事故几率低、运行维护工作量减少很多，但国外特高压输电线路上采用单串的为数不多，而大量采用 V 形串或双串。

（2）双串绝缘子串可靠性大大增强，但串的长度增加，相应金具数量也随着增加，使运行、检修工作量增大。一般双串用于大档距或一般跨越，提高安全感。双串采用十字板，以减小联板高度，即使如此，串长仍比单串增加 0.5～1.0m，金具的用量仅增加 5%左右。

表 2-5-6　1000kV 八分裂导线不同覆冰厚度绝缘子串允许档距

导线截面（mm^2）		500/35			630/45		
导线覆冰厚度（mm）		5	10	15	5	10	15
一根导线垂直载荷 g_7（kg/km）		2.34	2.98	3.73	2.678	3.296	4.738
绝缘子型号	允许载荷（kN）	垂直档距 S_V（m）					
XP—210	77.8	415	330	260	360	300	210
XP—250	92.6	495	358	310	430	350	240
XP—300	111.0	590	470	370	520	420	290
XP—400	145.0	770	650	490	690	560	390
XP—550	196.3	1050	820	660	920	740	520

（3）V 形串在国外特高压输电线路上的相分裂导线使用已很普遍。采用 V 形串一定要有几根导线上扛布署，这样可较一般单串的长度减少，充分利用中相铁塔窗口，对铁塔结构有利。国外 V 形串相分裂导线布置见图 2-5-2。

V 形串两串夹角 α 增大，绝缘子串受力增大。夹角一般为 90°为宜，最大不宜超过 120°，见图 2-5-3。实际在风的作用下，始终存在着一串受压，一串受拉，绝缘子串总的承受载荷应按一串考虑。V 形串的联板不应承受二串绝缘子总载

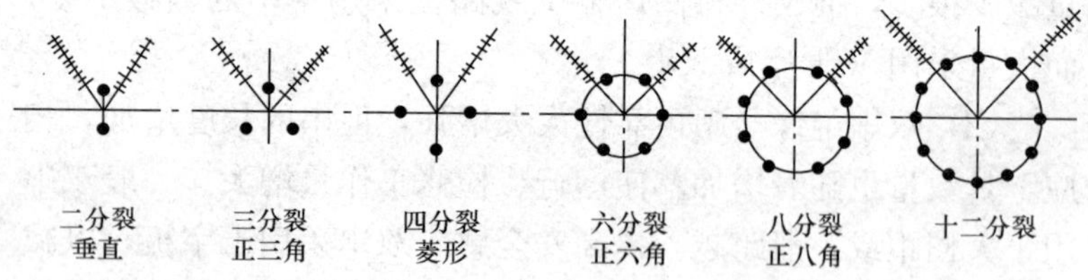

图 2-5-2

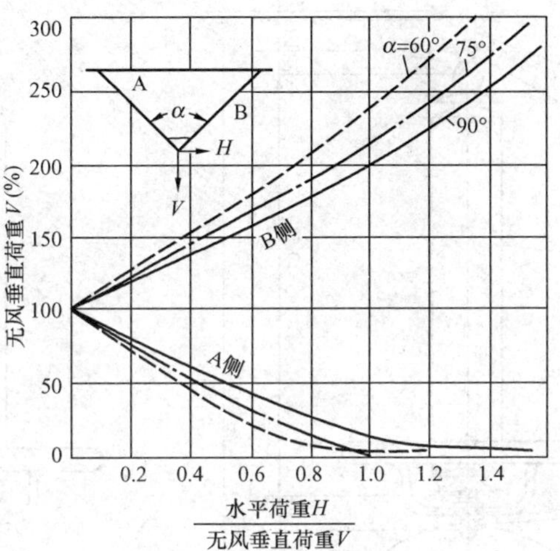

图 2-5-3

荷。

V形串相分裂导线一根为上扛和下垂布置，如八分裂导线可采用二根上扛、二根下垂或四根上扛、四根下垂。这样布置绝缘子串可大大缩短，以便降低塔高或放大档距，我国首条1000kV线路选用以下绝缘子串组合型式：1000kV悬垂绝缘子串单串组合联板式见图 2-5-4，1000kV耐张绝缘子串为双串二点固定组合型式见图 2-5-5，1000kV悬垂绝缘子串 V形串组合联板式见图 2-5-6，1000kV耐张绝缘子串为一点固定双串组合型式见图 2-5-7。

2. 耐张绝缘子串选择

在超高压架空输电线路上相分裂导线与几串或多串绝缘子连接固定在耐张杆塔上，耐张绝缘子串在不同分裂数时的允许载荷与串数见表 2-5-7。

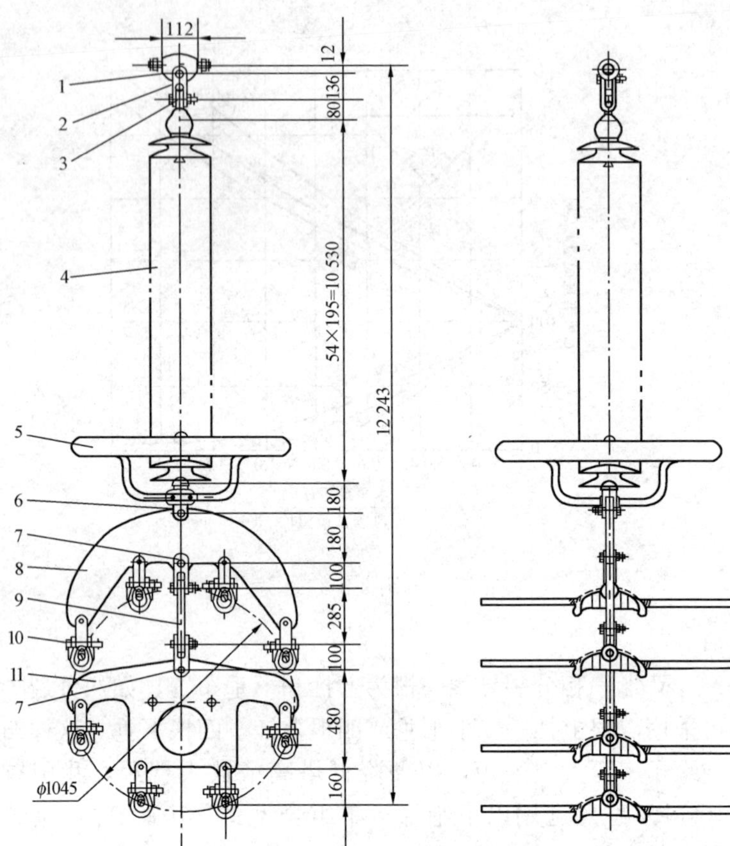

编号	名　　称	型　　号	个数
11	联板	LZ—3240/8—2	1
10	悬垂线夹	CGF—7034	6
9	挂　　板	PD—16	1
8	联　　板	LZ—3240/8—1	1
7	直角挂板	Z—16	2
6	碗头挂板	WS—3224AG	1
5	均压屏蔽环	FJP—1000CD	1
4	悬式绝缘子	XP—300	
3	球头挂环	QP—3224G	1
2	直角挂板	ZD—42G	1
1	挂轴	GD—42G	1

图 2-5-4

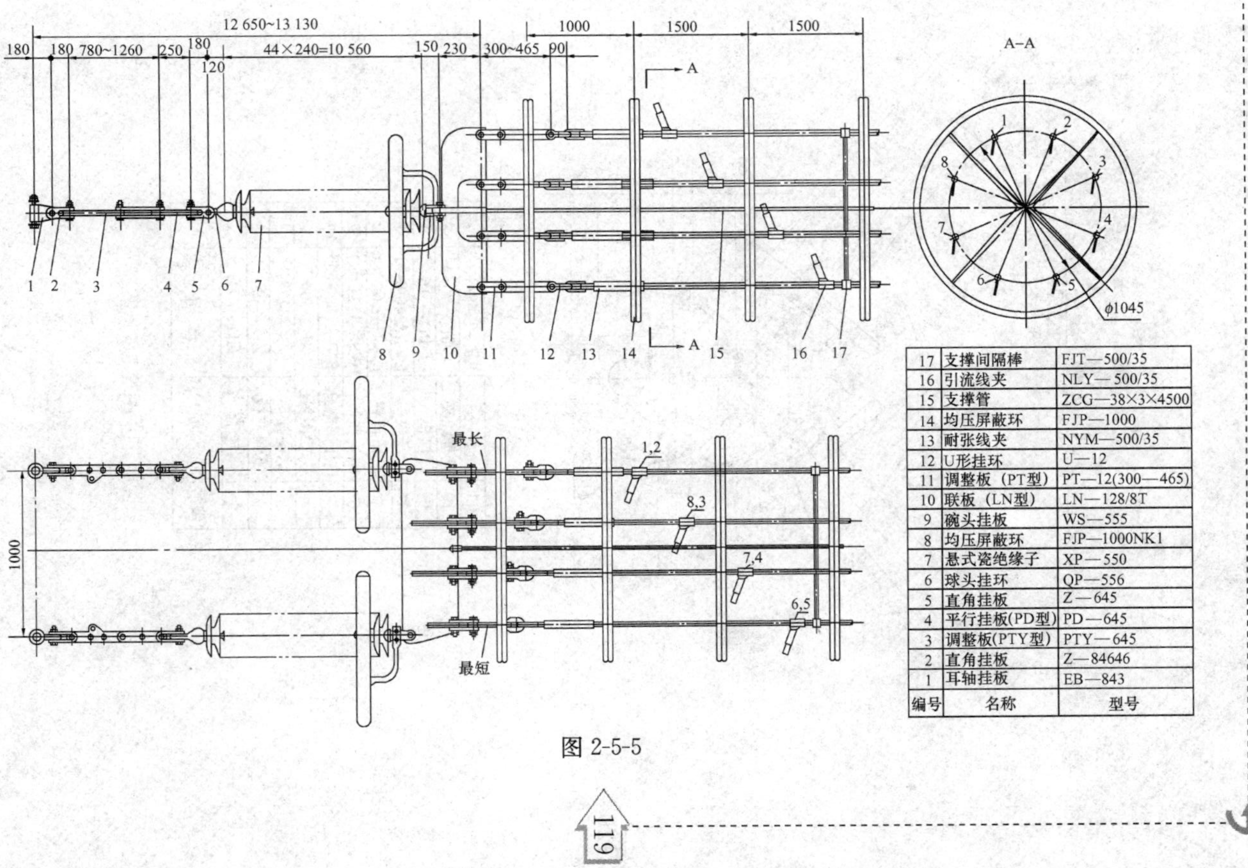

编号	名称	型号
17	支撑间隔棒	FJT—500/35
16	引流线夹	NLY—500/35
15	支撑管	ZCG—38×3×4500
14	均压屏蔽环	FJP—1000
13	耐张线夹	NYM—500/35
12	U形挂环	U—12
11	调整板（PT型）	PT—12(300—465)
10	联板（LN型）	LN—128/8T
9	碗头挂板	WS—555
8	均压屏蔽环	FJP—1000NK1
7	悬式瓷绝缘子	XP—550
6	球头挂环	QP—556
5	直角挂板	Z—645
4	平行挂板(PD型)	PD—645
3	调整板(PTY型)	PTY—645
2	直角挂板	Z—84646
1	耳轴挂板	EB—843

图 2-5-5

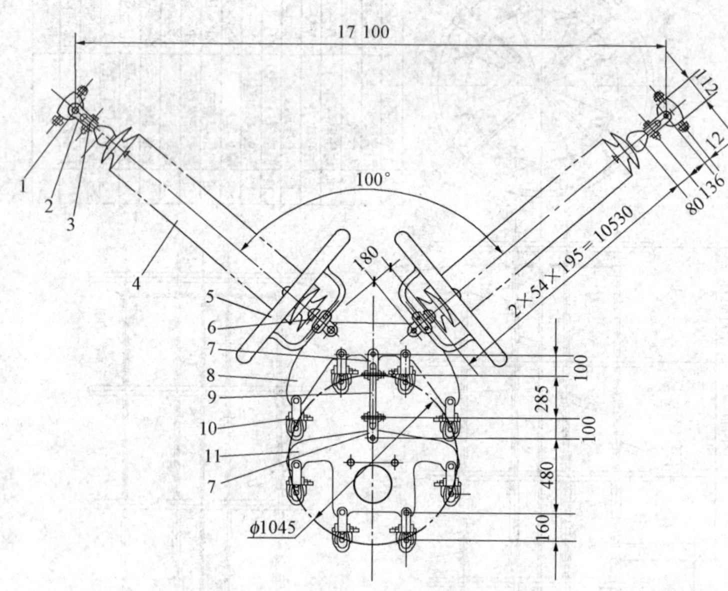

11	联板	LV—3240/8—2	1
10	悬垂线夹	CGF—7034	8
9	挂板	PD—16	1
8	联板	LV—3240/8—1	1
7	直角挂板	Z—16	2
6	碗头挂板	WS—3224 AG	2
5	均压屏蔽环	FJP—1000 CD	2
4	悬式绝缘子	XP—300	
3	球头挂环	QP—3224G	2
2	直角挂板	ZD—42G	2
1	挂轴	GD—42G	2
编号	名称	型号	个数

图 2-5-6

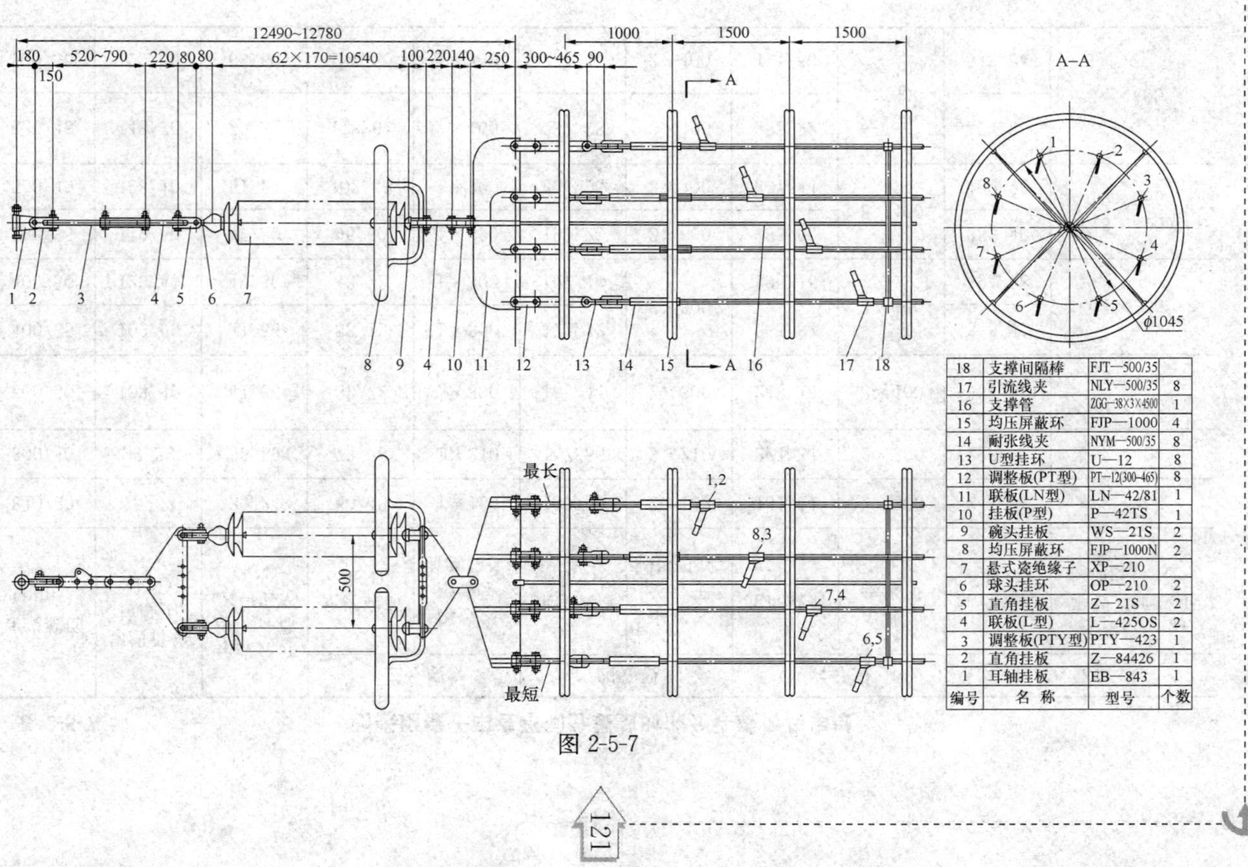

编号	名称	型号	个数
18	支撑间隔棒	FJT—500/35	
17	引流线夹	NLY—500/35	8
16	支撑管	ZGG—38X3X4500	1
15	均压屏蔽环	FJP—1000	4
14	耐张线夹	NYM—500/35	8
13	U型挂环	U—12	8
12	调整板(PT型)	PT—12(300~465)	8
11	联板(LN型)	LN—42/81	1
10	挂板(P型)	P—42TS	1
9	碗头挂板	WS—21S	2
8	均压屏蔽环	FJP—1000N	2
7	悬式瓷绝缘子	XP—210	
6	球头挂环	OP—210	2
5	直角挂板	Z—21S	2
4	联板(L型)	L—425OS	2
3	调整板(PTY型)	PTY—423	1
2	直角挂板	Z—84426	1
1	耳轴挂板	EB—843	1

图 2-5-7

表 2-5-7　　耐张绝缘子串在不同分裂数时的允许载荷与串数

导线截面 (mm^2)	导线计算拉断力 (kN)	导线允许载荷 (K=2.5) (kN)	二分裂		四分裂		六分裂		八分裂	
			允许载荷 (kN)	串数×绝缘子强度(kN)	允许载荷 (kN)	串数×绝缘子强度(kN)	允许载荷 (kN)	串数×绝缘子强度(kN)	允许载荷 (kN)	串数×绝缘子强度(kN)
240/30	75.62	30.24	60.48	1×160	120.96	2×160	181.44	2×300	241.92	2×400
300/40	92.22	36.89	73.78	1×210	147.56	2×210	221.34	2×300	295.12	2×400
300/50	103.40	41.36	82.72	1×300	165.44	2×300	248.16	2×400	334.88	4×300 (3×400)
400/35	103.90	41.56	83.12	1×300	172.72	2×300	255.84	2×400	345.40	4×300
400/50	123.40	49.36	48.72	1×300	197.44		296.16		394.88	
500/35	119.50	47.80	95.60	1×300	191.20	2×300	286.50	2×400	382.40	(3×400) 2×550
500/45	128.10	51.24	102.48	1×300	204.96	2×400	307.44		409.92	
630/45	148.70	59.32	118.64	2×160	237.28	2×400	355.92	2×550 4×300 3×400	474.56	4×400
720/50	170.00	68.60	137.20	1×400	274.40	2×400	411.60		548.84	

四、耐张绝缘子串分裂导线的牵引

一般高压输电线路上每串绝缘子牵引一根导线，当导线拉力较大时，采用两串并联绝缘子牵引一根导线，但均为一点固定在杆塔上。电压 500kV、一点固定、一牵两根、共四根导线，见图 2-5-8（a），电压 750kV、一点固定、一牵三根、共六根导线，见图 2-5-8（b），电压 1000kV、一点固定、一牵四根、共八根导线，见图 2-5-8（c）。

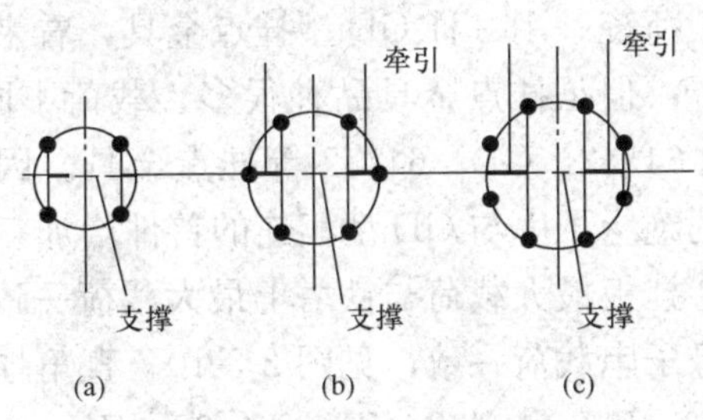

图 2-5-8

相分裂导线根数多，采用两串分别固定在杆塔上的两点固定，对杆塔受力条件有利，结构也简单。

上述牵引方式都没有采用整体联板。这与施工方法密切相关。

我国已建的 330、500kV 及 750kV 线路均采用分开牵引方式，取得了很好的施工、运行经验，是可取的。

1000kV 相分裂导线为 8 根、4 串绝缘子，导线总拉力 1680kN，施工张力为 480kN，采用整体联板重量 160kg，一次牵引 8 根导线，难度很大。为此推荐采用一牵四，承担 4 根导线，联板每块 80kg，两块联板中心距 685mm。

五、挂点金具及不同载荷（异载荷）过渡金具

在超高压输电线路上，导线在风的作用下产生振动，覆冰造成舞动等，这些运动能量传递到与杆塔连接的第一个元件——挂点金具。挂点金具的受力条件复杂，近年来得到广泛的重视。为此，需采用结构合理的挂点金具，以确保运行安全。

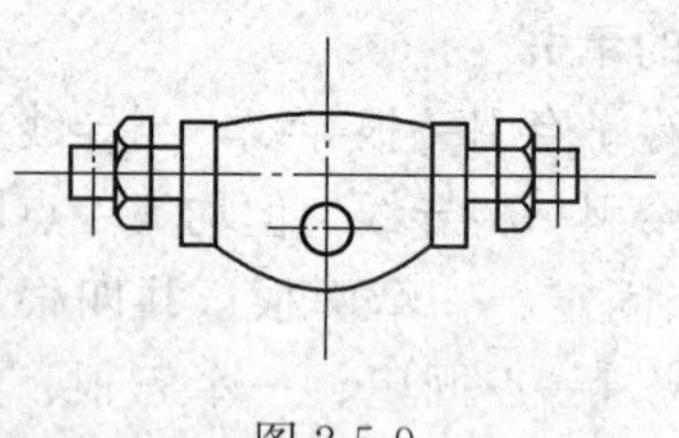
图 2-5-9

1. GD 型挂点金具

GD型挂点金具（见图2-5-9）采用整锻工艺，有很好的稳定性，但它必须在铁塔加工时安装好，不能拆卸和更换。近几年有些线路工程路径地形、气象条件、垂直档距大小等造成标准直线塔吊挂不同载荷的绝缘子串按最大载荷统一用一种 GD 型挂点金具，看来是铁塔横担加工标准化了，但是挂点金具品种很多、载荷不同，如 GD—64/55、GD—64/42、GD—64/32 等挂点金具。因此，在每基塔上所吊挂的绝缘子串与 GD 型相连的首件增加一个不同载荷的直角挂板，挂板最大载荷与铁塔上最大载荷一致，挂板另一侧载荷与绝缘子串载荷一致，见图 2-5-10。直角挂板型号系列有 ZY—64/42、ZY—42/32、ZY—64/32、ZY—42/21、ZY—64/21、ZY—42/26。

型号中字母与数字意义：Z—直角挂板；Y—异载荷；64—铁塔预制挂点金具载荷(kN)；42—绝缘子串载荷(kN)。

每种标称载荷配套最多三级载荷，不可能更多。如超过三级，说明铁塔余度太大。

2. GR 型挂点金具

该金具亦采用整锻工艺制造，见图 2-5-11。它与 GD 型挂

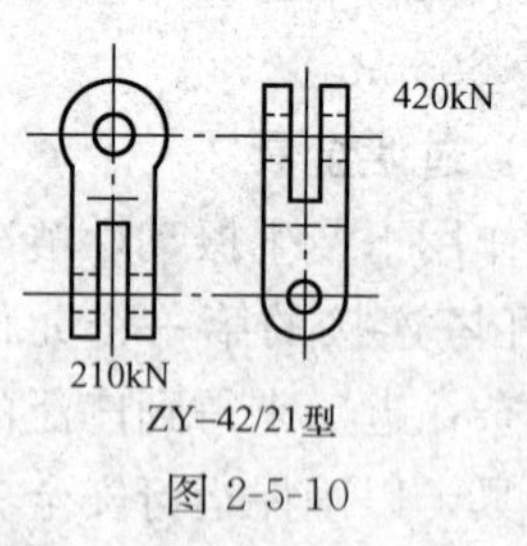

图 2-5-10

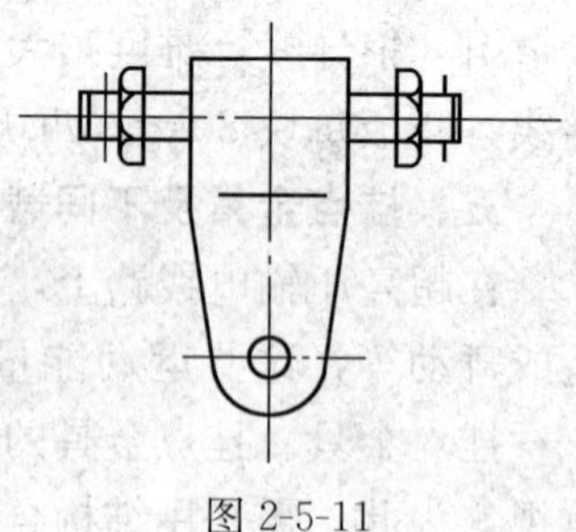
图 2-5-11

点金具不同之处是它不像 GD 型挂点金具在铁塔制造时已安装好，不可拆卸，而是以穿钉螺栓固定在铁塔横担预留的固定位置。GR 型挂点金具与吊挂悬垂绝缘子串的同时安装；当载荷变化时，可以更换，运行维护方便。

六、采用板—板螺栓平面连接

在高压输电线路中点接触的金具大量存在。常用的环形连接（见图 2-5-12）基本上属于点接触。在运行中这些金具被磨损、锈蚀，降低了质量，威胁安全运行。对此问题世界许多国家非常重视，并在金具试验项目中增加了磨损试验，并且在超高压和特高压线路上基本上不采用点接触的金具。

我国的 220kV 及以下载荷较小的金具大量采用点接触连接，也出现过由于点接触而造成的大面积断串事故。

从生产工艺上看，载荷小的 U 形环和延长环是将圆钢镦头弯成 U 形，椭圆延长环是以圆钢弯制成形、端口焊接而成。这两种结构相互连接不存在点接触问题。而现今要求延长环、椭圆球头环、椭圆碗头挂环均采取整锻工艺制造，不允许焊接或铸造。

采用整体锻造工艺，锻造毛坯要经过冲飞边、去毛刺，手工操作总是达不到像毛坯圆钢一样的平整和光洁，实际上点接触还是大量存在，而点接触应力比螺栓接触大若干倍。

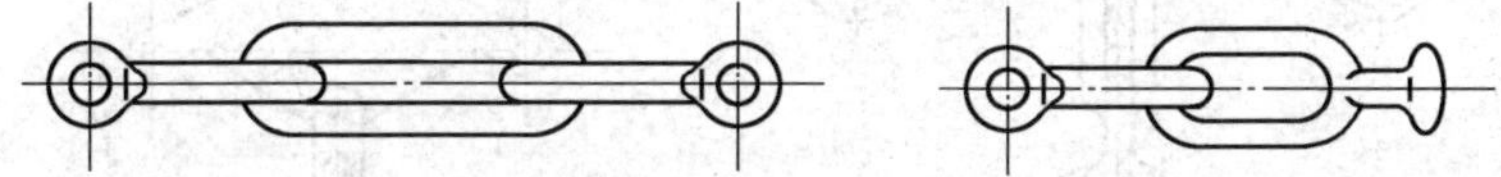

图 2-5-12

在超高压和特高压输电线路工程大量采用以下几种典型连接结构：

（1）直线塔挂点与绝缘导串连接的点接触，见图 2-5-13。

其特点：①U—32 型与 QH—32 型金具存在点接触；②可扭转（不希望有）。改为板—板面接触，见图 2-5-14。其特点：①无点接触；②顺线可动，风偏可动。

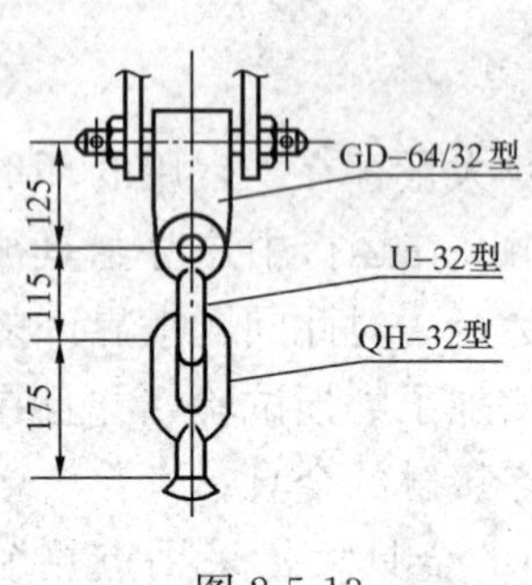

图 2-5-13

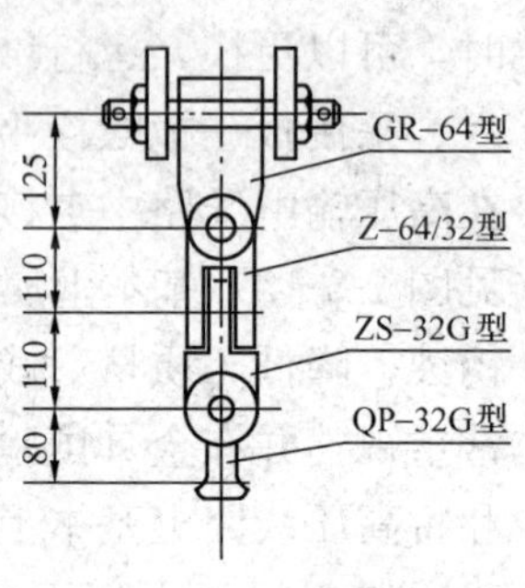

图 2-5-14

（2）500kV 四分裂悬垂组合联板间的点接触，见图 2-5-15。改为板—板面接触连接形式，见图 2-5-16。

（3）超高压 800kV 及特高压 1000kV 六分裂、八分裂的悬垂串中组合联板间连接形式，见图 2-5-17。其特点：U—16 型与 PH—16 型金具系点接触，易磨损。改为板—板面接触连

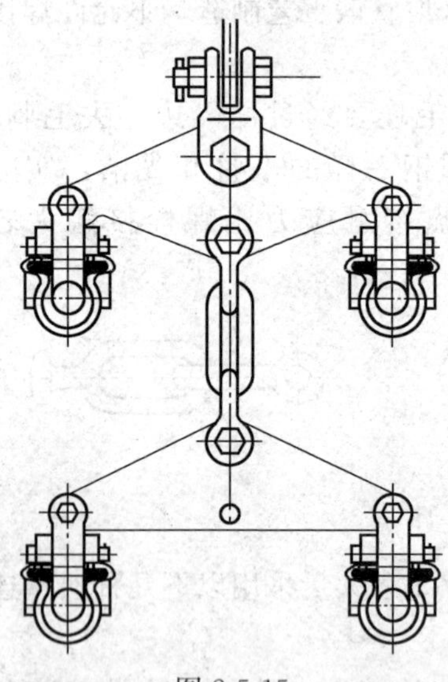
图 2-5-15

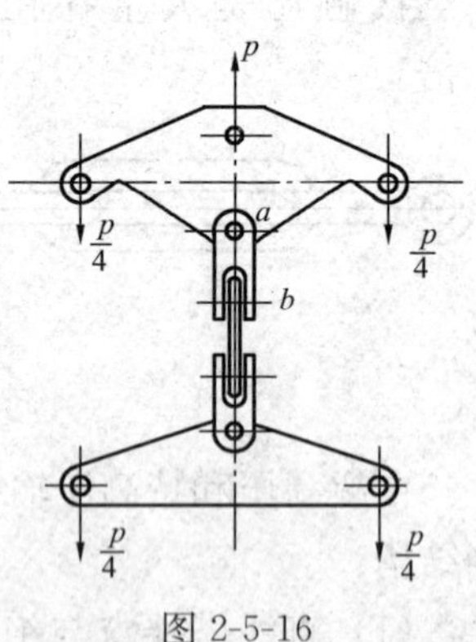

图 2-5-16

接形式，如图 2-5-18 所示。其特点：板与板面接触。

（4）板—板面接触的连接中应避免板件金具及连接螺栓产生弯曲变形的组装形式。它多出现在耐张绝缘子的组装中。

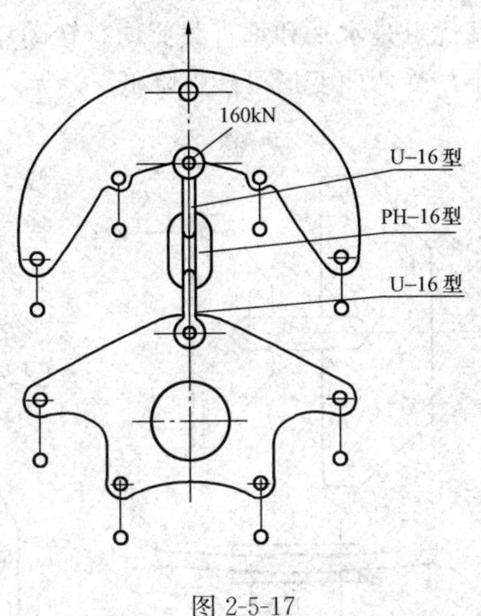

图 2-5-17

在高压线路上绝缘子片数为数十片，重量很重，绝缘子与多根分裂导线组装紧线时，整串出现悬链状态（见图 2-5-19），致使连接金具产生变形，螺栓弯曲。

建议采用图 2-5-20 所示的三腿直角和四腿直角组合挂板。

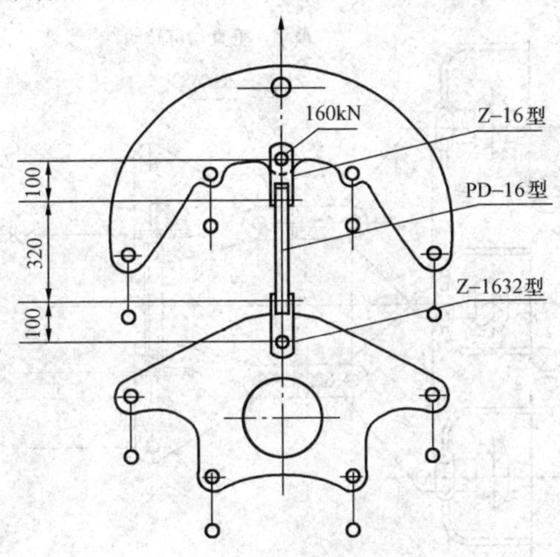

图 2-5-18

其优点是水平和垂直载荷均有转动点，具有万向节作用，力矩小，受弯曲变形可能性降低。

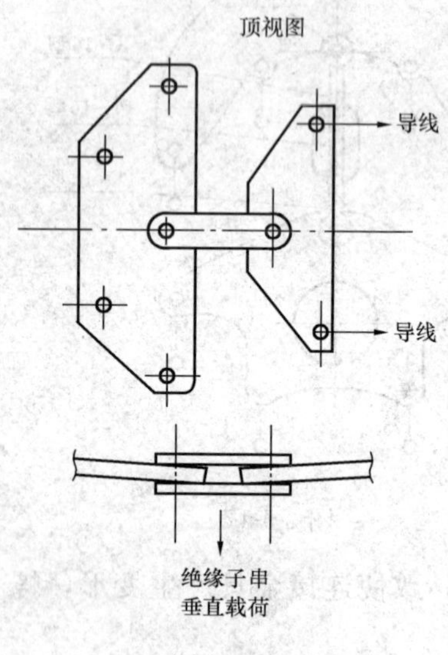

图 2-5-19

三串绝缘子片与分裂多导线，在耐张绝缘子串上水平连接，选用ZD型与ZSD型整锻直角挂板组成万向节形式，在水平和垂直方向均可转动，如图2-5-21所示。

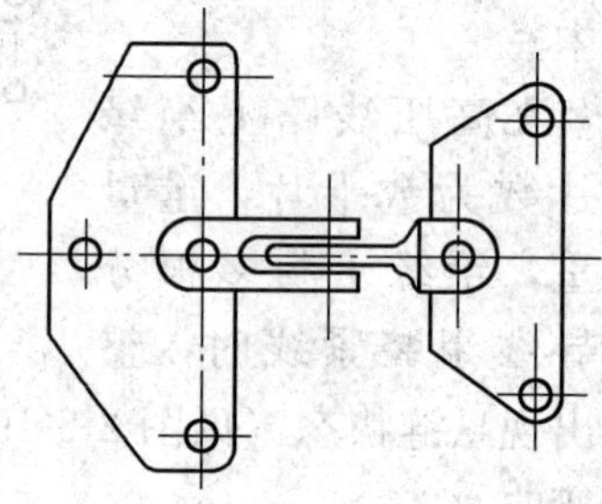

图 2-5-20

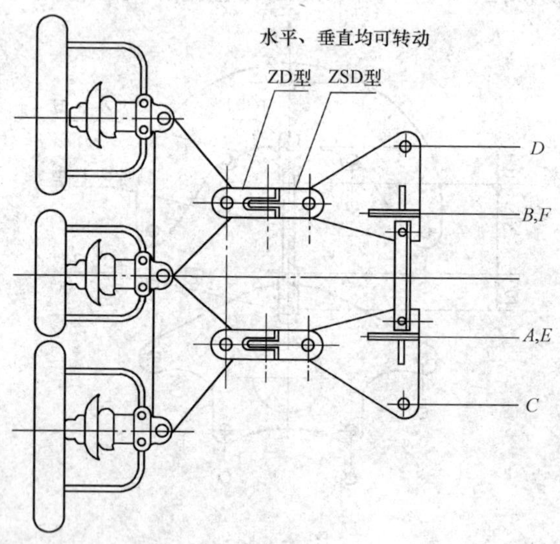

图 2-5-21

第三章 架空电力线路金具

第一节 悬 垂 线 夹

一、基本要求

架空电力线路的悬垂线夹用于将导线固定在绝缘子串上或将避雷线悬挂在直线杆塔上，亦用于换位杆塔上支持换位导线，耐张、转角杆塔上固定跳线。

国家标准 GB/T 2314—2008《电力金具通用技术条件》中对悬垂线夹提出了以下技术要求：

(1) 悬垂线夹的悬垂角不小于 25°。

(2) 悬垂线夹的曲率半径不小于被安装导线直径的 8 倍。

(3) 悬垂线夹对不同导线的握力与导线额定抗拉力的百分比值（对应 GB/T 1179—2008 标准导线），应不小于表 3-1-1 的数值。

表 3-1-1　悬垂线夹握力与导线额定抗拉力的百分比

导线类别	型式	导线结构（铝钢截面比）	拉断力百分比值（%）
良导体	—	≥1.70	14
钢芯铝绞线 钢芯铝合金绞线 铝包钢芯铝绞线 耐热钢芯铝合金绞线	加强型	4～4.5	18
	正常型	5～6.5	20
	减轻型	7～8.0	22
		9～10.0	23.5
		11～12.0	24
	特轻型	14～16.0	26
		18～20	28
		22～24	29

续表

导线类别	型式	导线结构（铝钢截面比）	拉断力百分比值（%）
铝包钢绞线	—	—	15
钢绞线		—	14
裸铜绞线		—	28
裸铝绞线（硬）		—	30

钢芯铝绞线（对应 GB 1179—1983 标准导线）的铝钢截面比规格增多，各种铝钢截面比的导线所使用的悬垂线夹握力与导线额定抗拉力的百分比值见表 3-1-2。

表 3-1-2　　悬垂线夹握力与导线额定抗拉力的百分比

（对应 GB/T 1179—2008 标准导线）

铝钢截面比	1.71	4.28	4.37	5.0	5.9	6.1	7.7	7.9	11.3	14.5	18
导线综合应力 σ（N/mm^2）	510	350	342	326	295	300	272	269	240	220	210
握力与额定抗拉力的百分比（%）	12	18.2	18.4	19.6	20.6	20.2	21.7	21.8	22.8	23.2	23.8

1. 悬垂线夹的悬垂角

由于输电线路经过的路径地形起伏，线路档距不等以及气温、覆冰等荷载的变化，使杆塔悬挂点两侧的导线产生不同的悬垂角。通常所谓的悬垂角为两侧悬垂角的平均值，即

$$\theta=\frac{\theta_1+\theta_2}{2}$$

输电线路通过平坦地带，一般悬垂角为 5°～8°及 10°～12°；当线路通过山区高差较大时，悬垂角可达 20°～25°，超过 25°的悬垂角是极少的。根据线路工程使用的导线、档距、高差等具体条件，设计出适用于线路各种不同条件的悬垂线夹是最理想的。但这样就不能达到使悬垂线夹通用化、标准化的

目的。

现行标准的悬垂线夹考虑一般通用条件，悬垂角计算取值为27°，实际使用范围为25°以下。当线路实际悬垂角超过这一范围时，则应采取措施，例如采用双线夹，调整杆塔位置、杆塔高度或设计特殊的悬垂角大的线夹。

2. 悬垂线夹的握着强度

悬垂线夹在线路正常运行或断线情况下，对导线应有足够的握着强度，以避免邻档断线后，导线从线夹中滑脱而产生对跨越构筑物的安全距离不足。

悬垂线夹的握着强度是根据导线断线张力确定的。断线张力与导线的最大使用张力有关。一般情况下，导线的断线张力为导线最大使用张力的50%～60%；而断线张力又为导线额定抗拉力的40%。故用导线额定抗拉力表示的线夹握力为

$$线夹握力=(0.22\sim0.24)T_s$$

式中　T_s——导线额定抗拉力。

架空避雷线用的悬垂线夹，其握力应不小于避雷线最大使用张力之半。

3. 悬垂线夹的机械强度

悬垂线夹在线路正常运行情况下，主要承受由导线的垂直载荷和水平风荷载组成的总载荷。悬垂线夹应在导线产生最大载荷时满足一定的安全系数（$K=2.5$）。

悬垂线夹的破坏载荷计算式为

$$P=K\sqrt{(S_h g_5)^2+(S_v g_3)^2}$$

式中　S_h——水平档距（m）；

S_v——垂直档距（m）；

g_5——导线覆冰时风载荷（N/m），见表3-1-3；

g_3——导线覆冰时垂直载荷（N/m），见表3-1-3；

K——安全系数。

定型的悬垂线夹的机械强度均按金具强度等级系列化，余

度较大，除特大重冰区需经过验算外，一般地区均能满足要求。故在工程选用时，一般只需验算线夹的允许最大垂直档距S_v，计算式为

$$S_v = \frac{P}{g_7 K}$$

式中　g_7——导线覆冰时综合载荷（N/m），见表 3-1-3。

表 3-1-3　　钢芯铝绞线载荷（GB 1179—1983）

导线截面（铝/钢，mm^2）	自质量 G_1（kg/km）	总截面（mm^2）	g_1（$\times10^{-2}$ N/m）	g_3（$\times10^{-2}$ N/m）	g_5（$\times10^{-2}$ N/m）	$g_7=\sqrt{g_3^2+g_5^2}$（$\times10^{-2}$ N/m）
150/8	401.4	152.8	3.020	4.963	1.276	5.124
150/20	549.4	164.5	3.340	5.202	1.216	5.342
150/25	601	173.11	3.472	5.277	1.579	5.508
150/35	676.2	181.62	3.723	5.475	1.136	5.591
185/10	584	193.40	3.020	4.701	1.086	4.825
185/25	706.1	211.29	3.342	4.941	1.026	5.046
185/30	732.6	210.93	3.473	5.074	1.027	5.177
185/45	848.2	227.83	3.723	5.249	0.974	5.339
210/10	650.7	215.48	3.020	4.594	1.009	4.704
210/25	789.1	236.12	3.342	4.838	0.952	4.950
210/35	853.9	246.09	3.470	4.928	0.926	5.014
210/50	960.8	258.06	3.723	5.140	0.897	5.218
240/30	922.2	275.96	3.342	4.704	0.859	4.782
240/40	964.3	277.75	3.472	4.829	0.855	4.904
240/55	1108.0	297.53	3.723	5.025	0.817	5.091
300/15	939.8	312.21	3.010	4.278	0.793	4.351
300/20	1002	324.33	3.089	4.329	0.773	4.397
300/25	1058	333.31	3.174	4.394	0.760	4.459
300/40	1133	388.99	3.342	4.549	0.751	4.811
300/50	1210	348.36	3.473	4.661	0.738	4.719
300/70	1402	376.61	3.723	4.856	0.701	4.907
400/20	1286	427.31	3.010	4.065	0.648	4.117
400/25	1295	419.01	3.091	4.158	0.656	4.210
400/35	1349	425.24	3.172	4.230	0.649	4.280
400/50	1511	451.55	3.346	4.368	0.625	4.412
400/65	1611	460.00	3.472	4.477	0.614	4.519
400/95	1560	501.02	3.712	4.676	0.586	4.712
500/35	1642	531.37	3.090	4.021	0.565	4.061

续表

导线截面（铝/钢，mm^2）	自质量 G_1（kg/km）	总截面（mm^2）	g_1（$\times10^{-2}$ N/m）	g_3（$\times10^{-2}$ N/m）	g_5（$\times10^{-2}$ N/m）	$g_7=\sqrt{g_3^2+g_5^2}$（$\times10^{-2}$ N/m）
500/45	1688	531.68	3.175	4.105	0.564	4.144
500/65	1847	568.94	3.346	4.243	0.542	4.277
630/45	2060	666.55	3.091	3.909	0.441	3.940
630/55	2207	696.22	3.173	3.971	0.477	4.000
630/80	2398	715.51	3.237	4.124	0.470	4.151
800/55	2690	870.60	3.090	3.795	0.417	3.817
800/70	2791	879.40	3.174	3.874	0.414	3.896
800/100	2991	896.09	3.338	4.032	0.410	4.053

注 g_3、g_5、g_7 均按覆冰 5mm 计算得到。

二、悬垂线夹分类

1. U 形螺丝式悬垂线夹

U 形螺丝式悬垂线夹由可锻铸铁制造的线夹船体、压板及 U 形螺丝组成。它利用两个 U 形螺丝压紧压板使导线固定在线夹船体中，船体由两块钢板冲压而成的挂板吊挂，挂板安装在船体两侧的挂轴上，线夹转动轴和导线在同一轴线上，回转灵活。由于挂板有一定宽度，若挂板摆动过大，其边缘将碰到 U 形螺丝上，因此，挂板与船体间的摆动角应不大于 45°。U 形螺丝式悬垂线夹握力较大，适用安装中小截面的铝绞线及钢芯铝绞线。在安装时，导线外应包缠 1mm×10mm 的铝包带 1～2 层。线夹的形状及规范见图 3-1-1 和表 3-1-4。

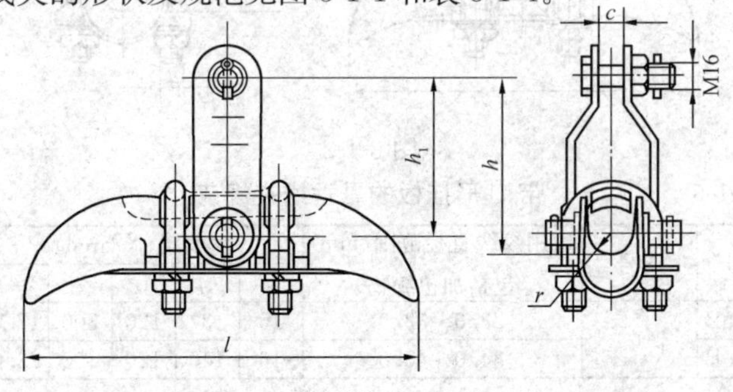

图 3-1-1

表 3-1-4　　　　U 形螺丝式悬垂线夹规范

型　号	图号	适用绞线直径范围(mm)(包括加包缠物)	主要尺寸（mm）					质量
			c	h_1	h	l	r	(kg)
CGU—1	3-1-1	5.0～7.0	18	70	82	180	4.0	1.40
CGU—2		7.1～13.0				200	7.0	1.80
CGU—3		13.1～21.0		90	102	220	11.0	2.00
CGU—4		21.1～26			110	250	13.5	3.00

注　如将原线夹以可锻铸铁制造的压板改为铝合金，U 形螺丝改为铝合金或不锈钢，挂板改为不锈钢，就消除了闭合回路，即可节能。

2. 带 U 形挂板悬垂线夹

U 形螺丝式悬垂线夹用于大截面钢芯铝绞线或包缠有预绞式护线条的导线时，线夹线槽直径较大，采用普通挂板容易产生变形，因而在线夹挂板上端增加 U 形挂板，可以减少挂板弯距，同时也改变了悬挂方向。

加装 U 形挂板的悬垂线夹适用于安装大截面的钢芯铝绞线或包缠有预绞式护线条的钢芯铝绞线。

线夹的形状及规范见图 3-1-2 和表 3-1-5。

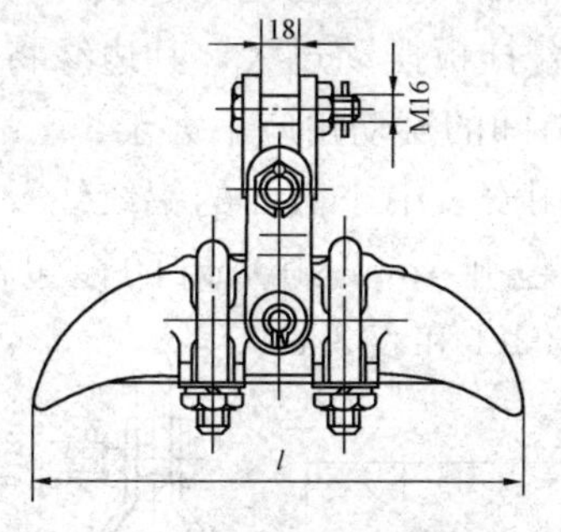

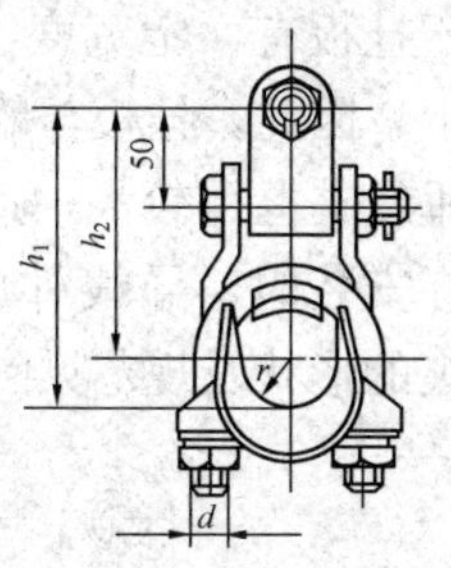

图 3-1-2

表 3-1-5　　　　带 U 形挂板的悬垂线夹规范

型　号	图号	适用绞线直径范围(mm)(包括加包缠物)	主要尺寸（mm）					质量
			d	h_1	h_2	l	r	(kg)
CGU—5B	3-1-2	23.0～33.0	16	137	120	300	17.0	5.40
CGU—6B		34.0～45.0	16	143	120	300	23.0	5.80

注　同表 3-1-4 注。

3. 带碗头挂板悬垂线夹

110～220kV 输电线路上直线杆塔的悬垂绝缘子串所用的悬式绝缘子，一般均采用 XP—70 型。在悬垂线夹上加装 XP—70 型绝缘子配套用的 WS—7 碗头挂板，不但可以缩短绝缘子串长度，而且减少挂板弯矩。线夹可直接与 XP—70 型绝缘子相连，亦可与公称直径 ϕ16mm 的其他球窝绝缘子相连。

加装碗头挂板悬垂线夹，适用于安装大截面的钢芯铝绞线及包缠预绞式护线条的钢芯铝绞线。

线夹的形状及规范见图 3-1-3 和表 3-1-6。

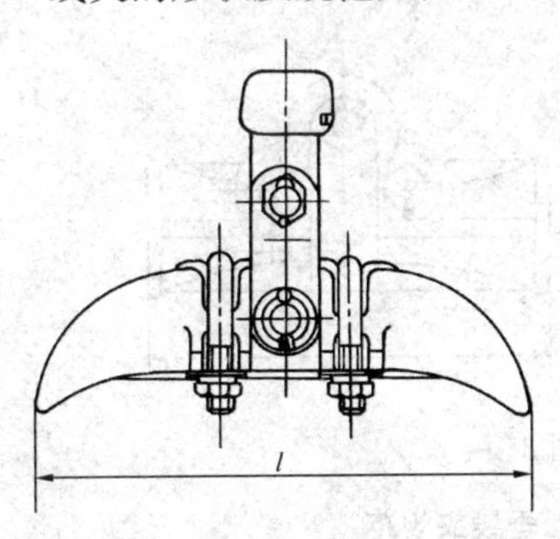

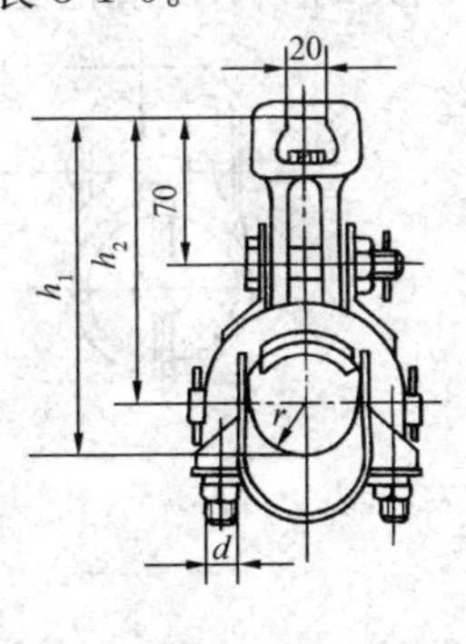

图 3-1-3

表 3-1-6　　带碗头挂板悬垂线夹规范

型　号	图号	适用绞线直径范围(mm)（包括加包缠物）	主要尺寸（mm）					质量（kg）
			d	h_1	h_2	l	r	
CGU—5A	3-1-3	23.0～33.0	16	157	140	300	17.0	5.70
CGU—6A		34.0～45.0	16	163	140	300	23.0	6.10

注　同表 3-1-4 注。

4. 防晕型悬垂线夹

防晕型悬垂线夹由高强度铝合金制造的两片喇叭形船体，两个（或四个）螺栓（用以夹紧船体）和船体外中部悬吊部位的钢箍组成。线夹具有较高的粗糙度及流线型结构，可以减少电晕的产生。这种线夹用于 330～500kV，悬挂 300～400mm^2 的钢芯铝绞线。

由于线夹以非磁性材料制造，可以减少磁滞损耗，节约电能，故用于 220kV 线路上代替常用的可锻铸铁制造的线夹，有很好的经济效益。

防晕型悬垂线夹分为线路用和跳线用两类。跳线用的防晕线夹亦可用于变电所，线夹握力要求较小。

线夹的形状及规范见图 3-1-4 和表 3-1-7。

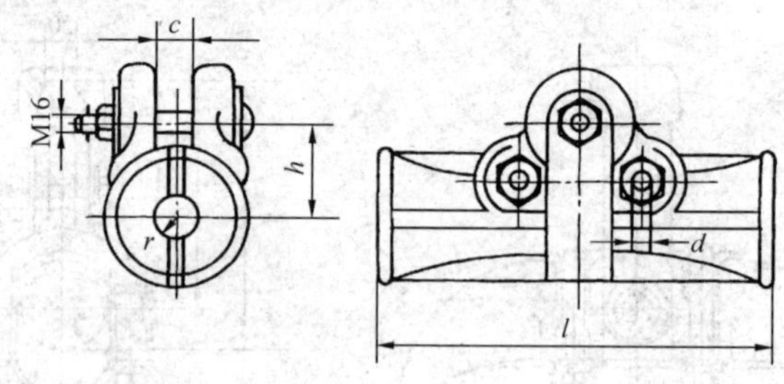

图 3-1-4

表 3-1-7　　防晕型悬垂线夹规范

<table>
<tr><th rowspan="2">型　号</th><th rowspan="2">图号</th><th rowspan="2">适用导线型号</th><th colspan="5">主要尺寸（mm）</th><th rowspan="2">质量（kg）</th></tr>
<tr><th>c</th><th>d</th><th>h</th><th>l</th><th>r</th></tr>
<tr><td>CGF—300</td><td rowspan="4">3-1-4</td><td>LGJ—300/40</td><td rowspan="4">24</td><td rowspan="4">16</td><td>60</td><td>250</td><td>13.0</td><td>3.0</td></tr>
<tr><td>CGF—6</td><td>LGJ—500/45</td><td>63</td><td>300</td><td>18.0</td><td>4.2</td></tr>
<tr><td>CGF—7</td><td>LGKK—590
LGKK—900</td><td>65</td><td>300</td><td>26.5</td><td>4.5</td></tr>
<tr><td>CGF—1400</td><td>LGKK—1400</td><td>65</td><td>300</td><td>24.0</td><td>4.5</td></tr>
</table>

5. 钢板冲压悬垂线夹

线夹的船体由钢板冲压而成，无挂板，悬挂点位于导线轴线上方，U 形螺丝向上安装，施工方便。这种线夹具有加工工艺简单，生产周期短，成品率高，重量轻，配件少等优点，

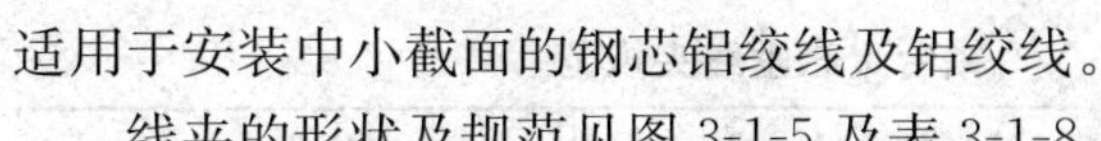

适用于安装中小截面的钢芯铝绞线及铝绞线。

线夹的形状及规范见图 3-1-5 及表 3-1-8。

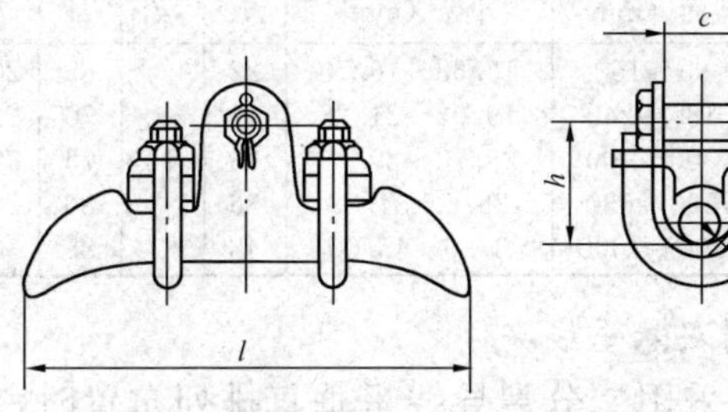

图 3-1-5

表 3-1-8　　**钢板冲压悬垂线夹规范**

型　号	图号	适用导线直径范围(mm)（包括加包缠物）	主要尺寸（mm）					质量(kg)
			c	d	h	l	r	
CGG—3	3-1-5	12.4～17.0	20	16	50	200	9	1.10
CGG—4		19.0～21.6	24	16	60	220	12	1.30
CGG—5		24.2～28.0	30	16	70	250	15	1.55

注　同表 3-1-4 注。

6. 铝合金悬垂线夹

线夹船体及压板以铝合金铸造而成，无挂板，悬挂点位于导线轴线上方。这种线夹强度高、重量轻、磁损小，适用于安装中小截面的铝绞线及钢芯铝绞线。

线夹的形状及规范见图 3-1-6 及表 3-1-9。

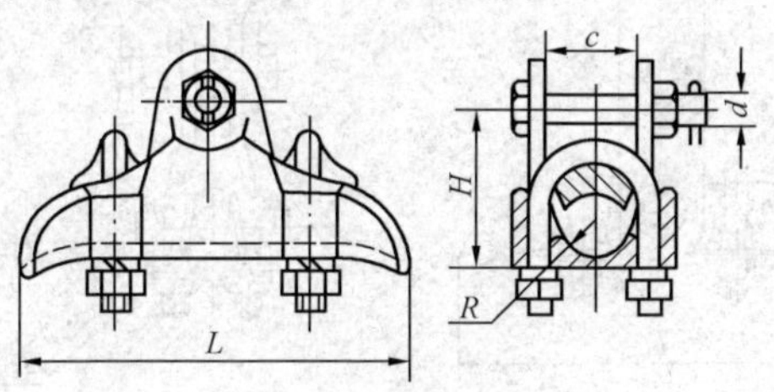

图 3-1-6

表 3-1-9　　　　铝合金悬垂线夹规范

型　号	图号	适　用　导　线		主要尺寸（mm）				
		截面（mm^2）	外径（mm）	*c*	*d*	*H*	*L*	*R*
CGH—3	3-1-6	95～150	13.68～16.70	22	16	65	200	9.5
CGH—4		185～240	19.02～21.28	27		70	220	12.0
CGH—5		300～400	23.70～29.08	33		75	250	15.0
CGH—6		500～630	28.0～34.32	36		80	250	17.0
CGH—7		800～1000	37.0～45.00	48		85	300	23.0

7. 垂直排列双悬垂线夹

220kV 线路采用二分裂导线呈垂直排列布置时，虽然增加了杆塔高度，但不需装间隔棒，可减少维护工作量。

与二分裂导线垂直排列布置相适应的线夹由两个普通的船体吊挂在一副整体钢制（或铝合金制）挂板上构成。这种悬挂的垂直排列双线夹可以单独在挂板上转动，受到风荷载时，线夹与绝缘子一起摆动。

整体钢制挂板垂直排列双悬垂线夹的形状及规范见图 3-1-7及表 3-1-10。整体铝合金挂板垂直排列双悬垂线夹的形状

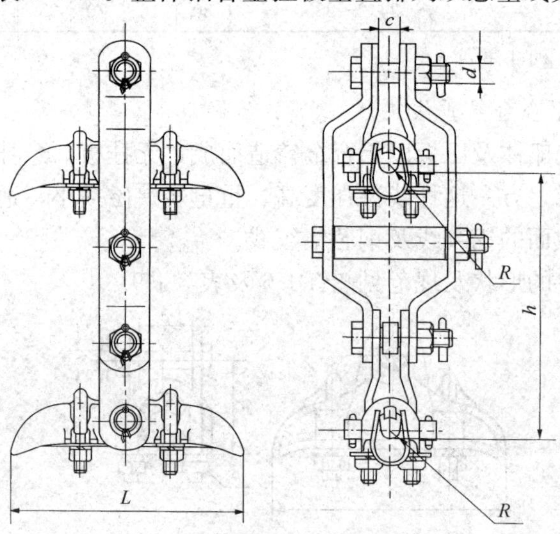

图 3-1-7

及规范见图 3-1-8 及表 3-1-11。

表 3-1-10　　垂直排列双悬垂线夹（整体钢制挂板）规范

型　号	图号	适用导线直径（包括加包缠物）（mm）	主要尺寸（mm）				
			c	*d*	*h*	*L*	*R*
CCS—4	3-1-7	21.0～26.0	38	16	400	300	17.0
CCS—5		23.0～33.0					
CCS—6		34.0～45.0	38	16	400	300	23.0

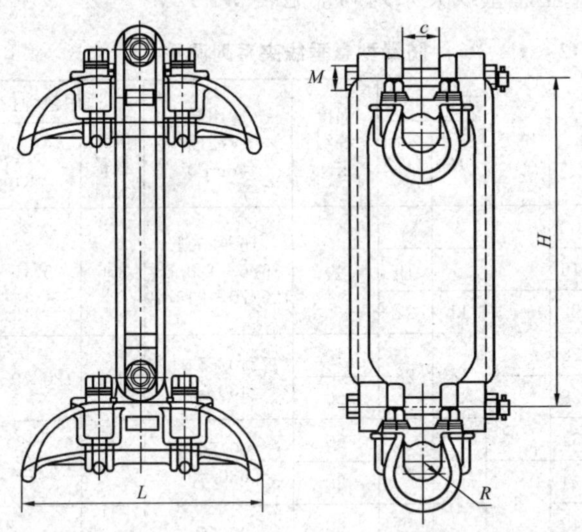

图 3-1-8

表 3-1-11　　垂直排列双悬垂线夹（整体铝合金挂板）规范

型　号	图号	适用导线外径（mm）	主要尺寸（mm）					质量（kg）
			H	*c*	*L*	*R*	*M*	
CSH—7034/400	3-1-8	29.6～33.6	400	42	300	17.0	16	10.2
CSH—10034/400				44			18	11.0
CSH—8040/500		29.6～38.3	500	42	300	20.0	16	10.3
CSH—10040/500				50	330		18	11.5
CSH—10046/500		36.0～45.0			330	23.0		11.5
CSH—10054/500		48.0～53.0			330	27.0		14.8

8. 防晕型悬垂线夹

防晕型悬垂线夹的本体、压板全是由铝合金材料制造的，固定轴位于导线轴线的下方，藉环首螺栓安装在上杠联板上。

线夹由非磁性材料制造，消除了磁滞损失；强度高，握力大；表面光滑，边缘呈流线型，减少了电晕的产生。它与下垂铝合金线夹可组成500kV线路悬垂组合。

防晕型悬垂线夹系列调整见表3-1-12。

表3-1-12　防晕型悬垂线夹系列调整

型号	级差	线槽（mm）		强度等级（kN）	适用导线截面（mm^2）	适用包缠护线条	
		R	总径			单丝直径（mm）	导线截面（mm^2）
CGF—4008	8	4	8	40	16～25/4 35/6～120/25 120/70～240/40	3.6	95/15～95/20
CGF—4016		8	16				
CGF—4022	6	11	22				
CGF—4028		14	28	40	240/55～400/35	3.6	120/70～150/35
CGF—6028	6			60			
CGF—6034		17	34	60	400/50～630/45	4.6	185/25～240/55
CGF—8034	6			80			
CGF—6040		20	40	60	630/55～800/100	6.3	300/25～400/35
CGF—8040	6			80			
CGF—8046		23	46	80	900～1120/90	6.3	400/50～500/65
CGF—10046				100			
CGF—10054	8	27	54	100	1250～1500扩径导线	7.8	630/45～800/70
CGF—12054				120			
CGF—15054				150			

注　型号中字母及数字意义：C—悬垂；G—固定式；F—防晕型；数字—线夹强度等级（kN）和线夹线槽总径（mm）。

上扛式、防晕型、下垂式悬垂线夹形状分别见图3-1-9～图3-1-11，规范分别见表3-1-13～表3-1-15。

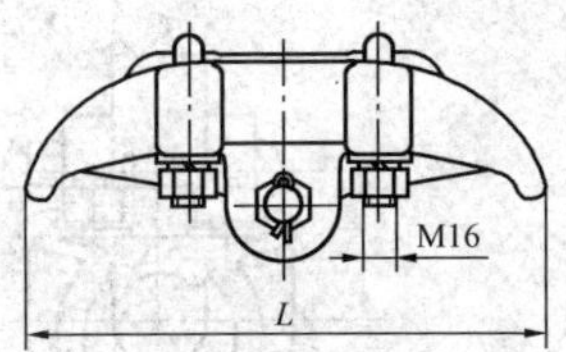

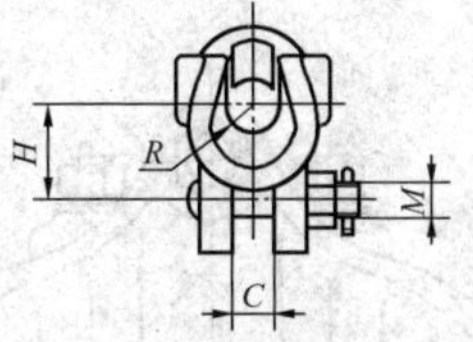

图 3-1-9

表 3-1-13　　　　悬垂线夹（上扛式）规范

型　号	图号	适用导线外径（mm）	主要尺寸（mm）					破坏载荷（kN）	质量（kg）
			C	*H*	*L*	*M*	*R*		
CGF—6034K		23.7～33.6	24	55	300	16	17	60	3.0
CGF—6045K		33.7～45.0	24	60	320	18	23	60	3.6
CGF—8034K	3-1-9	29.4～33.6	24	60	300	16	17	80	3.6
CGF—8040K		29.6～38.4	24	60	330	16	20	80	3.6
CGF—10046K		33.6～45.0	24	60	320	18	23	100	3.7

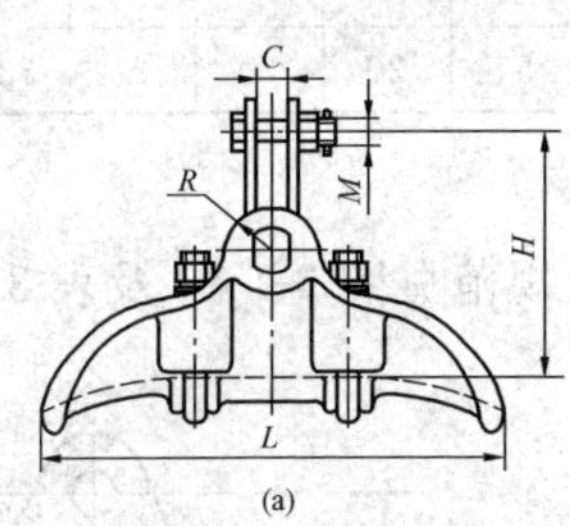

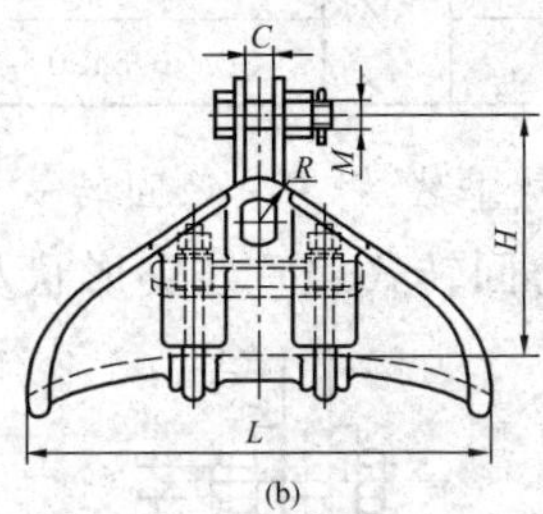

图 3-1-10

表 3-1-14　　　　悬垂线夹（防晕型）规范

<table>
<tr><th rowspan="2">型　号</th><th rowspan="2">图号</th><th rowspan="2">适用导线外径（mm）</th><th colspan="5">主要尺寸（mm）</th><th rowspan="2">质量（kg）</th></tr>
<tr><th>C</th><th>M</th><th>R</th><th>H</th><th>L</th></tr>
<tr><td>CGF—7034</td><td rowspan="3">3-1-10（a）</td><td>29.6～33.6</td><td rowspan="3">20</td><td>16</td><td rowspan="2">17</td><td rowspan="2">160</td><td rowspan="2">300</td><td>3.5</td></tr>
<tr><td>CGF—10034</td><td>29.6～33.6</td><td rowspan="2">18</td><td>3.6</td></tr>
<tr><td>CGF—8040</td><td>29.6～38.3</td><td rowspan="2">20</td><td rowspan="2">170</td><td rowspan="4">330</td><td>3.8</td></tr>
<tr><td>CGF—10040</td><td rowspan="4">3-1-10（b）</td><td>29.6～38.3</td><td rowspan="3">24</td><td rowspan="3">20</td><td>4.3</td></tr>
<tr><td>CGF—10046</td><td>41.7～45.6</td><td>23</td><td rowspan="2">180</td><td>4.5</td></tr>
<tr><td>CGF—10054</td><td>44.7～54.0</td><td rowspan="2">27</td><td>4.8</td></tr>
<tr><td>CGF—15054</td><td>44.7～54.0</td><td>26</td><td>24</td><td>200</td><td>390</td><td>5.2</td></tr>
</table>

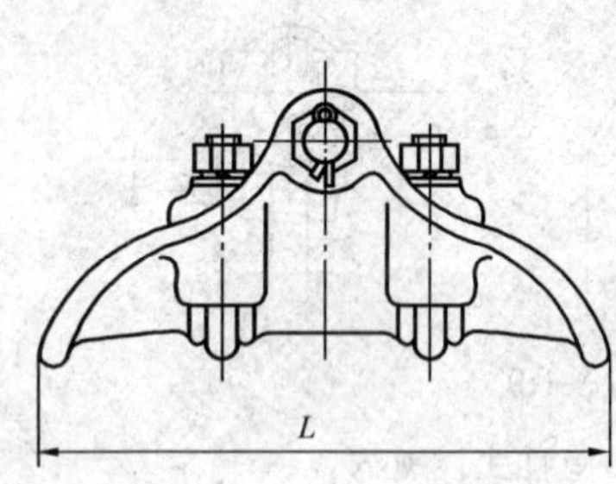

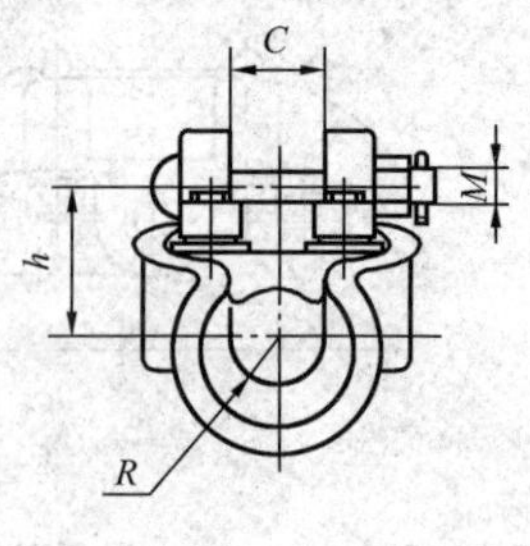

图 3-1-11

表 3-1-15　　悬垂线夹（下垂式）规范

型　号	图号	适用导线外径（mm）	主要尺寸（mm）					质量（kg）
			C	M	h	R	L	
CGF—5C	3-1-11	23.7～27.6	32	16	65	17	300	3.5
CGF—6C		35.0～46.0	46	18	70	23	320	4.1
CGF—7C		36.0～54.0	54	20	70	27	330	4.6

9. 悬垂线夹（中心回转式）

中心回转式悬垂线夹形状及规范见图 3-1-12 及表 3-1-16。

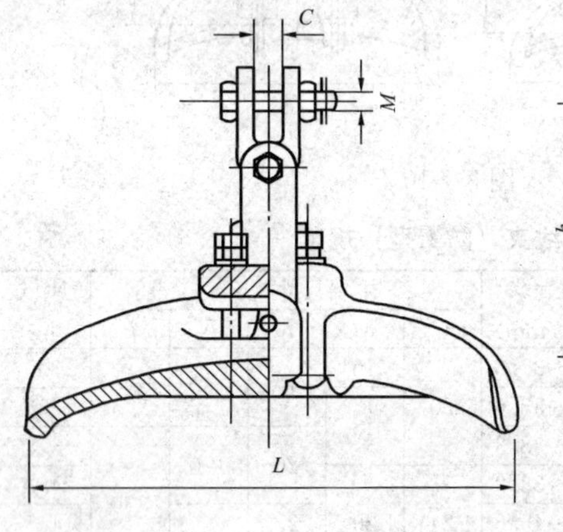

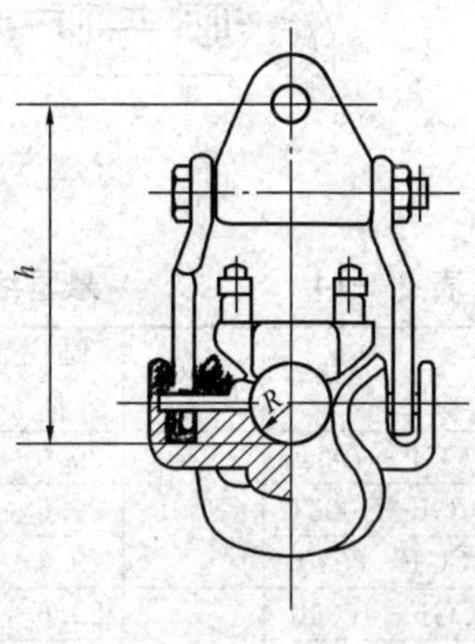

图 3-1-12

表 3-1-16　　　　悬垂线夹（中心回转式）规范

<table>
<tr><th rowspan="2">型　号</th><th rowspan="2">图号</th><th rowspan="2">适用导线外径（mm）</th><th colspan="5">主要尺寸（mm）</th><th rowspan="2">质量（kg）</th></tr>
<tr><th>R</th><th>h</th><th>C</th><th>M</th><th>L</th></tr>
<tr><td>CGZ—8040</td><td rowspan="8">3-1-12</td><td>29.6～38.3</td><td>20</td><td rowspan="3">170</td><td rowspan="6">20</td><td>16</td><td>300</td><td>4.0</td></tr>
<tr><td>CGZ—8046</td><td>33.6～45.0</td><td>23</td><td rowspan="5">18</td><td>320</td><td>4.5</td></tr>
<tr><td>CGZ—10034</td><td>29.6～33.6</td><td>17</td><td>320</td><td>3.6</td></tr>
<tr><td>CGZ—10040</td><td>29.6～38.3</td><td>20</td><td>195</td><td>350</td><td>4.3</td></tr>
<tr><td>CGZ—10046</td><td>33.6～45.0</td><td>23</td><td>170</td><td>320</td><td>4.6</td></tr>
<tr><td>CGZ—10054</td><td rowspan="3">44.7～54.0</td><td>27</td><td>195</td><td>350</td><td>4.8</td></tr>
<tr><td>CGZ—12054</td><td>27</td><td>210</td><td rowspan="2">24</td><td>22</td><td>420</td><td>5.0</td></tr>
<tr><td>CGZ—15054</td><td>27</td><td>220</td><td>24</td><td>500</td><td>5.2</td></tr>
</table>

10. 预绞式悬垂线夹

预绞式线夹由硅橡胶制成的双曲线腰鼓形包箍，包箍外缠绕铝合金预绞丝，在预绞丝外，装以铝合金制成的带悬挂板的包箍，包箍外再加上 U 形钢（或铝合金）带组成。

预绞式悬垂线夹利用双曲线腰鼓形包箍包住导线于悬挂处，具有握力大、电晕小、质量轻、磁损小的特点。线夹可用于重冰及档距较大的地区。

（1）钢芯铝绞线用预绞式悬垂线夹的形状及规范见图 3-1-13 及表 3-1-17。

（2）钢绞线用预绞式悬垂线夹形状及规范见图 3-1-13 及表 3-1-18。

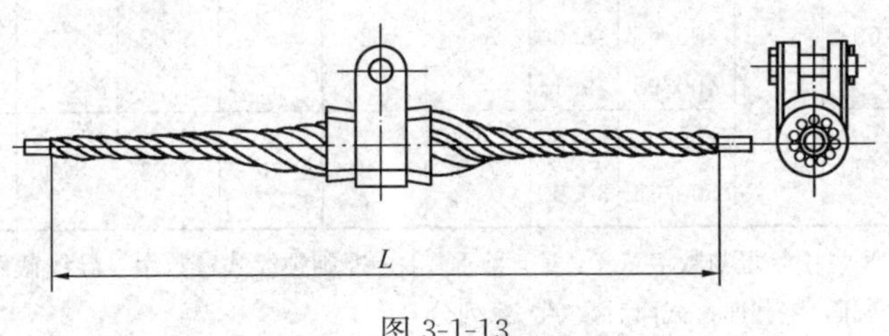

图 3-1-13

表 3-1-17　钢芯铝绞线（GB 1179—1983）用预绞式悬垂线夹规范

型号	图号	适用钢芯铝绞线		单丝外径（mm）	根数	节距数（不少于）	长度 L（mm）	质量（kg）	标志颜色
		截面（mm^2）	外径（mm）						
CL—120	3-1-13	120/20	15.07	4.6	11	6	1143	1.4	绿
		120/25	15.74	4.6	11	6	1143	1.4	
CL—150		150/20	16.67	5.2	11	6	1372	1.8	蓝
		150/25	17.10						
		150/35	17.50						
CL—185		185/25	18.90	5.2	12	6	1422	2.0	白
		185/30	18.88						
CL—210/25		210/25	19.98	6.4	11	6	1524	2.6	橙
CL—210		210/35	20.38	6.4	11	6	1549	2.8	紫
		210/50	20.86						
CL—240		240/30	21.60	6.4	11	6	1626	2.9	蓝
		240/40	21.66						
CL—300		300/20	23.43	6.4	12	6	1702	4.1	白
		300/25	23.76						
		300/40	23.94						
CL—400-1		400/20	26.91	7.9	11	6	2083	5.7	蓝
		400/25	26.64						
		400/35	26.82						
CL—400-2		400/50	27.63	7.9	12	6	2083	5.9	黄
		400/65	28.00						
		400/95	29.14						
CL—500		500/35	30.00	7.9	12	6	2083	6.0	橙
		500/45	30.00						

注　型号中字母与数字意义：C—悬垂；L—螺旋预绞式；数字—导线截面；铝截面/钢截面；截面后数字—系列分号。

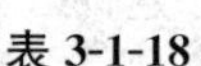

表 3-1-18　　　　钢绞线用预绞式悬垂线夹规范

<table>
<tr><th rowspan="2">型号</th><th rowspan="2">图号</th><th colspan="2">适用钢绞线</th><th rowspan="2">单线径（mm）</th><th rowspan="2">根数</th><th rowspan="2">节距数（不少于）</th><th rowspan="2">长度 L（mm）</th><th rowspan="2">质量（kg）</th><th rowspan="2">标志颜色</th></tr>
<tr><th>截面（mm²）</th><th>直径（mm）</th></tr>
<tr><td>CL—1GD</td><td rowspan="12">3-1-13</td><td>30</td><td>7.0～7.2</td><td rowspan="3">3.0</td><td>8</td><td rowspan="6">6</td><td rowspan="3">660</td><td>1.2</td><td>蓝</td></tr>
<tr><td>CL—2GD</td><td>35</td><td>7.3～7.8</td><td>9</td><td>1.2</td><td>黑</td></tr>
<tr><td>CL—3GD</td><td>50～55</td><td>8.4～9.6</td><td>10</td><td>1.3</td><td>棕</td></tr>
<tr><td>CL—4GD</td><td>60～67</td><td>10～10.5</td><td rowspan="3">3.5</td><td>10</td><td>700</td><td>1.7</td><td>红</td></tr>
<tr><td>CL—5GD</td><td>70～85</td><td>11～12</td><td>11</td><td>800</td><td>1.7</td><td>绿</td></tr>
<tr><td>CL—6GD</td><td>90</td><td>12.1～12.5</td><td>12</td><td>1143</td><td>1.9</td><td>蓝</td></tr>
<tr><td>CL—1GS</td><td>30</td><td>7～7.2</td><td rowspan="3">3.0</td><td>8</td><td rowspan="6">6</td><td rowspan="3">1110</td><td rowspan="2">2.0</td><td>蓝</td></tr>
<tr><td>CL—2GS</td><td>35</td><td>7.3～7.8</td><td>9</td><td>黑</td></tr>
<tr><td>CL—3GS</td><td>50～55</td><td>8.4～9.6</td><td>10</td><td>2.5</td><td>绿</td></tr>
<tr><td>CL—4GS</td><td>60～67</td><td>10.0～10.5</td><td rowspan="3">3.5</td><td rowspan="3">10</td><td rowspan="2">1350</td><td rowspan="2">3.0</td><td>白</td></tr>
<tr><td>CL—5GS</td><td>70～85</td><td>11.0～12.0</td><td>棕</td></tr>
<tr><td>CL—6GS</td><td>90</td><td>12.1～12.5</td><td>1593</td><td>3.5</td><td>蓝</td></tr>
</table>

注　型号中字母与数字意义：C—悬垂；L—螺旋预绞式；数字—序号；D—单线夹；S—双线夹；G—钢绞线。

（3）铝绞线用预绞式悬垂线夹形状及规范见图 3-1-14 及表 3-1-19。

（4）OPGW 用预绞式悬垂线夹形状及规范见图 3-1-15 及表 3-1-20。

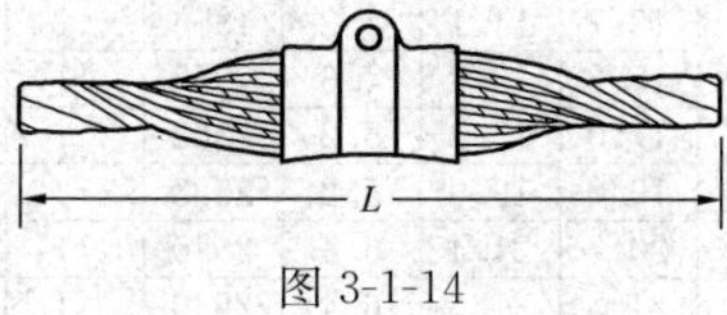

图 3-1-14

表 3-1-19　铝绞线（GB 1179—1983）用预绞式悬垂线夹

型　号	图号	适用绞线		线径（mm）	根数	节距数（不少于）	长度 L（mm）	质量（kg）	标志颜色
		截面（mm^2）	外径（mm）						
CL—95L	3-1-14	95	12.48	4.2	10	6	1016	1.1	红
CL—120L		120	14.25	4.6	11	6	1118	1.4	白
CL—150L		150	15.75	4.6	12	6	1270	1.5	红
CL—185L		185	17.50	5.2	11	6	1372	1.8	绿
CL—210L		210	18.75	5.2	12	6	1422	2.0	白
CL—240L		240	20.00	6.4	11	6	1524	2.6	橙
CL—300L		300	22.40	6.4	12	6	1651	3.1	绿
CL—400L		400	25.90	7.9	11	6	2032	5.5	紫
CL—500L		500	29.12	7.9	12	6	2083	5.9	白
CL—630L		630	32.67	9.3	12	6	2235	8.8	蓝

注　型号中字母与数字意义：C—悬垂线夹；L—螺旋预绞式；数字—绞线标称截面；数字后 L—铝绞线。

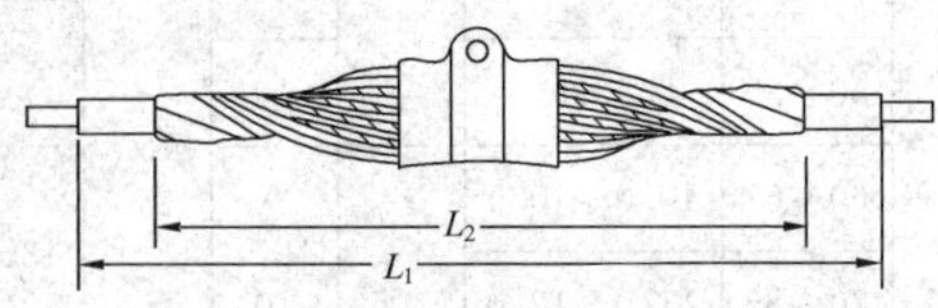

图 3-1-15

表 3-1-20　OPGW 用预绞式悬垂线夹规范

型　号	图号	分类	直径（mm）		结构加固条			外层条		
			最小	最大	单丝直径（mm）	长度 L_1（mm）	每组数量根	单丝直径（mm）	长度 L_2（mm）	每组数量根
CL—1D	3-1-15	单线夹	11.2	11.6	3.7	1727	11	5.2	1092	11
CL—2D			12.8	12.9	3.7	1930	12	6.4	1168	10
CL—3D			13.7	14.1	4.2	1956	11	6.4	1245	11
CL—4D			15.2	15.8	4.6	2057	11	6.4	1372	12
CL—5D			17.0	17.3	5.2	2388	11	7.9	1600	11
CL—6D			19.0	19.9	5.2	2388	12	7.9	1600	12
CL—7D			20.7	21.4	6.4	2540	11	9.3	1829	11
CL—8D			21.5	21.6	6.4	2540	11	9.3	1829	12
CL—9D			23.3	23.5	6.4	2540	12	9.3	2032	12

续表

型号	图号	分类	直径（mm）		结构加固条			外层条		
			最小	最大	单丝直径（mm）	长度 L_1（mm）	每组数量根	单线直径（mm）	长度 L_2（mm）	每组数量根
CL—1S	3-1-15	双线夹	11.2	11.6	3.7	2134	11	5.2	1549	11
CL—2S			12.8	12.9	3.7	2286	12	6.4	1626	10
CL—3S			13.7	14.1	4.2	2388	11	6.4	1702	11
CL—4S			15.2	15.8	4.6	2591	11	6.4	1930	12
CL—5S			17.0	17.3	5.2	3048	11	7.9	2261	11
CL—6S			19.0	19.9	5.2	3048	12	7.9	2261	12
CL—7S			20.7	21.4	6.4	3277	11	9.3	2565	11
CL—8S			21.5	21.6	6.4	3277	11	9.3	2565	12
CL—9S			23.3	23.5	6.4	3353	12	9.3	2845	12

注 型号中字母与数字意义：C—悬垂线夹；L—螺旋预绞式；D—单线夹；S—双线夹。

11. 跳线悬垂线夹

四分裂跳线悬垂线夹外形及规范见图 3-1-16 及表 3-1-21。阻尼型跳线悬垂线夹形状及规范见图 3-1-17 及表 3-1-22。

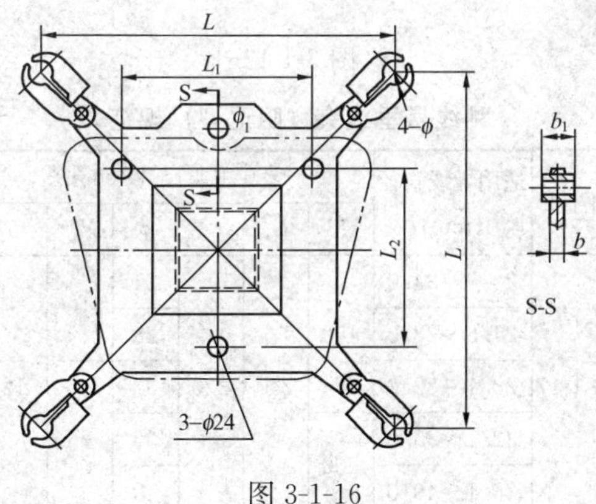

图 3-1-16

表 3-1-21　　跳线悬垂线夹（四分裂）规范

型　号	图号	适用导线直径 (mm)	主要尺寸 (mm)							质量 kg
			L	L_1	L_2	ϕ	ϕ_1	b	b_1	
CT—45300	3-1-16	20.8～24.0	450	240	220	24	18	12	16	8.5
CT—45400		24.1～28.0				28				
CT—45500		28.1～32.0				32	26		20	8.7
CT—50500		32.1～35.0	500			36				
CT—50720		35.1～40.0				40				

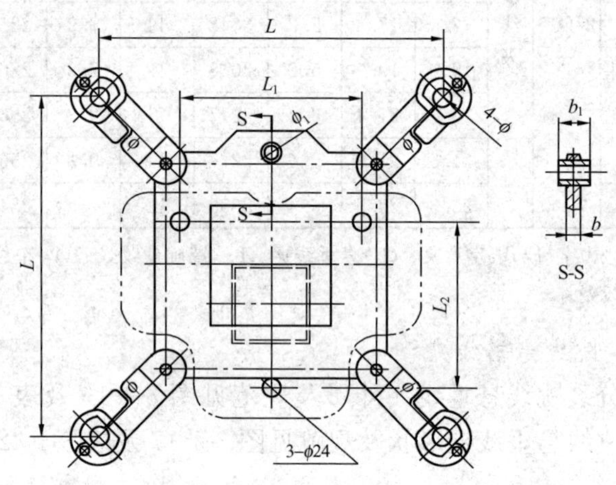

图 3-1-17

表 3-1-22　　跳线悬垂线夹（阻尼型）规范

型　号	图号	适用导线直径 (mm)	主要尺寸 (mm)							质量 (kg)
			L	L_1	L_2	ϕ	ϕ_1	b	b_1	
CTJ—45300	3-1-17	20.8～24.0	450	240	220	24	18	12	16	8.6
CTJ—45400		24.6～28.0				28				
CTJ—45500		28.1～32.0				32	26		20	8.8
CTJ—50630		32.1～35.0	500			36				
CTJ—50720		35.1～40.0				40				

12. 加强型悬垂线夹

架空线路通过重冰区时，导线必须选用承重大且铝钢截面比小的钢芯铝绞线或钢芯铝合金绞线。其配套的悬垂线夹亦与一般正常线路使用的有所区别，主要区别有：

（1）线夹应有较高的垂直破坏载荷；

（2）即使在邻档覆冰不均衡的条件下，导线仍不应从线夹中滑出，线夹应有足够的握力。对避雷线用悬垂线夹，其握力不小于钢绞线额定抗拉力的25%；钢芯铝绞线用的悬垂线夹，其握力不小于导线额定抗拉力的30%。

线夹的形状及规范见图3-1-18及表3-1-23。

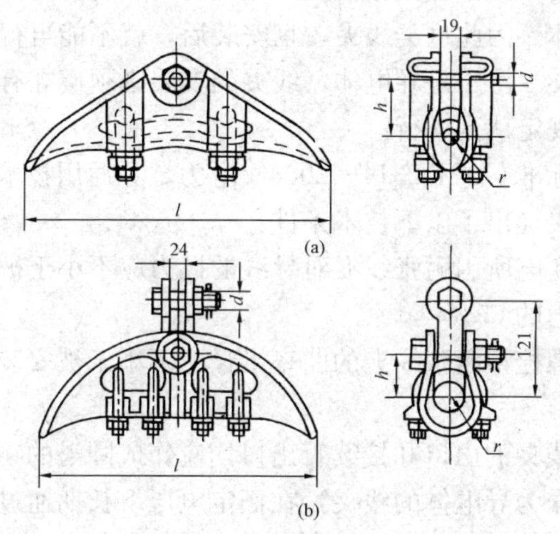

图3-1-18

表3-1-23　　加强型悬垂线夹规范

型　号	图号	适用绞线直径范围（包括加包缠物）(mm)	主要尺寸（mm）				破坏荷重（不小于，kN)	质量(kg)
			d	h	r	l		
CGJ—2	3-1-18(a)	11.0～13.0	18	52	8	300	100	3.8
CGJ—5	3-1-18(b)	23.0～43.0	22	56	22	390	120	7.8

第二节 耐张线夹

耐张线夹用来将导线或避雷线固定在非直线杆塔的耐张绝缘子串上，起锚固作用，亦用来固定拉线杆塔的拉线。

耐张线夹按结构和安装条件的不同，大致上可分为两类：

第一类：耐张线夹要承受导线或避雷线（拉线）的全部拉力，线夹握力应不小于被安装导线或避雷线额定抗拉力的90%，但不作为导电体。这类线夹，在导线安装后还可以拆下，另行使用。该类线夹有螺栓型耐张线夹、楔型耐张线夹及压缩型耐张线夹等。

第二类：耐张线夹除承受导线或避雷线的全部拉力外，又作为导电体。因此这类线夹一旦安装后，就不能再行拆卸，又称为死线夹。由于是导电体，线夹的安装必须遵守有关安装操作规程的规定认真进行。

国家标准GB/T 2314—2008《电力金具通用技术条件》中对耐张线夹提出了以下技术条件：

（1）变电所用耐张线夹对导线的握力应不小于被接续导线额定抗拉力的65%；

（2）螺栓型耐张线夹的曲率半径应不小于被安装导线直径的8倍；

（3）线夹的出口和接续管出口均应作成圆滑的喇叭口状；

（4）作为导电体的线夹，在额定电压下长期通过最大允许电流时，线夹的温升应不大于被安装导线的温升；

（5）线夹的电阻应不大于被安装等长导线电阻的1.1倍；

（6）线夹承受电气负荷时，其载流量应不小于被安装导线的载流量。

一、螺栓型耐张线夹

螺栓型耐张线夹是借U形螺丝的垂直压力与线夹的波浪形线槽所产生的摩擦效应来固定导线的。现行标准的倒装式耐张线夹又充分利用了线夹弯曲部分产生的摩擦力，从而减轻了U形螺丝的承载应力，提高了线夹的握力，减少了螺丝数量。这种线夹一般适用于安装中小截面的铝绞线、铜绞线和钢芯铝绞线。在安装导线时，一种方法是在被安装的导线上缠以与导线相同材料制造的金属带；另一种方法是制造时就在线夹的线槽内及压板上衬以垫片。通常安装铝绞线及钢芯铝绞线时缠绕1mm×10mm的铝包带。

安装螺栓型耐张线夹时最好采用测力扳手，将螺栓均匀地拧紧，而且尽可能在地面上或特制的操作台（栏）上进行，以确保线夹对导线有足够的握力。

1. 倒装式螺栓型耐张线夹

倒装式螺栓型耐张线夹的本体和压板由可锻铸铁制造，适用于安装中小截面铝绞线及钢芯铝绞线。

线夹的形状及规范见图3-2-1及表3-2-1。

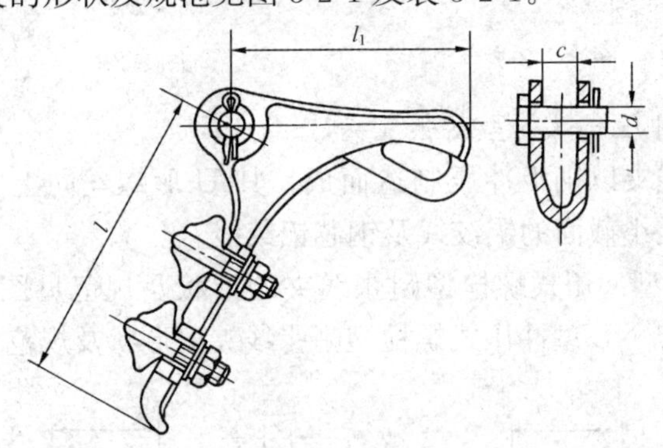

图3-2-1

倒装式螺栓型耐张线夹的受力侧（即档距侧）没有U形螺丝固定，所有的U形螺丝均装在跳线侧。安装这种线夹不能反装，否则会降低线夹机械强度，甚至造成断裂事故。线夹正确安装方法见图3-2-2。线夹的错误安装方法见图3-2-3。

表 3-2-1　　倒装式螺栓型耐张线夹规范

型　号	图号	适用绞线直径（包括加包缠物）（mm）	主要尺寸（mm）				U形螺丝		质量（kg）
			c	d	l	l_1	直径（mm）	个数	
NLD—1	3-2-1	5.0～10.0	18	16	150	120	M12	2	1.30
NLD—2		10.1～14.0	18	16	205	130	M12	3	2.10
NLD—3		14.1～18.0	22	18	310	160	M16	4	4.60
NLD—4		18.1～23.0	25	18	410	220	M16	5	7.00

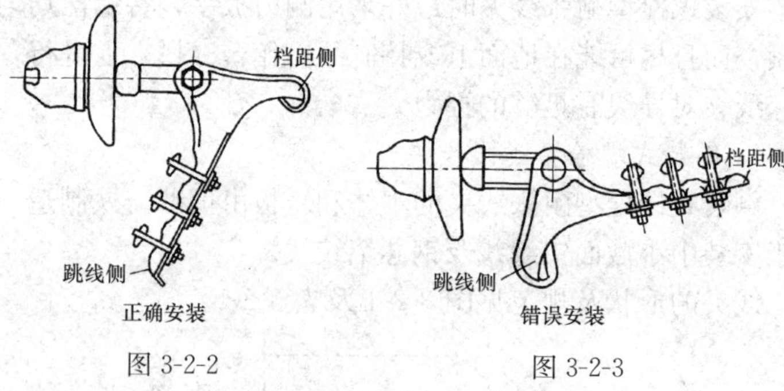

图 3-2-2　　图 3-2-3

2. 冲压式螺栓型耐张线夹

该线夹以钢板冲压制造而成，其 U 形螺丝向上安装，适用于安装小截面的铝绞线及钢芯铝绞线。

ND 型冲压式螺栓型耐张线夹的形状及规范见图 3-2-4 及表 3-2-2。NL 型冲压式螺栓型耐张线夹的形状及规范见图 3-2-

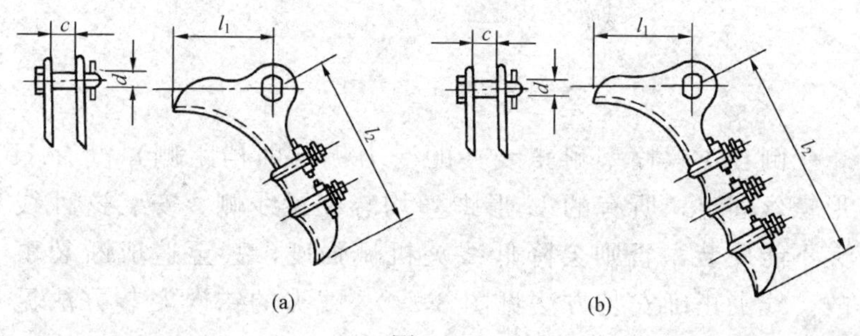

图 3-2-4

5 及表 3-2-3。

表 3-2-2　　ND 型冲压式螺栓型耐张线夹规范

型　号	图号	适用导线直径(mm)	主要尺寸(mm)				U 形螺丝		质量(kg)
			c	d	l_1	l_2	个数	直径(mm)	
ND—201	3-2-4(a)	5.1～9.6	18	16	120	1152	2	M12	1.1
ND—202	3-2-4(b)	10.65～13.68			130	205	3		1.9

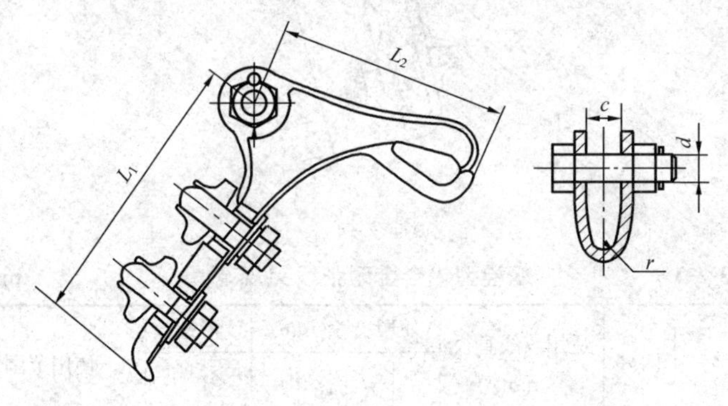

图 3-2-5

表 3-2-3　　NL 型冲压式螺栓型耐张线夹规范

型　号	图号	适用绞线直径(mm)	主要尺寸(mm)					U 形螺丝	
			d	c	L_1	L_2	r	个数	直径(mm)
NL—1	3-2-5	5.0～10.0	16	18	150	120	6.5	2	12
NL—2		10.1～14.0	16	18	205	130	8.0	3	12
NL—3		14.1～18.0	18	22	310	160	11.0	4	16
NL—4		18.1～23.0	18	25	410	220	12.5	4	16

3. 铝合金螺栓型耐张线夹

铝合金螺栓型耐张线夹系采用高强度铝合金铸造，具有强度高、抗腐性能好，并具有节能效果。

铝合金螺栓型耐张线夹的形状及规范见图 3-2-6 及

表3-2-4。

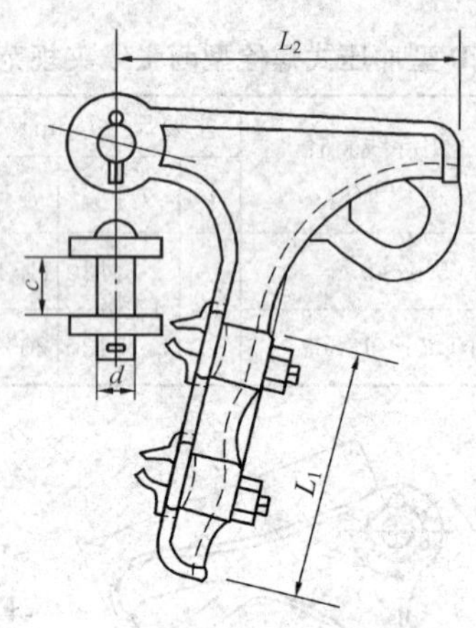

图 3-2-6

表 3-2-4　　螺栓型铝合金耐张线夹规范　　mm

型　号	图号	适用绞线直径（mm）	外形尺寸（mm）				U形螺丝		使用范围
			c	d	L_1	L_2	个数	直径（mm）	
NLL—16	3-2-6	5.0～11.50	16	16	115	140	2	M12	配电线路用，握力应不小于导线计算拉断力的65％
NLL—19	3-2-6	7.5～15.75	19	16	120	160	2	M12	
NLL—22	3-2-6	8.16～18.90	22	16	125	170	2	M12	
NLL—29	3-2-6	11.4～21.66	29	16	130	200	2	M12	
NLL—18	3-2-6	5.10～14.50	18	16	185	200	3	M12	输电线路用，握力应不小于导线计算拉断力的95％
NLL—21	3-2-6	7.75～18.70	21	18	225	220	4	M12	
NLL—27	3-2-6	12.48～21.66	27	18	375	290	4	M16	
NLL—35	3-2-6	18.00～30.00	35	24	400	350	5	M16	
NLL—32	3-2-6	12.48～25.2	32	18	160	240	2	M12	变电所用，握力应不小于导线计算拉断力的65％
NLL—42	3-2-6	19.00～33.6	42	24	265	360	3	M16	

通常使用的螺栓型耐张线夹（可锻铸铁或铝合金制造的），在线夹出线口下端设有耳环。它的作用是用于线路检修时牵引

绝缘子串、更换零件。它的强度 T_1 按设计要求是线夹机械破坏载荷 T 的 65%。现常用的线夹耳环，有的达不到此项要求，应修改模具，加以调整，否则会影响施工时安全作业。螺栓型耐张线夹耳环直径见表 3-2-5 和表 3-2-6。

表 3-2-5　　可锻铸铁制造的螺栓耐张线夹耳环直径

螺栓耐张线夹强度系列（kN）	20	30	40	60	70	80	90	100
牵引拉环强度 T_1≥65%T	13	19.5	26	39	45	52	58	65
拉环直径 d（mm）	8	10	10	14	14	14	16	16

注　材质为可锻铸铁 KT33-8，抗拉强度 33kg/mm²，$d=\sqrt{\dfrac{T_1}{25.91}}$。

表 3-2-6　　铝合金制造的螺栓型耐张线夹耳环直径

螺栓耐张线夹强度系列（kN）			20	30	40	60	70	80	90	100
牵引耳环强度 T_1≥65%T			13	19.5	26	39	45.5	52	58	65
材质	ZL—102 16kg/mm²	耳环直径 $d=\sqrt{\dfrac{T_1}{12.5}}$（mm）	11	13	15	18	20	22	22	23
	ZL—104 22kg/mm²	耳环直径 $d=\sqrt{\dfrac{T_1}{17.2}}$（mm）					16	18	20	20

二、楔型耐张线夹

楔型耐张线夹利用楔的劈力作用，使钢绞线锁紧在线夹内。楔型耐张线夹本体和楔子为可锻铸铁制造，钢绞线弯曲成与楔子一样的形状安装在线夹中，当钢绞线受力后，楔子与钢绞线同时沿线夹筒壁向线夹出口滑移，愈拉愈紧，逐渐呈锁紧状态。

1. 楔型耐张线夹

楔型耐张线夹用来安装钢绞线，紧固避雷线及拉线杆塔的拉线。

楔型耐张线夹安装和拆除均较方便。线夹在安装好钢绞线后，线夹出口端头与承力线以 8 号镀锌铁线绑紧或采用钢线卡子将端头在切线点固定，如图3-2-7所示。

楔型耐张线夹的形状及规范见图 3-2-8 及表 3-2-7。

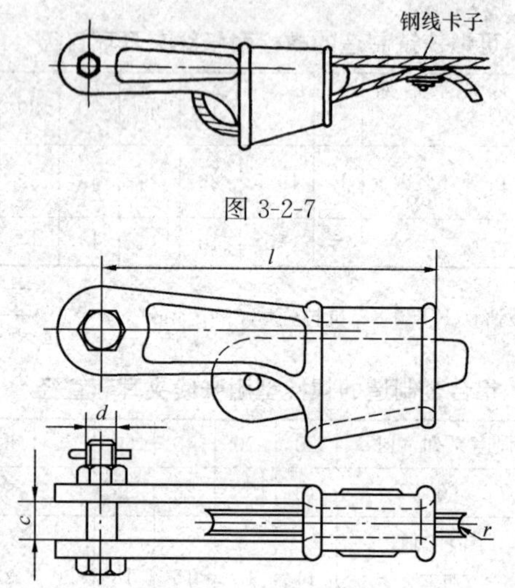

图 3-2-7

图 3-2-8

表 3-2-7　　　　楔型耐张线夹规范

型　号	图号	适用钢绞线		主要尺寸（mm）				质量（kg）
		型　号	外径（mm）	c	d	l	r	
NE—1	3-2-8	GJ—25 GJ—35	6.6 7.8	18	16	150	6.0	1.20
NE—2		GJ—50 GJ—70	9.0 11.0	20	18	180	7.3	1.80

2. 楔型 UT 形耐张线夹

拉线杆塔的拉线在安装或运行过程中，均须调整拉线的拉力，使之平衡。为便于拉线的安装或调整，均将可调整的拉线线夹装在拉线下端伸出的拉线棒附近，见图 3-2-9。

拉线的调整可采用花篮螺丝或楔型 UT 形耐张线夹，但目前线路的拉线杆塔已很少采用花篮螺丝调整拉线。楔型 UT 形耐张线夹由楔母、楔子和具有一定调整范围的长 U 形螺丝组成。该线夹既用来固定拉线，又用来调整拉线长度。这种线夹适用于安装型号为 GJ—25～70 的镀锌钢绞线。

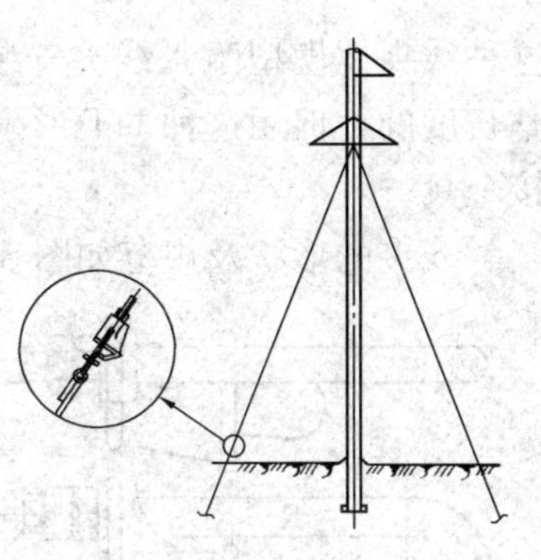

图 3-2-9

线夹的形状及规范如图 3-2-10 及表 3-2-8 所示。

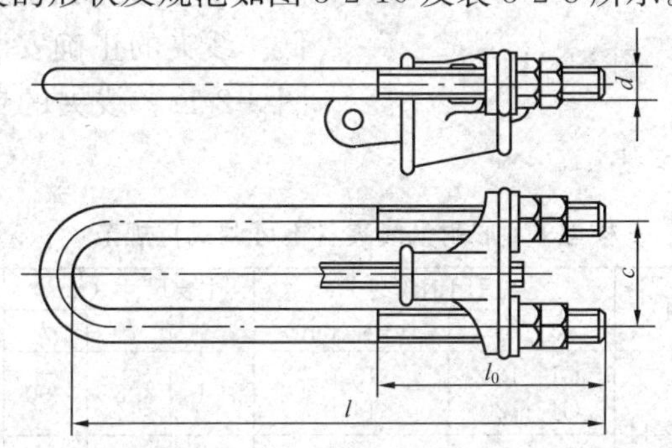

图 3-2-10

表 3-2-8　　楔型 UT 形耐张线夹规范

型　号	图号	适用钢绞线		主要尺寸（mm）				质量（kg）
		型　号	外径（mm）	c	d	l_0	l	
NUT—1	3-2-10	GJ—25 GJ—35	6.6 7.8	56	16	200	350	2.10
NUT—2	3-2-10	GJ—50 GJ—70	9.0 11.0	62	18	250	430	3.20

3. 楔型 UT 形耐张线夹（不可调式）

不可调式 UT 形耐张线夹用于固定拉线杆塔的上端拉线。

这种线夹比楔型耐张线夹安装方便。它的 U 形螺丝是不能调整长度的，但用这种 UT 形耐张线夹固定上端拉线可以减少连接金具。

线夹的形状及规范如图 3-2-11 及表 3-2-9 所示。

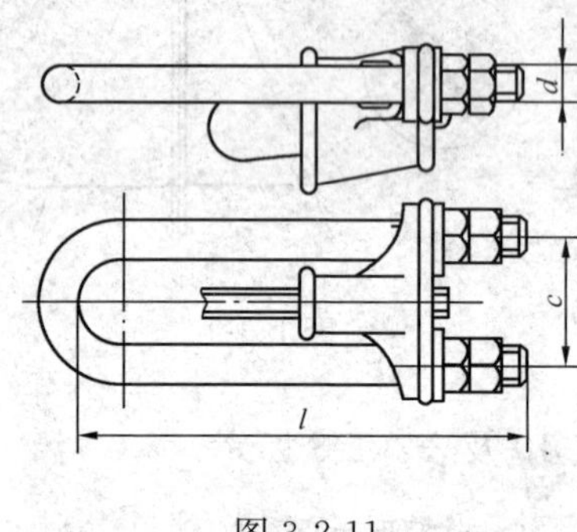

图 3-2-11

定型的楔型耐张线夹和 UT 形耐张线夹均为单楔结构，因此在安装时应注意楔子受力方向，安装错误会使钢绞线在线夹出口处受到极大的弯曲应力，导致钢绞线破断和线夹的机械强度降低。线夹的正确安装方法见图 3-2-12。线夹的错误安装方法见图 3-2-13。

表 3-2-9　　楔型 UT 形耐张线夹（不可调式）规范

型　号	图号	适用钢绞线		主要尺寸（mm）			质量（kg）
		型　号	外径（mm）	c	d	l	
NU—3	3-2-11	GJ—100 GJ—120	13.0 14.0	74	22	290	4.2
NU—4	3-2-11	GJ—135 GJ—150	15.0 16.0	82	24	340	5.7

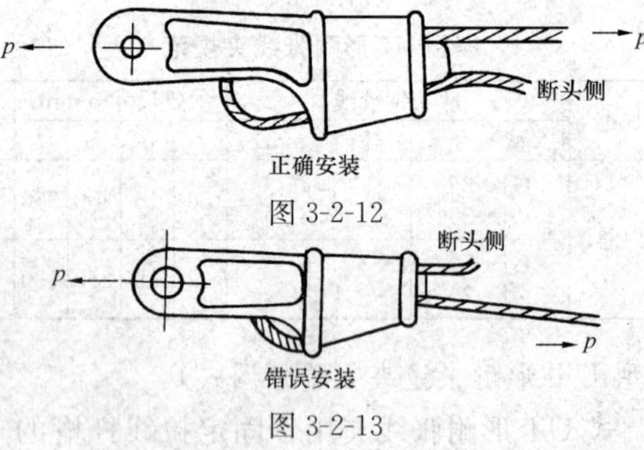

图 3-2-12

图 3-2-13

三、压缩型耐张线夹

用螺栓型耐张线夹安装大截面钢芯铝绞线时，线夹的握力达不到规定的要求，因而必须采用压缩型耐张线夹。

压缩型耐张线夹由铝管与钢锚组成，钢锚用来接续和锚固钢芯铝绞线的钢芯，然后套上铝管本体，以压力使金属产生塑性变形，从而使线夹与导线结合为一个整体。按通常采用的结构形式，线夹的钢锚承受导线全部压力，故它的机械强度是与导线额定抗拉力相配合的。

压缩型耐张线夹的安装可采用液压或爆压。采用液压时，必须用一定规格的钢模以液压机进行压缩。定型的压缩型耐张线夹，不论钢管和铝管，均为圆形，压缩后为正六角形，六角形对边尺寸应为管外径的 0.866 倍。

采用爆压时，可以用一次爆压或二次爆压（即先压钢锚、套进铝管，再爆压铝管），爆压前将铝线端头剥露的钢芯后部铝线内层铝丝剥留 10mm，插入钢锚的防烧孔内，以防爆压时烧伤钢芯。

制造压缩型耐张线夹所用的材料应符合标准和工艺要求。由于压缩型耐张线夹不但承受导线全部拉力，而且作为导电体，因此，不论采用液压或爆压进行线夹的安装，都必须严格遵守有关操作规程。

1. 耐张线夹的改进

（1）耐张线夹钢锚的改进：

我国架空输电线路上的压缩型耐张线夹的钢锚是用 U 形圆钢焊在钢管上。这种工艺不美观，但优点是 U 形环与连接金具 U 形挂环配套时像链条一样属于线接触。近几年取消了焊 U 形圆钢的方法，采用整锻椭圆环。其形状和规范见图 3-2-14 及表 3-2-10。这种工艺最大缺点是点接触，应力集中腐蚀快，而且整锻过程中要使圆环无毛刺的工作量相当大。为此建议改为单耳环式钢锚。单耳环钢锚形状和规范见图 3-2-15 和表 3-2-11。这种结构与连接金具相连接时是螺栓面接触。由于压接管铝管终端钢锚与铝管内径存在一定的间隙，容易进入雨水，造成钢锚锈蚀，为此，在钢锚终端加工一段锥体（3°），压缩后内拉铝管反方向延伸，使钢锚塞紧铝管出口，产生封闭效果。

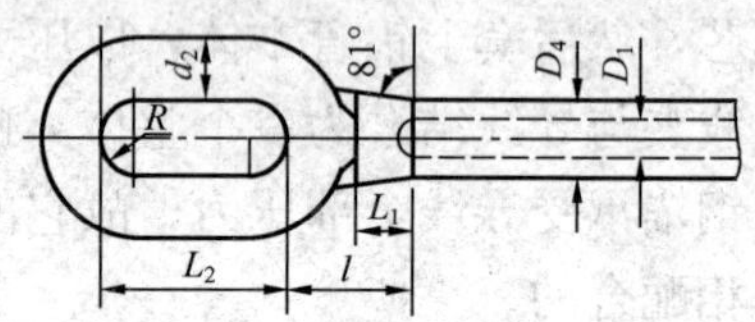

图 3-2-14

表 3-2-10　　钢锚椭圆环规范

图号	主要尺寸（mm）	标称破坏载荷（kN）								
		70	100	120	160	210	250	320	420	550
3-2-14	d_2	16	18	20	22	24	26	30	32	34
	R	11	12	13	14	15	16	18	19	22
	L_2	60	70	80	90	100	110	130	140	150
	l	$l=1.1\ (L_1+L_2)$								
	D_4	比铝管内径大 2mm								
	D_1	比铝管内径小 2mm								
	D_2	$1.1D_1$								
	L_1	$0.5D$（D 为铝管外径）								

注　1. 标称破坏载荷为整数值，而导线计算拉断力并非是整数值，选用标称等级应靠标称整数值，例如：LGJ—300/50 型导线计算拉断力 103 400N，应选用 120kN 级，而不应选用 100kN 级。

2. 钢锚是带有连接钢芯的钢管，以便压缩钢芯，故钢锚采用优质钢 10 号或含碳量不大于 0.15%的钢材。钢锚不允许采用新标准 GB/T 2315 系列，而采用强度为 500MPa 的钢材制造。

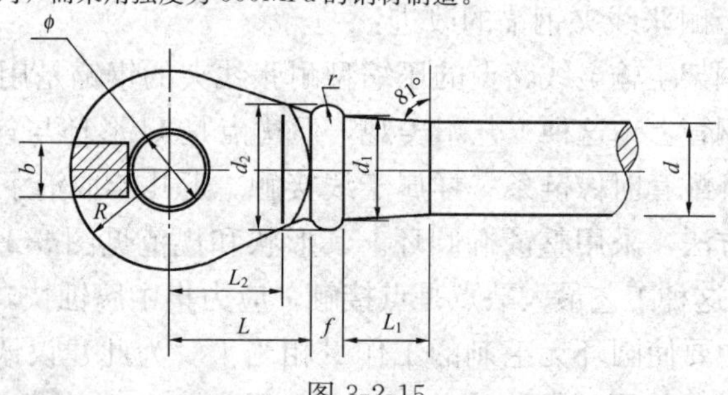

图 3-2-15

表 3-2-11 单耳环式钢锚规范

尺寸 \ 标称系列（kN）	70	100	120	160	210	250
螺栓孔径 ϕ（±0.5mm）	18	20	24	26	26	30
拉环半径 R（mm）	22	24	30	32	32	36
环厚度 b（mm）	16	16	16	18	20	24
锥台大径 d_1（mm）	≈1.1d					
环箍直径 d_2（mm）	1.3d					
环箍厚度 f（mm）	0.6b					
环箍 r（mm）	0.5f					
锥台长度 L_1（mm）	0.5D（D 为铝管外径）					
连接金具插入深度 L_2（mm）	0.8L					
螺栓孔至环箍长度 L（mm）	1.5R					
钢锚实心外径 d	见表 3-2-12					

注 钢锚材质 Q235 钢。

表 3-2-12 钢锚实心外径

钢锚实心外径 d（mm）	22 23 24	22 24 26	26 28 30	29 31 34 35	34 38	38
适用导线截面（铝/钢，mm²）	300/20 以下	400/25 以下	500/35 以下	630/45 以下	720/50 以下	800/100

（2）耐张线夹与引流板固定工艺。

1）引流板材质 1050A 铝，热挤压成型材、切割、铣锥孔，如图 3-2-16（a）所示。

2）涂导电脂后压套入铝管端部锥体上，如图 3-2-16（b）所示。

3）铝管出口端露出 5mm 进行铆固，如图 3-2-16（c）所示。

该工艺特点：引流不采用铸造，强度高；不采用氩弧焊接，产品美观。

耐张线夹引流板及引流线夹长度见表 3-2-13。

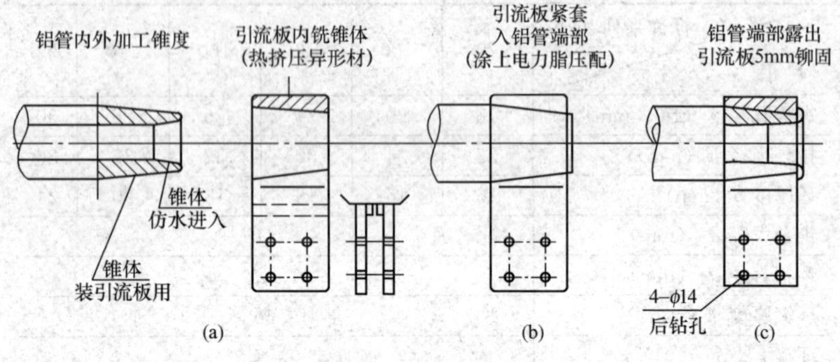

图 3-2-16

表 3-2-13　　耐张线夹引流板及引流线夹长度

标准截面（mm^2）	引流板（mm）				引流线夹压缩部分长度（mm）
	端子板规范	板厚 b	螺栓直径	数量（个）	
125	50×80	10	M12	2	80
160					90
200					100
250	80×80	10	M12	4	100
315		11			110
400					120
450	80×80	12	M12	4	130
500					
560	100×100	16	M16	4	140
630					150
710	125×125	20	M16	4	160
800					170

2. 常规钢芯铝绞线用压缩型耐张线夹

压缩型耐张线夹，其铝管采用拉制铝管，跳线引流端子板由铝管压扁而成。这种线夹安装方便，跳线由接线端子另行安装，其长度有调整的余地。但这种线夹增加了电气接触点，安装时必须认真清理端子接触面，才能确保有良好的电气接触

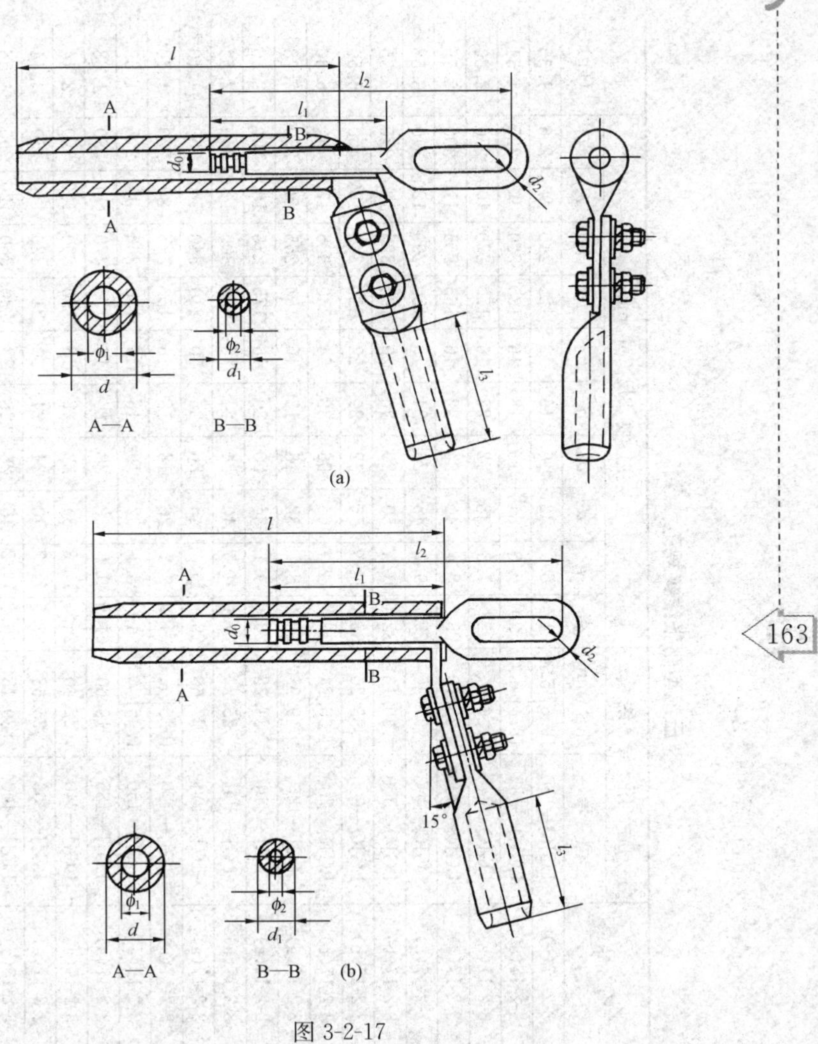

图 3-2-17

性能。

耐张线夹的钢锚采用锻造。

压缩型耐张线夹的形状及规范如图 3-2-17 及表 3-2-14 所示。

表 3-2-14　　压缩型耐张线夹规范

型号	图号	适用导线			主要尺寸(mm)										质量
		型号	外径(mm)		ϕ_1	ϕ_2	d	d_0	d_1	d_2	l_1	l_2	l_3	l	(kg)
NY—150Q	3-2-17(a)	LGJQ—150	16.6	5.4	18	6.0	32	16	16	12	125	210	90	205	1.35
NY—185Q	3-2-17(a)	LGJQ—185	18.4	6.0	20	6.6	34	18	18	16	135	220	90	225	1.51
NY—240Q	3-2-17(a)	LGJQ—240	21.6	7.2	23	7.8	38	22	22	16	170	270	100	270	2.30
NY—300Q	3-2-17(a)	LGJQ—300	23.70		25.5	8.4	40	24	22	16	165	265	110	300	2.75
NY—400Q	3-2-17(a)	LGJQ—400	27.36		29.0	9.7	45	26	24	18	180	290	120	340	3.58
NY—500Q	3-2-17(b)	LGJQ—500	30.16		32.0	10.7	50	29	26	20	195	325	130	370	4.35
NY—600Q	3-2-17(b)	LGJQ—600	33.20		35.0	11.7	55	32	30	22	210	340	150	400	5.50
NY—700Q	3-2-17(b)	LGJQ—700	36.24		38.0	12.7	60	36	32	24	230	385	170	440	6.30
NY—185	3-2-17(a)	LGJ—185	19.02		20.7	8.2	32	18	18	16	160	255	90	250	2.78
NY—240	3-2-17(a)	LGJ—240	21.28		23.0	9.1	36	20	20	16	175	275	100	300	2.30
NY—300	3-2-17(a)	LGJ—300	25.20		27.0	10.7	40	24	24	18	190	300	110	340	2.52
NY—400	3-2-17(a)	LGJ—400	27.68		29.5	11.7	45	26	26	20	210	340	120	360	4.10
NY—120J	3-2-17(a)	LGJJ—120	15.5	6.6	17	7.2	26	18	18	16	150	235	80	220	1.20
NY—150J	3-2-17(a)	LGJJ—150	17.5	7.5	19	8.1	32	19	18	16	180	265	90	255	1.62
NY—185J	3-2-17(a)	LGJJ—185	19.60		21.5	9.1	32	20	20	16	175	270	90	280	1.68
NY—240J	3-2-17(a)	LGJJ—240	22.40		24.0	10.3	36	22	22	18	190	290	100	320	2.44
NY—300J	3-2-17(a)	LGJJ—300	25.68		27.5	11.7	40	24	24	20	210	320	110	350	3.44
NY—400J	3-2-17(a)	LGJJ—400	29.18		30.8	13.2	45	28	28	22	230	360	120	390	4.58

3. 30°跳线的压缩型耐张线夹

在架设 500kV 超高压输电线路时，采用正方形排列的四分裂导线，为了避免上两根导线与下两根导线引下线在跳线处产生碰击和磨伤，上两根导线的耐张线夹的跳线选用 30°安装。

线夹适用于四分裂导线跳线的直跳、绕跳和空中跳安装，如图 3-2-18 所示。线夹的形状及规范如图 3-2-19 及表 3-2-15 所示。

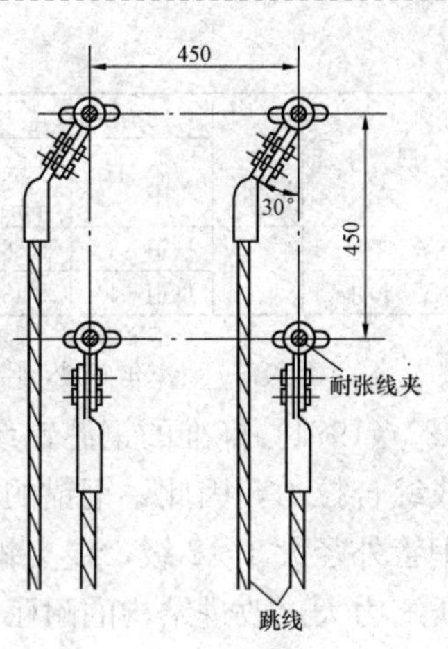

图 3-2-18

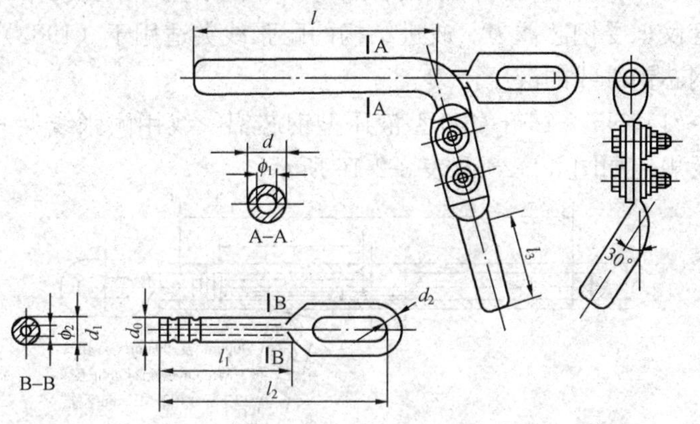

图 3-2-19

表 3-2-15　　30°跳线线夹的压缩型耐张线夹规范

型　号	图号	适用导线		主要尺寸（mm）										质量 (kg)
		型　号	外径 (mm)	ϕ_1	ϕ_2	d	d_1	d_0	d_2	l_1	l_2	l_3	l	
NY—300Q—1	3-2-19	LGJQ—300	23.70	25.5	8.5	40	22	23	16	160	250	110	300	2.66
NY—400Q—1		LGJQ—400	27.36	29.0	9.7	45	24	27	18	170	275	120	340	3.45
NY—300—1		LGJ—300	25.20	27.0	10.7	40	24	25	18	190	295	110	340	2.49
NY—400—1		LGJ—400	27.68	29.5	11.7	45	26	27	20	200	315	120	360	3.87

续表

型号	图号	适用导线		主要尺寸（mm）										质量 (kg)
		型号	外径 (mm)	ϕ_1	ϕ_2	d	d_1	d_0	d_2	l_1	l_2	l_3	l	
NY—300J—1	3-2-19	LGJJ—300	25.68	27.5	11.7	40	24	25	20	200	315	110	350	3.42
NY—400J—1		LGJJ—400	29.18	30.8	13.2	45	28	28	22	220	335	120	390	4.34

4.（1983）标准钢芯铝绞线用压缩型耐张线夹

（1974）标准的钢芯铝绞线用耐张线夹钢锚的钢管承受导线综合拉力，因此，钢锚的钢管比同规格的导线直接接续管的钢管外径大 1～2 级，线夹钢锚的环箍在钢管前端，钢管壁厚，压缩力大。改进结构的耐张线夹钢锚的钢管外径与直线接续管外径相同，可以采用相同规格的压缩钢模；钢管壁薄，压缩力大为降低；钢锚环箍位于钢管后部，环箍承受导线全拉力，而钢管仅承受钢芯握力。改进结构的耐张线夹适用于（1983）标准钢芯铝绞线的液压接续。

（1）NY—150～400 型液压型钢芯铝绞线用耐张线夹的形状及规范如图 3-2-20 及表 3-2-16 所示。

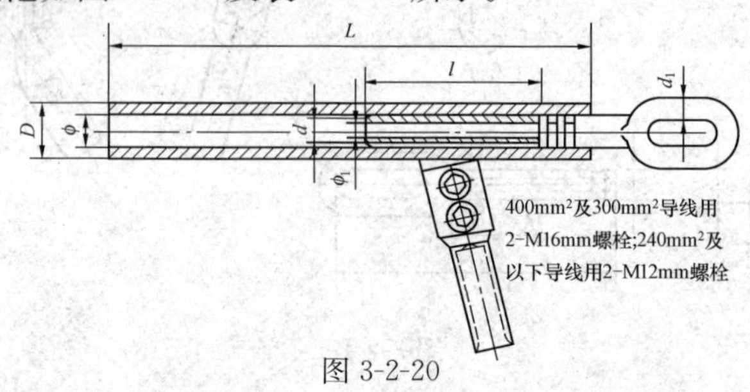

图 3-2-20

表 3-2-16　NY—150～400 型液压型钢芯铝绞线用耐张线夹规范

型号	图号	适用导线		主要尺寸（mm）						
		型号	外径 (mm)	D	d	d_1	L	l	ϕ	ϕ_1
NY—150/20	3-2-20	LGJ—150/20	16.67	30	12	16	290	75	18.0	6.2
NY—150/25		LGJ—150/25	17.10		14		300	85	18.5	7.0
NY—150/35		LGJ—150/35	17.50		16		320	105	19.0	8.2

续表

型　号	图号	适用导线		主要尺寸（mm）						
		型号	外径（mm）	D	d	d_1	L	l	ϕ	ϕ_1
NY—185/25	3-2-20	LGJ—185/25	18.90	32	14	16	310	85	20.5	7.0
NY—185/30		LGJ—185/30	18.88		14	16	320	95	20.5	7.6
NY—185/45		LGJ—185/45	19.50		18	18	340	115	21.0	9.0
NY—210/25		LGJ—210/25	19.98	34	14	16	330	95	21.5	7.3
NY—210/35		LGJ—210/35	20.38		16	18	340	105	22.0	8.2
NY—210/50		LGJ—210/50	20.86		18	18	360	125	22.5	9.6
NY—240/30		LGJ—240/30	21.60	36	16	18	390	100	23.0	7.8
NY—240/40		LGJ—240/40	21.66		16	18	390	110	23.0	8.7
NY—240/55		LGJ—240/55	22.40		20	20	420	130	24.0	10.3
NY—300/15		LGJ—300/15	23.01	40	14	16	385	70	24.5	5.7
NY—300/20		LGJ—300/20	23.43	40	14	18	390	80	25.0	6.5
NY—300/25		LGJ—300/25	23.76	40	14	18	400	90	25.5	7.3
NY—300/40		LGJ—300/40	23.94	40	16	18	420	110	25.5	8.7
NY—300/50		LGJ—300/50	24.26	40	18	20	430	120	26.0	9.6
NY—300/70		LGJ—300/70	25.20	42	22	22	460	145	27.0	11.5
NY—400/20		LGJ—400/20	26.91	45	14	18	425	80	28.5	6.5
NY—400/25		LGJ—400/25	26.64	45	14	18	435	90	28.5	7.3
NY—400/35		LGJ—400/35	26.82	45	16	20	440	100	28.5	8.2
NY—400/50		LGJ—400/50	27.63	45	20	22	460	120	29.5	9.9
NY—400/65		LGJ—400/65	28.00	48	22	22	480	140	29.5	11.0
NY—400/95		LGJ—400/95	29.14	48	26	24	520	170	31.0	13.2

注　型号中字母及数字含义：N—耐张线夹；Y—压缩型；数字—铝截面/钢截面。

（2）NY—500～800 型压缩型钢芯铝绞线耐张线夹形状及规格见图 3-2-21 及表 3-2-17。

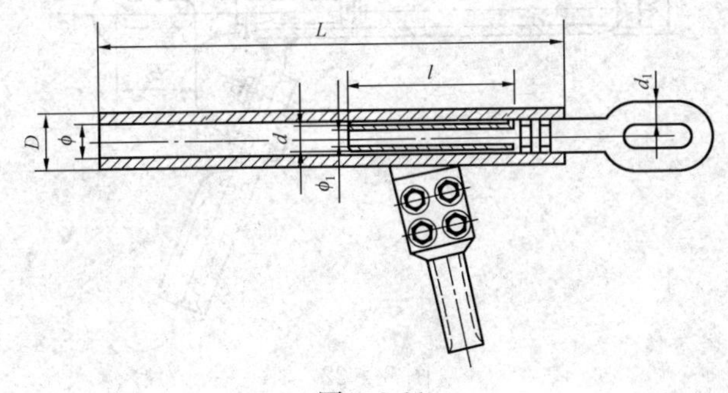

图 3-2-21

表 3-2-17　NY—500～800 型压缩型钢芯铝绞线用耐张线夹规范

型号	图号	适用导线		主要尺寸（mm）						
		型号	外径 (mm)	D	d	d_1	L	l	ϕ	ϕ_1
NY—500/35	3-2-21	LGJ—500/35	30.00	52	16	20	480	100	31.5	8.2
NY—500/45		LGJ—500/45	30.00	52	18	22	480	110	31.5	9.1
NY—500/65		LGJ—500/65	30.96	52	22	22	510	140	32.5	11.0
NY—630/45		LGJ—630/45	33.60	60	18	22	490	110	35.5	9.1
NY—630/55		LGJ—630/55	34.32	60	20	24	510	130	36.0	10.3
NY—630/80		LGJ—630/80	34.82	60	24	24	550	160	36.5	12.3
NY—800/55		LGJ—800/55	38.40	65	20	24	580	130	40.0	10.3
NY—800/70		LGJ—800/70	38.58	65	22	24	580	150	40.5	11.5
NY—800/100		LGJ—800/100	38.98	65	26	26	610	180	40.5	13.7

注　型号中字母及数字含义：N—耐张线夹；Y—压缩型；数字—铝截面/钢截面。

5. 铝绞线用压缩型耐张线夹

JL 型铝绞线用压缩型耐张线夹形状及规范如图 3-2-22 及表 3-2-18 所示。

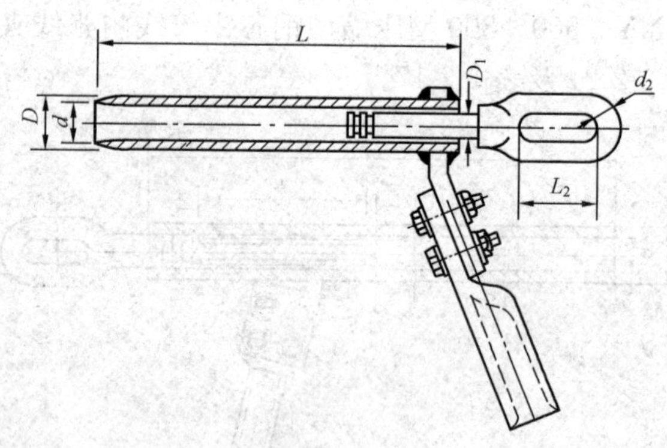

图 3-2-22

表 3-2-18　　JL 型铝绞线用压缩型耐张线夹规范

型　　号	图号	JL 型铝绞线		主要尺寸（mm）					
		截面（mm^2）	外径（mm）	D	d	L	D_1	d_2	L_2
NY—250L	3-2-22	250	20.5	34	22	260	21	16	60
NY—315L		315	23.0	40	24.5	290	23.5	16	60
NY—400L		400	26.0	45	27.5	320	26.5	16	60
NY—450L		450	27.5	48	29.0	340	28	16	60
NY—500L		500	29.0	52	30.5	350	29.5	18	70
NY—560L		560	30.7	55	32	380	31	18	70
NY—630L		630	32.6	60	34	400	33	18	70
NY—710L		710	34.6	60	36	420	35	20	80
NY—800L		800	36.8	65	38.5	460	37.5	22	90

6. 铝合金绞线用压缩型耐张线夹

铝合金绞线用耐张线夹由铝管本体与钢锚组成，由于没有钢芯，钢锚仅有环箍没有钢管，环箍部分与铝管压缩后为一个整体，以传递整根导线拉力。

JLHA1 型铝合金绞线用压缩型耐张线夹形状及规范如图 3-2-22 及表 3-2-19 所示。

表 3-2-19　　JLHA1 型铝合金绞线用压缩型耐张线夹规范

型　　号	图号	JLHA1 型铝合金绞线		主要尺寸（mm）					
		截面（mm^2）	外径（mm）	D	d	L	D_1	d_2	L_2
NY—290LH	3-2-22	290	22.1	40	23.5	310	21.5	18	70
NY—360LH		366	24.8	45	26.3	340	24	20	80
NY—465LH		465	28.0	50	29.5	380	27.5	22	90
NY—520LH		523	29.7	52	31.2	410	29	24	100
NY—580LH		581	31.3	55	33.0	430	31	24	100
NY—650LH		651	33.2	60	35.0	450	33	24	100
NY—720LH		732	35.2	65	37.0	450	35	26	110
NY—825LH		825	37.3	65	39.0	490	37	26	110
NY—930LH		930	39.6	70	41.5	540	39.5	30	130

7. 钢芯铝绞线用压缩型耐张线夹

（1）JL/G1A 型钢芯铝绞线用耐张线夹形状及规范见图

3-2-23及表 3-2-20。

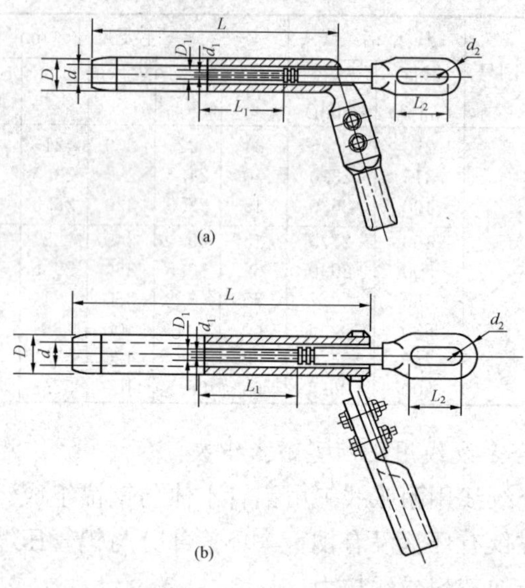

图 3-2-23

表 3-2-20　　JL/G1A 型钢芯铝绞线用耐张线夹规范

型　号	图号	JL/G1A 型钢芯铝绞线			主要尺寸（mm）							
		截面（mm^2）	钢芯（mm）	外径（mm）	D	d	L	D_1	d_1	L_1	L_2	d_2
NY—125/20 G1A	3-2-23(a)	125/20	5.77	15.7	26	17.0	290	12	6.4	80	60	16
NY—160/26 G1A		160/26	6.53	17.7	30	19.0	320	14	7.2	90	60	16
NY—200/32 G1A		200/32	7.30	19.8	34	21.0	350	16	8.0	100	60	16
NY—250/25 G1A	3-2-23(b)	250/25	6.34	21.6	36	23.0	360	14	7.0	90	60	16
NY—250/40 G1A		250/40	8.16	22.2	38	23.5	390	18	8.8	110	70	18
NY—315/22 G1A		315/22	5.97	23.9	40	25.5	370	12	6.6	80	70	18
NY—315/50 G1A		315/50	9.16	24.9	42	26.5	390	20	9.8	120	80	20
NY—400/28 G1A		400/28	6.73	26.9	45	28.5	410	16	7.4	90	70	18
NY—400/50 G1A		400/50	9.21	27.6	48	29.0	470	20	9.9	120	80	20
NY—450/30 G1A		450/30	7.14	28.5	48	30.0	450	16	7.8	100	80	20
NY—450/60 G1A		450/60	9.77	29.3	50	31.0	500	22	10.5	130	90	22
NY—500/35 G1A		500/35	7.52	30.1	52	31.6	490	16	8.2	100	80	20
NY—500/65 G1A		500/65	10.3	30.9	52	32.5	550	22	11.0	140	90	22

续表

型　号	图号	JL/G1A 型钢芯铝绞线			主要尺寸（mm）							
		截面（mm^2）	钢芯（mm）	外径（mm）	D	d	L	D_1	d_1	L_1	L_2	d_2
NY—560/40 G1A	3-2-23(b)	560/40	7.96	31.8	55	33.5	520	18	8.6	110	90	22
NY—560/70 G1A		560/70	10.9	32.7	55	34.5	580	24	11.6	150	100	24
NY—630/45 G1A		630/45	8.44	33.8	58	35.5	550	18	9.1	110	90	22
NY—630/80 G1A		630/80	11.6	34.7	60	36.5	750	26	12.3	160	100	24
NY—710/50 G1A		710/50	8.96	35.9	60	37.5	580	20	9.4	120	100	24
NY—710/90 G1A		710/90	12.3	36.8	60	38.5	640	26	13.0	170	100	24
NY—800/35 G1A		800/35	7.52	37.6	65	39.4	580	16	8.2	100	100	24
NY—800/65 G1A		800/65	10.4	38.3	65	40.0	630	22	11.1	140	100	24
NY—800/100 G1A		800/100	13.0	39.1	65	40.8	680	28	13.7	180	110	26
NY—900/40 G1A		900/40	7.98	39.9	68	41.5	620	18	13.5	110	100	24
NY—900/75 G1A		900/75	11.10	40.6	68	42.3	670	24	18.5	150	110	26
NY—1000/45 G1A		1000/45	8.41	42.1	72	43.8	640	18	14.0	120	100	24

（2）JL/G3A 型钢芯铝绞线用耐张线夹形状及规范见图 3-2-24及表 3-2-21。

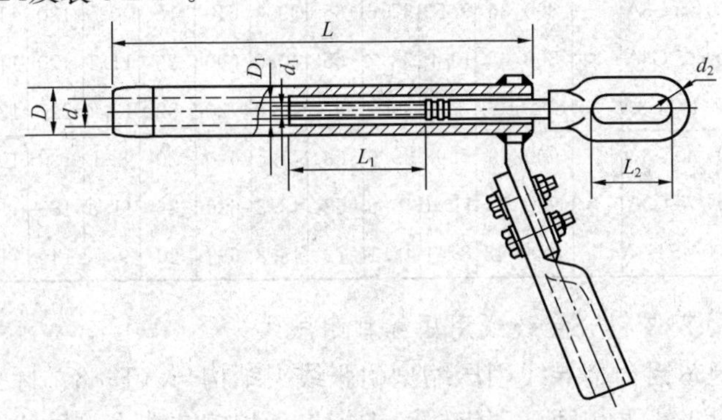

图 3-2-24

表 3-2-21　　JL/G3A 型钢芯铝绞线用耐张线夹规范

型号	图号	JL/G3A 型钢芯铝绞线			主要尺寸（mm）							
		截面（mm^2）	钢芯（mm）	外径（mm）	D	d	L	D_1	d_1	L_1	L_2	d_2
NY—315/22 G3A	3-2-24	315/22	5.97	23.9	40	25.5	390	14	6.6	100	70	18
NY—315/50 G3A		315/50	9.16	24.9	42	26.5	420	22	9.8	150	80	20
NY—400/28 G3A		400/28	6.73	26.9	45	28.5	430	18	7.4	110	80	20
NY—400/50 G3A		400/50	9.21	27.6	48	29.0	500	22	9.9	150	90	22
NY—450/30 G3A		450/30	7.14	28.5	48	30.0	470	18	7.8	120	80	20
NY—450/60 G3A		450/60	9.77	29.3	50	31.0	530	24	10.5	160	90	22
NY—500/35 G3A		500/35	7.52	30.1	52	31.6	520	18	8.2	130	80	20
NY—500/65 G3A		500/65	10.3	30.9	52	32.5	580	26	11.0	170	90	22
NY—560/40 G3A		560/40	7.96	31.8	55	33.5	540	20	8.6	130	90	22
NY—560/70 G3A		560/70	10.9	32.7	55	34.5	610	26	11.6	180	100	24
NY—630/45 G3A		630/45	8.44	33.8	58	35.5	580	20	9.1	140	100	24
NY—630/80 G3A		630/80	11.6	34.7	58	36.5	760	28	12.3	190	100	24
NY—710/50 G3A		710/50	8.96	35.9	60	37.5	610	22	9.4	150	100	24
NY—710/90 G3A		710/90	12.3	36.8	60	38.5	670	30	13.0	200	110	26
NY—800/35 G3A		800/35	7.52	37.6	65	39.4	610	18	8.2	130	110	24
NY—800/65 G3A		800/65	10.40	38.3	65	40.0	690	26	11.1	170	110	26
NY—800/100 G3A		800/100	13.00	39.1	65	40.8	720	32	13.7	220	130	30
NY—900/40 G3A		900/40	7.98	39.9	68	41.5	620	20	8.6	130	100	24
NY—900/75 G3A		900/75	11.10	40.6	68	42.3	630	26	11.8	180	130	26
NY—1000/45 G3A		1000/45	8.41	42.1	72	43.8	640	20	9.1	140	110	24

8. 钢芯铝合金绞线用压缩型耐张线夹

钢芯铝合金导线用压缩型耐张线夹结构与（1983）标准导线用耐张线夹相同，即钢锚的钢管仅承担钢芯拉力，导线全部拉力由钢锚的环箍承担。

(1) 钢芯铝合金绞线用耐张线夹形状及规范见图 3-2-26 及表 3-2-22。

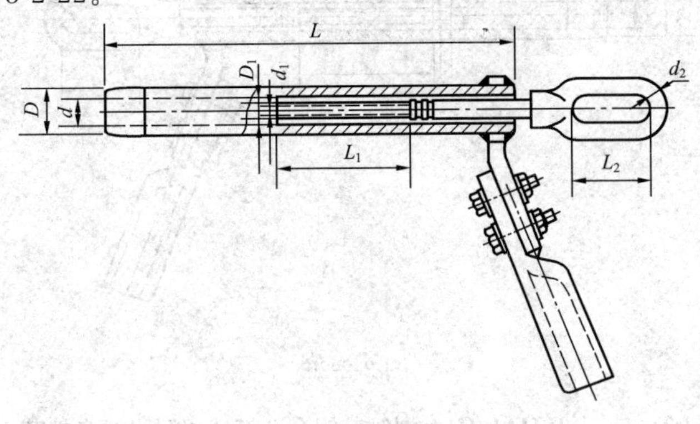

图 3-2-25

表 3-2-22　　钢芯铝合金绞线用耐张线夹规范

型　号	图号	钢芯铝合金绞线			主要尺寸（mm）							
		截面（mm^2）	钢芯直径（mm）	导线外径（mm）	D	d	L	D_1	d_1	L_1	L_2	d_2
NY—240/30 LH	3-2-25	240/30	7.20	21.60	36	23.0	430	16	7.9	100	80	20
NY—240/40 LH		240/40	7.98	21.66	36	23.0	450	16	8.7	110	80	20
NY—300/20 LH		300/20	5.85	23.43	40	25.0	430	14	6.5	80	80	20
NY—300/50 LH		300/50	8.94	24.26	40	26.0	480	18	9.6	120	90	22
NY—300/70 LH		300/70	10.80	25.20	42	26.5	520	22	11.5	150	100	24
NY—400/25 LH		400/25	6.66	26.64	45	28.5	470	14	7.3	90	90	22
NY—400/50 LH		400/50	9.21	27.63	48	29.5	520	20	9.9	125	100	24
NY—400/95 LH		400/95	12.50	29.14	50	31.0	580	26	13.2	170	110	26
NY—500/35 LH		500/35	7.50	30.0	50	31.5	550	16	8.2	100	100	24
NY—500/65 LH		500/65	10.32	30.95	52	32.5	600	22	11.0	140	110	26
NY—630/45 LH		630/45	8.40	33.60	60	35.5	610	18	9.1	110	110	26
NY—630/80 LH		630/80	11.60	34.82	60	36.5	670	24	12.3	160	130	30

注　耐张线夹适用于 GB 9329—1988 标准的钢芯铝合金绞线。

(2) JLHA1/G1A 型钢芯铝合金绞线用耐张线夹形状及规范见图 3-2-26 及表 3-2-23。

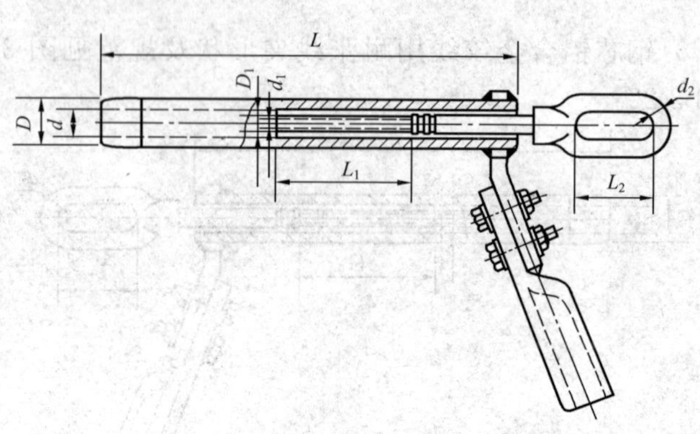

图 3-2-26

表 3-2-23　　JLHA1/G1A 型钢芯铝合金绞线用耐张线夹规范

型　号	图号	JLHA1/G1A 钢芯铝绞线			主要尺寸（mm）							
		截面（mm^2）	钢芯（mm）	外径（mm）	D	d	L	D_1	d_1	L_1	L_2	d_2
NY—290/28 LH/G1	3-2-26	290/28	6.83	23.2	40	24.5	440	16	7.5	90	90	22
NY—290/45 LH/G1		290/45	8.80	23.9	40	25.5	470	20	9.5	120	90	22
NY—365/25 LH/G1		365/25	6.44	25.7	45	27.2	460	14	7.1	90	90	22
NY—365/60 LH/G1		365/60	9.88	26.8	45	28.3	530	22	10.6	140	100	24
NY—460/30 LH/G1		460/30	7.25	29.0	50	30.5	540	16	7.9	100	100	24
NY—460/60 LH/G1		460/60	9.93	29.8	50	31.5	560	22	10.6	140	110	26
NY—520/35 LH/G1		520/35	7.69	30.8	55	32.5	570	16	8.4	110	110	26
NY—520/67 LH/G1		520/67	10.5	31.6	55	33.2	610	24	11.2	140	110	26
NY—575/40 LH/G1		575/40	8.11	32.4	60	34.0	600	18	8.8	110	110	26
NY—575/75 LH/G1		575/75	11.1	33.3	60	35.0	650	24	11.8	150	130	30
NY—645/45 LH/G1		645/45	8.58	34.3	60	36.0	630	18	9.2	120	130	30
NY—645/80 LH/G1		645/80	11.8	35.3	60	37.0	680	26	12.5	160	130	30
NY—725/30 LH/G1		725/30	7.2	36.0	65	37.7	630	16	7.9	100	130	30
NY—725/90 LH/G1		725/90	12.5	37.4	65	39.0	720	26	13.2	170	145	36
NY—820/35 LH/G1		820/35	7.64	38.2	70	40.0	670	16	8.3	110	130	30
NY—820/100 LH/G1		820/100	13.2	39.7	70	41.5	760	28	13.9	180	145	36
NY—920/40 LH/G1		920/40	8.11	40.5	70	42.3	690	18	8.8	110	145	36
NY—920/75 LH/G1		920/75	11.30	41.3	70	43.0	740	24	12.0	150	145	36
NY—1040/45 LH/G1		1040/45	8.60	43.0	78	44.5	720	26	9.3	120	140	34
NY—1040/85 LH/G1		1040/85	11.90	43.8	78	45.5	830	26	12.5	200	150	36
NY—1150/95 LH/G1		1150/95	12.60	46.2	80	48.0	860	26	13.3	210	150	36

（3）JLHA1/G3A 型钢芯铝合金绞线用耐张线夹形状及规范见图 3-2-26 及表 3-2-24。

表 3-2-24　　JLHA1/G3A 型钢芯铝合金绞线用耐张线夹规范

型　号	图号	JLHA1/G3A 钢芯铝绞线			主要尺寸（mm）							
		截面（mm^2）	钢芯（mm）	外径（mm）	D	d	L	D_1	d_1	L_1	L_2	d_2
NY—365/25 LH/G3	3-2-26	365/25	6.44	25.7	45	27.2	480	16	7.1	110	90	22
NY—365/60 LH/G3		365/60	9.88	26.8	45	28.3	560	24	10.6	170	100	24
NY—460/30 LH/G3		460/30	7.25	29.0	50	30.5	560	18	7.9	120	100	24
NY—460/60 LH/G3		460/60	9.93	29.8	50	31.5	590	24	10.6	170	110	26
NY—520/35 LH/G3		520/35	7.69	30.8	55	32.5	590	18	8.4	130	110	26
NY—520/70 LH/G3		520/70	10.50	31.6	55	33.2	650	26	11.2	180	130	30
NY—575/40 LH/G3		575/40	8.11	32.4	60	34.0	630	20	8.8	140	110	26
NY—575/75 LH/G3		575/75	11.1	33.3	60	35.0	690	26	11.8	190	130	30
NY—645/45 LH/G3		645/45	8.58	34.3	60	36.0	650	20	9.2	140	130	30
NY—645/80 LH/G3		645/80	11.8	35.3	60	37.0	720	28	12.5	200	145	36
NY—725/30 LH/G3		725/30	7.20	36.0	65	37.7	650	18	7.9	120	130	30
NY—725/90 LH/G3		725/90	12.50	37.4	65	39.0	760	30	13.2	210	145	36
NY—820/35 LH/G3		820/35	7.64	38.2	70	40.0	690	18	8.3	130	145	36
NY—820/100 LH/G3		820/100	13.2	39.7	70	41.5	700	32	13.9	220	145	36
NY—920/40 LH/G3		920/40	8.11	40.5	70	42.3	720	20	8.8	140	145	36
NY—920/75 LH/G3		920/75	11.34	41.3	70	43.0	780	26	12.0	190	145	36
NY—1040/45 LH/G3		1040/45	8.60	43.0	78	44.5	750	22	9.30	150	140	34
NY—1040/85 LH/G3		1040/85	11.90	43.8	78	45.5	870	28	12.50	200	150	36
NY—1150/95 LH/G3		1150/95	12.60	46.2	80	48.0	860	30	13.30	210	150	36

（4）钢芯耐热铝合金绞线用耐张线夹形状及规范见图 3-2-27及表 3-2-25。

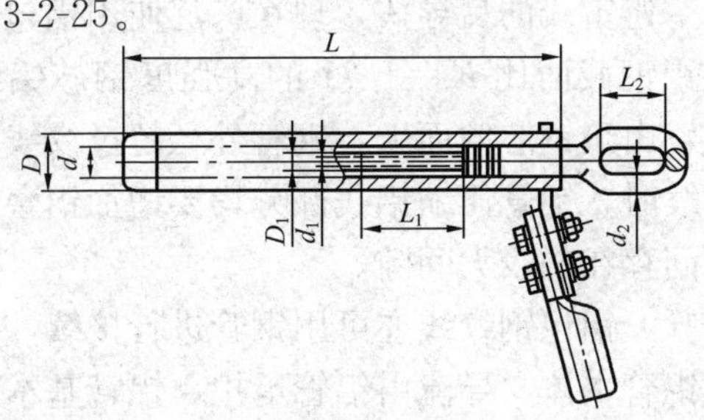

图 3-2-27

表 3-2-25　　钢芯耐热铝合金绞线用耐张线夹规范

型　　号	图号	适用导线	主要尺寸（mm）								质量
			D	d	L	D_1	d_1	L_1	d_2	L_2	(kg)
NY—185/25N		NRLH$_{60}^{58}$GJ-185/25	38	20.5	470	14	7.0	90	16	60	3.9
NY—185/30N		NRLH$_{60}^{58}$GJ-185/30	38	20.5	490	16	7.9	90	16	60	4.2
NY—240/30N		NRLH$_{60}^{58}$GJ-240/30	45	23.0	520	16	7.6	110	18	70	4.5
NY—300/25N		NRLH$_{60}^{58}$GJ-300/25	50	25.5	540	14	7.3	100	18	70	5.0
NY—300/40N		NRLH$_{60}^{58}$GJ-300/40	50	25.5	560	16	8.7	110	18	70	5.5
NY—300/50N		NRLH$_{60}^{58}$GJ-300/50	50	26.0	580	18	9.6	120	20	80	6.0
NY—400/35N	3-2-27	NRLH$_{60}^{58}$GJ-400/35	55	28.5	580	16	8.2	120	20	80	6.8
NY—400/50N		NRLH$_{60}^{58}$GJ-400/50	55	30.0	600	20	9.9	130	20	80	7.8
NY—450/40N		NRLH$_{60}^{58}$GJ-450/40	55	30.0	510	16	8.5	115	24	90	7.77
NY—450/60N		NRLH$_{60}^{58}$GJ-450/60	55	31.0	550	22	10.5	145	24	90	8.19
NY—500/35N		NRLH$_{60}^{58}$GJ-500/35	60	31.5	700	16	8.2	120	20	80	8.6
NY—630/45N		NRLH$_{60}^{58}$GJ-630/45	70	35.5	745	18	9.1	130	22	90	11.5
NY—800/55N		NRLH$_{60}^{58}$GJ-800/55	76	40.0	770	20	10.3	150	24	100	
NY—1440/120N		NRLH$_{60}^{58}$GJ-1440/120	80	53.0	810	30	14.7	210	26	110	

注　1. 导线型号 NAHLGJ。

2. 引流线夹端子板均为 4 孔。

9. 良导体——铝包钢绞线、铝合金绞线用及高强度钢芯铝绞线用耐张线夹

作为架空避雷线的良导体，现在广泛使用铝包钢绞线、铝合金绞线或铝钢截面比 $K=1.71$ 的高强度钢芯铝绞线。这些导线的接续，由于钢芯截面大，钢管外径超过绞线总外径，用耐张线夹接续时，铝管压缩铝线部分均要增加铝套，以填充铝管与导线之间存在的较大间隙。

根据实验，铝包钢绞线亦可用钢管进行接续，用钢管接续后，再套上铝管本体，导流由铝管承担，铝管基本上不承受机械载荷。

（1）高强度钢芯铝绞线用耐张线夹的形状及规范如图 3-2-28 及表 3-2-26 所示。

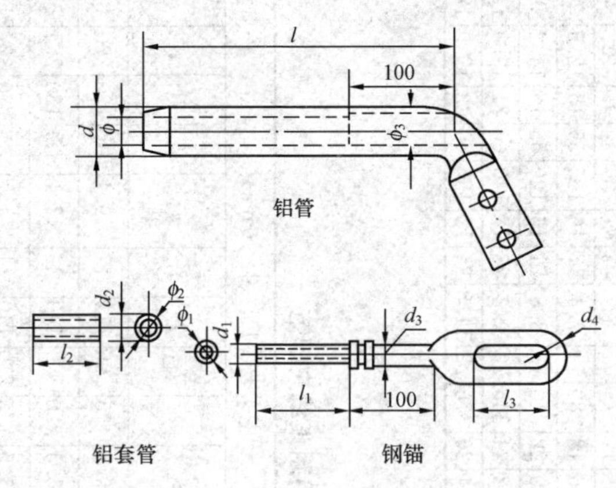

图 3-2-28

（2）铝包钢绞线及钢芯铝合金绞线用耐张线夹的形状及规范如图 3-2-29 及表 3-2-27 所示。

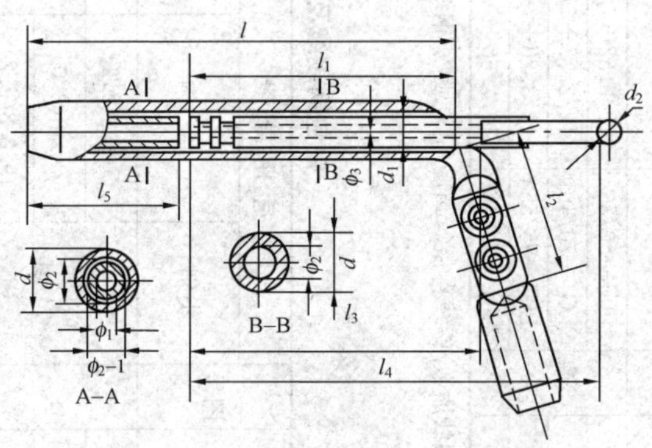

图 3-2-29

表 3-2-26　高强度钢芯铝绞线用耐张线夹规范

型号	图号	适用导线			主要尺寸（mm）													质量(kg)
		型号	结构	外径(mm)	铝管				钢锚						铝套管			
					d	ϕ	ϕ_3	l	d_1	ϕ_1	d_3	d_4	l_1	l_3	d_2	ϕ_2	l_2	
NY—50/30	3-2-28	LGJ—50/30	12/2.32+7/2.32	11.60	26	16	18	280	14	7.4	17	16	105	55	15	12.5	75	1.10
NY—70/40		LGJ—70/40	12/2.72+7/2.72	13.60	32	20	22	310	18	8.8	21	16	120	55	19	14.2	90	1.65
NY—95/55		LGJ—95/55	12/3.20+7/3.20	16.00	34	22	24	345	20	9.3	23	18	140	60	21	17.0	105	2.13
NY—120/70		LGJ—120/70	12/3.60+7/3.60	18.00	36	24	26	375	22	11.5	25	18	155	60	23	19.0	120	2.75

注　结构为铝线股数/铝线直径(mm)＋钢线股数/钢线直径(mm)。

表 3-2-27　铝包钢绞线及钢芯铝合金绞线用耐张线夹规范

型号	图号	适用导线			主要尺寸（mm）												质量(kg)
		类别	结构	外径(mm)	d	ϕ_1	ϕ_2	l	l_1	l_2	d_1	ϕ_3	d_2	l_3	l_4	l_5	
NGLJ—45	3-2-29	铝包钢绞线	7/2.8(2.2)	8.4	32	9.6	19.5	175	95	110	18	9.4	16	130	220	35	1.64
NGLJ—75			7/3.8(3.0)	11.4	36	12.0	23.5	220	160	140	22	12.1	18	180	265	50	2.05
NGLJ—120			19/2.8(2.2)	14.0	36	15.0	25.5	275	210	140	24	14.7	18	230	327	50	2.17
NBHJ—88		钢芯铝合金绞线	19/2.5+18/2.5	17.5	38	19.0	28.0	300	200	130	26	13.2	20	210	330	50	3.26
NBHJ—90			7/2.8+12/2.4	14.7	34	16.3	19.5	260	150	120	18	9.0	16	160	250	50	1.92

（3）JLB型铝包钢绞线用耐张线夹形状及规范见图3-2-30及表3-2-28。

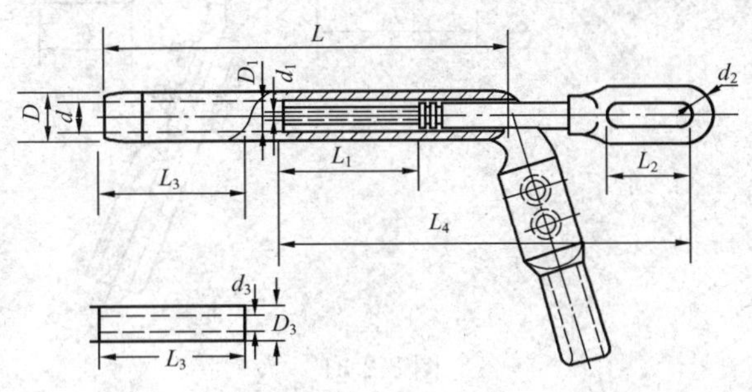

图3-2-30

表3-2-28　JLB型铝包钢绞线用耐张线夹规范

<table>
<tr><th rowspan="3">型号</th><th rowspan="3">图号</th><th colspan="4">JLB型铝包钢绞线</th><th colspan="12">主要尺寸（mm）</th></tr>
<tr><th rowspan="2">截面（mm²）</th><th rowspan="2">外径（mm）</th><th rowspan="2">电导率（%IACS）</th><th rowspan="2">单丝强度（MPa）</th><th colspan="3">铝管本体</th><th colspan="6">钢　锚</th><th colspan="3">铝套管</th></tr>
<tr><th>D</th><th>d</th><th>L</th><th>D_1</th><th>d_1</th><th>L_1</th><th>d_2</th><th>L_2</th><th>L_4</th><th>D_3</th><th>d_3</th><th>L_3</th></tr>
<tr><td>NY—70—20LB1</td><td rowspan="11">3-2-30</td><td>70</td><td>10.80</td><td rowspan="3">20</td><td rowspan="3">1340</td><td>38</td><td>28</td><td>320</td><td>24</td><td>11.5</td><td>150</td><td rowspan="3">18</td><td rowspan="3">70</td><td>350</td><td>27</td><td>11.5</td><td>70</td></tr>
<tr><td>NY—80—20LB1</td><td>80</td><td>11.40</td><td>40</td><td>30</td><td>340</td><td>26</td><td>12.1</td><td>170</td><td>370</td><td>29</td><td>12.1</td><td>80</td></tr>
<tr><td>NY—95—20LB1</td><td>95</td><td>12.48</td><td>42</td><td>32</td><td>350</td><td>28</td><td>13.2</td><td>185</td><td>390</td><td>31</td><td>13.2</td><td>80</td></tr>
<tr><td>NY—80—27LB2</td><td>80</td><td>11.40</td><td rowspan="3">27</td><td rowspan="3">1180
（1080）</td><td>38</td><td>28</td><td>340</td><td>24</td><td>12.1</td><td>170</td><td rowspan="2">18</td><td rowspan="2">70</td><td>370</td><td>27</td><td>12.1</td><td rowspan="3">80</td></tr>
<tr><td>NY—95—27LB2</td><td>95</td><td>12.48</td><td>40</td><td>30</td><td>350</td><td>26</td><td>13.2</td><td>185</td><td>390</td><td>29</td><td>13.2</td></tr>
<tr><td>NY—120—27LB2</td><td>120</td><td>14.25</td><td>42</td><td>32</td><td>360</td><td>28</td><td>14.9</td><td>190</td><td>20</td><td>80</td><td>400</td><td>31</td><td>13.2</td></tr>
<tr><td>NY—95—30LB3</td><td>95</td><td>12.48</td><td rowspan="3">30</td><td rowspan="3">880</td><td>38</td><td>28</td><td>310</td><td>24</td><td>13.2</td><td>135</td><td>18</td><td rowspan="2">70</td><td>330</td><td>27</td><td>13.2</td><td>80</td></tr>
<tr><td>NY—120—30LB3</td><td>120</td><td>14.25</td><td>40</td><td>30</td><td>330</td><td>26</td><td>14.9</td><td>155</td><td>18</td><td>360</td><td>29</td><td>14.9</td><td>80</td></tr>
<tr><td>NY—150—30LB3</td><td>150</td><td>15.57</td><td>45</td><td>34</td><td>350</td><td>30</td><td>16.4</td><td>175</td><td>20</td><td>80</td><td>390</td><td>33</td><td>16.4</td><td>90</td></tr>
<tr><td>NY—120—40LB4</td><td>120</td><td>14.25</td><td rowspan="2">40</td><td rowspan="2">680</td><td>38</td><td>28</td><td>300</td><td>24</td><td>14.9</td><td>130</td><td>18</td><td rowspan="2">70</td><td>330</td><td>27</td><td>14.9</td><td>80</td></tr>
<tr><td>NY—150—40LB4</td><td>150</td><td>15.75</td><td>42</td><td>32</td><td>340</td><td>28</td><td>16.4</td><td>140</td><td>18</td><td>340</td><td>31</td><td>16.4</td><td>90</td></tr>
</table>

（4）铝包钢芯铝绞线用耐张线夹形状及规范见图3-2-31及表3-2-29。

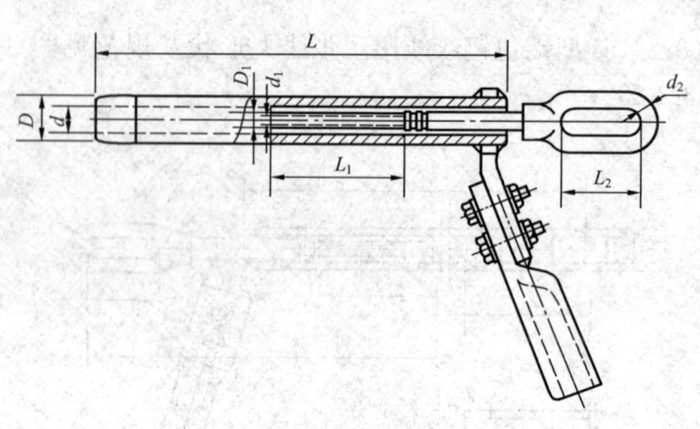

图 3-2-31

表 3-2-29　　　铝包钢芯铝绞线用耐张线夹规范

型　号	图号	铝包钢芯铝绞线			主要尺寸（mm）							
		截面（mm^2）	钢芯直径（mm）	导线外径（mm）	D	d	L	D_1	d_1	L_1	L_2	d_2
NY—240/30 BG	3-2-31	240/30	7.20	21.60	36	23.0	390	16	7.9	110	70	18
NY—240/40 BG		240/40	7.98	21.66	36	23.0	400	18	8.7	120	70	18
NY—240/55 BG		240/55	9.60	22.40	38	24.0	490	20	10.3	150	80	20
NY—300/20 BG		300/20	5.85	23.43	40	25.0	410	14	6.5	90	70	18
NY—300/25 BG		300/25	6.66	23.76	40	25.5	420	14	7.3	100	70	18
NY—300/40 BG		300/40	7.98	23.94	40	25.5	440	18	8.7	120	70	18
NY—300/50 BG		300/50	8.94	24.26	42	26.0	510	20	9.6	140	80	20
NY—400/20 BG		400/20	5.85	26.91	45	28.5	450	14	6.5	90	70	18
NY—400/25 BG		400/25	6.66	26.64	45	28.5	460	14	7.3	100	70	18
NY—400/35 BG		400/35	7.50	26.82	45	28.5	470	16	8.2	120	80	20
NY—400/50 BG		400/50	9.21	27.63	48	29.5	550	18	9.9	140	90	22
NY—500/35 BG		500/35	7.50	30.00	52	31.5	660	16	8.2	120	90	20
NY—500/45 BG		500/45	8.40	30.00	52	31.5	670	18	9.1	130	90	22

注　1. 铝包钢芯铝绞线结构参数与 GB 1179—1983 标准一致。

2. 引流线夹端子板均为 4 孔。

（5）JL/LB1A 型铝包钢芯铝绞线用耐张线夹形状及规范见图 3-2-32 及表 3-2-30。

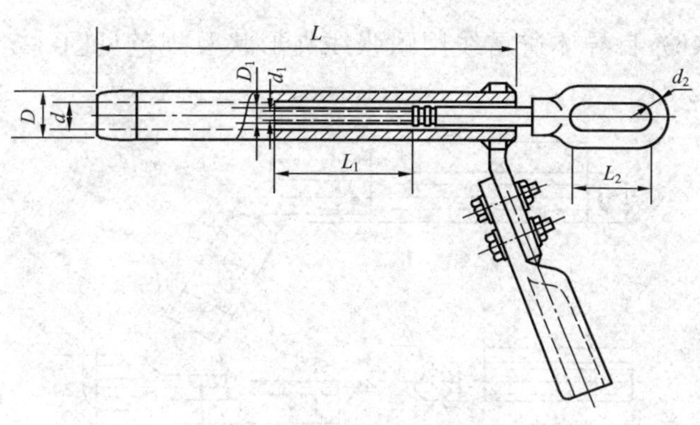

图 3-2-32

表 3-2-30　　JL/LBIA 型铝包钢芯铝绞线用耐张线夹规范

型　号	图号	JL/LB1A 铝包钢芯铝绞线			主要尺寸（mm）							
		截面（mm^2）	钢芯直径（mm）	外径（mm）	D	d	L	D_1	d_1	L_1	L_2	d_2
NY—250/25 LB1	3-2-32	250/25	6.26	21.3	36	22.5	370	14	6.8	100	60	16
NY—250/40 LB1		250/40	8.00	21.7	36	23.0	410	18	8.6	130	70	18
NY—310/20 LB1		310/20	5.92	23.7	40	25.0	380	12	6.5	90	70	18
NY—300/50 LB1		300/50	8.98	24.4	42	26.0	450	20	9.5	140	80	20
NY—395/25 LB1		395/25	6.67	26.7	45	28.2	440	14	7.4	110	70	18
NY—387/50 LB1		387/50	9.07	27.2	45	28.7	480	20	9.7	140	90	22
NY—440/30 LB1		440/30	7.08	28.3	48	29.8	490	16	7.7	110	80	20
NY—435/35 LB1		435/35	9.62	28.9	48	30.4	540	22	10.3	150	90	22
NY—490/35 LB1		490/35	7.46	29.8	52	31.2	510	16	8.2	120	80	20
NY—485/60 LB1		485/60	10.14	30.4	52	32.0	560	22	10.8	160	90	22
NY—550/40 LB1		550/40	7.89	31.6	55	33.0	540	18	8.5	120	90	22
NY—545/70 LB1		545/70	10.73	32.2	55	34.0	590	24	11.5	170	100	24
NY—620/40 LB1		620/40	8.37	33.5	60	35.0	580	18	9.0	130	90	22
NY—610/75 LB1		610/75	11.38	34.2	60	36.0	640	24	12.1	180	100	24
NY—700/50 LB1		700/50	8.89	35.6	60	37.2	630	20	9.6	140	100	24
NY—700/85 LB1		700/85	12.05	36.3	60	37.8	670	26	12.7	190	110	26
NY—790/35 LB1		790/35	7.48	37.4	65	39.0	610	16	8.2	120	100	24
NY—785/65 LB1		785/65	10.34	37.9	65	39.8	660	22	11.0	160	100	24
NY—775/100 LB1		775/100	12.83	38.5	65	40.2	700	28	13.5	200	110	26
NY—900/40 LB1		900/40	7.940	39.7	68	41.5	670	16	8.75	100	100	24
NY—880/75 LB1		880/75	10.97	40.2	68	42.0	770	22	11.6	200	110	26
NY—990/45 LB1		990/45	8.37	41.8	70	43.5	750	18	9.5	140	100	24

（6）良导体避雷线用耐张线夹形状及规范见图 3-2-33 及表 3-2-31。

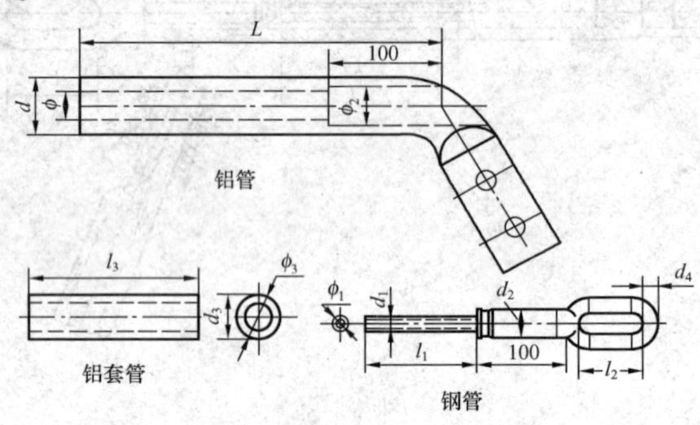

图 3-2-33

表 3-2-31　　液压型良导体避雷地线用耐张线夹规范

型　号	图号	适用导线		铝管（mm）				钢管（mm）						铝套管（mm）		
		型号	外径（mm）	d	ϕ	ϕ_2	L	d_1	ϕ_1	d_2	d_4	l_1	l_2	d_3	ϕ_3	l_3
NY—50/30	3-2-33	LGJ—50/30	11.60	28	18	18	280	14	7.6	17	16	100	60	15	12.5	70
NY—70/40		LGJ—70/40	13.60	34	22	22	310	18	8.8	21	16	110	60	19	14.2	80
NY—95/55		LGJ—95/55	16.00	36	24	24	345	20	10.2	23	18	130	70	21	17.0	90
NY—120/70		LGJ—120/70	18.00	38	26	26	375	22	11.5	25	18	150	70	23	19.0	100

注　型号中字母及数字意义：N—耐张线夹；Y—压缩型；数字—铝截面/钢截面。

（7）铝包钢芯良导体耐张线夹形状及规范见图 3-2-24 及表 3-2-32。

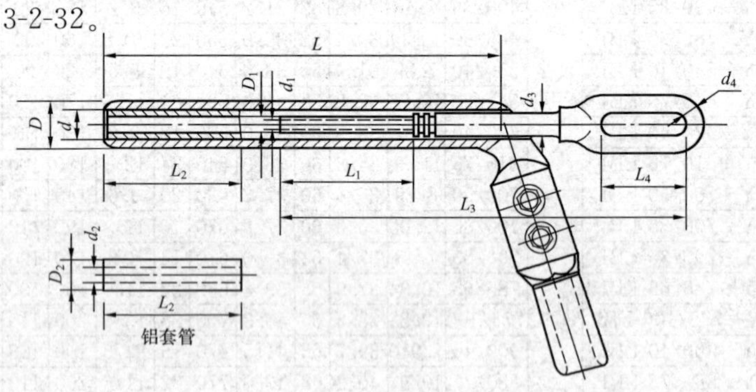

图 3-2-34

表 3-2-32　　　　铝包钢芯良导体耐张线夹规范

型号	图号	适用导线			主要尺寸（mm）												
		截面（铝/铝包钢，mm^2）	外径（mm）		铝管			钢锚							铝套管		
			钢芯	整个	D	d	L	D_1	d_1	L_1	d_3	d_4	l_3	l_4	D_2	d_2	l_2
NY—50/30BG	3-2-34	50/30	6.96	11.6	30	26	290	16	7.6	110	18	16	300	60	19	12.5	60
NY—70/40BG		70/40	8.16	13.6	34	24	330	18	8.8	130	22	16	320	60	23	14.2	70
NY—95/55BG		95/55	9.60	16.0	36	26	370	22	10.3	150	24	18	350	70	25	17.0	80
NY—120/70BG		120/70	10.8	18.0	38	28	390	24	11.5	170	26	20	380	80	27	19.0	90

10. 避雷线用压缩型耐张线夹

避雷线用耐张线夹供安装 GJ—35～GJ—150 型的钢绞线，用作非直线杆塔避雷线的终端固定或拉线的终端固定。

原压缩型耐张线夹由一根钢管和在其一端焊上的作为拉环的 U 形圆钢组成，现改为整锻加工。如钢绞线用作避雷线，安装时钢绞线穿入钢管在 U 形环侧露出一定长度，固定于杆塔上，用于连接引下线。

线夹的形状及规范如图 3-2-35 及表 3-2-33 所示。

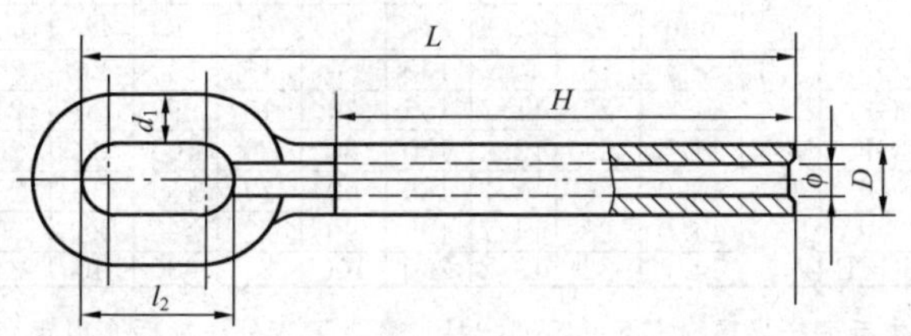

图 3-2-35

表 3-2-33　　压缩型避雷线用耐张线规范

型　号	图号	适用钢绞线直径（mm）	主要尺寸（mm）					
			ϕ	D	d_1	H	l_2	L
NY—35GB	3-2-35	7.8	8.4	16	16	110	60	200
NY—50GB		9.0	9.7	18	16	130	60	210
NY—55GB		9.6	10.2	20	16	140	70	230
NY—70GB		11.0	11.7	22	18	155	70	250
NY—80GB		11.4	12.2	24	18	160	70	290
NY—100GB		13.0	13.7	26	20	180	80	305
NY—120GB		14.0	14.7	28	22	195	90	315
NY—135GB		15.0	15.7	30	22	215	90	350
NY—100GC		13.0	13.7	28	22	210	90	340
NY—120GC		14.0	14.7	30	22	240	100	375
NY—150GC		16.0	16.7	34	24	270	100	405

11. 钢绞线防腐耐张线夹

钢绞线防腐耐张线夹形状及规范见图 3-2-36 及表 3-2-34。

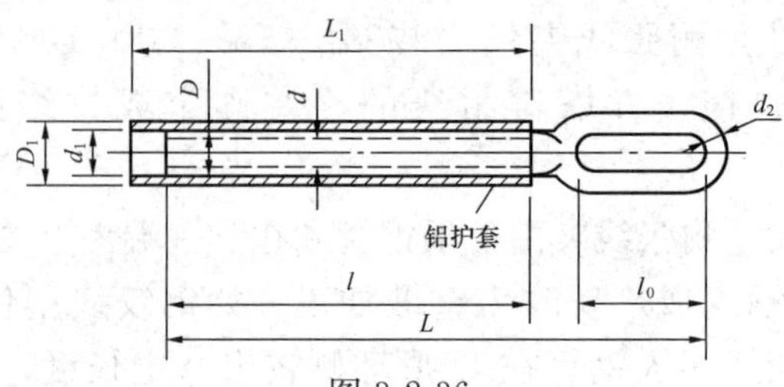

图 3-2-36

表 3-2-34　　钢绞线防腐耐张线夹规范

型号	图号	导线外径（mm）	主　要　尺　寸（mm）								
			钢　锚						铝　套		
			D	d	l	l_0	d_2	L	D_1	d_1	L_1
NY—50GF	3-2-34	9.0	18	9.6	130	60	16	330	26	20	145
NY—70GF		11.0	22	11.7	155	70	18	390	30	24	175
NY—80GF		11.5	24	12.2	170	80	20	400	32	26	190
NY—100GF		13.0	26	13.7	185	90	22	405	34	28	210
NY—120GF		14.0	28	14.7	195	90	22	495	36	30	220
NY—125GCF		14.5	32	15.2	250	100	24	630	40	34	280

注　1. 本系列产品是国家标准系列产品，系在钢管外压缩后套以铝套，两端压接而成。

2. 型号中字母和数字意义：F—防腐蚀（加罩）；C—钢绞线单丝抗拉强度等级 C 级（1370N/mm^2；G—钢绞线；3—钢绞线标称截面；Y—压缩；N—耐张。

12. 弯把式耐张线夹

弯把式耐张线夹形状见图 3-2-37。JL/C1A 型钢芯铝绞线用弯把式耐张线夹规范见表 3-2-35。JL/LB1A 型铝包钢芯铝绞线用弯把式耐张线夹规范见表 3-2-36。JLHA1/G1A 型钢芯铝合金绞线用弯把式耐张线夹规范见表 3-2-37。JLHA1/LBTA 型铝包钢芯铝合金绞线用弯把式耐张线夹规范见表 3-2-38。

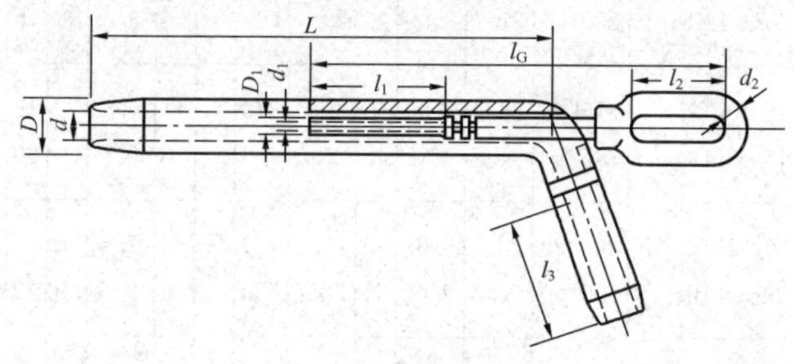

图 3-2-37

表 3-2-35　JC/G1A 型钢芯铝绞线用弯把式耐张线夹规范

型号	图号	适用导线			主要尺寸 (mm)									
		截面 (mm²)	外径 (mm)	钢芯直径 (mm)	D	d	L	l_3	D_1	d_1	l_1	d_2	l_2	l_G
NYL—250/25G1A	3-2-37	250/25	21.6	6.34	36	23.0	350	110	14	7.0	90	16	60	280
NYL—250/40G1A		250/40	22.2	8.16	38	23.5	380		18	8.8	110	18	70	320
NYL—315/20G1A		315/20	23.9	5.97	40	25.5	360	120	12	6.6	80	18	70	290
NYL—315/50G1A		315/50	24.9	9.16	42	26.5	410		20	9.8	120	20	80	340
NYL—400/30G1A		400/30	26.9	6.73	45	28.5	390	125	16	7.4	90	18	70	300
NYL—400/50G1A		400/50	27.6	9.21	48	29.0	440		20	9.9	120	20	80	350
NYL—450/30G1A		450/30	28.5	7.14	48	30.0	430	130	16	7.8	100	20	80	340
NYL—450/60G1A		450/60	29.3	9.77	52	31.0	480		22	10.5	130	22	90	380
NYL—500/35G1A		500/35	30.1	7.52	52	31.0	470	140	16	8.2	100	20	80	350
NYL—500/65G1A		500/65	30.9	10.3	52	32.5	520		22	11.0	140	22	90	410
NYL—560/40G1A		560/40	31.8	7.96	55	33.5	500	145	18	8.6	110	22	90	380
NYL—560/70G1A		560/70	32.7	10.90	55	34.5	550		24	11.6	150	24	100	430

表 3-2-36　　JL/LB1A 型铝包钢芯铝绞线用弯把式耐张线夹规范

型　号	图号	适用导线			主要尺寸（mm）									
		截面（mm^2）	外径（mm）	钢芯直径（mm）	D	d	L	l_3	D_1	d_1	l_1	d_2	l_2	l_G
NYL—250/25LB1	3-2-37	250/25	21.3	6.26	36	22.5	360	110	14	6.8	100	16	60	290
NYL—250/40LB1		250/40	21.7	8.00	36	23.0	400		18	8.6	130	18	70	330
NYL—315/20LB1		315/20	23.7	5.92	40	25.0	370	120	14	6.5	90	18	70	300
NYL—315/50LB1		315/50	24.4	8.98	42	26.0	430		20	9.5	140	20	80	340
NYL—400/25LB1		400/25	26.7	6.67	45	28.2	420	125	16	7.4	110	18	70	320
NYL—400/50LB1		400/50	27.2	9.07	45	28.7	450		20	9.7	140	22	90	380
NYL—450/30LB1		450/30	28.3	7.08	48	29.8	450	130	16	7.7	110	20	80	350
NYL—450/55LB1		450/55	28.9	9.62	48	30.4	500		22	10.6	150	22	90	400
NYL—500/30LB1		500/30	29.8	7.46	52	31.2	490	140	16	8.2	120	20	80	370
NYL—500/60LB1		500/60	30.4	10.14	52	32.0	540		22	10.8	160	22	90	430
NYL—560/40LB1		560/40	31.6	7.89	55	33.0	510	145	18	8.5	120	22	90	390
NYL—560/70LB1		560/70	32.2	10.73	55	34.0	570		24	11.5	170	24	100	450

表 3-2-37　　JLHA1/G1A 型钢芯铝合金绞线用弯把式耐张线夹规范

型　号	图号	适用导线			主要尺寸（mm）									
		截面（mm^2）	外径（mm）	钢芯直径（mm）	D	d	L	l_3	D_1	d_1	l_1	d_2	l_2	l_G
NYL—250/30LH/G1	3-2-37	290/30	23.2	6.83	40	24.5	360	110	16	7.5	90	22	90	320
NYL—250/50LH/G1		290/50	23.9	8.80		25.5	400		20	9.5	120	22	90	350
NYL—315/25LH/G1		360/25	25.7	6.44	45	27.2	390	120	14	7.1	90	22	90	330
NYL—315/60LH/G1		360/60	26.8	9.88		28.3	450		22	10.6	140	24	100	390

续表

型号	图号	适用导线			主要尺寸（mm）									
		截面（mm^2）	外径（mm）	钢芯直径（mm）	D	d	L	l_3	D_1	d_1	l_1	d_2	l_2	l_G
NYL—400/30LH/G1	3-2-37	460/30	29.0	7.25	50	30.5	440	125	16	7.9	100	24	100	350
NYL—400/60LH/G1		460/60	29.8	9.93		31.5	490		22	10.5	140	26	110	400
NYL—450/35LH/G1		520/35	30.5	7.69	55	32.5	470	130	16	8.4	110	26	110	390
NYL—450/70LH/G1		520/70	31.6	10.50		33.2	510		24	11.2	140	26	110	420
NYL—500/40LH/G1		575/40	32.4	8.11	60	34.0	480	140	18	8.8	110	26	110	410
NYL—500/75LH/G1		575/75	33.3	11.10		35.0	560		24	11.8	150	30	130	470
NYL—560/45LH/G1		645/45	34.3	8.58	60	36.0	530	145	18	9.2	120	30	130	440
NYL—560/80LH/G1		645/80	35.3	11.80		37.0	580		24	12.5	160	30	130	500

表 3-2-38　JLHA1/LBTA 型铝包钢芯铝合金绞线用弯把式耐张线夹规范

型号	图号	适用导线			主要尺寸（mm）									
		截面（mm^2）	外径（mm）	钢芯直径（mm）	D	d	L	l_3	D_1	d_1	l_1	d_2	l_2	l_G
NYL—315/25LH/LB1	3-2-37	360/25	25.4	6.34	45	27.0	390	120	14	7.0	100	22	90	340
NYL—315/55LH/LB1		350/55	26.1	9.61		27.5	460		22	10.3	150	24	100	400
NYL—400/30LH/LB1		460/30	28.6	7.15	50	30.0	440	125	16	7.8	110	24	100	360
NYL—400/60LH/LB1		450/60	29.1	9.70		30.5	490		22	10.4	150	24	100	410
NYL—450/35LH/LB1		510/35	30.3	7.58	52	32.0	470	130	18	8.3	120	24	100	390
NYL—450/65LH/LB1		500/65	30.9	10.3		32.5	530		24	11.0	160	26	110	440
NYL—500/40LH/LB1		570/40	32.0	7.99	55	33.5	520	140	18	8.3	130	26	110	420
NYL—500/70LH/LB1		560/70	32.6	10.80		34.0	570		24	11.5	170	26	110	450
NYL—560/40LH/LB1		640/40	33.8	8.46	60	35.5	540	14	18	9.2	130	26	110	430
NYL—560/70LH/LB1		630/70	34.5	11.5		36.0	600		26	12.2	180	30	130	500

13. 拉线用压缩型调整式耐张线夹

压缩型调整式耐张线夹用来固定拉线和调整拉线。线夹由钢压接管，可调整的长U形螺丝及拉板组成。

线夹加工工艺简单、安全可靠，安装方法可采用液压亦可采用爆压。

线夹的形状及规范如图3-2-38及表3-2-39所示。

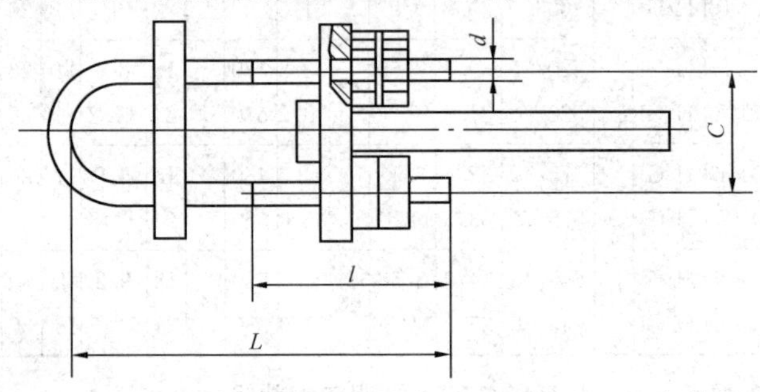

图3-2-38

表3-2-39　　拉线用压缩型可调耐张线夹规范

型　　号	图号	适用钢绞线			主要尺寸（mm）				质量(kg)
		标　准	结　构	外径(mm)	C	d	L	l	
NLY—100B	3-2-38	GB/T 1200—1975 (1250N/mm²)	19/2.6	13	84	22	420	300	5.69
NLY—120B			19/2.8	14	94	24	480	340	7.28
NLY—135B			19/3.0	15	94	24	480	340	7.68
NLY—100C		GB/T 1200—1988 (1370N/mm²)	19/2.6	13	94	22	420	300	5.83
NLY—125C			19/2.9	14.5	96	24	480	340	7.87
NLY—150C			19/3.2	16	104	27	550	380	11.84

注　结构为钢线股数/钢线直径（mm）。

14. 扩径导线用耐张线夹

LGKK型铝钢扩径空心导线是以金属软管作支撑的。这种导线采用耐张接续时，钢锚应插入空心的金属软管中进行压缩，否则软管受压变形影响接续质量。

用于 LGKK—590/50 型空心导线的耐张线夹的形状和尺寸如图 3-2-39。

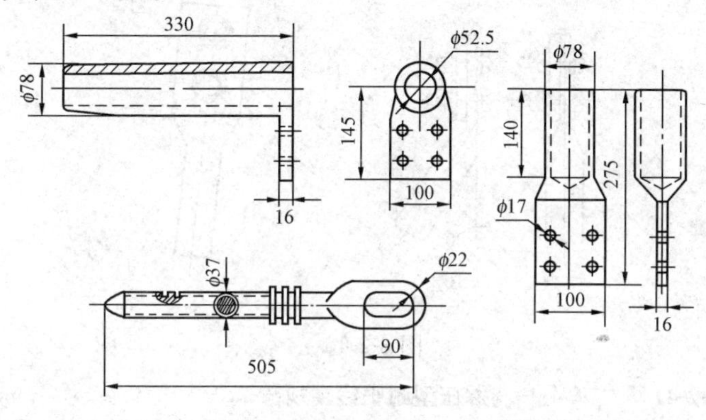

图 3-2-39

15. 爆压型耐张线夹

国家标准 GB/T 1179—1983《铝绞线及钢芯铝绞线》中导线的结构与 GB/T 1179—1974 的有所不同。220kV 线路工程常用的几种导线对照见表 3-2-40。

表 3-2-40　　导线对照表

类　型	GB/T 1179—1983		GB/T 1179—1974	
	型　号	外径（mm）	型　号	外径（mm）
减轻型 （铝钢截面比 7.7）	LGJ—300/40 LGJ—400/50	23.94 27.63	LGJQ—300 LGJQ—400	23.70 27.36
正常型 （铝钢截面比 6.0）	LGJ—300/50 LGJ—400/65	24.26 28.00	LGJ—300 LGJ—400	25.20 27.68
加强型 （铝钢截面比 4.3）	LGJ—300/70 LGJ—400/95	25.20 29.14	LGJJ—300 LGJJ—400	25.68 29.18

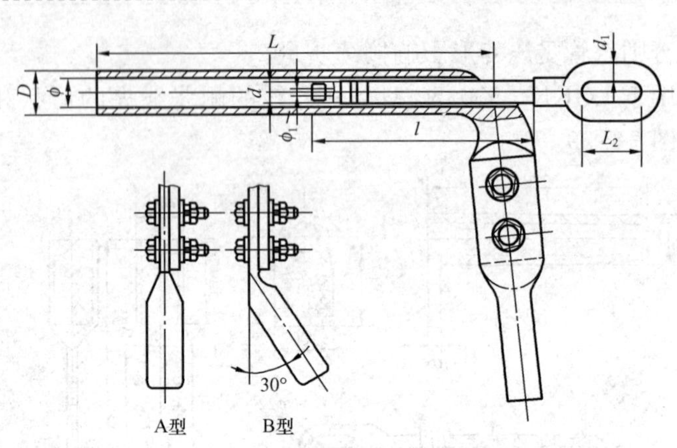

图 3-2-40

表 3-2-41　　　　爆压型耐张线夹规范　　　　mm

型号	图号	适用导线型号	主要尺寸							
			D	d	ϕ	ϕ_1	L	l	l_2	d_1
NB—300/15A(B)	3-2-40	LGJ—300/15	40	22	24.5	5.7	260	130	60	16
NB—300/20A(B)		LGJ—300/20			25.0	6.5	280	140	70	18
NB—300/25A(B)		LGJ—300/25			25.5	7.3	300	160	70	18
NB—300/40A(B)		LGJ—300/40			25.5	8.6	320	160	70	18
NB—300/50A(B)		LGJ—300/50		24	26.0	9.6	340	190	80	20
NB—300/70A(B)		LGJ—300/70	42		27.0	11.5	350	200	90	22
NB—400/20A(B)		LGJ—400/20	45	26	28.5	6.6	280	140	70	18
NB—400/25A(B)		LGJ—400/25			28.5	7.3	300	160	70	18
NB—400/35A(B)		LGJ—400/35			28.5	8.2	320	170	80	20
NB—400/50A(B)		LGJ—400/50			29.5	9.9	340	170	90	22
NB—400/65A(B)		LGJ—400/65			29.5	11.0	360	200	90	22
NB—400/95A(B)		LGJ—400/95	48	28	31.0	13.2	390	220	100	24

注　型号中字母及数字意义：N—耐张线夹；B—爆炸压接；数字—铝截面/钢截面；数字后 A、B—引流板角度（A 为 0°，B 为 30°）。

国家标准GB/T 2320.3《耐张线夹（液压型）》中有液压

型耐张线夹，GB/T 2320.4《耐张线夹（爆压型）》中有 6 种常用导线的爆压型耐张线夹。

耐张线夹型号中的 B 型（30°）用于紧固四分裂导线正方形布置时的上两根导线，以避免跳线的引下线与下两根导线相碰。

NB 型爆压型耐张线夹的形状及规范如图 3-2-40 及表 3-2-41 所示。

16. 预绞式耐张线夹

铝绞线用预绞式耐张线夹规范见表 3-2-42。钢芯铝绞线用预绞式耐张线夹规范见表 3-2-43。钢绞线用预绞式耐张线夹规范见表 3-2-44。QPGW 用预绞式耐张线夹规范见表 3-2-45。10kV 绝缘线用预绞式耐张线夹规范见表 3-2-46

表 3-2-42　铝绞线（GB 1179—1983）用预交式耐张线夹规范

型　号	适用导线		单丝线径（mm）	长度（mm）	根数	节距数（不少于）	质量（kg）	标志颜色
	截　面（mm^2）	外　径（mm）						
NL—16L	16	5.10	2.2	406	3	14	0.1	蓝
NL—25L	25	6.45	2.2	444	3	14	0.1	橙
NL—35L	35	7.50	2.5	622	3	14	0.2	红
NL—50L	50	9.00	3.0	685	3	14	0.2	绿
NL—70L	70	10.50	3.5	736	3	14	0.4	蓝
NL—95L	95	12.48	3.5	800	3	14	0.4	橙
NL—120L	120	14.25	3.5	876	4	12	0.6	红
NL—150L	150	15.75	4.0	889	4	12	0.8	黑
NL—185L	185	17.50	4.0	920	5	12	1.0	绿
NL—210L	210	18.75	4.0	1016	5	12	1.1	绿
NL—240L	240	20.00	4.8	1155	5	12	1.7	橙
NL—300L	300	22.40	4.8	1270	6	12	2.3	蓝
NL—400L	400	25.90	5.2	1422	6	12	3.0	棕
NL—500L	500	29.12	6.1	1651	6	12	4.9	橙

注　型号中字母与数字意义：N—耐张；L—螺旋预绞式；数字—导线截面；数字后 L—铝绞线。

表 3-2-43　　钢芯铝绞线（GB 1179—1983）预绞式耐张线夹规范

型　号	适用导线		单丝线径（mm）	长度（mm）	根数	节距数不少于	质量（kg）	标志颜色
	铝截面/钢截面（mm^2）	外径（mm）						
NL—16	16/3	5.55	2.2	444	3	14	0.1	棕
NL—25	25/4	6.96	2.5	546	3	14	0.1	黄
NL—35	35/6	8.16	2.5	622	3	14	0.2	红
NL—50	50/8	9.60	3.0	685	3	14	0.2	黄
NL—70	70/10	11.40	3.5	736	3	14	0.3	蓝
NL—95	95/15	13.61	3.5	876	4	12	0.6	红
	95/20	13.87						
NL—120	120/20	15.07	4.0	889	4	12	0.8	黑
	120/25	15.74						
NL—150	150/20	16.67	4.0	1016	5	12	1.1	绿
	150/25	17.10						
NL—185	185/25	18.90	4.8	1155	5	12	1.7	橙
	185/30	18.88						
NL—210	210/25	19.98	4.8	1210	5	12	1.7	橙
	210/35	20.38						
NL—240	240/30	21.60	4.8	1270	6	12	2.3	蓝
	240/40	21.66						
NL—300—1	300/15	23.01	4.8	1330	6	12	2.4	蓝
	300/20	23.43						
NL—300—2	300/25	23.76	4.8	1330	6	12	2.4	蓝
	300/40	23.94						
NL—400—1	400/25	26.64	5.2	1422	6	12	3.0	棕
	400/20	26.91						
NL—400—2	400/50	27.63	6.1	1651	6	12	4.9	橙
	400/65	28.00						
NL—500	500/35	30.00	6.1	1720	6	12	4.9	橙
	500/45	30.00						

注　型号中字母与数字意义：N—耐张；L—螺旋预绞式；数字—导线截面（mm^2）。

表 3-2-44　　钢绞线用预绞式耐张线夹规范

型号	适用钢绞线				单丝直径(mm)	根数	长度(mm)	节距数(不少于)	质量(kg)	标志颜色
	标准号	结构	截面(mm²)	外径(mm)						
NL—25G	GB 1200—1975	1×7	25	6.6	2.18	5	640	20	0.2	蓝
NL—35G		1×7	35	7.8	2.54	5	710	20	0.3	黑
NL—50G		1×7	50	9.0	2.54	6	790	20	0.5	棕
NL—70G		1×19	70	11.0	3.02	6	890	20	0.8	绿
NL—30G	GB 1200—1988	1×7	30	6.9	2.18	5	660	20	0.3	蓝
NL—55G		1×7	55	9.6	2.54	6	810	20	0.7	棕
NL—60G		1×19	60	10.0	3.02	5	840	20	0.8	红
NL—80G		1×19	80	11.5	3.51	5	910	20	0.9	绿
NL—100G		1×19	100	13.0	3.51	6	1020	20	1.0	黑
NL—125G		1×19	125	14.5	4.04	6	1190	20	1.6	褐
NL—150G		1×19	150	16.0	4.37	6	1270	20	2.0	紫

注　型号中字母与数字意义：N—耐张；L—螺旋预绞式；数字—钢绞线标称截面；G—钢绞线。

表 3-2-45　　OPGW 用预绞式耐张线夹规范

型　号	适用 OPGW 直径(mm)		结构加固条				外　层　条			
	最小	最大	单丝直径(mm)	根数	长度	质量(kg)	单丝直径(mm)	根数	长度(mm)	质量(kg)
NL—1—OPGW	10.2	11.4	2.9	8	902	0.7	2.9	12	622	0.7
NL—2—OPGW	11.5	12.8	3.2	8	990	1.0	2.9	13	686	0.8
NL—3—OPGW	12.9	14.1	3.6	8	1067	1.6	2.9	14	737	1.0
NL—4—OPGW	14.2	15.5	3.6	8	1143	1.4	3.3	14	800	1.3
NL—5—OPGW	15.6	17.3	4.1	8	1245	1.9	3.3	15	864	1.5
NL—6—OPGW	17.4	19.2	4.6	8	1613	3.1	2.9	14	1090	2.3
NL—7—OPGW	19.3	21.1	4.6	8	1715	3.3	2.9	15	1156	2.6
NL—8—OPGW	21.2	23.4	5.2	8	1842	4.5	2.9	16	1245	3.0
NL—9—OPGW	23.5	26.2	5.2	8	1994	4.8	2.9	17	1359	3.4

注　型号中字母与数字意义：N—耐张；L—螺旋预绞式；数字—系列顺序号；OPGW—光纤复合架空地线。

表 3-2-46　　10kV 绝缘线用预绞式耐张线夹规范

型　号	10kV 铝芯绝缘线		线径 (mm)	根数	长度 (mm)	节距数 (不少于)	质量 (kg)	标志颜色
	截面 (mm^2)	外径 (mm)						
NL—10/35J	35	14.80	4.0	4	900	10	0.8	蓝
NL—10/50J	50	16.10	4.0	5	978	10	1.1	红
NL—10/70J	70	17.80	4.0	5	1016	10	1.1	红
NL—10/95J	95	19.60	4.8	5	1016	10	1.5	褐
NL—10/120J	120	21.00	4.8	5	1016	10	1.5	褐
NL—10/150J	150	22.60	4.8	6	1016	10	1.8	绿
NL—10/185J	185	24.20	5.2	6	1016	8	2.2	黑
NL—10/240J	240	26.40	5.2	6	1016	8	2.2	黑
NL—10/300J	300	28.60	6.1	6	1016	8	3.0	紫

注　型号中字母与数字意义：N—耐张；L—螺旋预绞式；10/数字—10kV/绝缘线外径；J—绝缘线。

第三节　连　接　金　具

连接金具用来将悬式绝缘子组装成串，悬挂在杆塔上。直线杆塔用的悬垂线夹及非直线杆塔用的耐张线夹与绝缘子串的连接，也是由连接金具组装在一起的。其他如拉线杆塔的拉线金具与杆塔的锚固，也都要使用连接金具。

一、基本要求及分类

（一）基本要求

1. 连接金具的破坏载荷

连接金具用于各种情况的连接。它们机械强度按标称破坏载荷系列划分为载荷等级，载荷等级相同的连接金具具有广泛的互换性。

根据 DL/T 5092—1999《110～500kV 架空送电线路设计技术规程》的规定，金具的机械强度安全系数，一般不小于下列数值：

线路正常情况　　2.5；

线路事故情况　　1.5。

实际上连接金具在设计时，为了简化金具载荷等级，扩大金具的互换性，金具的机械强度不按导线拉力选定，而是按绝缘子的机电破坏载荷来确定，每一种型式或相同载荷的绝缘子与相同载荷等级的金具配套。

我国现行标准绝缘子是以 1h 机电载荷的 1/2 计算值作为绝缘子允许使用载荷，但在国际上一般是以绝缘子机电破坏载荷的 1/3 作为绝缘子的允许使用载荷。由于悬式绝缘子的使用载荷与绝缘子劣化有一定关系，为减轻绝缘子载荷，绝缘子可以按机电破坏载荷的 1/2.5 计算，则导线、金具及绝缘子的安全系数取得一致，均选用 2.5。

单串 XP—70 型绝缘子的连接金具，其破坏载荷不小于 70kN；单串 X—4.5 型绝缘子的连接金具，其破坏载荷不小于 60kN。为简化载荷等级，均使用 70kN 级。

两串绝缘子用的金具，其破坏载荷则为单串的 2 倍，三串绝缘子用的金具，其破坏载荷不少于绝缘子破坏载荷的 3 倍。

为了使相同机械强度的连接金具，具有普遍的互换性，方便运行检修，相同机械强度的连接金具所用的销钉、螺栓直径及受力部位尺寸力求统一，国家标准 GB/T 2315—1985《电力金具标称破坏载荷系列及连接型式尺寸》及其修订版（GB/T 2315－2008）中都对破坏载荷作出了规定，见表 3-3-1、表 3-3-2。

GB/T 2315—2008 标准与 GB/T 2315—1985 标准不同之处：

（1）2008 标准孔边距 $e \approx 1.25\phi$。

（2）2008 标准将 1985 标准载荷系列中的 30t 级改为 32t 级，50t 级改为 55t 级，60t 级改为 64t 级，实际使用中还增加了 128t 级、168t 级。

表 3-3-1　　电力金具标称破坏载荷及连接型式尺寸（GB/T 2315—1985）

标　记	图　号	4	7	10	12	16	20	25	30	50	60
标称破坏载荷（kW）	3-3-1	40	70	100	120	160	200	250	300	500	600
螺栓直径 d（mm）		16	16	18	22	24	27	30	36	42	48
螺栓孔径 ϕ（mm）		18	18	20	24	26	30	33	39	45	51
孔径偏差（mm）		±0.5					±0.75				
单板厚度 b（mm）		12	16	16	16	18	26	30	32	38	42
双板开档 c（mm）		16	18	20	24	26	30	34	38	44	50
孔边距 e（mm）		20	22	24	30	32	36	40	46	55	62
槽深 f（mm）											
材质强度（MPa）		≥375									

表 3-3-2　　电力金具标称破坏载荷及连接型式尺寸（GB/T 2315—2008）

标　记	图号	4	7	10	12	16	21	25	32	42	55	64	84	110
标称破坏载荷（kN）	3-3-1	40	70	100	120	160	210	250	320	420	550	640	840	1100
螺栓直径 d(mm)		16	16	18	22	24	24	27	30	36	42	42	48	52
螺栓抗拉强度（MPa）		≥400				≥600								
螺孔直径 ϕ(mm)		18	18	20	24	26	26	30	33	39	45	45	51	55
孔径偏差(mm)		±0.5						±0.75						
单板厚度 b(mm)		12	16	16	16	18	20	24	28	32	34	36	36	45
双板开档 c(mm)		15	19	19	20	22	24	28	32	36	38	40	40	49
孔边距 e(mm)		20	22	24	30	32	32	38	42	50	56	56	65	70
槽深 f(mm)		≥22	≥24	≥26	≥32	≥35	≥35	≥42	≥45	≥54	≥60	≥60	≥70	≥75
材质强度(MPa)		≥375				≥500								

（3）1985 标准所有螺栓强度均为 4.8 级较低强度，2000 标准改为 160kN 及以上螺栓强度均采用 6.8 级，相应所有按该级别的金具均标志“G”，表示高强度，两种强度不能互换。

（4）1985 标准制造金具材质均为普通碳素钢，牌号 Q235（老标准采用 A3 钢），可锻件、铁件则相应采用 KT 33—8 等级材料，2000 标准 160kN 及以上材质全部采用 35 号～45 号优质碳素结构钢。

2. 螺栓连接尺寸

螺栓连接尺寸应符合图 3-3-1 及表 3-3-1、表 3-3-2 的规定。

3. 螺栓直径系列

为保证载荷和便于互换配合，标称破坏载荷与相应的连接螺栓直径，应符合表 3-3-3 的规定。

表 3-3-3　　破坏载荷及相应的螺栓直径

标　记	4	7	10	12	16	21	25	32	42	55	64	84	110
标称破坏载荷（kN）	40	70	100	120	160	210	250	320	420	550	640	840	1100
螺栓直径（mm）	16	16	18	22	24	24	27	30	36	36	42	48	52
螺栓抗拉强度（MPa）	＞400				＞600								

4. 圆环连接尺寸

圆环连接尺寸应符合图 3-3-2 及表 3-3-4 的规定。

在选用时，载荷小于标称载荷系列的，应选以相应载荷的连接金具，使用载荷大于标称载荷系列的，应选

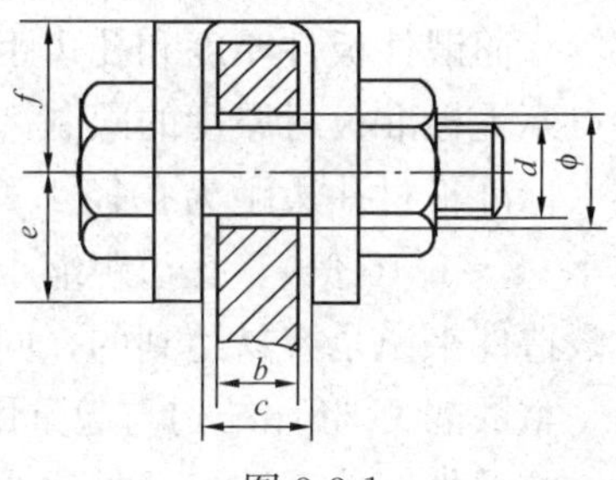

图 3-3-1

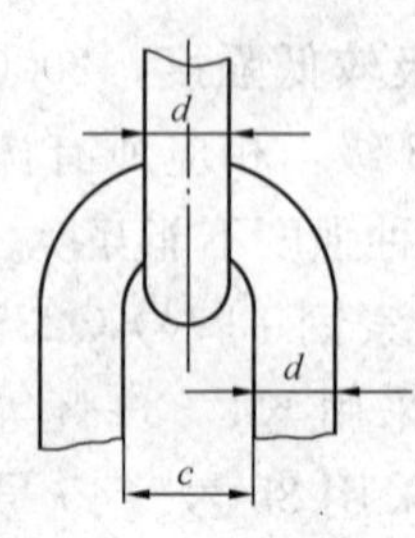

图 3-3-2

用大一级的连接金具。在实际工程中，往往会出现使用载荷比标称载荷仅多几千牛，若选用大一级的连接金具，会造成连接上不配套等许多问题，在这种情况下，亦可以选用小一级的连接金具，因金具设计破坏载荷较实际破坏载荷有一定余度，毋需重新设计。

表 3-3-4　　圆环连接尺寸

标　　记	图号	4	7	10	12	16	21	25	32	42	55	64	84	110
圆环直径 d（mm）	3-3-2	12	16	16	18	20	22	24	28	32	34	38	40	45
开档 c（不小于，mm）		15	19	19	20	22	24	28	32	36	36	40	44	49
材料强度（MPa）		≥375		≥500										

5. 整锻件连接系列尺寸

近来对槽型连接如碗头挂板、直角挂板等连接金具均要求采用锻造工艺制造，而不允许采用常规的铸造工艺（可锻铸铁、铸钢、球墨铸铁等），以确保运行安全。

整锻件的锻坯厚度增加很多倍，如球窝铣加工、槽板铣加工等，而锻件板件厚度和孔边距，可根据设计要求和锻造工艺特点不受标准板材厚度的限制，为此整锻件的孔边距可适当缩小（标准板材孔边距为孔径 1.25 倍，而整锻件孔边距定为孔径 1.08～1.10 倍）。孔边距缩小，而板厚可以适当加厚，这样对锻造件来说是容易达到的，同时对锻模有利，可延长模具寿命，整锻的 U 形环结构与起重用卸扣相似。

整锻件连接系列尺寸见表 3-3-5。

表 3-3-5　　整锻件连接系列尺寸

标　　记	图号	16	21	25	32	42	55	64	84	110
标称破坏载荷（kN）	图 3-3-1	160	210	250	320	420	550	640	840	1100
螺栓直径 d（mm）		24	24	27	30	36	42	42	45	48
螺栓材质强度（MPa）		≥600								
螺栓孔径 ϕ（mm）		26	26	30	33	39	45	45	48	51
孔径偏差（mm）		±0.5		±0.75						
单板厚度 b（mm）		整锻件单板厚度是根据破坏载荷计算确定								
孔边距 e（mm）		28	30	32	36	42	48	50	52	55

注　高强度整锻件在型号尾加“G”。

6. 联板结构及工艺改变

在编制 1985 全国电力金具统一设计时，对联板承受全张力孔采用加焊套筒的结构。这种结构适当地降低了孔壁压力，而没有增加联板整体厚度。个别联板的高度比计算值差 10～20mm。在试验过程中，个别型号的联板当拉力接近标称载荷时出现弯曲现象。这说明联板稳定性较差,应适当增加联板的高度。

在建设 500kV 工程时，大载荷的联板特别多，费工费料，在设计 800kV 及 1000kV 工程中问题更加突出。而我国现行标准中钢件孔边距为孔径的 1.25 倍，如不改变孔边距就只能增加板厚，为此联板质量、镀锌费用、运输费相应增加。

经了解国外一些工程建设中，联板采用加大孔边距方法解决上述问题。经研究，联板载荷大于 160kN 级，孔边距选用 1.65～1.70 倍孔径是合理、经济的。它比原采用薄钢板加焊套筒的结构钢材消耗量略有增加，但与整块联板比较，钢材消耗量大为减少。

联板改变前后如图 3-3-3 所示。电力金具标称载荷不焊套筒连接尺寸见表 3-3-6。

联板悬挂悬垂线夹处板厚按 $p/2$、$p/4$、$p/6$、$p/8$ 实际载荷相应铣薄。联板悬挂线夹处板件铣加工厚度见图 3-3-4（a）及表 3-3-7。双面铣加工面见图 3-3-4（b）、（c）。

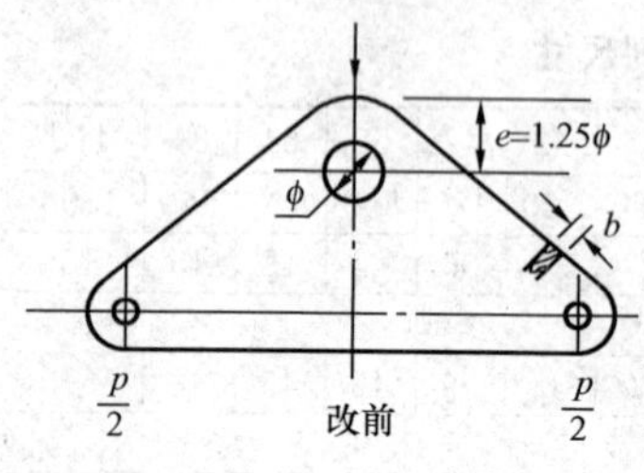

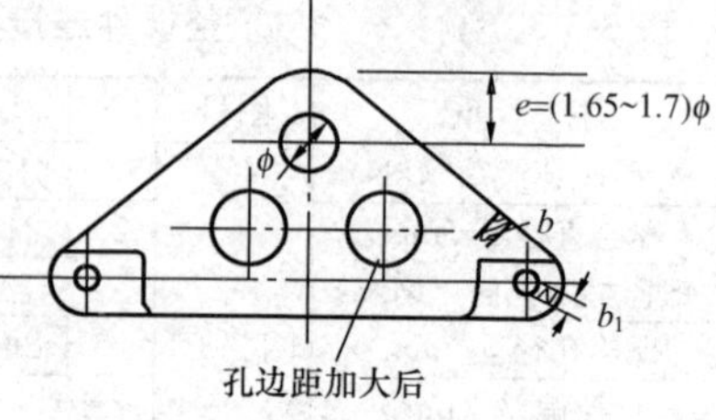

图 3-3-3

表 3-3-6　　电力金具标称破坏载荷不焊套筒连接尺寸

系列标记	图号	16	21	25	32	42	55	64	84	110
标称破坏载荷（kN）	3-3-1	160	210	250	320	420	550	640	840	1100
螺栓直径 d（mm）		24	24	27	30	36	42	42	48	52
螺栓孔径 ϕ（mm）		26	26	30	33	39	45	45	51	55
螺栓孔径偏差（mm）		±0.5		±0.75						
单板厚度 b（mm）		18	18	20	22	24	26	28	32	40
双板厚度 b_1（mm）		8	10	10	12	12	14	14	16	20
双板开档 c（mm）		22	22	24	26	30	32	36	38	46
孔边距 e（mm）		43	45	50	55	65	75	78	85	90
槽深≥f（mm）		46	47	55	60	70	80	83	90	95

注　1. 孔边距由 GB/T 2315—2008 标准的 e=1.25ϕ，加大到 e=(1.65～1.70)ϕ。

2. 单板厚度比 GB/T 2315—2008 标准薄 4～8mm。

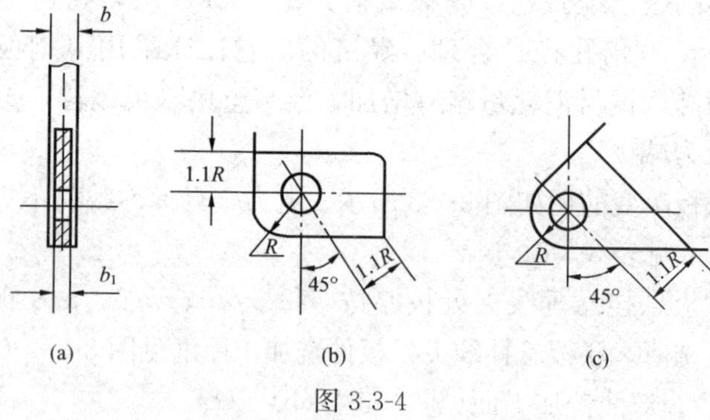

图 3-3-4

表 3-3-7　　板件铣加工厚度

标称载荷（kN）	图　号	全张力 p	二分裂 $p/2$	四分裂 $p/4$	六分裂 $p/6$	八分裂 $p/8$
		b（mm）	b_1（mm）			
160	3-3-4（a）	18	18	16		
210		18	18	16		
250		20	18	16		
320		22	18	18	18	18
420		24	18	18	18	18
550		26	22	18	18	18
640		28	22	18	18	18
840		32	24	18	18	18
1100		40	26	22	18	18
1280		45	28	22	20	18

（二）分类

根据连接金具的使用条件和结构特点，连接金具可分为三大系列：

球—窝系列连接金具。球-窝系列连接金具是专用金具，是根据与绝缘子连接的结构特点设计出来的，用于直接与绝缘子相连接。

环—链系列连接金具。环-链系列连接金具是通用金具，采用环与环相连的结构，属于线-线接触金具。

板—板系列连接金具。板-板系列连接金具也是通用金具，它的连接必须借助于螺栓或销钉才能实现。

二、球—窝系列连接金具

球—窝系列连接金具是与球窝型结构的悬式绝缘子配套使用的连接金具，包括各种球头挂环、碗头挂板等。球-窝系列连接金具的优点是没有方向性，挠性大，可转动，装、卸均方便，有利于带电作业。球-窝系列连接金具的窝均配有锁紧销。

XP 系列绝缘子的 160kN 级及以下锁紧销，采用 W 型推拉销，见图 3-3-5。210kN 级及以上的锁紧销采用 R 型推拉销，见图 3-3-6。推拉销的特点是绝缘子装卸时只需将销子从销孔拉出（但仍挂在铁帽窝内）推进，无需取出，并可重新打入，既方便装卸，又可避免销子丢失。

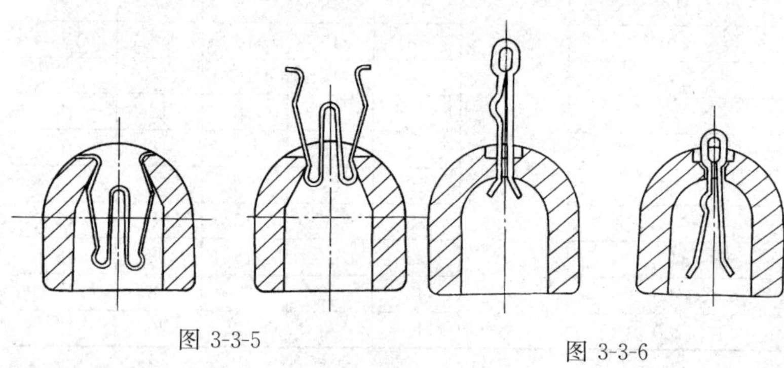

图 3-3-5

图 3-3-6

球-窝系列连接金具与球窝型悬式绝缘子配套使用，因此，金具球窝尺寸应符合国际电工标准（IEC）120 及国家标准 GB/T 4056—1997《高压线路悬式绝缘子连接结构和尺寸》的规定。

球头结构形状及尺寸见图 3-3-7 和表 3-3-8。球窝结构形状及尺寸见图 3-3-8 和表 3-3-9。

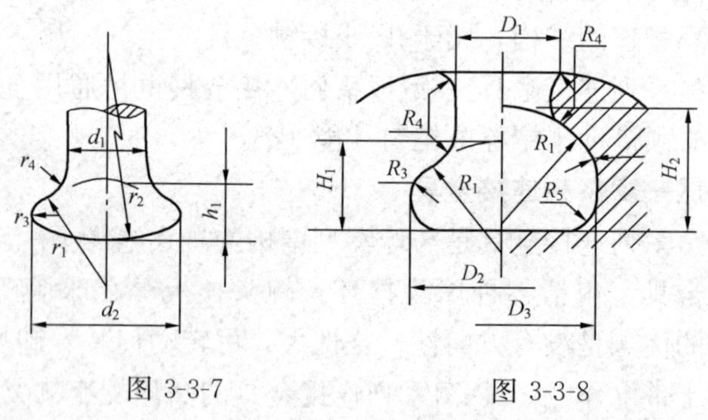

图 3-3-7

图 3-3-8

表 3-3-8　　　　球头尺寸　　　　mm

标记	图号	d_1	d_2	h_1	r_1	r_2	r_3	r_4
16	3-3-7	$17_{-1.2}^{0}$	$33.3_{-1.5}^{0}$	$13.4_{-1.3}^{0}$	23	50	3	$3_{-0.5}^{+1.0}$
20		$21_{-1.3}^{0}$	$41_{-1.6}^{0}$	$19.5_{-1.4}^{0}$	27	60	5.7	3.5 ± 1.0
24		$25_{-1.4}^{0}$	$49_{-1.8}^{0}$	$21_{-1.7}^{0}$	40	70	6.6	$4_{-1.0}^{-1.5}$
28		$29_{-1.5}^{0}$	$57_{-1.9}^{0}$	$23.5_{-1.8}^{0}$	55	80	8	$4.5_{-1.0}^{+1.5}$
32		$33_{-1.6}^{0}$	$65_{-2.1}^{0}$	$27_{-1.9}^{0}$	70	90	10	$5_{-1.0}^{+1.5}$

表 3-3-9　　　　球窝尺寸　　　　mm

标记	图号	D_1	D_2	D_3	H_1	H_2	R_1	R_3	R_4	R_5
16	3-3-8	$19.2_{0}^{+1.6}$	$34.5_{0}^{+1.5}$	$34.5_{0}^{+1.5}$	$17_{0}^{+1.6}$	$25_{0}^{+1.5}$	23	3	3	5
20		$23_{0}^{+2.1}$	$42.5_{0}^{+2.0}$	$42.5_{0}^{+2.0}$	$20.5_{0}^{+2.1}$	$28.5_{0}^{+2.0}$	27	6	3.5	7
24		$27.5_{0}^{+2.5}$	$51_{0}^{+2.0}$	$51_{0}^{+2.0}$	$23.5_{0}^{+2.5}$	$32.5_{0}^{+2.0}$	40	5	4	10
28		$32_{0}^{+2.9}$	$59_{0}^{+2.5}$	$59_{0}^{+2.5}$	$26_{0}^{+2.9}$	$36.5_{0}^{+2.5}$	55	8	4.5	12
32		$36_{0}^{+3.3}$	$67.5_{0}^{+2.5}$	$67.5_{0}^{+2.5}$	$30_{0}^{+3.3}$	$42.0_{0}^{+2.5}$	70	10	5	14

连接金具的螺栓尾部所用的锁住销，过去采用国家标准开口销，因钢质开口销经热镀锌后失去弹性且锈蚀，现标准规定电力金具所用的锁住销一律采用DL/T 26—1982《闭口销》中规定的闭合销。这种销子材料为铜质或不锈钢，解决了长期用热镀锌钢开口销而不能解决的锈蚀问题。闭口销比开口销具有更多的优点，这种闭口销装入销孔后就会自动弹开，不需将销尾弯曲45°，当拔出销孔时比较容易；锁住可靠，带电装卸灵活。闭口销插入和安装后情况见图3-3-9。

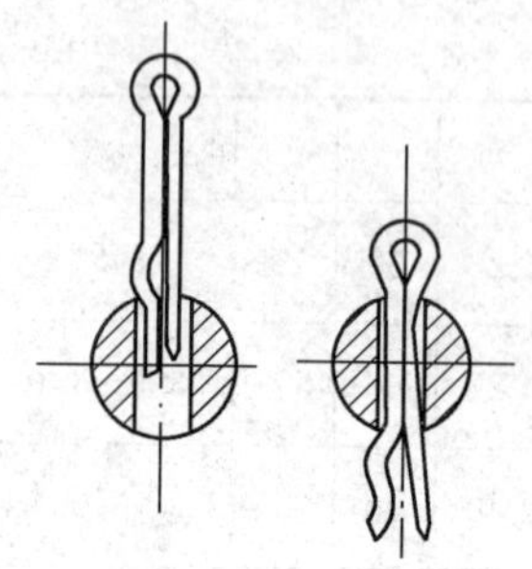
图 3-3-9

1. 球头挂环

球头挂环用来与球窝型悬式绝缘子上端钢帽的窝连接，避免了因连接点产生点接触造成的应力集中。球头挂环根据使用条件分为圆环接触和螺栓平面接触两种。

专用于与圆环相接触的球头挂环如图 3-3-10 所示。专用于与螺栓杆的面相接触的球头挂环如图 3-3-11 所示。

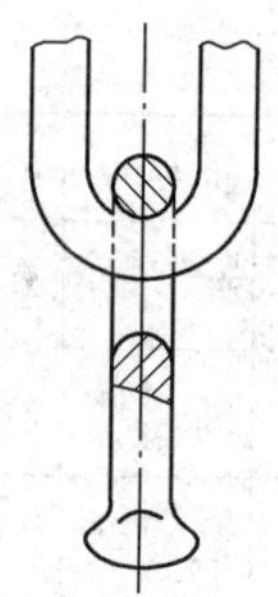
图 3-3-10

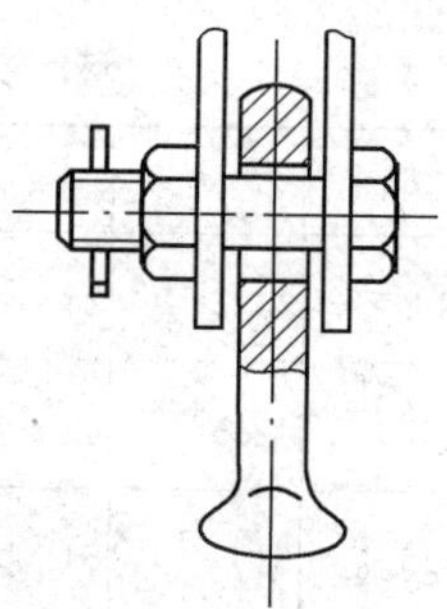
图 3-3-11

在选用球头挂环时，应尽量避免点接触的组装方式，图 3-3-12、图 3-3-13 所示的是不正确的连接方法。

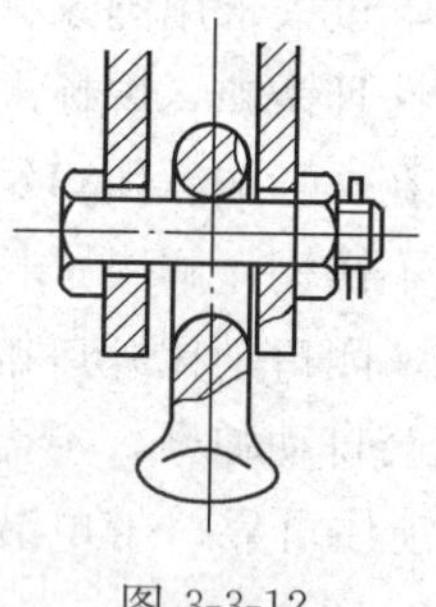
图 3-3-12

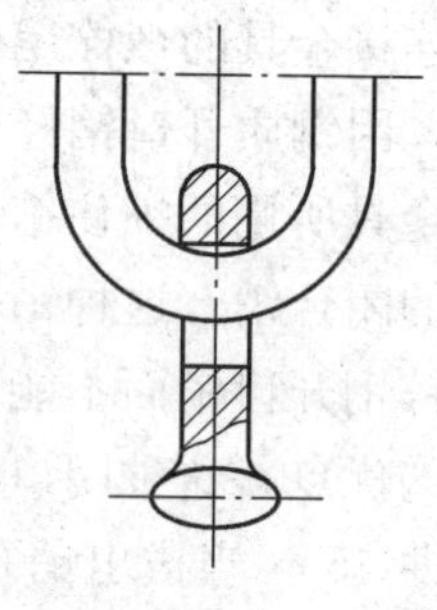
图 3-3-13

球头挂环的形状及规范如图 3-3-14 及表 3-3-10 所示。

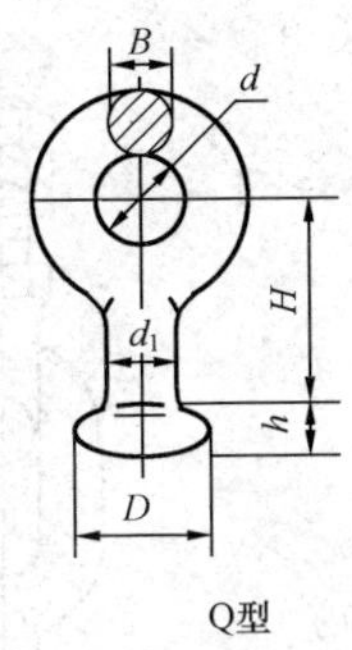

Q型

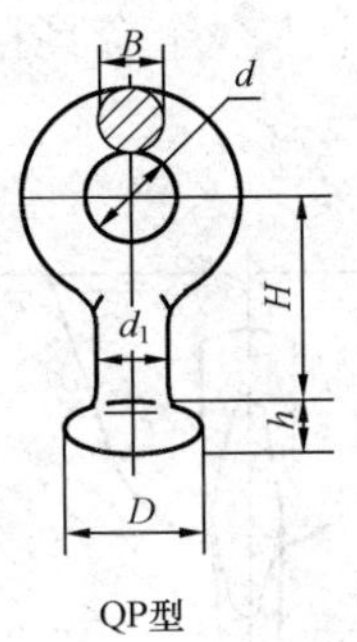

QP型

图 3-3-14

表 3-3-10　　　　　　　　球头挂环规范

型　号	图号	连接标记	主要尺寸（mm）						质量（kg）
			B	d	D	d_1	H	h	
Q—7	3-3-14	16	16	22	33.3	17	50	13.4	0.30
QP—7				22					0.30
QP—10				22					0.30
QP—12			17	24			55		0.40
QP—16		20	20	26	41.0	21	60	19.5	0.50
QP—2120G		20	20	26	41.0	21	80	19.5	0.70
QP—2524G		24	24	30	49.0	25		21.0	1.00
QP—3224G			28	33				21.0	1.20
QP—4228G		28	32	39	57.0	29	100	23.5	1.50
QP—5532G		32	36	45	65.0	33	110	27.0	2.60

2. 带钩或环的球头挂环

带钩球头挂环可直接在横担拉板上吊挂（见图 3-3-15），亦可与横担上的 U 形螺丝连接。这种带钩的球头挂环吊装和拆卸比较方便，毋须拆卸螺母和闭口销，但为确保运行安全，挂钩应有锁住装置。耐张绝缘子串使用这种挂环时，过牵引距离比一般连接具大。

带椭圆环的球头挂环用于与带缘（加强型）的 U 形螺丝相连（见图 3-3-16），而一般球头挂环无法与带缘的 U 形螺丝相连。如采用U形挂环加球头挂环与带缘的U形螺丝相连，则绝缘子串中多一个金具且增加了长度。

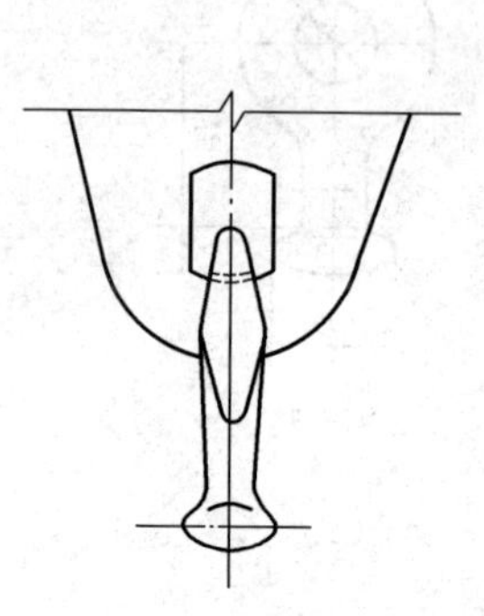

图 3-3-15

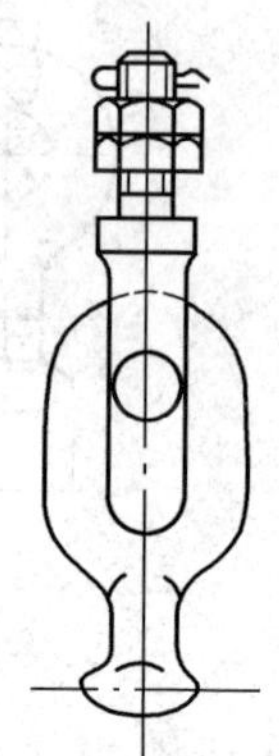

图 3-3-16

（1）带钩或环的球头挂环的形状及规范如图 3-3-17 及表 3-3-11 所示。

表 3-3-11　　带钩或环的球头挂环规范

型　号	图　号	主要尺寸（mm）							质　量（kg）
		c	d_1	d_2	h_1	h	ϕ	s	
QG—7	3-3-17（a）	22	17	33.3	—	76	5	22	0.64
QG—12		25	17	33.3	—	82	6	25	0.80
QH—7	3-3-17（b）	22	17	33.3	52	132	14	14	0.75
QH—12		32	17	33.3	64	152	14	19	0.91

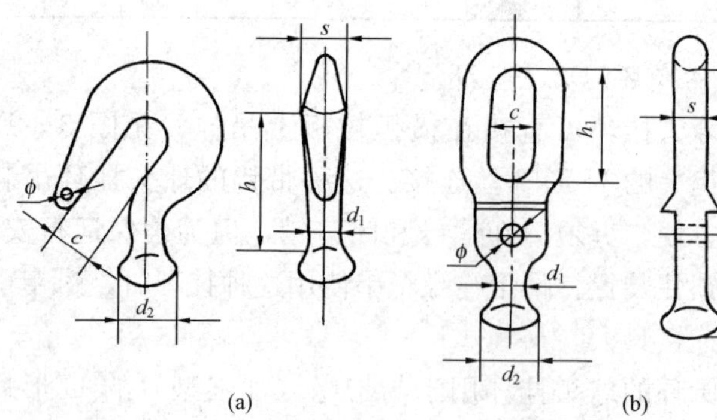

图 3-3-17

（2）长椭圆球头挂环的形状及规范见图 3-3-18 及表 3-3-12。

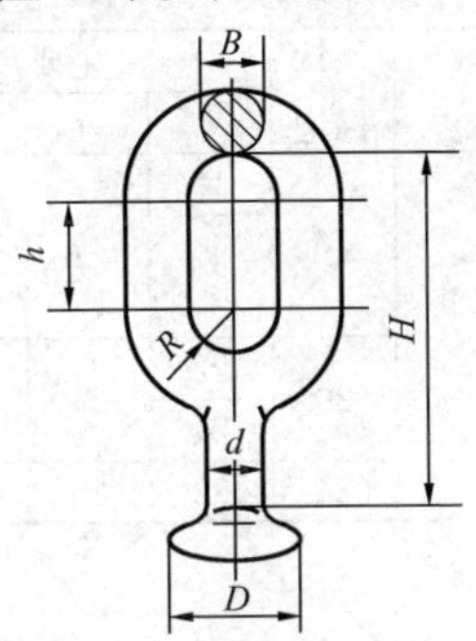

图 3-3-18

表 3-3-12　　　　　　　　长椭圆球头挂环规范

型　号	图号	连接标记	主要尺寸（mm）						质量（kg）
			d	*D*	*B*	*R*	*h*	*H*	
QH—1620	3-3-18	20	21	41	20	17	70	155	1.0
QH—2120G		20	21	41	20		100	160	1.2
QH—2524G		24	25	49	24		100	165	1.4
QH—3224G		24	25	49	28		110	175	1.8
QH—4228G		28	29	57	32	20	120	200	2.2
QH—5532G		32	33	65	36	22	140	220	2.4

（3）槽形球头挂环形状及规范见图 3-3-19 及表 3-3-13。

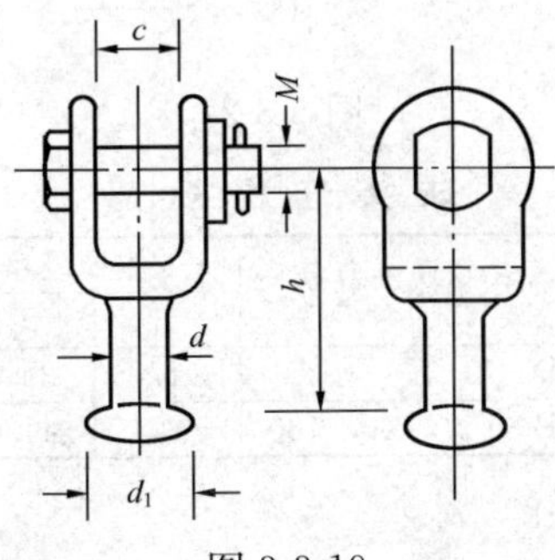

图 3-3-19

表 3-3-13　　槽形球头挂环规范

<table>
<tr><th rowspan="2">型　号</th><th rowspan="2">图　号</th><th rowspan="2">连接标记</th><th colspan="5">主要尺寸（mm）</th><th rowspan="2">质量(kg)</th></tr>
<tr><th>c</th><th>d</th><th>d_1</th><th>M</th><th>h</th></tr>
<tr><td>QU—7</td><td rowspan="6">3-3-19</td><td rowspan="3">16</td><td>19</td><td rowspan="3">17</td><td rowspan="3">33.3</td><td>16</td><td>75</td><td>0.7</td></tr>
<tr><td>QU—10</td><td rowspan="2">20</td><td>18</td><td rowspan="3">80</td><td>0.9</td></tr>
<tr><td>QU—12</td><td>22</td><td>1.0</td></tr>
<tr><td>QU—16</td><td rowspan="2">20</td><td>22</td><td rowspan="2">21</td><td rowspan="2">41.0</td><td rowspan="2">24</td><td>1.1</td></tr>
<tr><td>QU—21G</td><td>24</td><td>85</td><td>1.5</td></tr>
<tr><td>QU—32G</td><td>24</td><td>32</td><td>25</td><td>49.0</td><td>30</td><td>120</td><td>3.2</td></tr>
</table>

注　型号中字母 G—高强度。

3. 球头连棍（双球头）

球头连棍用于两个碗头（绝缘子钢帽窝）之间的连接，如两个棒式绝缘子的相互连接，一般用于高压试验大厅，如图 3-3-20 所示。

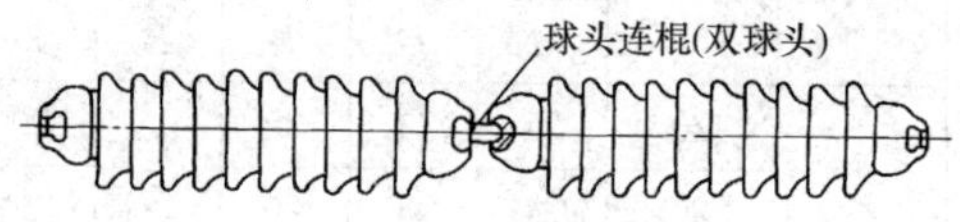

图 3-3-20

球头连棍的形状及规范如图 3-3-21 及表 3-3-14 所示。

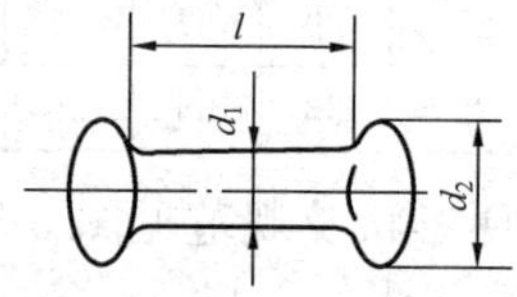

图 3-3-21

表 3-3-14　　球头连棍规范

型　号	图　号	适用绝缘子型号	主要尺寸（mm）			质量(kg)
			d_1	d_2	l	
QS—7	3-3-21	XP—70	17	33.3	32	0.14
QS—16	3-3-21	XP—120，XP—160	20	41.0	38	0.27

4. 碗头挂板

碗头挂板用来连接球窝型绝缘子下端的钢脚（又称球头）。

碗头挂板按结构和使用条件不同分为单联碗头挂板和双联碗头挂板。

单串悬垂绝缘子串连接悬垂线夹时，应选用较短的单联碗头挂板，以减短绝缘子串长度。

单串耐张绝缘子串连接耐张线夹时，应选用长尺寸的单联碗头挂板，以避免耐张线夹的跳线与绝缘子瓷裙相碰；在选用长尺寸的单联碗头挂板仍然不能满足要求时，应选用较短的单联碗头挂板，再加装挂板以延长距离。

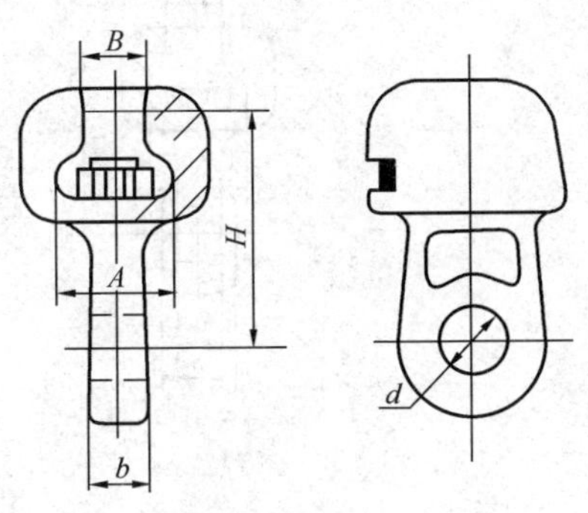

图 3-3-22

(1) 单联碗头挂板的形状及规范如图 3-3-22 及表 3-3-15 所示。

表 3-3-15　　单联碗头挂板规范

型　号	图　号	连接标记	主要尺寸					质量 (kg)
			b	*B*	*A*	*d*	*H*	
W—7A	3-3-22	16	16	19.2	34.5	20	70	0.8
W—7B							115	0.9
W—10			18			24	85	1.0
W—12			32				90	1.3

(2) 单联鼓形碗头挂板用于改善槽型连接螺栓受弯条件，单联鼓形碗头挂板的形状及规范见图 3-3-23 及表 3-3-16。

(3) 双联碗头挂板的碗头（球窝）有两种结构形式：16t 级以下采用 W 锁住销结构形式，20t 级及以上采用 R 锁住销结构形式。

1) 双联碗头挂板的形状和规范如图 3-3-24 及表 3-3-17

所示。

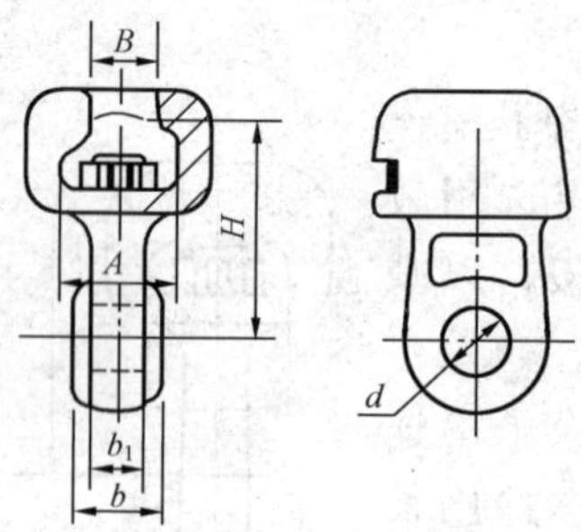

图 3-3-23

表 3-3-16　　单联鼓形碗头挂板规范

型　号	图号	连接标记	主要尺寸（mm）						质量（kg）
			A	B	b	b_1	H	d	
WG—0726	3-3-23	16	34.5	19.2	26	16	70	20	0.83
WG—0732					32				0.85
WG—0738					38				0.86
WG—0744					44				0.87
WG—0750					50				0.89
WG—0756					56				0.91

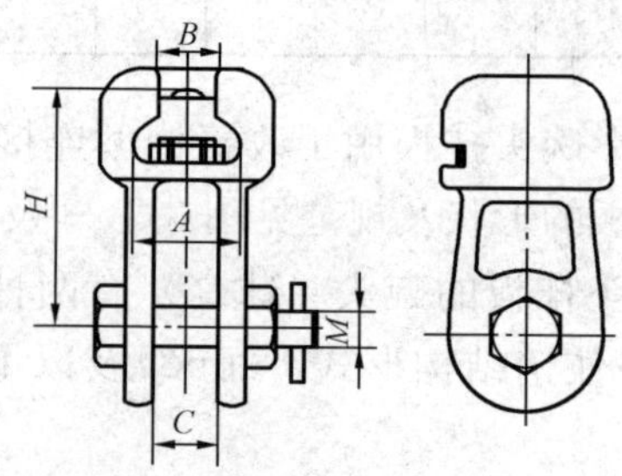

图 3-3-24

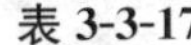

表 3-3-17　　双联碗头挂板规范

型　号	图号	连接标记	主要尺寸（mm）					质量（kg）
			A	B	C	M	H	
WS—7	3-3-24	16	34.5	19.2	18	16	70	1.0
WS—10					20	18	85	1.2
WS—12					24	22		1.8
WS—16		20	42.5	23.0	26	24	95	2.6
WS—2120G		20	42.5	23.0	24	24	100	3.6
WS—2524G		24	51.0	27.5	28	27		5.2
WS—3224G					32	30	110	4.7
WS—4228G		28	59.0	32.0	38	36	120	6.0
WS—5532G		32	67.5	36.0	42	42	140	10.3

2）双联碗头挂板（可安装均压环）形状及规范见图 3-3-25 及表 3-3-18。

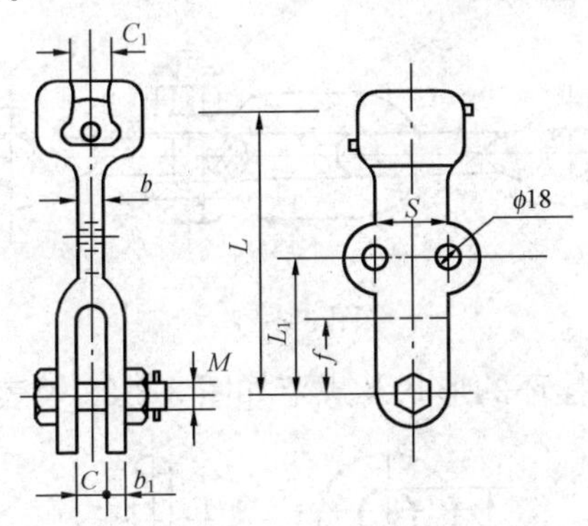

图 3-3-25

表 3-3-18　　双联碗头挂板（可安装均压环）规范

型　号	图号	连接标记	主要尺寸（mm）									质量（kg）
			C_1	C	f	L_1	L	b_1	s	M	b	
WS—2120AG	3-3-25	20	23.0	22	50	100	180	15	80	24	20	4.5
WS—3224AG		24	27.5	26	65	120	200	20		30	28	6.0
WS—4228AG		28	32.0	30	80	130	220			36	32	9.5
WS—5532AG		32	36.0	32	90	140	2.40	22		42	34	12.5

注　与不焊套筒联板配套。

三、环—链系列连接金具

环—链连接是连接金具普遍使用的结构形式，其结构简单，受力条件好，转动灵活，不受方向的限制，转动角度比球窝型大得多。

环—链系列连接金具包括U形挂环、直角环、延长环（又名平行环或椭圆环）及U形螺丝等。

1. U形挂环

U形挂环是以圆钢锻制而成，用途较广，可以单独使用，也可以两个串装使用，如图3-3-26所示。

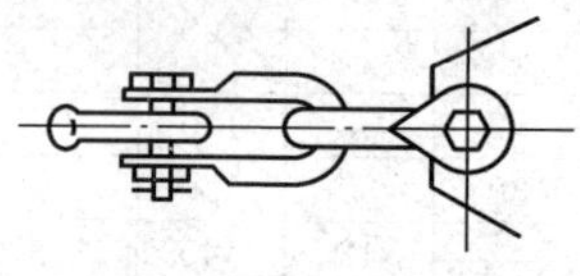
图 3-3-26

为避免点接触，尽可能不采用图3-3-27的组装方式。

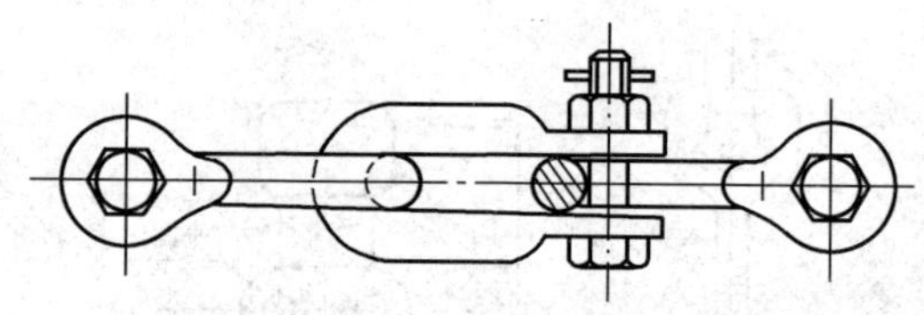
图 3-3-27

（1）U形挂环的形状及规范如图3-3-28及表3-3-19所示。

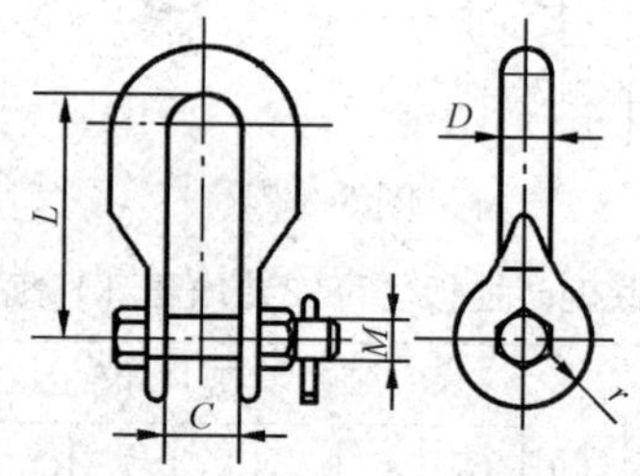

图 3-3-28

（2）拉线用加长U形挂环用来与楔型线夹配套的连接金具。加长U形挂环的形状及规范如图3-3-29及表3-3-20所示。

表 3-3-19　　　　U 形挂环规范

<table>
<tr><th rowspan="2">型　号</th><th rowspan="2">图　号</th><th colspan="5">主要尺寸（mm）</th><th rowspan="2">质 量
(kg)</th></tr>
<tr><th>C</th><th>M</th><th>D</th><th>L</th><th>r</th></tr>
<tr><td>U—7</td><td rowspan="10">3-3-28</td><td>20</td><td>16</td><td>16</td><td>80</td><td>22</td><td>0.6</td></tr>
<tr><td>U—10</td><td>22</td><td>18</td><td>18</td><td>85</td><td>24</td><td>0.7</td></tr>
<tr><td>U—12</td><td>24</td><td>22</td><td>20</td><td>90</td><td>30</td><td>1.0</td></tr>
<tr><td>U—16</td><td>26</td><td>24</td><td>22</td><td>95</td><td>32</td><td>1.5</td></tr>
<tr><td>U—21G</td><td>26</td><td>24</td><td>20</td><td>100</td><td>32</td><td>1.4</td></tr>
<tr><td>U—25G</td><td>30</td><td>27</td><td>24</td><td>110</td><td>36</td><td>2.1</td></tr>
<tr><td>U—32G</td><td>32</td><td>30</td><td>28</td><td>120</td><td>42</td><td>2.8</td></tr>
<tr><td>U—42G</td><td>34</td><td>36</td><td>30</td><td>130</td><td rowspan="2">50</td><td>3.6</td></tr>
<tr><td>U—55G</td><td>38</td><td>42</td><td>36</td><td>150</td><td>6.0</td></tr>
<tr><td>U—64G</td><td>42</td><td>42</td><td>36</td><td>200</td><td>56</td><td>7.0</td></tr>
</table>

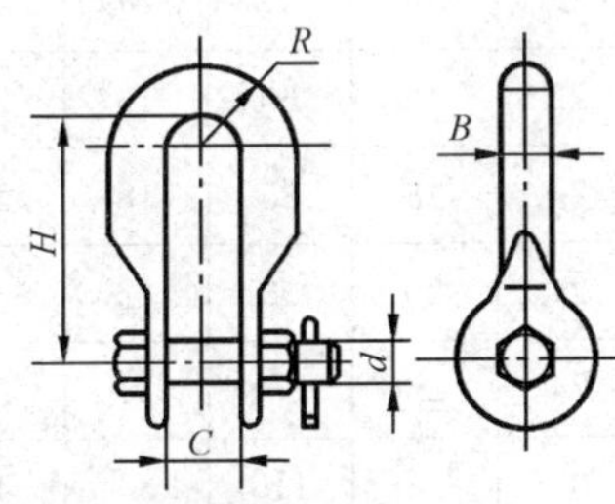

图 3-3-29

表 3-3-20　　　　拉线用加长 U 形挂环规范

<table>
<tr><th rowspan="2">型　号</th><th rowspan="2">图　号</th><th colspan="5">主要尺寸（mm）</th><th rowspan="2">质量
(kg)</th></tr>
<tr><th>B</th><th>C</th><th>d</th><th>R</th><th>H</th></tr>
<tr><td>UL—7</td><td rowspan="5">3-3-29</td><td>16</td><td>20</td><td>16</td><td>15</td><td>120</td><td>0.65</td></tr>
<tr><td>UL—10</td><td>18</td><td>22</td><td>18</td><td>17</td><td rowspan="3">140</td><td>0.92</td></tr>
<tr><td>UL—12</td><td>20</td><td>24</td><td>20</td><td>18</td><td>1.40</td></tr>
<tr><td>UL—16</td><td>22</td><td>26</td><td>24</td><td>19</td><td>1.64</td></tr>
<tr><td>UL—21</td><td>24</td><td>30</td><td>27</td><td>22</td><td>160</td><td>2.90</td></tr>
</table>

（3）UR 型 U 形挂环形状及规范见图 3-3-30 及表 3-3-21。

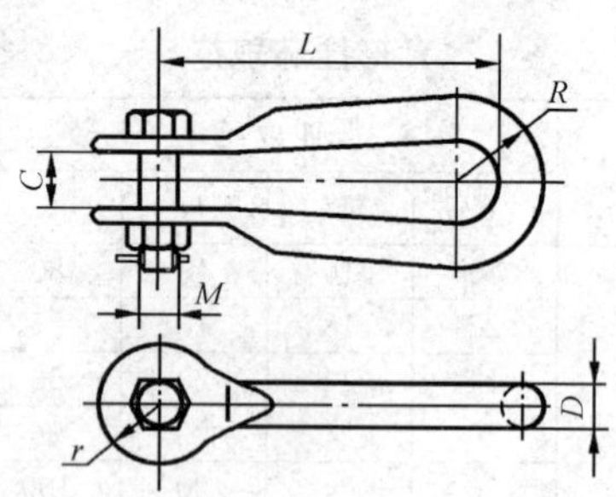

图 3-3-30

表 3-3-21　　UR 型 U 形挂环规范

型　号	图　号	主要尺寸（mm）						质量 (kg)
		C	D	L	M	R	r	
UR—7	3-3-30	22	16	60	16	22	22	0.60
UR—10		24	18	85	18	26	24	0.65
UR—12		24	20	90	22	32	32	1.30
UR—21G		24	26	110	24	32	32	2.30
UR—32G		32	28	115	30	40	42	3.00
UR—42G		38	32	140	36	50	50	4.50
UR—55G		38	36	150	42	55	50	7.70
UR—64G		42	38	160	42	57	56	8.20
UR—84G		44	40	180	48	62	65	10.00
UR—110G		52	42	200	52	70	70	14.50

2. 直角环

直角环是用来连接槽型悬式绝缘子上端钢帽的连接金具。直角环下端环半径为 22mm，与槽型绝缘子钢脚尺寸一致，以便与槽型绝缘子配套使用，如图 3-3-31 所示。

ZH 型直角环的形状及规范如图 3-3-32 及表 3-3-22 所示。

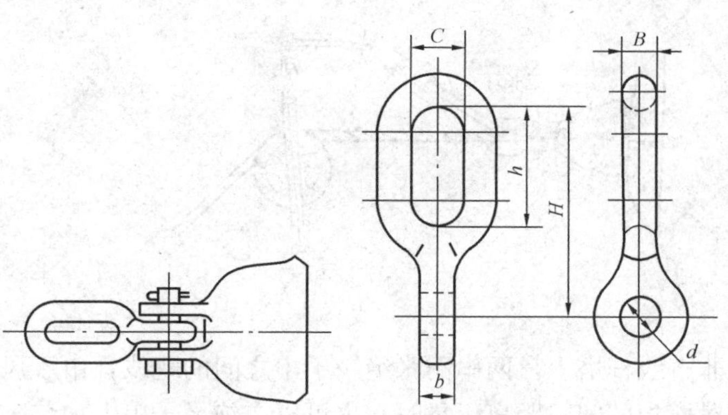

图 3-3-31　　　　图 3-3-32

表 3-3-22　　　　ZH 型直角环规范

<table>
<tr><th rowspan="2">型　号</th><th rowspan="2">图　号</th><th colspan="6">主要尺寸（mm）</th><th rowspan="2">质量
(kg)</th></tr>
<tr><th>b</th><th>B</th><th>C</th><th>d</th><th>h</th><th>H</th></tr>
<tr><td>ZH—7</td><td rowspan="5">3-3-32</td><td rowspan="3">16</td><td>16</td><td rowspan="3">24</td><td rowspan="2">20</td><td rowspan="2">57</td><td rowspan="2">100</td><td>0.9</td></tr>
<tr><td>ZH—10</td><td rowspan="2">18</td><td>1.1</td></tr>
<tr><td>ZH—12</td><td>24</td><td>65</td><td>115</td><td>1.1</td></tr>
<tr><td>ZH—16</td><td>18</td><td>22</td><td>26</td><td>26</td><td rowspan="2">75</td><td>135</td><td>1.2</td></tr>
<tr><td>ZH—21</td><td>26</td><td>24</td><td>32</td><td>30</td><td>150</td><td>2.3</td></tr>
</table>

3. 延长环

延长环由圆钢对焊或整体锻制而成，用于环形金具的连接，以加长连接尺寸或转变连接方向，如图 3-3-33 所示。

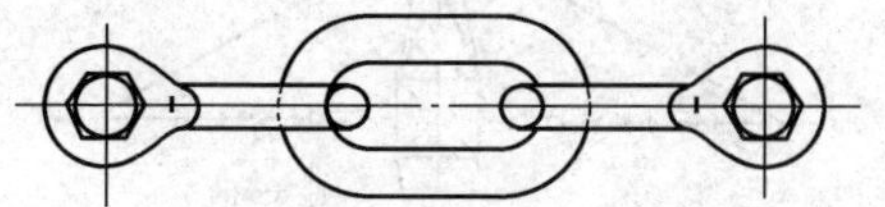

图 3-3-33

在孤立档紧线时，采用延长环可以解决过牵引的施工问题，如图 3-3-34 所示。

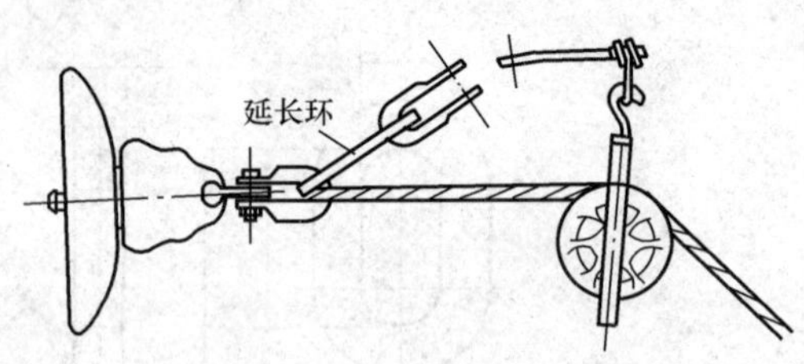

图 3-3-34

在非直线杆塔上，两串耐张绝缘子串之间的跳线，由于风偏致使对横担的间隙距离不足时，也可以在绝缘子串上加装延长环，如图 3-3-35 所示。

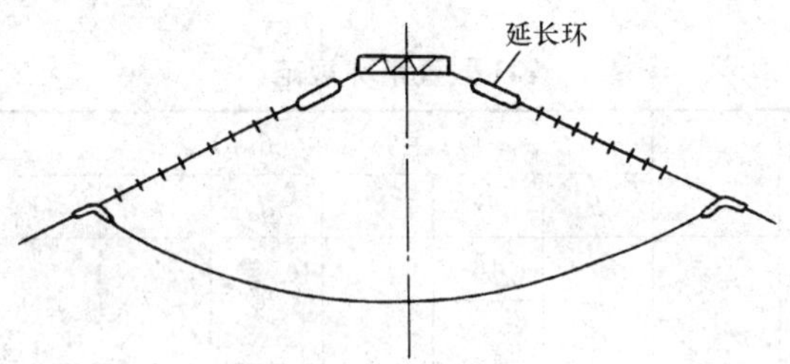

图 3-3-35

当采用干字型杆塔换位时，在耐张绝缘子串上有时亦要加装延长环，以满足跳线对杆塔间隙的要求，如图 3-3-36 所示。

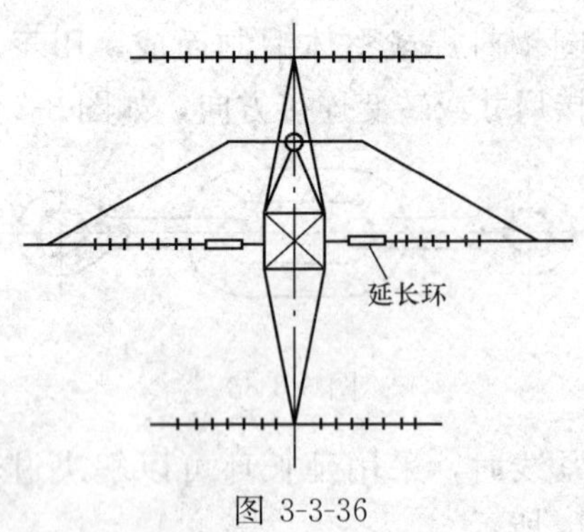

图 3-3-36

对焊工艺制造的延长环，除严格遵守焊接工艺规程的规定外，焊好的延长环应以50%额定负荷进行例行试验，以确保运行绝对安全。

延长环的形状及规范如图3-3-37及表3-3-23所示。

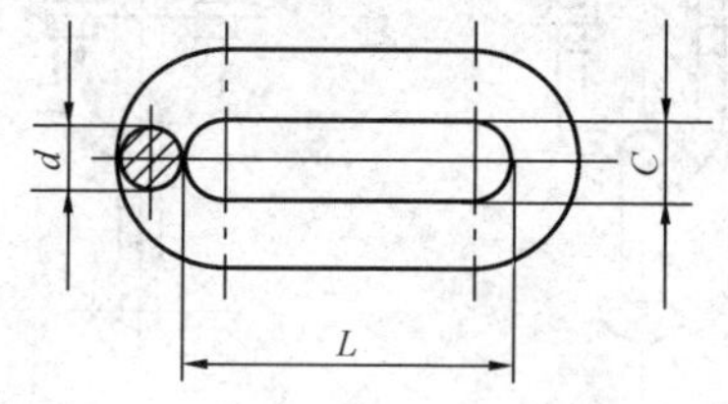

图3-3-37

表3-3-23　延长环规范

型　号	图　号	主要尺寸（mm）			质　量（kg）
		C	d	L	
PH—7	3-3-37	20	16	80	0.40
PH—10		22	18	100	0.60
PH—12		24	20	120	0.90
PH—16		26	24	140	1.50
PH—1612G		26	20	120	0.85
PH—2113G		26	20	130	0.90
PH—2512G		32	24	120	1.30
PH—3214G		34	28	140	2.00
PH—4216G		40	32	160	3.00

注　整锻。型号中字母G—高强度。

4. U形螺丝

U形螺丝用于直线杆塔悬挂悬垂绝缘子串、避雷线悬垂组合，作为杆塔横担的首件。这种U形螺丝不能采用缩杆工艺和减少螺纹底径的生产方式制造。U形螺丝分为两种：一种是普通型U形螺丝；另一种是加强型（带缘台的）U形螺丝。

(1) 普通型U形螺丝。普通型U形螺丝适用于35～110kV、垂直载荷较小、风偏横向弯矩不大的地区及中小截面导线。U 形螺丝与杆塔横担连接时，可以直接与球头挂环或 U 形挂环相连，如图 3-3-38、图 3-3-39 所示。

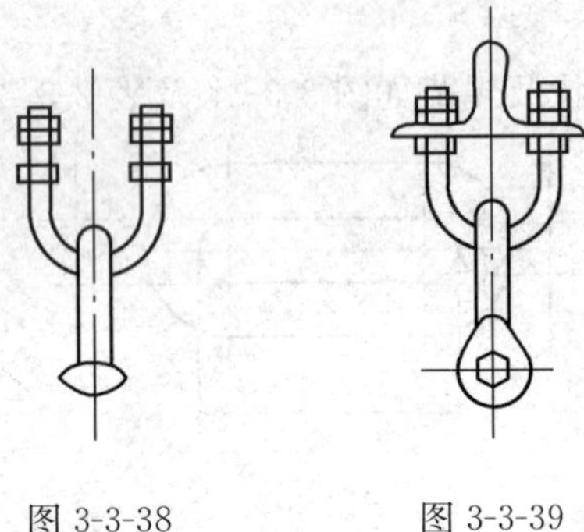

图 3-3-38　　图 3-3-39

U 形螺丝应尽量避免与板件的直接连接（见图 3-3-40），因这种安装会造成点接触和横向摆动不灵。

U 形螺丝形状及规范如图 3-3-41 及表 3-3-24 所示。

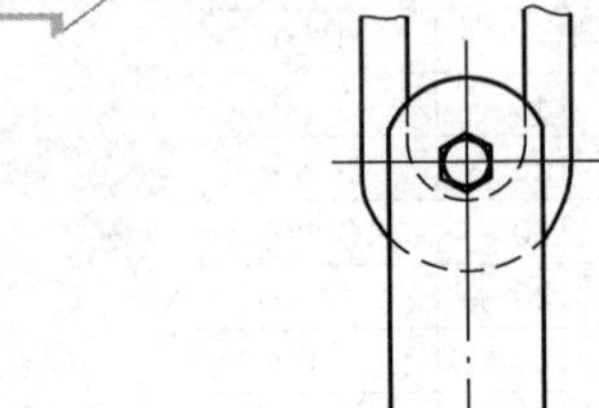

图 3-3-40

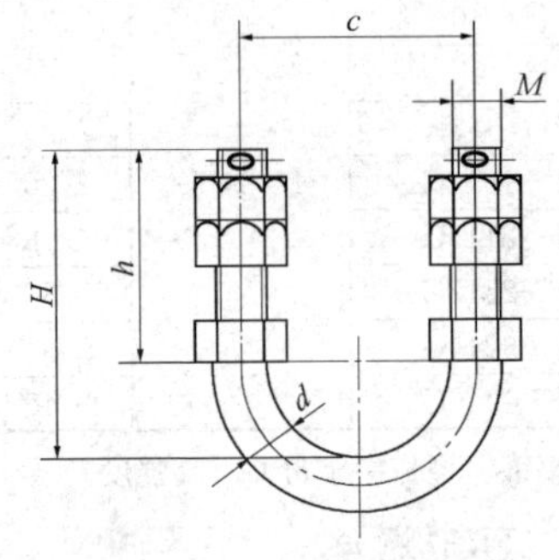

图 3-3-41

(2) 加强型（带缘台）U 形螺丝。加强型（带缘台）U 形螺丝是将普通型 U 形螺丝下端的螺母改为与螺杆锻成一个带缘整体。U 形螺丝螺纹部分安装于横担钢板上方，风偏时，横向荷载由缘台作为支撑点，螺杆受弯而不损伤螺纹，提高了 U 形螺丝的横向承载能力。

表 3-3-24　　U 形螺丝规范

型　号	图　号	主要尺寸（mm）					允许载荷（kN）			质量 (kg)
		c	*d*	*M*	*H*	*h*	*x* 向	*y* 向	*z* 向	
U—1880	3-3-41	80	18	18	90	60	18	3.5	35	0.8
U—2080			20	20	100	70		5.3		1.1
U—2280			22	22	118	90	24	4.9	47	1.3

加强型（带缘台）U 形螺丝适用于电压为 220kV 及以上，线路导线截面较大的悬垂绝缘子串。但由于螺杆带缘，用一般球头挂环无法组装，必须加装长椭圆球头环或加装 U 形挂环，如图 3-3-42 所示。

加强型（带缘台）U 形螺丝的形状及规范如图 3-3-43 及表 3-3-25 所示。

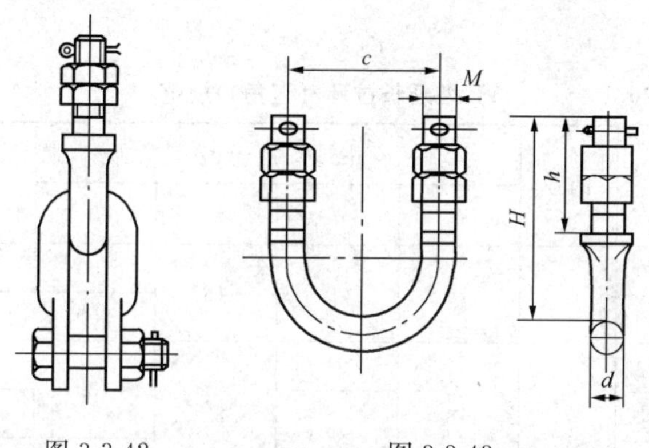

图 3-3-42　　图 3-3-43

表 3-3-25　　加强型（带缘台）U 形螺丝规范

型　号	图　号	主要尺寸（mm）					允许载荷（kN）			质量 (kg)
		c	*d*	*M*	*H*	*h*	*x* 向	*y* 向	*z* 向	
UJ—1880	3-3-43	80	18	18	105	50	24	7.4	47	0.9
UJ—2080			20	20	120	60	28	6.5	57	1.1
UJ—2280			22	22	127	65		10.8		1.4

5. 延长拉环

延长拉环由圆钢锻制而成，用于延长连接距离；拉环两端耳环成 90°角，还可用于转换连接方向。用延长拉环可使垂直排列分裂导线的上导线与下导线的耐张线夹错开，避免了上下两根导线的耐张线夹相碰或保持跳线的四根导线线束距离。

（1）YL 型延长拉环形状及规范如图 3-3-44 及表 3-3-26 所示。

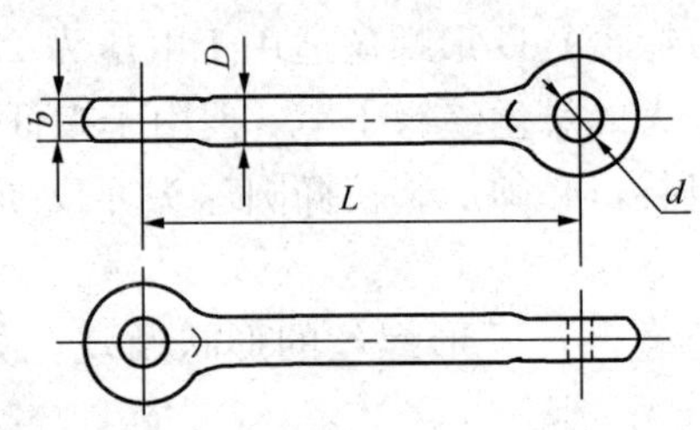

图 3-3-44

表 3-3-26　　YL 型延长拉环（直角）规范

<table>
<tr><th rowspan="2">型　号</th><th rowspan="2">图号</th><th colspan="4">主要尺寸（mm）</th><th rowspan="2">质量（kg）</th></tr>
<tr><th>b</th><th>d</th><th>D</th><th>L</th></tr>
<tr><td>YL—1040</td><td rowspan="10">3-3-44</td><td rowspan="2">16</td><td rowspan="2">20</td><td rowspan="2">18</td><td>400</td><td>1.1</td></tr>
<tr><td>YL—1050</td><td>500</td><td>1.4</td></tr>
<tr><td>YL—1243</td><td rowspan="3">18</td><td>24</td><td rowspan="3">22</td><td rowspan="2">430</td><td>1.6</td></tr>
<tr><td>YL—1643</td><td rowspan="4">26</td><td>1.6</td></tr>
<tr><td>YL—1657</td><td>570</td><td>2.7</td></tr>
<tr><td>YL—2140G</td><td rowspan="2">20</td><td rowspan="2">24</td><td>400</td><td>1.8</td></tr>
<tr><td>YL—2165G</td><td>650</td><td>2.4</td></tr>
<tr><td>YL—3236G</td><td rowspan="2">28</td><td rowspan="2">33</td><td rowspan="2">30</td><td>360</td><td>3.4</td></tr>
<tr><td>YL—3250G</td><td rowspan="2">500</td><td>4.2</td></tr>
<tr><td>YL—4250G</td><td>32</td><td>39</td><td>36</td><td>6.5</td></tr>
</table>

注　型号中字母 G—高强度。

（2）YLP型延长拉杆（水平）形状及规范见图3-3-45及表3-3-27。

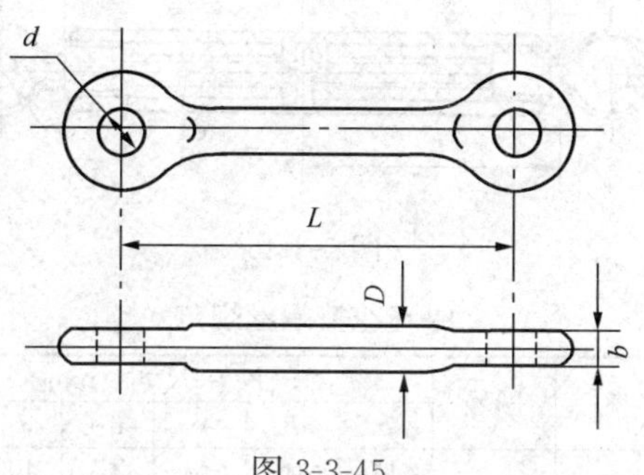

图3-3-45

表3-3-27　YLP型延长拉环（水平）规范

<table>
<tr><th rowspan="2">型　号</th><th rowspan="2">图　号</th><th colspan="4">主要尺寸（mm）</th><th rowspan="2">质量（kg）</th></tr>
<tr><th>b</th><th>d</th><th>D</th><th>L</th></tr>
<tr><td>YLP—1040</td><td rowspan="10">3-3-45</td><td rowspan="2">16</td><td rowspan="2">20</td><td rowspan="2">18</td><td>400</td><td>1.1</td></tr>
<tr><td>YLP—1050</td><td>500</td><td>1.4</td></tr>
<tr><td>YLP—1243</td><td rowspan="3">18</td><td>24</td><td rowspan="3">22</td><td rowspan="2">430</td><td>1.6</td></tr>
<tr><td>YLP—1643</td><td rowspan="2">26</td><td>1.6</td></tr>
<tr><td>YLP—1657</td><td>570</td><td>2.7</td></tr>
<tr><td>YLP—2140G</td><td rowspan="2">20</td><td rowspan="2">26</td><td rowspan="2">24</td><td>400</td><td>1.8</td></tr>
<tr><td>YLP—2165G</td><td>650</td><td>2.4</td></tr>
<tr><td>YLP—3236G</td><td rowspan="2">28</td><td rowspan="2">33</td><td rowspan="2">30</td><td>360</td><td>2.4</td></tr>
<tr><td>YLP—3250G</td><td rowspan="2">500</td><td>4.2</td></tr>
<tr><td>YLP—4250G</td><td>32</td><td>39</td><td>36</td><td>6.5</td></tr>
</table>

6. 花篮螺丝

花篮螺丝又名调节螺丝，由一套正牙及反牙的螺母、两个端头带有拉环的螺杆以及拉杆组成，在螺杆端部备有夹板，并以螺栓固定，以保证螺杆在运行中不致产生松动。

花篮螺丝分为平环、圆环两种。

平环花篮螺丝的形状及规范如图3-3-46及表3-3-28所示。

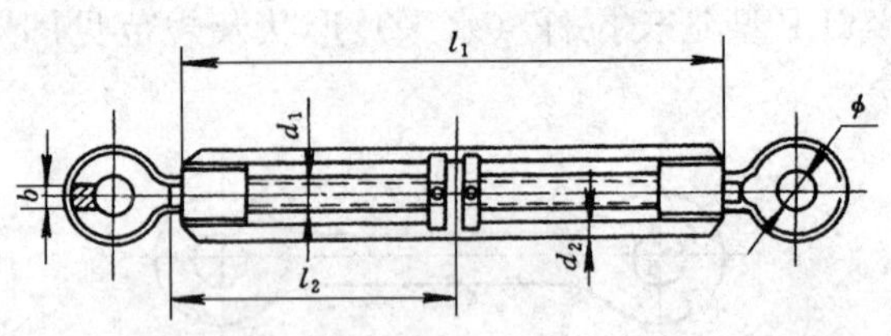

图 3-3-46

表 3-3-28　　平环花篮螺丝规范

型　号	图号	主要尺寸（mm）						质量
		b	d_1	ϕ	d_2	l_1	l_2	(kg)
LH—16A	3-3-46	14	16	18	12	400	205	2.10
LH—18A		16	18	21	16	480	250	3.38
LH—22A		18	22	24	16	500	260	4.72
LH—24A		21	24	27	18	520	270	7.35
LH—27A		22	27	30	18	530	275	7.60
LH—30A		24	30	32	18	550	285	8.56

圆环花篮螺丝的螺杆拉环一端环孔为平面，另一端环孔为圆形，以适应不同的安装条件，确保接触良好。圆环花篮螺丝形状及规范如图 3-3-47 及表 3-3-29 所示。

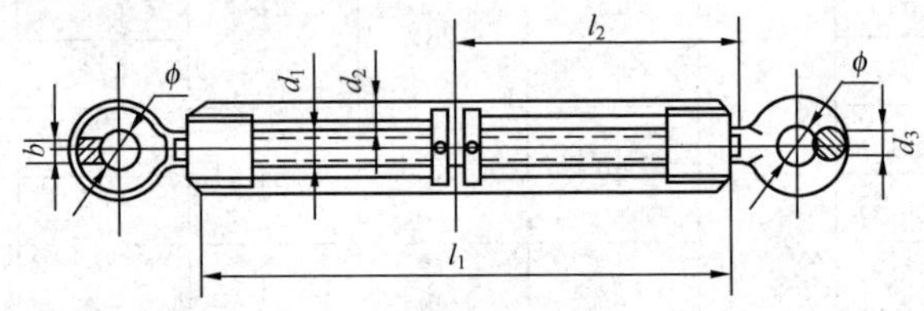

图 3-3-47

表 3-3-29　　圆环花篮螺丝规范

型　号	图号	主要尺寸（mm）							质量
		b	d_1	d_2	d_3	ϕ	l_1	l_2	(kg)
LH—16B	3-3-47	14	16	12	14	24	400	205	2.5
LH—18B		16	18	16	16	26	480	250	3.5
LH—22B		18	22	16	20	29	500	260	4.9
LH—24B		21	24	18	22	32	520	270	7.5
LH—27B		22	27	18	25	38	530	275	8.0
LH—30B		24	30	18	27	44	550	285	9.0

四、板—板系列连接金具

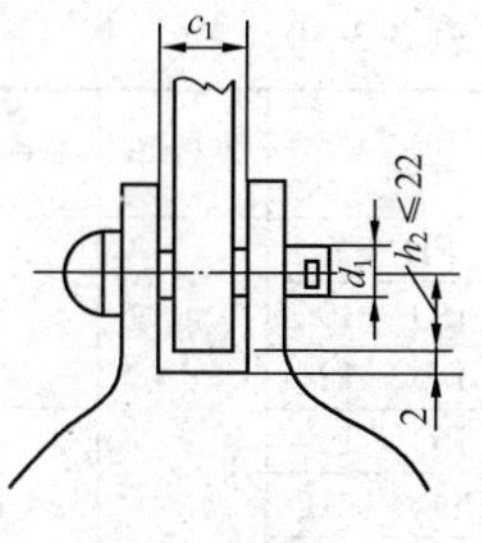

图 3-3-48

板—板连接是连接金具普遍使用的简单结构形式。对盘形悬式绝缘子使用的板-板系列连接金具是双腿槽型与单腿扁脚的结构。对槽型绝缘子使用的板-板系列连接金具的扁脚中心至底边尺寸 h_2 不应大于 22mm，见图 3-3-48。

板—板系列连接金具，主要包括平行挂板、直角挂板、U形挂板、联板、牵引板、调整板、十字挂板、联板支撑等。板—板系列连接金具多数采用中厚钢板以冲压、剪割工艺制成，一般情况下不宜采用铸造加工工艺。

1. 平行挂板

平行挂板用于单板与单板及单板与双板的连接，仅能改变组装件长度，而不能改变连接方向。平行挂板多采用中厚钢板以冲压和剪割工艺制成。定型的平行挂板分为单板平行挂板、双板平行挂板及单板转换双板的平行挂板。

(1) 单板平行挂板。单板平行挂板多用于与楔型线夹配套组装，将楔型线夹固定在杆塔包箍法兰上或与双板平行挂板组装以增加连接长度。单板平行挂板形状与规范如图 3-3-49 及表 3-3-30 所示。

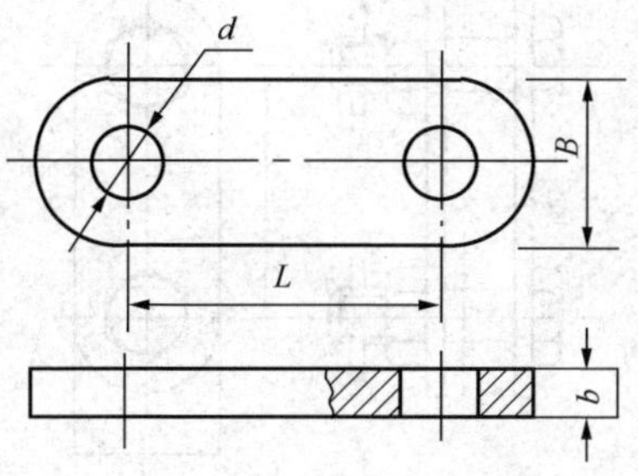

图 3-3-49

表 3-3-30　　单板平行挂板规范

型　号	图　号	主要尺寸（mm）				质量
		b	d	L	B	(kg)
PD—7	3-3-49	16	18	70	40	0.5
PD—10			20	80	45	0.7
PD—12			22	100	50	1.1
PD—16		18	26	130	70	1.4
PD—1612				120		2.0
PD—1614				140		2.0
PD—21G		20	26	110	70	2.1
PD—2114G				140		2.5
PD—32G		28	33	150	80	4.7
PD—3212G				120		3.8
PD—3214G				140		4.4
PD—4212G		32	39	120	90	2.5
PD—4215G				150		3.5
PD—5513G		34	45	130	100	7.0
PD—6418G		36		180	110	8.4
PD—8423G			51	230	120	10.0

（2）双板平行挂板。双板平行挂板用于与槽型绝缘子组装、转角塔耐张绝缘子串延长长度及与其他金具连接。210kN及300kN级的各种不同长度的双板平行挂板用于500kV线路的耐张及转角绝缘子串以增加串长。

1）双板平行挂板形状及规范如图3-3-50及表3-3-31所示。

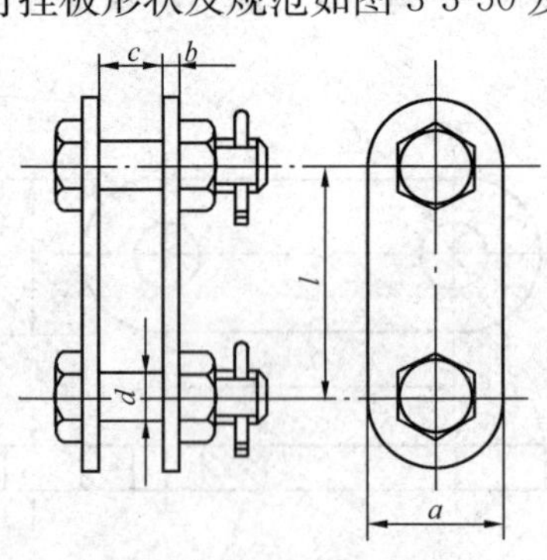

图 3-3-50

表 3-3-31　　双板平行挂板规范

型号	图号	主要尺寸 (mm)					质量 (kg)
		a	b	c	d	l	
P—7	3-3-50	40	6	18	16	70	0.60
P—10	3-3-50	45	8	20	18	80	0.85
P—12	3-3-50	50	10	24	22	90	1.52
P—16	3-3-50	60	12	26	24	100	2.42
P—21	3-3-50	70	14	30	27	120	4.09
P—30	3-3-50	80	16	38	36	120	4.74
P—2118	3-3-50	70	14	30	27	180	5.1
P—2124	3-3-50	70	14	30	27	240	6.0
P—2130	3-3-50	70	14	30	27	300	6.9
P—2136	3-3-50	70	14	30	27	360	7.8
P—2142	3-3-50	70	14	30	27	420	8.7
P—2148	3-3-50	70	14	30	27	480	9.7
P—2154	3-3-50	70	14	30	27	540	10.6
P—3018	3-3-50	80	16	38	36	180	6.1
P—3024	3-3-50	80	16	38	36	240	7.3
P—3030	3-3-50	80	16	38	36	300	8.4
P—3036	3-3-50	80	16	38	36	360	9.1
P—3042	3-3-50	80	16	38	36	420	10.9
P—3048	3-3-50	80	16	38	36	480	12.1
P—3054	3-3-50	80	16	38	36	540	13.3
P—50	3-3-50	95	18	44	42	200	5.55
P—5026	3-3-50	95	18	44	42	260	9.03
P—5032	3-3-50	95	18	44	42	320	10.72
P—5038	3-3-50	95	18	44	42	380	12.40
P—5044	3-3-50	95	18	44	42	440	14.09
P—5050	3-3-50	95	18	44	42	500	15.77
P—5056	3-3-50	95	18	44	42	560	17.46
P—5062	3-3-50	95	18	44	42	620	19.14

2）双板平行挂板（高强度）形状及规范见图 3-3-51 及表 3-3-32。

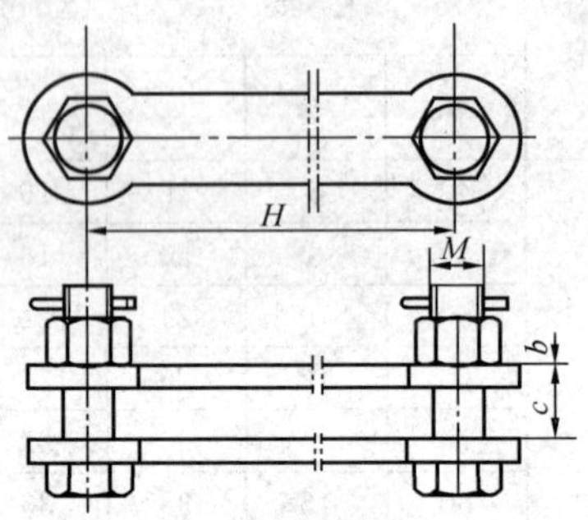

图 3-3-51

表 3-3-32　　双板平行挂板（高强度）规范

型　号	图　号	主要尺寸（mm）				质量
		b	c	M	H	(kg)
P—1615G	3-3-51	10	22	24	150	3.6
P—1621G					210	5.0
P—1627G					270	6.5
P—1633G					330	7.9
P—1639G					390	9.4
P—1645G					450	10.8
P—1651G					510	12.2
P—2118G		12	24	24	180	5.5
P—2124G					240	7.1
P—2130G					300	8.5
P—2136G					360	9.8
P—2142G					420	11.2
P—2148G					480	12.7
P—2154G					540	14.0
P—3224G		14	32	30	240	5.6
P—3230G					300	7.3
P—3236G					360	9.1
P—3242G					420	11.0
P—3248G					480	12.7
P—3254G					540	14.6
P—3260G					600	16.4

续表

型　号	图 号	主要尺寸（mm）				质量 (kg)
		b	c	M	H	
P—4226G	3-3-51	16	36	36	260	11.2
P—4232G					320	13.7
P—4238G					380	16.3
P—4244G					440	19.0
P—4250G					500	21.5
P—4256G					560	24.0
P—4262G					620	36.7
P—6426G		18	40	42	260	18.2
P—6432G					320	23.6
P—6438G					380	26.6
P—6444G					440	30.8
P—6450G					500	34.3
P—6456G					560	35.1
P—6462G					620	44.2
P—8426G		20	40	48	260	22.4
P—8432G					320	27.5
P—8438G					380	32.7
P—8444G					440	37.9
P—8450G					500	43.0
P—8456G					560	48.0
P—8462G					620	53.3

注　型号中字母，G—高强度。

（3）三腿平行挂板。三腿平行挂板用于双板与单板的过渡连接和槽型绝缘子耐张串与耐张线夹的连接，悬挂悬重锤的挂架的加长亦使用三腿平行挂板。三腿平行挂板形状及规范如图 3-3-52 及表 3-3-33 所示。

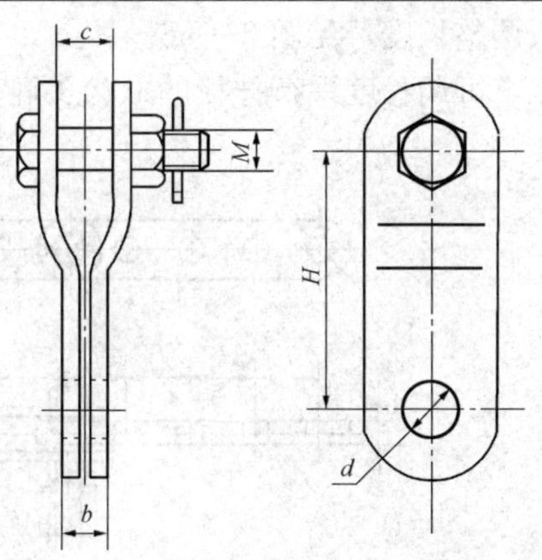

图 3-3-52

表 3-3-33　　　　三腿平行挂板规范

型　号	图　号	主要尺寸（mm）					质量 (kg)
		b	c	d	H	M	
PS—7	3-3-52	16	18	20	90	16	0.6
PS—10		20	20			18	0.8
PS—12				24	95	22	1.5
PS—16		24	26	26	160	24	2.2
PS—30		32	38	39	150	36	5.9
PS—40		40	44	45	120	42	5.9
PS—16G		20	22	26	90	24	1.7
PS—32G		28	32	33	140	30	4.2

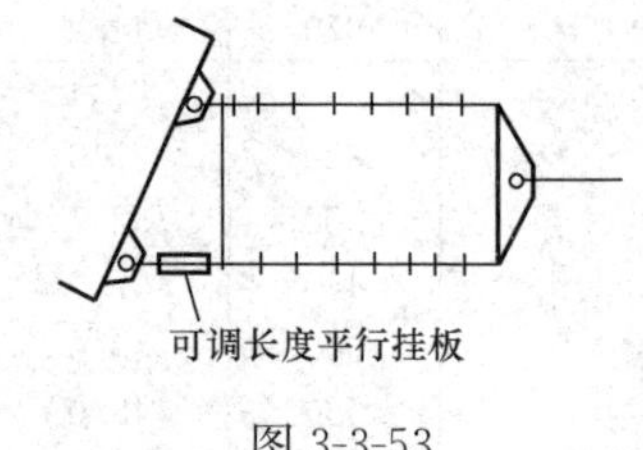

图 3-3-53

（4）可调长度平行挂板。可调长度平行挂板专供双联转角绝缘子串及耐张绝缘子串使用。使用时，根据转角塔转角度数计算出固定绝缘子串的两悬挂点距离，对其中一串应加可调长度平行挂板调整长度，见图 3-3-53。

可调长度平行挂板的形状及规范见图 3-3-54 及表 3-3-34。

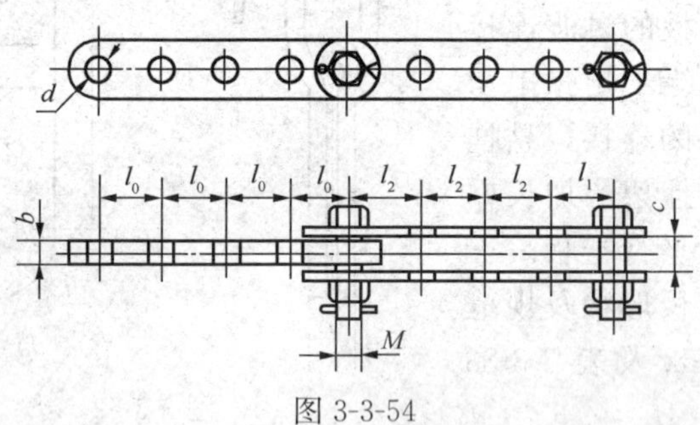

图 3-3-54

表 3-3-34　　可调长度平行挂板规范

<table>
<tr><th rowspan="2">型　号</th><th rowspan="2">图号</th><th colspan="8">主要尺寸（mm）</th><th>质量</th></tr>
<tr><th>b</th><th>c</th><th>d</th><th>l_0</th><th>l_1</th><th>l_2</th><th>M</th><th>调节范围（mm）</th><th>（kg）</th></tr>
<tr><td>PT—7</td><td rowspan="10">3-3-54</td><td rowspan="3">16</td><td>18</td><td>18</td><td>45</td><td>60</td><td>45</td><td>16</td><td>225～345</td><td>2.0</td></tr>
<tr><td>PT—10</td><td>20</td><td>20</td><td>50</td><td>65</td><td>50</td><td>18</td><td>250～390</td><td>3.0</td></tr>
<tr><td>PT—12</td><td>24</td><td>24</td><td>60</td><td>75</td><td>60</td><td>22</td><td>300～465</td><td>5.3</td></tr>
<tr><td>PT—16</td><td>18</td><td>26</td><td>26</td><td>65</td><td>80</td><td>65</td><td>24</td><td>325～505</td><td>7.0</td></tr>
<tr><td>PT—21G</td><td>26</td><td>30</td><td>30</td><td>70</td><td>90</td><td>70</td><td>24</td><td>350～550</td><td>10.1</td></tr>
<tr><td>PT—25G</td><td>30</td><td>34</td><td rowspan="2">33</td><td rowspan="3">80</td><td>110</td><td rowspan="3">80</td><td>27</td><td>410～590</td><td>14.9</td></tr>
<tr><td>PT—32G</td><td>28</td><td>32</td><td>120</td><td>30</td><td>270～500</td><td>13.3</td></tr>
<tr><td>PT—42G</td><td>32</td><td>36</td><td>39</td><td>135</td><td>36</td><td>545～945</td><td>28.0</td></tr>
<tr><td>PT—64G</td><td rowspan="2">36</td><td>42</td><td>45</td><td>90</td><td rowspan="2">145</td><td>90</td><td>42</td><td>820～1390</td><td>49.7</td></tr>
<tr><td>PT—84G</td><td>44</td><td>51</td><td>90</td><td>90</td><td>48</td><td>820～1390</td><td>57.6</td></tr>
</table>

2. 直角挂板

直角挂板是一种改变连接方向的转向连接金具，由于其连接方向互成直角，因此变换灵活，适应性强。直角挂板一般采用中厚钢板经冲压弯曲而成根据结构特点直角挂板可采用钢板进行加工，对于载荷等级较大的直角挂板可采用球墨铸铁或铸钢制造，但不允许采用可锻铸铁铸造。直角挂板可分为三腿直角挂板和四腿直角挂板两种。

(1) 三腿直角挂板。三腿直角挂板的一端与单板相接，另一端与双板金具相接。

1) ZS 型三腿直角挂板的形状与规范如图 3-3-55 及表 3-3-35 所示。

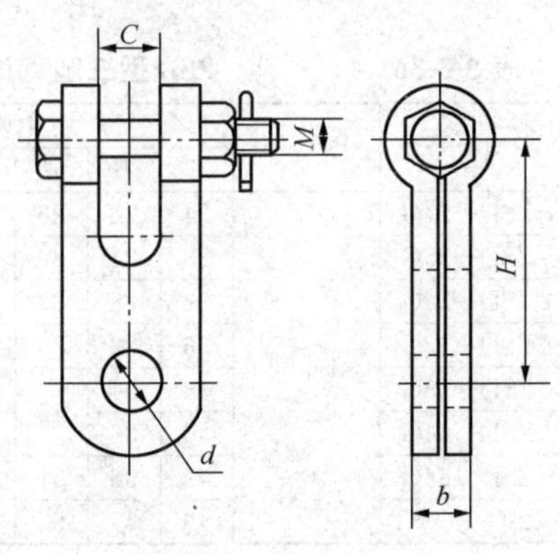

图 3-3-55

表 3-3-35　　**ZS 型三腿直角挂板规范**

型　号	图　号	主要尺寸（mm）					质量 (kg)
		b	*C*	*d*	*H*	*M*	
ZS—665	3-3-55	22	20	20	65	16	0.7
ZS—7		16	18		60		0.8
ZS—10		18	20		80	18	0.9
ZS—12		22	22	24		22	1.0
ZS—16		26	26	26	90	24	1.9
ZS—30		34	38	39	150	36	5.4

2）ZSD 型三腿直角挂板形状及规范见图 3-3-56 及表 3-3-36。

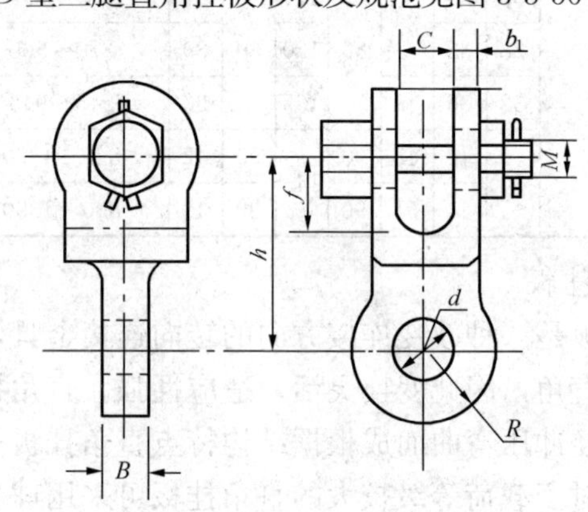

图 3-3-56

表 3-3-36　　**ZSD 型三腿直角挂板规范**

型　号	图　号	主要尺寸（mm）								质量 (kg)
		C	*B*	*d*	b_1	*h*	*f*	*M*	*R*	
ZSD—21G	3-3-56	24	20	26	14	110	45	24	30	2.8
ZSD—25G		28	24	30	16	130	55	27	35	3.2
ZSD—32G		32	28	33	18	140	60	30	40	5.0
ZSD—42G		36	32	39	22	160	70	36	45	7.1
ZSD—55G		38	34	45	24	170	75	42	50	12.0
ZSD—64G		40	36		24					15.6
ZSD—84G		42	38	51	26	190	85	48	55	16.3
ZSD—110G		49	45	55	30	210	95	52	60	19.5

注　整锻。型号中字母 G—高强度。

3）ZST 型三腿直角挂板形状及规范见图 3-3-57 及表 3-3-37。

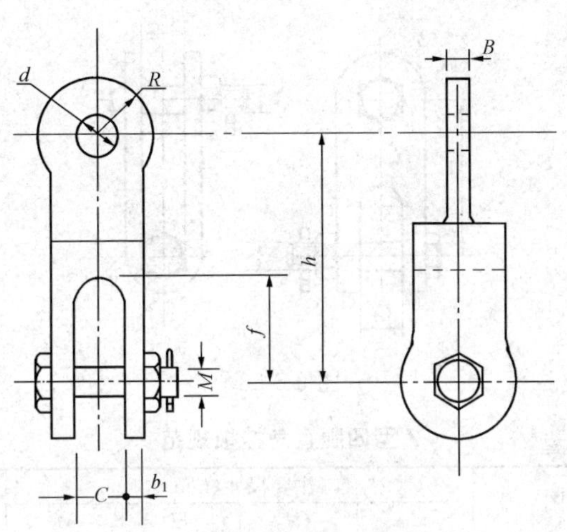

图 3-3-57

表 3-3-37　　　**ZST 型三腿直角挂板规范**

型　号	图　号	主要尺寸(mm)								质量(kg)
		C	B	d	b_1	f	h	M	R	
ZST—2113G	3-3-57	24	20	26	10	55	130	24	45	5.4
ZST—2515G		28	24	30	12	65	150	27	50	6.2
ZST—3216G		32	28	33	14	70	160	30	55	8.0
ZST—4218G		36	32	39	16	80	180	36	65	9.6
ZST—5520G		36	34	45	16	90	200	42	75	17.0
ZST—6422G		40	36	45	18	95	220	42	80	20.0
ZST—8424G		45	38	51	18	105	240	48	85	21.0

注　ZST 型直角挂板适用于不焊套筒的联板垂直连接。

（2）四腿直角挂板。四腿直角挂板用于连接互成直角的单板，它可以直接与杆塔横担相连，作为绝缘子串的首件，亦可用于连接绝缘子及其他改变连接方向的任何连接。

1）用钢板制造的乙型四腿直角挂板形状及规范如图 3-3-58 及表 3-3-38 所示。

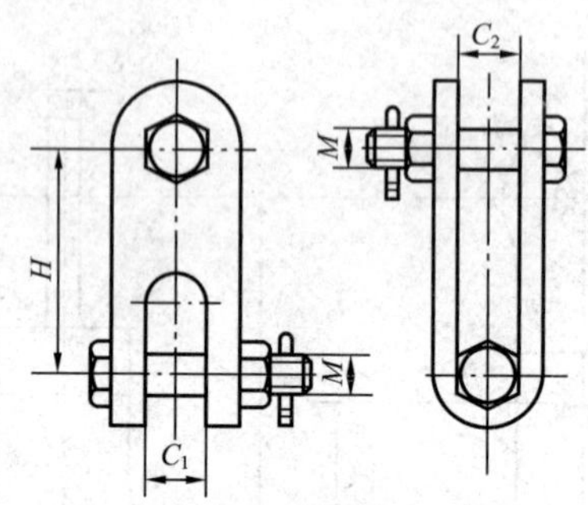

图 3-3-58

表 3-3-38　　　　Z 型四腿直角挂板规范

型　号	图　号	主要尺寸(mm)				质量(kg)
		C_1	C_2	H	M	
Z—7	3-3-58	18	18	80	16	0.6
Z—10		20	20		18	0.8
Z—12		24	24	100	22	1.3
Z—16		26	26		24	2.5
Z—21		30	30	120	27	3.5
Z—25		33	33		30	4.4

2）ZD 型四腿直角挂板形状及规范见图 3-3-59 及表 3-3-39。

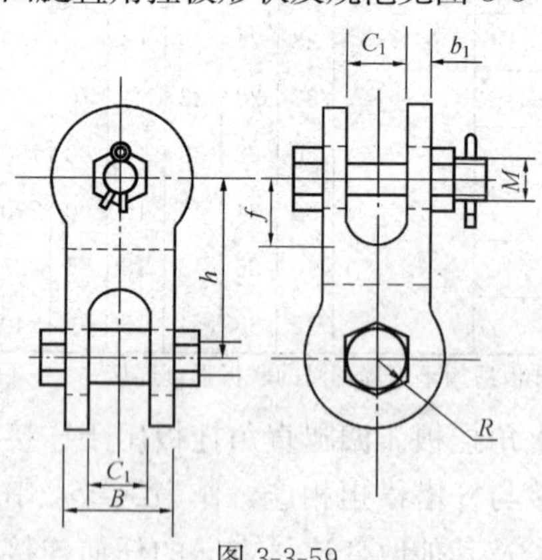

图 3-3-59

表 3-3-39　　　　　**ZD 型四腿直角挂板规范**

<table>
<tr><th rowspan="2">型　号</th><th rowspan="2">图号</th><th colspan="7">主要尺寸(mm)</th><th rowspan="2">质量(kg)</th></tr>
<tr><th>C_1</th><th>B</th><th>b_1</th><th>h</th><th>f</th><th>R</th><th>M</th></tr>
<tr><td>ZD—21G</td><td rowspan="8">3-3-59</td><td>24</td><td>52</td><td>14</td><td>110</td><td>45</td><td>30</td><td>24</td><td>3.5</td></tr>
<tr><td>ZD—25G</td><td>28</td><td>60</td><td>16</td><td>130</td><td>55</td><td>35</td><td>27</td><td>3.8</td></tr>
<tr><td>ZD—32G</td><td>32</td><td>68</td><td>18</td><td>140</td><td>60</td><td>40</td><td>30</td><td>7.2</td></tr>
<tr><td>ZD—42G</td><td>36</td><td>80</td><td>22</td><td>160</td><td>70</td><td>45</td><td>36</td><td>8.4</td></tr>
<tr><td>ZD—55G</td><td>38</td><td>86</td><td rowspan="2">24</td><td rowspan="2">170</td><td rowspan="2">75</td><td rowspan="2">50</td><td rowspan="2">42</td><td>15.0</td></tr>
<tr><td>ZD—64G</td><td>40</td><td>88</td><td>19.4</td></tr>
<tr><td>ZD—84G</td><td>42</td><td>94</td><td>26</td><td>190</td><td>85</td><td>55</td><td>48</td><td>19.8</td></tr>
<tr><td>ZD—110G</td><td>50</td><td>110</td><td>30</td><td>210</td><td>95</td><td>60</td><td>52</td><td>21.0</td></tr>
</table>

注　整锻。配紧固件。型号中字母 G—高强度。

(3) 异载荷直角挂板形状及规范见图 3-3-60 及表 3-3-40。

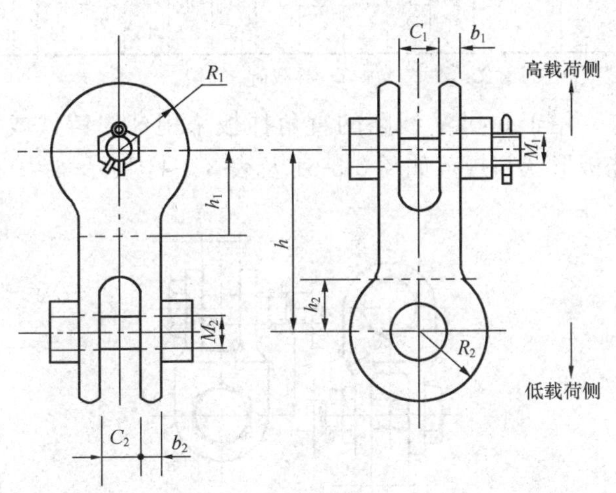

图 3-3-60

表 3-3-40　　异载荷直角挂板规范

型号	图号	主要尺寸（mm）											质量（kg）
		高载荷侧					低载荷侧					h	
		b_1	C_1	h_1	R_1	M_1	b_2	C_2	h_2	R_2	M_2		
ZY—84/64	3-3-60	18	40	85	65	48	18	40	75	56	42	190	20.8
ZY—84/55							18	38	75	56	42	180	19.8
ZY—84/42							16	36	65	50	36	180	18.0
ZY—84/32							16	32	55	42	30	170	17.7
ZY—64/55		18	40	75	56	42	18	38	75	56	42	170	20.5
ZY—64/42							16	36	65	50	36	160	19.4
ZY—64/32							14	32	55	42	30	150	18.2
ZY—55/42		18	38	75	56	42	16	36	65	50	36	160	15.0
ZY—55/32							14	32	55	42	30	150	14.1
ZY—55/25							12	28	50	38	27	140	14.0
ZY—42/32		16	36	65	50	36	14	32	55	42	30	140	7.8
ZY—42/25							12	28	50	38	27	140	7.6
ZY—42/21							10	24	45	32	24	130	7.4
ZY—32/25		14	32	55	42	30	12	28	50	38	27	130	6.7
ZY—32/21							10	24	45	32	24	130	6.5
ZY—32/16							9	22	45	32	24	120	6.2

注　型号中字母意义：Z—直角；Y—异载荷。整锻。

（4）用于 500kV 线路的直角挂板采用球墨铸铁或铸钢制造，挂板形状与规范如图 3-3-61 及表 3-3-41 所示。

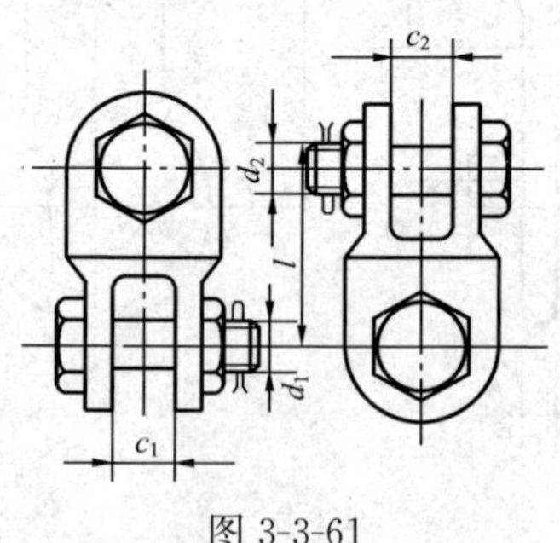

图 3-3-61

表 3-3-41　　直角挂板（用于 500kV）规范

型号	图号	主要尺寸（mm）					质量（kg）
		c_1	c_2	d_1	d_2	l	
Z1—25	3-3-61	34	34	30	30	110	3.75

3. U 形挂板

U 形挂板用于将悬垂绝缘子串或耐张绝缘子串与杆塔横担连接。

悬垂绝缘子串与杆塔串子的连接采用 U 形挂板时，顺线路方向转动灵活，风偏时，摆动中心移至挂板下端螺栓中心，从而可避免第一片绝缘子瓷裙与杆塔横担相碰。正确的安装方法如图 3-3-62 所示。

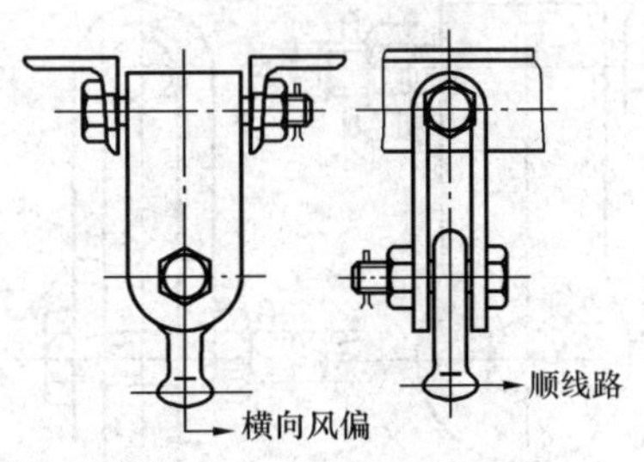

图 3-3-62

（1）UB 型 U 形挂板形状及规范见图 3-3-63 及表 3-3-42。

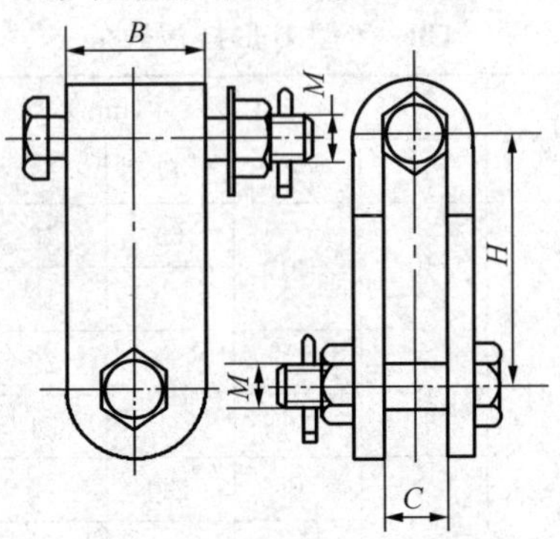

图 3-3-63

表 3-3-42　　UB 型 U 形挂板规范

型　号	图　号	主要尺寸（mm）				质　量 (kg)
		B	C	H	M	
UB—7	3-3-63	45	18	70	16	0.8
UB—10			20	80	18	1.1
UB—12		60	24	100	20	2.8
UB—16			26	100	24	2.9
UB—21		70	30	120	27	4.6
UB—30			39	150	36	5.0

（2）UB—T 型 U 形挂板形状及规范见图 3-3-64 及表 3-3-43。

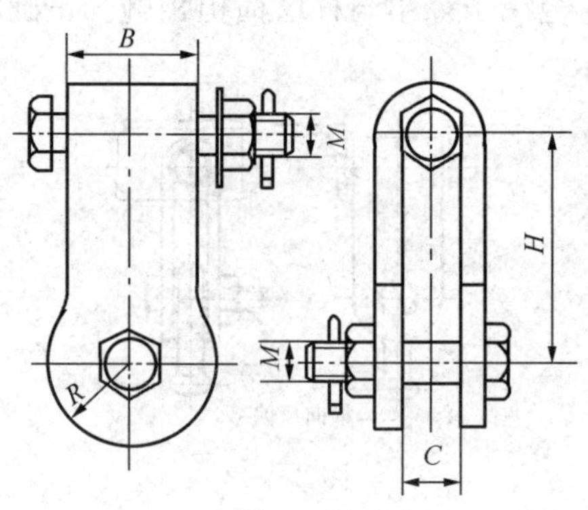

图 3-3-64

表 3-3-43　　UB—T 型 U 形挂板规范

型号	图号	主要尺寸(mm)					质量 (kg)
		B	C	H	M	R	
UB—7T	3-3-64	40	20	65	16	22	0.9
UB—10T				70	18	24	1.2
UB—12T		45	24	100	22	30	2.5
UB—16T			26		24	32	3.0
UB—21T		60	30	120	27	36	3.5
UB—30T			40	150	36	46	4.3

(3) UBR 型 U 形挂板形状及规格见图 3-3-65 及表3-3-44。

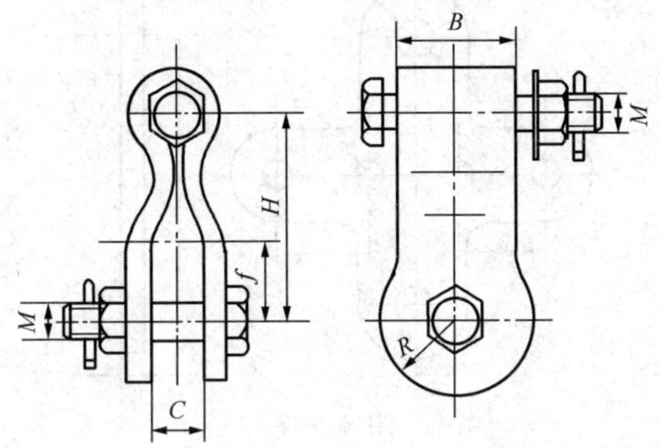

图 3-3-65

表 3-3-44 **UBR 型 U 形挂板规格**

型号	图号	主要尺寸(mm)						质量(kg)
		B	C	H	f	M	R	
UBR—10	3-3-65	40	20	100	26	18	24	1.1
UBR—12		45	24	100	32	22	30	1.3
UBR—16G		50	26	120	31	24	32	1.9
UBR—21G		60	30	130	35	24	32	2.5
UBR—25G		60	33	150	38	30	38	3.2

4. 十字挂板

十字挂板是用于在变电所单联耐张或悬垂绝缘子串上安装均压屏蔽环的特殊挂板，如图 3-3-66 所示。

十字挂板的形状及规范如图 3-3-67 及表 3-3-45 所示。

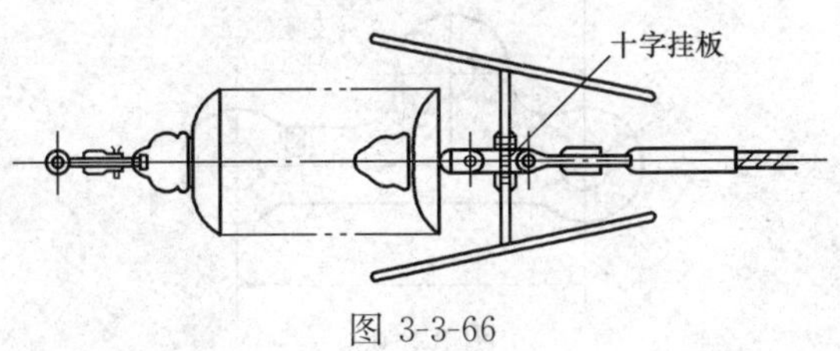

图 3-3-66

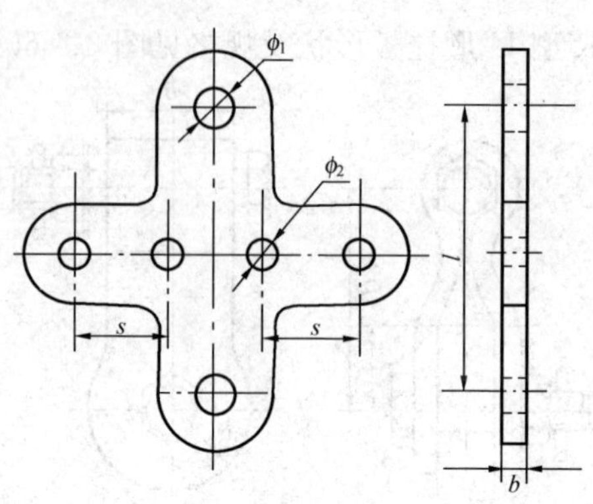

图 3-3-67

表 3-3-45　　十字挂板规范

型　号	图　号	主　要　尺　寸　(mm)					质　量 (kg)
		b	ϕ_1	ϕ_2	l	s	
SZ—9	3-3-67	16	20	18	120	80	1.4
SZ—16		18	26	18	120	80	1.9

5. 牵引板

牵引板串联于耐张绝缘子串与横担固定端的其他连接金具组装中，供在紧线时牵引耐张绝缘子串使用，见图 3-3-68。

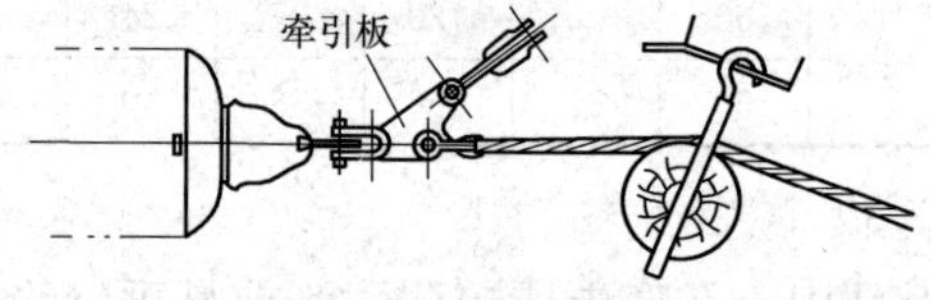

图 3-3-68

牵引板的形状及规范如图 3-3-69 及表 3-3-46 所示。

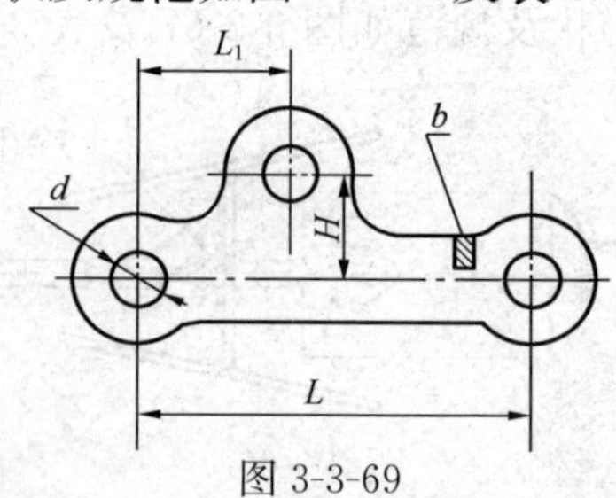

图 3-3-69

表 3-3-46　　　　　　　　　　**牵引板规范**

型号	图号	主要尺寸（mm）					质量（kg）
		b	d	H	L_1	L	
QY—7			18	22	38	100	0.8
QY—10		16	20	25	42	120	1.0
QY—12			24	30	52	150	1.5
QY—16		18	26	35	55	180	2.1
QY—21G		20	26	45	75	200	2.8
QY—32G	3-3-69	28	33	57	95		7.5
QY—42G		32	39	70	100		8.4
QY—55G		34	45	80	115	260	10.5
QY—64G		36		80			12.5
QY—84G		36	51	90	120		14.3

6. 调整板

调整板是一块多孔的且孔距不同的钢板，串联于绝缘子串的连接金具中，以调整双联并联绝缘子串长度；串联于分裂导线的耐张绝缘子串的连接金具与耐张线夹之间，以调整两根分裂导线的弛度。

调整板的形状及规范如图 3-3-70 及表 3-3-47 所示。

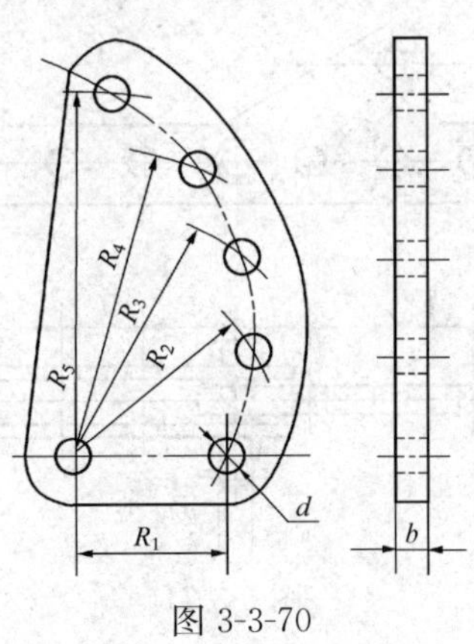

图 3-3-70

表 3-3-47　　调整板规范

型　号	图号	主要尺寸(mm)							质量(kg)
		b	d	R_1	R_2	R_3	R_4	R_5	
DB—7	3-3-70	16	18	70	95	120	145	170	1.7
DB—10			20	80	110	140	170	200	2.7
DB—12			24	100	135	170	205	240	4.0
DB—16		18	26	110	125	140	155	170	4.5
DB—21		26	30	120	135	150	165	180	7.4
DB—25		30	33						11.0
DB—30		32	39		140	160	180	200	22.5
DB—21G		20	26	120	150	165	195	210	6.8
DB—25G		24	30	120	135	150	165	180	7.0
DB—32G		28	33	120	140	160	180	200	11.9
DB—42G		32	39	140	185	230	275	320	16.5
DB—55G		34	45	140	185	230	295	320	18.2
DB—64G		36	45	135	160	185	210	235	19.4
DB—84G		36	51	140	170	200	230	260	24.8

7. 牵引调整板

牵引调整板形状及规范见图 3-3-71 及表 3-3-48。

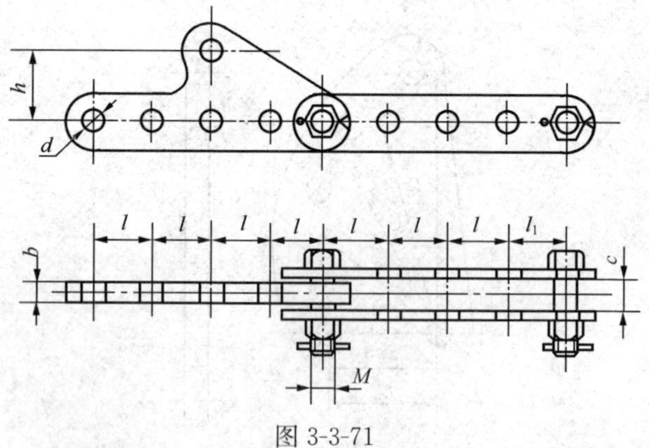

图 3-3-71

表 3-3-48　　　　　　　　牵引调整板规范

型　号	图号	主要尺寸(mm)							可调尺寸范围(mm)	质量(kg)
		l	l_1	M	b	h	c	d		
PQT—7	3-3-71	45	60	16	16	22	18	18	240～375	2.18
PQT—10		50	65	18		25	20	20	265～415	3.12
PQT—12		60	75	22		30	24	24	315～495	5.27
PQT—16		65	80	24	18	35	26	26	340～515	7.03
PQT—21		70	90	27	26	45	30	30	370～580	10.05
PQT—30		80	100	36	32	57	38	39	420～660	18.38
PQT—21G		70	80	24	26	45	24	26	360～570	8.8
PQT—32G		80	100	30	28	57	32	33	420～660	13.1
PQT—42G			110	36	32	70	36	39	430～670	16.8
PQT—64G		90	130	42	36	80	42	45	490～760	32.0
PQT—84G			140	48		90	44	51	500～770	41.5

8. 悬垂挂轴

悬垂挂轴形状及规范见图 3-3-72 及表 3-3-49。

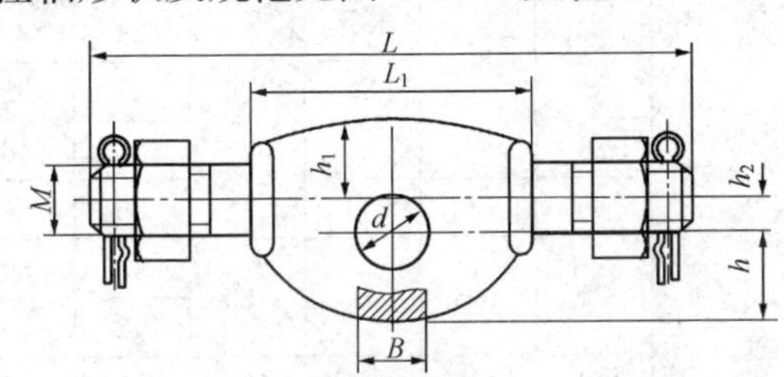

图 3-3-72

表 3-3-49　　　　　　　　悬垂挂轴规范

型号	图号	主要尺寸(mm)								质量(kg)
		B	d	h	h_1	h_2	M	L_1	L	
GD—16G	3-3-72	18	26	32	35	12	24	112	240	2.0
GD—21G		20		34					230	2.3
GD—25G		24	30	38			27		240	2.8
GD—32G		28	33	42			30			3.6
GD—42G		32	39	50			36	130	278	4.2
GD—55G		34	45	55	50		42			4.4
GD—64G		36		60			42	136	308	6.5
GD—84G			51	65	70		48	170	376	11.5

242

9. 挂点金具

挂点金具形状及规范见图 3-3-73 及表 3-3-50。

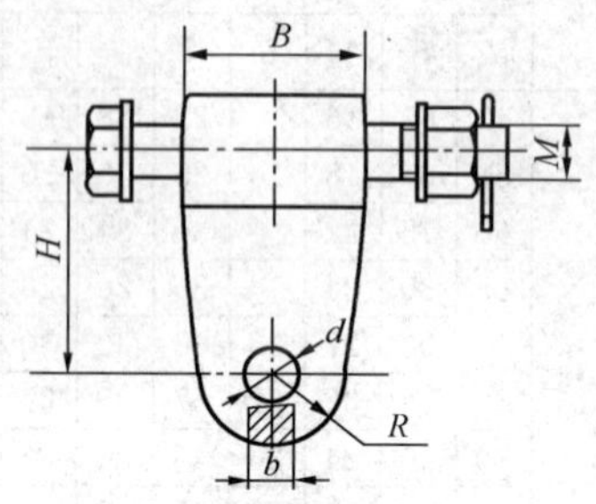

图 3-3-73

表 3-3-50　　挂点金具规范

型　号	图号	主　要　尺　寸（mm）						质量 (kg)
		b	B	d	H	M	R	
GR—16G	3-3-73	18	80	26	100	24	32	2.5
GR—21G		20				24	32	3.3
GR—25G				30		27	38	4.0
GR—32G		26		33		30	40	4.2
GR—42G		30	86	39		36	50	6.0
GR—55G		34	116	45	125	42	50	8.1
GR—64G						42	56	10.4
GR—84G		36	136	51	180	48	65	18.0

10. 耐张联板支撑架（四分裂）

耐张联板支撑架（四分裂）形状及规范见图 3-3-74 及表 3-3-51。

表 3-3-51　　耐张联板支撑架（四分裂）规范

型　号	图　号	主　要　尺　寸（mm）							质量 (kg)
		d	B	h	H	L	S	S_1	
ZCJ—45/100	3-3-74	18	120	100	270	432	60	60	10.5
ZCJ—50/100									13.5
ZCJ—45/245				245	415				23.5
ZCJ—50/150		26	160	150	370	480	80	80	19.5

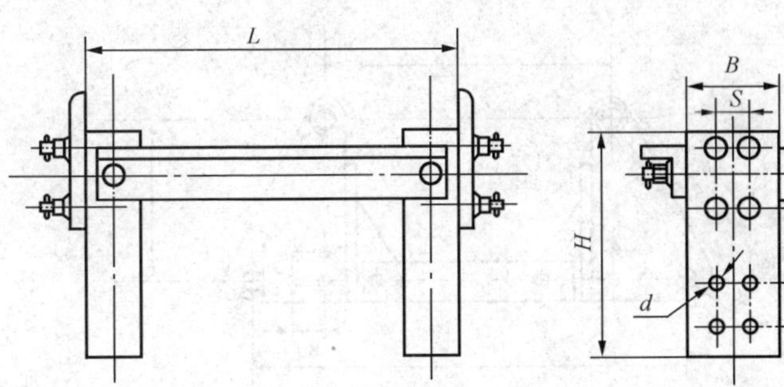

图 3-3-74

11. 联板支撑

500kV 线路双联耐张绝缘子串分别固定于杆塔横担上，两串绝缘子串之间无联板连接，每串绝缘子分别与横担固定后，以联板支撑保持两串绝缘子串间的距离。

（1）联板支撑形状和规范如图 3-3-75 及表 3-3-52 所示。

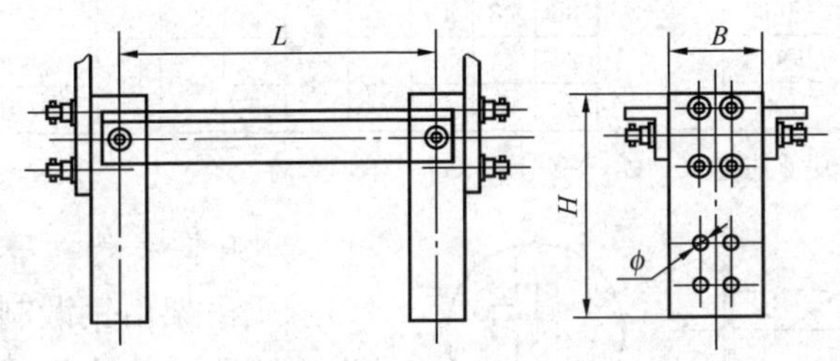

图 3-3-75

表 3-3-52　　联板支撑规范

型　号	图　号	主要尺寸（mm）				质量 (kg)
		L	B	H	ϕ	
ZCJ—45	3-3-75	370	126	300	18	10.5

（2）六分裂（一变三）耐张联板支撑形状及规范见图 3-7-76 及表 3-3-53。

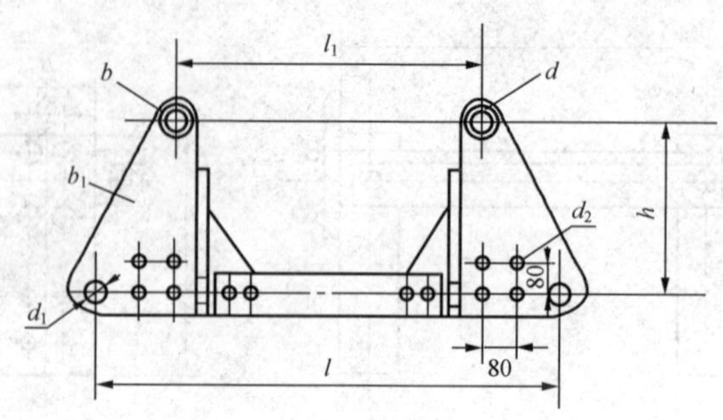

图 3-3-76

表 3-3-53　　六分裂（一变三）耐张联板支撑规范

型号	图号	主要尺寸（mm）								破坏载荷 (kN)	质量 (kg)
		b	b_1	d	d_1	d_2	h	l_1	l		
L6—3250—75	3-3-76	28	18	33	20	18	350	500	750	2-320	
L6—4250—75		32	20	36	26					2-420	
L6—8460—90G		32	20	39	26	18	450	600	900	2-420	
L6—11060—90G		34	24	45			500			2-550	
L6—12860—90G		36	28	45			550			2-640	
L6—8460—90GT		24	24	39	26	18	450	600	900	2-420	
L6—12860—90GT		28	28	45			550			2-640	

注　型号中字母意义：G—高强度；GT—不焊套筒。

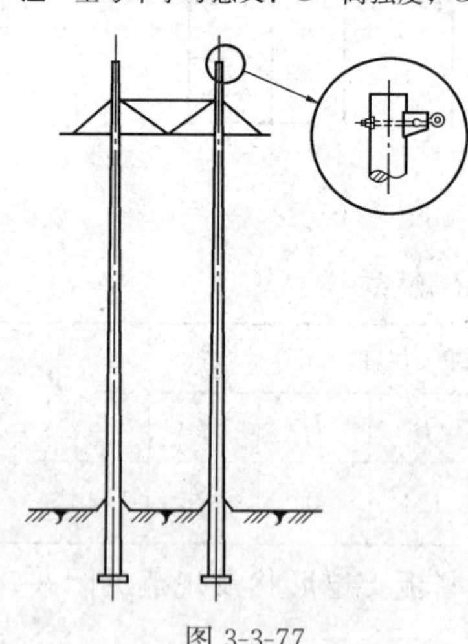

图 3-3-77

12. 避雷线悬垂吊架

悬垂吊架由钢锻制的吊杆及生铁铸造的垫块组成。它用于 ϕ190mm、ϕ230mm 锥形钢筋混凝土电杆及 ϕ300mm、ϕ400mm 等径电杆上吊挂避雷线悬垂线夹，如图 3-3-77 所示。

避雷线悬垂吊架形状及规范如图 3-3-78 及表 3-3-54 所示。

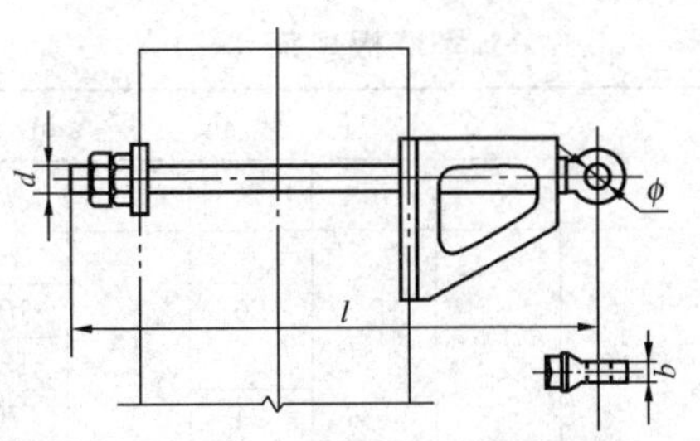

图 3-3-78

表 3-3-54　　避雷线悬垂吊架规范

型　号	图号	适用钢筋混凝土电杆规格	主要尺寸（mm）				质 量 (kg)
			b	d	ϕ	l	
DJ—1839	3-3-78	ϕ190mm 锥形杆	16	18	18	390	4.30
DJ—2244		ϕ230mm 锥形杆	16	22	22	440	4.80
DJ—2451		ϕ300mm 等径杆	16	24	24	510	5.30
DJ—2762		ϕ400mm 等径杆	16	27	28	620	7.10

13. 联板

联板用于双联绝缘子串及多联绝缘子串的并联组装，绝缘子串与两根导线及多根导线的组装，双根拉线的组装等。根据使用条件，联板分为以下数种：

（1）L 型联板：

1）用于双联耐张绝缘子串与单导线组装（见图 3-3-79），单串绝缘子与两根分裂导线组装的 L 型联板。L 型联板形状及规范如图 3-3-80 及表 3-3-55 所示。

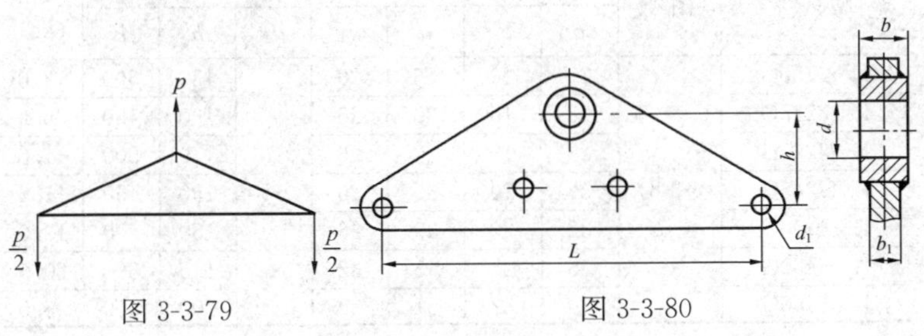

图 3-3-79　　图 3-3-80

表 3-3-55　　　　　　　L 型联板规范（一）

<table>
<tr><th rowspan="2">型　号</th><th rowspan="2">图号</th><th colspan="6">主　要　尺　寸（mm）</th><th rowspan="2">质量
(kg)</th></tr>
<tr><th>b</th><th>b_1</th><th>d</th><th>d_1</th><th>h</th><th>L</th></tr>
<tr><td>L—1040</td><td rowspan="9">3-3-80</td><td rowspan="4">16</td><td rowspan="4">16</td><td rowspan="3">20</td><td rowspan="4">18</td><td>70</td><td>400</td><td>4.5</td></tr>
<tr><td>L—1050</td><td>100</td><td>500</td><td>7.1</td></tr>
<tr><td>L—1060</td><td>130</td><td>600</td><td>9.8</td></tr>
<tr><td>L—1240</td><td>24</td><td>70</td><td rowspan="3">400</td><td>4.7</td></tr>
<tr><td>L—1640</td><td>18</td><td>18</td><td>26</td><td rowspan="2">20</td><td rowspan="2">100</td><td>5.9</td></tr>
<tr><td>L—2140</td><td rowspan="2">26</td><td rowspan="2">16</td><td rowspan="2">30</td><td>7.0</td></tr>
<tr><td>L—2150</td><td>26</td><td>130</td><td>500</td><td>11.4</td></tr>
<tr><td>L—2540</td><td>30</td><td rowspan="2">18</td><td>33</td><td>24</td><td rowspan="2">110</td><td rowspan="2">400</td><td>9.9</td></tr>
<tr><td>L—3040</td><td>32</td><td>39</td><td>26</td><td>10.0</td></tr>
</table>

2）L 型耐张联板（可装均压环）形状及规范见图 3-3-81 及表 3-3-56。

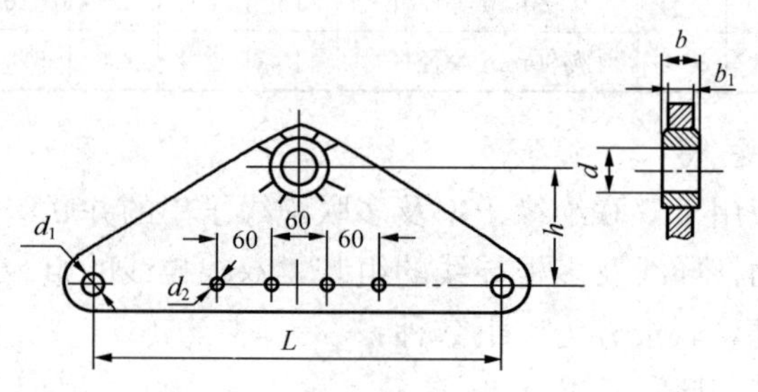

图 3-3-81

表 3-3-56　　　　　　　L 型联板规范（二）

<table>
<tr><th rowspan="2">型　号</th><th rowspan="2">图号</th><th colspan="7">主　要　尺　寸（mm）</th><th rowspan="2">质量
(kg)</th></tr>
<tr><th>b</th><th>b_1</th><th>d</th><th>d_1</th><th>d_2</th><th>h</th><th>L</th></tr>
<tr><td>L—2150G</td><td rowspan="7">3-3-81</td><td>20</td><td>20</td><td>26</td><td>20</td><td rowspan="7">18</td><td>130</td><td>500</td><td>12.0</td></tr>
<tr><td>L—3245G</td><td>28</td><td>18</td><td>33</td><td>26</td><td>130</td><td>450</td><td>9.2</td></tr>
<tr><td>L—3250G</td><td>28</td><td>18</td><td>33</td><td>26</td><td>150</td><td>500</td><td>11.0</td></tr>
<tr><td>L—4245G</td><td>32</td><td>20</td><td>39</td><td>26</td><td>150</td><td>450</td><td>11.2</td></tr>
<tr><td>L—4250G</td><td>32</td><td>20</td><td>39</td><td>26</td><td>150</td><td>500</td><td>13.0</td></tr>
<tr><td>L—6450G</td><td>36</td><td>28</td><td>45</td><td>32</td><td>145</td><td>500</td><td>20.5</td></tr>
<tr><td>L—8450G</td><td>36</td><td>32</td><td>51</td><td>39</td><td>200</td><td>500</td><td>36.0</td></tr>
</table>

3）用于单联绝缘子串与两根分裂导线组装的 L 型联板，这种联板上可装均压环，适用于 500kV 线路。联板形状及规范如图 3-3-82 及表 3-3-57 所示。

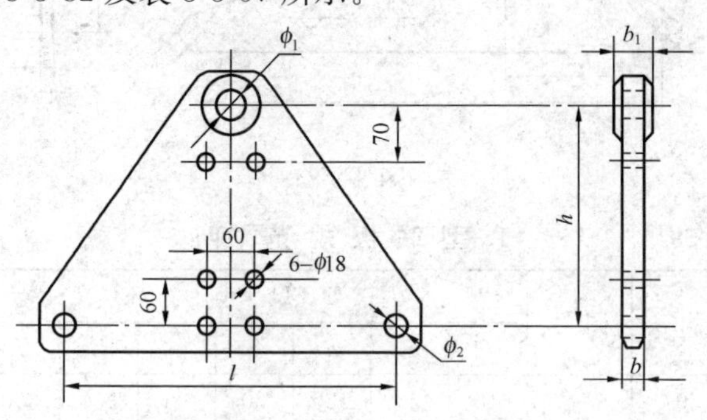

图 3-3-82

表 3-3-57　　L 型联板规范（三）

型　号	图　号	主　要　尺　寸　(mm)						质量 (kg)
		b	b_1	h	ϕ_1	ϕ_2	l	
L—2145	3-3-82	16	26	250	30	20	450	13.80
L—3045		18	32	250	39	26	450	18.50
L—2145T		16	26	250	30	24	450	13.80

4）用于组成三联绝缘子串并联用的 L 型联板，如图 3-3-83所示。联板的形状及规范如图 3-3-84 及表 3-3-58 所示。

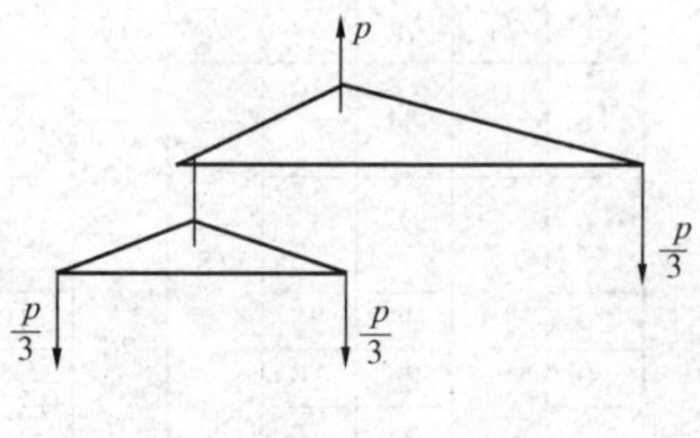

图 3-3-83

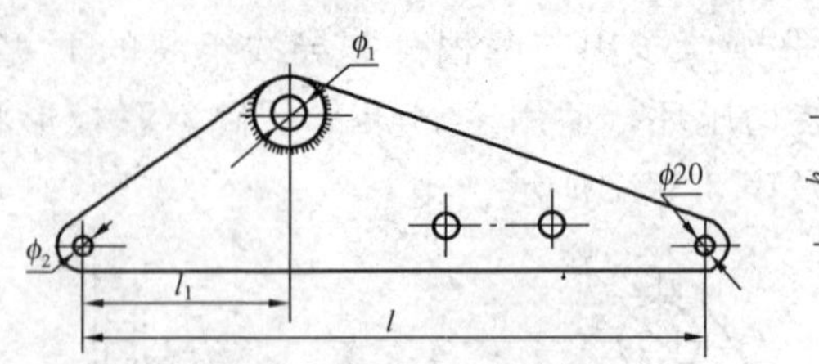

图 3-3-84

表 3-3-58　　L 型联板规范（四）

型　号	图 号	主要尺寸（mm）							质量（kg）
		b	b_1	h	ϕ_1	ϕ_2	l_1	l	
L—2160	3-3-84	18	26	120	30	26	200	600	11.80
L—3060	3-3-84	18	32	140	39	30	200	600	16.70

（2）LZ 型组合联板形状及规范见图 3-3-85 及表 3-3-59。

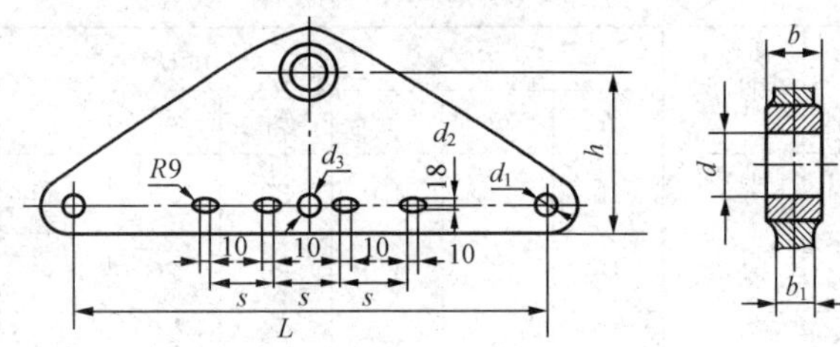

图 3-3-85

表 3-3-59　　LZ 型组合联板规范

型　号	图号	主要尺寸（mm）									质量（kg）
		b	b_1	d	d_1	d_2	d_3	h	L	s	
LZ-1245	3-3-85	16	16	24	20	18	24	100	450	60	5.0
LZ-1250	3-3-85	16	16	24	18	18	20	100	500	60	8.1
LZ-1645	3-3-85	18	18	26	20	18	20	130	450	60	7.0
LZ-1650	3-3-85	18	18	26	20	18	26	130	500	60	9.1
LZ-2145	3-3-85	20	18	30	26	18	26	110	450	60	7.5
LZ-2150G	3-3-85	20	18	26	16	18	26	130	500	60	8.5
LZ-3250G	3-3-85	28	18	33	26	18	26	130	500	60	11.0

注　可与 LL 型联板配套组成四分裂悬垂联板。

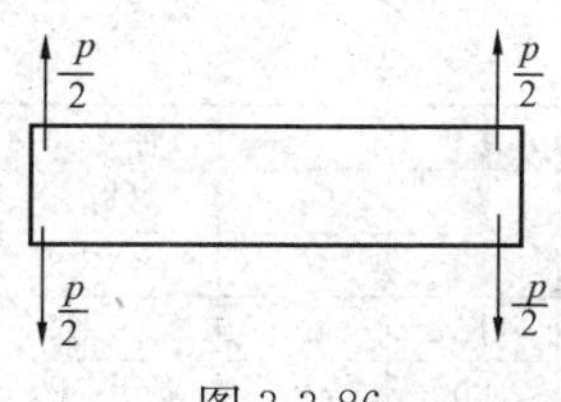

图 3-3-86

（3）LF 型联板用于双联绝缘子串（悬垂串或耐张串）中连接两根分裂导线，如图 3-3-86 所示。

联板的形状及规范如图3-3-87及表 3-3-60 所示。

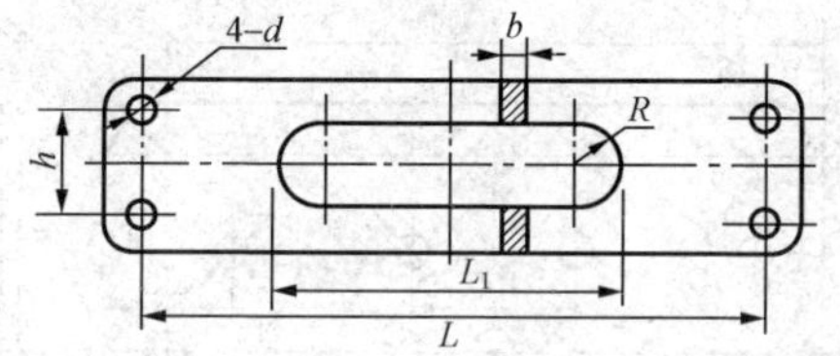

图 3-3-87

表 3-3-60　　LF 型联板规范

型　号	图号	主　要　尺　寸（mm）						质量 (kg)
		b	d	R	h	L_1	L	
LF—2140	3-3-87	16	20	30	70	280	400	5.5
LF—2540			24	30	110			9.2
LF—3240		18	26	40	120			11.2
LF—3245					100	320	450	12.5
LF—3250					140	350	500	19.5

（4）L J 型联板用于单联悬垂绝缘子串与二分裂导线的 330kV 线路和双联耐张绝缘子串与二分裂导线的 330kV 线路，联板上可安装均压屏蔽环。联板的形状与规范如图 3-3-88、图 3-3-89 及表 3-3-61、表 3-3-62 所示。

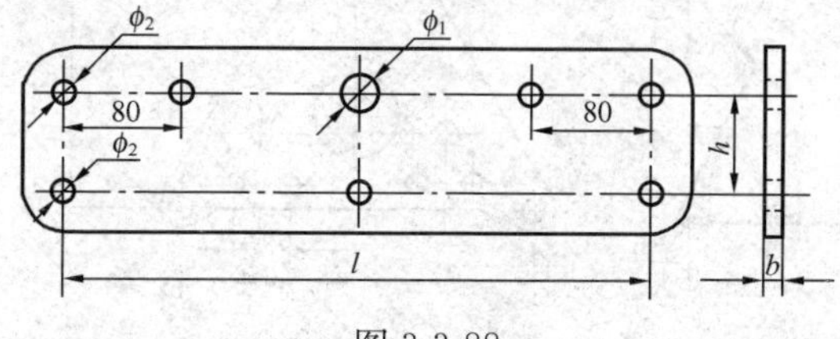

图 3-3-88

表 3-3-61　　　　　　　　L J 型联板规范（一）

型　号	图号	主要尺寸（mm）					质　量（kg）
		b	h	ϕ_1	ϕ_2	l	
LJ—1040	3-3-88	16	70	20	18	400	6.50
LJ—1240		16	70	24	18	400	6.45
LJ—1640		18	100	26	20	400	9.54

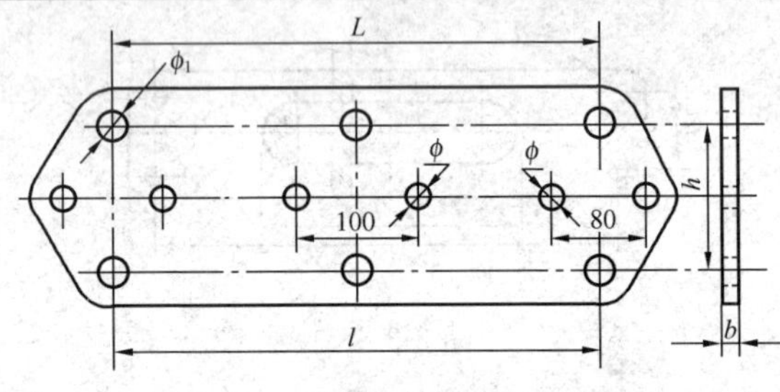

图 3-3-89

表 3-3-62　　　　　　　　L J 型联板规范（二）

型　号	图号	主要尺寸（mm）						质量（kg）
		b	h	ϕ	ϕ_1	l	L	
LJ—2540	3-3-89	16	120	18	24	400	400	11.10
LJ—3040		18	120	18	26	400	400	13.57
LJ—3045/40		18	120	18	26	450	400	13.66

（5）LE 型联板系单联悬垂绝缘子串四分裂导线的整体联板（见图 3-3-90），用于 500kV 线路。联板的形状与规范如图 3-3-91及表 3-3-63 所示。

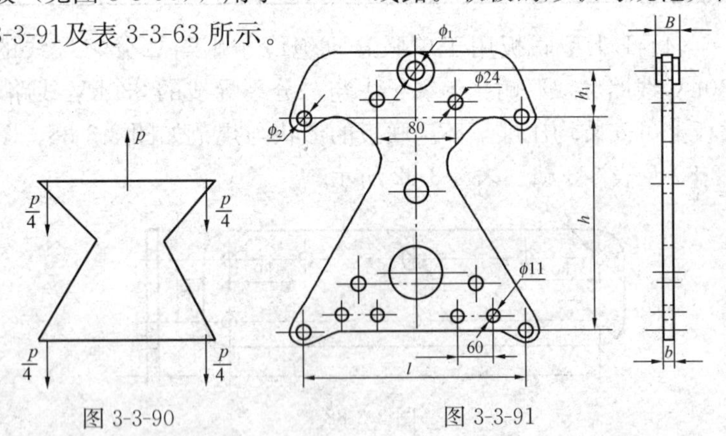

图 3-3-90　　　　　　　　图 3-3-91

表 3-3-63　　　　LE 型联板规范

<table>
<tr><th rowspan="2">型　号</th><th rowspan="2">图号</th><th colspan="7">主 要 尺 寸 (mm)</th><th rowspan="2">质量
(kg)</th></tr>
<tr><th>b</th><th>h</th><th>h_1</th><th>l</th><th>ϕ_1</th><th>ϕ_2</th><th>B</th></tr>
<tr><td>LE—1645</td><td rowspan="3">3-3-91</td><td>18</td><td>450</td><td>95</td><td>450</td><td>26</td><td>20</td><td>18</td><td>24.8</td></tr>
<tr><td>LE—2145</td><td>16</td><td rowspan="2">450</td><td rowspan="2">95</td><td rowspan="2">450</td><td>30</td><td>20</td><td>26</td><td>27.6</td></tr>
<tr><td>LE—3045</td><td>18</td><td>39</td><td>26</td><td>32</td><td>28.9</td></tr>
</table>

(6) LK 型联板系单联悬垂绝缘子串四分裂导线的上扛联板（见图 3-3-92），用于 500kV 线路。联板的形状及规范如图 3-3-93及表 3-3-64 所示。

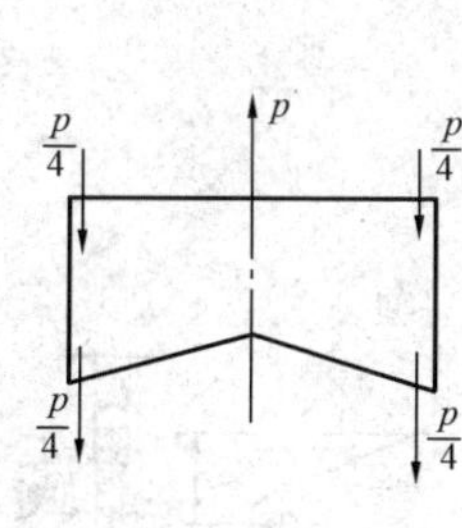

图 3-3-92

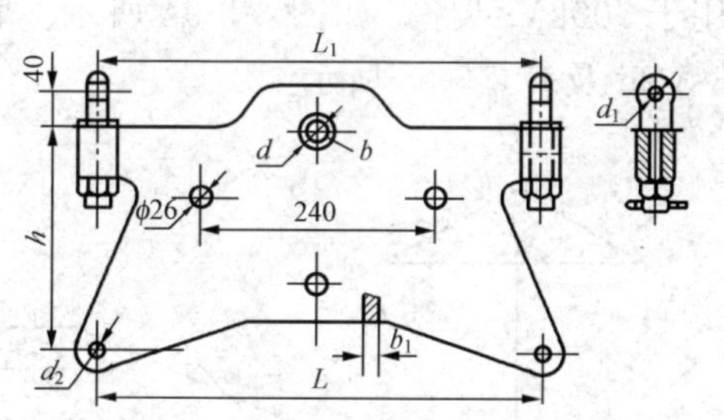

图 3-3-93

表 3-3-64　　　　LK 型联板规范

<table>
<tr><th rowspan="2">型　号</th><th rowspan="2">图　号</th><th colspan="8">主 要 尺 寸 (mm)</th><th rowspan="2">质 量
(kg)</th></tr>
<tr><th>b</th><th>b_1</th><th>d</th><th>d_1</th><th>d_2</th><th>h</th><th>L_1</th><th>L</th></tr>
<tr><td>LK—0745</td><td rowspan="7">3-3-93</td><td rowspan="2">16</td><td rowspan="2">16</td><td>18</td><td rowspan="7">18</td><td rowspan="7">18</td><td>225</td><td rowspan="3">450</td><td rowspan="3">450</td><td>17.3</td></tr>
<tr><td>LK—1045</td><td>20</td><td>230</td><td>16.0</td></tr>
<tr><td>LK—1645</td><td rowspan="2">18</td><td rowspan="2">18</td><td rowspan="2">26</td><td>230</td><td>17.0</td></tr>
<tr><td>LK—1650</td><td>265</td><td>500</td><td>500</td><td>22.4</td></tr>
<tr><td>LK—2145G</td><td rowspan="2">20</td><td rowspan="3">18</td><td rowspan="2">26</td><td rowspan="2">195</td><td>450</td><td>450</td><td>20.4</td></tr>
<tr><td>LK—2150G</td><td rowspan="2">500</td><td rowspan="2">500</td><td>21.4</td></tr>
<tr><td>LK—3250G</td><td>28</td><td>33</td><td>265</td><td>21.6</td></tr>
</table>

续表

<table>
<tr><th rowspan="2">型　号</th><th rowspan="2">图号</th><th colspan="8">主　要　尺　寸　（mm）</th><th rowspan="2">质量
（kg）</th></tr>
<tr><th>b</th><th>b_1</th><th>d</th><th>d_1</th><th>d_2</th><th>h</th><th>L_1</th><th>L</th></tr>
<tr><td>LK—164745</td><td rowspan="7">3-3-93</td><td rowspan="2">18</td><td rowspan="7">18</td><td rowspan="6">26</td><td rowspan="6">18</td><td rowspan="7">18</td><td>225</td><td>470</td><td rowspan="5">450</td><td>15.5</td></tr>
<tr><td>LK—164945</td><td>230</td><td>490</td><td>16.9</td></tr>
<tr><td>LK—214745</td><td rowspan="3">26</td><td>195</td><td>470</td><td>15.3</td></tr>
<tr><td>LK—214945</td><td rowspan="2">230</td><td>490</td><td>18.3</td></tr>
<tr><td>LK—215045</td><td>500</td><td>18.7</td></tr>
<tr><td>LK—215550G</td><td>20</td><td>305</td><td rowspan="2">550</td><td rowspan="2">500</td><td>19.8</td></tr>
<tr><td>LK—255550G</td><td>24</td><td>30</td><td>20</td><td>265</td><td>21.3</td></tr>
</table>

（7）LL型联板系单联绝缘子串四分裂导线的组合联板，用于500kV线路，如图3-3-94所示。联板的形状及规范如图3-3-95及表3-3-65所示。

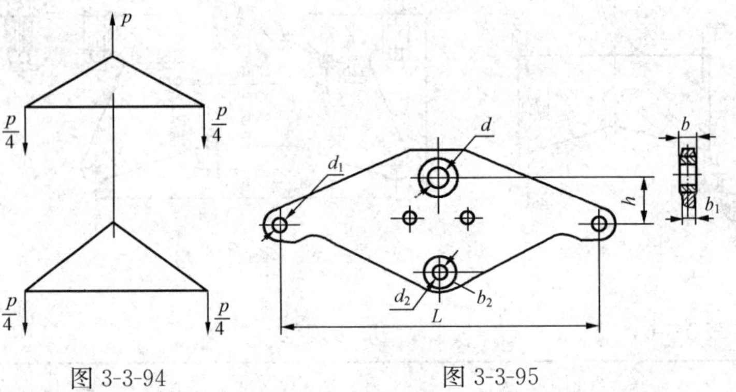

图3-3-94　　　　图3-3-95

表3-3-65　　　　LL型联板规范

<table>
<tr><th rowspan="2">型　号</th><th rowspan="2">图号</th><th colspan="8">主　要　尺　寸　（mm）</th><th rowspan="2">质量
（kg）</th></tr>
<tr><th>b</th><th>b_1</th><th>b_2</th><th>d</th><th>d_1</th><th>d_2</th><th>h</th><th>L</th></tr>
<tr><td>LL—1645</td><td rowspan="6">3-3-95</td><td>18</td><td rowspan="4">18</td><td rowspan="4">18</td><td>26</td><td rowspan="2">20</td><td rowspan="6">24</td><td rowspan="4">70</td><td rowspan="3">450</td><td>6.9</td></tr>
<tr><td>LL—2145</td><td>26</td><td>30</td><td>8.7</td></tr>
<tr><td>LL—2545</td><td rowspan="2">30</td><td rowspan="2">33</td><td rowspan="2">18</td><td>8.3</td></tr>
<tr><td>LL—2550</td><td>500</td><td>8.1</td></tr>
<tr><td>LL—2145G</td><td rowspan="2">20</td><td rowspan="2">16</td><td rowspan="2">16</td><td rowspan="2">26</td><td rowspan="2">20</td><td>80</td><td>450</td><td>7.9</td></tr>
<tr><td>LL—2150G</td><td>60</td><td>500</td><td>8.5</td></tr>
</table>

续表

型　号	图 号	主　要　尺　寸　(mm)								质量 (kg)
		b	b_1	b_2	d	d_1	d_2	h	L	
LL—3245G	3-3-95	28	18	18	33	20	26	120	450	9.0
LL—3250G								80	500	7.9
LL—4245G		32	20	20	39			140	450	9.7
LL—4250G			18	18		24		145	500	12.1
LL—6450G		36	22	28	45	26	33			13.9

（8）LS型联板用于双联耐张绝缘子串与双根导线和三根导线组装及变电所的联板和双联悬垂绝缘子串与双悬垂线夹组装。联板的形状及规范如图 3-3-96 及表 3-3-66 所示。

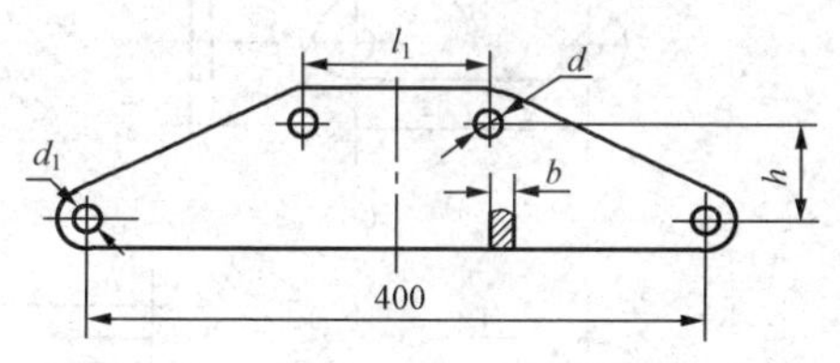

图 3-3-96

表 3-3-66　　　　　　LS型联板规范

型　号	图 号	主　要　尺　寸　(mm)					质量 (kg)
		b	d	d_1	h	l_1	
LS—1212	3-3-96	16	18	20	65	120	5.0
LS—1221						210	5.4
LS—1225						250	5.5
LS—1229						290	5.7
LS—1233						330	5.9
LS—1237						370	6.1
LS—1255						550	8.7
LS—1620		18	26	26		200	7.5
LS—1633						330	7.8

（9）双拉线联板用于双拉线组装（见图3-3-97）及单联绝缘子串紧固双母线（见图3-3-98）。LV 型联板的形状及规范如

图 3-3-99 及表 3-3-67 所示。

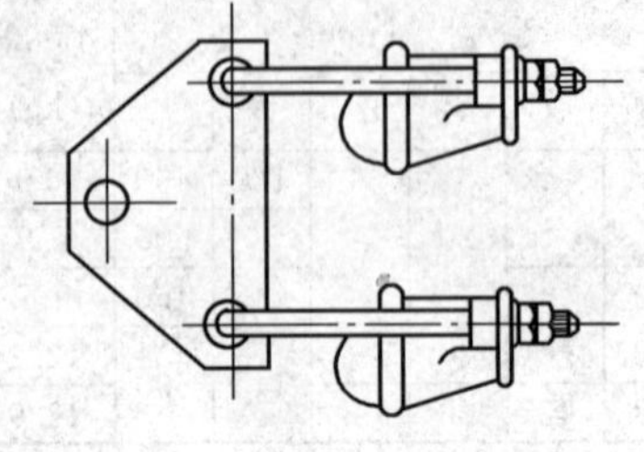

图 3-3-97

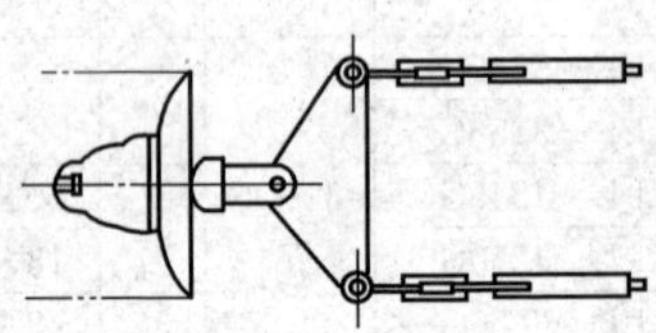

图 3-3-98

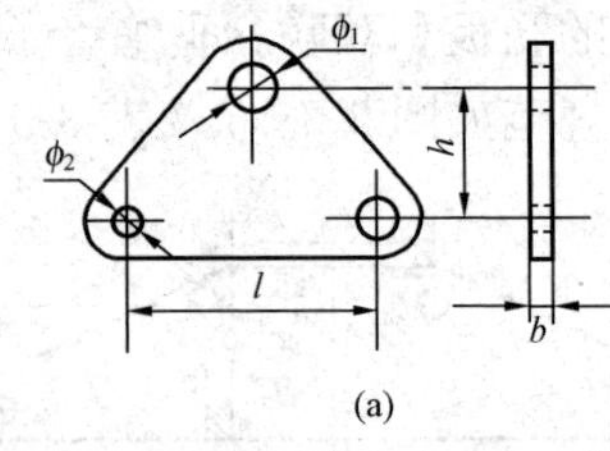

(a)

(b)

图 3-3-99

表 3-3-67　　　　LV 型联板规范

型　号	图　号	主要尺寸（mm）						质量
		b	b_1	h	ϕ_1	ϕ_2	l	(kg)
LV—0712	3-3-99(a)	16	—	60	18	20	120	1.47
LV—1020		16	—	60	20	20	205	1.57
LV—1214		16	—	90	24	20	140	2.35
LV—2115	3-3-99(b)	16	26	100	30	24	150	2.50
LV—3018		18	32	120	39	26	180	5.90

（10）LSV 型联板形状及规范见图 3-3-100 及表 3-3-68。

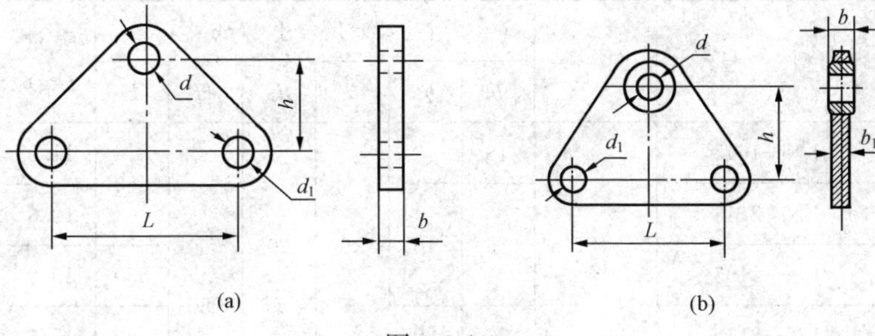

图 3-3-100

表 3-3-68　　LSV 型联板规范

型　号	图　号	主要尺寸（mm）						质量
		b	b_1	d	d_1	h	l	（kg）
LSV—0712	3-3-100(a)	16	$b_1=b$	18	24	60	120	1.5
LSV—1012				20			120	1.6
LSV—1212				24	24		120	1.7
LSV—1214						90	140	2.4
LSV—1612		18	18	26	26	100	120	3.2
LSV—2115G	3-3-100(b)	20	16		24		150	2.6
LSV—3218G		28	18	33	26	120	180	5.9
LSV—5512G		34	24	45	33		120	5.9
LSV—5520G		34				150	200	9.0

（11）LN 型耐张联板（一拖二线）形状及规范见图 3-3-101 及表 3-3-69。

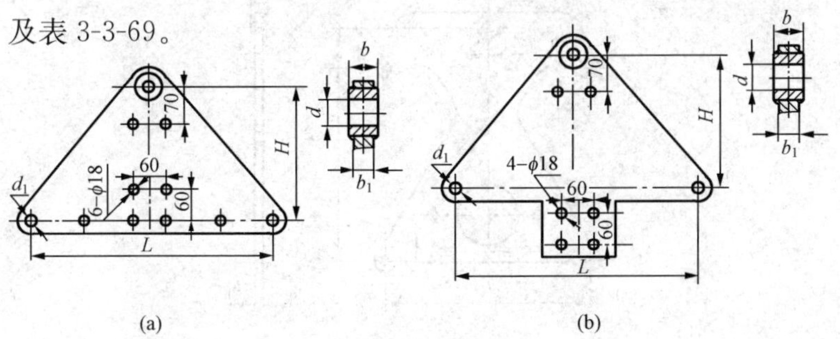

图 3-3-101

表 3-3-69　　LN 型联板（一拖二线）规范

型　号	图　号	主要尺寸（mm）						质量（kg）
		b	b_1	d	d_1	H	L	
LN—1645	3-3-101(a)	18	18	26	20	250	450	11.5
LN—2145		26	16					12.8
LN—2155							550	13.9
LN—2150		20	20				500	15.6
LN—3245G	3-3-101(b)	32	18	33	26		450	18.0
LN—4250G		32	20	39			500	18.3
LN—4260G		32			26	250	600	16.0
LN—6445G		42	32	45	33		450	31.0
LN—8450G		36	32	51	39		500	37.0
LN—8460G		36	32				600	38.0

（12）LC 型四分裂整体联板形状及规范见图 3-3-102 及表 3-3-70。

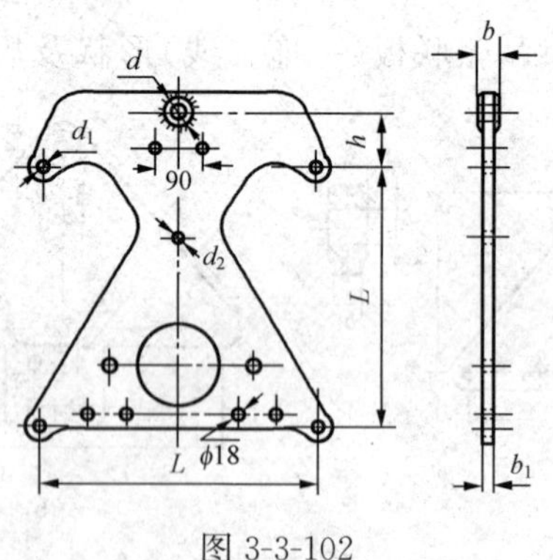

图 3-3-102

表 3-3-70　　LC 型联板规范

型　号	图　号	主　要　尺　寸 (mm)							质量 (kg)
		b	b_1	d_1	d	d_2	h	L	
LC—1645	3-3-102	18	18	20	26		95	450	26.0
LC—2145		26							26.0
LC—2545		30			30				25.5
LC—3245		32			33				27.4
LC—1645G		18	18	18	26		95	450	26.0
LC—2145G		20	18						29.3
LC—2150G								500	25.5
LC—3250G		28		20	33				29.0
LC—4250G		32			39				29.0
LC—6450G		36			45				30.5

(13) LCV 型四分裂 V 形串整体联板形状及规范见图 3-3-103 及表 3-3-71。

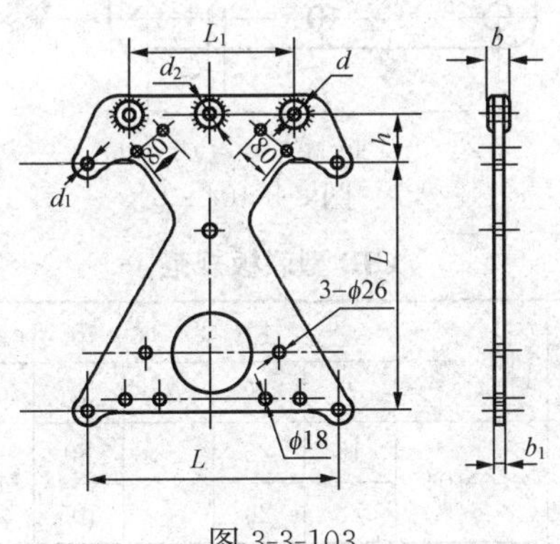

图 3-3-103

表 3-3-71　　　　LCV 型联板规范

型　号	图　号	主要尺寸（mm）								质量（kg）
		b	b_1	d_1	d	d_2	h	L_1	L	
LCV—1645	3-3-103	18	18	20	26	26	110	380	450	17.5
LCV—2145		26			30	30	110	380	450	25.1
LCV—2545		30			33	33			450	20.0
LCV—3045		32			39	39	95		450	20.0
LCV—1650G		18			26	26	95	250	500	27.9
LCV—2145G		20	18	20			100	380	450	21.4
LCV—2150G								500	500	29.4
LCV—3250G		28	18	20	33					30.0
LCV—4250G		32			39					30.0
LCV—6450G		36			45					31.5

（14）CJD 型单串双母线联板（变电用）形状及规范见图 3-3-104 及表 3-3-72。

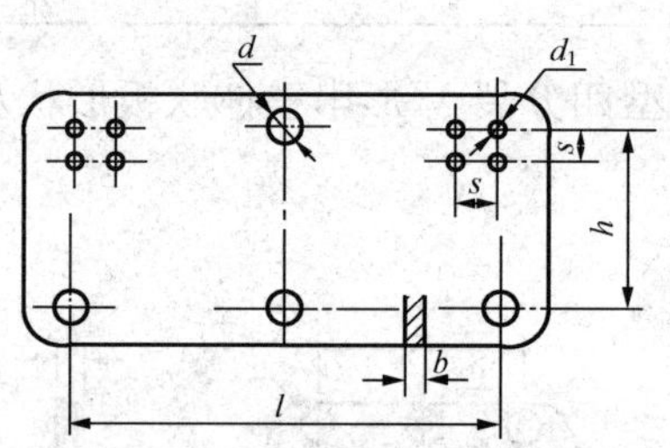

图 3-3-104

表 3-3-72　　　　CJD 型联板规范

型　号	图　号	主要尺寸（mm）						质量（kg）
		b	d	d_1	h	l	s	
LJD—1640G	3-3-104	18	26	14	80	400	50	10
LJD—1640		22	26		100			15

（15）LBD 型单串双导线变电联板形状及规范见图 3-3-105 及表 3-3-73。

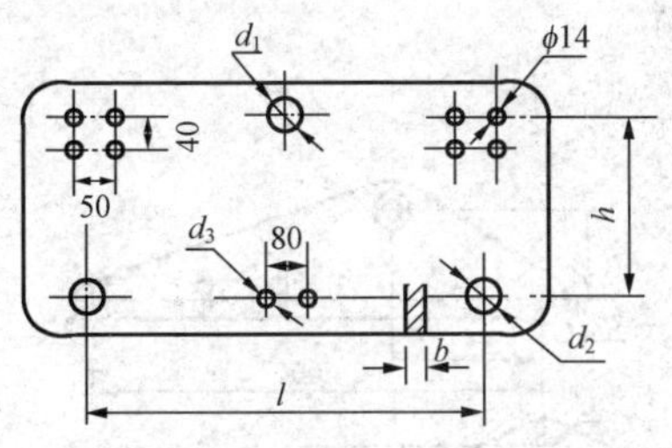

图 3-3-105

表 3-3-73　　LBD 型单串双导线变电联板规范

型　号	图　号	主　要　尺　寸　(mm)						质量 (kg)
		b	d_1	d_2	d_3	h	l	
LBD—0740	3-3-105	16	18	18	14	95	400	9.0
LBD—1240		16	24	18		95		9.0
LBD—1640		18	26	26		100		12.5

注　型号中字母意义：B—变电；D—单串。

（16）LBN 型双串双母线联板（变电用）形状及规范见图 3-3-106 及表 3-3-74。

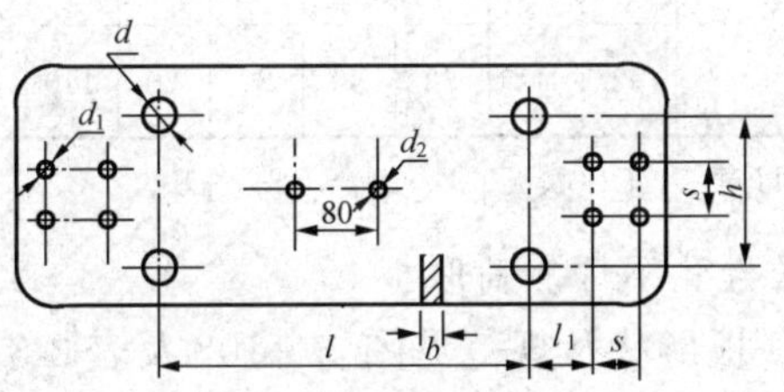

图 3-3-106

表 3-3-74　　LBN 型双串双母线联板规范

型　号	图号	主　要　尺　寸 (mm)								质量 (kg)
		b	d	d_1	d_2	h	l	l_1	s	
LBN—2040	3-3-106	10	26	14	14	120	400	55	50	20
LBN—3040		22					400	60	80	22
LBN—3045		22					450	60	80	30

（17）LZS 型三串组合耐张联板形状及规范见图 3-3-107 及表 3-3-75。

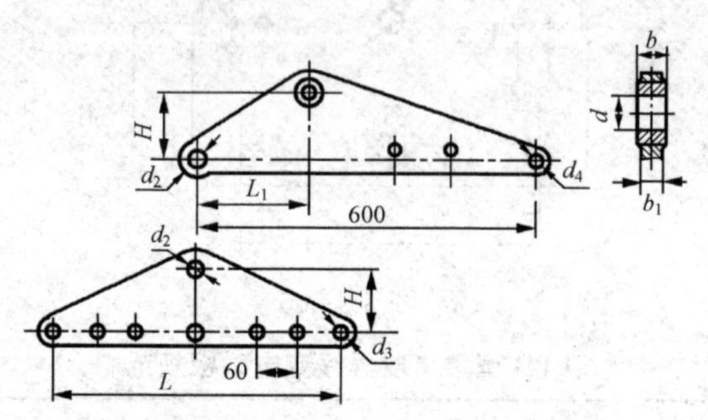

图 3-3-107

表 3-3-75　　LZS 型三串组合耐张联板规范

型　号	图号	主　要　尺　寸（mm）									质量（kg）
		b	b_1	d	d_2	d_3	d_4	H	L_1	L	
LZS—2160G	3-3-107	26	18	30	24	18	18	120	200	400	11.0
LZS—3260G		32		33	30	20	20	140			15.0

注　型号中字母意义：L—联板；Z—组合；S—三串。

14. 全张力孔不焊套筒联板

（1）二联板形状及规范见图 3-3-108 及表 3-3-76。

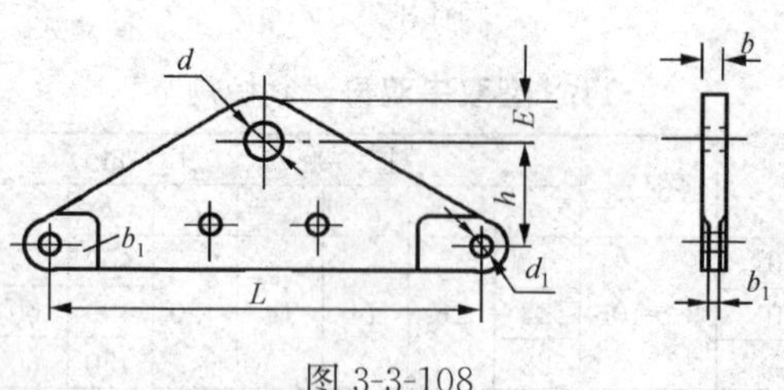

图 3-3-108

表 3-3-76　　　　二联板规范

型号	图号	主要尺寸（mm）							质量（kg）
		b	b_1	d	d_1	h	E	L	
L—2140GT	3-3-108	18	18	26	20	100	45	400	4.3
L—2150GT						125		500	7.0
L—2170GT						220		700	8.0
L—2540GT		20	18	30		120	50	400	5.0
L—3240GT		22	18	33		130	55		6.3
L—3260GT					18	200		600	8.0

（2）二联板（可装均压环）形状及规范见图 3-3-109 及表 3-3-77。

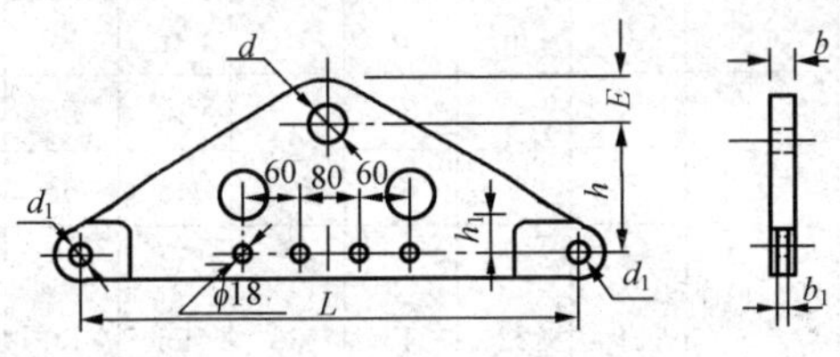

图 3-3-109

表 3-3-77　　　　二联板（可装均压环）规范

型号	图号	主要尺寸（mm）								质量（kg）
		b	b_1	d	d_1	h	h_1	E	L	
L—3245GT	3-3-109	22	18	33	26	140	55	55	450	7.2
L—3250GT						150			500	8.6
L—4245GT		24		39		150	65	65	450	8.4
L—4250GT						160			500	9.7
L—5545GT		26	22	45	33	170	75	75	450	12.0
L—6450GT		28				180	80	80	500	15.9

（3）耐张用二联板形状及规范见图 3-3-110 及表 3-3-78。

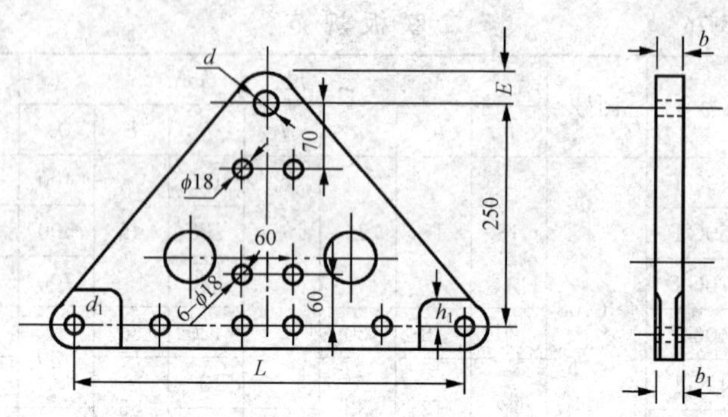

图 3-3-110

表 3-3-78　　耐张用二联板规范

型　号	图 号	主　要　尺　寸（mm）							质量 (kg)
		b	b_1	d	d_1	h_1	E	L	
LN—3245GT	3-3-110	22	18	33	26	40	55	450	17.5
LN—4260GT		24		39		45	65	600	28.5
LN—6445GT		28	22	45	33	55	86	450	22.5
LN—6450GT								500	32.5
LN—6460GT								600	34.2
LN—8450GT		32	24	55	39	65	85	500	37.1

（4）四分裂组合悬垂联板（菱形）形状及规范见图 3-3-111 及表 3-3-79。

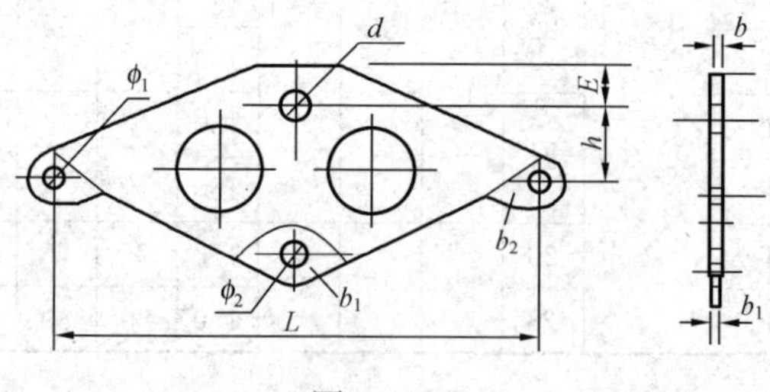

图 3-3-111

表 3-3-79　　　　四分裂组合悬垂联板（菱形）规范

型　号	图号	主　要　尺　寸（mm）									质量
		b	b_1	b_2	d	ϕ_1	ϕ_2	E	h	L	(kg)
LL—1645	3-3-111	18	18	16	26	20	24	40	70	450	6.9
LL—2145					30			45			6.0
LL—2545		20	20		33			50			5.5
LL—2145GT		18	18		26			45	80		7.1
LL—2550GT		20								500	8.5
LL—3250GT		22		18	33	18	26	55			6.2
LL—4250GT		24			39	20		65	145		7.2
LL—4260GT										600	8.8
LL—6450GT		28	22		45	26	33	80		500	10.8

（5）四分裂整体悬垂联板形状及规范见图 3-3-112 及表 3-3-80。

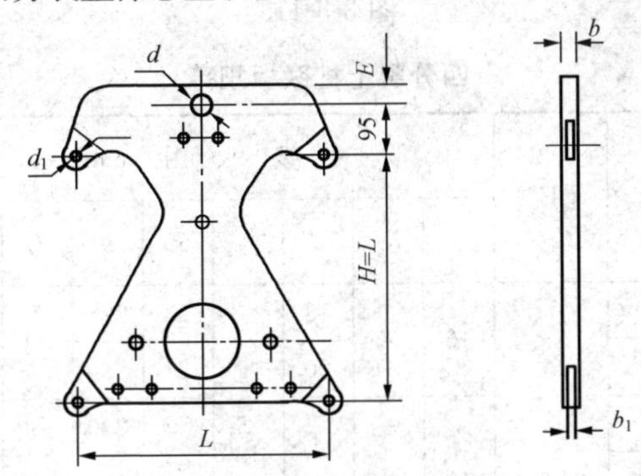

图 3-3-112

表 3-3-80　　　　　四分裂整体悬垂联板规范

型　号	图号	主　要　尺　寸（mm）						质量
		b	b_1	d	d_1	E	L	(kg)
LC—1645GT	3-3-112	18	18	26	26	40	450	26
LC—2145GT						45	450	26
LC—2150GT						45	500	22.9
LC—3245GT		22		33		55	450	18.8
LC—3250GT							500	22.7
LC—4245GT		24		39		65	450	20.7
LC—4250GT							500	21.7
LC—6450GT		28	22	45	33	80	500	23.7

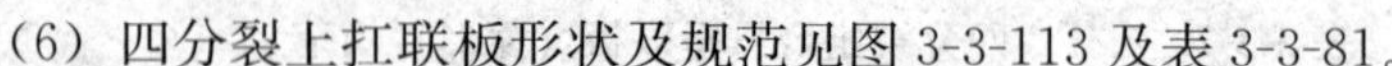

（6）四分裂上扛联板形状及规范见图 3-3-113 及表 3-3-81。

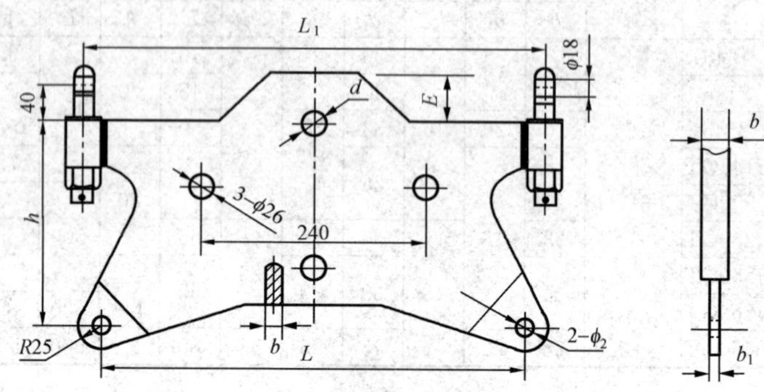

图 3-3-113

表 3-3-81　　　　四分裂上扛联板规范

型　号	图号	主　要　尺　寸（mm）								质量（kg）
		b	b_1	d	ϕ_2	E	h	L	L_1	
LK—0745	3-3-113	16	16	18	18	23	225	450	450	17.0
LK—1045				20		24	230			16.0
LK—1645GT		18	18	26		32	230	450	500	17.0
LK—1650GT							265	500	500	22.4
LK—2145GT						45	195	450	450	20.4
LK—3250GT		22				55	265	500	500	17.0
LK—214745GT		18	18	26	18	45	195	450	470	10.6
LK—214945GT							230		490	12.7
LK—215045GT							230		500	13.0
LK—215550GT							305	500	550	17.8
LK—255550GT		20		30	20	50	265		550	17.9

（7）四分裂 V 形串悬垂联板形状及规范见图 3-3-114 及表 3-3-82。

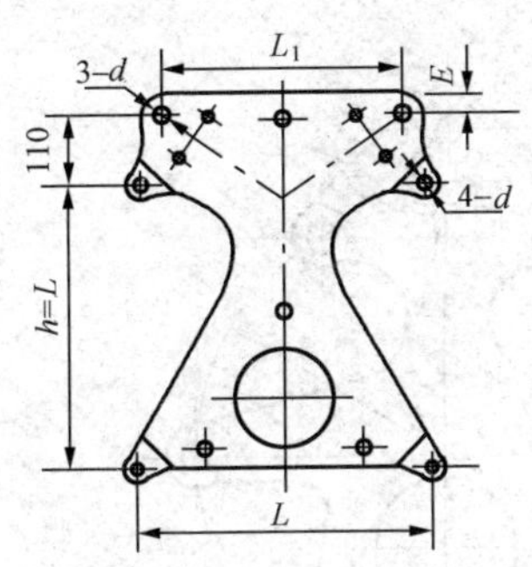

图 3-3-114

表 3-3-82　　　　四分裂 V 形串悬垂联板规范

<table>
<tr><th rowspan="2">型　号</th><th rowspan="2">图号</th><th colspan="5">主　要　尺　寸（mm）</th><th rowspan="2">质量
(kg)</th></tr>
<tr><th>b</th><th>d</th><th>E</th><th>L</th><th>L_1</th></tr>
<tr><td>LCV—1650GT</td><td rowspan="7">3-3-114</td><td rowspan="3">18</td><td rowspan="3">26</td><td>40</td><td>500</td><td>250</td><td>17.5</td></tr>
<tr><td>LCV—2145GT</td><td>45</td><td>450</td><td>380</td><td>17.4</td></tr>
<tr><td>LCV—2150GT</td><td>45</td><td>500</td><td>500</td><td>26.4</td></tr>
<tr><td>LCV—2545GT</td><td>20</td><td>30</td><td>50</td><td rowspan="2">450</td><td rowspan="2">380</td><td>13.3</td></tr>
<tr><td>LCV—3245GT</td><td rowspan="2">22</td><td rowspan="2">33</td><td rowspan="2">55</td><td>15.7</td></tr>
<tr><td>LCV—3250GT</td><td rowspan="2">500</td><td rowspan="2">500</td><td>23.6</td></tr>
<tr><td>LCV—4250GT</td><td>24</td><td>39</td><td>65</td><td>24.5</td></tr>
</table>

（8）六分裂单串整体悬垂联板（线束距 400mm）形状及规范见图 3-3-115 及表 3-3-83。

表 3-3-83　　　　六分裂单串整体悬垂联板规范

<table>
<tr><th rowspan="2">型　号</th><th rowspan="2">图号</th><th colspan="9">主　要　尺　寸（mm）</th><th rowspan="2">质 量
(kg)</th></tr>
<tr><th>b</th><th>b_1</th><th>d</th><th>d_1</th><th>d_2</th><th>E</th><th>h</th><th>D</th><th>L</th></tr>
<tr><td>LCD-2180/6GT</td><td rowspan="4">3-3-115</td><td>18</td><td>18</td><td>26</td><td rowspan="4">20</td><td rowspan="4">18</td><td>45</td><td rowspan="4">100</td><td rowspan="4">800</td><td rowspan="4">400</td><td>33.4</td></tr>
<tr><td>LCD-3280/6GT</td><td>22</td><td rowspan="3">18</td><td>33</td><td>55</td><td>34.2</td></tr>
<tr><td>LCD-4280/6GT</td><td>24</td><td>39</td><td>65</td><td>35.5</td></tr>
<tr><td>LCD-6480/6GT</td><td>28</td><td>45</td><td>78</td><td>36.2</td></tr>
</table>

注　型号中字母意义：GT—高强度，全张力孔不焊套筒。

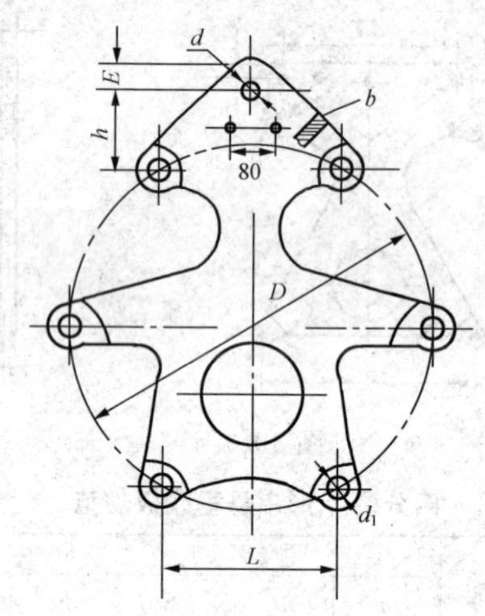

图 3-3-115

（9）六分裂 V 形串整体悬垂联板（线束距 400mm）形状及规范见图 3-3-116 及表 3-3-84。

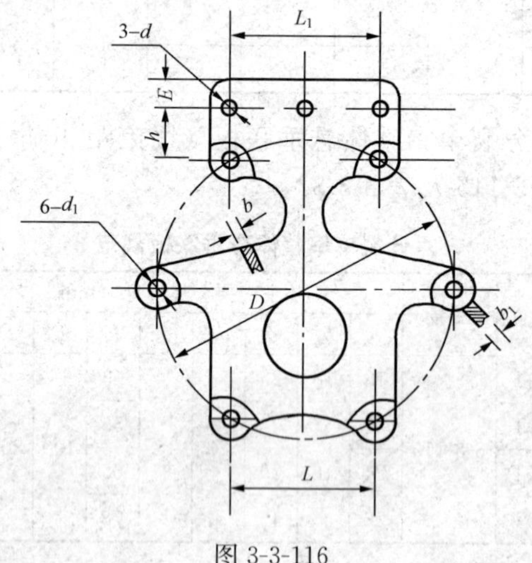

图 3-3-116

表 3-3-84　　六分裂 V 形串整体悬垂联板（线束距 400mm）规范

型　号	图号	主　要　尺　寸（mm）									质量
		b	b_1	d	d_1	E	h	D	L	L_1	(kg)
LCV—2180/6GT	3-3-116	18	18	26	20	45	100	800	400	400	33
LCV—3280/6GT		22	18	33	26	55					30
LCV—4280/6GT		24		39		65					35
LCV—6480/6GT		28		45		78					42

注　型号中字母意义：GT—高强度，全张力孔不焊套筒。

（10）六分裂 V 形串整体悬垂联板（线束距 450mm）形状及规范见图 3-3-117 及表 3-3-85。

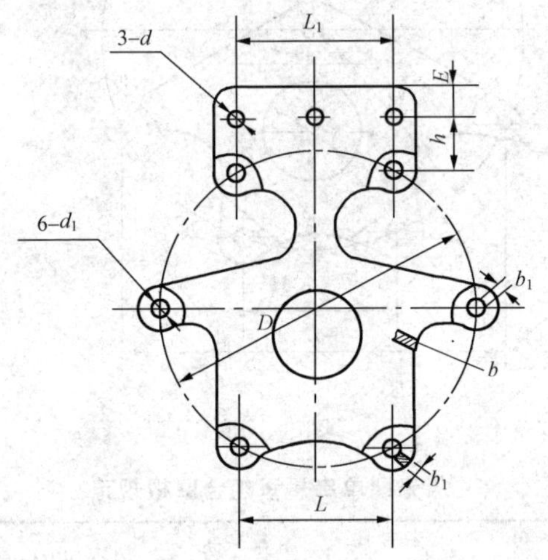

图 3-3-117

表 3-3-85　　六分裂 V 形串整体悬垂联板（线束距 450mm）规范

型　号	图号	主　要　尺　寸（mm）									质量
		d	d_1	b	b_1	L	L_1	h	D	E	(kg)
LCV—2190/6GT	3-3-117	26	20	18	18	450	450	100	900	45	39
LCV—3290/6GT		33	26	22						55	36
LCV—4290/6GT		39		24						65	42
LCV—6490/6GT		45		28						78	48
LCV—8490/6GT		51		32	20					85	57

注　型号中字母意义：GT—高强度，全张力孔不焊套筒。

（11）八分裂单串悬垂组合联板形状及规范见图 3-3-118 及表 3-3-86。

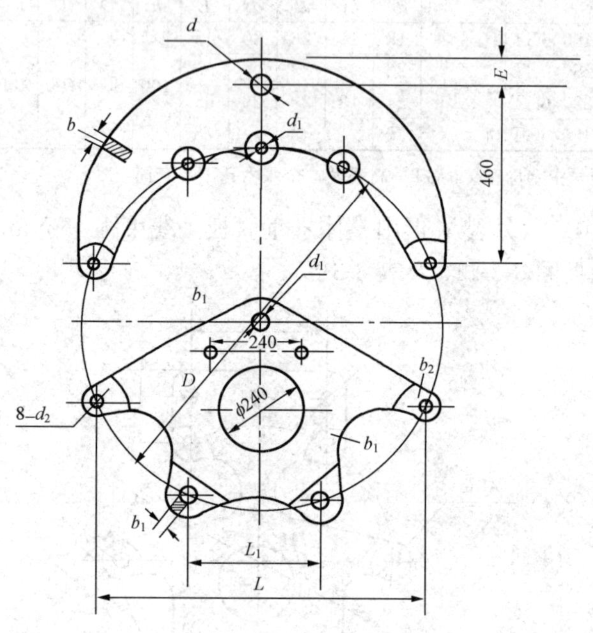

图 3-3-118

表 3-3-86　　八分裂单串悬垂组合联板规范

型　号	图号	主　要　尺　寸（mm）										质量（kg）
		b	b_1	b_2	d	d_1	d_2	E	D	L	L_1	
LCZ—321045/8GT	3-3-118	22	18	18	33	26	20	55	1045	970	450	
LCZ—421045/8GT		24	18	18	39	26	20	65				
LCZ—551045/8GT		26	20	18	45	33	24	75				

注　型号中字母意义：GT—高强度，全张力孔不加套筒。

（12）八分裂 V 形串组合联板形状及规范见图 3-3-119 及表3-3-87。

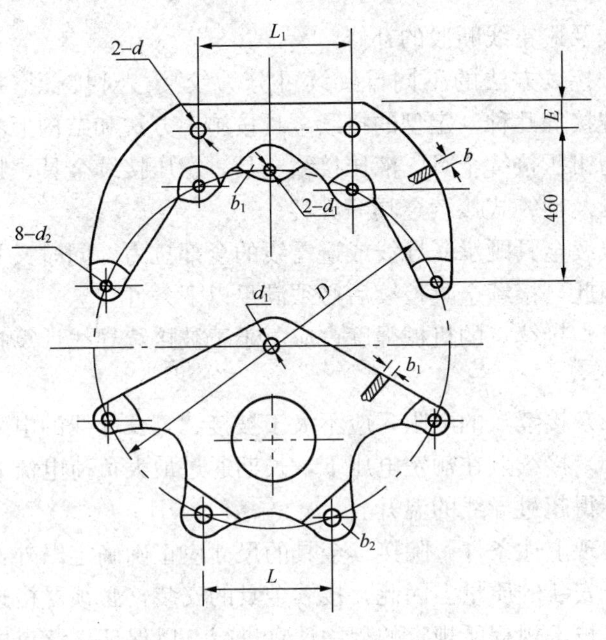

图 3-3-119

表 3-3-87　　　　八分裂 V 形串组合联板规范

型　号	图号	主 要 尺 寸（mm）										质量（kg）
		b	b_1	b_2	D	d	d_1	d_2	E	L	L_1	
LVZ—321045/8GT	3-3-119	22	18	18	1045	33	26	20	55	400	400	
LVZ—421045/8GT		24	18			39	26	20	65			
LVZ—641045/8GT		28	22			45	33	26	78			
LVZ—841045/8GT		32	24			51	39	26	85			

注　型号中字母意义：GT—高强度，全张力孔不加套筒。

第四节　接　续　金　具

接续金具用于架空电力线路的导线及避雷线两终端，承受导线及避雷线全部张力的接续和不承受全部张力的接续，也用于导线及避雷线断股的补修。

按接续方法的不同，接续可分为绞接、对接、搭接、插接、螺接等几种。定型的接续金具按施工方法和结构形状的不同分为钳压接续金具、液压接续金具、爆压接续金具、螺栓接续金具及预绞式接续金具等五类。

接续金具既承受导线或避雷线的全部拉力，同时又是导电体。因此，接续金具接续后必须满足以下条件：

（1）接续点的机械强度，应不小于被接续导线计算拉断力的95％；

（2）接续点的电阻，应不大于被接续等长导线的电阻；

（3）接续点在额定电压下，长期通过最大负荷电流时，其温升不得超过导线的温升。

实现上述条件，除接续金具的尺寸应正确确定以外，主要取决于安装的质量。因此，接续金具的安装，必须严格遵照有关施工技术规程所规定的程序认真进行，以保证接续点的机电性能稳定可靠。

与各种导线配套的接续管系列如表3-4-1所示。

一、钳压接续金具

钳压接续属于搭接接续的一种，将导线端头搭接在薄壁的椭圆形管内，以液压钳或机动钳进行钳压。

通常使用的钳压接续管，只能接续中小截面的铝绞线、钢芯铝绞线、铜绞线和铁线。接续钢芯铝绞线用的接续管内附有衬垫。钳压接续时，接续管置于重叠的两线端之间，钳压时必须按规定程序，顺序交错进行，钳压部位凹槽的深度必须符合安装规定，以保证接续管对导线的握力符合要求。

1. 钢芯铝绞线用钳压接续管

钢芯铝绞线用钳压接续管形状如图3-4-1所示。(1974)标准钢芯铝绞线用钳压接续管规范如表3-4-2所示。(1983)标准钢芯铝绞线用钳压接续管规范如表3-4-3所示，(2009)标准钢

表 3-4-1 与各种导线配套的接续管系列表

名称	接续管型号		导线标称截面（mm^2）																	
	型号	附加字	10	16	25	35	50	70	95	100	120	135	150	185	240	300	400	500	630	700
椭圆形接续管	JT	L		○	○	○	○	○	○		○		○	○						
	JT					○	○	○	○		○		○	○	○					
	JTT								○		○		○	○	○					
	JTB					○	○	○	○		○		○	○	○					
圆形接续管	JY	G				○	○	○		○										
	JY	Q														○	○	○		
	JY								△		△		△	△	△	○	○			
	JY	J												○	○	○	○			
	JY	L							△		△		△	△	△	△	△	△	△	
	JY	HG							○		○		○	○	○	△	△			
	JY	H							△		△		△	△	△	△	△	△	△	
	JY	B																		
	JY	BG																		
	JY	Z																		

续表

名称	接续管型号		导线标称截面（mm²）																	
	型号	附加字	10	16	25	35	50	70	95	100	120	135	150	185	240	300	400	500	630	700
圆形接续管（钢芯搭接）	JYD																			
	JYD	HG							△		△		△	△	△	△	△	△		
	JYD	BG																		
	JYD	Q																		
	JYD	J																		
	JYD	Z																		
圆形接续管（爆压）	JBD															○	○			
	JBD	Q														○	○			
	JBD	J														○	○			
补修管	JX													○	○	○	○	○		
	JX	G				○	○	○		○										

注 “○”为标准系列；“△”为非标准系列；空白为尚未开发系列。

表 3-4-2　(1974)标准钢芯铝绞线用钳压接续管规范

型号	图号	适用导线		主要尺寸 (mm)										质量 (kg)
		型号	外径 (mm)	a	b		c_1		c_2		r	l	l_1	
					尺寸	允差	尺寸	允差	尺寸	允差				
JT—35	3-4-1	LGJ—35	8.40	8.0	2.1	+0.4 −0.2	19	±0.5	9.0	±0.45	12.0	340	350	0.17
JT—50		LGJ—50	9.60	9.5	2.3		22		10.5		13.0	420	430	0.23
JT—70		LGJ—70	11.40	11.5	2.6		26	+0.4 −0.9	12.5		14.0	500	510	0.34
JT—95		LGJ—95	13.68	14.0	2.6		31		15.0	±0.5	15.0	690	700	0.52
JT—120		LGJ—120	15.20	15.5	3.1	+0.5 −0.3	35		17.0		15.0	910	920	0.91
JT—150		LGJ—150	16.72	17.5	3.1		39		19.0		17.5	940	950	1.05
JT—185		LGJ—185	19.20	19.5	3.4		43		21.0		18.0	1040	1060	1.42
JT—240		LGJ—240	21.28	22.0	3.0		48		23.5		20.0	540	550	1.00

表 3-4-3　(1983)标准钢芯铝绞线用钳压接续管规范

型号	图号	适用导线		主要尺寸 (mm)							钳压		质量 (kg)
		型号	外径 (mm)	a	b	c_1	c_2	r	l	l_1	凹深 (mm)	模数	
JT—10/2	3-4-1	LGJ—10/2	4.50	4.0	1.7	11.0	5.0	—	170	180	11.0	10	0.05
JT—16/3		LGJ—16/3	5.55	5.0	1.7	14.0	6.0	—	210	220	12.5	12	0.07
JT—25/4		LGJ—25/4	6.96	6.5	1.7	16.6	7.8	—	270	280	14.5	14	0.08
JT—35/6		LGJ—35/6	8.16	8.0	2.1	18.6	8.8	12.0	340	350	17.5	14	0.17
JT—50/8		LGJ—50/8	9.60	9.5	2.3	22.0	10.5	13.0	420	430	20.5	16	0.23
JT—70/10		LGJ—70/10	11.40	11.5	2.6	26.0	12.5	14.0	500	510	25.0	16	0.34
JT—95/15		LGJ—95/15	13.61	14.0	2.6	31.0	15.0	15.0	690	700	29.0	20	0.52
JT—95/20		LGJ—95/20	13.87	14.0	2.6	31.5	15.2	15.0	690	700	29.0	20	0.55
JT—120/7		LGJ—120/7	14.50	15.0	3.1	33.0	16.0	15.0	910	920	30.5	24	0.60
JT—120/20		LGJ—120/20	15.07	15.5	3.1	35.0	17.0	15.0	910	920	33.0	24	0.91
JT—150/8		LGJ—150/8	16.00	16.0	3.1	36.0	17.5	17.5	940	950	33.0	24	1.05

续表

型号	图号	适用导线		主要尺寸（mm）							钳压		质量(kg)
		型号	外径(mm)	a	b	c_1	c_2	r	l	l_1	凹深(mm)	模数	
JT—150/20	3-4-1	LGJ—150/20	16.67	17.0	3.1	37.0	18.0	17.5	940	950	33.6	24	1.10
JT—150/25		LGJ—150/25	17.10	17.5	3.1	39.0	19.0	17.5	940	950	36.0	24	1.15
JT—185/10		LGJ—185/10	18.00	18.0	3.4	40.0	19.5	18.0	1040	1060	36.5	26	1.40
JT—185/25		LGJ—185/25	18.90	19.5	3.4	43.0	21.0	18.0	1040	1060	39.0	26	1.42
JT—185/30		LGJ—185/30	18.88	19.5	3.4	43.0	21.0	18.0	1040	1060	39.0	26	1.50
JT—210/10		LGJ—210/10	19.00	20.0	3.6	43.0	21.0	19.5	1070	1090	39.0	26	1.52
JT—210/25		LGJ—210/25	19.98	20.0	3.6	44.0	21.5	19.5	1070	1090	40.0	26	1.58
JT—210/35		LGJ—210/35	20.38	20.5	3.6	45.0	22.0	19.5	1070	1090	41.0	26	1.62
JT—240/30		LGJ—240/30	21.60	22.0	3.9	48.0	23.5	20.0	540	550	43.0	14	1.00
JT—240/40		LGJ—240/40	21.66	22.0	3.9	48.0	23.5	20.0	540	550	43.0	14	1.00

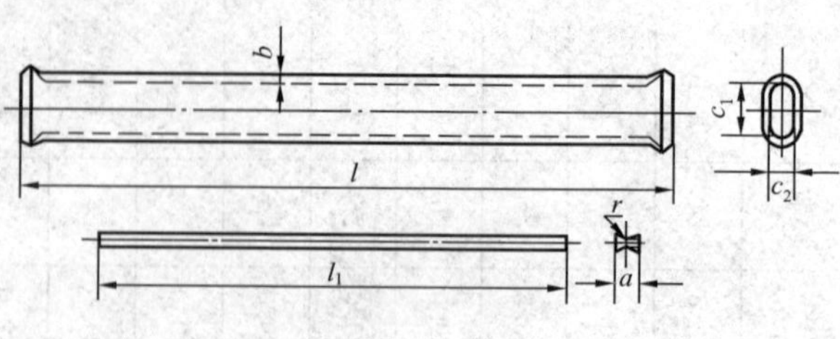

图 3-4-1

芯铝绞线用接续管形状及规范见图 3-4-2 及表 3-4-4。接续非直线杆塔跳线用钳压接续管规范见图 3-4-1 及表 3-4-5。

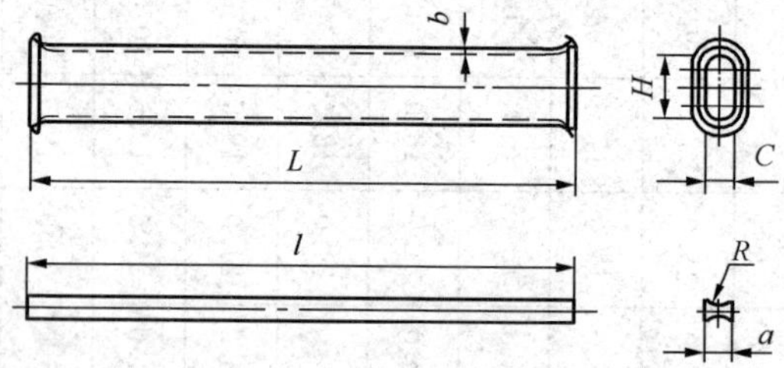

图 3-4-2

表 3-4-4　　（2009）标准 JL/G1A 型钢芯铝绞线用接续管（椭圆管）规范

型　号	图号	适用 JL/G1A 型钢芯铝绞线		主要尺寸（mm）						
		截面	外径（mm）	*a*	*b*	*H*	*C*	*R*	*L*	*l*
JT—16/3G1	3-4-2	16/3	5.53	5.0	1.7	13.0	6.0	—	210	220
JT—25/4G1		25/4	6.91	6.5	1.7	16.4	7.7	—	270	280
JT—40/7G1		40/7	8.74	8.3	2.1	19.8	9.4	12	340	350
JT—63/10G1		63/10	11.0	10.5	2.6	25.2	12.1	14	500	510
JT—100/16G1		100/16	13.8	14.0	2.6	31.2	15.4	15	690	700
JT—125/7G1		125/7	14.9	15.0	3.1	33.0	16.4	15	910	920
JT—160/9G1		160/9	16.8	17.0	3.1	37.2	18.1	17.5	940	950
JT—200/11G1		200/11	18.8	19.5	3.4	43.0	21.0	18	1040	1060

表 3-4-5　(1983)标准非直线杆塔跳线用钳压接续管规范

型号	图号	适用导线		主要尺寸(mm)										质量(kg)
		型号	外径(mm)	a	b		c_1		c_2		r	l	l_1	
					尺寸	允差	尺寸	允差	尺寸	允差				
JTT—95		LGJ—95	13.68	14.0	2.6	+0.4 −0.2	31		15.0		15.0	110	120	0.09
JTT—120		LGJ—120	15.20	15.5	3.1		35		17.0		15.0	120	130	0.14
JTT—150	3-4-1	LGJ—150	16.72	17.5	3.1	+0.5 −0.3	39	+0.4 −0.9	19.0	±0.5	17.5	130	140	0.17
JTT—185		LGJ—185	19.20	19.5	3.4		43		21.0		18.0	150	160	0.22
JTT—240		LGJ—240	21.28	22.0	3.9		48		23.5		20.0	170	180	0.33

2. 铝绞线用钳压接续管

铝绞线用钳压接续管是一个单独的椭圆管，线与线之间不加衬垫，钳压时从接续管的一端依次交钳顺序钳压至另一端。

接续管的形状如图 3-4-3。(1983) 标准铝绞线用接续管规范见表 3-4-6。(2009) 标准铝绞线用接续管（椭圆管）规范见表 3-4-7。

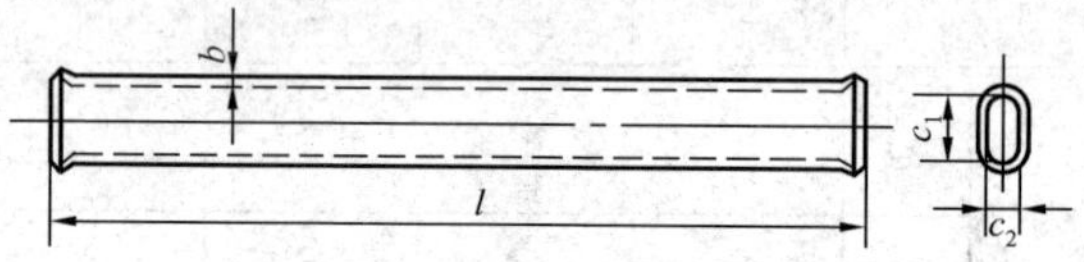

图 3-4-3

表 3-4-6　(1983) 标准铝绞线用钳压接续管规范

型号	图号	适用导线		主要尺寸（mm）				钳压		质量 (kg)
		型号	外径 (mm)	b	c_1	c_2	l	凹深 (mm)	模数	
JT—16L	3-4-3	LJ—16	5.10	1.7	12.0	6.0	110	10.5	6	0.02
JT—25L		LJ—25	6.45	1.7	14.4	7.2	120	12.5	6	0.03
JT—35L		LJ—35	7.50	1.7	17.0	8.5	140	14.0	6	0.04
JT—50L		LJ—50	9.00	1.7	20.0	10.0	190	16.5	8	0.05
JT—70L		LJ—70	10.80	1.7	23.7	11.7	210	19.5	8	0.07
JT—95L		LJ—95	12.48	1.7	26.8	13.4	280	23.0	10	0.10
JT—120L		LJ—120	14.00	2.0	30.0	15.0	300	26.0	10	0.15
JT—150L		LJ—150	15.75	2.0	34.0	17.0	320	30.0	10	0.16
JT—185L		LJ—185	17.50	2.0	38.0	19.0	340	33.5	10	0.20

表 3-4-7　(2009) 标准铝绞线用接续管（椭圆管）规范

型号	图号	JL 铝绞线		主要尺寸（mm）			
		截面(mm^2)	外径(mm)	b	c_1	c_2	l
JT—16L	3-4-3	16	5.12	1.7	12.0	6.0	110
JT—25L		25	6.40	1.7	14.4	7.2	130
JT—40L		40	8.09	1.7	18.0	9.0	170
JT—63L		63	10.2	1.7	23.0	11.5	220
JT—100L		100	12.9	2.0	28.0	14.0	270
JT—125L		125	14.5	2.0	31.0	15.5	300
JT—160L		160	16.4	2.0	35.0	17.5	340

3. 铜绞线用钳压接续管

铜绞线在输电线路上很少使用，仅在沿海或严重腐蚀地区可能使用。(1974)标准的铜绞线用钳压接续管形状及规范如图3-4-4和表3-4-8所示。

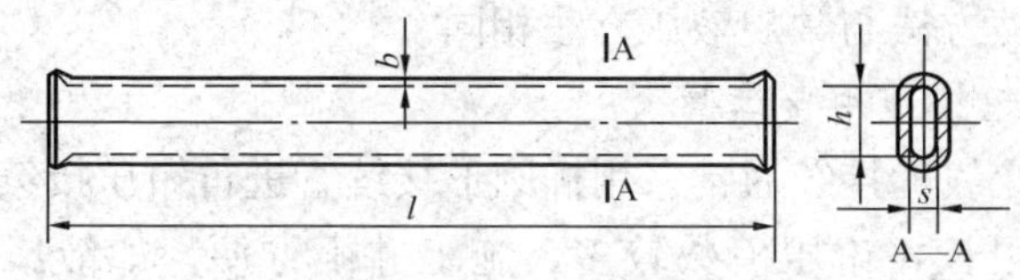

图 3-4-4

表 3-4-8　　铜绞线用钳压接续管规范

型　号	图　号	适用铜绞线		主要尺寸（mm）				质量（kg）
		型　号	外径（mm）	b	h	l	s	
QT—16	3-4-4	TJ—16	5.1	1.7	12.0	98	6.0	0.057
QT—25		TJ—25	6.3	1.7	14.4	112	7.2	0.060
QT—35		TJ—35	7.5	1.7	17.0	126	8.5	0.100
QT—50		TJ—50	9.0	1.7	20.0	180	10.0	0.160
QT—70		TJ—70	10.6	1.7	23.0	198	11.6	0.200
QT—95		TJ—95	12.4	1.7	26.8	264	13.4	0.300
QT—120		TJ—120	14.0	2.0	30.0	286	15.0	0.430
QT-150		TJ—150	15.8	2.0	34.0	308	17.0	0.520

二、液压接续金具

以液压方法接续导线及避雷线时，用一定吨位的液压机和规定尺寸的压缩钢模进行，接续管在受压后产生塑性变形，使接续管与导线成为一整体。因此，液压接续有足够的机械强度和良好的电气接触性能。

接续管形状有两种：一种接续管压缩前为椭圆形，压缩后为圆形；另一种接续管压缩前为圆形，压缩后为正六角形或扁六角形。后者具有压力均匀、材料省、施工方便等优点。

液压接续分为钢芯对接与钢芯搭接两种接续方法。钢芯对

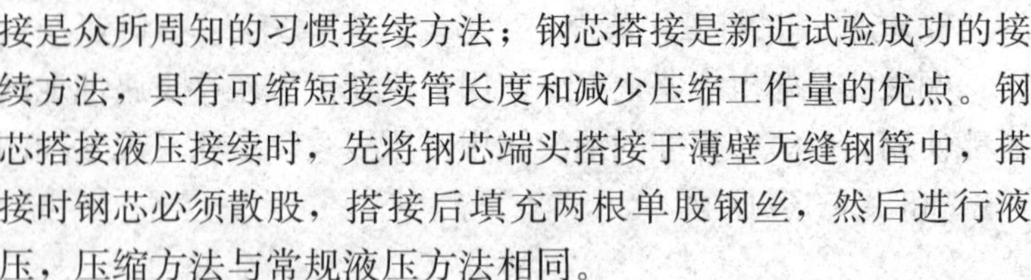

接是众所周知的习惯接续方法；钢芯搭接是新近试验成功的接续方法，具有可缩短接续管长度和减少压缩工作量的优点。钢芯搭接液压接续时，先将钢芯端头搭接于薄壁无缝钢管中，搭接时钢芯必须散股，搭接后填充两根单股钢丝，然后进行液压，压缩方法与常规液压方法相同。

1. 铝绞线用接续管

铝绞线的接续通常采用椭圆形接续管进行钳压接续。这种接续管很长，钳压模数较多，施工并不方便。如液压设备配套，采用对接液压接续管，可缩短管长，减少压缩次数。截面为 240mm^2 以上的铝绞线多用于城市无轨电车馈电线路。

（1983）标准铝绞线用接续管的形状及规范见图 3-4-5 及表 3-4-9。（2009）标准铝绞线用接续管形状及规范见图 3-4-6 及表 3-4-10。

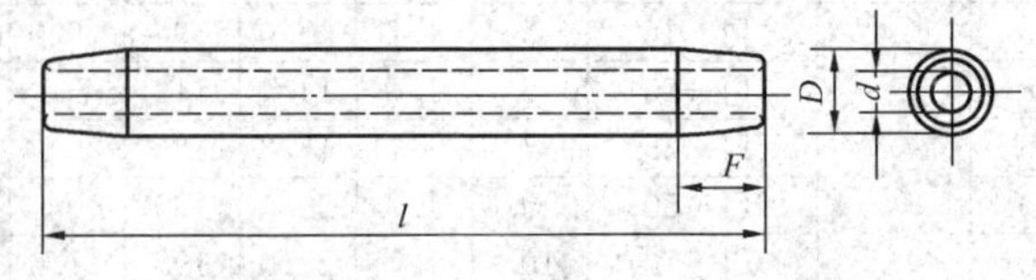

图 3-4-5

表 3-4-9　（1983）标准铝绞线用接续管规范

型　号	图号	适用铝绞线		主要尺寸（mm）				质量（kg）
		结　构（根数/直径，mm）	外径（mm）	*d*	*D*	*F*	*l*	
JY—150L	3-4-5	19/3.15	15.75	17.0	30	20	280	0.36
JY—185L		19/3.50	17.50	19.0	32	20	310	0.44
JY—210L		19/3.75	18.75	20.0	34	20	334	0.60
JY—240L		19/4.00	20.00	21.5	36	20	350	0.75
JY—300L		37/3.20	22.40	24.0	40	25	390	0.95
JY—400L		37/3.70	25.90	27.5	45	25	450	1.50
JY—500L		37/4.16	29.12	31.5	52	30	510	2.00
JY—630L		61/3.63	32.67	34.5	60	35	570	2.80
JY—800L		61/4.10	36.90	38.5	65	40	650	4.80

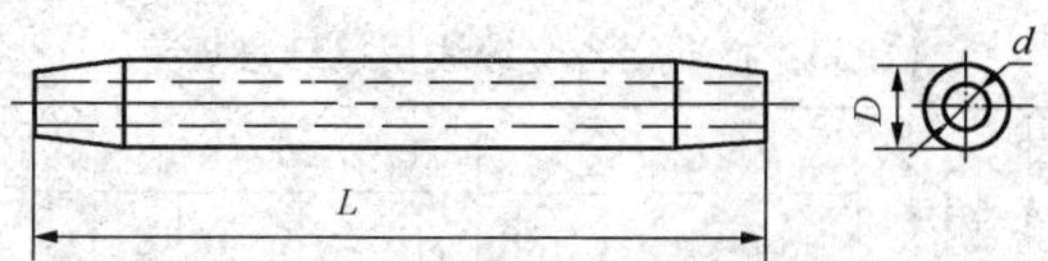

图 3-4-6

表 3-4-10　　　（2009）标准铝绞线用接续管规范

型　号	图　号	LJ 型铝绞线		主要尺寸（mm）		
		截面（mm^2）	外径（mm）	D	d	L
JY—250L	3-4-6	250	20.5	36	22.0	360
JY—315L		315	23.0	40	24.5	400
JY—400L		400	26.0	45	27.5	460
JY—450L		450	27.5	48	29.0	480
JY—500L		500	29.0	52	30.5	510
JY—560L		560	30.7	55	32.0	540
JY—630L		630	32.6	60	34.0	580
JY—710L		710	34.6	60	36.0	600
JY—800L		800	36.8	65	38.5	640

2. 铝合金绞线用接续管

铝合金绞线机械强度大，铝材硬度高，不适于用椭圆形接续管进行搭接钳压接续，必须使用圆形接续管进行对接压缩。

（1983）标准铝合金绞线用接续管的形状及规范如图 3-4-7 及表 3-4-11 所示。（2009）标准铝合金绞线用接续管形状及规范见图 3-4-8 及表 3-4-12。

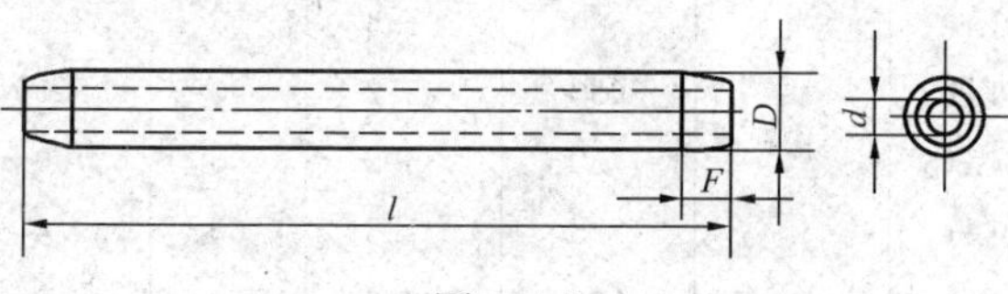

图 3-4-7

表 3-4-11　　(1983) 标准铝合金绞线用接续管规范

型号	图号	适用导线		主要尺寸 (mm)				压缩后六角形对边尺寸 (mm)	质量 (kg)
		型号	外径 (mm)	D	d	F	l		
JY—95H	3-4-7	HL4J—95	12.5	24	14.0	24	250	20.78	0.20
JY—95—1H		HL4J—95(1)	12.4	24	14.0	24	250	20.78	0.20
JY—120H		HL4J—120	14.0	28	15.5	28	280	24.24	0.41
JY—150H		HL4J—150	15.8	32	17.2	32	320	27.71	0.50
JY—185H		HL4J—185	17.5	34	19.0	34	350	29.44	0.60
JY—240H		HL4J—240	20.0	40	21.5	40	400	34.64	0.96
JY—300H		HL4J—300	22.4	45	24.0	45	450	38.97	1.38
JY—400H		HL4J—400	25.8	50	27.5	50	520	43.30	1.92
JY—500H		HL4J—500	29.1	60	31.0	60	580	51.96	3.24
JY—600H		HL4J—600	32.0	65	33.5	65	640	56.29	4.21

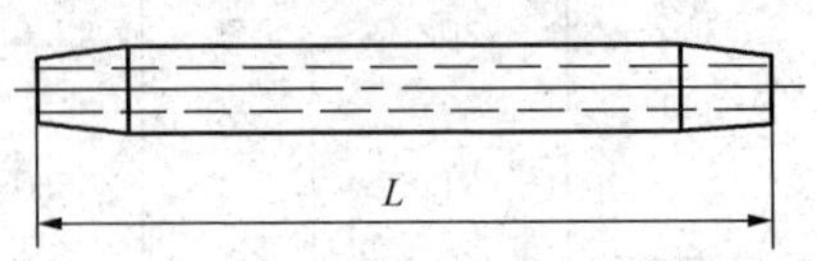

图 3-4-8

表 3-4-12　　(2009) 标准铝合金绞线用接续管规范

型号	图号	JLHA1 铝合金绞线		主要尺寸 (mm)		
		截面	外径 (mm)	D	d	L
JY—250LH	3-4-8	290	22.1	40	23.5	430
JY—315LH		370	24.8	45	26.3	480
JY—400LH		465	28.0	50	29.5	550
JY—450LH		520	29.7	52	31.2	580
JY—500LH		580	31.3	55	33.0	610
JY—560LH		650	33.2	60	35.0	650
JY—630LH		730	35.2	65	37.0	690
JY—710LH		825	37.3	65	39.0	730
JY—800LH		930	39.6	70	41.5	770

表 3-4-13 钢芯铝绞线及钢芯铝合金绞线用接续管规范

型号	图号	导线类别	适用导线		主要尺寸（mm）							质量 (kg)
			型号	外径 (mm)	D	d_1	l	d	d_2	l_1	F	
JY—95	3-4-9	钢芯铝绞线	LGJ—95	13.7	26	15.0	380	12	6.0	140	26	0.45
JY—120	3-4-9	钢芯铝绞线	LGJ—120	15.2	26	16.5	430	12	6.6	160	26	0.47
JY—150	3-4-9	钢芯铝绞线	LGJ—150	17.0	32	18.5	460	14	7.2	180	32	0.85
JY—185	3-4-9	钢芯铝绞线	LGJ—185	19.0	34	20.5	530	16	8.1	200	34	1.06
JY—240	3-4-9	钢芯铝绞线	LGJ—240	21.6	38	23.0	550	18	9.0	220	38	1.40
JY—300HGJ	3-4-9	加强型钢芯铝合金绞线	HL4GJJ—300	25.68	50	27.0	840	22	11.8	300	50	3.90
JY—400HGJ	3-4-9	加强型钢芯铝合金绞线	HL4GJJ—400	29.18	60	31.0	960	26	13.2	340	60	6.40
JY—500HGQ	3-4-9	轻型钢芯铝合金绞线	HL4GJQ—500	30.16	60	32.0	900	20	10.7	270	60	7.20

3. 钢芯铝绞线及钢芯铝合金绞线接续管（钢芯对接）

钢芯铝绞线及钢芯铝合金绞线接续管由钢管和铝管组成。钢管采用含碳量较低的钢或10号优质无缝钢管制造，或采用圆钢经钻孔制造，管材硬度HB应低于133，硬度低、塑性好、握力大。铝管采用纯度不低于99.5的铝经拉制而成，拉制后的铝管应进行退火处理，其硬度HB不超过25。

接续管的形状及规范如图3-4-9及表3-4-13所示。

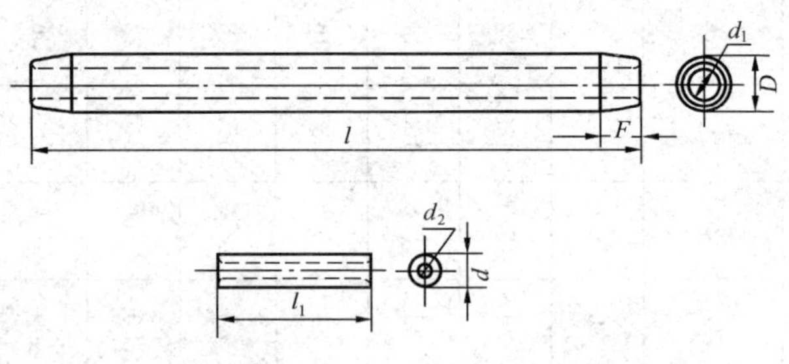

图3-4-9

4. 接续管（钢芯搭接、液压）

该接续管适用于安装GB/T 1179—2009《圆线同心绞线》的钢芯铝绞线。接续管形状及规范见图3-4-10及表3-4-14。(2009) 标准JLHA1/G1A型钢芯铝合金绞线用接续管（钢芯搭接）形状及规范见图3-4-11及表3-4-15。

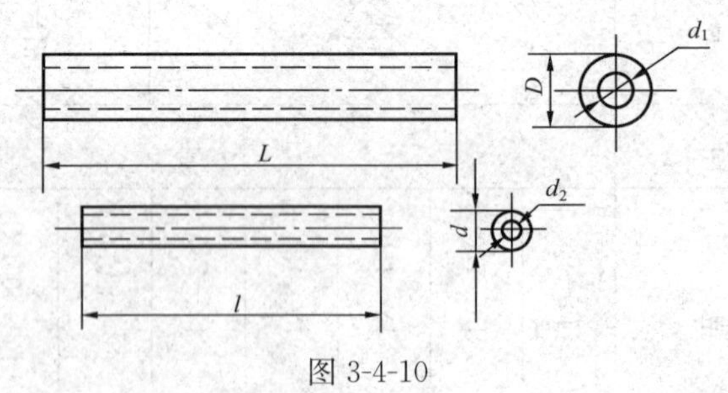

图3-4-10

表 3-4-14　　　　钢芯搭接液压接续管规范

型　号	图号	适　用　导　线			主　要　尺　寸（mm）					
		型　号	外径(mm)		d	d_2	l	D	d_1	L
			钢芯	整个						
JYD—250/40	3-4-10	JL/GIA—250/40	8.16	22.2	18	13.6	110	36	23.5	460
JYD—250/25		JL/GIA—250/25	6.34	21.6	16	10.6	80		23.0	430
JYD—315/50		JL/GIA—315/50	9.16	24.9	22	15.3	120	42	26.5	520
JYD—315/20		JL/GIA—315/20	5.97	23.9	16	10.0	80	40	25.5	460
JYD—400/50		JL/GIA—400/50	9.21	27.6	22	15.3	120	45	29.0	550
JYD—400/30		JL/GIA—400/30	6.73	26.9	16	11.2	90		28.5	520
JYD—450/30		JL/GIA—450/30	7.14	28.5	18	12.0	90	48	30.0	550
JYD—500/35		JL/GIA—500/35	7.52	30.1	18	15.6	100	52	31.5	580
JYD—560/40		JL/GIA—560/40	7.96	31.8	18	13.3	100	55	33.5	610
JYD—630/45		JL/GIA—630/45	8.44	33.8	20	14.1	110	60	35.5	650
JYD—710/50		JL/GIA—710/50	8.96	35.9	20	15.0	120	62	37.5	690
JYD—800/35		JL/GIA—800/35	7.52	37.6	18	12.6	100	65	39.5	700
JYD—900/40		JL/GIA—900/40	7.98	39.9	20	13.3	100	68	41.5	740
JYD—1000/45		JL/GIA—1000/45	8.41	42.1	20	14.0	110	72	44.0	780

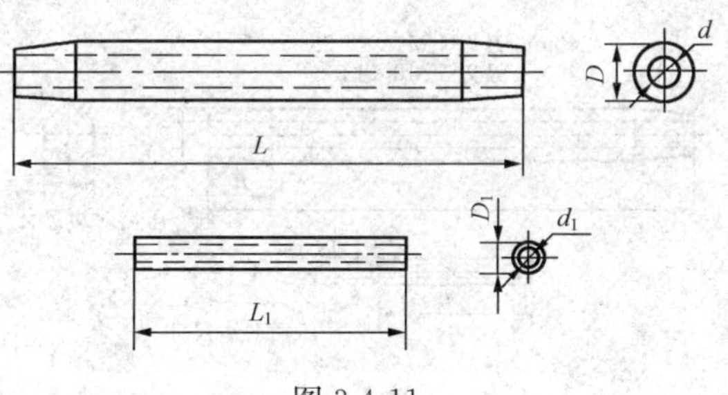

图 3-4-11

表 3-4-15　(2009)标准 JLHA1/G1A 型钢芯铝合金绞线用接续管(钢芯塔接)规范

型　号	图号	JLHA1/G1A 钢芯铝合金绞线			主要尺寸(mm)					
		截面	钢芯	外径	D	d	L	D_1	d_1	L_1
JYD—290/28LH/G1A	3-4-11	290/28	6.83	23.2	38	24.5	580	18	14.4	95
JYD—290/45LH/G1A		290/45	8.80	23.9	40	25.5	630	22	14.7	120
JYD—360/25LH/G1A		360/25	6.44	25.7	42	27.0	630	18	10.8	90
JYD—460/30LH/G1A		460/30	7.25	29.0	48	30.5	730	18	12.1	100
JYD—520/35LH/G1A		520/35	7.69	30.8	50	32.3	750	20	12.8	110
JYD—575/40LH/G1A		575/40	8.11	32.4	52	34.0	790	20	13.5	110
JYD—645/45LH/G1A		645/45	8.58	34.3	55	35.8	840	22	14.3	120
JYD—725/30LH/G1A		725/30	7.20	36.0	60	37.5	850	18	12.0	100
JYD—820/35LH/G1A		820/35	7.64	38.2	62	39.7	890	20	12.8	110
JYD—920/40LH/G1A		920/40	8.11	40.5	65	42.0	990	20	13.5	110

注　本型号的接续管亦适用于安装 JLHA1/G1B 型钢芯铝合金绞线，钢芯单丝抗拉强度为 1200N/mm^2，并与 JLHA2/G1A 型通用，铝合金单丝抗拉强度 295N/mm^2。

5. (1983) 标准钢芯铝绞线用接续管（钢芯对接）

(1) (1983) 标准钢芯铝绞线用接续管的形状及规范见图 3-4-12 及表 3-4-16。

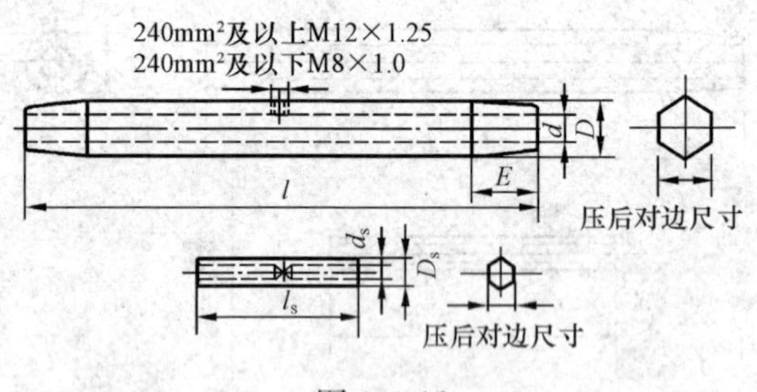

图 3-4-12

表 3-4-16　　(1983)标准钢芯铝绞线用接续管规范

型　号	图 号	适用导线				主要尺寸(mm)							压后对边尺寸(mm)		质量(kg)
		结构(根/直径,mm)		计算外径(mm)											
		铝	钢	铝	钢	d	D	E	l	d_s	D_s	l_s	铝	钢	
JY—120/20		26/2.38	7/1.85	15.07	5.55	16.5	30	60	430	6.2	14	130	25.98	12.12	0.70
JY—120/25		7/4.72	7/2.10	15.74	6.30	17.0			490	7.0	14	150		12.12	0.88
JY—150/20		24/2.78	7/1.85	16.67	5.55	18.0			470	6.2	14	130		12.12	0.93
JY—150/25		26/2.70	7/2.10	17.10	6.30	19.0	32	70	500	7.0	14	150	27.71	12.12	0.96
JY—150/35		30/2.50	7/2.50	17.50	7.50	19.0			530	8.2	16	180		13.85	1.08
JY—185/25		24/3.15	7/2.10	18.90	6.30	20.5			520	7.0	14	150		12.12	1.11
JY—185/30	3-4-12	26/2.98	7/2.32	18.88	6.96	20.5	34	70	540	7.6	14	170	29.44	12.12	1.15
JY—185/45		30/2.80	7/2.80	19.60	8.40	21.5			570	9.1	18	200		15.58	1.27
JY—210/25		24/3.33	7/2.22	19.98	6.66	21.5			540	7.3	14	160		12.12	1.07
JY—210/35		26/3.22	7/2.50	20.38	7.50	21.5	34	70	560	8.2	16	180	29.44	13.85	1.17
JY—210/50		30/2.98	7/2.98	20.86	8.94	22.5			600	9.6	18	210		15.58	1.19
JY—240/30		24/3.60	7/2.40	21.60	7.20	23.0			570	7.9	16	170		13.85	1.28
JY—240/40		26/3.42	7/2.66	21.66	7.98	23.0	36	70	590	8.7	16	190	31.17	13.85	1.33
JY—240/55		30/3.20	7/3.20	22.40	9.60	24.0			640	10.3	20	230		17.32	1.56

续表

型号	图号	适用导线				主要尺寸(mm)							压后对边尺寸(mm)		质量(kg)
		结构(根/直径,mm)		计算外径(mm)											
		铝	钢	铝	钢	d	D	E	l	d_s	D_s	l_s	铝	钢	
JY—300/15	3-4-12	42/3.00	7/1.67	23.01	5.01	24.5	40	80	560	5.7	14	120	34.64	12.12	1.50
JY—300/20		45/2.93	7/1.95	23.43	5.85	25.0			580	6.5	14	140		12.12	1.52
JY—300/25		48/2.85	7/2.22	23.76	6.66	25.5			600	7.3	14	160		12.12	1.59
JY—300/40		24/3.99	7/2.66	23.94	7.98	25.5			640	8.7	16	190		13.85	1.70
JY—300/50		26/3.83	7/2.98	24.26	8.94	26.0			660	9.6	18	210		15.58	1.79
JY—300/70		30/3.60	7/3.60	25.20	10.80	27.0			720	11.5	22	260		19.05	2.07
JY—400/20		42/3.51	7/1.95	26.91	5.85	28.5	45	90	580	6.5	14	140	38.97	12.12	1.87
JY—400/25		45/3.33	7/2.22	26.64	6.66	28.5			660	7.3	14	160		12.12	2.12
JY—400/35		48/3.22	7/2.50	26.82	7.50	28.5			680	8.2	16	180		13.85	2.25
JY—400/50		54/3.07	7/3.07	27.63	9.21	29.5			730	9.9	20	220		17.32	2.48
JY—400/65		26/4.42	7/3.44	28.00	10.32	29.5			760	11.0	22	250		19.05	2.73
JY—400/95		30/4.16	19/2.50	29.14	12.50	31.0			830	13.2	26	300		22.51	3.07
JY—500/35		45/3.75	7/2.50	30.00	7.50	31.5	50	100	740	8.2	16	180	43.30	13.85	2.96
JY—500/45		48/3.60	7/2.80	30.00	8.40	31.5			760	9.1	18	200		15.85	3.12
JY—500/65		54/3.44	7/3.44	30.96	10.32	32.5			820	11.0	22	250		19.05	3.32
JY—630/45		54/4.20	7/2.80	33.60	8.40	35.5	60	120	840	9.1	18	200	51.96	15.58	4.46
JY—630/55		48/4.12	7/3.20	34.82	9.60	36.0			880	10.3	20	230		17.32	4.67
JY—630/80		54/3.87	19/2.32	34.82	11.60	36.5			940	12.3	24	280		20.78	5.25
JY—800/55		45/4.80	7/3.20	38.40	9.60	40.0	65	130	950	10.3	20	230	56.29	17.32	5.72
JY—800/70		48/4.63	7/3.60	38.58	10.80	40.5			980	11.5	22	260		19.05	5.84
JY—800/100		54/4.33	19/2.60	38.98	13.00	40.5			1030	13.7	26	310		22.51	6.56

（2）（2009）标准钢芯铝绞线用接续管（钢芯对接）形状见图 3-4-13。（2009）标准 JL/G1A 型、JL/G3A 型钢芯铝绞线用接续管（钢芯对接）规范分别见表 3-4-17、表 3-4-18。

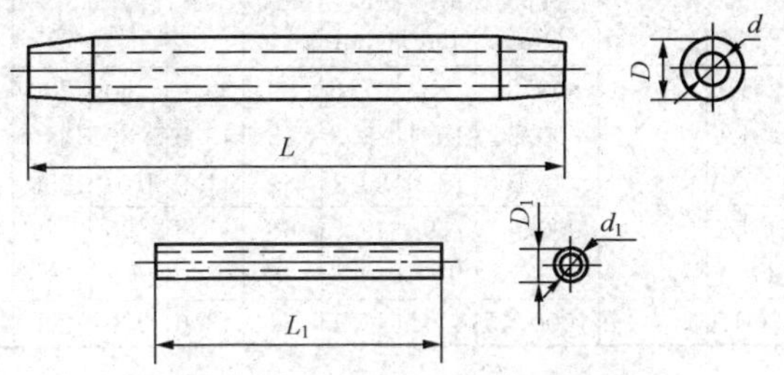

图 3-4-13

表 3-4-17　（2009）标准 JL/G1A 型钢芯铝绞线用接续管（钢芯对接）规范

型　号	图 号	JL/G1A 钢芯铝绞线			主要尺寸（mm）					
		截面（mm^2）	钢芯（mm）	外径（mm）	D	d	L	L_1	D_1	d_1
JY—125/20G1A	3-4-13	125/20	5.77	15.7	26	17	430	160	12	6.4
JY—160/25G1A		160/25	6.53	17.7	30	19	480	180	14	7.2
JY—200/30G1A		200/30	7.30	19.8	34	21	530	200	16	8.0
JY—250/25G1A		250/25	6.34	21.6	36	23	540	180	14	7.0
JY—250/40G1A		250/40	8.16	22.2	38	23.5	600	220	18	8.8
JY—315/20G1A		315/20	5.97	23.9	40	25.5	560	160	12	6.6
JY—315/50G1A		315/50	9.16	24.9	42	26.5	670	240	20	9.8
JY—400/30G1A		400/30	6.73	26.9	45	28.5	630	180	16	7.4
JY—400/50G1A		400/50	9.21	27.6	48	29.0	720	250	20	9.9
JY—450/30G1A		450/30	7.14	28.5	48	30.0	680	200	16	7.8
JY—450/60G1A		450/60	9.77	29.3	50	31.0	750	260	22	10.5
JY—500/35G1A		500/35	7.52	30.1	52	31.0	700	200	16	8.2
JY—500/65G1A		500/65	10.3	30.9	52	32.5	800	280	22	11.0
JY—560/40G1A		560/40	7.96	31.8	55	33.5	750	220	18	8.6
JY—560/70G1A		560/70	10.9	32.7	55	34.5	850	290	24	11.6
JY—630/45G1A		630/45	8.44	33.8	58	35.5	780	220	18	9.1
JY—630/80G1A		630/80	11.6	34.7	58	36.5	910	320	26	12.3
JY—710/50G1A		710/50	8.96	35.9	60	37.7	840	240	20	9.4
JY—710/90G1A		710/90	12.3	36.8	60	38.9	960	340	26	13.0

续表

型号	图号	JL/GIA 钢芯铝合金绞线			主要尺寸（mm）					
		截面（mm^2）	钢芯（mm）	外径（mm）	D	d	L	L_1	D_1	d_1
JY—800/35G1A	3-4-13	800/35	7.52	37.6	65	39.4	760	200	16	8.2
JY—800/70G1A		800/65	10.4	38.3	65	40.0	920	280	24	11.1
JY—800/100G1A		800/100	13.0	39.1	65	41.0	1010	350	28	13.7
JY—900/40G1A		900/40	7.98	39.9	68	41.5	830	220	18	8.6
JY—900/75G1A		900/75	11.10	40.6	68	42.0	1030	300	24	11.8
JY—1000/45G1A		1000/45	8.41	42.1	70	43.0	970	230	18	9.1

表 3-4-18　（2009）标准 JL/G3A 型钢芯铝绞线用接续管（钢芯对接）规范

型号	图号	JL/G3A 钢芯铝绞线			主要尺寸（mm）					
		截面（mm^2）	钢芯（mm）	外径（mm）	D	d	L	D_1	d_1	L_1
JY—315/20G3A	3-4-13	315/20	5.97	23.9	40	25.5	640	14	6.6	210
JY—315/50G3A		315/50	9.16	24.9	42	26.5	780	22	9.8	320
JY—400/30G3A		400/30	6.73	26.9	45	28.5	710	18	7.4	230
JY—400/50G3A		400/50	9.21	27.6	48	29.0	830	22	9.9	320
JY—450/30G3A		450/30	7.14	28.5	48	30.0	760	18	7.8	250
JY—450/60G3A		450/60	9.77	29.3	50	31.0	880	24	10.5	340
JY—500/35G3A		500/35	7.52	30.1	52	31.0	800	18	8.2	260
JY—500/65G3A		500/65	10.3	30.9	52	32.5	930	26	11.0	360
JY—560/40G3A		560/40	7.96	31.8	55	33.5	850	20	8.6	280
JY—560/70G3A		560/70	10.9	32.7	55	34.5	980	26	11.6	380
JY—630/45G3A		630/45	8.44	33.8	58	35.5	900	20	9.1	300
JY—630/80G3A		630/80	11.6	34.7	58	36.5	1040	28	12.3	400
JY—710/50G3A		710/50	8.96	35.9	60	37.7	950	20	9.4	310
JY—710/90G3A		710/90	12.3	36.8	60	38.9	1100	30	13.0	430
JY—800/35G3A		800/35	7.52	37.6	65	39.4	930	18	8.2	260
JY—800/65G3A		800/65	10.4	38.3	65	40.0	1050	26	11.1	360
JY—800/100G3A		800/100	13.0	39.1	65	41.0	1170	32	13.7	450
JY—900/40G3A		900/40	7.98	39.9	68	41.5	990	20	8.6	280
JY—900/75G3A		900/75	11.10	40.6	68	42.0	1130	28	11.8	390
JY—1000/45G3A		1000/45	8.41	42.1	72	43.0	1060	20	9.1	290

6.（1983）标准钢芯铝绞线用接续管（液压、钢芯对接）

（1983）标准钢芯铝绞线用接续管（液压、钢芯对接）形状及规范见图 3-4-14 及表 3-4-19。

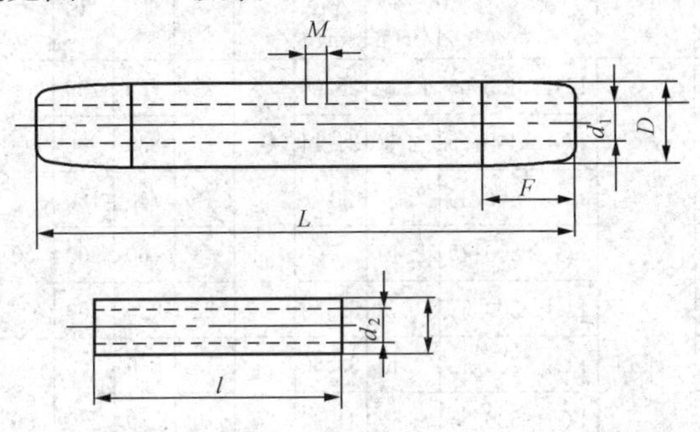

图 3-4-14

表 3-4-19　（1983）标准钢芯铝绞线用接续管（液压、钢芯对接）规范

型　号	图号	适用导线			主要尺寸（mm）						
		型　号	钢芯外径（mm）	导线外径（mm）	D	d	L	l	F	d_1	d_2
JY—240/30	3-4-14	LGJ—240/30	7.20	21.60	36	16	570	170	22	23.0	7.9
JY—240/40		LGJ—240/40	7.98	21.66		16	590	190		23.0	8.7
JY—240/55		LGJ—240/55	9.60	22.40		20	640	230		24.0	10.3
JY—300/15		LGJ—300/15	5.01	23.01	40	14	560	120	24	24.5	5.7
JY—300/20		LGJ—300/20	5.85	23.43		14	580	140		25.0	6.5
JY—300/25		LGJ—300/25	6.66	23.76		14	600	160		25.5	7.3
JY—300/40		LGJ—300/40	7.98	23.94		16	640	190		25.5	8.7
JY—300/50		LGJ—300/50	8.94	24.26		18	660	210		26.0	9.6
JY—300/70		LGJ—300/70	10.80	25.20	42	22	710	260	25	27.0	11.5
JY—400/20		LGJ—400/20	5.85	26.91	45	14	580	140	27	28.5	6.5
JY—400/25		LGJ—400/25	6.66	26.64		14	660	160		28.5	7.3
JY—400/35		LGJ—400/35	7.50	26.82		16	680	180		28.5	8.2
JY—400/50		LGJ—400/50	9.21	27.63		20	730	220		29.5	9.9

续表

型　号	图号	适用导线			主要尺寸（mm）						
		型　号	钢芯外径（mm）	导线外径（mm）	D	d	L	l	F	d_1	d_2
JY—400/65	3-4-14	LGJ—400/65	10.32	28.00	48	22	760	250	29	29.5	11.0
JY—400/95		LGJ—400/95	12.50	29.14		26	830	300		31.0	13.2
JY—500/35		LGJ—500/35	7.50	30.0	52	16	740	180	30	31.5	8.2
JY—500/45		LGJ—500/45	8.40	30.00		18	760	200		31.5	9.1
JY—500/65		LGJ—500/65	10.32	30.96		22	820	250		32.5	11.0
JY—630/45		LGJ—630/45	8.40	33.60	60	18	840	200	36	35.5	9.1
JY—630/55		LGJ—630/55	9.60	34.32		20	880	230		36.0	10.3
JY—630/80		LGJ—630/80	11.60	34.82		24	940	280		36.5	12.3
JY—800/55		LGJ—800/55	9.60	38.04	65	20	950	230	39	40.0	10.3
JY—800/70		LGJ—800/70	10.80	38.58		22	980	260		40.5	11.5
JY—800/100		LGJ—800/100	13.00	38.98		26	1050	310		40.5	13.7

注　油孔 M 为铝合金平头螺柱，规格为 M12×1.25mm。

7. 钢芯铝合金绞线用接续管（钢芯对接）

钢芯铝合金绞线用接续管（钢芯对接）形状见图 3-4-15。钢芯铝合金绞线和（2009）标准 JLHA1/G1A 型、JLHA1/G3A 型钢芯铝合金绞线用接续管规范分别见表 3-4-20～表 3-4-22。

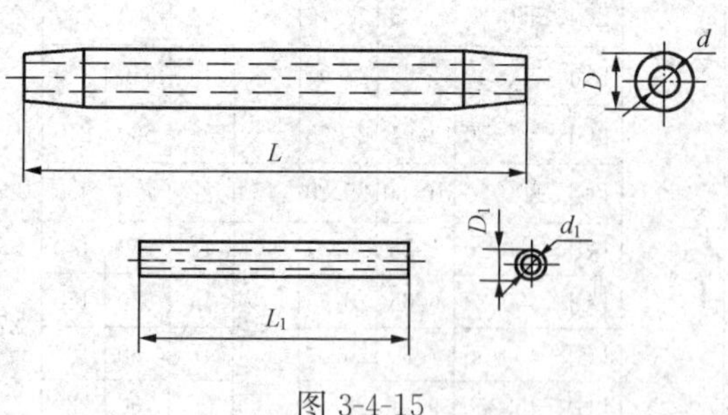

图 3-4-15

表 3-4-20 钢芯铝合金绞线用接续管（钢芯对接）规范

型 号	图 号	钢芯铝合金绞线			主要尺寸（mm）					
		截面（mm^2）	钢芯直径（mm）	导线外径（mm）	D	d	L	D_1	d_1	L_1
JY—240/30LH	3-4-15	240/30	7.20	21.60	36	23.0	650	16	7.9	200
JY—240/40LH		240/40	7.98	21.66	36	23.0	680	16	8.7	220
JY—300/20LH		300/20	5.85	23.43	40	25.0	650	14	6.5	160
JY—300/50LH		300/50	8.94	24.26	40	26.0	750	18	9.6	240
JY—300/70LH		300/70	10.80	25.20	42	26.5	840	22	11.5	300
JY—400/25LH		400/25	6.66	26.64	45	28.5	730	14	7.3	180
JY—400/50LH		400/50	9.21	27.63	48	29.5	830	20	9.9	250
JY—400/95LH		400/95	12.50	29.14	50	31.0	960	26	13.2	340
JY—500/35LH		500/35	7.50	30.00	50	31.5	840	16	8.2	200
JY—500/65LH		500/65	10.32	30.95	52	32.5	930	22	11.0	280
JY—630/45LH		630/45	8.40	33.60	60	35.5	920	18	9.1	220
JY—630/80LH		630/80	11.60	34.82	60	36.5	1050	24	12.3	320

注 接续管适用 GB 9329—1988 标准结构的钢芯铝合金绞线。

表 3-4-21 （2009）标准 JLHA1/G1A 型钢芯铝合金绞线用接续管规范

型 号	图 号	JLHA1/G1A 钢芯铝合金绞线			主 要 尺 寸（mm）					
		截面（mm^2）	钢芯直径（mm）	外径（mm）	D	d	L	D_1	d_1	L_1
JY—290/28LH/G1	3-4-15	290/28	6.83	23.2	40	24.5	660	16	7.5	180
JY—290/45LH/G1		290/45	8.80	23.9	40	25.5	750	20	9.5	240
JY—365/25LH/G1		365/25	6.44	25.7	45	27.2	700	14	7.1	170
JY—365/60LH/G1		365/60	9.88	26.8	45	28.3	840	22	10.6	270
JY—460/30LH/G1		460/30	7.25	29.0	50	30.5	800	16	7.9	200
JY—460/60LH/G1		460/60	9.93	29.8	50	31.5	900	22	10.5	270
JY—520/35LH/G1		520/35	7.69	30.8	55	32.5	850	16	8.4	210
JY—520/67LH/G1		520/67	10.5	31.6	55	33.2	940	24	11.2	280
JY—575/40LH/G1		575/40	8.11	32.4	60	34.0	870	18	8.8	220
JY—575/75LH/G1		575/75	11.1	33.3	60	35.0	1000	24	11.8	300
JY—645/45LH/G1		645/45	8.58	34.3	60	36.0	940	18	9.2	230
JY—645/80LH/G1		645/80	11.8	35.3	60	37.0	1060	24	12.5	320
JY—725/30LH/G1		725/30	7.20	36.0	65	37.7	930	16	7.9	190
JY—725/90LH/G1		725/90	12.50	37.4	65	39.0	1130	26	13.2	340
JY—820/35LH/G1		820/35	7.64	38.2	70	40.0	1000	16	8.3	210
JY—820/100LH/G1		820/100	13.20	39.7	70	41.5	1200	28	13.9	360
JY—920/40LH/G1		920/40	8.11	40.5	70	42.3	1060	18	8.8	220
JY—920/75LH/G1		920/75	11.30	41.3	70	43.0	1160	24	12.0	300

表 3-4-22　　(2009) 标准 JLHA1/G3A 型钢芯铝合金绞线用接续管规范

型号	图号	JLHA1/G3A 钢芯铝合金绞线			主要尺寸 (mm)					
		截面 (mm^2)	钢芯直径 (mm)	外径 (mm)	D	d	L	D_1	d_1	L_1
JY—365/25LH/G3	3-4-15	365/25	6.44	25.7	45	27.2	750	16	7.1	210
JY—365/60LH/G3		365/60	9.88	26.8	45	28.3	900	24	10.6	330
JY—460/30LH/G3		460/30	7.25	29.0	50	30.5	860	18	7.9	240
JY—460/60LH/G3		460/60	9.93	29.8	50	31.5	970	24	10.6	330
JY—520/35LH/G3		520/35	7.69	30.8	55	32.5	900	18	8.4	250
JY—520/70LH/G3		520/70	10.5	31.6	55	33.2	1020	26	11.2	350
JY—575/40LH/G3		575/40	8.11	32.4	60	34.0	950	20	8.8	270
JY—575/75LH/G3		575/75	11.1	33.3	60	35.0	1080	26	11.8	370
JY—645/45LH/G3		645/45	8.58	34.3	60	36.0	1000	20	9.2	280
JY—645/80LH/G3		645/80	11.80	35.3	60	37.0	1140	28	12.5	390
JY—725/30LH/G3		725/30	7.20	36.0	65	37.7	1030	18	7.9	240
JY—725/90LH/G3		725/90	12.5	37.4	65	39.0	1210	30	13.2	410
JY—820/35LH/G3		820/35	7.64	38.2	70	40.0	940	18	8.3	250
JY—820/100LH/G3		820/100	13.2	39.7	70	41.5	1290	32	13.9	440
JY—920/40LH/G3		920/40	8.11	40.5	70	42.3	1110	20	8.8	270
JY—920/75LH/G3		920/75	11.30	41.3	70	43.0	1200	26	12.0	370

8. 铝包钢芯铝绞线用接续管（钢芯对接）

铝包钢芯铝绞线接续管（钢芯对接）形状见图 3-4-16。

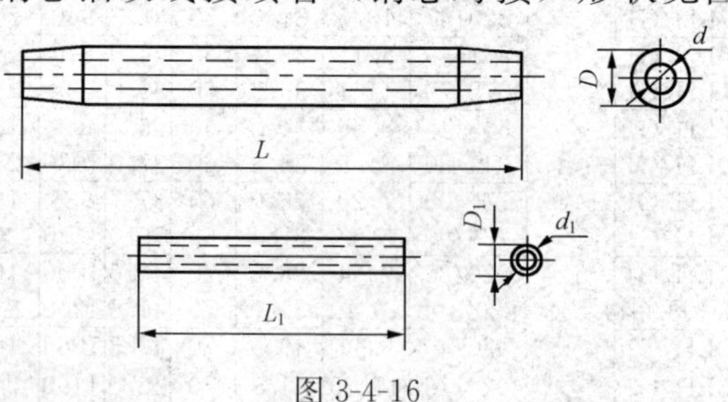

图 3-4-16

(1983）标准铝包钢芯铝绞线和（2009）标准 JL/LB1A 型、JLHA1/LB1A 型铝包钢芯铝绞线用接续管（钢芯对接）规范分别见表 3-4-23～表 3-4-25。

表 3-4-23 铝包钢芯铝绞线用接续管（钢芯对接）规范

型号	图号	铝包钢芯铝绞线			主要尺寸（mm）					
		截面（mm^2）	钢芯直径（mm）	导线外径（mm）	D	d	L	D_1	d_1	L_1
JY—240/30BG	3-4-16	240/30	7.20	21.60	36	23.0	620	16	7.9	220
JY—240/40BG		240/40	7.98	21.66	36	23.0	640	18	8.7	240
JY—240/55BG		240/55	9.60	22.40	38	24.0	720	20	10.3	300
JY—300/20BG		300/20	5.85	23.43	40	25.0	600	14	6.5	180
JY—300/25BG		300/25	6.66	23.76	40	25.5	630	14	7.3	200
JY—300/40BG		300/40	7.98	23.94	40	25.3	650	18	8.7	240
JY—300/50BG		300/50	8.94	24.26	42	26.0	730	20	9.6	280
JY—400/20BG		400/20	5.85	26.91	45	28.5	660	14	6.5	180
JY—400/25BG		400/25	6.66	26.64	45	28.5	680	14	7.3	200
JY—400/35BG		400/35	7.50	26.82	45	28.5	730	16	8.2	240
JY—400/50BG		400/50	9.21	27.63	48	29.5	780	20	9.9	280
JY—500/35BG		500/35	7.50	30.00	52	31.5	780	16	8.2	240
JY—500/45BG		500/45	8.40	30.00	52	31.5	800	18	9.1	260

注 导线结构和尺寸与 GB1179—1983 标准一致。

表 3-4-24 （2009）标准 JL/LB1A 型铝包钢芯铝绞线用接续管（钢芯对接）规范

型号	图号	JL/LB1A 铝包钢芯铝绞线			主要尺寸（mm）					
		截面（mm^2）	钢芯直径（mm）	外径（mm）	D	d	L	D_1	d_1	L_1
JY—250/25LB1	3-4-16	250/25	6.26	21.3	36	22.5	580	14	6.8	200
JY—250/40LB1		250/40	8.00	21.7	36	23.0	660	18	8.6	260
JY—315/20LB1		315/20	5.92	23.7	40	25.0	610	14	6.5	190
JY—315/50LB1		315/50	8.98	24.4	42	26.0	740	20	9.5	290

续表

型号	图号	JL/LB1A 铝包钢芯铝绞线			主要尺寸（mm）					
		截面（mm^2）	钢芯直径（mm）	外径（mm）	D	d	L	D_1	d_1	L_1
JY—400/25LB1	3-4-16	400/25	6.67	26.7	45	28.2	690	16	7.4	210
JY—400/50LB1		400/50	9.07	27.2	45	28.7	810	20	9.7	290
JY—450/30LB1		450/30	7.08	28.3	48	29.8	730	16	7.7	230
JY—450/55LB1		450/55	9.62	28.9	48	30.4	830	22	10.6	310
JY—500/30LB1		500/30	7.46	29.8	52	31.2	770	16	8.2	240
JY—500/60LB1		500/60	10.14	30.4	52	32.0	870	22	10.8	320
JY—560/40LB1		560/40	7.89	31.6	55	33.0	820	18	8.5	250
JY—560/70LB1		560/70	10.73	32.2	55	34.0	930	24	11.5	340
JY—630/40LB1		630/40	8.37	33.5	60	35.0	870	18	9.0	270
JY—630/80LB1		630/80	11.38	34.2	60	36.0	980	26	12.1	360
JY—710/50LB1		710/50	8.89	35.6	60	37.2	960	20	9.6	290
JY—710/90LB1		710/90	12.05	36.3	60	37.8	1050	26	12.7	390
JY—800/35LB1		800/35	7.48	37.4	65	39.0	900	16	8.2	240
JY—800/65LB1		800/65	10.34	37.9	65	39.8	1010	24	11.0	330
JY—800/100LB1		800/100	12.83	38.5	65	40.2	1110	28	13.5	410

表 3-4-25 （2009）标准 JLHA1/LB1A 型铝包钢芯铝合金绞线用接续管（钢芯对接）规范

型号	图号	JLHA2/LB1A 铝包钢芯铝合金绞线			主要尺寸（mm）					
		截面（mm^2）	钢芯直径（mm）	外径（mm）	D	d	L	D_1	d_1	L_1
JY—315/25LH/LB1	3-4-16	360/25	6.34	25.4	45	27.0	730	14	7.0	200
JY—315/55LH/LB1		350/55	9.61	26.1	45	27.5	870	22	10.3	310
JY—400/30LH/LB1		460/30	7.15	28.6	50	30.0	830	16	7.8	230
JY—400/60LH/LB1		450/60	9.7	29.1	50	30.5	930	22	10.4	310
JY—450/35LH/LB1		510/35	7.58	30.3	52	32.0	890	18	8.3	240

续表

型　号	图　号	JLHA2/LB1A 铝包钢芯铝合金绞线			主要尺寸（mm）					
		截面（mm^2）	钢芯直径（mm）	外径（mm）	D	d	L	D_1	d_1	L_1
JY—450/65LH/LB1	3-4-16	500/65	10.3	30.9	52	32.5	980	24	11.0	330
JY—500/40LH/LB1		570/40	7.99	32.0	55	33.5	930	18	8.3	260
JY—500/70LH/LB1		560/70	10.8	32.6	55	34.0	1080	24	11.5	350
JY—560/40LH/LB1		640/40	8.46	33.8	60	35.5	1000	18	9.2	270
JY—560/70LH/LB1		630/70	11.5	34.5	60	36.0	1100	26	12.2	370
JY—630/50LH/LB1		720/50	8.97	35.9	62	37.5	1060	20	9.6	290
JY—630/80LH/LB1		710/80	12.2	36.5	62	38.0	1160	26	12.9	390
JY—710/55LH/LB1		810/55	9.52	38.1	65	40.0	1110	22	10.2	310
JY—710/90LH/LB1		800/90	12.90	38.8	65	40.5	1230	28	13.6	410
JY—800/40LH/LB1		920/40	8.02	40.1	70	42.0	1090	18	8.6	260
JY—800/75LH/LB1		910/75	11.1	40.6	70	42.5	1200	26	11.8	350
JY—800/100LH/LB1		900/100	13.7	41.2	70	43.0	1310	30	14.4	440

9. 铝包钢芯铝绞线用接续管（钢芯搭接）

铝包钢芯铝绞线用接续管（钢芯搭接）形状及规范见图3-4-17及表3-4-26。

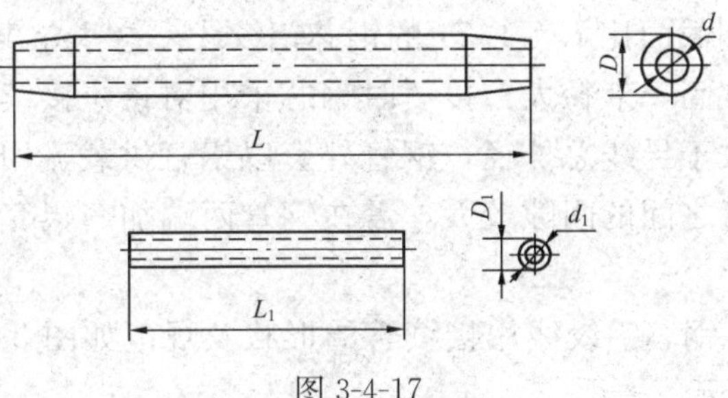

图 3-4-17

表 3-4-26　铝包钢芯铝绞线用接续管（钢芯搭接）规范

型号	图号	铝包钢芯铝绞线			主要尺寸（mm）					
		截面（mm^2）	钢芯外径（mm）	整个导线外径（mm）	D	d	L	D_1	d_1	L_1
JYD—240/30BG	3-4-17	240/30	7.20	21.60	36	23.0	550	18	12.3	130
JYD—240/40BG		240/40	7.98	21.66	36	23.0	570	20	13.7	140
JYD—240/55BG		240/55	9.60	22.40	38	24.0	610	22	16.5	170
JYD—300/20BG		300/20	5.85	23.43	40	25.0	550	16	10.0	100
JYD—300/25BG		300/25	6.66	23.76	40	25.5	580	18	11.4	120
JYD—300/40BG		300/40	7.98	23.94	40	25.5	610	20	13.7	140
JYD—300/50BG		300/50	8.94	24.26	42	26.0	640	22	15.4	160
JYD—400/20BG		400/20	5.85	26.91	45	28.5	610	16	10.0	100
JYD—400/25BG		400/25	6.66	26.64	45	28.5	630	18	11.4	120
JYD—400/35BG		400/35	7.50	26.82	45	28.5	650	18	12.9	130
JYD—400/50BG		400/50	9.21	27.63	48	29.5	700	22	15.8	160
JYD—500/35BG		500/35	7.50	30.00	52	31.5	170	18	11.9	130
JYD—500/45BG		500/45	8.40	30.00	52	31.5	730	20	14.4	150

注　铝包钢芯铝绞线结构参数与 GB 1179—1983 标准一致。

10. 架空避雷线良导体用接续管

作为架空避雷线的良导体有铝包钢绞线、钢芯铝合金绞线及铝钢截面比 $K=1.71$ 的钢芯铝绞线。这些导线的特点是钢芯强度高，外径大，接续时钢芯采用对接。接续用钢管的外径均大于导线总外径，钢管外套以铝管供载流用，由于铝线与铝管之间的间隙较大，需在钢管两端加套铝套管后再进行液压。

（1）钢芯铝绞线用接续管的形状及规范如图 3-4-18 及表 3-4-27 所示。

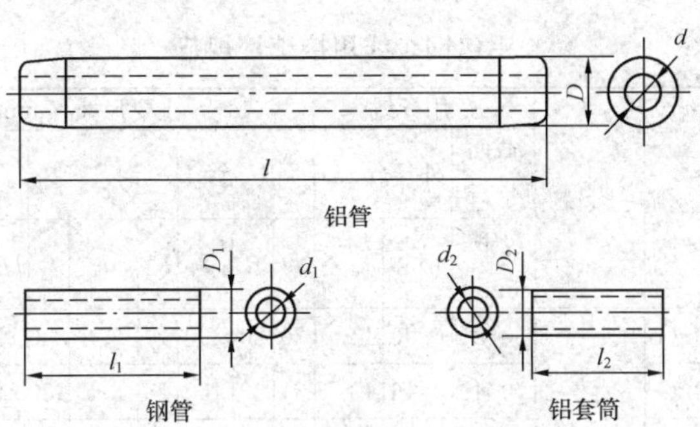

图 3-4-18

表 3-4-27 钢芯铝绞线（铝钢比 1.71）用接续管规范

型 号	图号	适用导线			主要尺寸（mm）								
		型 号	结构［铝线根数/线径(mm)＋钢线根数/线径(mm)］	外径(mm)	D	d	l	D_1	d_1	l_1	D_2	d_2	l_2
JY—50/30	3-4-18	LGJ—50/30	12/2.32＋7/2.32	11.60	28	18	350	14	7.6	190	17	12.5	70
JY—70/40		LGJ—70/40	12/2.72＋7/2.72	13.60	34	22	410	18	8.8	220	21	14.2	80
JY—95/55		LGJ—95/55	12/3.20＋7/3.20	16.00	36	24	470	20	10.2	260	23	17.0	90
JY—120/70		LGJ—120/70	12/3.60＋7/3.60	18.00	38	26	520	22	11.5	290	25	19.0	100

（2）铝包钢绞线用接续管形状及规范见图3-4-19及表 3-4-28。

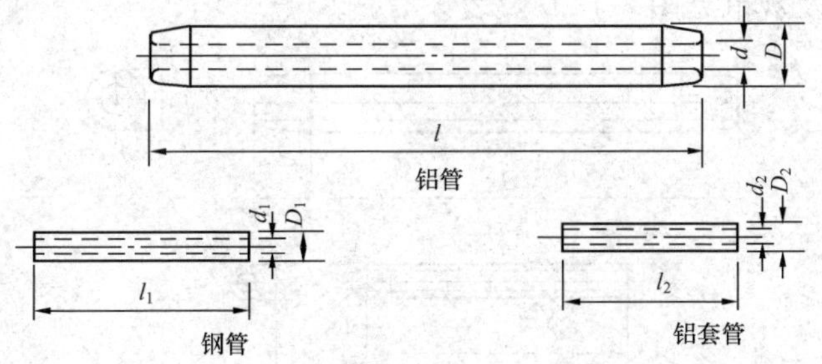

图 3-4-19

表 3-4-28　　铝包钢绞线用接续管规范

型　号	图号	适用导线			主要尺寸（mm）								
		截面（铝/铝包钢，mm²）	外径（mm）		铝　管			钢　管			铝套管		
			钢芯	整个	D	d	l	D_1	d_1	l_1	D_2	d_2	l_2
JY—50/30BG	3-4-19	50/30	6.96	11.6	30	20	390	16	7.6	220	19	12.5	60
JY—70/40BG		70/40	8.16	13.6	34	22	450	18	8.8	260	21	14.2	70
JY—95/55BG		95/55	9.60	16.0	36	26	520	22	10.3	300	25	17.0	80
JY—120/70BG		120/70	10.8	18.0	38	28	580	24	11.5	340	27	19.0	90

11. 钢芯铝绞线用接续管（钢芯散股搭接）

具有钢芯的各种组合绞线（钢芯铝绞线、钢芯铝合金绞线、钢芯铝包钢绞线等），习惯的接续方法是钢芯对接。这种钢芯对接的接续管较长，当通过放线滑车时容易产生弯曲变形。若采用钢芯搭接，接续管的管长可缩短 1/2，铝管总长亦可相应缩短。当采用短钢管进行钢芯搭接接续时，钢芯必须散股自由搭接；为增加密实度，钢芯搭接后需填入 2～3 根单股钢丝；接续时的压缩方法与一般液压方法相同。

采用钢芯搭接具有钢管材料省，造价低；铝管短，节约铝材；施工时压缩模数减少，提高施工效率等优点。

（1）（1983）标准钢芯铝绞线用接续管（液压、钢芯搭接）形状及规范见图 3-4-20 及表 3-4-29。

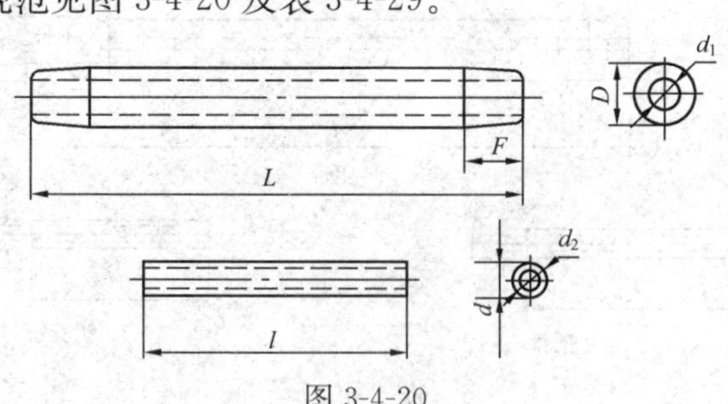

图 3-4-20

表 3-4-29　　(1983) 标准钢芯铝绞线用接续管（液压、钢芯搭接）规范

型　号	图号	适用导线			主要尺寸（mm）						
		型　号	钢芯外径（mm）	导线外径（mm）	D	d	L	l	F	d_1	d_2
JYD—240/30		LGJ—240/30	7.20	21.60		20	450	100		23.0	12.0
JYD—240/40		LGJ—240/40	7.98	21.66	36	20	480	110	22	23.0	13.3
JYD—240/55		LGJ—240/55	9.60	22.40		22	500	130		24.0	16.0
JYD—300/15		LGJ—300/15	5.01	23.01		18	440	70		24.5	8.4
JYD—300/20		LGJ—300/20	5.85	23.43		18	450	80		25.0	9.8
JYD—300/25		LGJ—300/25	6.66	23.76	40	20	480	90	24	25.5	11.2
JYD—300/40		LGJ—300/40	7.98	23.94		20	500	110		25.5	13.3
JYD—300/50		LGJ—300/50	8.94	24.26		22	510	120		26.0	15.0
JYD—400/20	3-4-20	LGJ—400/20	5.85	26.91		18	510	80		28.5	9.8
JYD—400/25		LGJ—400/25	6.66	26.64	45	20	520	90	27	28.5	11.2
JYD—400/35		LGJ—400/35	7.50	26.82		22	540	100		28.5	12.5
JYD—400/50		LGJ—400/50	9.21	27.63		24	570	125		29.5	15.4
JYD—500/35		LGJ—500/35	7.50	30.0	52	22	580	100	30	31.5	12.5
JYD—500/45		LGJ—400/45	8.40	30.00		24	610	110		31.5	14.0
JYD—630/45		LGJ—630/45	8.40	33.60	60	24	650	110	36	35.5	14.0
JYD—630/55		LGJ—630/55	9.60	34.32		26	690	130		36.0	16.0
JYD—800/45		LGJ—800/55	9.60	38.40	65	26	740	130	39	40.0	16.0

（2）（2009）标准 JL/G1A 型钢芯铝绞线用接续管（钢芯搭接）外形及规范见图 3-4-21 及表 3-4-30。

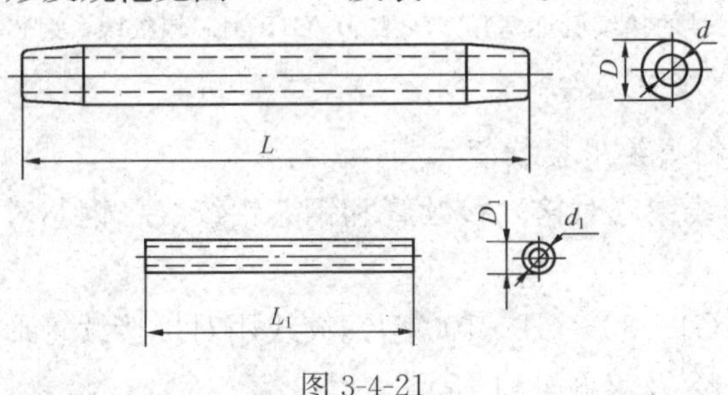

图 3-4-21

表 3-4-30 （2009）标准 JL/G1A 型钢芯铝绞线用接续管规范

型号	图号	JL/G1A 钢芯铝绞线			主要尺寸（mm）					
		截面（mm^2）	钢芯直径（mm）	外径（mm）	D	d	L	D_1	d_1	L_1
JYD—125/20G1A	3-4-21	125/20	5.77	15.7	26	17	350	14	9.5	80
JYD—160/25G1A		160/25	6.53	17.7	30	19	400	16	11.0	90
JYD—200/30G1A		200/30	7.30	19.8	34	21	450	18	12.0	100
JYD—250/25G1A		250/25	6.34	21.6	36	23	470	18	10.5	90
JYD—250/40G1A		250/40	8.16	22.2	38	23.5	500	20	13.6	110
JYD—315/20G1A		315/20	5.97	23.9	40	25.5	500	16	10.0	80
JYD—315/50G1A		315/50	9.16	24.9	42	26.5	560	22	15.5	130
JYD—400/30G1A		400/30	6.73	26.9	45	28.5	560	18	11.5	90
JYD—400/50G1A		400/50	9.21	27.6	48	29.0	630	22	15.5	130
JYD—450/30G1A		450/30	7.14	28.5	48	30.0	600	18	12.0	100
JYD—500/35G1A		500/35	7.52	30.1	52	31.0	630	20	12.5	100
JYD—560/40G1A		560/40	7.96	31.8	55	33.5	670	20	13.5	110
JYD—630/40G1A		630/40	8.44	33.8	60	35.5	700	20	14.0	120
JYD—710/50G1A		710/50	8.96	35.9	60	37.7	750	22	15.0	130
JYD—800/35G1A		800/35	7.52	37.6	65	39.4	760	20	12.5	100
JYD—900/40G1A		900/40	7.98	39.9	68	41.5	820	20	13.5	110
JYD—900/75G1A		900/75	11.10	40.6	68	42.0	810	24	18.5	150
JYD—1000/45G1A		1000/45	8.41	42.1	70	43.0	900	20	14.0	120

注　本型号的接续管亦适用于安装 JL/G1B 钢芯铝绞线，钢芯单丝强度为 1200N/mm^2。

12. 钢绞线用接续管

钢绞线用（对接）接续管和钢芯铝绞线（钢芯对接）接续管一样。

（1）GJ—35～GJ—100 型钢绞线用对接接续管形状及规范如图 3-4-22 及表 3-4-31 所示。

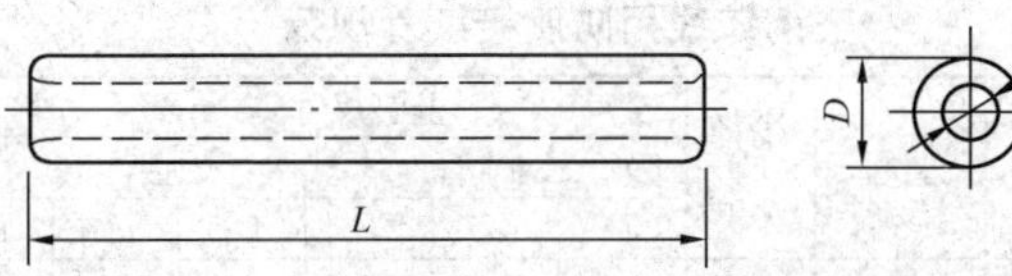

图 3-4-22

表 3-4-31　　钢绞线用对接接续管规范

型　号	图号	钢　绞　线					主要尺寸（mm）		
		股数/单径（mm）	截面积（mm^2）	外径（mm）	单丝强度		D	d	L
					等级	MPa			
JY—35GB	3-4-22	7/2.6	37.17	7.8	B	1270	16	8.4	210
JY—50GB		7/3.0	49.46	9.0			18	9.6	240
JY—55GB		7/3.2	56.27	9.6			20	10.2	270
JY—80GB		7/3.8	79.35	11.4			24	12.1	310
JY—70GC		19/2.2	72.19	11.0	C	1370	24	11.7	320
JY—100GC		19/2.6	100.83	13.0			28	13.7	380
JY—120GC		19/2.8	116.99	14.0			30	14.7	410
JY—135GC		19/3.0	134.30	15.0			32	15.7	490
JY—150GC		19/3.2	152.81	16.0			34	16.7	460

（2）钢绞线用防腐接续管形状及规范见图 3-4-23 及表 3-4-32。

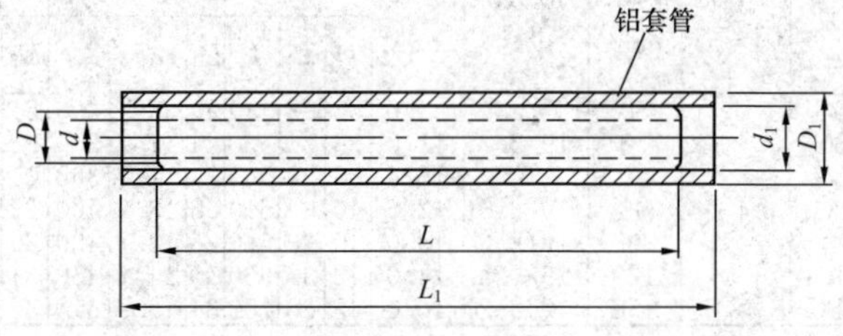

图 3-4-23

表 3-4-32　　钢绞线用防腐接续管规范

型　号	图号	线径 (mm)	主要尺寸（mm）						质量 (kg)
			钢　管			铝　套			
			D	d	L	D_1	d_1	L_1	
JY—50GF	3-4-23	9.0	18	9.6	240	26	20	290	0.53
JY—70GF		11.0	22	11.7	290	30	24	340	0.78
JY—80GF		11.5	24	12.2	290	32	26	340	0.98
JY—100GF		13.0	26	13.7	340	34	28	400	1.52
JY—120GF		14.0	28	14.7	370	36	30	430	1.64
JY—125GCF		14.5	32	15.2	49.0	40	34	560	2.90

注　本系列产品为国家标准系列，在钢管外压缩后，套以铝套两端压接而成。

13. 铝包钢绞线用接续管

铝包钢绞线用接续管形状见图 3-4-24。（1983）标准铝包钢绞线用接续管和 JLB1 型铝包钢绞线用接续管规范分别见表 3-4-33、表 3-4-34。

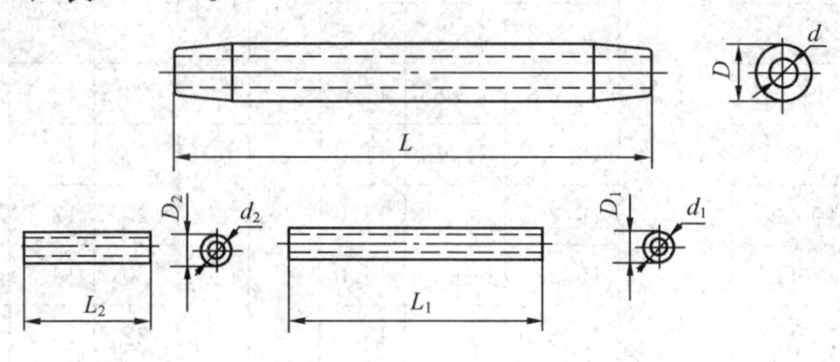

图 3-4-24

表 3-4-33　　（1983）标准铝包钢绞线用接续管规范

型　号	图号	铝包钢绞线			主要尺寸（mm）								
		截面 (mm²)	结构股数/单径 (mm)	外径 (mm)	铝　管			钢　管			铝套管		
					D	d	L	D_1	d_1	L_1	D_2	d_2	L_2
JY—50BG	3-4-24	50	7/3.0	9.0	32	22	440	20	9.7	290	21	9.7	60
JY—70BG		70	19/2.2	11.0	36	26	530	24	11.7	350	25	11.7	70
JY—80BG		80	7/3.8	11.4	36	26	560	24	12.1	360	25	12.1	80
JY—95BG		95	19/2.5	12.5	40	30	610	28	13.2	400	29	13.2	80
JY—100BG		100	19/2.6	13.0	40	30	640	28	13.7	430	29	13.7	80
JY—120BG		120	19/2.8	14.0	42	32	660	30	14.7	450	31	14.7	80
JY—150BG		150	19/3.2	16.0	45	36	750	34	16.7	510	35	16.7	90

注　每套接续管由一根铝套、一根钢管和两根铝套管组成。

表 3-4-34　　JLB 型铝包钢绞线用接续管规范

型　号	图号	JLB 型钢芯铝合金绞线					主要尺寸(mm)								
		绞线截面 (mm²)	公称截面 (mm²)	外径 (mm)	电导率 (%IACS)	单丝强度 (N/mm²)	铝　管			钢　管			铝套管		
							D	d	L	D_1	d_1	L_1	D_2	d_2	L_2
JY—70—20LB		JLB1—70～20	70	10.8			38	28	500	24	11.5	330	27	11.5	70
JY—80—20LB		JLB1—80～20	80	11.4	20	1340	40	30	500	26	12.1	350	29	12.1	80
JY—95—20LB		JLB1—95～20	95	12.48			42	32	540	28	13.2	390	31	13.2	80
JY—80—27LB		JLB2—80～27	80	11.40			38	28	500	24	12.1	320	27	12.1	
JY—95—27LB		JLB2—95～27	95	12.48	27	(1180) 1080	40	30	540	26	13.2	350	29	13.2	80
JY—120—27LB	3-4-24	JLB2—120～27	120	14.25			42	32	560	28	14.9	370	31	14.9	
JY—95—30LB		JLB3—95～30	95	12.48			38	28	500	24	13.2	280	27	13.2	80
JY—120—30LB		JLB3—120～30	120	14.25	30	880	40	30	530	26	14.9	310	29	14.9	80
JY—150—30LB		JLB3—150～30	150	15.75			45	34	600	30	16.4	350	33	16.4	90
JY—120—40LB		JLB4—120～40	120	14.25	40	680	38	28	470	24	14.9	260	27	14.9	80
JY—150—40LB		JLB4—150～40	150	15.75			42	32	510	28	16.4	280	31	16.4	90

注　每套接续管由一根铝管、一根钢管和两根铝套管组成。

14. 压缩型跳线线夹

对非直线杆塔，当采用螺栓型耐张线夹时，耐张绝缘子串跳线的接续，采用并沟线夹、钳压接续管或压缩型跳线线夹。运行经验证明，采用钳压接续管和压缩型跳线线夹进行的跳线接续，其电气接触性能稳定，运行可靠。

压缩型跳线线夹由两个0°设备线夹组成。跳线线夹的安装采用液压机（或液压钳）和标准钢模按规定压缩程序进行。压缩型跳线线夹的形状及规范见图3-4-25及表3-4-35。

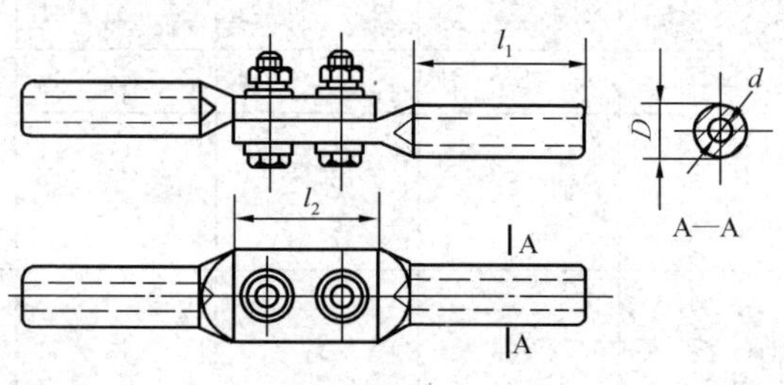

图 3-4-25

表 3-4-35　　压缩型跳线线夹规范

型　号	图号	适用导线 型号	适用导线 外径 (mm)	主要尺寸 (mm) D	l_1	l_2	d	质量 (kg)
JYT—35/6	3-4-25	LGJ—35/6	8.16	16	60	60	9.5	0.41
JYT—50/8		LGJ—50/8	9.60	18	60		11.0	0.45
JYT—70/10		LGJ—70/10	11.40	22	70		13.0	0.54
JYT—95/15		LGJ—95/15	13.61	26	80		15.0	0.62
JYT—120/7		LGJ—120/7	14.50	26	80	80	16.0	0.60
JYT—120/20		LGJ—120/20	15.07				16.5	0.58
JYT—150/8		LGJ—150/8	16.00	30	90	80	17.5	0.84
JYT—150/20		LGJ—150/20	16.67				18.0	0.84
JYT—150/25		LGJ—150/25	17.10				18.5	0.84
JYT—185/10		LGJ—185/10	18.00	32	90	80	19.5	0.94
JYT—185/25		LGJ—185/25	18.90				20.5	0.90
JYT—185/30		LGJ—185/30	18.88				20.5	0.90
JYT—210/10		LGJ—210/10	19.00	34	100	80	20.5	1.18
JYT—210/25		LGJ—210/25	19.98				21.5	1.14
JYT—210/35		LGJ—210/35	20.38				22.0	1.10

三、爆压接续金具

爆压接续与液压接续相比，不用搬运笨重的液压工具，效率高，因而特别适用于山区电力线路的架设。

保证爆压接续质量的关键在于严格按爆压操作规程进行施工。

采用什么样的爆压工艺决定了所采用接续管的结构形状和尺寸，有的液压管亦适用于爆压，有的液压管不适用于爆压。大截面钢芯铝绞线配有专用的爆压接续管。

1. 椭圆形爆压接续管

椭圆接续管用于中小截面的铝绞线和钢芯铝绞线，爆压时导线搭接于管中。爆压接续管的管长比钳压接续管大为缩短。定型的爆压椭圆接续管的长度为：

70mm² 及以下钢芯铝绞线用爆压接续管，其长度为钳压接续管管长的 1/2。

95mm² 及以上钢芯铝绞线用爆压接续管，其长度为钳压接续管管长的 1/3。

在工程施工中，如爆压接续管供货不及时，可以按上述原则，用钳压管改制。

椭圆形爆压接续管的形状及规范如图 3-4-26 及表 3-4-36 所示。

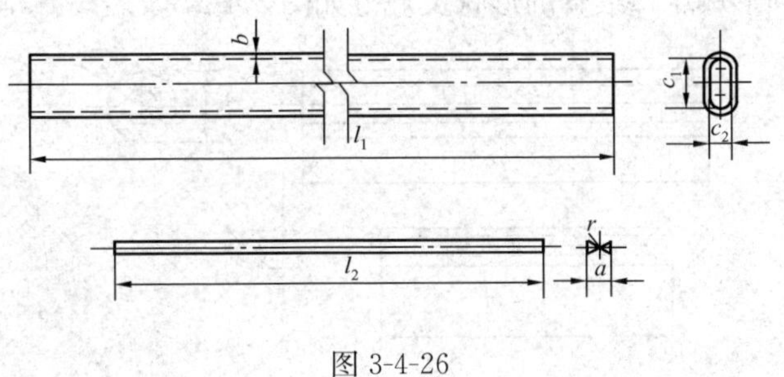

图 3-4-26

表 3-4-36　　椭圆形爆压接续管规范

型号	图号	适用导线		主要尺寸（mm）							质量
		型号	外径(mm)	a	b	c_1	c_2	r	l_1	l_2	(kg)
JTB—35/6	3-4-26	LGJ—35/6	8.16	8.0	2.1	18.6	8.8	12.0	170	180	0.09
JTB—50/8		LGJ—50/8	9.60	9.5	2.3	22.0	10.5	13.0	210	220	0.12
JTB—70/10		LGJ—70/10	11.40	11.5	2.6	26.0	12.5	14.0	250	260	0.17
JTB—95/15		LGJ—95/15	13.61	14.0	2.6	31.0	15.0	15.0	230	240	0.18
JTB—95/20		LGJ—95/20	13.87	14.0	2.6	31.5	15.2	15.0	230	240	0.18
JTB—120/7		LGJ—120/7	14.50	15.0	3.1	33.0	16.0	15.0	300	310	0.20
JTB—120/20		LGJ—120/20	15.07	15.5	3.1	35.0	17.0	15.0	300	310	0.30
JTB—150/8		LGJ—150/8	16.00	16.0	3.1	36.0	17.5	17.5	310	320	0.34
JTB—150/20		LGJ—150/20	16.67	17.0	3.1	37.0	18.0	17.5	310	320	0.36
JTB—150/25		LGJ—150/25	17.10	17.5	3.1	39.0	19.0	17.5	310	320	0.38
JTB—185/10		LGJ—185/10	18.00	18.0	3.4	40.0	19.5	18.0	350	360	0.47
JTB—185/25		LGJ—185/25	18.90	19.5	3.4	43.0	21.0	18.0	350	360	0.48
JTB—185/30		LGJ—185/30	18.88	19.5	3.4	43.0	21.0	18.0	350	360	0.51
JTB—210/10		LGJ—210/10	19.00	20.0	3.6	43.0	21.0	19.5	360	370	0.51
JTB—210/25		LGJ—210/25	19.98	20.0	3.6	44.0	21.5	19.5	360	370	0.53
JTB—210/35		LGJ—210/35	20.38	20.5	3.6	45.0	22.0	19.5	360	370	0.55
JTB—240/30		LGJ—240/30	21.60	22.0	3.9	48.0	23.5	20.0	370	380	0.67
JTB—240/40		LGJ—240/40	21.66	22.0	3.9	48.0	23.5	20.0	370	380	0.67

2. 钢芯铝绞线用圆形爆压接续管

大截面钢芯铝绞线的爆压系采用薄壁短钢管，钢芯散股搭接，钢芯铝绞线的内层铝线剥露 10mm 插入钢管内，套上铝管后一次爆压，以防止钢芯烧伤。铝管长度比常规对接爆压接续管减少约 30%，有利于放线施工。

圆形爆压接续管的形状及规范如图 3-4-27 及表 3-4-37 所示。

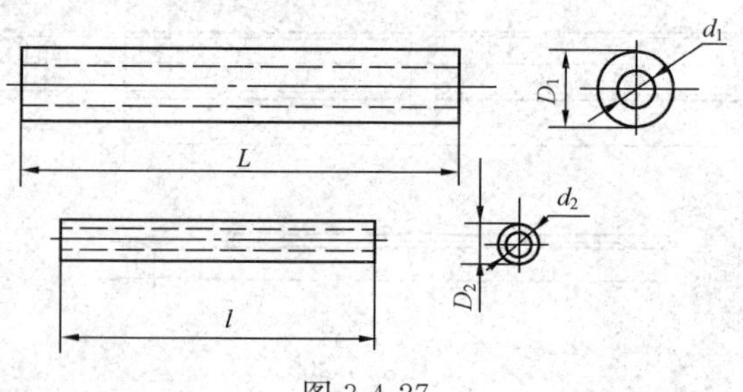

图 3-4-27

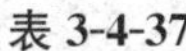

表 3-4-37　圆形爆压接续管规范

型号	图号	适用导线		主要尺寸（mm）					
		型号	外径（mm）	D_1	d_1	L	l	D_2	d_2
JYB—300/15	3-4-27	LGJ—300/15	23.01	40	24.5	380	80	16	11
JYB—300/20		LGJ—300/20	23.43	40	25.0	400	90	18	13
JYB—300/25		LGJ—300/25	23.76	40	25.5	410	100	19	14
JYB—300/40		LGJ—300/40	23.94	40	25.5	430	120	22	17
JYB—300/50		LGJ—300/50	24.26	40	26.0	460	140	22	17
JYB—400/20		LGJ—400/20	26.91	45	28.5	440	90	18	13
JYB—400/25		LGJ—400/25	26.64	45	28.5	450	100	19	14
JYB—400/35		LGJ—400/35	26.82	45	28.5	470	120	21	16
JYB—400/50		LGJ—400/50	27.63	45	29.5	500	140	24	19
JYB—400/65		LGJ—400/65	28.00	48	29.5	530	160	26	21

3. 避雷线用钢绞线圆形爆压接续管

避雷线用钢绞线的爆压采用圆形薄壁无缝钢管，钢绞线散股搭接。圆形爆压接续管的形状及规范如图 3-4-28 及表 3-4-38 所示。

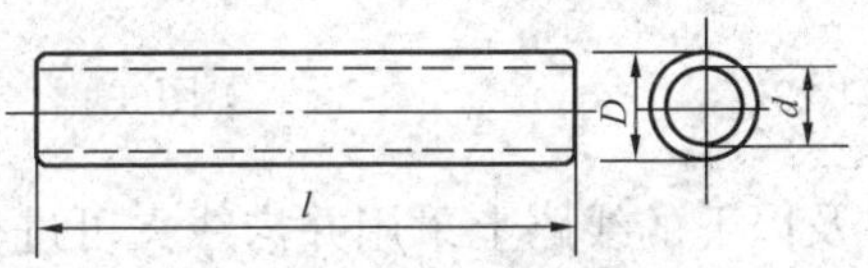

图 3-4-28

表 3-4-38　钢绞线用圆形爆压接续管规范

型号	图号	适用钢绞线		主要尺寸（mm）			握着力不小于（kN）	质量（kg）
		结构	外径（mm）	D	d	l		
JBD—35G	3-4-28	7/2.6	7.8	22	16	110	45	0.16
JBD—50G		7/3.0	9.0	25	17	130	60	0.27
JBD—55G		7/3.2	9.6	26	18	130	70	0.28
JBD—70G		19/2.2	11.0	28	20	150	80	0.36
JBD—80G		19/2.3	11.5	29	21	150	100	0.47
JBD—100G		19/2.6	13.0	32	24	170	130	0.52

注　结构为钢线股数/钢线直径（mm）。

四、螺栓接续金具

导线和避雷线用螺栓接续仅适用于不承受张力的部位。螺栓接续的电气性能依靠螺栓压力来保证，因此，接续质量取决于安装质量并需加强定期维护。

架空线路上导线和避雷线常用的螺栓接续金具有并沟线夹、钢线卡子等。

1. 并沟线夹

并沟线夹用于中小截面的铝绞线或钢芯铝绞线以及架空避雷线的钢绞线在不承受张力的位置上的接续，还用于非直线杆塔的跳线接续，见图 3-4-29。

图 3-4-30 为 10～35kV 直线承力杆上，双针式绝缘子的分流线以并沟线夹固定的示意图。

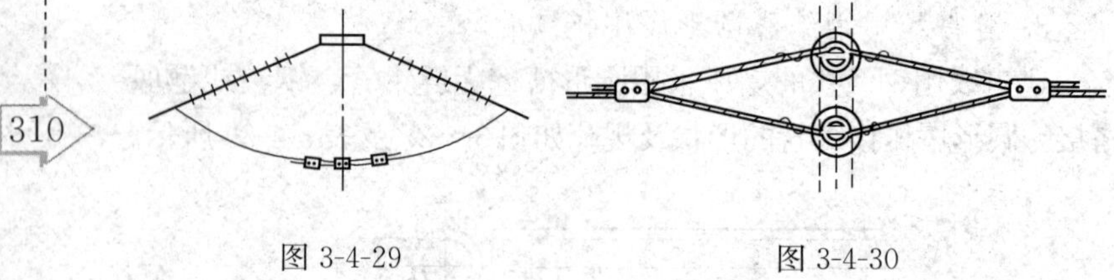

图 3-4-29　　图 3-4-30

在 20kV 及以下的线路上采用并沟线夹可进行引下线的 T 接接续，如图 3-4-31 所示。

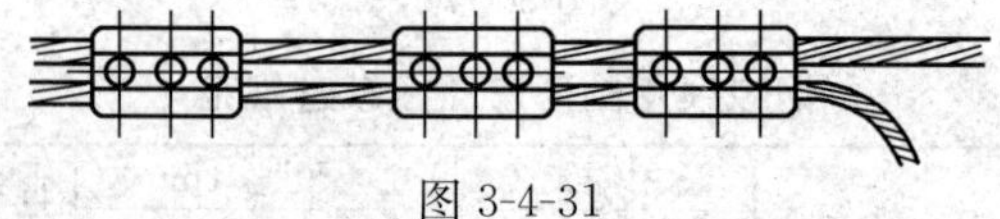

图 3-4-31

在中小型降压变电所或变电台使用并沟线夹进行的 T 接接续，如图 3-4-32 所示。

（1）铝绞线及钢芯铝绞线用铝并沟线夹。铝并沟线夹系采用铝合金制造。它适用于两根直径相同的 16～240mm² 的铝绞线及钢芯铝绞线的接续。铝并沟线夹安装时应清除线夹线槽的氧化膜及被接续导线表面的氧化膜，涂以导电脂，再将螺栓均

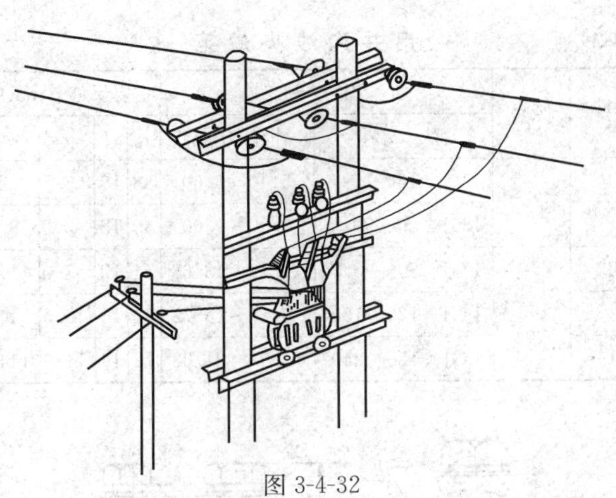

图 3-4-32

匀的压紧。铝并沟线夹的形状及规范如图 3-4-33 及表 3-4-39 所示。

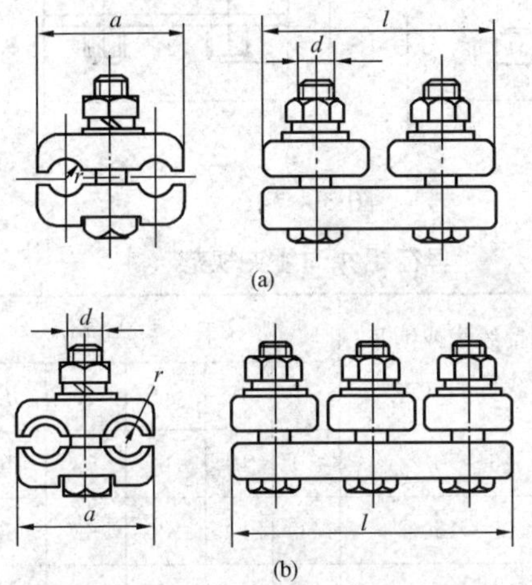

图 3-4-33

异径铝并沟线夹选用高强度铝合金型材以热挤压工艺制造，适用于不同直径的导线。异径铝并沟线夹的形状及规范如图 3-4-34 及表 3-4-40 所示。

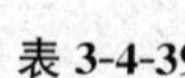

表 3-4-39　　铝并沟线夹规范

型　号	图号	适　用　导　线		主要尺寸（mm）				质量 (kg)
		型　　号	外径（mm）	*a*	*d*	*r*	*l*	
JB—0	3-4-33 (a)	LGJ—16～25	5.40～6.60	38	10	3.5	72	0.22
JB—1		LGJ—35～50	8.40～9.60	46	12	5.0	80	0.35
JB—2	3-4-33 (b)	LGJ—70～95	11.40～13.68	54	12	7.0	114	0.65
JB—3		LGJ—120～150	15.20～16.72	64	16	8.5	140	1.05
JB—4		LGJ—185～240	19.02～21.28	72	16	11.0	144	1.25

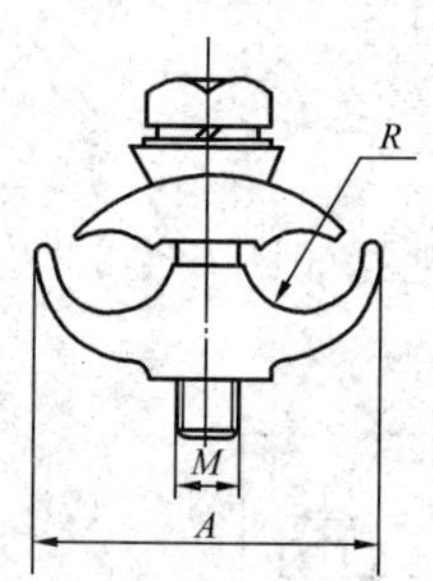

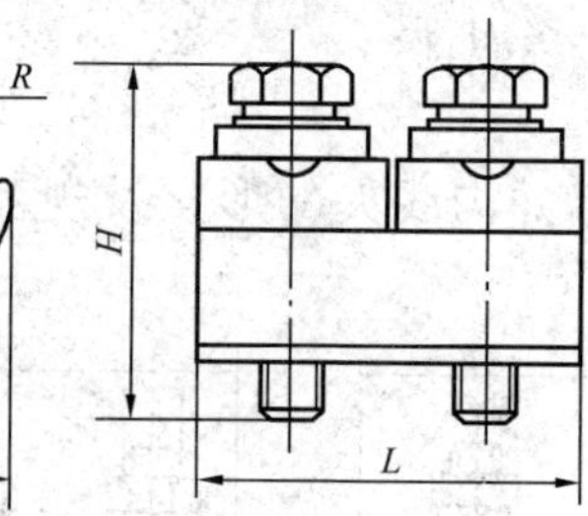

图 3-4-34

表 3-4-40　　异径铝并沟线夹规范

型　号	图号	适用铝绞线或钢芯铝绞线截面（mm^2）	主要尺寸（mm）					质量 (kg)
			H	*A*	*M*	*R*	*L*	
JBY—1	3-4-34	16～70	40	10	6	58	40	0.11
JBY—2		35～150	50	10	8	62	50	0.15
JBY—3		95～240	65	12	11.5	74	70	0.40

（2）钢绞线用钢并沟线夹。钢绞线用钢并沟线夹，用于架空避雷线在杆塔上连接跳线及引下线的接续，亦可用于拉线，作为辅助线夹。线夹的形状及规范，如图 3-4-35 及表 3-4-41 所示。

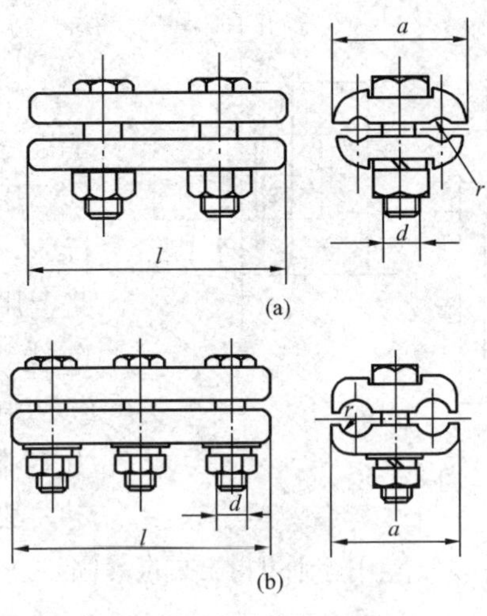

图 3-4-35

表 3-4-41　　钢绞线用钢并沟线夹规范

型　号	图号	适用导线		主要尺寸（mm）				质量 (kg)
		型　号	外径（mm）	a	d	r	l	
JBB—1	3-4-35 (a)	GJ—25～35	6.6～7.8	44	12	4.5	90	0.66
JBB—2		GJ—50～70	9.0～11.0	50	16	6.0	90	1.00
JBB—3	3-4-35 (b)	GJ—100～120	13.0～14.0	56	16	7.0	124	1.85

（3）楔型分歧线夹。楔型分歧线夹由锻铝（LD）制成的C字形楔型本体和楔子组成，适用于小截面的铝绞线或钢芯铝绞线T接引下线的接续。这种线夹安装时，以液压钳将线夹楔子与导线压紧，接续处有较稳定的电气接触性能。线夹的形状及规范如图 3-4-36 及表 3-4-42 所示。

表 3-4-42　　楔型分歧线夹规范

型　号	图号	适用导线		主要尺寸（mm）						质　量 (kg)
		截　面 (mm^2)	外　径 (mm)	h	h_1	h_2	l	l_1	r	
JXY—25～35	3-4-36	25～35	6.6～8.4	40	23	14	40	45	4.5	0.13
JXY—50～70		50～70	9.6～11.4	52	30	19	42	50	6.0	0.15

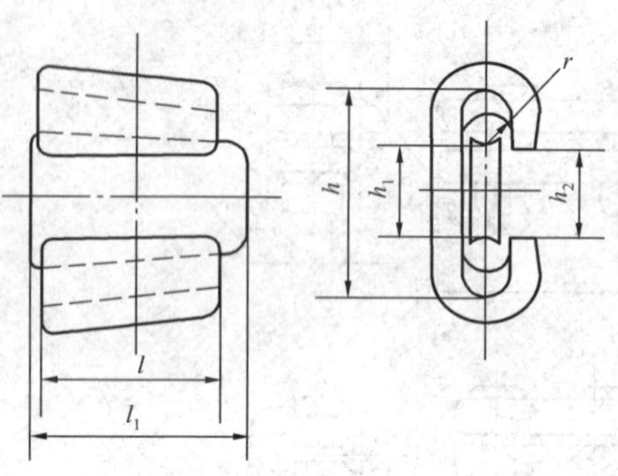

图 3-4-36

2. 钢线卡子

钢线卡子主要用于钢丝绳索的接续，广泛用于起重、运输行业，在架空输电线路上用于拉线杆塔的拉线（钢绞线）接续。由于钢线卡子握力有限，且极不稳定，故不能作为拉线的主要紧固零件，只能用于临时拉线的紧固。正确的安装方法如图 3-4-37 所示。

钢线卡子的形状及规范如图 3-4-38 及表 3-4-43 所示。

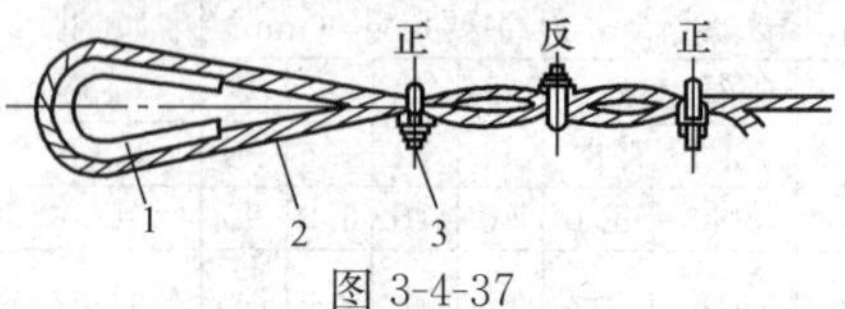

图 3-4-37

1—心形环；2—钢绞线；

3—钢线卡子

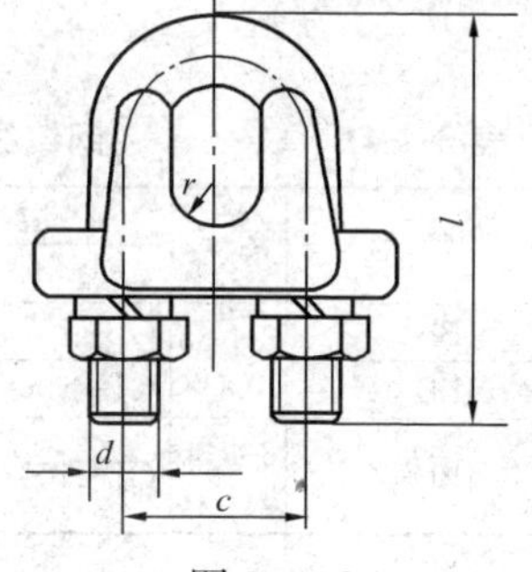

图 3-4-38

表 3-4-43　　钢线卡子规范

型　号	图 号	适用钢绞线		主要尺寸（mm）				质量
		型　号	外径（mm）	c	d	l	r	(kg)
JK—1	3-4-38	GJ—25 GJ—35	6.6 7.8	22	10	54	5	0.18
JK—2		GJ—50 GJ—70	9.0 11.0	28	10	72	6	0.30

五、预绞式接续金具

钢芯铝绞线（GB 1179—1983）直线接续条、补强接续条规范分别见表 3-4-44、表 3-4-45，钢绞线、铝绞线（GB 1179—1983）、铜绞线（GB 3953—1983）接续条规范分别见表 3-4-46～表 3-4-48。

表 3-4-44　钢芯铝绞线(GB 1179—1983)直线接续条规范

型号	适用导线		单丝线径(mm)	根数	长度(mm)	节距数(不小于)	重量(kg)	标志颜色
	型号	外径(mm)	钢芯/填充条/外层	钢芯/填充条/外层	钢芯/填充条/外层	钢芯/填充条/外层	钢芯/填充条/外层	
JL—95/15Q	LGJ-95/15	13.61	2.2/2.1/4.2	8/14/11	508/508/1905	9/5/13	0.1/0.1/0.9	黑/黑
JL—95/20Q	LGJ-95/20	13.87	1.8/2.4/4.2	10/13/11	508/508/1727	9/5/13	0.1/0.1/0.8	黑/红
JL—120/20Q	LGJ-120/20	15.07	1.8/3.0/4.6	10/10/11	508/508/2057	9/5/13	0.1/0.1/1.1	黑/蓝
JL—150/20Q	LGJ-150/20	16.67	1.8/3.8/5.2	10/9/11	508/508/2261	9/5/13	0.1/0.1/1.5	黑/棕
JL—150/25Q	LGJ-150/25	17.10	2.2/3.2/5.2	10/12/11	635/635/2413	9/5/13	0.2/0.1/1.6	黑/橙
JL—185/30Q	LGJ-185/30	18.88	2.2/3.8/6.4	11/11/10	660/660/2667	9/5/13	0.2/0.2/2.4	黑/黑
JL—185/25Q	LGJ-185/25	18.90	2.2/4.1/6.4	10/9/10	635/635/2642	9/5/13	0.2/0.2/2.4	黑/黑
JL—210/25Q	LGJ-210/25	19.98	2.2/4.5/6.4	10/9/11	635/635/2743	9/5/13	0.2/0.3/2.8	黑/紫
JL—240/30Q	LGJ-240/30	21.60	2.5/4.7/7.0	10/10/11	686/686/3073	9/5/13	0.3/0.3/3.7	黑/蓝
JL—240/40Q	LGJ-240/40	21.66	2.5/4.3/6.4	11/11/12	737/737/3073	9/5/13	0.3/0.3/3.4	黑/橙
JL—300/25Q	LGJ-300/25	23.76	2.2/6.4/7.9	10/7/11	635/635/3759	9/5/13	0.2/0.4/5.8	黑/棕
JL—300/40Q	LGJ-300/40	23.94	2.5/5.5/7.9	11/9/11	737/737/3429	9/5/13	0.3/0.4/5.3	黑/绿
JL—400/25Q	LGJ-400/25	26.64	2.2/7.8/9.3	10/6/10	635/635/4013	9/4/13	0.2/0.5/7.9	黑/绿
JL—400/35Q	LGJ-400/35	26.82	2.5/7.2/9.3	10/7/10	686/686/4242	9/4/13	0.3/0.5/8.0	黑/棕
JL—400/50Q	LGJ-400/50	27.63	2.5/6.7/9.3	12/8/10	787/787/4343	9/4/13	0.4/0.6/8.2	黑/黑

注　型号中文字与数字意义：J—接续条；L—螺旋预绞式；数字—导线截面；铝截面/钢截面；Q—全张力。

表 3-4-45　钢芯铝绞线（GB 1179—1983）钢芯完整、铝线全断补强接续条规范

型　号	适用钢芯铝绞线		单丝外径（mm）	根数	节距数（不少于）	长度（mm）	质量（kg）	标志颜色
	截面（mm^2）	外径（mm）						
JL—16/3B	16/3	5.55	2.2	9	10	584	0.1	绿
JL—25/4B	25/4	6.96	2.4	10	10	686	0.1	黄
JL—35/6B	35/6	8.16	2.6	11	10	787	0.1	红
JL—50/8B	50/8	9.60	3.1	11	10	965	0.2	黑
JL—70/10B	70/10	11.4	3.5	11	10	1067	0.3	蓝
JL—95B	95/15	13.61	4.2	11	10	1321	0.6	红
	95/20	13.81	4.2	11	10	1321	0.6	红
JL—120/7B	120/7	14.50	4.6	11	11	1549	0.9	蓝
JL—120B	120/20	15.07	4.6	12	11	1702	1.1	黄
	120/25	15.74	4.6	12	11	1702	1.1	黄
JL—150B	150/25	17.10	5.2	11	11	1778	1.2	橙
	150/35	17.50	5.2	11	11	1778	1.2	橙
JL—185B	185/25	18.90	6.4	10	11	2007	1.9	黑
	185/30	18.88	6.4	10	11	2007	1.9	黑
JL—210B	210/25	19.98	6.4	11	11	2134	2.2	红
	210/35	20.38	6.4	11	11	2134	2.2	红
JL—240B	240/30	21.60	6.4	11	11	2184	2.2	蓝
	240/40	21.66	6.4	12	12	2515	2.8	橙
JL—300-1B	300/15	23.01	7.9	10	12	2667	3.8	橙
	300/20	23.43	7.9	10	12	2667	3.8	橙
JL—300-2B	300/25	23.76	7.9	11	12	2743	4.2	棕
	300/40	23.94	7.9	11	12	2743	4.2	棕
JL—400/25B	400/25	26.64	7.9	11	13	3073	4.8	绿
JL—400—1B	400/20	26.91	7.9	12	13	3226	5.4	黑
	400/35	26.82	7.9	12	13	3226	5.4	黑
	400/50	27.63	7.9	12	13	3226	5.4	黑
JL—400—2B	400/65	28.00	9.3	12	13	3480	7.4	紫
JL—500B	500/35	30.00	9.3	11	13	3581	7.8	红
	500/45	30.00	9.3	11	13	3581	7.8	红

注　型号中文字与数字意义：J—接续；L—螺旋预绞式；数字—导线截面；铝线/钢丝；B—补强。

表 3-4-46　　钢绞线接续条规范

型号	适用钢绞线				单丝直径(mm)	根数	长度(mm)	节距数(不少于)	质量(kg)	标志颜色
	标准号	结构	截面(mm²)	外径(mm)						
JL—25G	GB 1200—1975	1×7	25	6.6	2.18	10	825	13	0.13	蓝
JL—35G		1×7	35	7.8	2.54	10	975	13	0.20	黑
JL—50G		1×7	50	9.0	2.54	12	1125	13	0.35	棕
JL—70G		1×19	70	11.0	3.02	12	1375	13	0.62	绿
JL—30G	GB 1200—1988	1×7	30	6.9	2.18	10	863	13	0.20	蓝
JL—55G		1×7	55	9.6	2.54	12	1200	13	0.51	绿
JL—60G		1×19	60	10.0	3.02	10	1250	13	0.60	红
JL—80G		1×19	80	11.5	3.51	10	1438	13	0.71	绿
JL—100G		1×19	100	13.0	3.51	12	1625	13	0.80	黑
JL—125G		1×19	125	14.5	4.04	12	1827	13	1.20	褐
JL—150G		1×19	150	16.0	4.37	12	2016	13	1.58	紫

注　型号中文字与数字意义：J—接续条；L—螺旋预绞式；数字—绞线标称截面；数字后 G—钢绞线。

表 3-4-47　　铝绞线（GB 1179—1983）接续条规范

型号	适用导线		接续条线径(mm)	根数	长度(mm)	节距数(不少于)	质量(kg)	标志颜色
	型号	外径(mm)						
JL—95L	LJ—95	12.48	3.7	11	1168	10	0.4	橙
JL—120L	LJ—120	14.25	4.2	11	1321	10	0.6	红
JL—150L	LJ—150	15.75	4.6	12	1702	11	1.1	黄
JL—185L	LJ—185	17.50	5.2	11	1778	11	1.2	橙
JL—210L	LJ—210	18.75	6.4	10	2007	11	1.9	黑

续表

型号	适用导线		接续条线径（mm）	根数	长度（mm）	节距数（不少于）	质量（kg）	标志颜色
	型号	外径（mm）						
JL—240L	LJ—240	20.00	6.4	11	2108	11	2.2	紫
JL—300L	LJ—300	22.40	6.4	12	2515	12	2.8	橙
JL—400L	LJ—400	25.90	7.9	11	3073	13	4.8	绿
JL—500L	LJ—500	29.12	9.3	11	3581	13	7.8	红
JL—630L	LJ—630	32.67	9.3	12	3784	12	8.9	绿
JL—800L	LJ—800	36.90	11.1	11	4394	13	13.6	黄

注 型号中文字与数字意义：J—接续条；L—螺旋预绞式；数字—铝绞线截面；数字后 L—铝绞线。

表 3-4-48 铜绞线（GB 3953—1983）接续条规范

型号	适用绞线		线径（mm）	根数	节距数（不少于）	长度（mm）	质量（kg）	标志颜色
	型号	外径（mm）						
JL—35T	TJ—35	7.5	2.6	10	10	740	0.3	白
JL—50T	TJ—50	9.0	3.3	10	10	910	0.7	蓝
JL—70T	TJ—70	10.6	3.7	10	10	1040	110	橙
JL—95T	TJ—95	12.5	4.1	10	12	1400	1.6	蓝
JL—120T	TJ—120	14.0	4.6	10	12	1600	2.4	黄
JL—150T	TJ—150	15.8	4.1	12	14	1960	2.7	绿

注 型号中字母与数字意义：J—接续条；L—螺旋预绞式；数字—绞线标称截面；T—铜绞线。

六、导线补修用接续金具

架空电力线路在施工过程中，经常会发生钢芯铝绞线外层铝股磨损、折断，在线路运行中也会由于外力损伤而产生断股和振动断股现象。发现这种情况应及时给予适当的导线补修处理，避免散股的继续扩大而导致机械强度的降低。

根据国家标准 GBJ 233—1990《110～500kV 架空电力线路施工及验收规范》规定：单金属导线在同一截面处损伤面积占总截面的 7%以下，可以采用单铝丝或铝包带缠绕方法补修；当截面损伤占总面积的 7%～17%时，应采用补修管进行补修。

钢芯铝绞线在同一截面处的损伤面积占铝股总面积的 7%以下，可采用单铝丝、铝包带或预绞式补修条补修；损伤面积占铝股总面积的 7%～25%者，应采用补修管进行补修。

钢绞线 7 股组成的断 1 股，19 股组成的断 2 股，应采用补修管进行补修。采用压缩型补修管有较好的补强效果，压缩后握力不低于导线或避雷线计算拉断力的 90%。

定型的补修管为抽匣式，便于在运行中进行补修。压缩型补修管的形状及规范如图 3-4-39 及表 3-4-49 所示。

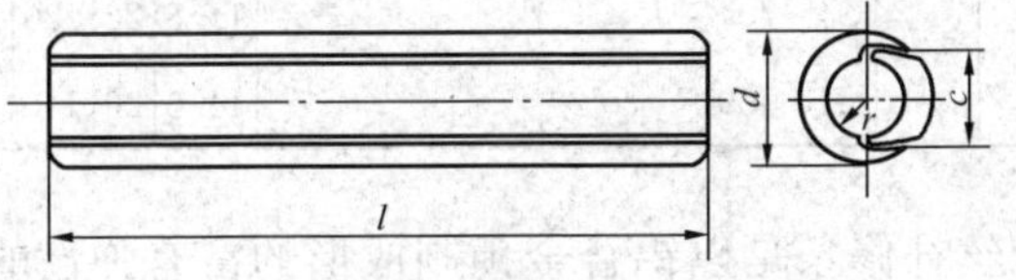

图 3-4-39

表 3-4-49　　　　压缩型修补管规范

型　号	图号	适用绞线型号	主要尺寸（mm）				质 量 (kg)
			c	d	l	r	
JE—185/10	3-4-39	LGJ—185/10	20	32	150	10.0	0.20
JE—185		LGJ—185/25、185/30、185/45、210/10	21	32	150	10.5	0.19
JE—210		LGJ—210/25、210/35	22	34	200	11.0	0.36
JE—240		LGJ—240/30、240/40、210/50	23	36	200	11.5	0.34
JE—240/55		LGJ—240/55	24	36	200	12.0	0.31

续表

型　号	图号	适用绞线型号	主要尺寸（mm）				质量 (kg)
			c	*d*	*l*	*r*	
JE—300/15	3-4-39	LGJ—300/15	25	40	250	12.5	0.52
JE—300		LGJ—300/20、300/25、300/40、300/50	26	40	250	13.0	0.50
JE—300/70		LGJ—300/70	27	42	250	13.5	0.55
JE—400		LGJ—400/20、400/25、400/35、400/50	29	45	300	14.5	0.75
JE—400/65		LGJ—400/65	30	48	300	15.0	0.74
JE—400/95		LGJ—400/95	31	48	300	15.5	0.89
JE—500		LGJ—500/35、500/45、500/65	32	52	300	16.0	1.07
JE—630		LGJ—630/45、630/55、630/80	36	60	350	18.0	1.72
JE—800/55		LGJ—800/55	40	65	350	20.0	1.94
JE—800		LGJ—800/70、800/100	41	65	350	20.5	1.89
JE—35G		GJ—35	8.6	16	100	4.2	0.09
JE—50G		GJ—50	9.8	18	100	4.8	0.15
JE—70G		GJ—70	11.8	22	120	5.8	0.23
JE—100G		GJ—100	14.0	26	140	7.0	0.54

预绞丝补修条是以铝合金预制成形的富有弹性的螺旋状单丝，安装时不需任何工具，拆卸下的预绞丝仍可重新利用。但这种补修条仅能用于断股7%及以下损伤范围不大的线段上，以使断股范围不致扩大，但达不到补强效果。

预绞丝补修条形状及规范如图3-4-40及表3-4-50所示。

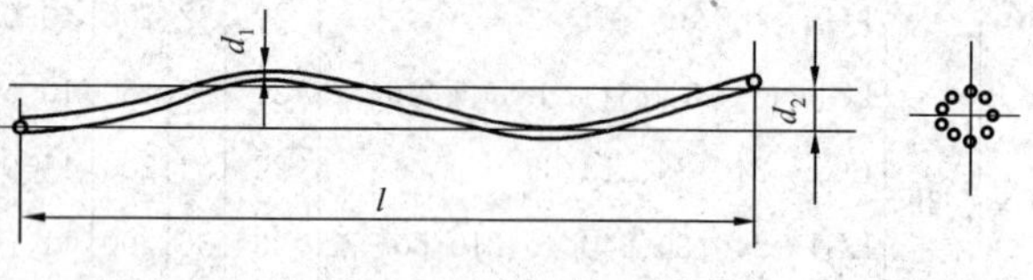

图3-4-40

表 3-4-50 预绞丝补修条规范

型号	图号	适用导线		主要尺寸（mm）			每组根数	质量（kg）
		型号	外径（mm）	d_1	d_2	l		
FYB—95/15	3-4-40	LGJ—95/15	13.61	3.6	11.4	420	13	0.16
FYB—95/20		LGJ—95/20	13.87		11.4		13	0.16
FYB—95/55		LGJ—95/55	16.00		13.3		16	0.17
FYB—120/7		LGJ—120/7	14.50	3.6	12.0	450	14	0.18
FYB—120/20		LGJ—120/20	15.07		12.5			0.18
FYB—120/25		LGJ—120/25	15.74		13.0			0.18
FYB—150/8		LGJ—150/8	16.00	3.6	13.3	480	16	0.20
FYB—150/20		LGJ—150/20	16.67		13.8			0.21
FYB—150/25		LGJ—150/25	17.10		14.2			0.21
FYB—150/35		LGJ—150/35	17.50		14.5			0.21

第五节 防 护 金 具

防护金具包括用于导线和避雷线的机械防护金具及用于绝缘子的电气防护金具两大类。

一、机械防护金具

机械防护金具有防止导线和避雷线振动的护线条、防振锤、间隔棒及悬重锤等。

1. 防振金具

架空电力线路导线和避雷线的振动，是由风引起的在垂直面上的周期性摆动，且在整个档距内形成一系列振幅不大的驻波。导线长期振动会使导线材料产生附加的机械应力，随着时间的推移致使导线产生疲劳而断裂。

导线的振动对线路的安全运行威胁很大，除引起导线断股以外，还可能使绝缘子钢脚松动脱落、金具配件磨损，甚至造成杆塔的破坏。

目前对导线的振动保护有以下两种措施：

（1）加强导线抗振能力。用具有弹性的高强度铝合金丝按规定根数为一组制成螺旋状的预绞丝护线条，紧缠在导线外层，装入悬挂点的线夹中，以增加导线刚度，减少在线夹出口处导线的附加弯曲应力。预绞丝护线条成形内径比导线外径小15%～17%，故借助于材料弹性压紧在导线上，不产生滑移。预绞丝护线条安装简单，不需携带任何工具，运行维护也很方便。当检查预绞丝护线条内部导线是否有断股时，可拆开预绞丝，经检查合格后仍可重新缠绕，继续使用。

（1983）标准钢芯铝绞线用预绞丝护线条形状及规范见图3-5-1及表3-5-1。

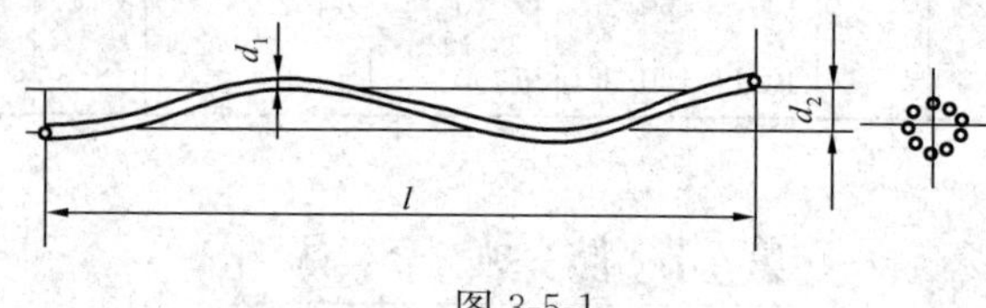

图 3-5-1

表 3-5-1 （1983）标准钢芯铝绞线用预绞丝护线条规范

<table>
<tr><th rowspan="2">型号</th><th rowspan="2">图号</th><th colspan="2">适用导线</th><th colspan="3">主要尺寸（mm）</th><th rowspan="2">每组根数</th><th rowspan="2">质量（kg）</th></tr>
<tr><th>型号</th><th>外径（mm）</th><th>d_1</th><th>d_2</th><th>l</th></tr>
<tr><td>FYH—95/15</td><td rowspan="7">3-5-1</td><td>LGJ—95/15</td><td>13.61</td><td rowspan="3">3.6</td><td>11.4</td><td>1400</td><td>13</td><td>0.53</td></tr>
<tr><td>FYH—95/20</td><td>LGJ—95/20</td><td>13.87</td><td>11.4</td><td>1400</td><td>13</td><td>0.54</td></tr>
<tr><td>FYH—95/55</td><td>LGJ—95/55</td><td>16.00</td><td>13.3</td><td>1500</td><td>16</td><td>0.62</td></tr>
<tr><td>FYH—120/7</td><td>LGJ—120/7</td><td>14.50</td><td rowspan="3">3.6</td><td>12.0</td><td>1400</td><td rowspan="4">14</td><td>0.55</td></tr>
<tr><td>FYH—120/20</td><td>LGJ—120/20</td><td>15.07</td><td>12.5</td><td>1400</td><td>0.57</td></tr>
<tr><td>FYH—120/25</td><td>LGJ—120/25</td><td>15.74</td><td>13.0</td><td>1400</td><td>0.58</td></tr>
<tr><td>FYH—120/70</td><td>LGJ—120/70</td><td>18.00</td><td>4.6</td><td>14.9</td><td>1800</td><td>0.75</td></tr>
</table>

续表

型　　号	图号	适用导线		主要尺寸（mm）			每组根数	质量(kg)
		型　　号	外径(mm)	d_1	d_2	l		
FYH—150/8	3-5-1	LGJ—150/8	16.00	3.6	13.3	1500	16	0.62
FYH—150/20		LGJ—150/20	16.67		14.7			0.65
FYH—150/25		LGJ—150/25	17.10		14.2			0.64
FYH—150/35		LGJ—150/35	17.50		14.5			0.66
FYH—185/10		LGJ—185/10	18.00	4.6	14.9	1800	14	1.24
FYH—185/25		LGJ—185/25	18.90		15.7			1.25
FYH—185/30		LGJ—185/30	18.88		15.7			1.26
FYH—185/45		LGJ—185/45	19.60		16.3			1.26
FYH—210/10		LGJ—210/10	19.00	4.6	15.9	1800	14	1.27
FYH—210/25		LGJ—210/25	19.98		16.6			1.28
FYH—210/35		LGJ—210/35	20.38		16.9			1.28
FYH—210/50		LGJ—210/50	20.86		17.3			1.30
FYH—240/30		LGJ—240/30	21.60	4.6	17.9	1900	16	1.44
FYH—240/40		LGJ—240/40	21.66		17.9			1.44
FYH—240/55		LGJ—240/55	22.40		18.6			1.59
FYH—300/15		LGJ—300/15	23.01	6.3	19.1	2000	13	2.30
FYH—300/20		LGJ—300/20	23.43		19.4			2.30
FYH—300/25		LGJ—300/25	23.76		19.7			2.33
FYH—300/40		LGJ—300/40	23.94		19.9			2.34
FYH—300/50		LGJ—300/50	24.26		20.1			2.34
FYH—300/70		LGJ—300/70	25.20		20.9			2.54
FYH—400/20		LGJ—400/20	26.91	6.3	22.3	2200	14	2.80
FYH—400/25		LGJ—400/25	26.64		22.1			2.80
FYH—400/35		LGJ—400/35	26.82		22.3			2.80
FYH—400/50		LGJ—400/50	27.63		23.0			2.80
FYH—400/65		LGJ—400/65	28.00		23.2			2.83
FYH—400/95		LGJ—400/95	29.14		24.8			2.85
FYH—500/35		LGJ—500/35	30.00	6.3	24.9	2500	16	3.48
FYH—500/45		LGJ—500/45	30.00		24.9			3.48
FYH—500/65		LGJ—500/65	30.96		25.7			3.50

续表

型　　号	图号	适用导线		主要尺寸（mm）			每组根数	质量（kg）
		型　　号	外径（mm）	d_1	d_2	l		
FYH—630/45	3-5-1	LGJ—630/45	33.60	7.8	27.9	2500	15	5.32
FYH—630/55		LGJ—630/55	34.32		28.5			5.40
FYH—630/80		LGJ—630/80	34.82		28.9			5.40
FYH—720/50		LGJ—720/50	36.23	7.8	31.0	2500	15	6.20
FYH—800/55		LGJ—800/55	38.40	9.2	31.8	2500	13	6.4
FYH—800/70		LGJ—800/70	38.58	9.2	32.1	2500	13	6.4
FYH—800/100		LGJ—800/100	38.98	9.2	32.3	2500	13	6.4
FYH—900/40		LGJ—900/40	39.90	9.2	33.1	300	14	6.5
FYH—1000/45		LGJ—100/45	42.10	9.2	34.8	3000	16	6.8

（2）安装消除导线振动的金具。消除导线振动的有效方法是在导线上加装防振锤。

防振锤由一定质量的重锤，具有较高弹性、高强度的镀锌钢绞线及线夹组成。防振锤的消振性能与防振锤的有效工作频率范围有关。当导线产生振动时，悬挂在导线上的防振锤的相对运动吸收了导线的振动能量，从而降低和消除了导线的振动。各种防振锤根据结构、重量和几何尺寸的不同，均具有一定的固有频率。

1）司托克型防振锤。定型的防振锤属于司托克型，在一根高强度的钢绞线两端分别固定着一个由生铁铸成的圆柱形重锤，在钢绞线的中部铆紧一副夹板，以便将防振锤安装在导线上。根据重锤结构尺寸，防振锤有两个固有频率。

防振锤的线夹分两种结构形式。一种是绞扣式单螺栓固定型线夹。其防振锤形状及规范如图 3-5-2 及表 3-5-2 所示。防晕型防振锤形状见图 3-5-3（b）。直径较小的导线使用的防振锤的线夹不宜采用铰扣式，而采用双螺栓固定型线夹。其防振

锤的形状及规范如图 3-5-3 及表 3-5-3 所示。

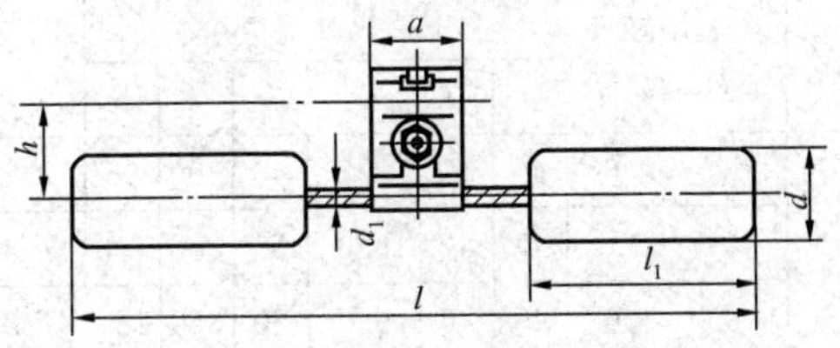

图 3-5-2

表 3-5-2　　　　防振锤规范（一）

型　号	图号	适用导线外径范围（mm）	主要尺寸（mm）						钢绞线规　格	质 量（kg）
			a	d	d_1	h	l	l_1		
FD—2	3-5-2	10.8～14.0	45	46	9.0	55	370	130	7/3.0	2.40
FD—3		14.5～17.5	60	56	11	65	450	150	19/2.2	4.50
FD—4		18.1～22.0	60	62	11	70	500	175	19/2.2	5.60
FD—5		23.0～29.0	70	67	13	70	550	200	19/2.6	7.20
FD—6		29.1～35.0	70	70	13	75	550	200	19/2.6	8.60
FG—70		11.0～11.5	50	56	11	60	400	150	19/2.2	4.20
FG—100		11.6～13.0	60	62	11	65	500	175	19/2.2	5.90

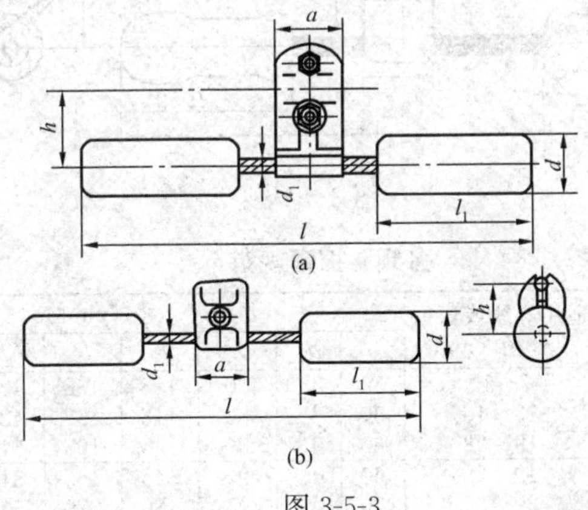

图 3-5-3

表 3-5-3　　　　防振锤规范（二）

型号	图号	适用导线型号	主要尺寸（mm）						钢绞线规格	质量（kg）
			a	d	d_1	h	l	l_1		
FD—1	3-5-3 (a)	7.5～9.6	40	40	7.8	40	300	95	7/2.6	1.50
FG—35		7.8	45	42	9.0	50	300	100	7/3.0	1.80
FG—50		9.0～9.6	45	46	9.0	50	350	130	7/3.0	2.40
FF—5	3-5-3 (b)	23.0～29.0	70	63	13.0	70	550	200	19/2.6	7.40

2）多频防振锤。多频防振锤的钢绞线两端用不同质量的锤头，悬挂点距钢绞线两端亦不等长，利用这种结构，可获得四个固定频率，适应的频率较宽。重锤系用生铁铸成 U 形，以防止在高频振动时，锤头碰磨钢绞线。为了防止发生电晕，固定防振锤在导线上的线夹采用了两种不同结构和材料：对 330kV 及以上线路，防振锤用线夹以热挤压铝合金制造；对 220kV 及以下线路，防振锤用线夹采用钢材制造。防振锤的形状及规范如图 3-5-4 及表 3-5-4 所示。

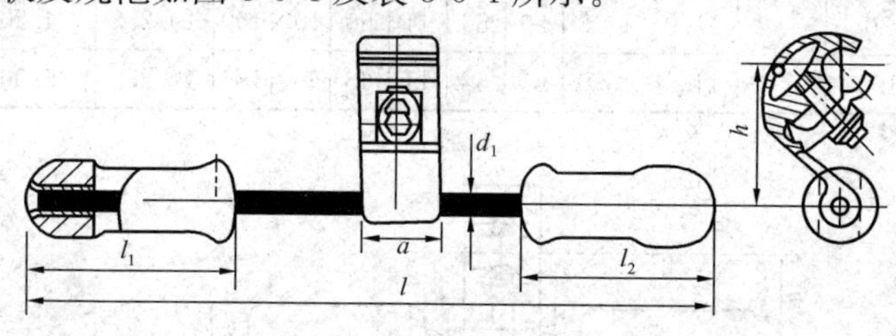

图 3-5-4

表 3-5-4　　　　多频防振锤规范

型号	图号	适用导线或避雷线外径（mm）	主要尺寸（mm）						质量（kg）
			a	d_1	h	l_1	l_2	l	
FR—1R	3-5-4	7～12	50	11	80	118	138	420	2.54
FR—2R		13～18	50	11	80	118	138	420	2.61
FR—3R		19～28	60	13	90	145	165	510	5.00
FR—3F		19～28	60	13	90	145	165	510	5.10
FR—4F		29～35	70	15	95	180	220	570	6.00

3）预绞丝固定防振锤形状及规范见图 3-5-5 及表 3-5-5。

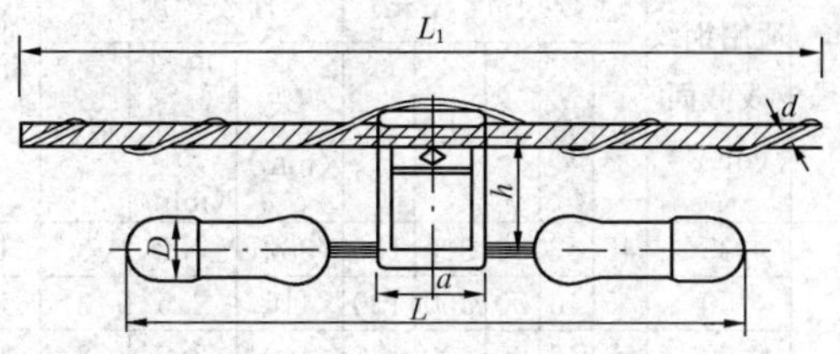

图 3-5-5

表 3-5-5　　预绞丝固定防振锤规范

型号	图号	钢芯铝线截面（mm^2）	主要尺寸（mm）				预绞丝规格			质量（kg）
			a	D	h	L	单丝直径 d（mm）	长度 L_1（mm）	根数	
FDY—1	3-5-5	35～50	40	40	40	300	3.6	380 400	3	1.50
FDY—2		70～95	45	46	55	370	3.6 4.6	540 640	3	2.20
FDY—3		120～150	50	56	65	450	4.6	690 760	3	3.50
FDY—4		185～240	60	62	70	500	4.6 6.3	850 1180	3	4.50

注　预绞丝材质 LF-10，节距不少于 5 个。

4）防滑防振锤（无螺栓）形状及规范见图 3-5-6 及表3-5-6。

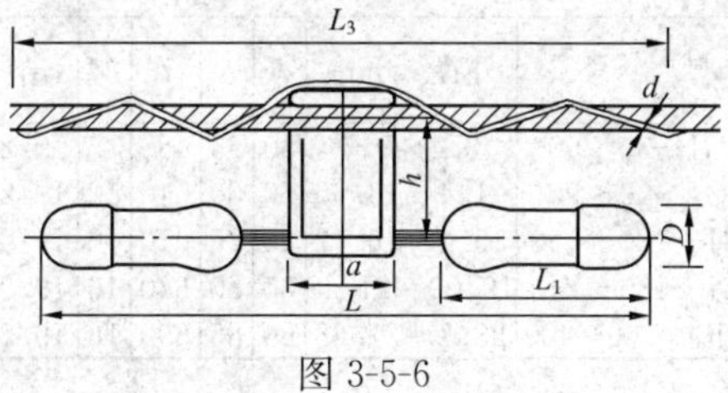

图 3-5-6

表 3-5-6　防滑防振锤（无螺栓）规范

型号	图号	适用钢绞线截面 (mm^2)	主要尺寸（mm）					预绞丝规格			钢绞线（股数/单径，mm）	质量（kg）
			a	D	h	L	L_1	L_3 (mm)	单丝直径 d (mm)	根数		
FG—35H	3-5-6	35	45	42	50	300	100	330	2.2	3	19/1.1	2.0
FG—50H		50	45	46	50	350	130	410	2.5	3	19/1.8	2.6
FG—70H		70	50	56	60	400	150	440	2.5	3	19/2.2	4.5
FG—100H		100	60	62	65	500	175	560	3.5	3	19/2.2	6.1

注　预绞丝材质为铝包钢丝，节距不少于 5 个。

5）防振环是将常规防振锤由生铁铸造的锤头改为圆钢锻制的 U 形环，压缩在钢绞线的两端而成。两环与垂直导线的偏角均为 30°，以使振动时产生扭矩，消耗振动能量，提高消振效果。由于防振环不采用铸造工艺，因而具有制造简单等优点。

防振环的形状及规范如图 3-5-7 及表 3-5-7 所示。

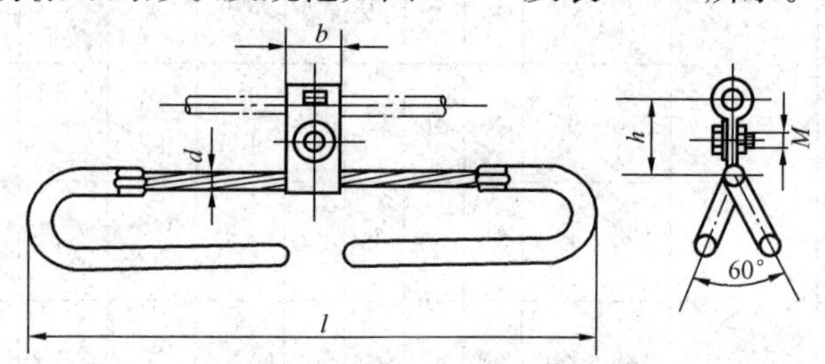

图 3-5-7

表 3-5-7　防振环规范

型号	图号	适用导线		主要尺寸 (mm)				钢绞线		质量 (kg)
		型　号	外径（mm）	b	h	l	M	结构	外径 d (mm)	
FH—1	3-5-7	LGJ—35～50	8.4～9.6	50	55	480	12	19/2.0	10	1.8
FH—2		LGJ—70～95	11.4～13.68	50	60	540	12	19/2.2	11	2.6
FH—3		LGJ—120～150	15.2～16.72	60	75	610	16	19/2.6	13	4.6
FH—4		LGJ—185～240	19.02～21.28	60	80	670	16	19/2.6	13	5.1
FH—5		LGJQ—300～400	23.7～27.68	60	85	690	16	19/2.6	13	6.5

2. 间隔棒

远距离、大容量的超高压输电线每相导线采用了二根、四根及以上的分裂导线。目前 220kV 及 330kV 的输电线采用二分裂导线，500kV 输电线采用三分裂及四分裂导线，电压高于 500kV 的超高压、特高压输电线采用六分裂及八分裂的导线。为了保证分裂导线线束间距保持不变以满足电气性能，降低表面电位梯度，及在短路情况下，导线线束间不致产生电磁力，造成相互吸引碰撞，或虽引起瞬间的吸引碰撞，但事故消除后即能恢复到正常状态，因而在档距中相隔一定距离安装了间隔棒。安装间隔棒对次档距的振荡和微风振动也可起到一定的抑制作用。

根据结构特点，间隔棒分为球绞间隔棒、环绞间隔棒、阻尼间隔棒、单绞式间隔棒等。定型的间隔棒为二分裂导线用球绞间隔棒，适用于 220kV 及 330kV 二分裂导线，亦可组合安装成三分裂、四分裂导线用的间隔棒，以简化线路结构，为运行维护创造方便条件。

用二分裂导线间隔棒组装成三分裂或四分裂导线用间隔棒的安装示意如图 3-5-8 所示。

电力线路间隔棒系列新旧型号对照见表 3-5-8。

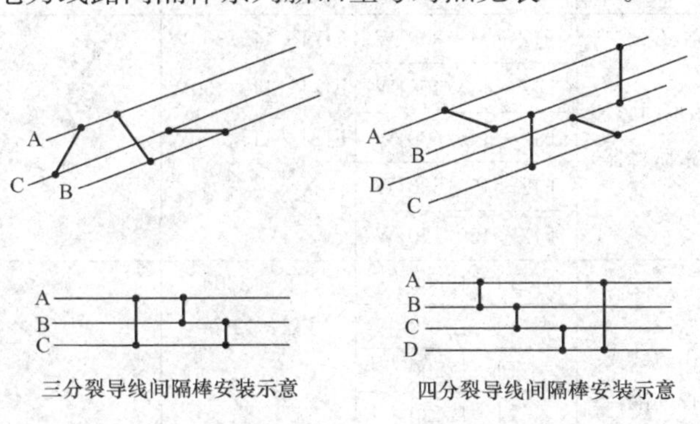

图 3-5-8

表 3-5-8　　电力线路间隔棒系列新旧型号对照表

序号	名　称	新型号	旧型号	备　注
1	十字形间隔棒	FJZ—445/300S	FJZS—45300	
		FJZ—445/400S	FJZS—45400	
		FJZ—450/500S		
2	方框形间隔棒	FJZ—445/300F	FJZ—445F/300	旧型号为单支撑架
		FJZ—445/400F		
		FJZ—445/500F		
		FJZ—445/630F		
		FJZ—450/630F		
		FJZ—450/720F	FJZF—500/720	旧型号为单支撑架
3	方框形间隔棒（带防舞器）	FJZ—445/300FW		
		FJZ—445/400FW		
		FJZ—4450/500FW		
		FJZ—450/630FW		
		FJZ—450/720FW	FJZF—500/720W	旧型号为单支撑架
4	矩形间隔棒	FJZ—445/300J	FJZJ—445/300	旧型号为单支撑架
		FJZ—445/400J	FJZJ—445/400	
		FJZ—445/500J	FJZJ—445/500	
5	矩形间隔棒（带防舞器）	FJZ—445/300JW	FJZJ—445/300W	
		FJZ—445/400JW	FJZJ—445/400W	
		FJZ—445/500JW	FJZJ—445/500W	
		FJZ—450/630JW		
		FJZ—450/720JW		
6	引流线支撑间隔棒	TJ—12300	TJ—12300	
		TJ—12400	TJ2—12400	
		TJ—12500		
		TJ—12630		
		TJ—12720	TJ2—12720	

续表

序号	名　称		新型号	旧型号	备　注
7	六分裂间隔棒		FJZ—6375/240L	FJZ—6375/240	
			FJZ—6375/400L		
			FJZ—640/400L	FJZ—640/400	
			FJZ—650/720L		
8	二分裂间隔棒	球铰	FJQ—240/300		
			FJQ—240/400		
			FJQ—240/500		
			FJQ—250/630	FJQ—500/630	
		梯形	FJZ—250/630	FJZ—250/630	

（1）二分裂间隔棒。

1）二分裂球绞间隔棒的线夹由铝合金制成，以球窝与撑棒的钢球为绞接点，沿水平与垂直方向均可转动 5°～8°，间隔棒承受导线短路电磁吸引力产生的向心力为 3000～4000N，安全系数为 2.5，间隔棒的轴向破坏荷重不小于 7000～10 000N。

二分裂球绞间隔棒的形状及规范如图 3-5-9 及表 3-5-9 所示。

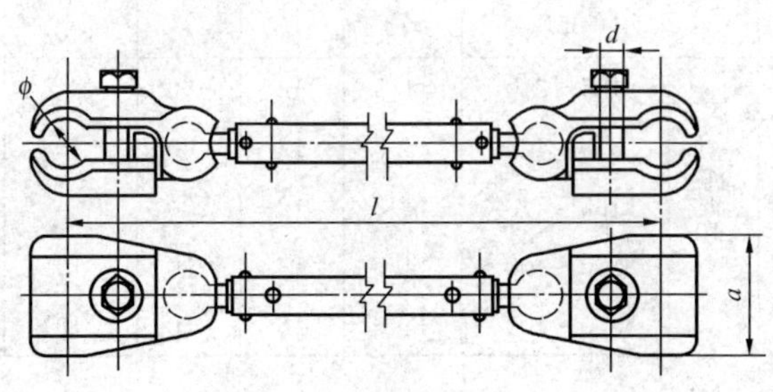

图 3-5-9

表 3-5-9　　二分裂球绞间隔棒规范（一）

型　号	图　号	适　用　导　线		主要尺寸（mm）				质量(kg)
		截面（mm^2）	外径（mm）	a	d	ϕ	l	
FJQ—404	3-5-9	185～240	19.02 21.28	60	12	22	400	1.00
FJQ—405		300～400	23.70～27.68	60	12	29	400	1.20
FJQ—204		185～240	19.02 21.28	60	12	22	200	0.85
FJQ—205		300～400	23.70～27.68	60	12	29	200	1.05

2）铝管支撑二分裂球绞间隔棒的支撑用高强度铝合金制造，球头与支撑连接为压接，结构合理并提高了强度。间隔棒形状及规范如图 3-5-10 及表 3-5-10 所示。

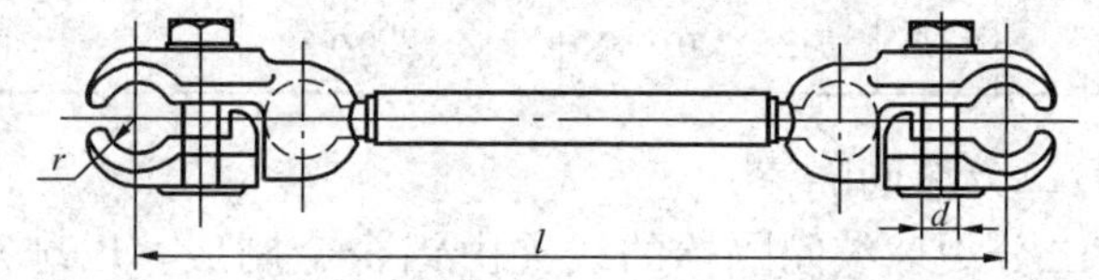

图 3-5-10

表 3-5-10　　铝管支撑二分裂球绞间隔棒规范（二）

型　　号	图号	适用导线截面（mm^2）	主要尺寸（mm）			轴向荷重（不小于，kN）	质量(kg)
			r	d	l		
FJQ—404R	3-5-10	185～240	11.0	12	400	7	1.0
FJQ—405R		300～400	14.5	12	400	10	1.2
FJQ—204R		185～240	11.0	12	200	7	0.85
FJQ—205R		300～400	14.5	12	200	10	1.05
FJQ—405A		300～400	14.5	16	450	10	2.43

3）二分裂球铰阻尼间隔棒形状及规范见图 3-5-11 及表3-5-11。

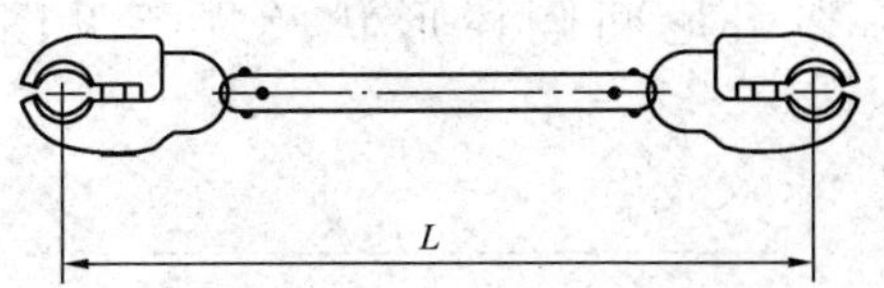

图 3-5-11

表 3-5-11　　二分裂球铰阻尼间隔棒规范

型　　号	图号	适用导线	主要尺寸 L (mm)	质量 (kg)
FJQ—240/300	3-5-11	LGJ—300/25	400	2.0
FJQ—240/400		LGJ—400/35	400	
FJQ—240/500		LGJ—500/35	400	
FJQ—250/630		LGJ—630/45	500	2.45

4）阻尼梯形二支撑间隔棒形状及规范见图 3-5-12 及表3-5-12。

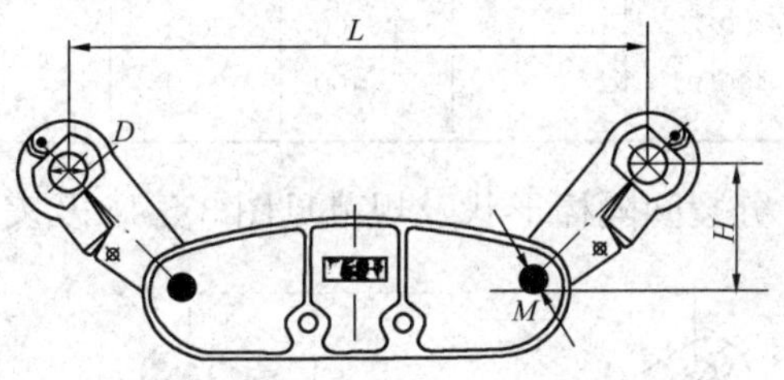

图 3-5-12

表 3-5-12　　阻尼梯形二支撑间隔棒规范

型　号	图号	适用导线型号	主要尺寸 (mm)				质量 (kg)
			D	H	M	L	
FJZ—245/300	3-5-12	LGJ—300/25～300/50	20	178	12	450	3.5
FJZ—245/400		LGJ—400/25～400/50	24	178	12	450	3.5
FJZ—250/500		LGJ—500/35～500/45	26	180	16	500	4.0
FJZ—250/630		LGJ—630/45～630/55	29	180	16	500	4.0

注　D 值为胶垫直径。

5）二分裂阻尼间隔棒形状及规范见图 3-5-13 及表 3-5-13。

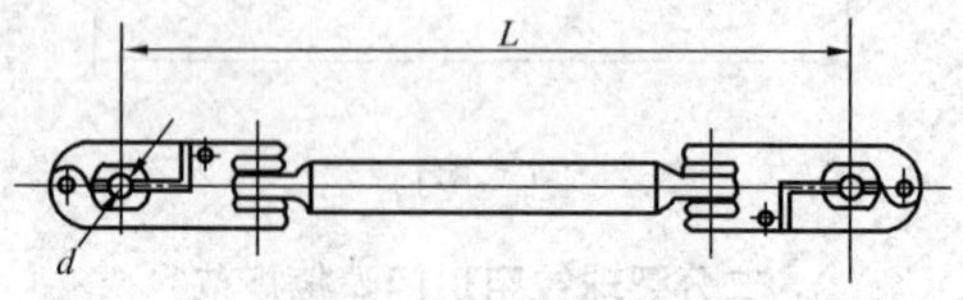

图 3-5-13

表 3-5-13　　二分裂阻尼间隔棒规范

型　号	图号	适用范围	主要尺寸（mm）		质量（kg）
			d	*L*	
FJZ—240/240B FJZ—240/300B	3-5-11	2×240 2×300	18.4 20.1	400	2.8
FJZ—245/300B FJZ—245/400B	3-5-13	2×300 2×400	20.1 23.1	450	3.0

（2）三分裂间隔棒形状及规范见图 3-5-14 及表 3-5-14。

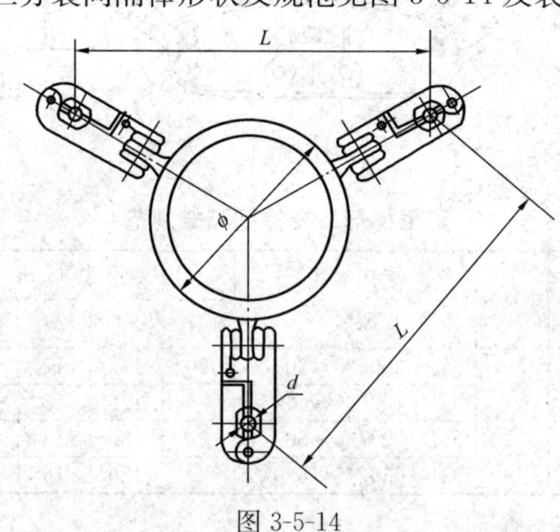

图 3-5-14

表 3-5-14　　三分裂阻尼间隔棒规范

型号	图号	适用范围（mm^2）	主要尺寸（mm）			质量（kg）
			d	ϕ	L	
FJZ—345/300B	3-5-14	3×300	20.1	230	450	5.3
FJZ—345/400B		3×400	23.1			

（3）四分裂间隔棒。

我国第一条 500kV 超高压输电线路的四分裂导线采用了单铰式间隔棒，运行证明该间隔棒性能较差，因而新建工程分别选用了阻尼圆环间隔棒和阻尼十字形间隔棒。这两种间隔棒由于选用硅橡胶作为阻尼元件，提高了间隔棒的阻尼特性，克服了导线蠕变出现的线夹松动现象。原有的十字型间隔棒支撑为钢板冲压而成，为了增加抗腐性能，现在已基本上采用铝合金铸造或压铸。

四分裂阻尼间隔棒具有以下七种型式：

1）阻尼圆环间隔棒形状及规范见图 3-5-15 及表 3-5-15。

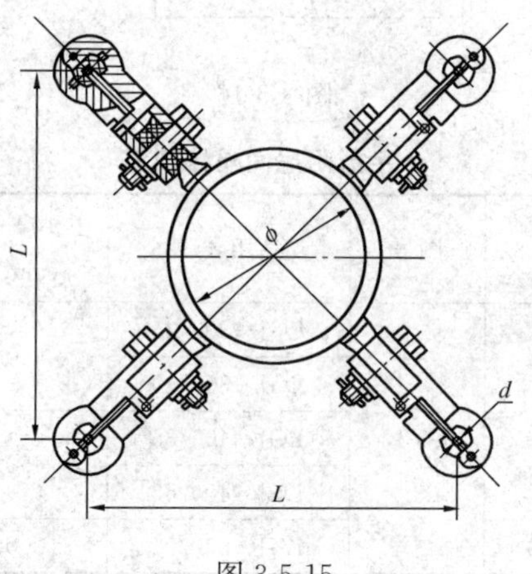

图 3-5-15

表 3-5-15　　四分裂阻尼间隔棒规范

型　号	图号	适用范围 (mm²)	主要尺寸（mm）			质量 (kg)
			d	ϕ	L	
FJZ—445/240B	3-5-15	4×240	18.4	317	450	6.7
FJZ—445/300B		4×300	20.1			
FJZ—445/400B		4×400	23.1			

注　表中尺寸 d 数值表示橡胶垫线槽直径。

2）十字形阻尼间隔棒形状及规范见图 3-5-16 及表 3-5-16。

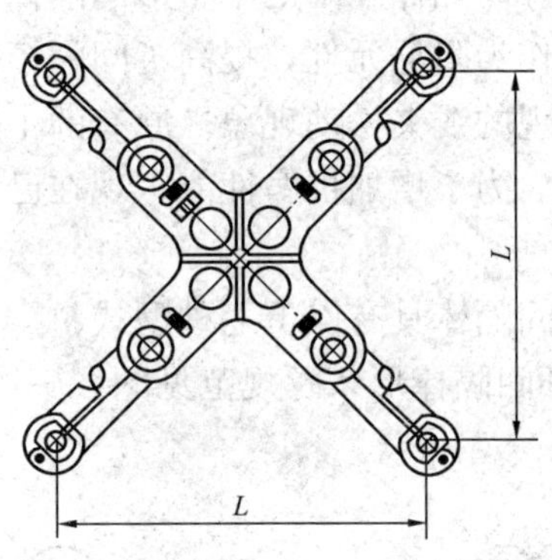

图 3-5-16

表 3-5-16　　十字形阻尼间隔棒规范

型　号	图号	适用导线	主要尺寸 L (mm)	质量 (kg)
FJZ—445/300S	3-5-16	LGJ—300/25	450	7.6
		LGJ—300/40		
FJZ—445/400S		LGJ—400/35	450	
		LGJ—400/50		
FJZ—450/500S		LGJ—500/35	500	

3）方框形双支撑阻尼间隔棒形状及规范见图 3-5-17 及表 3-5-17。

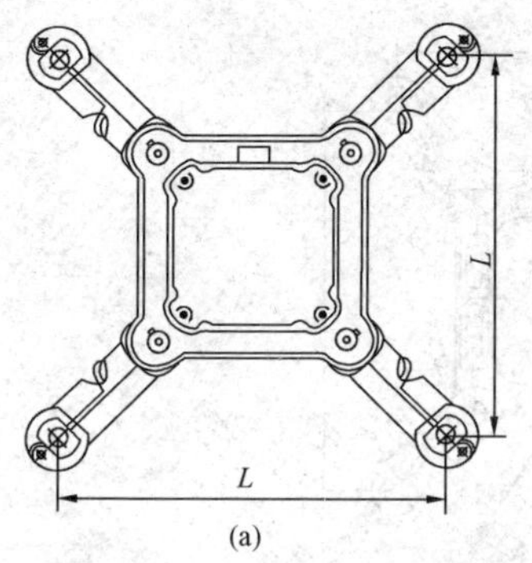

(a)

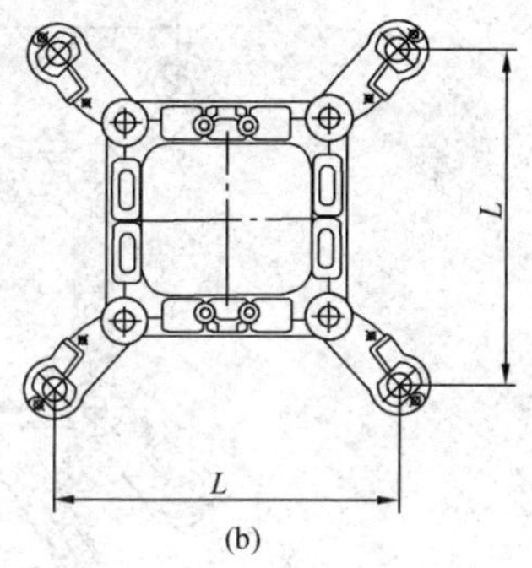

(b)

图 3-5-17

表 3-5-17　　方框形双支撑阻尼间隔棒规范

型　号	图号	适用导线	主要尺寸 L（mm）	质量（kg）
FJZ—445/300F	3-5-17（a）	LGJ—300/25	450	7.9
		LGJ—300/40		
FJZ—445/400F		LGJ—400/35	450	
		LGJ—400/50		
FJZ—445/500F		LGJ—500/35	450	
FJZ—445/630F	3-5-17（b）	LGJ—630/45	450	9.3
FJZ—450/630F		LGJ—630/45	500	9.7
FJZ—450/720F		LGJ—720/50	500	

4）带防舞器方形阻尼间隔棒形状及规范见图 3-5-18 及表 3-5-18。

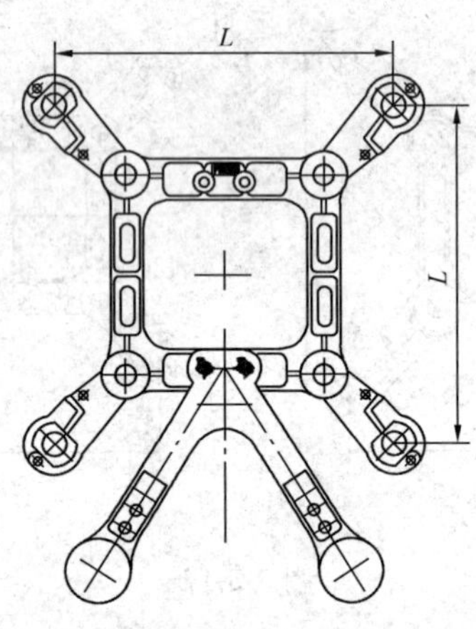

图 3-5-18

表 3-5-18　　带防舞器方形阻尼间隔棒规范

型　号	图号	适用导线	主要尺寸 L (mm)	质量 (kg)
FJZ—445/300FW	3-5-18	LGJ—300/25	450	25.7
		LGJ—300/40		
FJZ—445/400FW		LGJ—400/35	450	28.5
		LGJ—400/50		
FJZ—445/500FW		LGJ—500/35	450	
FJZ—450/630FW		LGJ—630/45	500	30.2
FJZ—450/720FW		LGJ—720/50	500	

5）矩形双支撑阻尼间隔棒形状及规范见图 3-5-19 及表3-5-19。

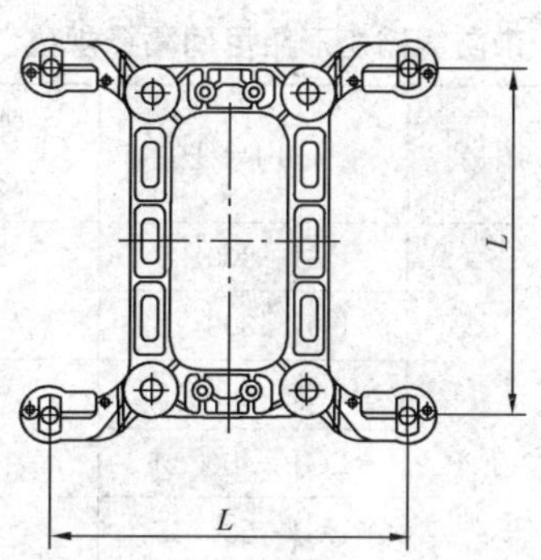

图 3-5-19

表 3-5-19　　矩形双支撑阻尼间隔棒规范

型　号	图号	适用导线	主要尺寸 L (mm)	质量 (kg)
FJZ—445/300J	3-5-19	LGJ—300/25	450	8.6
		LGJ—300/40		
FJZ—445/400J		LGJ—400/35	450	
		LGJ—400/50		
FJZ—445/500J		LGJ—500/35	450	

6）带防舞器矩形阻尼间隔棒形状及规范见图 3-5-20 及表 3-5-20。

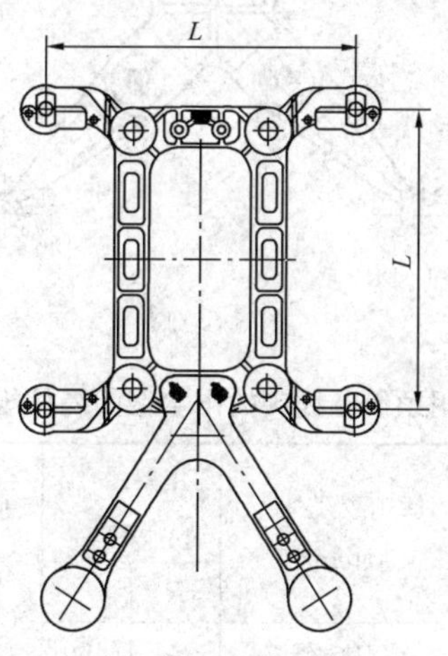

图 3-5-20

表 3-5-20　　带防舞器矩形阻尼间隔棒规范

型　号	图号	适用导线	主要尺寸 L (mm)	质量 (kg)
FJZ—445/300JW	3-5-20	LGJ—300/25	450	25.3
		LGJ—300/40		
FJZ—445/400JW		LGJ—400/35	450	28.5
		LGJ—400/50		
FJZ—445/500JW		LGJ—500/35	450	
FJZ—450/630JW		LGJ—630/45	500	
FJZ—450/720JW		LGJ—720/50	500	

7）采用预绞丝线夹的十字型间隔棒形状及规范见图3-5-21及见表 3-5-21。

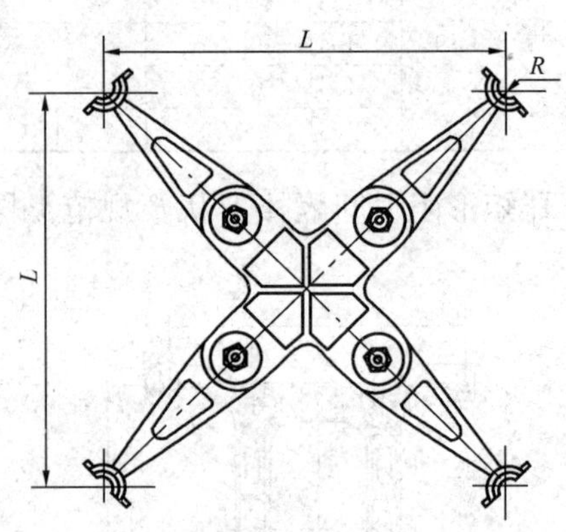

图 3-5-21

表 3-5-21　　采用预绞丝线夹的十字型间隔棒规范

型　号	图号	适用绞线外径 (mm)	主要尺寸 (mm)		质量 (kg)	型式
			R	L		
JZY—45300	3-5-21	23.4～25.2	9.5	450	10.72	十字型、预绞丝

（4）六分裂阻尼间隔棒形状及规范见图 3-5-22 及表 3-5-22。

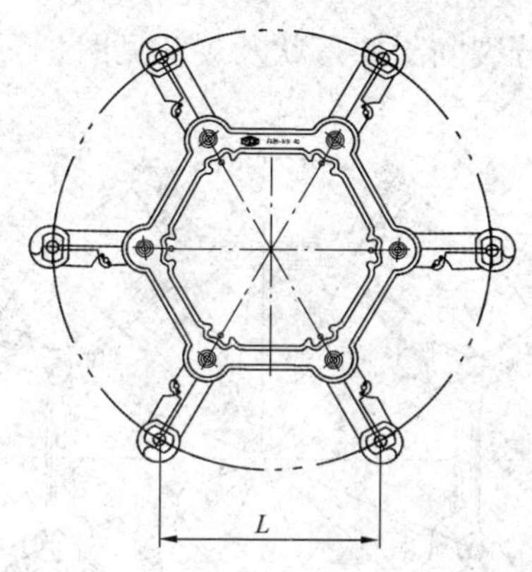

图 3-5-22

表 3-5-22　　六分裂阻尼间隔棒规范

型　号	图号	适用导线	主要尺寸 L（mm）	质量（kg）
FJZ—6375/240L	3-5-22	LGJ—240/30	375	11.0
FJZ—6375/400L		LGJ—400/35		
FJZ—640/400L		LGJ—400/35	400	12.0
		LGJ—400/50		
FJZ—650/720L		LGJ—720/50	500	13.0

（5）八分裂间隔棒。

随着输电线路的发展，我国已建成 1000kV 特高压输电线路，并采用了八分裂导线结构型式。

八分裂间隔棒的阻尼件选用橡胶柱和棘轮两种结构。线夹长度适中为宜，线夹长支撑尺寸短，线夹过长，在向心力试验时出现弯曲变形大。现在各厂家生产的八分裂间隔棒尺寸不统一，线夹长度为190、160、150、145、140、130、125mm七种，建议线夹长度取145～150mm比较合适。

1000kV八分裂间隔棒形状及规范见图3-5-23及表3-5-23。

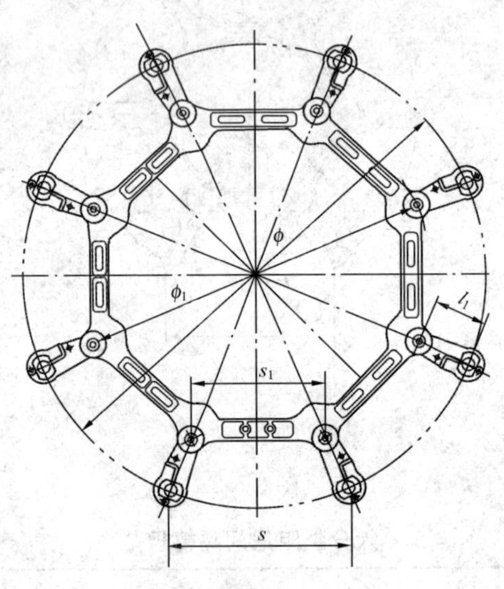

图 3-5-23

表 3-5-23　　八分裂间隔棒规范

导线标称截面（mm²）		图号	500/35				630/45	
导线外径（mm）		3-5-23	30.0				33.6	
间隔棒整体	分裂圆直径 ϕ（mm）		1045					
	子导线间距 s（mm）		400					
	阻尼元件结构形式		圆柱				棘轮	
	线夹臂长 l_1（mm）		140	145	150	160	145	150
支撑架	活动关节对角间距 ϕ_1（mm）		765	755	745	725	755	725
	相邻活动关节距离 s_1（mm）		288	290	287	280	290	280

铝质阻尼间隔棒质量推荐值见表3-5-24。

表 3-5-24　　铝质阻尼间隔棒质量（推荐值）

导线截面（mm^2）	导线外径（mm）	四分裂间隔棒质量（kg）	六分裂间隔棒质量（kg）	八分裂间隔棒质量（kg）
240/30	21.60		6.1～7.2	
240/40	21.66	4.3～5.1		
300/40	23.94	5.0～6.0	7.5～8.8	
300/50	24.26	5.3～6.3	8.0～9.5	10.6～12.6
400/35	26.82	5.9～7.1	8.9～9.7	12.2～14.4
400/50	27.63	6.7～7.9	10.2～12.4	13.3～15.7
500/35	30.00	7.2～8.6	10.6～12.6	14.4～17.7
500/45	30.00	7.4～8.8	10.6～12.5	14.9～17.6
630/45	33.60	8.8～10.5	13.2～14.4	17.7～21.0
630/55	34.32	9.7～11.5	14.9～17.2	19.5～23.0
720/50	36.23		14.7～17.4	21～25.0

注　铝质阻尼间隔棒结构为双框支撑架、橡胶阻尼元件。

（6）跳线间隔棒。500kV 四分裂导线在耐张杆塔跳线上固定四根导线用跳线间隔棒，其形状及规范见图 3-5-24 及表 3-5-25。

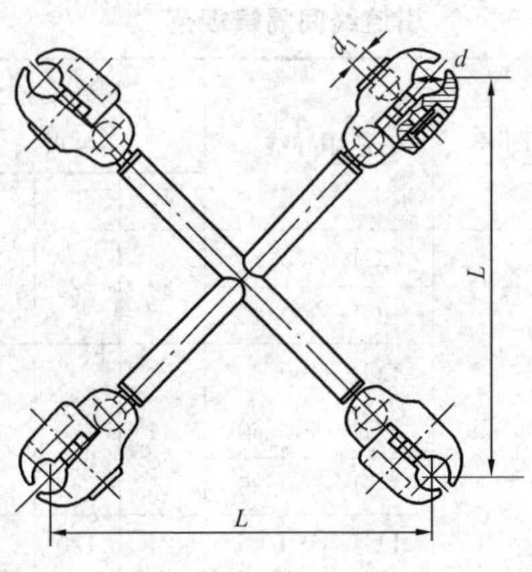

图 3-5-24

表 3-5-25　　　　　　　　跳线间隔棒规范

型　号	图　号	适用绞线外径（mm）	主要尺寸（mm）			质量（kg）
			d	d_1	L	
TJ—5	3-5-24	23.5～28.0	29	16	450	4.2

（7）引流线与延长拉杆支撑间隔棒。500kV 四分裂导线的上两根导线引流线引入时，会碰到下两根导线，当导线摆动时会产生导线的磨伤。在引下线与延长拉杆之间应安装引线间隔棒。引流线间隔棒的形状及规范见图 3-5-25 及表 3-5-26 所示。延长拉杆规范见表 3-5-27。

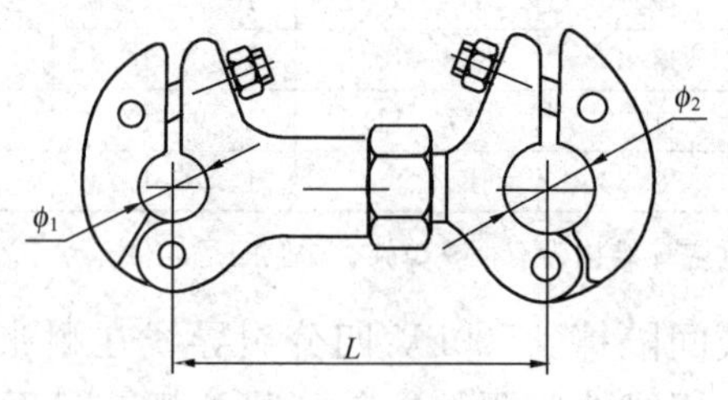

图 3-5-25

表 3-5-26　　　　　　　　引流线间隔棒规范

型　号	图号	适用导线	主要尺寸（mm）			质量（kg）
			ϕ_1	L	ϕ_2	
TJ—12300	3-5-25	LGJ—300/25	20	120	24	0.95
		LGJ—300/40				
TJ—12400		LGJ—400/35	24	120	27	
		LGJ—400/50				
TJ—12500		LGJ—500/35				
TJ—12630		LGJ—630/45	24	120	35	1.0
TJ—12720		LGJ—720/50	24	120	38	0.9

表 3-5-27　　YL 型延长拉杆规范

适用导线截面（铝/钢，mm^2）	YL 型延长拉杆				跳线间隔棒		备　注
	标称载荷（kN）	型号	材质	拉杆直径（mm）	型号	线夹线槽（mm）	
300/25 300/40	100 100	YL—1040 YL—1040	Q235	20	TJ—12300	ϕ24	用于 240/30、240/40mm^2 导线应缠一层铝包带
300/50 400/35 500/35	120	YL—1243	Q235	22	TJ—12400	ϕ27	用于 300/50mm^2 导线应缠一层铝包带
400/50 500/45 630/45	160	YL—1643 YL—1650	35 号钢	22	TJ—12630	ϕ34	用于 400/50mm^2 导线应缠一层铝包带
630/55 720/50	210	YL—2143 YL—2150	35 号钢	24	TJ—12720	ϕ37	

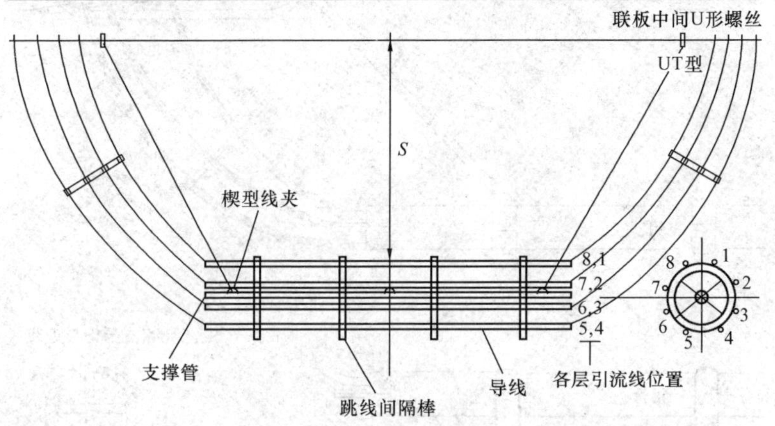

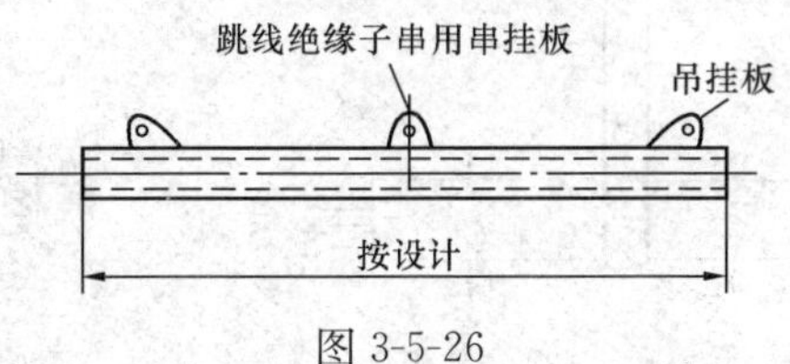

图 3-5-26

3. 分裂导线耐张塔跳线装置

1000kV采用的八分裂导线在耐张塔直跳时，需采用跳线间隔棒固定，在间隔棒中心穿过一支撑管，在管两端中部均焊吊挂板、考虑与跳线绝缘子串固定，以楔型线夹及UT型线夹将支撑管吊在耐张绝缘子串的联板上，可以用UT型线夹调整所需距离S，如图3-5-26所示。铝合金管硬跳线装置规范见表3-5-28。六分裂硬母线直跳装置及八分裂硬母线绕跳装置分别见图3-5-27、图3-5-28。四分裂耐张跳线四变二软伸缩引流装置形状及规范见图3-5-29及表3-5-29。

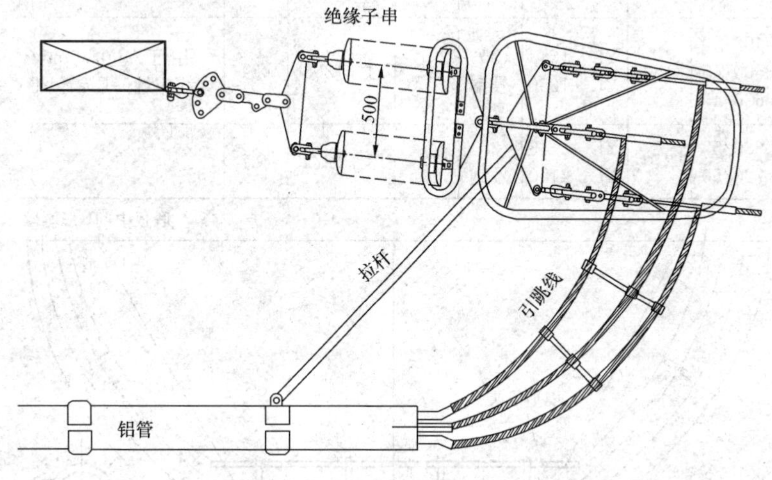

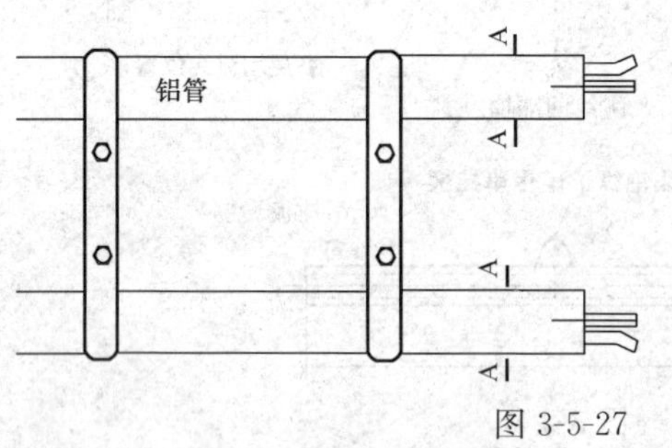

图 3-5-27

表 3-5-28　　**铝合金管硬跳线装置(铝合金管内十字支撑)规范**

线路电压 (kV)	导线截面 (mm^2)	分裂距离 (mm)	分裂根数	载流量 (A)	铝支撑 管外径 (mm)	铝支撑 根数	铝支撑 管间距 (mm)	分裂线束布置	吊挂件型式
220	240/30～240/40 300/40～300/50		1		ϕ50	1			
330	300/40～300/50 400/35～400/50	400	2	1545 1700	ϕ80	1	400		
500	300/40～300/50 400/35～400/50	450	4	3600	ϕ80	2	400		
	500/35～500/45 630/45～630/55	450	4	4300	ϕ100	2			
	720/50	500	4	7550	ϕ120	2			
紧凑型	240/30 300/40	375	6	4300	ϕ100	2	400	750 375 400 800	
750	400/50	400	6	7000	ϕ130	2	450		
800	720/50 630/45	450	6		ϕ130	2			
1000	630/45 500/35	400	8	11 800	ϕ200	2	500	400 970	

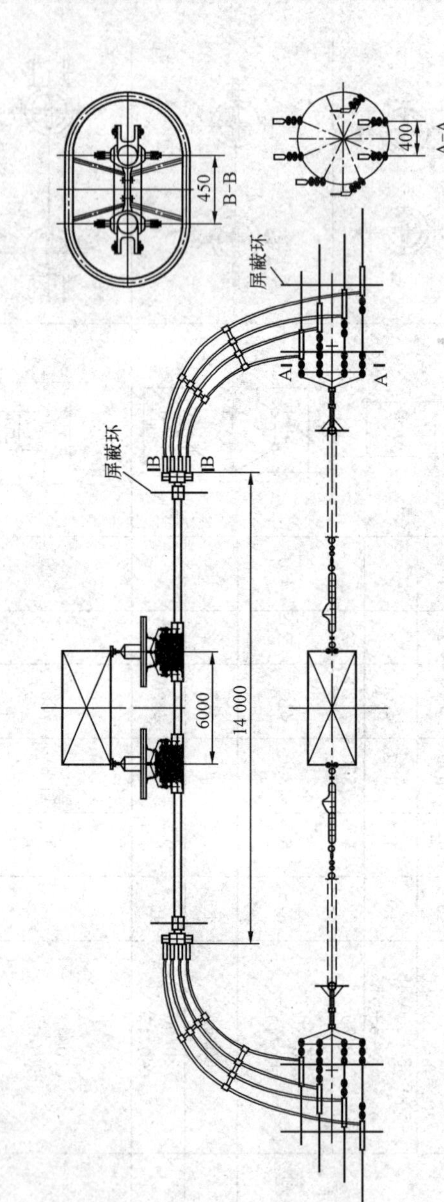

图 3-5-28

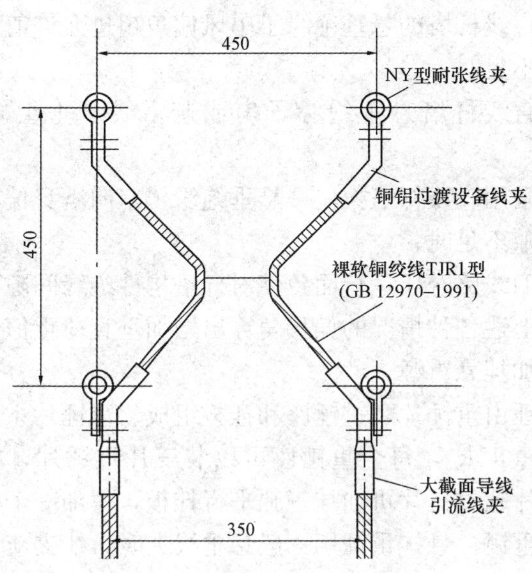

图 3-5-29

表 3-5-29　四分裂耐张跳线四变二软伸缩引流装置规范

型号	图号	四分裂导线规格	跳线两根扩径导线	裸软铜绞线	
				规格（mm^2）	铜管铝板过渡设备线夹（mm）
JR2/4—1	3-5-29	300/25～300/50	LGKK—900	160	铜管 ϕ24，端子二孔板 63mm×12mm
JR2/4—2		400/25～400/50	LGKK—900	200	ϕ28
JR2/4—3		300/25～300/50	LGJQT—1400	185	ϕ28
JR2/4—4		400/25～400/50	LGJQT—1400	250	ϕ32

4. 悬重锤

悬重锤是在直线杆塔悬垂绝缘子串或非直线杆塔跳线对杆塔绝缘间隙不足时采用的保护金具。

架空电力线路需采用增加绝缘子串垂直荷重，降低导线悬挂点和使用 V 形绝缘子串等措施补救的情况有：

（1）直线杆塔的悬垂绝缘子串风偏角超过允许值，对杆塔绝缘间隙不足时；

（2）直线杆塔悬垂绝缘子串或避雷线悬垂组合产生上拔时；

（3）采用直线杆塔换位，悬垂绝缘子串向塔身偏移，对杆塔绝缘间隙不足时；

（4）旧线路升压运行而致使对杆塔构件绝缘间隙不足时。

根据上述各种情况的偏移角算出增加垂直荷重值，在绝缘子串下面加挂悬重锤。

悬重锤由重锤片、重锤座和挂板组成。重锤片系用生铁制造，每片重 15kg，每个重锤座可以装三片重锤片，根据实际需要重锤片超过三片可加挂三腿平行挂板，每加一个挂板可以增挂三片重锤。悬挂重锤用一般悬垂线夹时，线夹应增加挂重锤用挂板，悬挂方法如图 3-5-30 所示。

悬重锤的形状及规范如图 3-5-31 及表 3-5-30 所示。

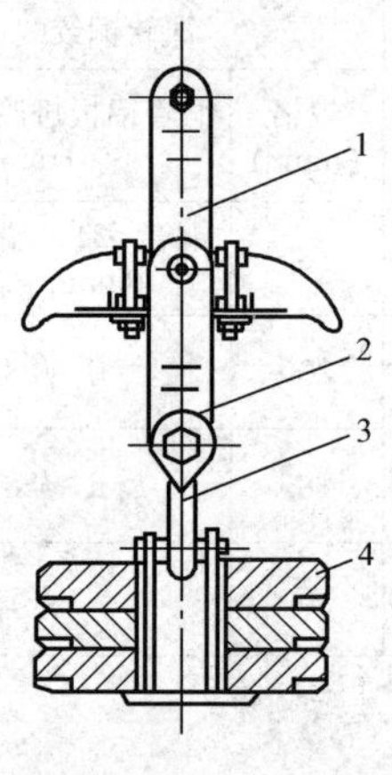

图 3-5-30

1—悬垂线夹；2—挂重锤挂板；3—U 形挂环；4—重锤

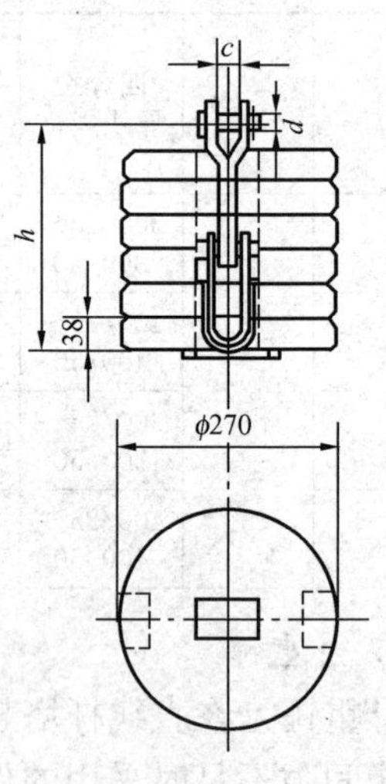

图 3-5-31

表 3-5-30　　悬重锤规范

型　号	图号	适用加重（kg）	主要尺寸（mm）			片数	质量（kg）	
			c	d	h		重锤质量	总质量
ZX—3	3-5-31	45	20	16	170	3	45	49.3
ZX—4		60			295	4	60	67.6
ZX—5		75				5	75	82.6
ZX—6		90				6	90	97.6
ZX—7		105			420	7	105	115.6
ZX—8		120				8	120	130.9
ZX—9		135				9	135	145.9
ZX—10		150			545	10	150	164.2
ZX—11		165				11	165	179.2
ZX—12		180				12	180	194.2
ZX—13		195			670	13	195	212.5
ZX—14		210				14	210	227.5
ZX—15		225				15	225	242.5
ZX—16		240			795	16	240	260.8
ZX—17		255				17	255	275.8

四分裂导线用的悬重锤，是将梯形重锤片串挂在联板的两侧，以三根螺杆固定，悬重锤轮廓尺寸在四分裂导线线束间距内，因有四根导线屏蔽，在重锤上不会出现电晕。

悬重锤外形及组装零件尺寸如图 3-5-32 及表 3-5-31 所示。

重锤片于联板上的安装方法如图 3-5-33 所示。重锤片的形状及规范见图 3-5-34 及表 3-5-32。

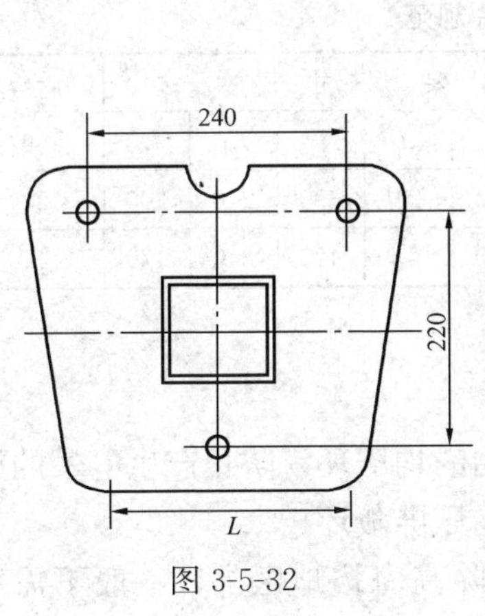

图 3-5-32

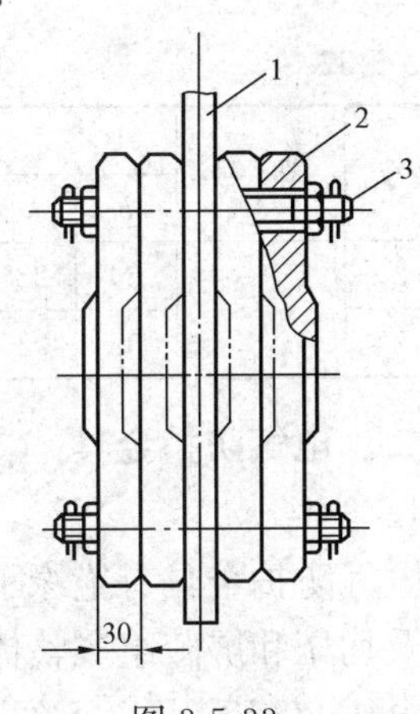

图 3-5-33

1—联板；2—重锤片；3—双头螺柱

表 3-5-31　　悬重锤组装零件表

悬重锤标称质量（kg）	安装重锤片数	双头螺柱规格	总质量（kg）
40	2	M22×145	42
80	4	M22×200	82
120	6	M22×260	122
160	8	M22×320	163
200	10	M22×380	103
240	12	M22×440	43
280	14	M22×500	284

注　1. 一套悬重锤包括重锤片、双头螺柱、螺母、闭口销。

2. 一套悬重锤用三根双头螺柱固定在联板上。

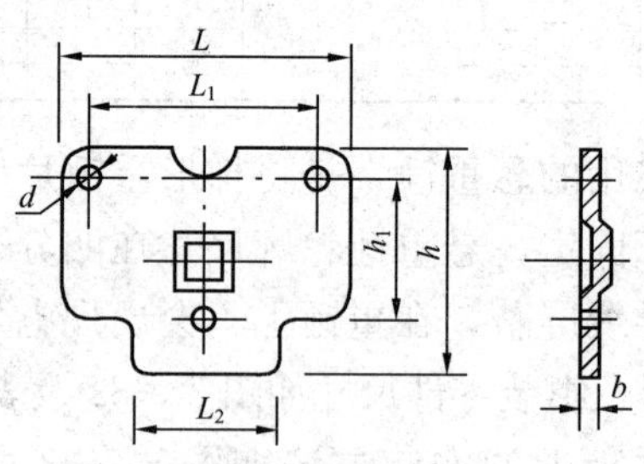

图 3-5-34

表 3-5-32　　重锤片规范

型　号	图　号	主要尺寸							质量（kg）
		b	h_1	h	d	L	L_1	L_2	
ZC—20	3-5-34	30	225	300	24	390	240	200	20
ZC—22	3-5-34	32	225	310	24	420	240	170	22

二、电气防护金具

1. 种类

电气防护金具有绝缘子串用的均压环，防止产生电晕的屏蔽环及均压和屏蔽组成整体的均压屏蔽环。

电压 220kV 及以下线路，除高海拔地区外，一般不需安装均压环。近年来架空避雷线采取对地绝缘，以供通信需要，避雷线用绝缘子本身带有放电间隙，亦勿需另配其他电气防护金具。

（1）均压环。在超高压、特高压线路中，绝缘子串的绝缘子片数很多，绝缘子串中的每片绝缘子上的电压分布不均，靠近导线的第一片绝缘子承受了极高的电压，因此第一片绝缘子劣化率很高。为改善绝缘子串中绝缘子的电压分布，在绝缘子串上加装了均压环。均压环结构形式有圆形、长椭圆形、倒三角形、轮形等。安装均压环时，其钢管边缘在第一片绝缘子瓷裙以上或等高线上效果最好，一般安装在距第一片绝缘子瓷裙75～100mm处，以避免第一片绝缘子附件早期出现电晕。均压环的边缘至绝缘子裙边距离为150～250mm。工程上选用时均应通过试验来确定最佳尺寸。

绝缘子串安装均压环与不安装均压环的电压分布百分比如图3-5-35所示。各种电压的均压环选用无缝钢管的最小直径如表3-5-33。

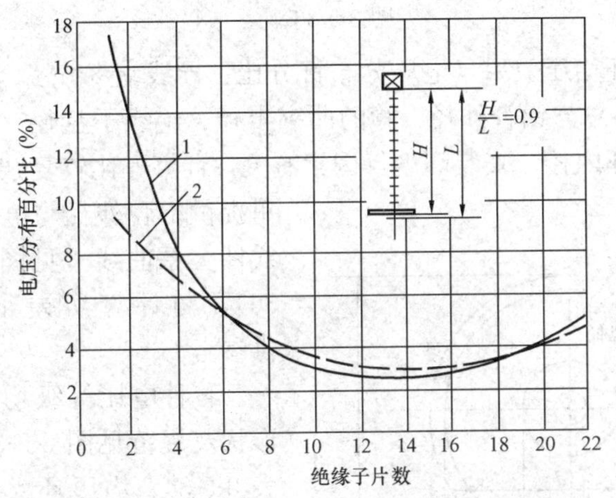

图 3-5-35

1—未安装均压环；2—安装均压环

表 3-5-33　　均压环选用钢管外径规范

电压（kV）	110	220	330	500
最小外径（mm）	16～20	25～30	32～34	50～60

1）现均压环已不再采用圆钢管制造热镀锌，现在全部采用铝圆管。

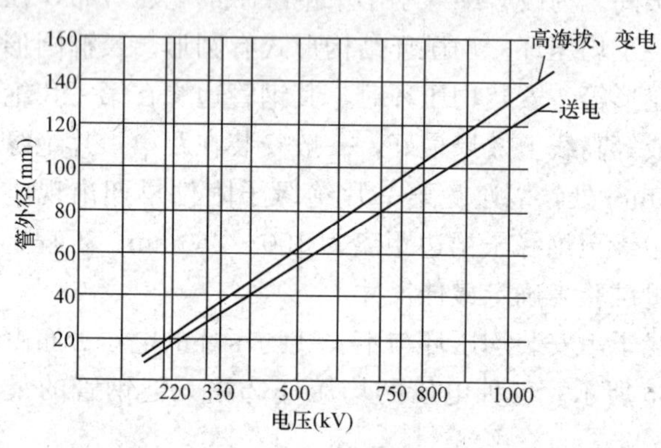

图 3-5-36

均压环均压效果（电压分布百分比：导线端 3.5%，塔顶端约 6.5%）与铝管外径、管的曲率半径、绝缘子盘径、盘边距、均压环内径、安装高度等因素有关，计算亦比较复杂。这里提供铝管外径与电压的线性关系曲线（见图 3-5-36），与计算所差很小，供参考。

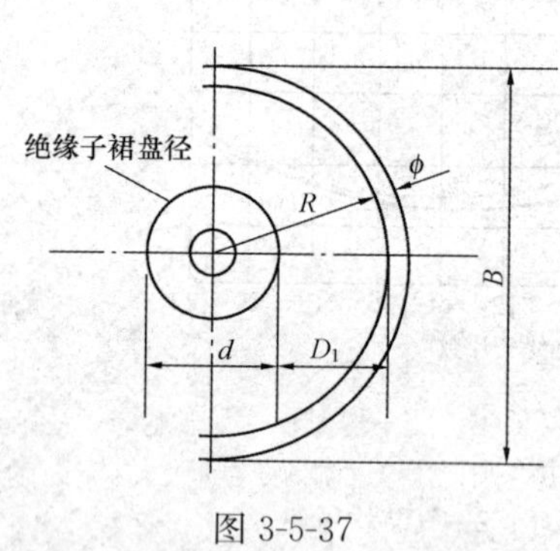

图 3-5-37

各种电压等级均压环形状及规范见图 3-5-37 及表 3-5-34。均压环支撑螺栓直径及数量送电用为 2×M16mm，变电用为 2×M12mm。

表 3-5-34　　均压环规范　　(mm)

图号	线路电压(kV)	绝缘子		d/2	盘径至管内壁 D_1	曲率半径 R	均压环管外径 ϕ	倍数 R/ϕ	环边距 B	参考安装高度 h
		型号	盘径 d(mm)							
3-5-37	330	100 120 166	255 255 255	127.5	90	220	32	6.87	500	200
	500	160 210 300	255 280 320	127.5 140.0 160.0	130 110 90	250	50	5.00	600	240
	750	210 300 400	280 320 360	140 160 180	180 160 140	320	80	4.00	800	350
	±800	300 400 550	320 360 380	160 180 190	400 380 370	560	120	4.67	1360	450
	1000	300 400 550	320 360 380	160 180 190	440 420 410	600	120	5.00	1440	600

注　1. $D_1=R-\frac{d}{2}$。

2. 均压环安装平面高度宜位于两片绝缘子之间。
3. 均压环安装在碗头挂板上或安装在联板上，安装高度是不同的。
4. 均压环长度 L，单串 $L=B$，双串 $L=B+L_1$，三串 $L=B+2L_1$（L_1 为双串距离）。

2）管型结构改革：

现在定型生产的各种电压等级均压环均为单管式如 330kV 管径 ϕ32mm、500kV 管径 ϕ50mm、1000kV 管径 ϕ120mm，管径愈大，曲率半径相应增大，否则管形表面质量达不到要求；同时，生产设备应采用大型弯管机。

管型改革是以两根小直径铝管拼成一根大管；如 1000kV 均压环不采用 ϕ120mm 铝管，而是由两根 ϕ32mm 或二根 ϕ50mm 合拼而成，视在曲率半径近似 60mm。这样由现有生产设备制成 1000kV 所需的均压环用铝材节约 40%～50%，质量大为减轻，成本降低，经高压试验基地试验完全达到设计要求，提高经济效益。

六分裂单联悬垂、双管均压环示意图见图 3-5-38。六分裂V形悬垂、双管均压环示意图见图 3-5-39。

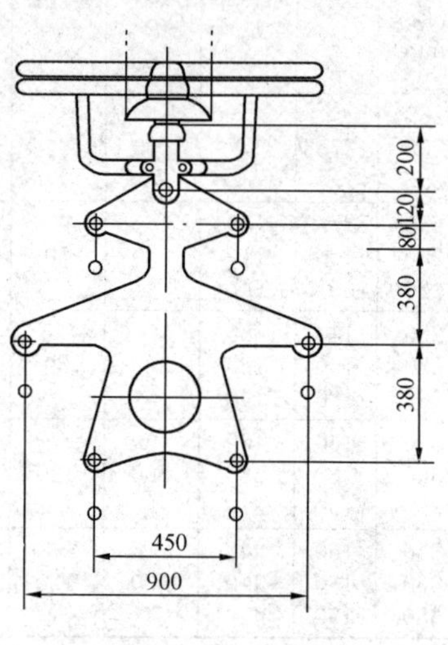

图 3-5-38

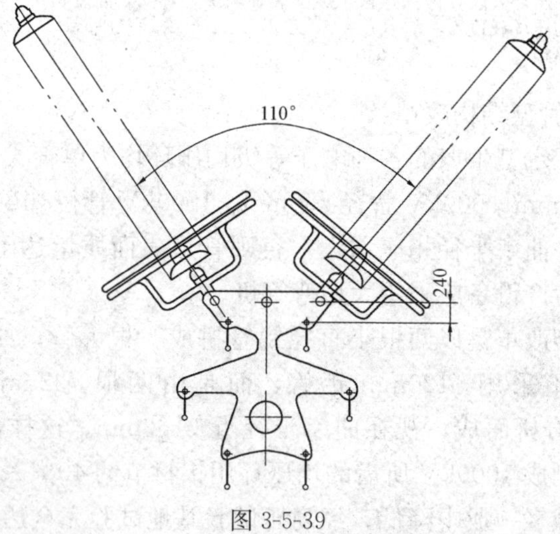

图 3-5-39

3）现在工程中采用的均压环大多是闭口环，在施工紧线、附件安装时，容易被碰伤，建议改为开口式均压环，可在紧好线、附件安装后再装均压环。开口式均压环形状，如单联悬垂均压环形状见图 3-5-40，耐张三串均压环形状见图 3-5-41，耐张双串均压环形状见图 3-5-42 和图 3-5-43。

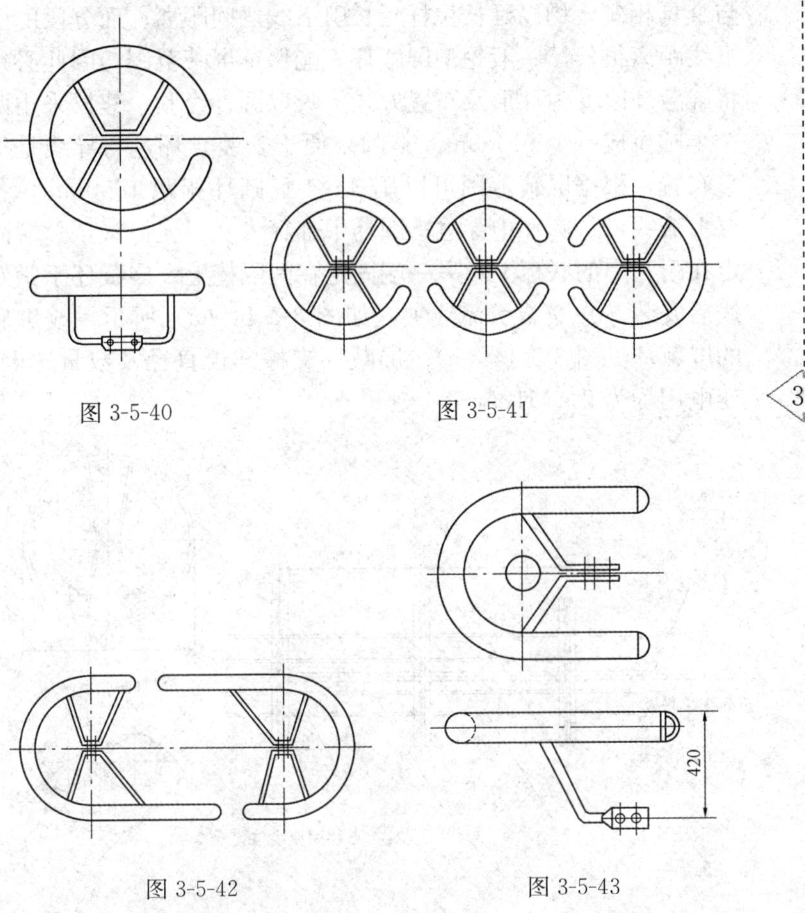

图 3-5-40

图 3-5-41

图 3-5-42

图 3-5-43

（2）屏蔽环。330kV 以上电压的输电线路和变电所，由于电压很高，当导线和金具表面的电位梯度大于临界值时，就会出现电晕放电现象。这种现象除消耗一定电量外，还对无线电产生干扰。加装屏蔽环后，形成了均匀电场，就不可能产生电晕放电。

超高压及特高压 750～1000kV 线路采用六分裂、八分裂导线。多分裂导线的耐张线夹为避免上下层引下线相碰、导线与金具相碰，均以延长拉杆延长引下线之间距离。而分段的引下线距离很长，一般轮型屏蔽环不能保证屏蔽范围，因此必须将屏蔽环改变为环形及布置方式。吸取国外经验，建议采用两个半圆拼成一个 ϕ1500mm 整圆（便于安装）环，与导线是垂直布置，根据屏蔽范围可以用 3～4 只圆环相距 1500mm，各层引流线可从圆环中穿过；圆环中部穿入一根支撑管，一端固定在耐张串的联板上，另一端固定在间隔棒上。屏蔽环于紧好线后安装，并安装引流线夹，如图 3-5-44（a）所示。改进后的屏蔽环见图 3-5-44（b）。屏蔽环支撑螺栓直径及数量送电、变电用均为 2×M12mm。

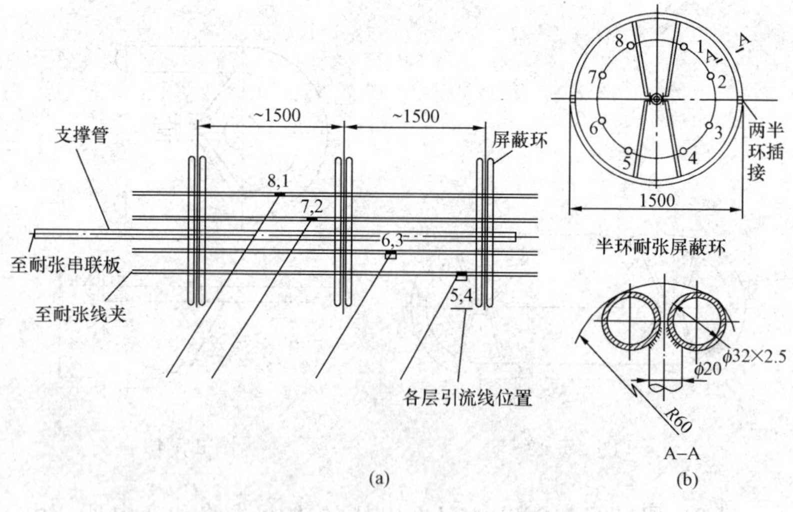

图 3-5-44

(3) 均压屏蔽环是从架设国家第一条 330kV 线路开始采用的结构型式，即把均压环与屏蔽环合而为一，称为均压屏蔽环。接着 500、750、±800kV 工程，甚至 1000kV 工程也大量采用均压屏蔽环。从 330kV 工程和大量 500kV 工程运行看，均压屏蔽环没有出现问题。

这种轮型大椭圆环、长度太长，一侧要作为均压环，保护耐张绝缘子串，而另一侧要保护到耐张线夹引流线，而环的支撑点又布置在耐张串的联板上，固定位置处于不平衡状态，致使轮型屏蔽侧运行中因支撑点长、力臂长而上下摆动，产生支撑受弯变形问题。

图 3-5-45 所示均压屏蔽环[图(a)用于四分裂导线，图(b)用于八分裂导线]运用在 330kV 及 500kV 工程中尚未出现问题，其环总长在 1000～1500mm，而 750～1000kV 采用的环的总长达到 2000～2500mm：L_1(均压环侧)与 L_2(屏蔽环侧)比值(见图 3-5-46)，即支撑点比值变化很大，数值如下：

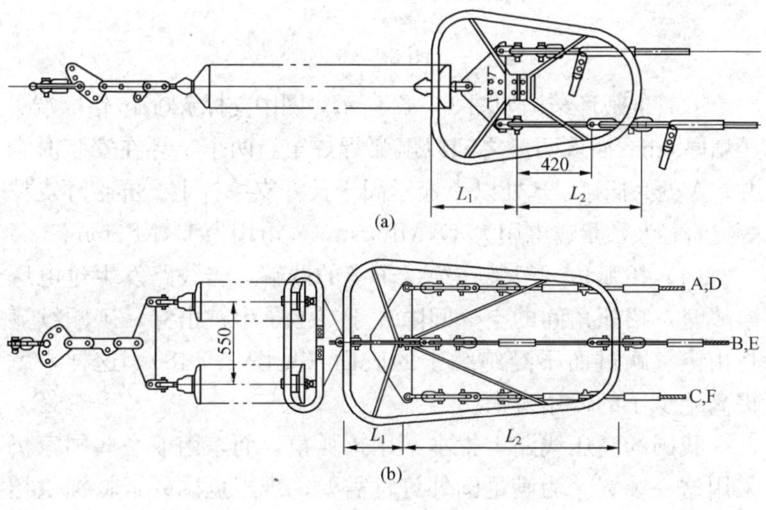

图 3-5-45

电压	比值
330kV	1∶1.85
500kV	1∶1.15～1.23
750kV	1∶3.00
800～1000kV	1∶3.70

支撑点比值大，长度长，重量不平衡，是屏蔽环侧端部翘尾巴的原因。要使屏蔽环屏蔽到位，必须改变支撑点位置。为此只能将均压环与屏蔽环分开，不再为一个整体。

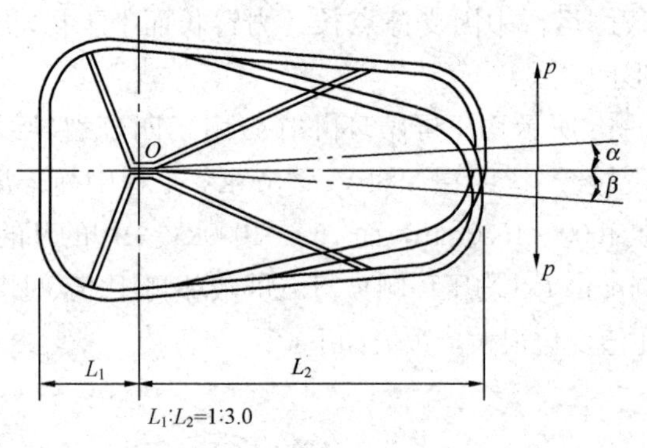

图 3-5-46

双管屏蔽环结构如图 3-5-47 所示。图中支撑 ϕ20mm 铝棒端头压扁厚 6mm 插入两环之间以氩弧焊焊牢。两个半环在安装时合并，A 处为插接，B 处以螺栓紧固于长杆支撑杆上。屏蔽环支撑螺栓直径及数量送电用为 4×M16mm，变电用为 4×M12mm。

（4）招弧角一般装在绝缘子串的两端，当线路发生过电压事故时，招弧角间的空气间隙先于绝缘子串被击穿，工频续流将由空气跃过而不经绝缘子的表面（见图 3-5-48），这样，就提高绝缘子的使用寿命。

我国的高压线路上根本不用招弧角，而东南亚一些国家仍采用这一装置。为满足国外订货需要，现根据国外资料提供招弧角形状及规范，见图 3-5-49 及表 3-5-35。

350
40
ϕ20
ϕ50×2.5
180
B
ϕ1500
A
C
B
支撑杆与屏蔽环氩弧焊接
6
R73
ϕ50×2.5
ϕ50×2.5
C放大

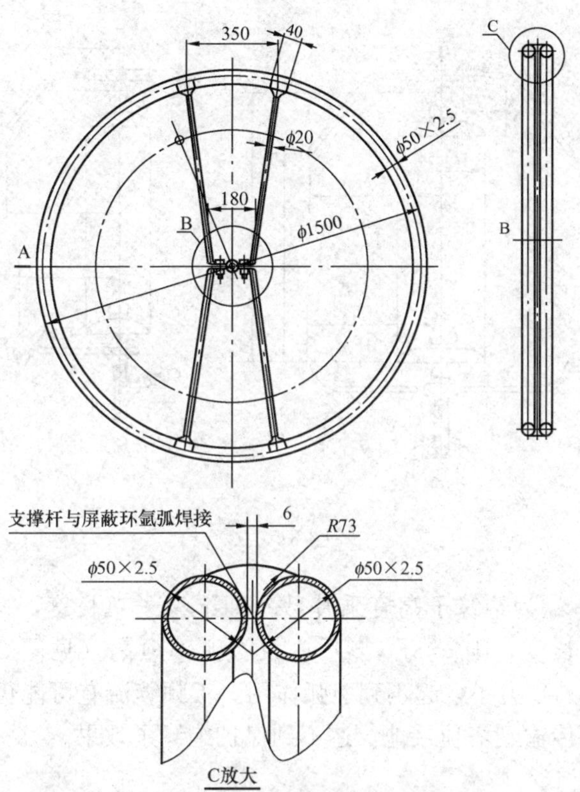

图 3-5-47

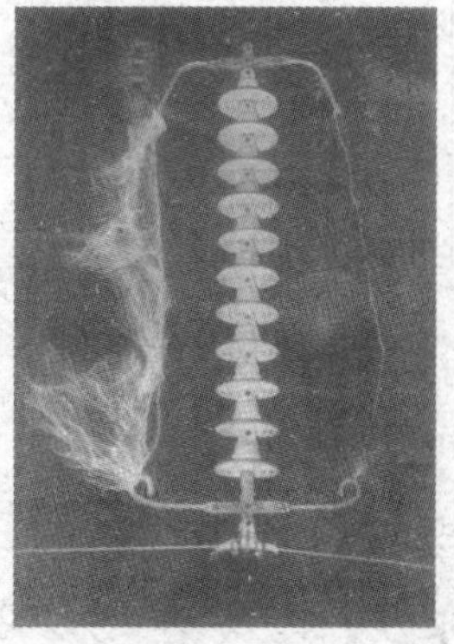

图 3-5-48

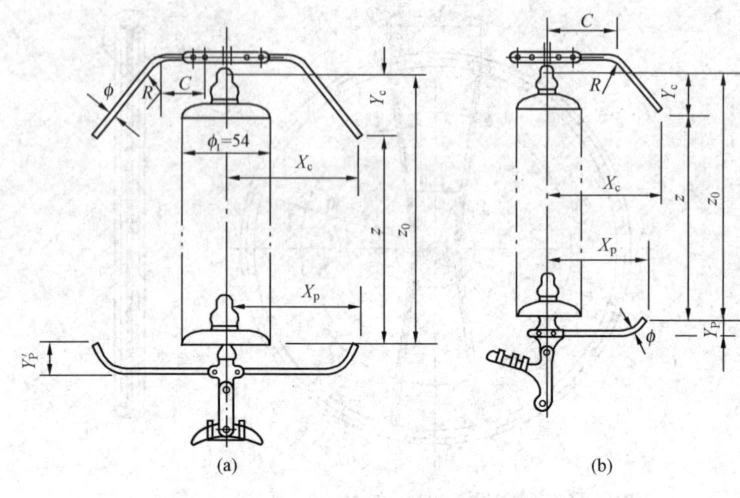

图 3-5-49

设 z_0 为绝缘子高度乘片数，即绝缘子总长度，z 为招弧角引弧长度，则 z/z_0（%）愈大引弧率愈高（见图 3-5-50），z/z_0（%）愈小，起不到引弧作用，工频续流有可能仍沿绝缘子表面传输到塔顶接地，达不到保护绝缘子效果。

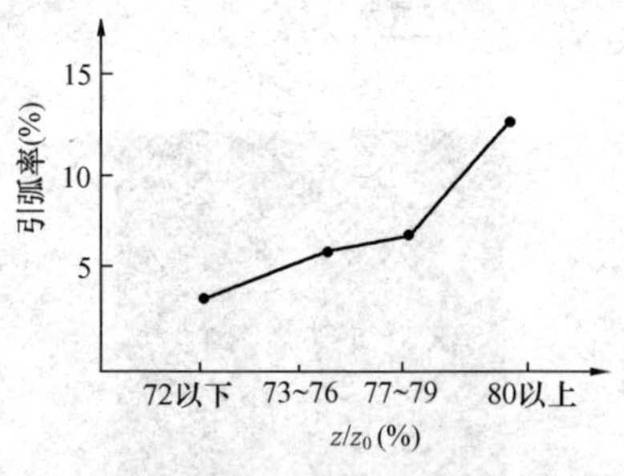

图 3-5-50

2. 输电线路用电气防护金具

（1）均压环。

1）单联悬垂均压环形状及规范见图 3-5-51 及表 3-5-36。

表 3-5-35　　招弧角规范

绝缘子串名称	图号	电压(kV)	绝缘子片数	部位	导线截面(mm^2)	主要尺寸(mm)								
						X_c	X_p	z	z_0	Y_c	Y_p	C	ϕ	R
单联悬垂	3-5-49(a)	22～33	4	地导	80～140	320	320	450	592	142	0	110 260	13	70 100
单联耐张	3-5-49(b)	22～33	4	地导	80～160	320	320	450	592	142	0	110 260		70 100
单联悬垂	3-5-49(a)	77	6	地导	80～160	340	370	650	888	208	30	110 280	16	70 100
			7	地导		360	390	650	1036	276	110	170	16	70
单联耐张	3-5-49(b)	77	7	地导	80～160	360	390	650	1036	276	110	142	16	100
			8	地导	200～240	370	410	650	1184	364	170	142	16	100
单联悬垂	3-5-49(a)	110	6	地导	160～240	353	390	760	947	183	78	140	19	120
单联悬垂		154	10	地导	185～240	400	450	1130	1480	250	100	130	19	150
			11	地导		415	470	1130	1628	348	150	130	19	150
			12	地导		430	490	1130	1776	446	200	130	19	150
单联耐张	3-5-49(b)	154	10	地导	185～240	400	450	1130	1480	250	100	130	19	150
			11	地导		415	470			348	150	130	19	150
			12	地导		430	490			446	200	130	19	150

注　尺寸 $Y_c \approx Y_p$＋球类均压环固定保护角的距离。

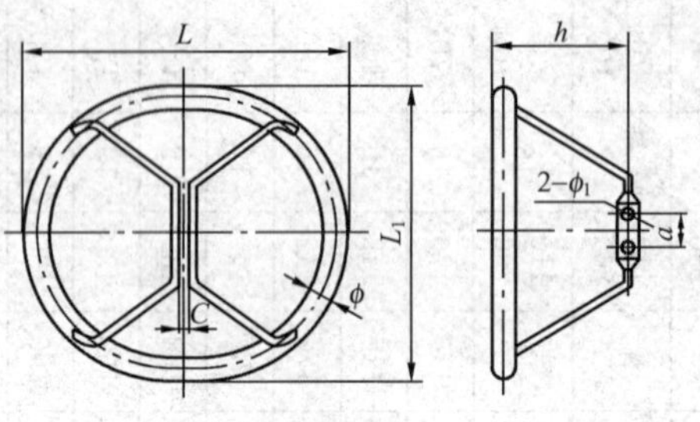

图 3-5-51

表 3-5-36　　　　　　单联悬垂均压环规范

型　号	图号	主要尺寸（mm）							质量（kg）
		L	h	L_1	a	ϕ	ϕ_1	C	
FJ—500/27CDL	3-5-51	700	270	600	80	50	18	20	3.9
FJ—500/29CDL			290						4.1
FJ—500/30CDL		800	300	700					4.8
FJ—800/50CDL			500			2×50			

2）双联悬垂均压环形状及规格见图 3-5-52 及表 3-5-37。

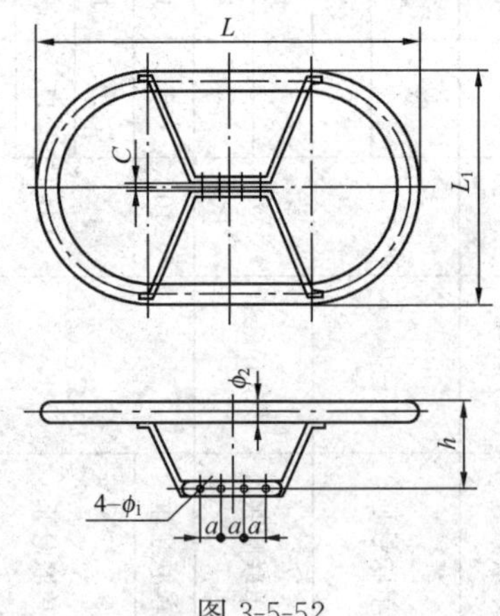

图 3-5-52

表 3-5-37　　双联悬垂均压环规范

型　号	图号	主要尺寸（mm）							质量 (kg)
		L	L_1	h	ϕ_1	ϕ_2	a	C	
FJ—500/105CSL	3-5-52	1050	600	230	50	18	60	22	4.5
FJ—500/114CSL		1140	600	260					5.6
FJ—500/120CSL		1200	600	230					6.1
FJ—500/128CSL		1280	680	305					4.6
FJ—800/120CSL		1200	800	600	2×50				

注　800kV 的为双管 2×50mm。

3）V 形串均压环形状及规范见图 3-5-53 及表 3-5-38。

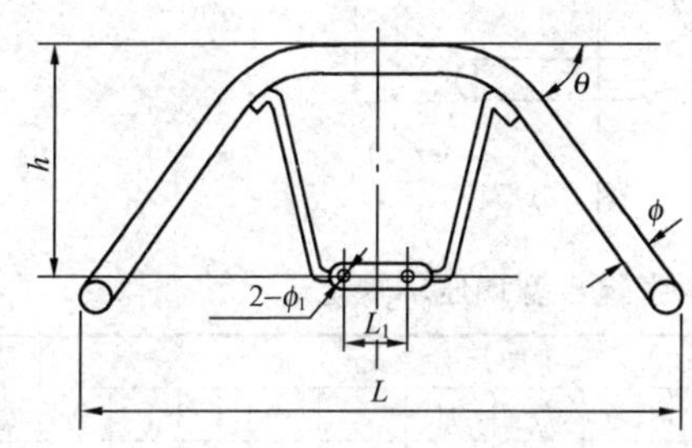

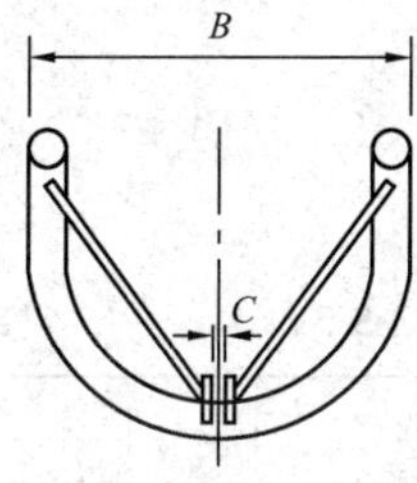

图 3-5-53

表 3-5-38　　V 形串均压环规范

型　号	图号	主要尺寸（mm）								质量 (kg)
		L	B	h	ϕ	ϕ_1	L_1	C	θ	
FJ—500/45CVL	3-5-53	1210	600	440	50	18	80	22	45°	
FJ—500/50CVL		1240		450	50			22	35°	
FJ—500/43CVL		1150		430	60			28	45°	
FJ—500/46CVL		1160		460	60			28	45°	
FJ—750/55CVL		1240	650	550	80	18	80	22	45°	

4）双串耐张组合型均压环形状及规范见图 3-5-54 及表 3-5-39。

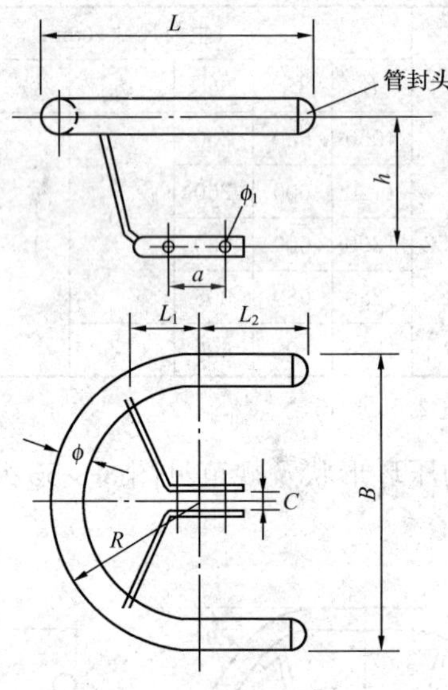

图 3-5-54

表 3-5-39　　双串耐张组合型均压环规范

型号	图号	主要尺寸（mm）										质量（kg）
		L	h	L_1	L_2	B	R	ϕ	C	a	ϕ_1	
FJ—750NSL	3-5-54	650	370	250	190	900	450	80	22	80	18	

注　一套两件。

5）单串均压环（开口式）形状及规范见图 3-5-55 及表 3-5-40。

表 3-5-40　　单串均压环（开口式）规范

型　号	图号	主要尺寸（mm）									质量（kg）
		a	B	C	C_1	D	h	R	ϕ	L	
FJK—500CDL	3-5-55	80	600	20	～80	50	290	250	18	700	
FJK—750CDL		80	800	20	100	80	350	320	18	900	
FJK—800CDL		80	860	34	100	120	450	620	18	1226	
FJK—1000CDL		80	860	40	110	120	600	650	18	1300	

注　型号中字母和数字意义：F—防护金具；J—均压；C—悬垂；D—单串；L—铝管；K—开口；数字—电压（kV）。

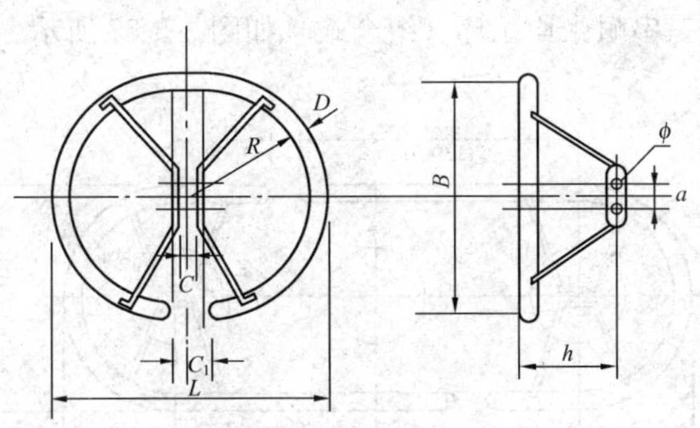

图 3-5-55

6）单串均压环形状及规范见图 3-5-56 及表 3-5-41。

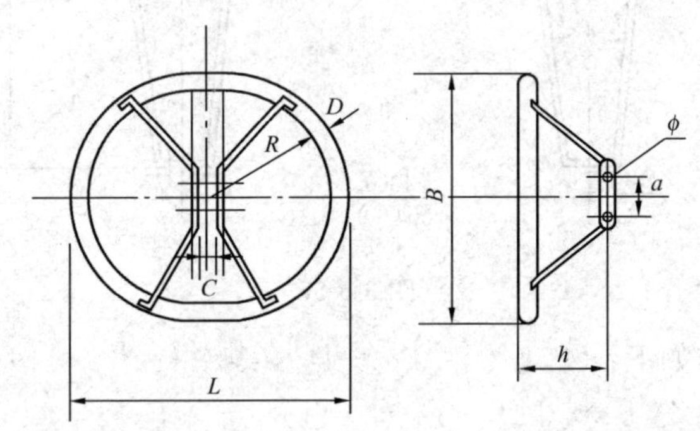

图 3-5-56

表 3-5-41　　　　单串均压环规范

型号	图号	主要尺寸（mm）							
		a	*B*	*D*	*h*	*L*	*ϕ*	*R*	*C*
FJ—500CDL	3-5-56	80	600	50	290	700	18	250	20
FJ—750CDL		80	800	80	350	900	18	320	20
FJ—800CDL		80	1200	120	460	1360	18	480	

注　型号中字母及数字意文：F—防护金具；J—均压；C—悬垂；D—单串；L—铝管；数字—电压（kV）。

7）三串耐张均压环（组合式）如图 3-5-57 所示。

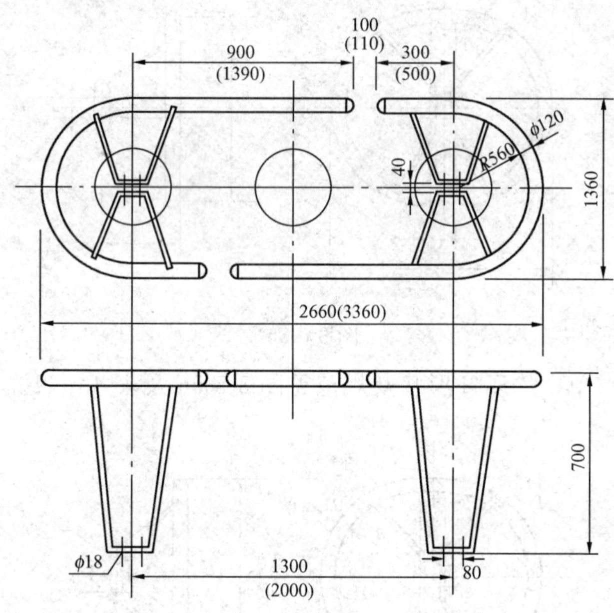

图 3-5-57

型号如下：

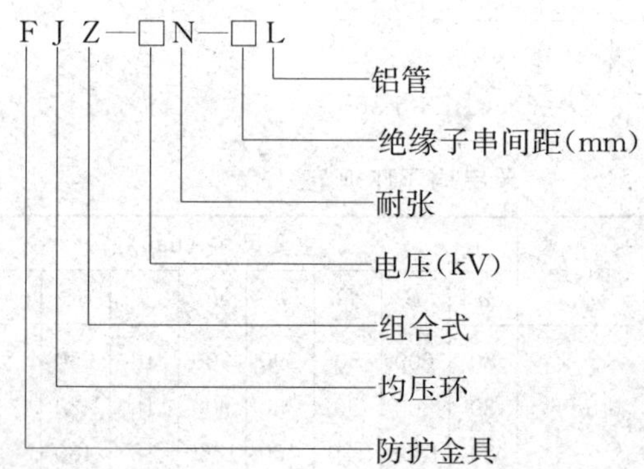

8）双串悬垂均压环（组合式）形状及规范见图 3-5-58 及表 3-5-42。

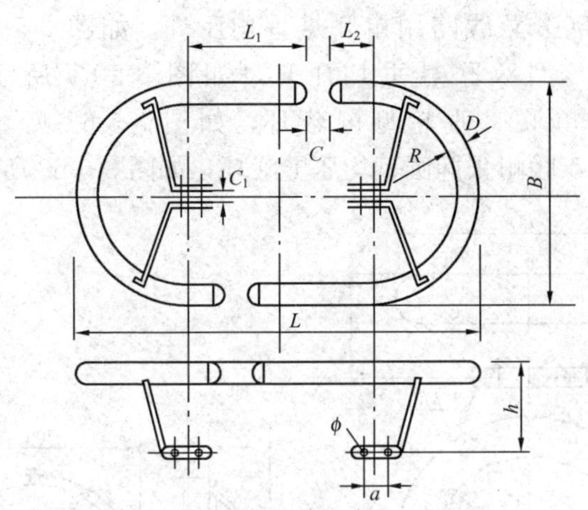

图 3-5-58

表 3-5-42　　双串悬垂均压环（组合式）规范

型号	图号	运用电压（kV）	绝缘子串距（mm）	主要尺寸（mm）											质量（kg）
				a	B	C	C_1	D	h	L	L_1	L_2	R	ϕ	
FJZ—500CSL	3-5-58	500 500	450 500	60 60	600 600	80 80	22 20	50 50	230 260	1050 1150	300 400	70 70	250 250	18 18	
FJZ—750CSL		750	550 600	60 60	800	100	24	80	260	1250 1300	350	100	275	18	
FJZ—800CSL		800	650	80	1360	100	40	120	500	1910	1000	150	560	18	
FJZ—1000CSL		1000	650	80	1440	110	40	120	600	2090	400	150	600	18	

注　型号中字母 *Z*—组合式。

9）合成绝缘子均压环形状及规范见图 3-5-59 及表 3-5-43。

表 3-5-43　　合成绝缘子均压环规范

型号	图号	适用电压（kV）	主要尺寸（mm）						质量（kg）
			D	d	C	M	ϕ	h	
FJH—35	3-5-59	35	200	16	55	10	44（26）	85	0.6
FJH—110		110	210	20	55	10	44（26）	95	0.7
FJH—220		220	250	24	60	10	44（26）	95	0.8
FJH—330		330	330	32	60	12	44（26）	105	1.0
FJH—500		500	400	50	80	12	44（26）	120	1.5

10）500kV 线路用单联悬垂均压环，如图 3-5-60 所示。FJ—500CS 型双联悬垂均压环，如图 3-5-61 所示。FP—500CD 型单联悬垂轮型屏蔽环，如图 3-5-62 所示。FP—500NS 型双联耐张椭圆型均压屏蔽环，如图 3-5-63 所示。

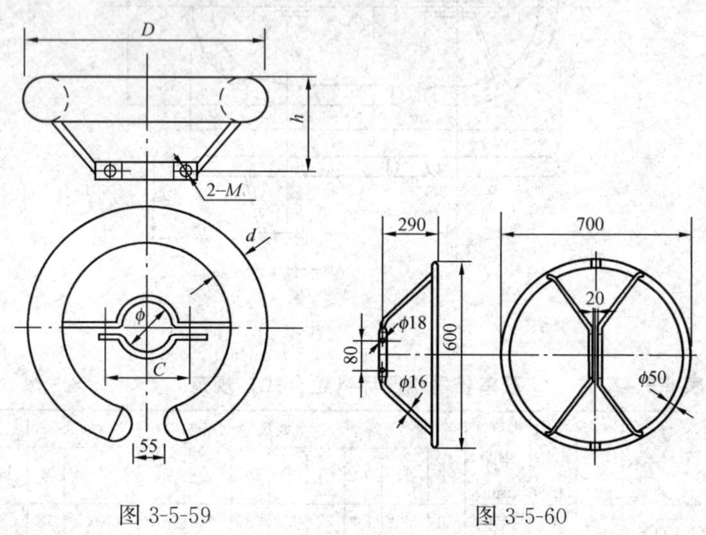

图 3-5-59　　图 3-5-60

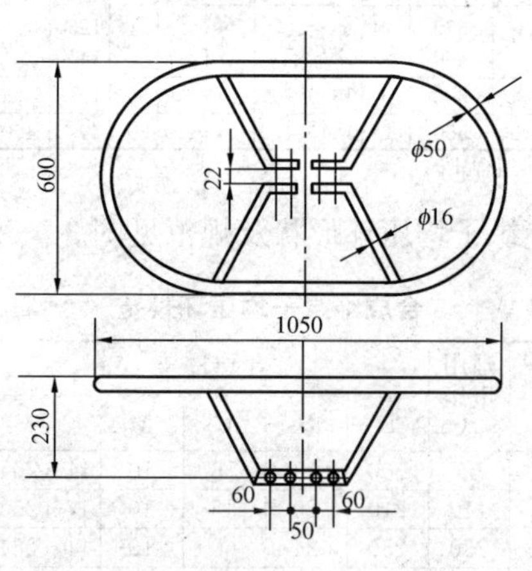

图 3-5-61

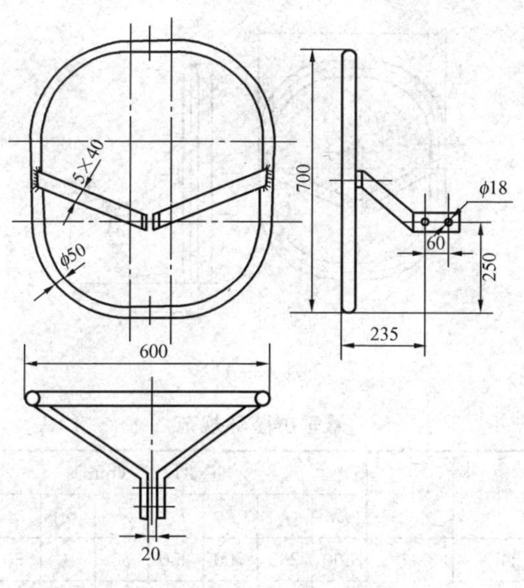

图 3-5-62

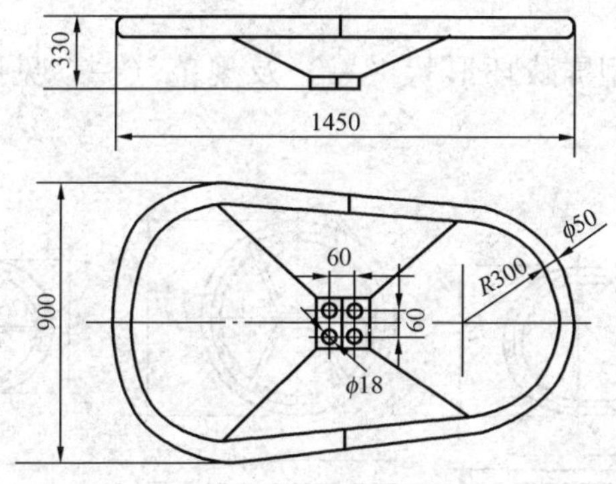

图 3-5-63

(2) 屏蔽环。

1) 悬垂屏蔽环形状及规范见图 3-5-64 及表 3-5-44。

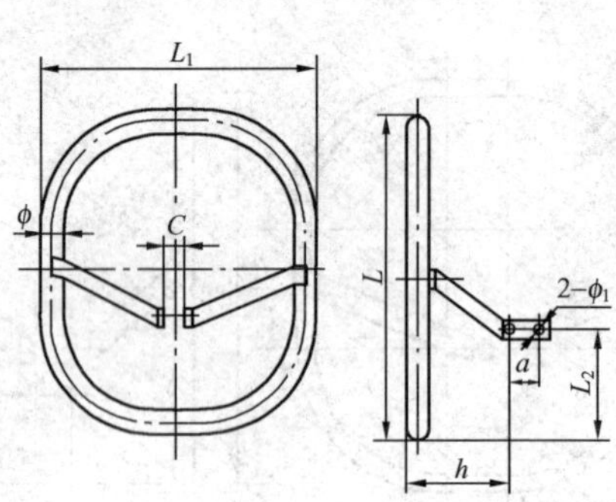

图 3-5-64

表 3-5-44　　悬垂屏蔽环规范

型　号	图号	主要尺寸（mm）								质量 (kg)
		L_1	h	L	L_2	ϕ	ϕ_1	a	C	
FP—500CDL	3-5-64	600	235	700	250	50	18	60	20	4.6
FP—500/285CDL		700	285	800	300	50	18	60	20	5.0
FP—750CDL		680	350	950	360	80	18	60	20	9.4

注　一套两件。

2）FP 型屏蔽环形状（一）及规范（一）见图 3-5-65 及表 3-5-45。

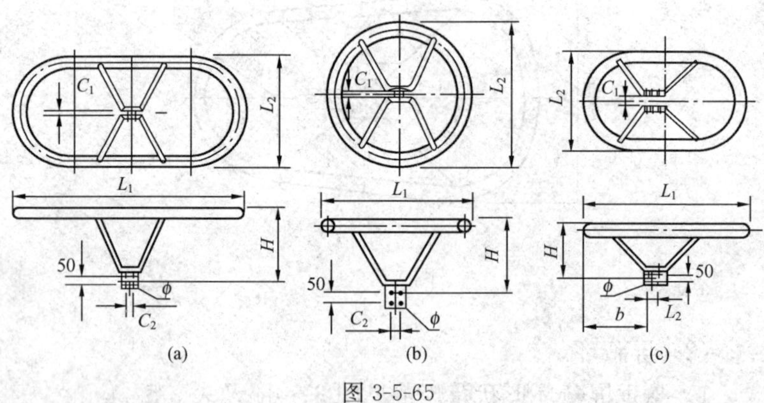

图 3-5-65

表 3-5-45　　　　FP 型屏蔽环规范（一）

型　号	图号	主要尺寸（mm）							质量（kg）
		L_1	L_2	H	b	C_1	C_2	ϕ	
FP—1060×660D	3-5-65（a）	1060	660	200	—	24	40	14	6.1
FP—1060×660S	3-5-65（a）	1060	660	350	—	24	40	14	6.5
FP—660	3-5-65（b）	660	660	230	—	18	40	14	4.8
FP—1060×660S	3-5-65（c）	1060	660	310	530	18	40	14	6.7
FP—820×660S	3-5-65（c）	820	660	150	330	23	40	14	5.3

3）FP 型屏蔽环形状（二）如图 3-5-66 所示，规范（二）见表 3-5-46。

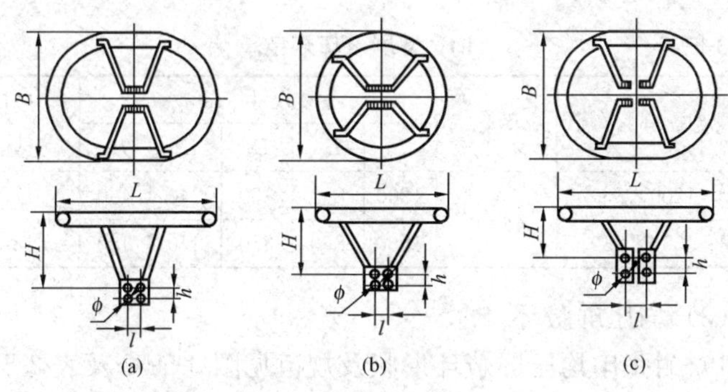

图 3-5-66

表 3-5-46　　　　FP 型屏蔽环规范（二）

型　　号	图　　号	主要尺寸（mm）						质量（kg）
		h	l	L	B	H	ϕ	
FP—1060×660	3-5-66（a）	50	40	1060	660	350	14	8.0
FP—600×660	3-5-66（b）	50	40	660	660	260	14	5.8
FP—900×620	3-5-66（c）	50	40	900	620	195	14	6.5

4）FJP 型屏蔽环形状及规范见图 3-5-67 及表 3-5-47。

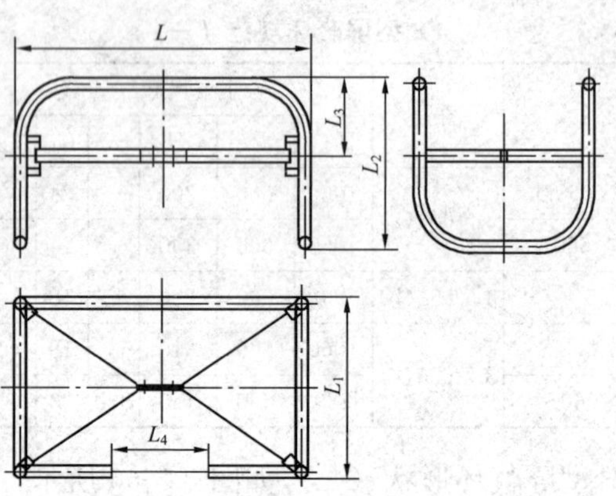

图 3-5-67

表 3-5-47　　　　FJP 型屏蔽环规范

<table>
<tr><th rowspan="2">型　号</th><th rowspan="2">图号</th><th colspan="5">主要尺寸（mm）</th><th rowspan="2">质量
(kg)</th></tr>
<tr><th>L</th><th>L_1</th><th>L_2</th><th>L_3</th><th>L_4</th></tr>
<tr><td>FJP—1200×860</td><td rowspan="2">3-5-67</td><td>1200</td><td>860</td><td>850</td><td>240</td><td>450</td><td>17.5</td></tr>
<tr><td>FJP—1550×860</td><td>1550</td><td>860</td><td>850</td><td>440</td><td>450</td><td>18.2</td></tr>
</table>

（3）均压屏蔽环。

1）耐张串均压屏蔽环形状及规范见图 3-5-68 及表 3-5-48。

表 3-5-48　　　　耐张串均压屏蔽环规范

<table>
<tr><th rowspan="2">型　号</th><th rowspan="2">图号</th><th colspan="8">主要尺寸（mm）</th><th rowspan="2">质量
(kg)</th></tr>
<tr><th>H</th><th>h</th><th>a</th><th>ϕ</th><th>ϕ_2</th><th>C</th><th>R</th><th>L</th></tr>
<tr><td>FJP—500NL</td><td rowspan="6">3-5
-68</td><td rowspan="5">900</td><td>330</td><td rowspan="5">60</td><td rowspan="4">50</td><td rowspan="6">18</td><td rowspan="6">20</td><td rowspan="4">300</td><td>1450</td><td>6.8</td></tr>
<tr><td>FJP—500/145NL</td><td rowspan="3">380</td><td>1450</td><td>7.1</td></tr>
<tr><td>FJP—500/160NL</td><td>1600</td><td>8.4</td></tr>
<tr><td>FJP—500/180NL</td><td>1800</td><td rowspan="2">9.7</td></tr>
<tr><td>FJP—750/180NL</td><td>370</td><td>80</td><td>250</td><td>1800</td></tr>
<tr><td>FJP—800/254NL</td><td>1400</td><td>490</td><td>80</td><td>2×50</td><td>500</td><td>2540</td><td></td></tr>
</table>

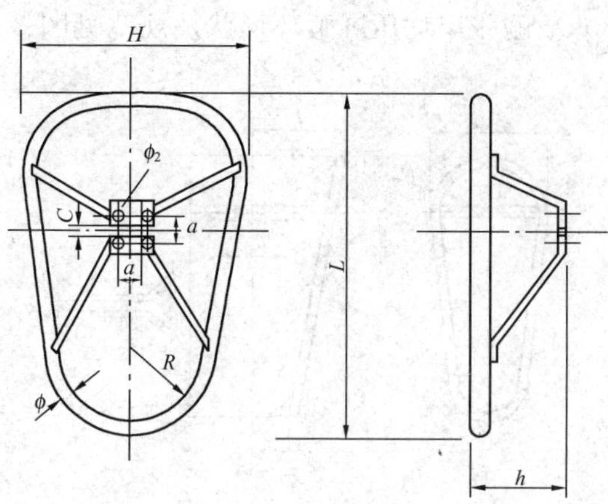

图 3-5-68

2）330kV 悬垂串均压屏蔽环形状及规范见图 3-5-69 及表 3-5-49。

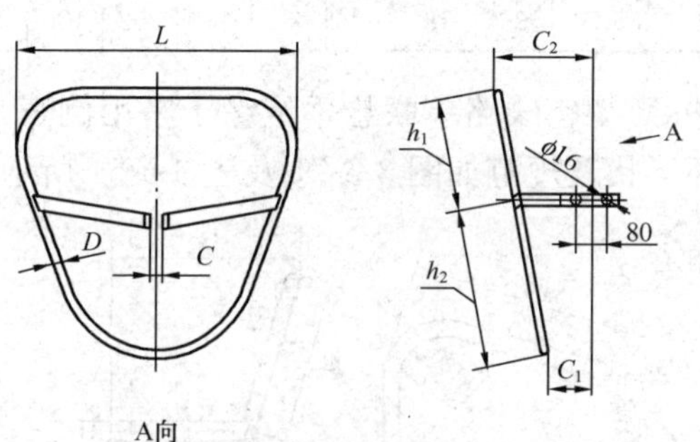

图 3-5-69

表 3-5-49　　330kV 悬垂串均压屏蔽环规范

型　号	图号	主要尺寸（mm）							质量（kg）
		C	C_1	C_2	D	h_1	h_2	L	
FJP—330CL	3-5-69	18	145	220	32	270	350	800	2.7

3）330kV 耐张串均压屏蔽环形状及规范见图 3-5-70 及表 3-5-50。

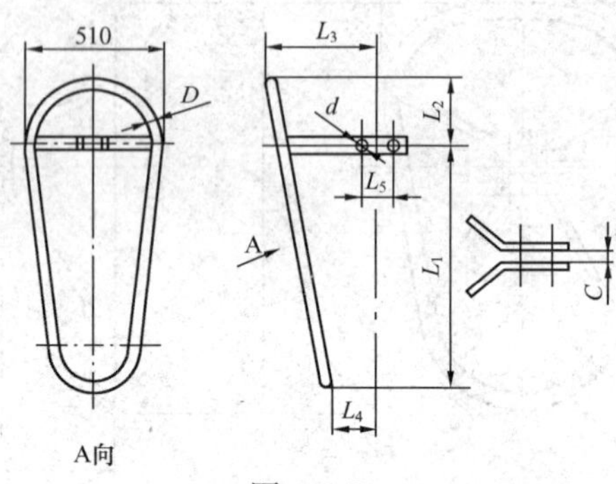

图 3-5-70

表 3-5-50　　330kV 耐张串均压屏蔽环规范

型　号	图号	主要尺寸（mm）								质量（kg）
		D	d	C	L_1	L_2	L_3	L_4	L_5	
FJP—330NL	3-5-70	32	18	24	650	350	392	120	80	3.0

4）330kV 架空线路单联悬垂绝缘子串用倒三角形、轮形均压屏蔽环形状及规范如图 3-5-71 及表 3-5-51 所示。

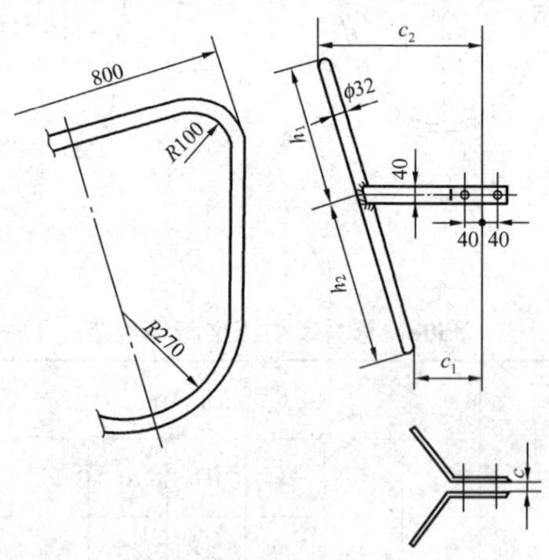

图 3-5-71

表 3-5-51　　330kV 悬垂串均压屏蔽环规范

型　号	图号	适用范围	主要尺寸（mm）					质量（kg）
			c	c_1	c_2	h_1	h_2	
FJP—330CD	3-5-71	悬垂串	18	145	220	270	350	4.2

3. 变电用电气防护金具

（1）FJ 型均压环形状（一）及规范（一）见图 3-5-72 及表 3-5-52。

（2）FJ 型均压环形状（二）如图 3-5-73 所示，规范（二）见表 3-5-53。

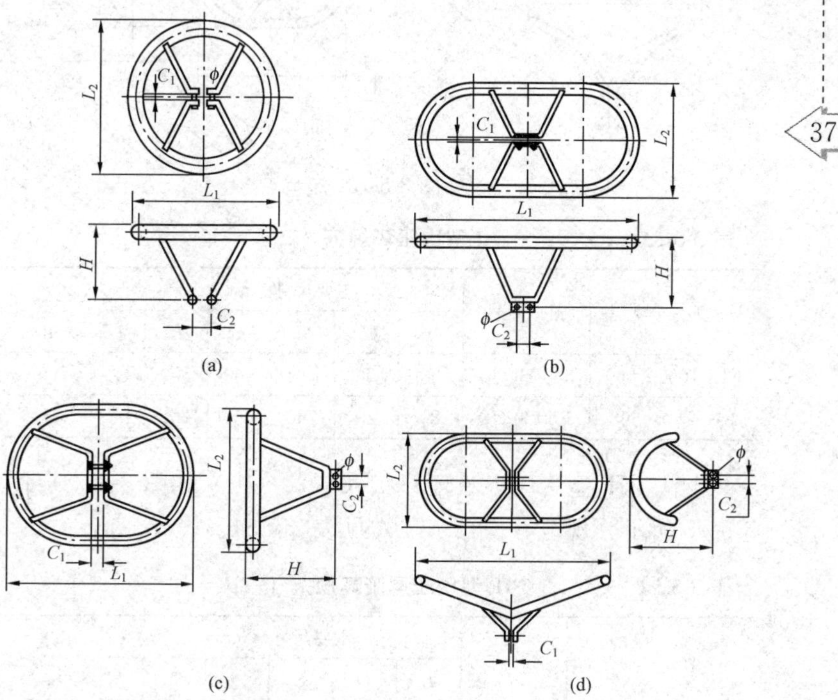

图 3-5-72

表 3-5-52　　　　FJ 型均压环规范（一）

型　　号	图　　号	主要尺寸（mm）						质量（kg）
		L_1	L_2	H	C_1	C_2	ϕ	
FJ—660	3-5-72（a）	660	660	220	38	80	14	5.0
FJ—1026×6765	3-5-72（b）	1026	676	220	24	80	14	8.5
FJ—760×660D	3-5-72（c）	760	660	500	24	80	14	7.6
FJ—1060×660V	3-5-72（d）	1060	660	500	20	80	14	6.7

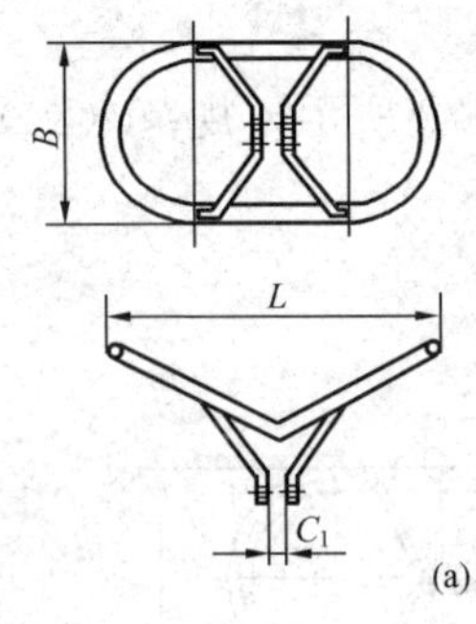

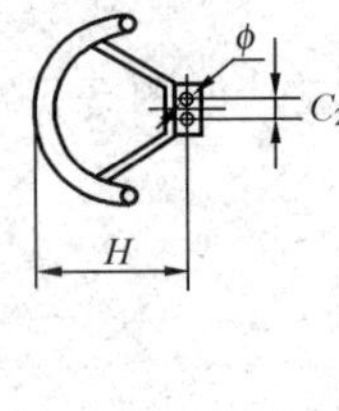

(a)

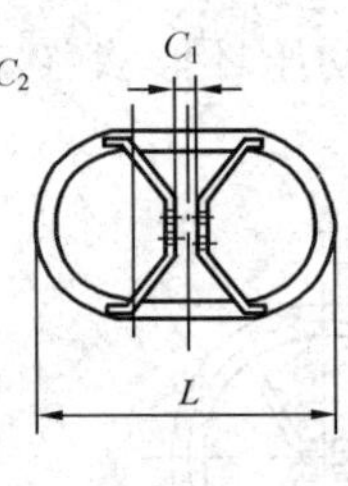

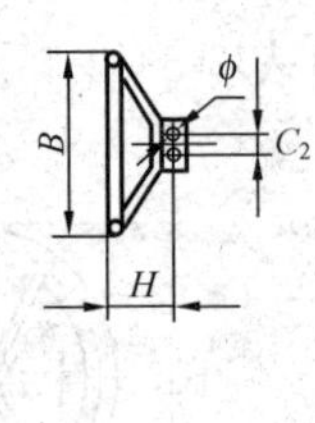

(b)

图 3-5-73

表 3-5-53　　　　FJ 型均压环规范（二）

型　　号	图　　号	主要尺寸（mm）						质量（kg）
		C_2	C_1	L	B	H	ϕ	
FJ—1060×660	3-5-73（a）	80	20	1060	660	500	14	7.5
FJ—760×660	3-5-73（b）	80	20	760	660	200	14	6.5

（3）FJP 型均压屏蔽环形状（一）、（二）如图 3-5-74、图 3-5-75 所示，规范（一）、（二）见表 3-5-54、表 3-5-55。

表 3-5-54　　　　FJP 型均压屏蔽环规范（一）

型　　号	图　号	主要尺寸（mm）						质量（kg）
		B	H	C	b	L	l	
FJP—500B—7	3-5-74	620	255	20	50	900	550	6.8

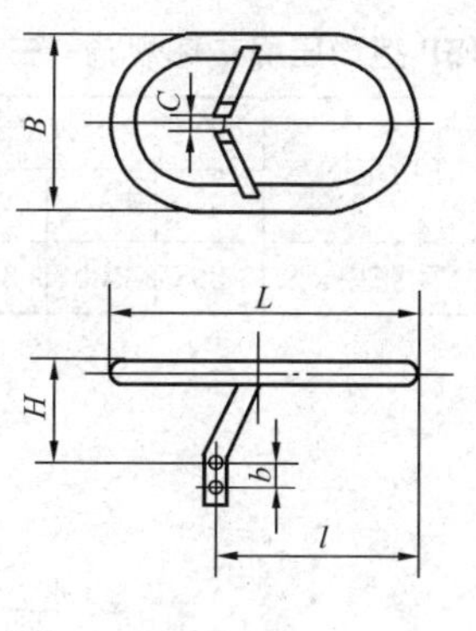

图 3-5-74

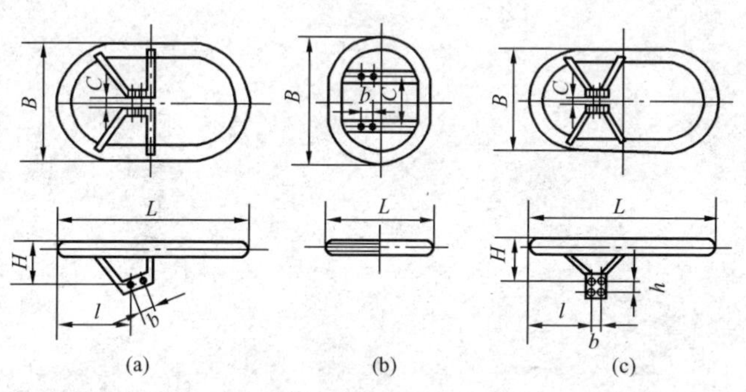

图 3-5-75

表 3-5-55　　　　FJP 型均压屏蔽环规范（二）

型　号	图　号	主要尺寸（mm）							质量 (kg)
		B	*H*	*h*	*b*	*C*	*L*	*l*	
FJP—500B—3	3-5-75（a）	660	125	—	80	23	1000	350	6.1
FJP—500B—5	3-5-75（b）	700	—	—	50	220	660	—	4.3
FJP—500B—6	3-5-75（c）	660	310	50	40	18	1060	530	6.6

（4）变电所单联耐张绝缘子串用倒三角形、轮形 FJP 型均压屏蔽环的形状（三）及规范（三）如图 3-5-71 及表 3-5-56 所示。

表 3-5-56　　FJP型均压屏蔽环规范（三）

型　号	图号	适用范围	主要尺寸（mm）					质量（kg）
			c	c_1	c_2	h_1	h_2	
FJP—330NB	3-5-71	耐张串	26	150	392	320	380	4.8

第四章

变 电 金 具

发电厂升压站和降压变电所户外配电装置中，主母线引下线及引下线与电气设备的连接金具称为变电金具。变电金具包括 T 接用的 T 形线夹，引下线与电气设备（开关设备、变压器、避雷器等）连接的各种设备线夹及母线与设备连接的伸缩节、过渡板等，如图 4-0-1、图 4-0-2 所示。

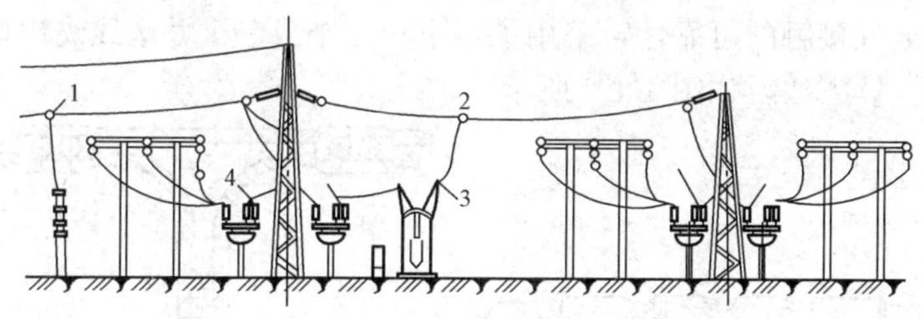

图 4-0-1

1、2—T 形线夹；3、4—设备线夹

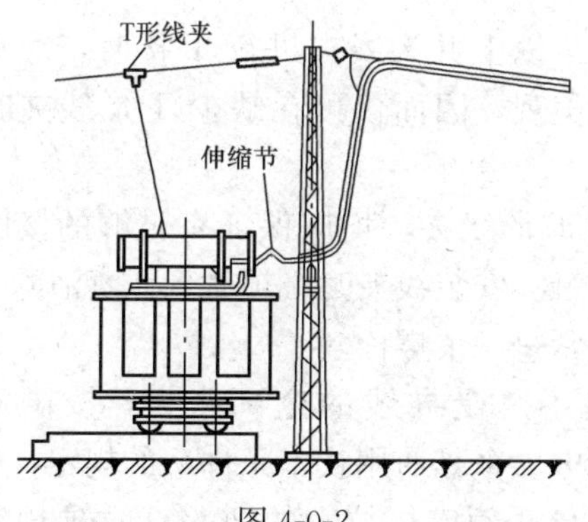

图 4-0-2

第一节 T 形线夹

T 形线夹用于主母线或主回路引至电气设备及其他回路的引线接续，亦用于两条架空电力线路交叉时的 T 接。

对于小截面导线，也可以采用楔接或用钳压椭圆管进行 T 接，如图 4-1-1 所示。这种 T 接轻便省料，接触良好，施工方便。但钳压 T 接一旦安装后就不能拆除，所以，适用于新建的中小型变电所的施工。

在中小型变电所和城市配电线路及 6～35kV 架空线路上，通常亦采用并沟线夹进行 T 接。这种线夹安装方便。为了提高电气接触的可靠性，采用了一个、二个或三个并沟线夹串联的接续方法，如图 4-1-2 所示。

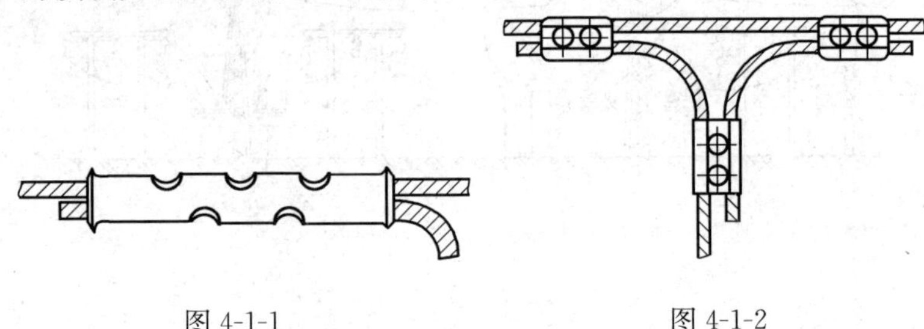

图 4-1-1　　图 4-1-2

当采用三个以上并沟线夹进行 T 接时，线夹用量多，价格高，而且不美观，因而仅可在缺少 T 形线夹时作为临时性代用品。

任何一种 T 形线夹，均应保证有足够的接触压力，从而获得稳定的接触。安装线夹时必须做到认真清除线槽中的氧化膜和均匀地上紧每一个螺栓。

T 形线夹不承受导线的全部张力，按国家标准 GB/T 2314—2008《电力金具通用技术条件》的规定，线夹的握力应不小于被接续导线额定抗拉力的 20%。这项规定对压缩型 T

形线夹来说是可以达到的。螺栓型T形线夹的握力比压缩型T形线夹的小得多。实际工程中，可以根据引下线自重和风载荷，对线夹的握力进行必要的验算。

T形线夹分为螺栓型和压缩型两类。在变电所建设中选用的T形线夹型式，主要以施工安装条件而定。其施工方法应尽量与导线的耐张线夹、设备线夹等金具的安装方法取得一致。

一、螺栓型T形线夹

螺栓型T形线夹是借螺栓压力紧固导线的。线夹的电气接触性能是否稳定主要与安装质量有关。所以线夹的安装应按规定程序认真进行。

螺栓型T形线夹安装拆卸比较方便，线路改线、移位时，线夹拆卸下来仍可以继续使用。每种线夹可用于安装直径相近似的几种导线。

螺栓型T形线夹适用安装截面240mm^{2}以下的铝绞线或钢芯铝绞线，可以接续母线与引下线规格相同的导线，也可以接续母线与引下线规格不同的导线。

(1) 螺栓型T形线夹（U形螺栓）的形状及规范如图4-1-3及表4-1-1所示。

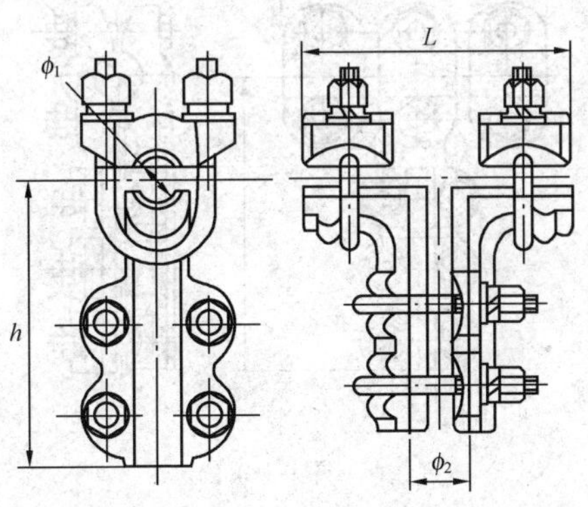

图4-1-3

表 4-1-1　　　　螺栓型 T 形线夹（U 形螺栓）

型　号	图　号	适用母线/引下线截面规范（mm^2）	主要尺寸（mm）				质量（kg）
			ϕ_1	ϕ_2	h	L	
TL—11	4-1-3	35～50/35～50	10	10	102	118	0.71
TL—21		70～95/35～50	14	10	103	118	0.78
TL—22		70～95/70～95	14	14		120	1.07
TL—31		120～150/35～50	17	10	117	118	1.06
TL—32		120～150/70～95	17	14		120	1.05
TL—33		120～150/120～150	17	18		120	1.13
TL—41		185～240/35～50	22	10	117	118	1.13
TL—42		185～240/70～95	22	14		120	1.12
TL—43		185～240/120～150	22	18		120	1.17
TL—44		185～240/185～240	22	22		120	1.17

（2）TL 型螺栓型 T 形线夹形状及规范见图 4-1-4 及表 4-1-2。

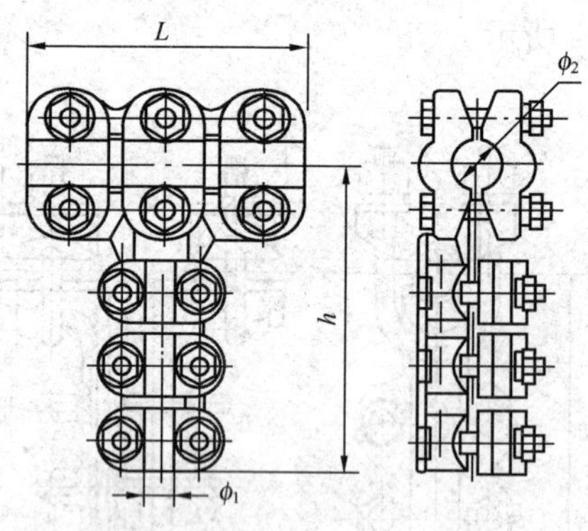

图 4-1-4

表 4-1-2　　TL 型螺栓型 T 形线夹规范

型　号	图　号	适用母线规格母线直径/引下线外径（mm）	主要尺寸（mm）				质量（kg）
			ϕ_1	ϕ_2	h	L	
TL—53	4-1-4	22.6～29.5/16.1～18.0	30	18.0	168	146	2.6
TL—54		22.6～29.5/18.1～22.5	30	22.5	190	146	2.7
TL—55		22.6～29.5/22.6～29.5	30	30.0	190	146	3.0
TL—64		29.6～35.0/18.1～22.5	35	22.5	200	190	3.3
TL—65		29.6～35.0/22.6～29.5	35	32.0	200	190	3.4
TL—66		29.6～35.0/29.6～35.0	35	35	200	190	3.6

（3）双导线螺栓型 T 形线夹以螺栓紧固导线，线夹和螺栓均采用铝合金材料制造，以防止导线蠕变后松脱。线夹引下端子板为单板，可适用于双导线双引下，也可适用于双导线单引下。

双导线螺栓型 T 形线夹的本体与端子板互为 90°，故亦可作为 90°双导线设备线夹使用。

螺栓型双导线 T 形线夹的形状及规范见图 4-1-5 及表 4-1-3。

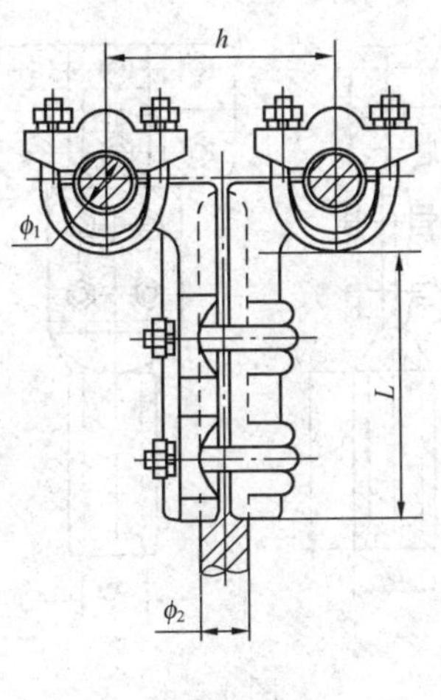

图 4-1-5

表 4-1-3　　TLS 螺栓型双导线 T 形线夹规范

型号	图号	适用母线规格母线直径/引下线外径（mm）	主要尺寸（mm）				质量（kg）
			ϕ_1	ϕ_2	h	L	
TLS—43	4-1-5	18.1～22.5/16.1～18.0	22.5	18.0	120	120	3.1
TLS—44		18.1～22.5/18.1～22.5	22.5	22.5	120	120	3.2
TLS—53		22.6～29.5/16.1～18.0	29.5	18.0	120	160	3.4
TLS—54		22.6～29.5/18.1～22.5	29.5	22.5	120	160	3.7
TLS—55		22.6～29.5/22.6～29.5	29.5	29.5	120	160	3.9
TLS—65		29.6～35.0/22.6～29.5	35.0	29.5	120	180	4.5
TLS—66		29.6～35.0/29.6～35.0	35.0	35.0	120	180	4.8

（4）TL 型螺栓型压缩引流线夹形状及规范见图 4-1-6 及表 4-1-4。

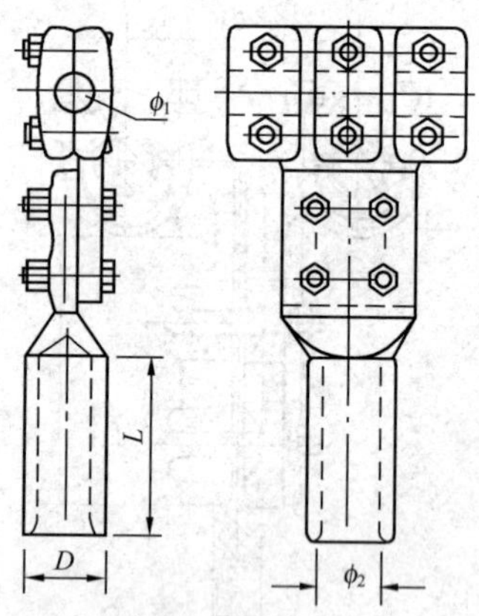

图 4-1-6

表 4-1-4　　　　**TL 型螺栓型压缩引流线夹规范**

型　号	图　号	适用母线规格	主要尺寸（mm）				质量(kg)
			ϕ_1	ϕ_2	L	D	
TL—600K	4-1-6	LGKK—600	52	53	180	76	9.8
TL—900K		LGKK—900	50	51	180	74	9.4
TL—1400		LGQJT—1400	52	53	180	76	10.5
TL—400N		NAHLGJQ—400	28	29	180	55	7.0
TL—1000N		NAHLGJQ—1000	43	43.5	220	76	9.0
TL—1440N		NAHLQJQ—1440	52	53	240	80	11.3

（5）TL 型螺栓型 T 形（线夹）引流板形状及规范见图 4-1-7及表 4-1-5。

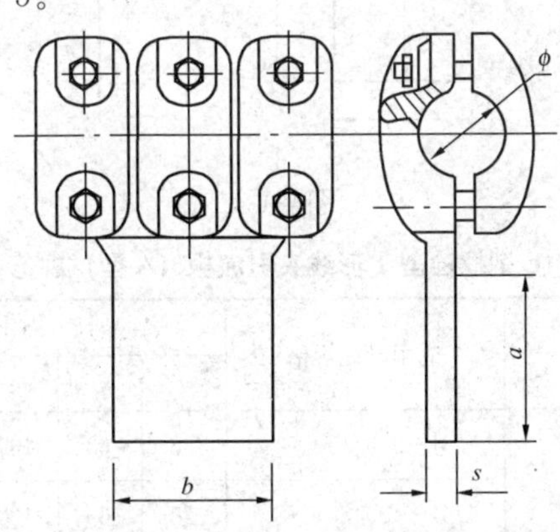

图 4-1-7

表 4-1-5　　　　**TL 型螺栓型 T 形线夹引流板规范**

型　号	图　号	适用母线规格	主要尺寸（mm）				质量(kg)
			a	b	s	ϕ	
TL—240	4-1-7	LGJ—240/30	80	85	16	22	3.3
TL—300		LGJ—300/15—40	80	85	16	24	3.4
TL—400		LGJ—400/20—50	80	85	16	28	3.9
TL—500		LGJ—500/35—65	80	85	16	31	4.6
TL—630		LGJ—630/45—55	100	105	20	35	5.1
TL—800		LGJ—800/55—70	125	130	22	39	5.8
TL—600K		LGKK—600	125	130	22	52	6.1
TL—900K		LGKK—900	125	130	22	51	6.1
TL—1440		LQJQT—1400	125	130	22	52	6.1
TL—1440N		NAHLGTA—1440	150	155	22	53	7.2

（6）TL 型螺栓型 T 形线夹引流板（A 型）形状及规范见图 4-1-8 及表 4-1-6。

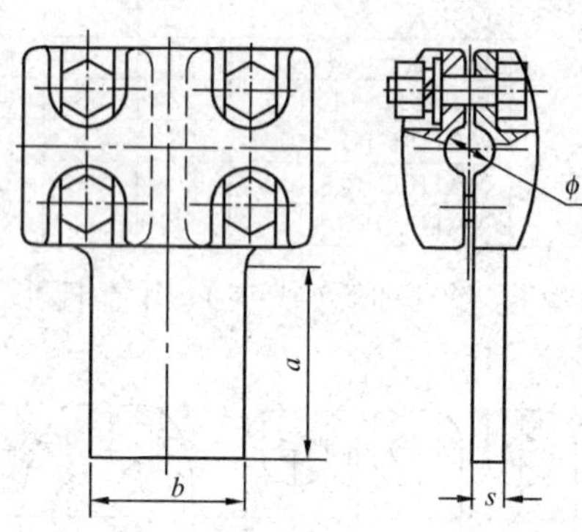

图 4-1-8

表 4-1-6　　TL 型螺栓型 T 形线夹引流板（A 型）规范

型　号	图　号	适用母线规格	主要尺寸（mm）				质量 (kg)
			ϕ	b	a	s	
TL—300A	4-1-8	LGJ—300/15—50	25	63	100	16	3.4
TL—400A		LGJ—400/20—65	28	63	100	16	3.9
TL—500A		LGJ—500/35—65	31	80	100	18	4.6
TL—630A		LGJ—630/45—80	35	100	100	18	5.0
TL—800A		LGJ—800/55—100	39	125	125	20	5.7
TL—400NA		NAHLGJQ—400	28	100	100	20	5.0
TL—600KA		LGKK—600	52	125	125	20	6.0
TL—900KA		LGKK—900	50	125	125	20	6.0
TL—1400A		LGJQT—1400	52	125	125	20	6.0
TL—1440NA		NAHLGJQ—1440	52	150	150	24	7.1

(7) TL型螺栓型T形线夹引流板（B型）形状及规范见图4-1-9及表4-1-7。

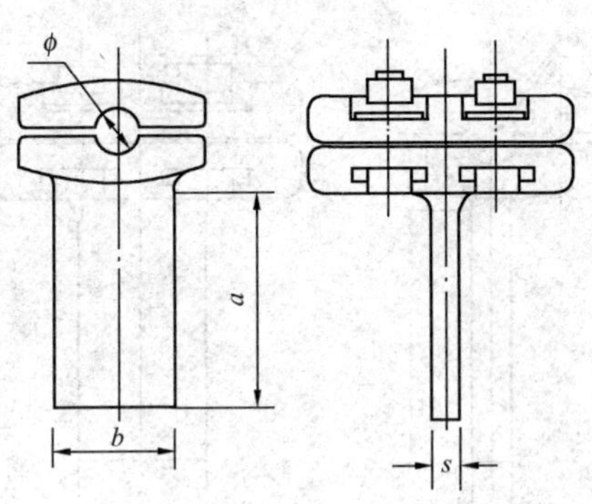

图 4-1-9

表 4-1-7　　TL型螺栓型T形线夹引流板（B型）规范

型　号	图　号	适用母线规格	主要尺寸（mm）				质量(kg)
			ϕ	b	a	s	
TL—300B	4-1-9	LGJ—300/15—50	25	63	100	16	3.5
TL—400B		LGJ—400/20—65	28	63	100	16	3.9
TL—500B		LGJ—500/35—65	31	80	100	18	4.6
TL—630B		LGJ—630/45—80	35	100	100	18	5.0
TL—800B		LGJ—800/55—100	39	125	125	20	5.7
TL—400NB		NAHLGJQ—400	29	100	100	20	7.0
TL—600KB		LGKK—600	52	125	125	20	6.0
TL—900KB		LGKK—900	50	125	125	20	6.0
TL—1400B		LGJQT—1400	52	125	125	20	6.0
TL—1440NB		NAHLGJQ—1440	52	150	150	24	7.2

（8）TL型螺栓型T形线夹引流板（C型）形状及规范见图4-1-10及表4-1-8。

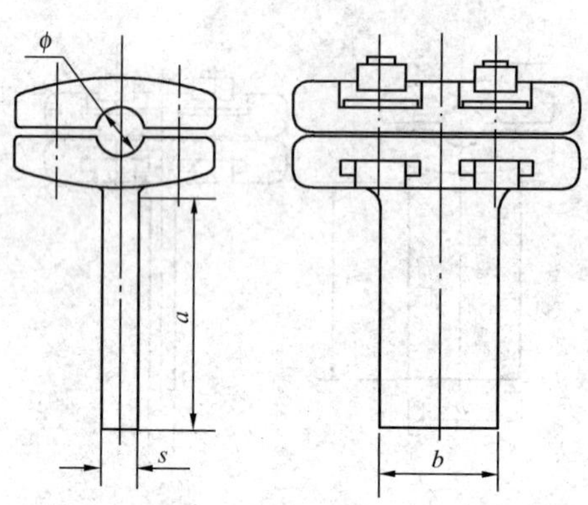

图 4-1-10

表 4-1-8　　TL型螺栓型T形引流板（C型）规范

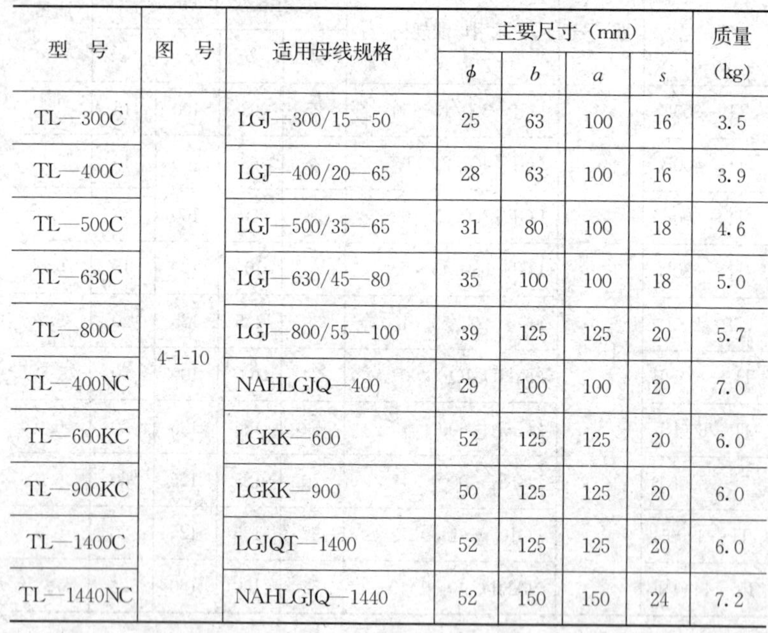

型　号	图　号	适用母线规格	主要尺寸（mm）				质量 (kg)
			ϕ	b	a	s	
TL—300C	4-1-10	LGJ—300/15—50	25	63	100	16	3.5
TL—400C		LGJ—400/20—65	28	63	100	16	3.9
TL—500C		LGJ—500/35—65	31	80	100	18	4.6
TL—630C		LGJ—630/45—80	35	100	100	18	5.0
TL—800C		LGJ—800/55—100	39	125	125	20	5.7
TL—400NC		NAHLGJQ—400	29	100	100	20	7.0
TL—600KC		LGKK—600	52	125	125	20	6.0
TL—900KC		LGKK—900	50	125	125	20	6.0
TL—1400C		LGJQT—1400	52	125	125	20	6.0
TL—1440NC		NAHLGJQ—1440	52	150	150	24	7.2

(9) TLS型螺栓型T形线夹形状及规范如图4-1-11及表4-1-9所示。

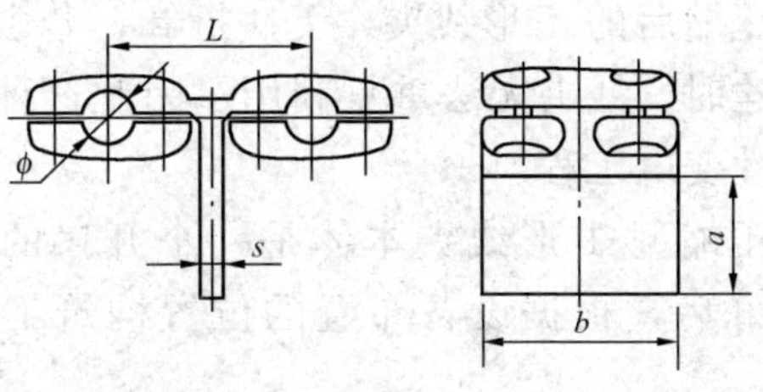

图 4-1-11

表 4-1-9 TLS型螺栓型双导线T形线夹规范

型号	图号	适用母线规格	主要尺寸（mm）					质量（kg）
			a	b	s	ϕ	L	
TLS—600K/200	4-1-11	LGKK—600	125	125	20	16	200	6.8
TLS—900K/200		LGKK—900	125	125	20	16	200	6.6
TLS—1400/200		LGJQT—1400	125	125	20	18	200	6.5
TLS—1000N/200		NRLH58GJ—1000	150	150	24	18	200	6.8
TLS—1440N/200		NAHLGJQ—1440	150	150	24	20	200	6.5
TLS—600K/400		LGKK—600	125	125	20	20	400	7.2
TLS—900K/400		LGKK—900	125	125	20	20	400	7.3
TLS—1400/400		LGJQT—1400	125	125	20	20	400	7.2
TLS—1000N/400		NRLH58GJ—1000	150	150	24	20	400	7.8
TLS—1440N/400		NAHLGJQ—1440	150	150	24	24	400	7.5

二、压缩型T形线夹

压缩型T形线夹系借压力使铝管与导线成为一个整体，因而有良好的电气接触性能，接触电阻极为稳定，检修维护工作量减少，运行可靠。但压缩型T形线夹施工安装比较麻烦，需配备液压机和钢模，在变电所安装这种线夹时需进行高空作业；压缩后的T形线夹，无法拆卸；若引下线需要移位或工程改建时，线夹无法重复利用。因此这种线夹适用于大中型永久性变电工程。

定型的压缩型T形线夹本体是一个开口的抽匣，可以在主母线架好后，根据设备布置的位置构筑工作台进行安装。

压缩型T形线夹接引下线的是矩形接线端子，可以安装与母线规格相同的引下线，也可以安装与母线规格不同的引下线，此时引下线需选用相应规格的设备线夹组装。

定型的压缩型T形线夹适用于在母线与引下线规格相同的情况下使用。当引下线选用与母线规格不同时，根据需要应配备相应的螺栓型或压缩型设备线夹。

（1）压缩型T形线夹形状及规范如图4-1-12及表4-1-10所示。

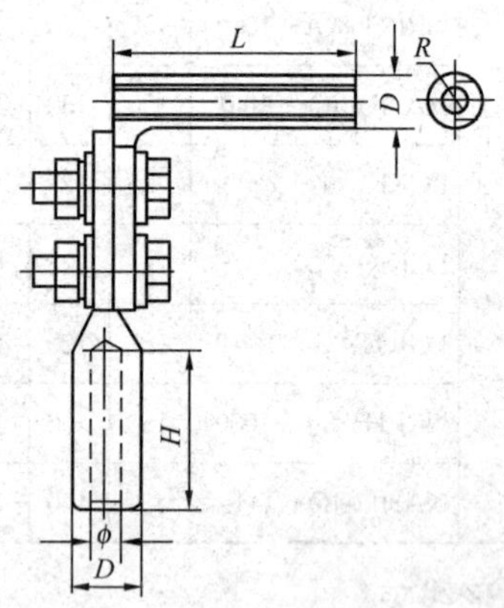

图4-1-12

表 4-1-10　　TY 型压缩型 T 形线夹规范

型　号	图　号	适用导线型　号	主要尺寸（mm）					质量(kg)
			ϕ	D	L	H	R	
TY—95/15	4-1-12	LGJ—45/15	15.0	26	115	80	7.50	0.60
TY—120/7		LGJ—120/7	16.0				8.00	0.68
TY—120/25		LGJ—120/25	16.9				8.45	0.66
TY—150/8		LGJ—150/8	17.5	30	125	90	9.00	0.77
TY—150/20		LGJ—150/20	18.0					0.77
TY—150/25		LGJ—150/25	18.5				9.25	0.76
TY—185/10		LGJ—185/10	19.5	32	125	90	10.5	0.87
TY—185/25		LGJ—185/25	20.5					0.87
TY—210/10		LGJ—210/10	20.5	34	135	100	10.3	0.95
TY—210/25		LGJ—210/25	21.5				10.8	0.95
TY—240/30		LGJ—240/30	23.0	36			11.5	1.01
TY—300/15		LGJ—300/15	24.5	40	145	110	12.3	1.68
TY—300/20		LGJ—300/20	25.0				12.5	1.68
TY—300/25		LGJ—300/25	25.5				12.8	1.68
TY—300/40		LGJ—300/40	25.5					1.68
TY—400/20		LGJ—400/20	28.5	45	155	120	14.3	1.56
TY—400/25		LGJ—400/25	28.5					1.86
TY—400/35		LGJ—400/35	28.5					1.86
TY—400/50		LGJ—400/50	29.5				15.8	1.86
TY—500/35		LGJ—500/35	31.5	52	165	130		2.34
TY—500/45		LGJ—500/45	31.5				16.3	2.34
TY—500/65		LGJ—500/65	32.5				17.8	2.34
TY—630/45		LGJ—630/45	35.5	60	185	150	18.0	4.18
TY—630/55		LGJ—630/55	36.0					4.18
TY—630/80		LGJ—630/80	36.5					4.18
TY—800/55		LGJ—800/55	40.0	65	210	170	20.0	5.53
TY—800/70		LGJ—800/70	40.5				20.3	5.53
TY—800/100		LGJ—800/100	40.5					5.53

（2）双母线压缩型 T 形线夹。双母线压缩型 T 形线夹的接续母线部分是抽匣式管体。这为变电所施工提供了方便，可以先将双母线架好，然后构筑工作台在高空进行压缩。如在地面上将 T 形线夹压好，然后紧线，往往不容易掌握正确的安装位置。T 形线夹的接线端子为两根母线共用，可以用于双母线单引下，亦可用于双母线双引下及双母线 Y 形接续，如图 4-1-13、图 4-1-14、图 4-1-15 所示。

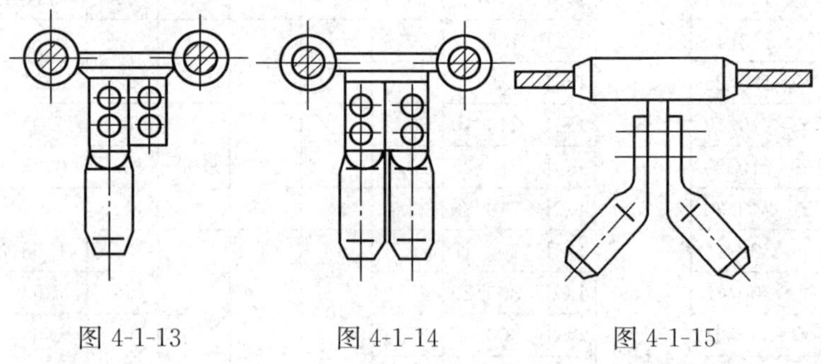

图 4-1-13　　图 4-1-14　　图 4-1-15

双母线压缩型 T 形线夹的形状及规范如图 4-1-16 及表 4-1-11所示。

（3）扩径单导线压缩型 T 形线夹形状及规范如图 4-1-17 及表4-1-12 所示。

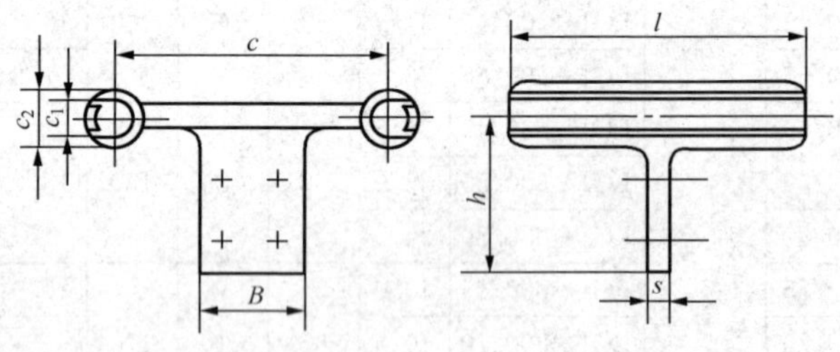

图 4-1-16

表 4-1-11　　双母线压缩型 T 形线夹规范

型号	图号	适用导线		主要尺寸（mm）							质量(kg)
		型号	外径(mm)	B	c	c_1	c_2	h	l	s	
TYS—2×240/200		LGJ—240	21.6	100		24.0	36	125	345	16	2.6
TYS—2×300/200		LGJ—300	24.2	100		26.0	40	125	400	16	3.2
TYS—2×400/200	4-1-16	LGJ—400	27.2	120	200	30.0	45	145	450	16	4.1
TYS—2×500/200		LGJ—500	30.2	120		33.0	50	145	480	20	5.9
TYS—2×600/200		LGJ—630	33.1	150		36.0	55	175	520	20	7.4

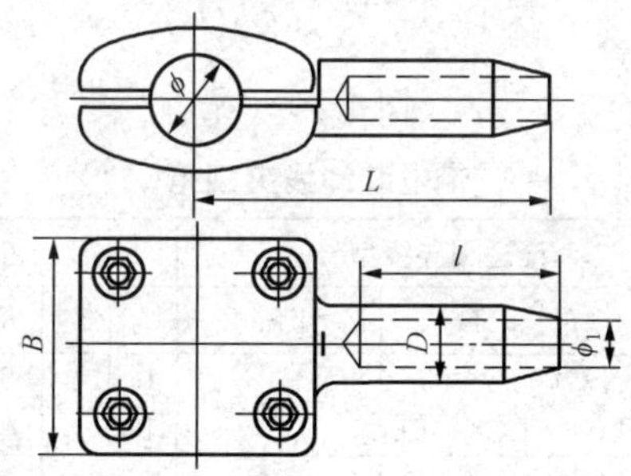

图 4-1-17

表 4-1-12　　扩径单导线压缩型 T 形线夹规范

型号	图号	适用导线型号	主要尺寸（mm）						质量(kg)
		母线-引下线	B	D	L	l	ϕ	ϕ_1	
TY—105	4-1-17	LGKK—600—LGJ—400 LGJQT—1400—LGJ—400 LGKK—900—LGJ—400	150	45	204	150	52	29	3.5
TY—1010		LGKK—600—LGKK—600 LGKK—900—LGKK—900 LGJQT—1400—LGJQT—1400	190	76	270	190	52	52	5.8

三、带电装卸线夹

带电装卸线夹形状及规范如图 4-1-18 及表 4-1-13 所示。

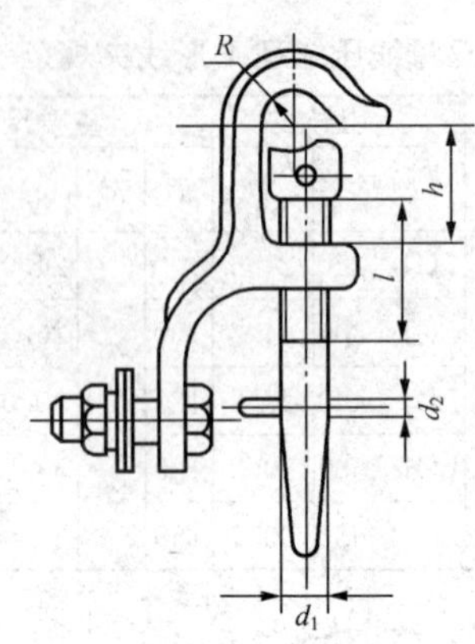

图 4-1-18

表 4-1-13　　带电装卸线夹规范

型号	图号	适用导线型号		主要尺寸（mm）					质量（kg）
		母　线	引下线	d_1	d_2	R	l	h	
YZ—1R	4-1-18	LGJ—35～95	GJ—25～70	12	4	8	30	32	0.32
YZ—2R		LGJ—126～240		12	4	12	40	40	0.40
YZ—3R		LGJ—300～400 LGJ—300～500	LGJ—35～70	12	4	16	50	50	0.45

第二节　设　备　线　夹

设备线夹用于母线引下线与电气设备（如变压器、断路器、互感器、隔离开关、穿墙套管等）的出线端子连接。现在常用电气设备的出线端子有铜质和铝质两类，而引出线多为铝绞线或钢芯铝绞线，故设备线夹又分为铝设备线夹和铜铝过渡设备线夹两个系列。

一、铝设备线夹

根据安装方法和结构形式的不同，铝设备线夹分为压缩型和螺栓型。每种形式的线夹又按引下线与安装电气设备端子所成角度的不同，分为0°、45°、30°、90°几种。线夹端子尺寸均应符合

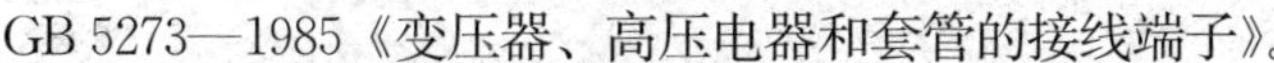

GB 5273—1985《变压器、高压电器和套管的接线端子》。

1. 压缩型铝设备线夹

压缩型铝设备线夹采用两种制造工艺：截面 400mm² 及以下的设备线夹可以用铝管压制；截面 500mm² 及以上的设备线夹以铝管焊接端子板或采用铸造加工。

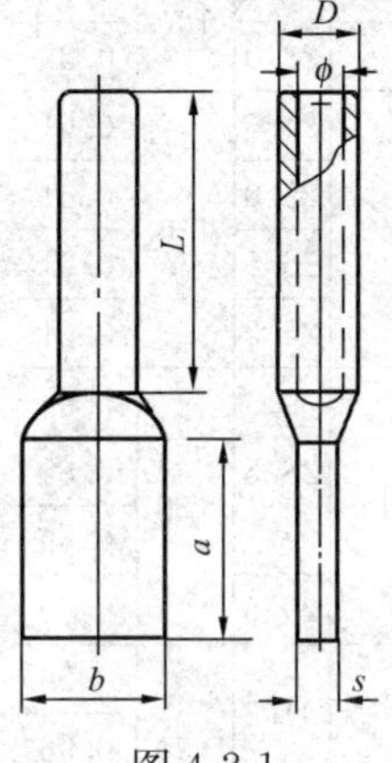

图 4-2-1

压缩型铝设备线夹采用液压或爆压施工，有良好的电气接触性能，适用于永久性接续。设备线夹端子板在制造厂出厂时不钻孔，安装时根据电气设备出线端子板孔尺寸现场配钻。设备线夹适用导线均为常规导线，亦可用于设备线夹直径范围内的其他导线。

（1）SY 型压缩型铝设备线夹：

1）0°压缩型铝设备线夹。0°压缩型铝设备线夹的形状及规范如图 4-2-1 及表 4-2-1 所示。

表 4-2-1　　0°压缩型铝设备线夹规范

型　号	图　号	适用导线型　号	主要尺寸（mm）						质量（kg）
			b	a	s	D	ϕ	L	
SY—35/6A	4-2-1	LGJ—35/6	30	65	8	16	4.5	60	0.07
SY—50/8A		LGJ—50/8		85		18	11.0		0.06
SY—70/10A		LGJ—70/10	40	65		22	13.0	70	0.12
SY—95/15A		LGJ—95/15				26	15.0	80	0.16
SY—120/7A		LGJ—120/7	50	85	10	26	16.0		0.21
SY—150/8A		LGJ—150/8				30	17.5	90	0.28
SY—150/20A		LGJ—150/20				30	18.0		0.28
SY—185/10A		LGJ—185/10				32	19.5		0.33
SY—185/25A		LGJ—185/25					20.5		0.33
SY—210/10A		LGJ—210/10				34	20.5	100	0.37

续表

型号	图号	适用导线型号	主要尺寸（mm）						质量(kg)
			b	a	s	D	ϕ	L	
SY—210/25A	4-2-1	LGJ—210/25	50	85	12	34	21.5	100	0.36
SY—240/30A		LGJ—240/30				36	23.0		0.38
SY—300/15A		LGJ—300/15	63	105		40	24.5	110	0.61
SY—300/20A		LGJ—300/20					25.0		0.61
SY—300/25A		LGJ—300/25					25.5		0.61
SY—300/40A		LGJ—300/40			13		25.5		0.61
SY—400/20A		LGJ—400/20				45	28.5	120	0.69
SY—400/25A		LGJ—400/25							0.69
SY—400/35A		LGJ—400/35							0.69
SY—400/50A		LGJ—400/50			16		29.5		0.69
SY—500/35A		LGJ—500/35	80	85		52	31.5	130	0.96
SY—500/45A		LGJ—500/45							0.96
SY—500/65A		LGJ—500/65			20		32.5		0.96
SY—630/45A		LGJ—630/45	100	105			35.5	150	1.20
SY—630/55A		LGJ—630/55					36.0		1.20
SY—630/80A		LGJ—630/80			22		36.5	160	1.20
SY—800/55A		LGJ—800/55	125	130		60	40.0	170	2.16
SY—800/70A		LGJ—800/70					40.5		2.14
SY—800/100A		LGJ—800/100				65			2.14

2）30°压缩型铝设备线夹。30°压缩型铝设备线夹的形状及规范如图 4-2-2 及表 4-2-2 所示。

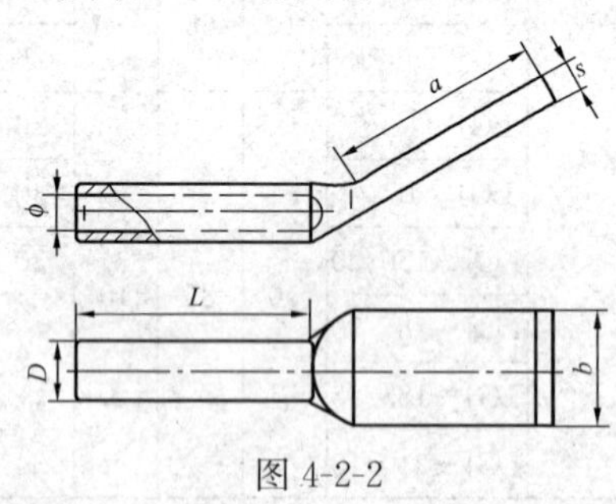

图 4-2-2

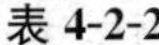

表 4-2-2　　30°压缩型铝设备线夹规范

型　号	图　号	适用导线型　号	主要尺寸（mm）						质量（kg）
			b	a	s	D	ϕ	L	
SY—35/6B	4-2-2	LGJ—35/6	30	65	8	16	9.5	60	0.07
SY—50/5B		LGJ—50/8		85		18	11.0		0.06
SY—70/10B		LGJ—70/10	40	65		22	13.0	70	0.16
SY—95/15B		LGJ—95/15				26	15.0	80	0.16
SY—120/7B		LGJ—120/7	50	85	10	26	16.0	80	0.21
SY—150/8B		LGJ—150/8				30	17.5	90	0.28
SY—150/20B		LGJ—150/20				30	18.0		0.28
SY—185/10B		LGJ—185/10				32	19.5		0.33
SY—185/25B		LGJ—185/25				32	20.5		0.33
SY—210/10B		LGJ—210/10				34	20.5	100	0.37
SY—210/25B		LGJ—210/25				34	21.5		0.41
SY—240/30B		LGJ—240/30			12	36	23.0		0.38
SY—300/15B		LGJ—300/15	63	105		40	24.5	110	0.61
SY—300/20B		LGJ—300/20					25.0		0.61
SY—300/25B		LGJ—300/25					25.5		0.61
SY—300/40B		LGJ—300/40					25.5		0.61
SY—400/20B		LGJ—400/20			13	45	28.5	120	0.69
SY—400/25B		LGJ—400/25							0.69
SY—400/35B		LGJ—400/35							0.69
SY—400/50B		LGJ—400/50					29.5		0.69
SY—500/35B		LGJ—500/35	80	85	16	52	31.5	130	0.96
SY—500/45B		LGJ—500/45							0.96
SY—500/65B		LGJ—500/65					32.5		0.96
SY—630/45B		LGJ—630/45	100	105	20	60	35.5	150	1.20
SY—630/55B		LGJ—630/55					36.0		1.20
SY—630/80B		LGJ—630/80					36.5		1.20
SY—800/55B		LGJ—800/55	125	130	22	65	40.0	170	2.16
SY—800/70B		LGJ—800/70					40.5		2.16
SY—800/100B		LGJ—800/100					40.5		2.16

3）90°压缩型铝设备线夹形状及规范见图 4-2-3 及表 4-2-3。

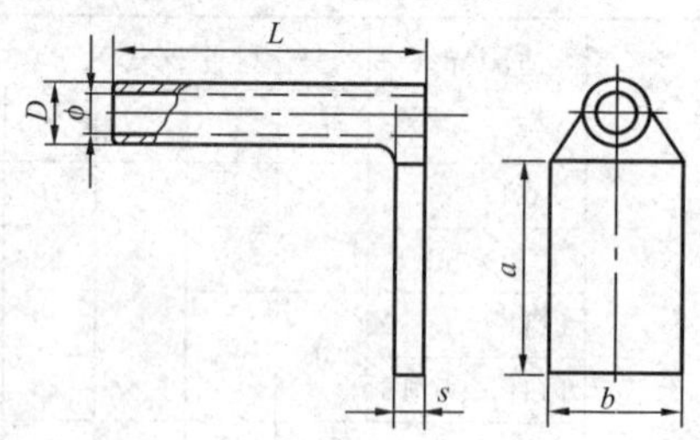

图 4-2-3

表 4-2-3　　90°压缩型铝设备线夹规范

<table>
<tr><th rowspan="2">型　号</th><th rowspan="2">图　号</th><th rowspan="2">适用导线型　号</th><th colspan="6">主要尺寸（mm）</th><th rowspan="2">质量（kg）</th></tr>
<tr><th>b</th><th>a</th><th>s</th><th>D</th><th>φ</th><th>L</th></tr>
<tr><td>SY—120/7C</td><td rowspan="25">4-2-3</td><td>LGJ—120/7</td><td rowspan="8">50</td><td rowspan="8">85</td><td rowspan="7">10</td><td>26</td><td>16.0</td><td>80</td><td>0.22</td></tr>
<tr><td>SY—150/8C</td><td>LGJ—150/8</td><td rowspan="2">30</td><td>17.5</td><td rowspan="4">90</td><td>0.28</td></tr>
<tr><td>SY—150/20C</td><td>LGJ—150/20</td><td>18.0</td><td>0.27</td></tr>
<tr><td>SY—185/10C</td><td>LGJ—185/10</td><td rowspan="2">32</td><td>19.5</td><td>0.32</td></tr>
<tr><td>SY—185/25C</td><td>LGJ—185/25</td><td rowspan="2">20.5</td><td>0.31</td></tr>
<tr><td>SY—210/10C</td><td>LGJ—210/10</td><td rowspan="2">34</td><td rowspan="3">100</td><td>0.36</td></tr>
<tr><td>SY—210/25C</td><td>LGJ—210/25</td><td>21.5</td><td>0.35</td></tr>
<tr><td>SY—240/30C</td><td>LGJ—240/30</td><td rowspan="5">12</td><td>36</td><td>23.0</td><td>0.38</td></tr>
<tr><td>SY—300/15C</td><td>LGJ—300/15</td><td rowspan="8">63</td><td rowspan="8">105</td><td rowspan="4">40</td><td>24.5</td><td rowspan="4">110</td><td>0.61</td></tr>
<tr><td>SY—300/20C</td><td>LGJ—300/20</td><td>25.0</td><td>0.60</td></tr>
<tr><td>SY—300/25C</td><td>LGJ—300/25</td><td rowspan="2">25.5</td><td>0.59</td></tr>
<tr><td>SY—300/40C</td><td>LGJ—300/40</td><td>0.59</td></tr>
<tr><td>SY—400/20C</td><td>LGJ—400/20</td><td rowspan="4">13</td><td rowspan="4">45</td><td rowspan="3">28.5</td><td rowspan="4">120</td><td>0.70</td></tr>
<tr><td>SY—400/25C</td><td>LGJ—400/25</td><td>0.70</td></tr>
<tr><td>SY—400/35C</td><td>LGJ—400/35</td><td>0.70</td></tr>
<tr><td>SY—400/50C</td><td>LGJ—400/50</td><td>29.5</td><td>0.68</td></tr>
<tr><td>SY—500/35C</td><td>LGJ—500/35</td><td rowspan="3">80</td><td rowspan="3">85</td><td rowspan="3">16</td><td rowspan="3">52</td><td rowspan="2">31.5</td><td rowspan="3">130</td><td>0.91</td></tr>
<tr><td>SY—500/45C</td><td>LGJ—500/45</td><td>0.91</td></tr>
<tr><td>SY—500/65C</td><td>LGJ—500/65</td><td>32.5</td><td>0.89</td></tr>
<tr><td>SY—630/45C</td><td>LGJ—630/45</td><td rowspan="3">100</td><td rowspan="3">105</td><td rowspan="3">20</td><td rowspan="3">60</td><td>35.5</td><td rowspan="3">150</td><td>1.52</td></tr>
<tr><td>SY—630/55C</td><td>LGJ—630/55</td><td>36.0</td><td>1.50</td></tr>
<tr><td>SY—630/80C</td><td>LGJ—630/80</td><td>36.5</td><td>1.49</td></tr>
<tr><td>SY—800/55C</td><td>LGJ—800/55</td><td rowspan="3">125</td><td rowspan="3">130</td><td rowspan="3">22</td><td rowspan="3">65</td><td>40.0</td><td rowspan="3">170</td><td>2.25</td></tr>
<tr><td>SY—800/70C</td><td>LGJ—800/70</td><td rowspan="2">40.5</td><td>2.20</td></tr>
<tr><td>SY—800/100C</td><td>LGJ—80/100</td><td>2.20</td></tr>
</table>

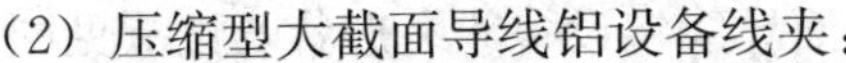

（2）压缩型大截面导线铝设备线夹：

1）0°压缩型大截面导线铝设备线夹形状及规范见图 4-2-4 及表 4-2-4。

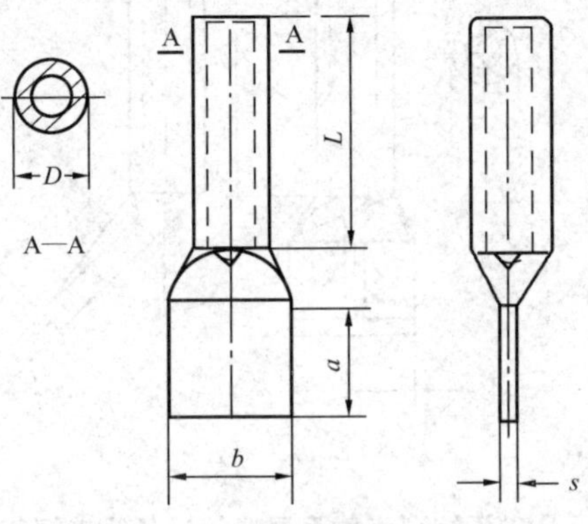

图 4-2-4

表 4-2-4　　0°压缩型大截面导线铝设备线夹规范

型　号	图　号	适用导线外径(mm)	主要尺寸（mm）					质量(kg)
			b	a	s	D	L	
SY—400NA—A	4-2-4	27.4	100	100	20	55	180	1.9
SY—400NA—B			120	120				2.1
SY—400NA—D			150	150				2.2
SY—630NA—C		34.82	125	125		70	210	2.6
SY—630NA—D			150	150				2.4
SY—1000NA—B		42.08	120	120			220	3.0
SY—1000NA—D			150	150	24			3.2
SY—900KA—A		49.00	100	100	20	74	180	3.8
SY—900KA—B			120	120				4.0
SY—900KA—C			125	125	22			4.5
SY—900KA—D			150	150	24			4.8
SY—1400A—A		51.00	100	100	20	76	180	4.6
SY—1400A—B			120	120				4.2
SY—1400A—C			125	125	22			3.3
SY—1400A—D			150	150	24			3.6
SY—1440NA—A		51.36	100	100	20	80	240	2.7
SY—1440NA—B			120	120				3.0
SY—1440NA—C			125	125	22			3.5
SY—1440NA—D			150	150	24			3.8

注　用于 LGKK—900 型导线时应配一根芯棒，其长度为管长 1.25 倍。

2）45°压缩型大截面导线铝设备线夹形状及规范见图4-2-5及表 4-2-5。

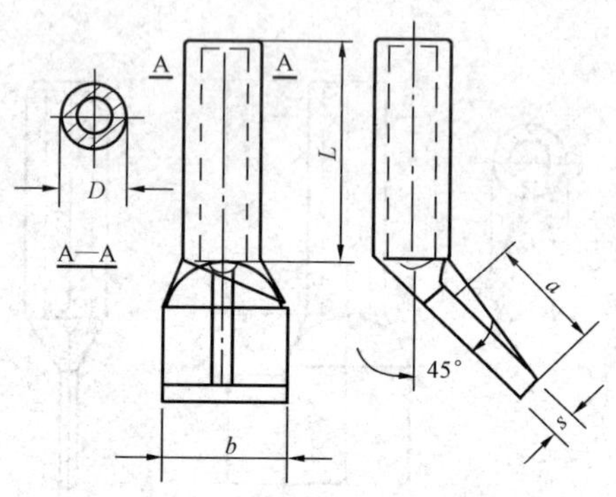

图 4-2-5

表 4-2-5　　45°压缩型大截面导线铝设备线夹规范

<table>
<tr><th rowspan="2">型　号</th><th rowspan="2">图　号</th><th rowspan="2">适用导线外径(mm)</th><th colspan="5">主要尺寸（mm）</th><th rowspan="2">质量(kg)</th></tr>
<tr><th>b</th><th>a</th><th>s</th><th>D</th><th>L</th></tr>
<tr><td>SY—400NC—A</td><td rowspan="19">4-2-5</td><td rowspan="3">27.40</td><td>100</td><td>100</td><td rowspan="6">20</td><td rowspan="3">55</td><td rowspan="3">180</td><td>1.9</td></tr>
<tr><td>SY—400NC—B</td><td>120</td><td>120</td><td>2.1</td></tr>
<tr><td>SY—400NC—D</td><td>150</td><td>150</td><td>2.2</td></tr>
<tr><td>SY—630NC—C</td><td rowspan="2">34.82</td><td>125</td><td>125</td><td rowspan="4">70</td><td rowspan="2">210</td><td>2.2</td></tr>
<tr><td>SY—630NC—D</td><td>150</td><td>150</td><td>2.4</td></tr>
<tr><td>SY—1000NC—B</td><td rowspan="2">42.08</td><td>120</td><td>120</td><td rowspan="2">220</td><td>3.0</td></tr>
<tr><td>SY—1000NC—D</td><td>150</td><td>150</td><td>24</td><td>3.2</td></tr>
<tr><td>SY—900KC—A</td><td rowspan="4">49.00</td><td>100</td><td>100</td><td rowspan="2">20</td><td rowspan="4">74</td><td rowspan="4">100</td><td>3.8</td></tr>
<tr><td>SY—900KC—B</td><td>120</td><td>120</td><td>4.0</td></tr>
<tr><td>SY—900KC—C</td><td>125</td><td>125</td><td>22</td><td>4.5</td></tr>
<tr><td>SY—900KC—D</td><td>150</td><td>150</td><td>24</td><td>4.8</td></tr>
<tr><td>SY—1400C—A</td><td rowspan="4">51.00</td><td>100</td><td>100</td><td rowspan="2">20</td><td rowspan="4">76</td><td rowspan="4">100</td><td>2.6</td></tr>
<tr><td>SY—1400C—B</td><td>120</td><td>120</td><td>2.8</td></tr>
<tr><td>SY—1400C—C</td><td>125</td><td>125</td><td>22</td><td>3.3</td></tr>
<tr><td>SY—1400C—D</td><td>150</td><td>150</td><td>24</td><td>3.6</td></tr>
<tr><td>SY—1440NC—A</td><td rowspan="4">51.36</td><td>100</td><td>100</td><td rowspan="2">20</td><td rowspan="4">80</td><td rowspan="4">240</td><td>2.7</td></tr>
<tr><td>SY—1440NC—B</td><td>120</td><td>120</td><td>3.3</td></tr>
<tr><td>SY—1440NC—C</td><td>125</td><td>125</td><td>22</td><td>3.8</td></tr>
<tr><td>SY—1440NC—D</td><td>150</td><td>150</td><td>24</td><td>4.1</td></tr>
</table>

注　用于 LGKK—600、LGKK—900 型导线时每根铝管应配一根芯棒，芯棒长度不小于铝管长度 1.25 倍。

3）90°压缩型大截面导线铝设备线夹形状及规范见图4-2-6及表 4-2-6。

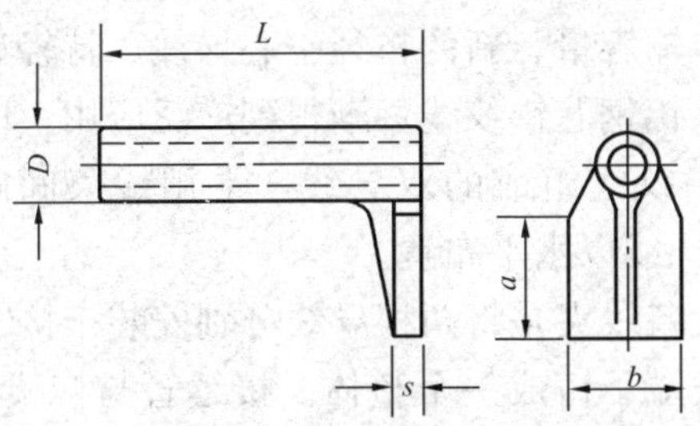

图 4-2-6

表 4-2-6　　90°压缩型大截面导线铝设备线夹规范

型　号	图　号	适用导线外径(mm)	主要尺寸（mm）					质量(kg)
			b	a	s	D	L	
SY—400ND—A	4-2-6	27.4	100	100	20	55	180	2.0
SY—400ND—B			120	120	20			2.1
SY—400ND—D			150	150	20			2.4
SY—630ND—C		34.82	125	125	20	70	210	2.5
SY—630ND—D			150	150	20			2.7
SY—1000ND—B		42.08	120	120	20		220	3.3
SY—1000ND—D			150	150	24			3.5
SY—900KD—A		49.00	100	100	20	74	180	4.4
SY—900KD—B			120	120	20			4.5
SY—900KD—C			125	125	22			4.8
SY—900KD—D			150	150	24			4.9
SY—1400D—A		51.00	100	100	20	76	180	2.8
SY—1400D—B			120	120	20			3.1
SY—1400D—C			125	125	22			3.6
SY—1400D—D			150	150	24			4.0
SY—1440ND—A		51.36	100	100	20	80	240	3.0
SY—1440ND—B			120	120	20			3.3
SY—1440ND—C			125	125	22			3.8
SY—1440ND—D			150	150	24			4.2

（3）压缩型双导线铝设备线夹。随着大容量变电所的建设，主导线的截面不断增大，用常规导线二根、三根分列布置，以增加传输容量，新的扩径空心导线、特轻型大截面钢芯铝绞线及耐热铝钢芯铝绞线逐渐得到广泛应用。以两根大截面普通型钢芯铝绞线组成的双导线，常用线束间距为 20cm 或 40cm 两种，导线以水平布置。

压缩型设备线夹是将两根导线分别安装于接续管中，两根接续管与接线端子铸成一个整体。接续管与接线端子分为 0°、30°、45°、90°四种。接线端子与电气设备铜出线端子相接时，可采用铝上镀铜、烫锡、钎焊或增加覆铜板等方法过渡。

1）0°压缩型双导线铝设备线夹形状及规范见图 4-2-7 及表 4-2-7。

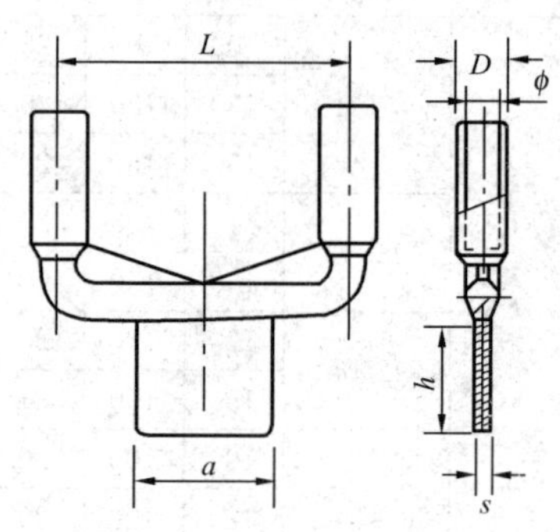

图 4-2-7

表 4-2-7　　0°压缩型双导线铝设备线夹规范

型　　号	图号	适用导线型　　号	主要尺寸（mm）						质量（kg）
			h	a	s	D	ϕ	L	
SY—2/240/30A—200	4-2-7	LGJ—240/30—40	80	85	14	36	23.0	200	1.80
SY—2×300/25A—200		LGJ—300/25—40	100	105	16	40	25.5	200	1.90
SY—2×400/35A—200		LGJ—400/35	100	105	16	45	28.5	200	2.55
SY—2×400/50A—200		LGJ—400/50	100	105	16	45	29.5	200	2.55
SY—2×500/65A—200		LGJ—500/65	125	130	20	52	32.5	200	2.6

续表

型　　号	图号	适用导线型　号	主要尺寸（mm）						质量(kg)
			h	*a*	*s*	*D*	*ϕ*	*L*	
SY—2×630/45A—200	4-2-7	LGJ—630/45	125	130	20	60	35.5	200	3.3
SY—2×630/55A—200		LGJ—630/55	125	130	20	60	36.0	200	3.3
SY—2×300/25A—400		LGJ—300/25—40	100	105	16	40	25.5	400	2.7
SY—2×400/35A—400		LGJ—400/35	100	105	16	45	28.5	400	3.0
SY—2×400/50A—400		LGJ—400/50	100	105	16	45	29.5	400	3.0
SY—2×500/25A—400		LGJ—500/35—45	125	130	20	52	31.5	400	3.2
SY—2×500/65A—400		LGJ—500/65	125	130	20	52	32.5	400	3.3
SY—2×630/45A—400		LGJ—630/45	125	130	20	60	35.5	400	4.1
SY—2×630/55A—400		LGJ—630/55	125	130	20	60	36.0	400	4.1

2）30°压缩型双导线铝设备线夹形状及规范见图 4-2-8 及表 4-2-8。

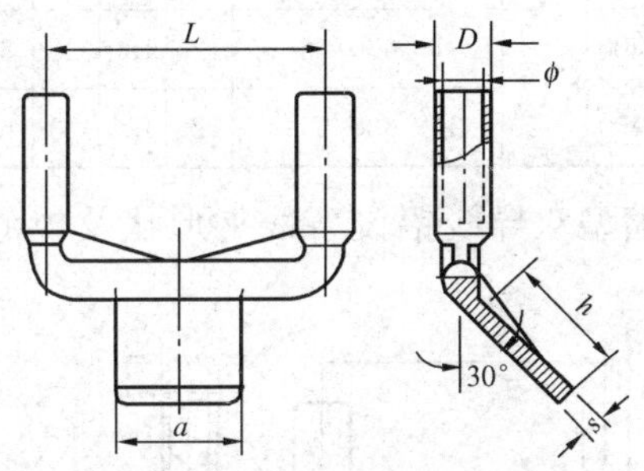

图 4-2-8

表 4-2-8　　　30°压缩型双导线铝设备线夹规范

型　　号	图号	适用导线型　号	主要尺寸（mm）						质量(kg)
			h	*a*	*s*	*D*	*ϕ*	*L*	
SY—2×240/30B—200	4-2-8	LGJ—240/30—40	80	85	14	36	23.0	200	1.80
SY—2×300/25B—200		LGJ—300/25—40	100	105	16	40	25.5	200	1.90

续表

型　　号	图号	适用导线型　　号	主要尺寸（mm）						质量(kg)
			h	*a*	*s*	*D*	*ϕ*	*L*	
SY—2×400/35B—200	4-2-8	LGJ—400/35	100	105	16	45	28.5	200	2.55
SY—2×400/50B—200		LGJ—400/50	100	105	16	45	29.5	200	2.55
SY—2×500/65B—200		LGJ—500/65	125	130	20	52	32.5	200	2.6
SY—2×630/45B—200		LGJ—630/45	125	130	20	60	35.5	200	3.3
SY—2×630/55B—200		LGJ—630/55	125	130	20	60	36.0	200	3.3
SY—2×300/25B—400		LGJ—300/25—40	100	105	16	40	25.5	400	2.7
SY—2×400/35B—400		LGJ—400/35	100	105	16	45	28.5	400	3.0
SY—2×400/50B—400		LGJ—400/50	100	105	16	45	29.5	400	3.0
SY—2×500/25B—400		LGJ—500/35—45	125	130	20	52	31.5	400	3.2
SY—2×500/65B—400		LGJ—500/65	125	130	20	52	32.5	400	3.3
SY—2×630/45B—400		LGJ—630/45	125	130	20	60	35.5	400	4.1
SY—2×630/55B—400		LGJ—630/55	125	130	20	60	36.0	400	4.1

3）45°压缩型双导线铝设备线夹形状及规范见图 4-2-9 及表 4-2-9。

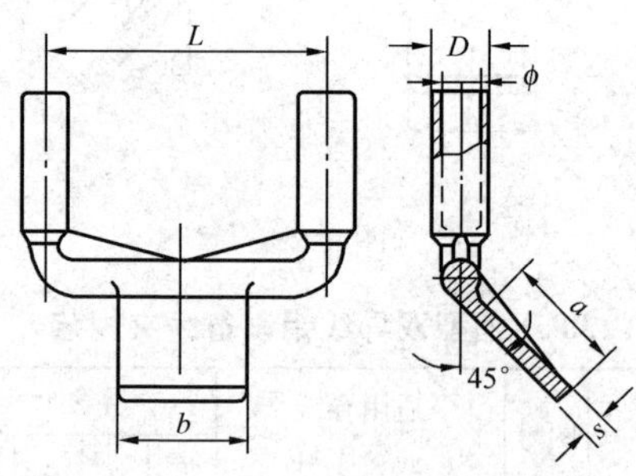

图 4-2-9

表 4-2-9　　45°压缩型双导线铝设备线夹规范

型号	图号	适用导线外径（mm）	主要尺寸（mm）						质量（kg）
			b	*a*	*s*	*D*	*ϕ*	*L*	
SY—1000N/200C—B	4-2-9	42.08	120	120	22	70	45.0	200	6.5
SY—1000N/200C—D			150	150	24				6.8
SY—900K/200C—B		49.00	120	120	22	74	51.5		7.3
SY—900K/200C—D			150	150	24				7.6
SY—1400/200C—B		51.00	120	120	22	76	52.5		6.7
SY—1400/200C—D			150	150	24				7.0
SY—1440N/200C—B		51.36	120	120	22	80	53.5		6.9
SY—1440N/200C—D			150	150	24				7.2
SY—1000N/400C—B		42.08	120	120	22	70	45.0	400	8.7
SY—1000N/400C—D			150	150	24				9.0
SY—900K/400C—B		49.00	120	120	22	74	51.5		9.3
SY—900K/400C—D			150	150	24				9.6
SY—900K/400C—E			115	240	26				10.2
SY—900K/400C—F			115	320	26				10.7
SY—1400/400C—B		51.00	120	120	22	76	52.5		11.7
SY—1400/400C—D			150	150	24				12.3
SY—1400/400C—E			115	240	26				12.8
SY—1400/400C—F			115	320	26				13.4
SY—1440N/400C—B		51.36	120	120	22	80	53.5		12.0
SY—1440N/400C—D			150	150	24				12.6
SY—1440N/400C—E			115	240	26				13.1
SY—1440N/400C—F			115	320	26				13.7

注　用于 LGKK—600、LGKK—900 型导线时，每只铝管应配一根芯棒，芯棒长度不小于管长 1.25 倍。

4）90°压缩型双导线铝设备线夹形状及规范见图 4-2-10 及表 4-2-10。

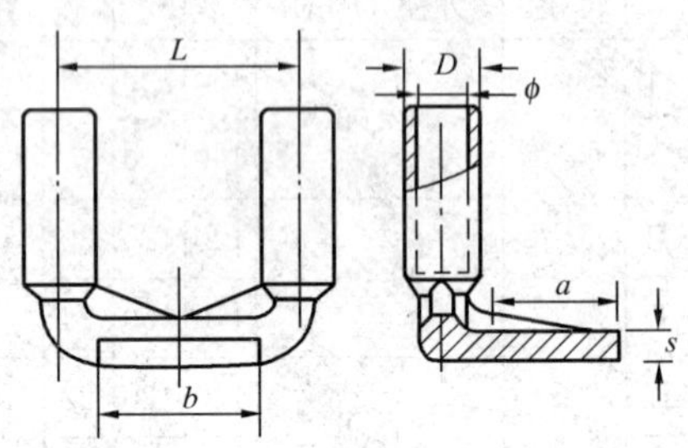

图 4-2-10

表 4-2-10　　90°压缩型双导线铝设备线夹规范

型　号	图号	适用导线型　号	主要尺寸（mm）						质量(kg)
			b	a	s	D	ϕ	L	
SY—2×240/30D—200	4-2-10	LGJ—240/30—40	80	85	14	36	23.0	200	1.80
SY—2×300/25D—200		LGJ—300/25—40	100	105	16	40	25.5	200	1.90
SY—2×400/35D—200		LGJ—400/35	100	105	16	45	28.5	200	2.55
SY—2×400/50D—200		LGJ—400/50	100	105	16	45	29.5	200	2.55
SY—2×500/65D—200		LGJ—500/65	125	130	20	52	32.5	200	2.60
SY—2×630/45D—200		LGJ—630/45	125	130	20	60	35.5	200	3.30
SY—2×630/55D—200		LGJ—630/55	125	130	20	60	36.0	200	3.30
SY—2×300/25D—400		LGJ—300/25—40	100	105	16	40	25.5	400	2.70
SY—2×400/45D—400		LGJ—400/35	100	105	16	45	28.5	400	3.00
SY—2×400/50D—400		LGJ—400/50	100	105	16	45	29.5	400	3.00
SY—2×500/45D—400		LGJ—500/35—45	125	130	20	52	31.5	400	3.20
SY—2×500/65D—400		LGJ—630/65	125	130	20	52	32.5	400	3.30
SY—2×630/45D—400		LGJ—630/45	125	130	20	60	35.5	400	4.10
SY—2×630/55D—400		LGJ—630/55	125	130	20	60	36.0	400	4.10

（4）压缩型大截面双导线铝设备线夹：

1）0°压缩型大截面双导线铝设备线夹形状及规范见图 4-2-11及表 4-2-11。

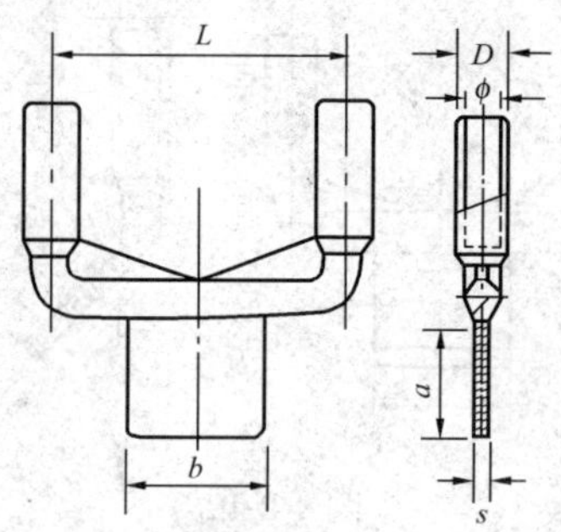

图 4-2-11

表 4-2-11　　0°压缩型大截面双导线铝设备线夹规范

<table>
<tr><th rowspan="2">型　　号</th><th rowspan="2">图号</th><th rowspan="2">适用导线外径(mm)</th><th colspan="6">主要尺寸（mm）</th><th rowspan="2">质量(kg)</th></tr>
<tr><th>b</th><th>a</th><th>s</th><th>D</th><th>φ</th><th>L</th></tr>
<tr><td>SY—1000N/200A—B</td><td rowspan="22">4-2-11</td><td>42.08</td><td>120</td><td>120</td><td>22</td><td rowspan="2">70</td><td rowspan="2">45.0</td><td rowspan="8">200</td><td>6.5</td></tr>
<tr><td>SY—1000N/200A—D</td><td>42.08</td><td>150</td><td>150</td><td>24</td><td>6.8</td></tr>
<tr><td>SY—900K/200A—B</td><td>49.00</td><td>120</td><td>120</td><td>22</td><td rowspan="2">74</td><td rowspan="2">51.5</td><td>7.3</td></tr>
<tr><td>SY—900K/200A—D</td><td>49.00</td><td>150</td><td>150</td><td>24</td><td>7.6</td></tr>
<tr><td>SY—1400/200A—B</td><td>51.00</td><td>120</td><td>120</td><td>22</td><td rowspan="2">76</td><td rowspan="2">52.5</td><td>6.7</td></tr>
<tr><td>SY—1400/200A—D</td><td>51.00</td><td>150</td><td>150</td><td>24</td><td>7.0</td></tr>
<tr><td>SY—1440/200A—B</td><td>51.36</td><td>120</td><td>120</td><td>22</td><td rowspan="2">80</td><td rowspan="2">53.5</td><td>6.9</td></tr>
<tr><td>SY—1440/200A—D</td><td>51.36</td><td>150</td><td>150</td><td>24</td><td>7.2</td></tr>
<tr><td>SY—1000N/400A—B</td><td>42.08</td><td>120</td><td>120</td><td>22</td><td rowspan="2">70</td><td rowspan="2">45.0</td><td rowspan="14">400</td><td>8.7</td></tr>
<tr><td>SY—1000N/400A—D</td><td>42.08</td><td>150</td><td>150</td><td>24</td><td>9.0</td></tr>
<tr><td>SY—900K/400A—B</td><td>49.00</td><td>120</td><td>120</td><td>22</td><td rowspan="4">74</td><td rowspan="4">51.5</td><td>9.3</td></tr>
<tr><td>SY—900K/400A—D</td><td>49.00</td><td>150</td><td>150</td><td>24</td><td>9.6</td></tr>
<tr><td>SY—900K/400A—E</td><td>49.00</td><td>115</td><td>240</td><td>26</td><td>10.2</td></tr>
<tr><td>SY—900K/400A—F</td><td>49.00</td><td>115</td><td>320</td><td>26</td><td>10.7</td></tr>
<tr><td>SY—1400/400A—B</td><td>51.00</td><td>120</td><td>120</td><td>22</td><td rowspan="4">76</td><td rowspan="4">52.5</td><td>11.7</td></tr>
<tr><td>SY—1400/400A—D</td><td>51.00</td><td>150</td><td>150</td><td>24</td><td>12.3</td></tr>
<tr><td>SY—1400/400A—E</td><td>51.00</td><td>115</td><td>240</td><td>26</td><td>12.8</td></tr>
<tr><td>SY—1400/400A—F</td><td>51.00</td><td>115</td><td>320</td><td>26</td><td>13.4</td></tr>
<tr><td>SY—1440N/400A—B</td><td>51.36</td><td>120</td><td>120</td><td>22</td><td rowspan="4">80</td><td rowspan="4">53.5</td><td>12.0</td></tr>
<tr><td>SY—1440N/400A—D</td><td>51.36</td><td>150</td><td>150</td><td>24</td><td>12.6</td></tr>
<tr><td>SY—1440N/400A—E</td><td>51.36</td><td>115</td><td>240</td><td>26</td><td>13.1</td></tr>
<tr><td>SY—1440N/400A—F</td><td>51.36</td><td>115</td><td>320</td><td>26</td><td>13.7</td></tr>
</table>

注　用于 LGKK—900 型导线时应配芯棒，芯棒长度不小于管长 1.25 倍。

2）45°压缩型大截面双导线铝设备线夹形状及规范见图4-2-12及表 4-2-12。

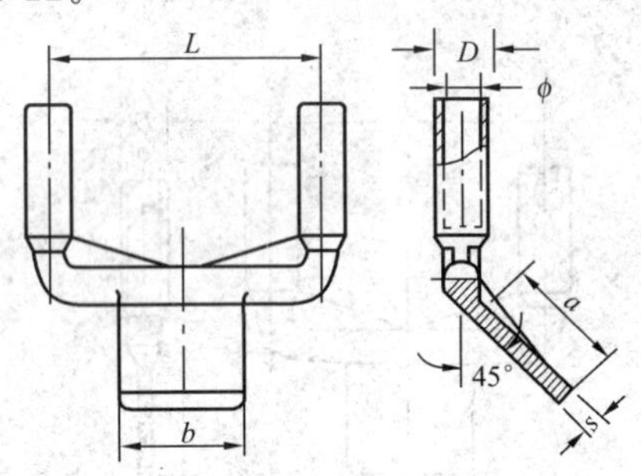

图 4-2-12

表 4-2-12　45°压缩型大截面双导线铝设备线夹规范

型号	图号	适用导线型号	主要尺寸（mm）						质量(kg)
			b	a	s	D	ϕ	L	
SY—2×240/30C—200	4-2-12	LGJ—240/30—40	80	85	14	36	23.0	200	1.80
SY—2×300/25C—200		LGJ—240/25—40	100	105	16	40	25.5	200	1.90
SY—2×400/35C—200		LGJ—400/35	100	105	16	45	28.5	200	2.55
SY—2×400/50C—200		LGJ—400/50	100	105	16	45	29.5	200	2.55
SY—2×500/65C—200		LGJ—500/65	125	130	20	52	32.5	200	2.60
SY—2×630/45C—200		LGJ—630/45	125	130	20	60	35.5	200	3.30
SY—2×630/55C—200		LGJ—630/55	125	130	20	60	36.0	200	3.30
SY—2×300/25C—400		GLJ—300/25—40	100	105	16	40	25.5	400	2.70
SY—2×400/35C—400		LGJ—400/35	100	105	16	45	28.5	400	3.00
SY—2×400/50C—400		LGJ—400/50	100	105	16	45	29.5	400	3.00
SY—2×500/25C—400		LGJ—500/35—45	125	130	20	52	31.5	400	3.20
SY—2×500/65C—400		LGJ—500/65	125	130	20	52	32.5	400	3.30
SY—2×630/45C—400		LGJ—630/45	125	130	20	60	35.5	400	4.10
SY—2×630/55C—400		LGJ—630/55	125	130	20	60	36.0	400	4.10

3）90°压缩型大截面双导线铝设备线夹形状及规范见图4-2-13及表4-2-13。

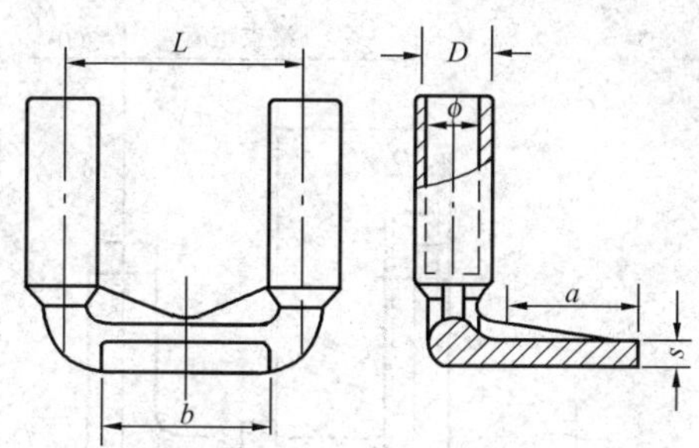

图 4-2-13

表 4-2-13　　90°压缩型大截面双导线铝设备线夹规范

型　号	图号	适用导线外径（mm）	主要尺寸（mm）						质量（kg）
			b	*a*	*s*	*D*	*ϕ*	*L*	
SY—1000N/200D—B	4-2-13	42.08	120	120	22	70	45.0	200	6.5
SY—1000N/200D—D			150	150	24				6.8
SY—900K/200D—B		49.00	120	120	22	74	51.5		7.4
SY—900K/200D—D			150	150	24				7.6
SY—1400/200D—B		51.00	120	120	22	76	52.5		6.7
SY—1400/200D—D			150	150	24				7.0
SY—1440N/200D—B		51.36	120	120	22	80	53.5		6.9
SY—1440N/200D—D			150	150	24				7.2
SY—1000N/400D—B		42.08	120	120	22	70	45.0	400	8.7
SY—1000N/400D—D			150	150	24				9.0
SY—900K/400D—B		49.00	120	120	22	74	51.5		9.3
SY—900K/400D—D			150	150	24				9.6
SY—900K/400D—E			115	240	26				10.2
SY—900K/400D—F			115	320	26				10.7
SY—1400/400D—B		51.00	120	120	22	76	52.5		11.7
SY—1400/400D—D			150	150	24				12.3
SY—1400/400D—E			115	240	26				12.8
SY—1400/400D—F			115	320	26				13.4
SY—1440N/400D—B		51.36	120	120	22	80	53.5		12.0
SY—1440N/400D—D			150	150	24				12.6
SY—1440N/400D—E			115	240	26				13.1
SY—1440N/400D—F			115	320	26				13.7

注　用于LGKK—900型导线时，每只铝管配一根芯棒，芯棒长度不小于管长1.25倍。

4）压缩型大截面双导线直角组装式铝设备线夹形状及规范见图 4-2-14 及表 4-2-14。

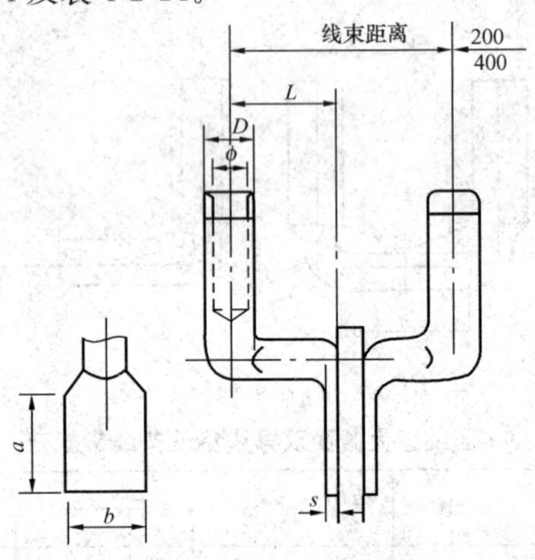

图 4-2-14

表 4-2-14　压缩型大截面双导线直角组装式铝设备线夹规范

型　号	图号	适用导线型号	主要尺寸（mm）						质量（kg）
			b	a	s	D	ϕ	L	
SY—600KA/200B	4-2-14	LGKK—600	120	120	25	76	52.5	85	
SYZ—500KA/200D			150	150					
SYZ—900KA/200B		LGKK—900	120	120		74	51.5		
SYZ—900KA/200D			150	150					
SYZ—1400A/200B		LGJQT—1400	120	120		76	52.5		
SYZ—1400A/200D			150	150					
SYZ—1440NA/200B		NAHLGJQ—1440	120	120		80	53.5		
SYZ—1440NA/200D			150	150					
SYZ—600KA/400B		LGKK—600	120	120	25	76	52.5	185	
SYZ—600KA/400D			150	150					
SYZ—900KA/400B		LGKK—900	120	120		74	51.5		
SYZ—900KA/400D			150	150					
SYZ—1400A/400B		LGJQT—1400	120	120		76	52.5		
SYZ—1400A/400D			150	150					
SYZ—1440NA/400B		NAHLOJQ—1440	120	120		80	53.5		
SYZ—1440NA/400D			150	150					

注　1. 型号中字母意义：Z—端手板、表示成直角并组合成套；尾字母 B—端手板尺寸高 a×宽 b 为 120mm×120mm；尾字母 D—端手板尺寸 a×b 为 150mm×150mm。

2. 一套线夹为左右各一。

3. 用于 LGKK—600、LGKK—900 型导线时，每只铝管配一根芯棒。

(5) 压缩型扩径导线设备线夹

1) 压缩型扩径单导线设备线夹形状及规范如图 4-2-15 及表 4-2-15 所示。

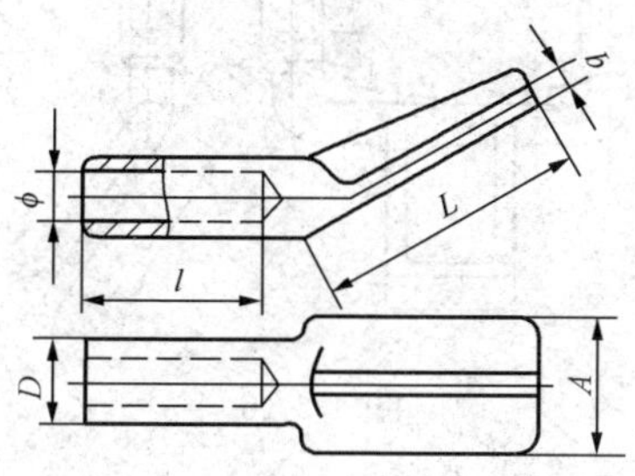

图 4-2-15

表 4-2-15 压缩型扩径单导线设备线夹规范

型 号	图号	适 用 导 线	主要尺寸 (mm)						质量 (kg)
			A	l	D	b	L	ϕ	
SY—10A	4-2-15	LGKK—600、900(带芯棒) LGJQT—1400	150	150	76	22	200	53	4.7
SY—10B						26			4.8
SY—10C						30			5.1
SY—10NA		NAHLGJQ—1440	150	150	80	22	240	53	4.3
SY—10NB						26			4.9
SY—10NC						30			5.1

2) 压缩型扩径双导线设备线夹形状及规范如图 4-2-16 及表 4-2-16 所示。

表 4-2-16 扩径双导线压缩型设备线夹规范

型 号	图号	适 用 导 线	主要尺寸 (mm)							质量 (kg)
			A	B	L	b	l	D	ϕ	
SY—10A/400—1	4-2-16	LGKK—600、900(带芯棒)	150	150	400	22	200	76	53	10.80
SY—10B/400—1						26				11.30
SY—10C/400—1						30				11.00
SY—10A/400—2		LGKK—600(带芯棒)	320	120	400	22	200	76	53	12.60
SY—10B/400—2						26				12.40
SY—10C/400—2						30				13.10

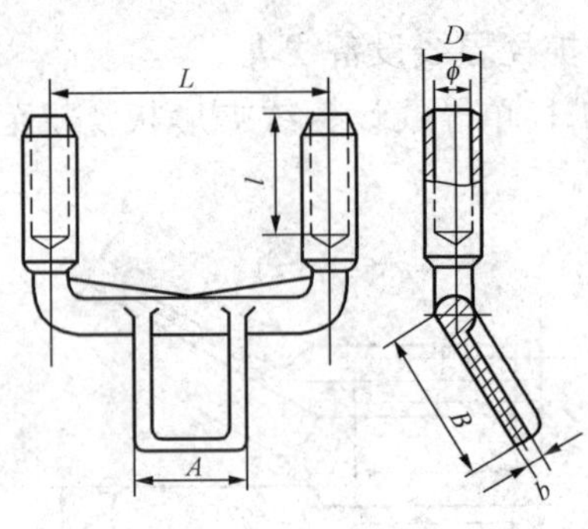

图 4-2-16

2. 螺栓型铝设备线夹

螺栓型铝设备线夹以螺栓的压力使导线夹紧在线夹中，线夹的电气接触性能与安装质量关系很大。这种线夹适用于安装中小截面的铝绞线或钢芯铝绞线。由于线夹拆卸方便，特别适用于临时性变电所的设备接续。

定型的铝设备线夹以铝板冲压而成，压板为钢板热镀锌，线夹端子不钻孔，安装时与设备端子孔一并在现场配钻。

定型的铝设备线夹分为0°、30°、45°、90°几种。

（1）SL型螺栓型铝设备线夹：

1）0°螺栓型铝设备线夹形状及规范见图4-2-17及表4-2-17。

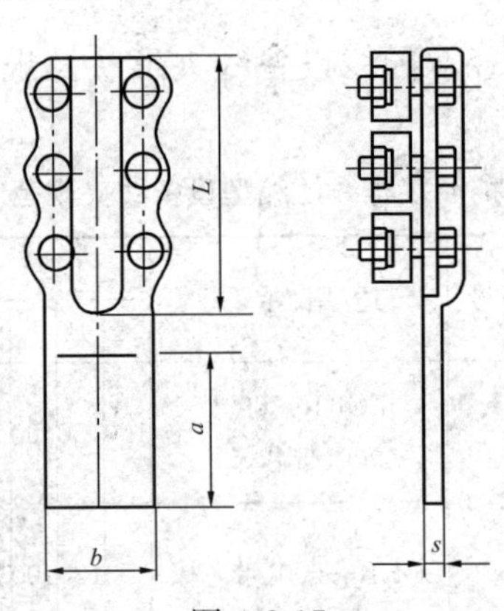

图 4-2-17

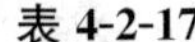

表 4-2-17　　　**0°螺栓型铝设备线夹规范**

型　号	图　号	适用导线外径范围（mm）	主要尺寸（mm）				质量（kg）
			b	*a*	*s*	*L*	
SL—1A	4-2-17	7.5～9.6	40	65	6	65	0.34
SL—2A		10.8～14.0	40	80	6	80	0.36
SL—3A		14.5～18.0	50	85	8	125	0.48
SL—4A		18.1～22.5	50	85	8	125	0.51
SL—300A		23.1～24.2	80	85	16	145	
SL—400A		26.0～28.0				160	
SL—500A		30.3～31.0				175	
SL—630A		33.6～34.8	100	105	20	200	
SL—700A		35.0～36.2				210	
SL—800A		38.0～39.0	125	130	22	230	

注　SL—1A～4A 型线夹为用铝板冲压而成。

2）30°螺栓型铝设备线夹形状及规范见图 4-2-18 及表 4-2-18。

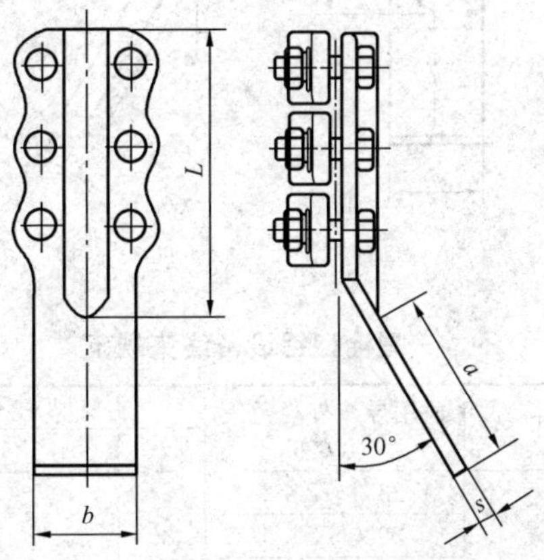

图 4-2-18

表 4-2-18　　30°螺栓型铝设备线夹规范

型　　号	图　号	适用导线外径范围 (mm)	主要尺寸（mm）				质量 (kg)
			b	a	s	L	
SL—1B	4-2-18	7.5～9.6	40	65	6	65	0.34
SL—2B		10.8～14.0	40	80	6	80	0.36
SL—3B		14.5～18.0	50	85	8	125	0.48
SL—4B		18.1～22.5	50	85	8	125	0.51
SL—300B		23.1～24.2	80	85	16	145	
SL—400B		26.0～28.0				160	
SL—500B		30.3～31.0				175	
SL—630B		33.6～34.8	100	105	20	200	
SL—700B		35.0～36.2				210	
SL—800B		38.0～39.0	125	130	22	230	

3） 45°螺栓型铝设备线夹形状及规范见图 4-2-19 及表 4-2-19。

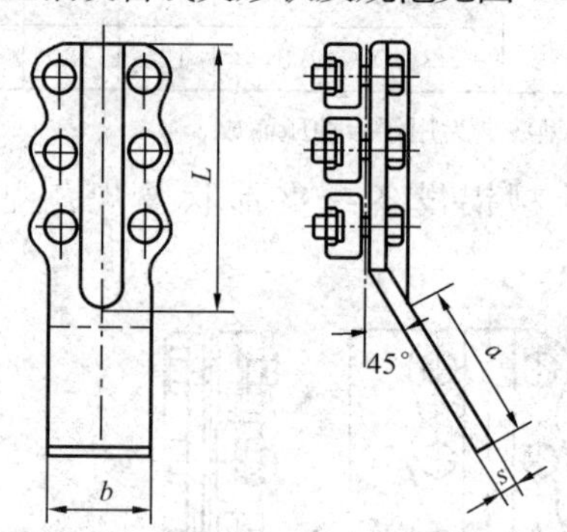

图 4-2-19

表 4-2-19　　45°螺栓型铝设备线夹规范

型　　号	图　号	适用导线外径范围 (mm)	主要尺寸（mm）				质量 (kg)
			b	a	s	L	
SL—300C	4-2-19	23.1～24.2	80	85	16	145	
SL—400C		26.0～28.0				160	
SL—500C		30.3～31.0				175	
SL—630C		33.6～34.8	100	105	20	200	
SL—700C		35.0～36.2				210	
SL—800C		38.0～39.0	125	130	22	230	

4）90°螺栓型铝设备线夹形状及规范见图 4-2-20 及表 4-2-20。

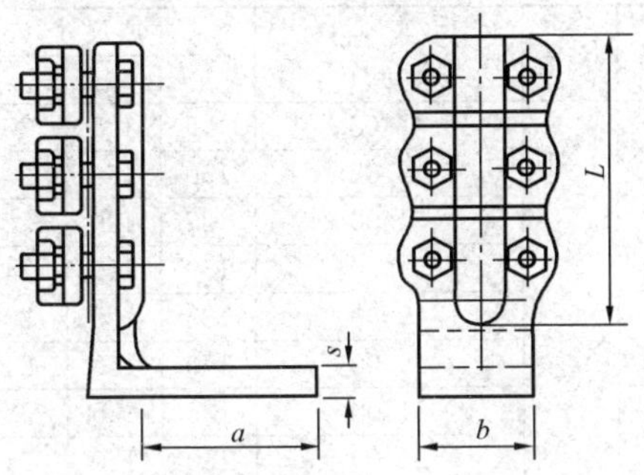

图 4-2-20

表 4-2-20　　90°螺栓型铝设备线夹规范

型　号	图　号	适用导线外径范围（mm）	主要尺寸（mm）				质量（kg）
			b	a	s	L	
SL—300D	4-2-20	23.1～24.2	80	85	16	145	
SL—400D		26.0～28.0				160	
SL—500D		30.3～31.0				175	
SL—630D		33.6～34.8	100	105	20	200	
SL—700D		35.0～36.2				210	
SL—800D		38.0～39.0	125	130	22	230	

（2）螺栓型大截面导线铝设备线夹：

1）0°螺栓型大截面导线铝设备线夹形状及规范见图4-2-21

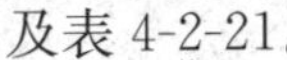

及表 4-2-21。

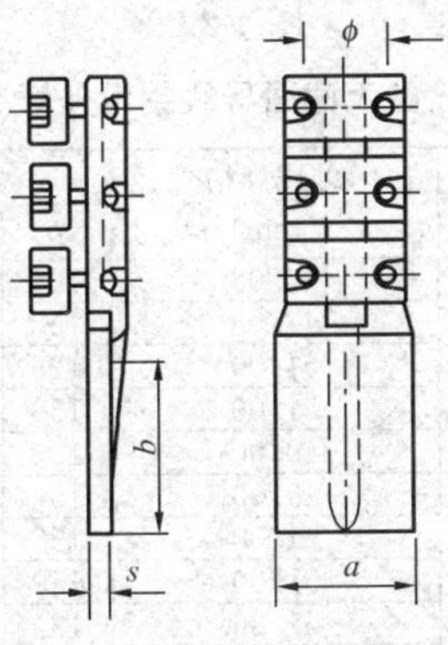

图 4-2-21

表 4-2-21　0°螺栓型大截面导线铝设备线夹规范

型　号	图号	适用母线规格外径 (mm)	主要尺寸 (mm)				质量 (kg)
			b	a	s	ϕ	
SL—1000NA—C	4-2-21	42.08	125	125	20	43	6.5
SL—1000NA—D		42.08	150	150	24	43	7.0
SL—600KA—C		51.00	125	125	22	51	9.1
SL—600KA—D		51.00	150	150	24	51	9.6
SL—900NA—C		49.00	125	125	20	49	8.1
SL—900NA—D		49.00	150	150	24	49	8.6
SL—1400A—C		51.00	125	125	22	51	7.5
SL—1400A—D		51.00	150	150	24	51	8.0
SL—1440NA—C		51.36	125	125	22	52	8.7
SL—1440NA—D		51.36	150	150	24	52	9.2

2）45°螺栓型大截面导线铝设备线夹形状及规范见图4-2-22及表4-2-22。

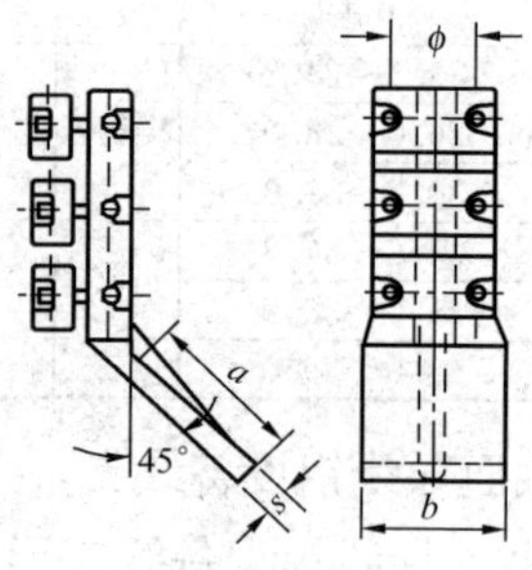

图 4-2-22

表 4-2-22　45°螺栓型大截面导线铝设备线夹规范

型　号	图　号	适用母线规格外径 (mm)	主要尺寸 (mm)				质量 (kg)
			b	a	s	ϕ	
SL—1000NC—C	4-2-22	42.08	125	125	20	43	6.5
SL—1000NC—D		42.08	150	150	24	43	7.0
SL—600KC—C		51.00	125	125	22	51	9.1
SL—600KC—D		51.00	150	150	24	51	9.6
SL—900NC—C		49.00	125	125	20	49	8.1
SL—900NC—D		49.00	150	150	24	49	8.6
SL—1400C—C		51.00	125	125	22	51	7.5
SL—1400C—D		51.00	150	150	24	51	8.0
SL—1440NC—C		51.36	125	125	22	52	8.7
SL—1440NC—D		51.36	150	150	24	52	9.2

3）90°螺栓型大截面导线铝设备线夹形状及规范见图4-2-23及表4-2-23。

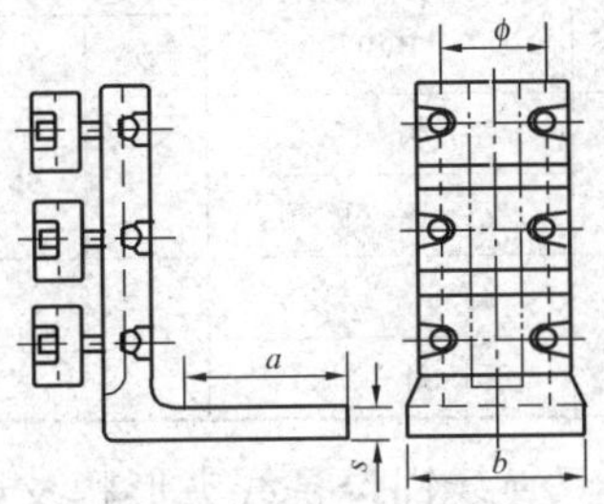

图 4-2-23

表 4-2-23　　90°螺栓型大截面导线铝设备线夹规范

型　　号	图　号	适用母线规格外径 (mm)	主要尺寸（mm）				质量 (kg)
			b	a	s	ϕ	
SL—1000ND—C	4-2-23	42.08	125	125	20	43	6.5
SL—1000ND—D		42.08	150	150	24	43	7.0
SL—600KD—C		51.00	125	125	22	51	9.1
SL—600KD—D		51.00	150	150	24	51	9.6
SL—900ND—C		49.00	125	125	20	49	8.1
SL—900ND—D		49.00	150	150	24	49	8.6
SL—1400D—C		51.00	125	125	22	51	7.5
SL—1400D—D		51.00	150	150	24	51	8.0
SL—1440ND—C		51.36	125	125	22	52	8.7
SL—1440ND—D		51.36	150	150	24	52	9.2

（3）螺栓型双导线铝设备线夹：

1）0°螺栓型双导线铝设备线夹形状及规范见图4-2-24及表4-2-24。

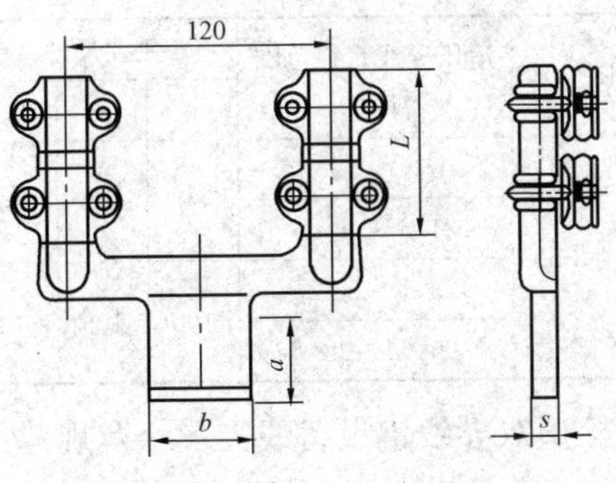

图 4-2-24

表 4-2-24　　0°螺栓型双导线铝设备线夹规范

型　　号	图　号	适用导线直径范围 (mm)	主要尺寸 (mm)				质量 (kg)
			b	a	s	L	
SL—2×185A	4-2-24	18.0～19.6	80	85	16	145	3.6
SL—2×240A		21.6～21.66					3.6
SL—2×300A		23.1～24.26	100	105	18	180	3.8
SL—2×400A		26.64～28.0					4.0

2）30°螺栓型双导线铝设备线夹形状及规范见图 4-2-25 及表 4-2-25。

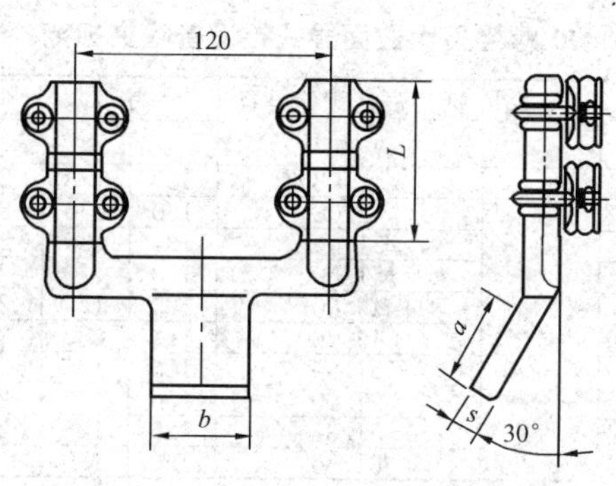

图 4-2-25

表 4-2-25　　30°螺栓型双导线铝设备线夹规范

型　　号	图　号	适用导线直径范围 (mm)	主要尺寸 (mm)				质量 (kg)
			b	a	s	L	
SL—2×185B	4-2-25	18.0～19.6	80	85	16	145	3.6
SL—2×240B		21.6～21.66					3.6
SL—2×300B		23.1～24.26	100	105	18	180	3.8
SL—2×400B		26.64～28.0					4.0

3）45°螺栓型双导线铝设备线夹形状及规范见图 4-2-26 及表 4-2-26。

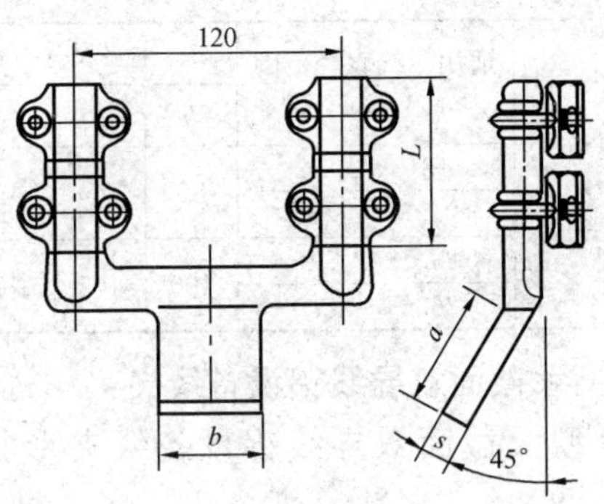

图 4-2-26

表 4-2-26　　45°螺栓型双导线铝设备线夹规范

型　　号	图　号	适用导线直径范围（mm）	主要尺寸（mm）				质量（kg）
			b	a	s	L	
SL—2×185C	4-2-26	18.0～19.6	80	85	16	145	3.6
SL—2×240C		21.6～21.66					3.6
SL—2×300C		23.1～24.26	100	105	18	180	3.8
SL—2×400C		26.64～28.0					4.0

4）90°螺栓型双导线铝设备线夹形状及规范见图 4-2-27 及表 4-2-27。

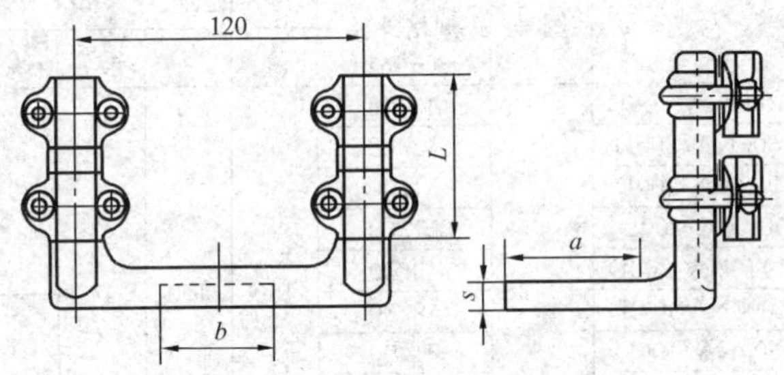

图 4-2-27

表 4-2-27　　90°螺栓型双导线铝设备线夹规范

型　　号	图　号	适用导线直径范围（mm）	主要尺寸（mm）				质量（kg）
			b	a	s	L	
SL—2×185D	4-2-27	18.0～19.6	80	85	16	145	3.6
SL—2×240D		21.6～21.66					3.6
SL—2×300D		23.1～24.26	100	105	18	180	3.8
SL—2×400D		26.64～28.0					4.0

（4）螺栓型大截面双导线铝设备线夹：

1）0°螺栓型大截面双导线铝设备线夹形状及规格见图4-2-28及表4-2-28。

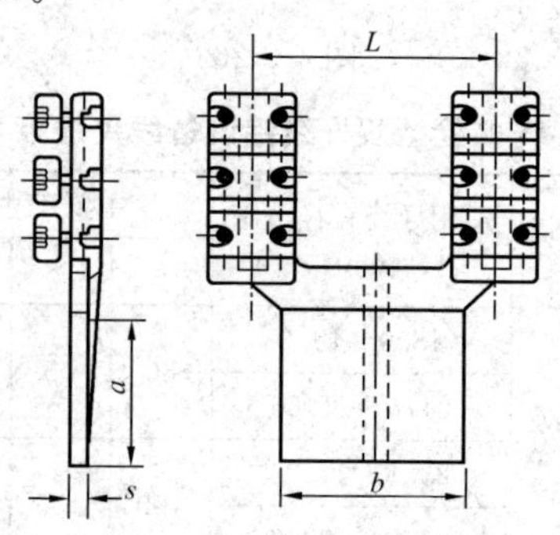

图 4-2-28

表 4-2-28　　0°螺栓型大截面双导线铝设备线夹规范

型　　号	图号	适用母线规格外径（mm）	主要尺寸（mm）				质量（kg）
			b	a	s	L	
SL—2×1000NA/200D	4-2-28	42.08	150	150	24	200	11.0
SL—2×600KA/200D		42.08					17.3
SL—2×900KA/200D		51.00					15.4
SL—2×1400A/200D		51.00					14.0
SL—2×1440NA/200D		49.00					14.0
SL—2×1000NA/400D		49.00				400	12.9
SL—2×600KA/400D		51.00					18.2
SL—2×900KA/400D		51.00					17.1
SL—2×1400A/400D		51.36					14.9
SL—2×1440NA/400D		51.36					14.9

2）45°螺栓型大截面双导线铝设备线夹形状及规范见图4-2-29及表 4-2-29。

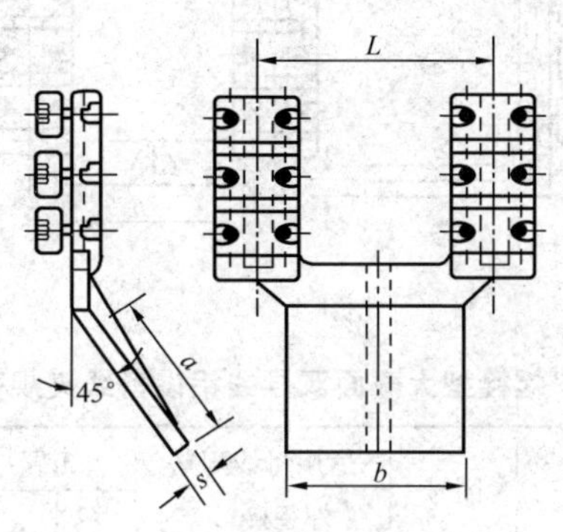

图 4-2-29

表 4-2-29　　45°螺栓型大截面双导线铝设备线夹规范

型　号	图号	适用母线规格外径(mm)	主要尺寸(mm)				质量(kg)
			b	*a*	*s*	*L*	
SL—2×1000NC/200D	4-2-29	42.08	150	150	24	200	11.0
SL—2×600KC/200D		42.08					17.3
SL—2×900KC/200D		51.00					15.4
SL—2×1400C/200D		51.00					14.0
SL—2×1440NC/200D		49.00					14.0
SL—2×1000NC/400D		49.00				400	12.9
SL—2×600KC/400D		51.00					18.2
SL—2×900KC/400D		51.00					17.1
SL—2×1400C/400D		51.36					14.9
SL—2×1440NC/400D		51.36					14.9

3）90°螺栓型大截面双导线铝设备线夹形状及规范见图4-2-30及表 4-2-30。

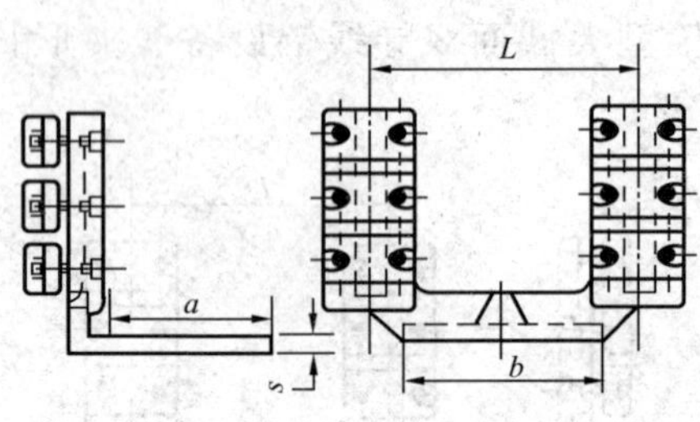

图 4-2-30

表 4-2-30　　90°螺栓型大截面双导线铝设备线夹规范

型　号	图号	适用母线规格外径（mm）	主要尺寸（mm）				质量（kg）
			b	*a*	*s*	*L*	
SL—2×1000ND/200D	4-2-30	42.08	150	150	24	200	11.0
SL—2×600KD/200D		42.08					17.3
SL—2×900KD/200D		51.00					15.4
SL—2×1400D/200D		51.00					14.0
SL—2×1440ND/200D		49.00					14.0
SL—2×1000ND/400D		49.00				400	12.9
SL—2×600KD/400D		51.00					18.2
SL—2×900KD/400D		51.00					17.1
SL—2×1400D/400D		51.36					14.9
SL—2×1440ND/400D		51.36					14.9

二、铜铝过渡设备线夹

设备线夹与电气设备（如变压器、断路器、隔离开关、穿墙套管等）连接时，由于许多设备出线端子均为铜板，铝设备线夹与铜端子连接，出现两种电位差不同的金属电气过渡，在运行中产生电化腐蚀。

为了避免电化腐蚀，目前采取的措施有铝上镀铜、铜上镀锡、压接法、闪光焊、摩擦焊、钎焊及覆铜铝板等。从运行经验看，闪光焊、摩擦焊比较好，但仍然很费铜；钎焊及覆铜在气候干燥地区可以使用。后两种方法均做过鉴定和有较好的运行经验。

定型的铜铝过渡线夹采用闪光焊、摩擦焊和钎焊工艺方法制造。闪光焊工艺已纳入国家标准，摩擦焊已广泛用于 240mm² 以下导线的接线端子制造。载流量 1000A 以下的设备线夹亦可用钎焊。载流量在 500A 以下，可以推广用覆铜铝板。这种板料可以节约大量铜材，铜材耗用量仅为闪光焊的 1/5～1/8。

定型的铜铝过滤设备线夹按结构形状和安装方法分为螺栓型和压缩型两类，线夹按引下线同设备端子所成角度的不同，又分为 0°、30°、45°、90°几种。

制造厂出厂的铜铝过渡设备线夹的端子均不钻孔，在施工时，根据电气设备出线端子的尺寸配钻。

1. 螺栓型铜铝过渡设备线夹

螺栓型铜铝过渡设备线夹的结构和形状与一般的螺栓型铝设备线夹相同。铜端子可以用两种工艺制造：一种是用闪光焊焊接一块铜板；另一种是用钎焊工艺在铝板上的一侧覆上一块薄铜板。

用闪光焊工艺制造的定型铜铝过渡设备线夹，其本体以铝板冲压而成，压板为钢板热镀锌。

用钎焊方法制造的铜铝过渡设备线夹本体和压板均为铝合金。

（1）SLG 型螺栓型铜铝过渡设备线夹：

1）螺栓型铜铝过渡设备线夹（0°、钎焊）形状及规范见图 4-2-31 及表 4-2-31。

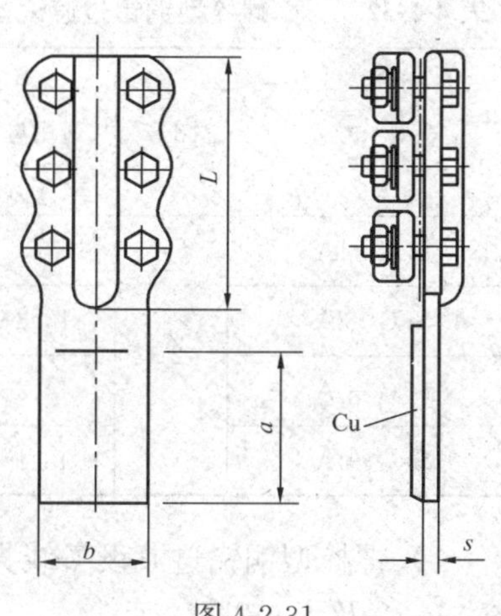

图 4-2-31

表 4-2-31　　螺栓型铜铝过渡设备线夹（0°、钎焊）规范

型　号	图号	适用导线外径范围(mm)	主要尺寸(mm)				质量(kg)
			b	*a*	*s*	*L*	
SLG—1AQ	4-2-31	7.5～9.6	40	65	6	65	0.34
SLG—2AQ		10.8～14.0	40	80	6	80	0.36
SLG—3AQ		14.5～18.0	50	85	8	125	0.48
SLG—4AQ		18.1～22.5	50	85	8	125	0.51
SLG—300AQ		23.1～24.2	80	85	16	145	
SLG—400AQ		26.0～28.0				160	
SLG—500AQ		30.3～31.0				175	
SLG—630AQ		33.6～34.8	100	105	20	200	
SLG—700AQ		35.0～36.2				210	
SLG—800AQ		38.0～39.0	125	130	22	230	

2）螺栓型铜铝过渡设备线夹（0°、闪光焊）形状及规范见图 4-2-32 及表 4-2-32。

表 4-2-32　　螺栓型铜铝过渡设备线夹（0°、闪光焊）规范

型　号	图号	适用母线规格	主要尺寸(mm)				质量(kg)
			b	*a*	*s*	*L*	
SLG—1A	4-2-32	7.5～9.6	40	65	6	65	0.34
SLG—2A		10.8～14.0	40	80	6	80	0.36
SLG—3A		14.5～18.0	50	85	8	125	0.48
SLG—4A		18.1～22.5	50	85	8	125	0.51

3）螺栓型铜铝过渡设备线夹（30°、钎焊）形状及规范见图 4-2-33 及表 4-2-33。

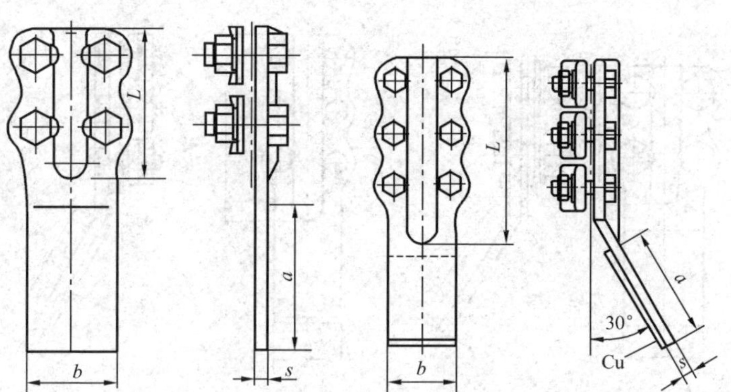

图 4-2-32　　图 4-2-33

表 4-2-33　　螺栓型铜铝过渡设备线夹（30°、钎焊）规范

<table>
<tr><th rowspan="2">型　号</th><th rowspan="2">图号</th><th rowspan="2">适用导线外径范围(mm)</th><th colspan="4">主要尺寸(mm)</th><th rowspan="2">质量(kg)</th></tr>
<tr><th>b</th><th>a</th><th>s</th><th>L</th></tr>
<tr><td>SLG—1BQ</td><td rowspan="10">4-2-33</td><td>7.5～9.6</td><td>40</td><td>65</td><td>6</td><td>65</td><td>0.34</td></tr>
<tr><td>SLG—2BQ</td><td>10.8～14.0</td><td>40</td><td>80</td><td>6</td><td>80</td><td>0.36</td></tr>
<tr><td>SLG—3BQ</td><td>14.5～18.0</td><td>50</td><td>85</td><td>8</td><td>125</td><td>0.48</td></tr>
<tr><td>SLG—4BQ</td><td>18.1～22.5</td><td>50</td><td>85</td><td>8</td><td>125</td><td>0.51</td></tr>
<tr><td>SLG—300BQ</td><td>23.1～24.2</td><td rowspan="3">80</td><td rowspan="3">85</td><td rowspan="3">16</td><td>145</td><td></td></tr>
<tr><td>SLG—400BQ</td><td>26.0～28.0</td><td>160</td><td></td></tr>
<tr><td>SLG—500BQ</td><td>30.3～31.0</td><td>175</td><td></td></tr>
<tr><td>SLG—630BQ</td><td>33.6～34.8</td><td rowspan="2">100</td><td rowspan="2">105</td><td rowspan="2">20</td><td>200</td><td></td></tr>
<tr><td>SLG—700BQ</td><td>35.0～36.2</td><td>210</td><td></td></tr>
<tr><td>SLG—800BQ</td><td>38.0～39.0</td><td>125</td><td>130</td><td>22</td><td>230</td><td></td></tr>
</table>

4）螺栓型铜铝过渡设备线夹（30°、闪光焊）形状及规范见图 4-2-34 及表 4-2-34。

5）螺栓型铜铝过渡设备线夹（45°、钎焊）形状及规范见图 4-2-35 及表 4-2-35。

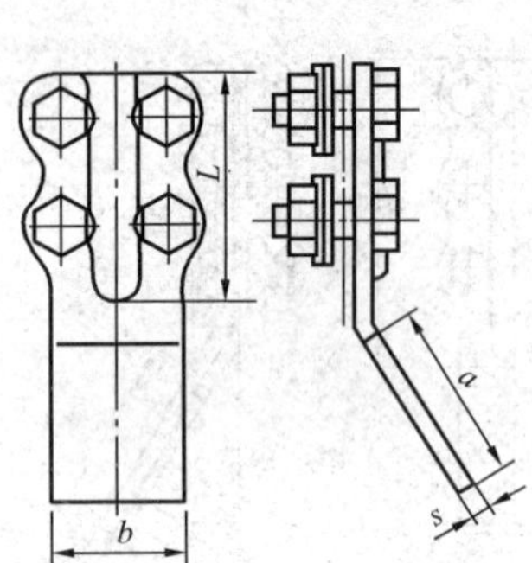

图 4-2-34

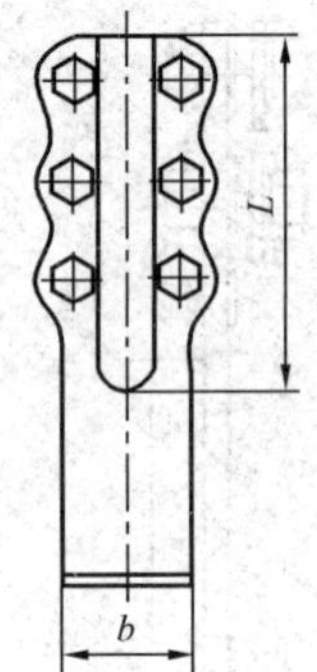

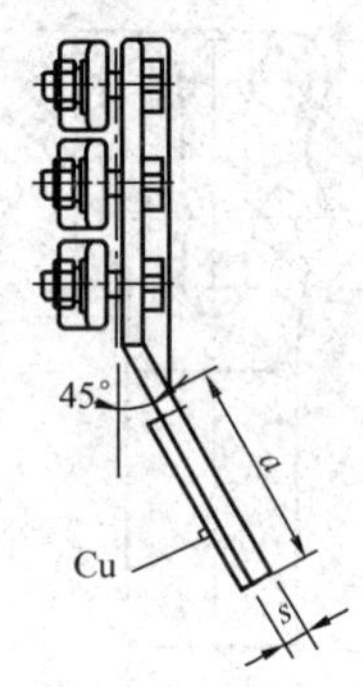

图 4-2-35

表 4-2-34　　螺栓型铜铝过渡设备线夹（30°、闪光焊）规范

型　号	图号	适用母线规格	主要尺寸(mm)				质量(kg)
			b	*a*	*s*	*L*	
SLG—1B	4-2-34	7.5～9.6	40	65	6	65	0.34
SLG—2B		10.8～14.0	40	80	6	80	0.36
SLG—3B		14.5～18.0	50	85	8	125	0.48
SLG—4B		18.1～22.5	50	85	8	125	0.51

表 4-2-35　　螺栓型铜铝过渡设备线夹（45°、钎焊）规范

型　号	图号	适用导线外径范围(mm)	主要尺寸(mm)				质量(kg)
			b	*a*	*s*	*L*	
SLG—300CQ	4-2-35	23.1～24.2	80	85	16	145	
SLG—400CQ		26.0～28.0				160	
SLG—500CQ		30.3～31.0				175	
SLG—630CQ		33.6～34.8	100	105	20	200	
SLG—700CQ		35.0～36.2				210	
SLG—800CQ		38.0～39.0	125	130	22	230	

6）螺栓型铜铝过渡设备线夹（90°、钎焊）形状及规范见图 4-2-36 及表 4-2-36。

表 4-2-36　螺栓型铜铝过渡设备线夹（90°、钎焊）规范

型　号	图号	适用导线外径范围(mm)	主要尺寸(mm)				质量(kg)
			b	a	s	L	
SLG—300DQ	4-2-36	23.1～24.2	80	85	16	145	
SLG—400DQ		26.0～28.0				160	
SLG—500DQ		30.3～31.0				175	
SLG—630DQ		33.6～34.8	100	105	20	200	
SLG—700DQ		35.0～36.2				210	
SLG—800DQ		38.0～39.0	125	130	22	230	

（2）螺栓型大截面导线铜铝过渡设备线夹：

1）螺栓型大截面导线铜铝过渡设备线夹（0°、钎焊）形状及规范见图 4-2-37 及表 4-2-37。

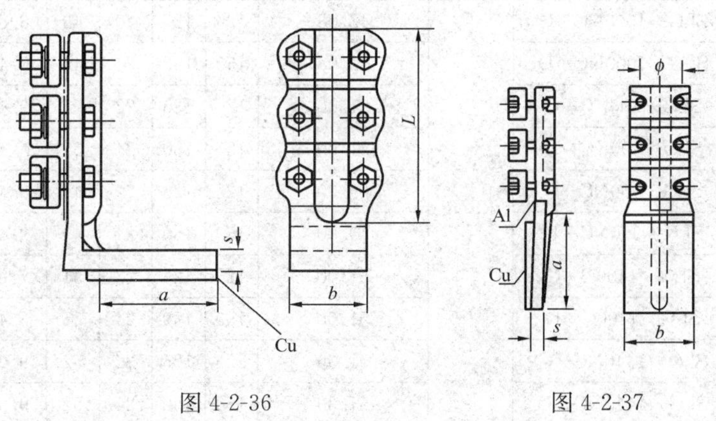

图 4-2-36　　图 4-2-37

表 4-2-37　螺栓型大截面导线铜铝过渡设备线夹（0°、钎焊）规范

型　号	图号	适用母线规格外径(mm)	主要尺寸(mm)				质量(kg)
			b	a	s	ϕ	
SLG—1000NA—C	4-2-37	42.08	125	125	20	43	6.8
SLG—1000NA—D		42.08	150	150	24	43	7.4
SLG—600KA—C		51.00	125	125	22	51	9.4
SLG—600KA—D		51.00	150	150	24	51	10.0
SLG—900NA—C		49.00	125	125	20	49	8.4
SLG—900NA—D		49.00	150	150	24	49	9.0
SLG—1400A—C		51.00	125	125	22	51	7.8
SLG—1400A—D		51.00	150	150	24	51	8.4
SLG—1440NA—C		51.36	125	125	22	52	9.0
SLG—1440NA—D		51.36	150	150	24	52	9.6

2）螺栓型大截面导线铜铝过渡设备线夹（45°、钎焊）形状及规范见图 4-2-38 及表 4-2-38。

表 4-2-38　螺栓型大截面导线铜铝过渡设备线夹（45°、钎焊）规范

型　号	图号	适用母线规格外径(mm)	主要尺寸(mm)				质量(kg)
			b	a	s	ϕ	
SLG—1000NC—C	4-2-38	42.08	125	125	20	43	6.8
SLG—1000NC—D		42.08	150	150	24	43	7.4
SLG—600KC—C		51.00	125	125	22	51	9.4
SLG—600KC—D		51.00	150	150	24	51	10.0
SLG—900NC—C		49.00	125	125	20	49	8.4
SLG—900NC—D		49.00	150	150	24	49	9.0
SLG—1400C—C		51.00	125	125	22	51	7.8
SLG—1400C—D		51.00	150	150	24	51	8.4
SLG—1440NC—C		51.36	125	125	22	52	9.0
SLG—1440NC—D		51.36	150	150	24	52	9.6

3）螺栓型大截面导线铜铝过渡设备线夹（90°、钎焊）形状及规范见图 4-2-39 及表 4-2-39。

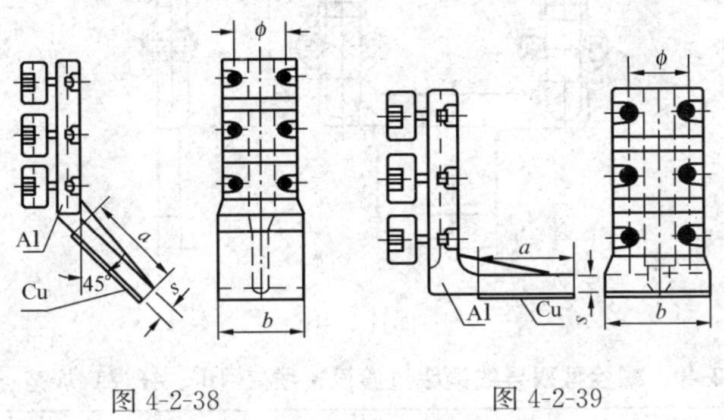

图 4-2-38　　　　图 4-2-39

表 4-2-39　螺栓型大截面导线铜铝过渡设备线夹（90°、钎焊）规范

型　号	图号	适用母线规格外径（mm）	主要尺寸（mm）				质量（kg）
			b	*a*	*s*	*ϕ*	
SLG—1000ND—C	4-2-39	42.08	125	125	20	43	6.8
SLG—1000ND—D		42.08	150	150	24	43	7.4
SLG—600KD—C		51.00	125	125	22	51	9.4
SLG—600KD—D		51.00	150	150	24	51	10.0
SLG—900ND—C		49.00	125	125	20	49	8.4
SLG—900ND—D		49.00	150	150	24	49	9.0
SLG—1400D—C		51.00	125	125	22	51	7.8
SLG—1400D—D		51.00	150	150	24	51	8.4
SLG—1440ND—C		51.36	125	125	22	52	9.0
SLG—1440ND—D		51.36	150	150	24	52	9.6

（3）螺栓型双导线铜铝过渡设备线夹：

1）螺栓型双导线铜铝过渡设备线夹（0°、钎焊）形状及规范见图 4-2-40 及表 4-2-40。

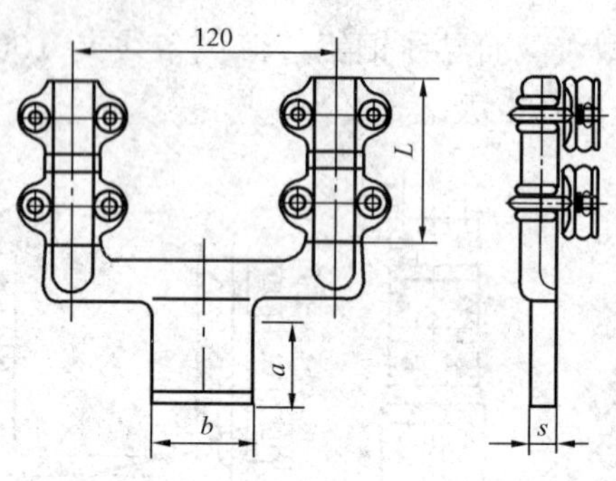

图 4-2-40

表 4-2-40　螺栓型双导线铜铝过渡设备线夹（0°、钎焊）规范

<table>
<tr><th rowspan="2">型　号</th><th rowspan="2">图号</th><th rowspan="2">适用导线直径
范围(mm)</th><th colspan="4">主要尺寸(mm)</th><th rowspan="2">质量
(kg)</th></tr>
<tr><th>b</th><th>a</th><th>s</th><th>L</th></tr>
<tr><td>SLG—2×185A</td><td rowspan="4">4-2-40</td><td>18.0～19.6</td><td rowspan="2">80</td><td rowspan="2">85</td><td rowspan="2">16</td><td rowspan="2">145</td><td>3.9</td></tr>
<tr><td>SLG—2×240A</td><td>21.6～21.66</td><td>3.9</td></tr>
<tr><td>SLG—2×300A</td><td>23.1～24.26</td><td rowspan="2">100</td><td rowspan="2">105</td><td rowspan="2">18</td><td rowspan="2">180</td><td>4.1</td></tr>
<tr><td>SLG—2×400A</td><td>26.64～28.0</td><td>4.3</td></tr>
</table>

注　铜板厚度 1.5mm。

2）螺栓型双导线铜铝过渡设备线夹（30°、钎焊）形状及规范见图 4-2-41 及表 4-2-41。

表 4-2-41　螺栓型双导线铜铝过渡设备线夹（30°、钎焊）规范

<table>
<tr><th rowspan="2">型　号</th><th rowspan="2">图号</th><th rowspan="2">适用导线直径
(mm)</th><th colspan="4">主要尺寸(mm)</th><th rowspan="2">质量
(kg)</th></tr>
<tr><th>b</th><th>a</th><th>s</th><th>L</th></tr>
<tr><td>SLG—2×185B</td><td rowspan="4">4-2-41</td><td>18.0～19.6</td><td rowspan="2">80</td><td rowspan="2">85</td><td rowspan="2">16</td><td rowspan="2">145</td><td>3.9</td></tr>
<tr><td>SLG—2×240B</td><td>21.6～21.66</td><td>3.9</td></tr>
<tr><td>SLG—2×300B</td><td>23.1～24.26</td><td rowspan="2">100</td><td rowspan="2">105</td><td rowspan="2">18</td><td rowspan="2">180</td><td>4.1</td></tr>
<tr><td>SLG—2×400B</td><td>26.64～28.0</td><td>4.3</td></tr>
</table>

3）螺栓型双导线铜铝过渡设备线夹（45°、钎焊）形状及规范见图 4-2-42 及表 4-2-42。

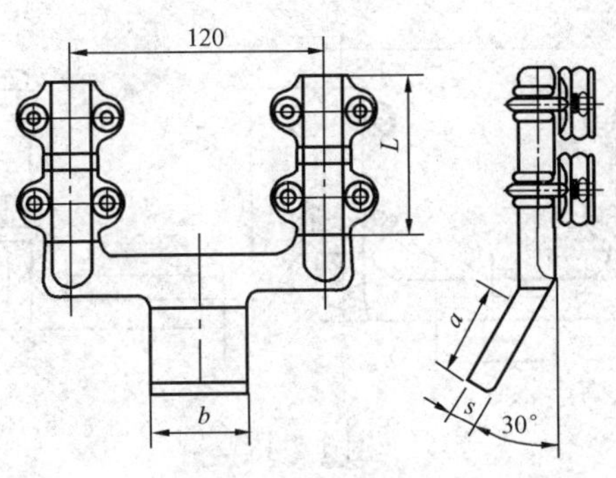

图 4-2-41

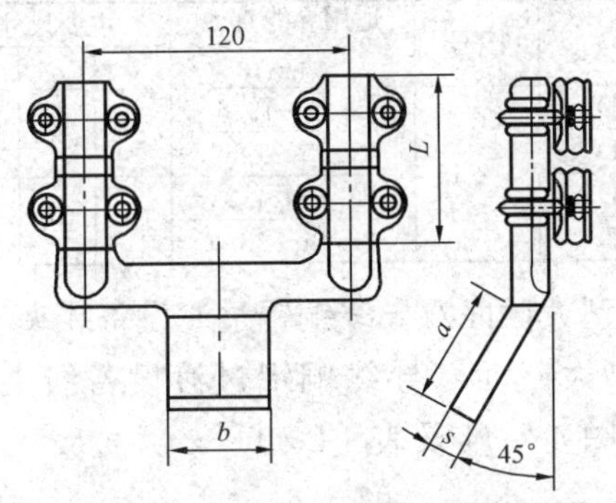

图 4-2-42

表 4-2-42　螺栓型双导线铜铝过渡设备线夹（45°、钎焊）规范

型　号	图号	适用导线直径（mm）	主要尺寸(mm)				质量（kg）
			b	a	s	L	
SLG—2×185C	4-2-42	18.0～19.6	80	85	16	145	3.9
SLG—2×240C		21.6～21.66					3.9
SLG—2×300C		23.1～24.26	100	105	18	180	4.1
SLG—2×400C		26.64～28.0					4.3

4）螺栓型双导线铜铝过渡设备线夹（90°、钎焊）形状及规范见图 4-2-43 及表 4-2-43。

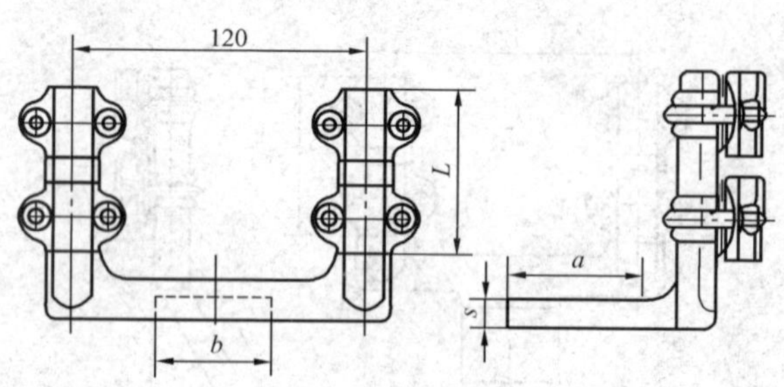

图 4-2-43

表 4-2-43　螺栓型双导线铜铝过渡设备线夹（90°、钎焊）规范

型　号	图号	适用导线直径(mm)	主要尺寸(mm)				质量(kg)
			b	a	s	L	
SLG—2×185D	4-2-43	18.0～19.6	80	85	16	145	3.9
SLG—2×240D		21.6～21.66					3.9
SLG—2×300D		23.1～24.26	100	105	18	180	4.1
SLG—2×400D		26.64～28.0					4.3

（4）螺栓型大截面双导线铜铝过渡设备线夹：

1）螺栓型大截面双导线铜铝过渡设备线夹（0°、钎焊）形状及规范见图 4-2-44 及表 4-2-44。

表 4-2-44　螺栓型大截面双导线铜铝过渡设备线夹（0°、钎焊）规范

型　号	图号	适用母线规格外径(mm)	主要尺寸(mm)				质量(kg)
			b	a	s	L	
SLG—2×1000NA/200D	4-2-44	42.08	150	150	24	200	11.4
SLG—2×600KA/200D		42.08					15.6
SLG—2×900KA/200D		51.00					16.5
SLG—2×1400A/200D		51.00					14.4
SLG—2×1440NA/200D		49.00					14.4
SLG—2×1000NA/400D		49.00				400	13.3
SLG—2×600KA/400D		51.00					16.2
SLG—2×900KA/400D		51.00					17.0
SLG—2×1400A/400D		51.36					15.3
SLG—2×1440NA/400D		51.36					DG15.3

2）螺栓型大截面双导线铜铝过渡设备线夹（45°、钎焊）形状及规范见图 4-2-45 及表 4-2-45。

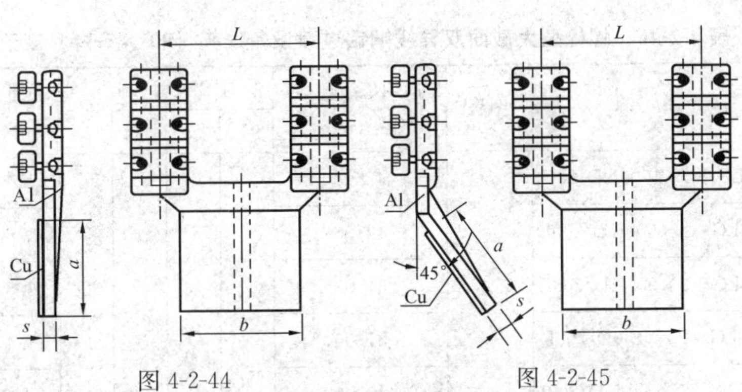

图 4-2-44　　图 4-2-45

表 4-2-45　螺栓型大截面双导线铜铝过渡设备线夹（45°、钎焊）规范

型　号	图号	适用母线规格外径(mm)	主要尺寸(mm)				质量(kg)
			b	a	s	L	
SLG—2×1000NC/200D	4-2-45	42.08	150	150	24	200	11.4
SLG—2×600KC/200D		42.08					15.6
SLG—2×900KC/200D		51.00					16.5
SLG—2×1400C/200D		51.00					14.4
SLG—2×1440NC/200D		49.00					14.4
SLG—2×1000NC/400D		49.00				400	13.3
SLG—2×600KC/400D		51.00					16.2
SLG—2×900KC/400D		51.00					17.0
SLG—2×1400C/400D		51.36					15.3
SLG—2×1440NC/400D		51.36					15.3

3）螺栓型大截面双导线铜铝过渡设备线夹（90°、钎焊）形状及规范见图 4-2-46 及表 4-2-46。

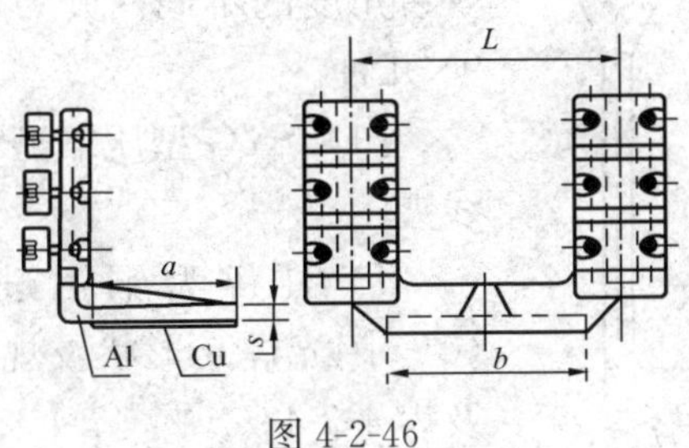

图 4-2-46

表 4-2-46 螺栓型大截面双导线铜铝过渡设备线夹（90°、钎焊）规范

型号	图号	适用母线规格外径(mm)	主要尺寸(mm)				质量(kg)
			b	a	s	L	
SLG—2×1000ND/200D	4-2-46	42.08	150	150	24	200	11.4
SLG—2×600KD/200D		42.08					15.6
SLG—2×900KD/200D		51.00					16.5
SLG—2×1400D/200D		51.00					14.4
SLG—2×1440ND/200D		49.00					14.4
SLG—2×1000ND/400D		49.00				400	13.3
SLG—2×600KD/400D		51.00					16.2
SLG—2×900KD/400D		51.00					17.0
SLG—2×1400D/400D		51.36					15.3
SLG—2×1440ND/400D		51.36					15.3

2. 压缩型铜铝过渡设备线夹

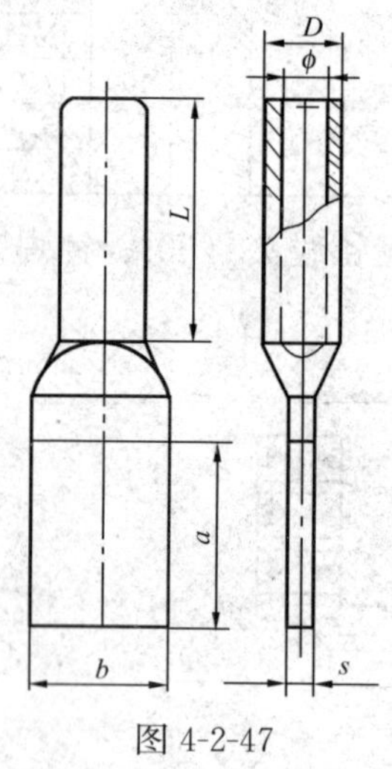

图 4-2-47

压缩型铜铝过渡设备线夹的本体采用铸造方法制造，设备端子采用闪光焊接工艺或钎焊工艺制造。

设备线夹的安装可采用液压，亦可采用爆压。设备线夹根据设备端子安装角度的不同，分为 0°、30°、45°、90°几种。

（1）SYG 型压缩型铜铝过渡设备线夹：

1）压缩型铜铝过渡设备线夹（0°、闪光焊）形状及规范见图 4-2-47 及表 4-2-47。

表 4-2-47　　压缩型铜铝过渡设备线夹（0°、闪光焊）规范

<table>
<tr><th rowspan="2">型　号</th><th rowspan="2">图号</th><th rowspan="2">适用导线型号</th><th colspan="6">主要尺寸(mm)</th><th rowspan="2">质量
(kg)</th></tr>
<tr><th>b</th><th>a</th><th>s</th><th>D</th><th>φ</th><th>L</th></tr>
<tr><td>SYG—120/7A</td><td rowspan="25">4-2-47</td><td>LGJ—120/7</td><td rowspan="8">50</td><td rowspan="8">85</td><td rowspan="3">5</td><td>26</td><td>16.0</td><td>80</td><td>0.28</td></tr>
<tr><td>SYG—150/8A</td><td>LGJ—150/8</td><td>30</td><td>17.5</td><td></td><td>0.33</td></tr>
<tr><td>SYG—150/20A</td><td>LGJ—150/20</td><td>30</td><td>18.0</td><td rowspan="3">90</td><td>0.32</td></tr>
<tr><td>SYG—185/10A</td><td>LGJ—185/10</td><td rowspan="5">6.3</td><td>32</td><td>19.5</td><td>0.40</td></tr>
<tr><td>SYG—185/25A</td><td>LGJ—185/25</td><td>32</td><td rowspan="2">20.5</td><td>0.39</td></tr>
<tr><td>SYG—210/10A</td><td>LGJ—210/10</td><td>34</td><td rowspan="3">100</td><td>0.43</td></tr>
<tr><td>SYG—210/25A</td><td>LGJ—210/25</td><td>34</td><td>21.5</td><td>0.42</td></tr>
<tr><td>SYG—240/30A</td><td>LGJ—240/30</td><td>36</td><td>23.0</td><td>0.44</td></tr>
<tr><td>SYG—300/15A</td><td>LGJ—300/15</td><td rowspan="8">63</td><td rowspan="8">105</td><td rowspan="10">8.0</td><td rowspan="4">40</td><td>24.5</td><td rowspan="4">110</td><td>0.79</td></tr>
<tr><td>SYG—300/20A</td><td>LGJ—300/20</td><td>25.0</td><td>0.78</td></tr>
<tr><td>SYG—300/25A</td><td>LGJ—300/25</td><td rowspan="2">25.5</td><td>0.77</td></tr>
<tr><td>SYG—300/40A</td><td>LGJ—300/40</td><td>0.77</td></tr>
<tr><td>SYG—400/20A</td><td>LGJ—400/20</td><td rowspan="4">45</td><td rowspan="3">28.5</td><td rowspan="4">120</td><td>0.85</td></tr>
<tr><td>SYG—400/25A</td><td>LGJ—400/25</td><td>0.85</td></tr>
<tr><td>SYG—400/35A</td><td>LGJ—400/35</td><td>0.85</td></tr>
<tr><td>SYG—400/50A</td><td>LGJ—400/50</td><td>29.5</td><td>0.83</td></tr>
<tr><td>SYG—500/35A</td><td>LGJ—500/35</td><td rowspan="3">80</td><td rowspan="3">85</td><td rowspan="3">52</td><td rowspan="2">31.5</td><td rowspan="3">130</td><td>1.15</td></tr>
<tr><td>SYG—500/45A</td><td>LGJ—500/45</td><td>1.15</td></tr>
<tr><td>SYG—500/65A</td><td>LGJ—500/65</td><td rowspan="3">10.0</td><td>32.5</td><td>1.10</td></tr>
<tr><td>SYG—630/45A</td><td>LGJ—630/45</td><td rowspan="3">100</td><td rowspan="3">105</td><td rowspan="3">60</td><td>35.5</td><td rowspan="2">150</td><td>1.84</td></tr>
<tr><td>SYG—630/55A</td><td>LGJ—630/55</td><td>36.0</td><td>1.83</td></tr>
<tr><td>SYG—630/80A</td><td>LGJ—630/80</td><td rowspan="4">12.5</td><td>36.5</td><td>160</td><td>1.82</td></tr>
<tr><td>SYG—800/55A</td><td>LGJ—800/55</td><td rowspan="3">125</td><td rowspan="3">130</td><td rowspan="3">65</td><td>40.0</td><td rowspan="3">170</td><td>3.05</td></tr>
<tr><td>SYG—800/70A</td><td>LGJ—800/70</td><td>40.5</td><td>3.02</td></tr>
<tr><td>SYG—800/100A</td><td>LGJ—800/100</td><td>40.5</td><td>3.02</td></tr>
</table>

2）压缩型铜铝过渡设备线夹（30°、闪光焊）形状及规范

见图 4-2-48 及表 4-2-48。

表 4-2-48　　压缩型铜铝过渡设备线夹（30°、闪光焊）规范

<table>
<tr><th rowspan="2">型　号</th><th rowspan="2">图号</th><th rowspan="2">适用导线型号</th><th colspan="6">主要尺寸(mm)</th><th rowspan="2">质量
(kg)</th></tr>
<tr><th>b</th><th>a</th><th>s</th><th>D</th><th>ϕ</th><th>L</th></tr>
<tr><td>SYG—120/7B</td><td rowspan="25">4-2-48</td><td>LGJ—120/7</td><td rowspan="8">50</td><td rowspan="8">85</td><td rowspan="7">10</td><td>26</td><td>16.0</td><td>80</td><td>0.31</td></tr>
<tr><td>SYG—150/8B</td><td>LGJ—150/8</td><td rowspan="2">30</td><td>17.5</td><td rowspan="4">90</td><td>0.34</td></tr>
<tr><td>SYG—150/20B</td><td>LGJ—150/20</td><td>18.0</td><td>0.33</td></tr>
<tr><td>SYG—185/10B</td><td>LGJ—185/10</td><td rowspan="2">32</td><td>19.5</td><td>0.42</td></tr>
<tr><td>SYG—185/25B</td><td>LGJ—185/25</td><td>20.5</td><td>0.41</td></tr>
<tr><td>SYG—210/10B</td><td>LGJ—210/10</td><td rowspan="2">34</td><td>20.5</td><td rowspan="3">100</td><td>0.44</td></tr>
<tr><td>SYG—210/25B</td><td>LGJ—210/25</td><td>21.5</td><td>0.46</td></tr>
<tr><td>SYG—240/30B</td><td>LGJ—240/30</td><td rowspan="5">12</td><td>36</td><td>23.0</td><td>0.44</td></tr>
<tr><td>SYG—300/15B</td><td>LGJ—300/15</td><td rowspan="8">63</td><td rowspan="8">105</td><td rowspan="4">40</td><td>24.5</td><td rowspan="4">110</td><td>0.79</td></tr>
<tr><td>SYG—300/20B</td><td>LGJ—300/20</td><td>25.0</td><td>0.79</td></tr>
<tr><td>SYG—300/25B</td><td>LGJ—300/25</td><td rowspan="2">25.5</td><td>0.78</td></tr>
<tr><td>SYG—300/40B</td><td>LGJ—300/40</td><td>0.78</td></tr>
<tr><td>SYG—400/20B</td><td>LGJ—400/20</td><td rowspan="4">13</td><td rowspan="4">45</td><td rowspan="3">28.5</td><td rowspan="4">120</td><td>0.88</td></tr>
<tr><td>SYG—400/25B</td><td>LGJ—400/25</td><td>0.88</td></tr>
<tr><td>SYG—400/35B</td><td>LGJ—400/35</td><td>0.88</td></tr>
<tr><td>SYG—400/50B</td><td>LGJ—400/50</td><td>29.5</td><td>0.86</td></tr>
<tr><td>SYG—500/35B</td><td>LGJ—500/35</td><td rowspan="3">80</td><td rowspan="3">85</td><td rowspan="3">16</td><td rowspan="3">52</td><td rowspan="2">31.5</td><td rowspan="3">130</td><td>1.15</td></tr>
<tr><td>SYG—500/45B</td><td>LGJ—500/45</td><td>1.15</td></tr>
<tr><td>SYG—500/65B</td><td>LGJ—500/65</td><td>32.5</td><td>1.10</td></tr>
<tr><td>SYG—630/45B</td><td>LGJ—630/45</td><td rowspan="3">100</td><td rowspan="3">105</td><td rowspan="3">20</td><td rowspan="3">60</td><td>35.5</td><td rowspan="3">150</td><td>1.92</td></tr>
<tr><td>SYG—630/55B</td><td>LGJ—630/55</td><td>36.0</td><td>1.92</td></tr>
<tr><td>SYG—630/80B</td><td>LGJ—630/80</td><td>36.5</td><td>1.82</td></tr>
<tr><td>SYG—800/55B</td><td>LGJ—800/55</td><td rowspan="3">125</td><td rowspan="3">130</td><td rowspan="3">22</td><td rowspan="3">65</td><td>40.0</td><td rowspan="3">170</td><td>3.20</td></tr>
<tr><td>SYG—800/70B</td><td>LGJ—800/70</td><td rowspan="2">40.5</td><td>3.22</td></tr>
<tr><td>SYG—800/100B</td><td>LGJ—800/100</td><td>3.22</td></tr>
</table>

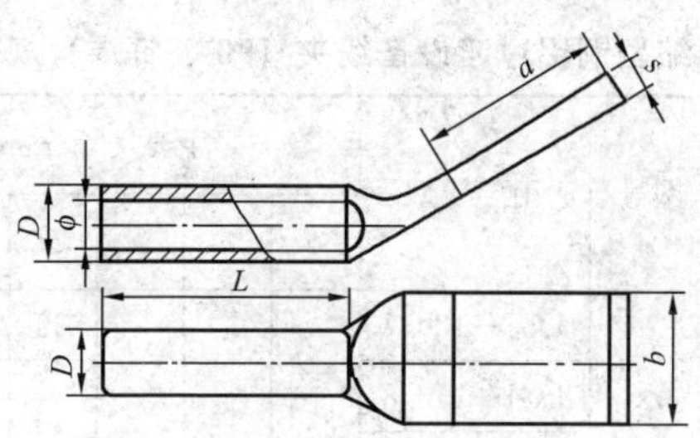

图 4-2-48

3）压缩型铜铝过渡设备线夹（90°、钎焊）形状及规范见图 4-2-49 及表 4-2-49。

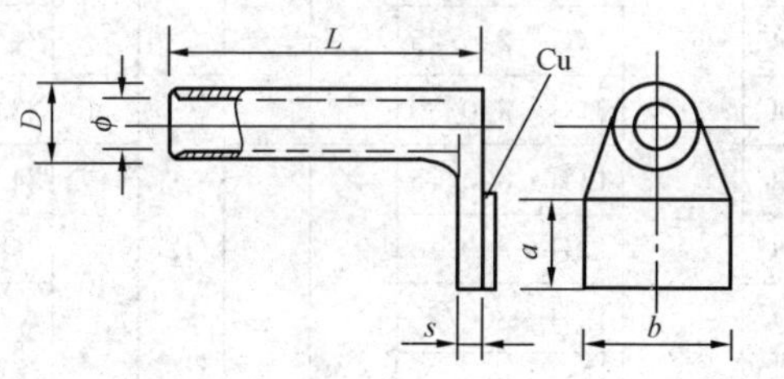

图 4-2-49

（2）压缩型大截面导线铜铝过渡设备线夹：

1）压缩型大截面导线铜铝过渡设备线夹（0°、钎焊）形状及规范见图 4-2-50 及表 4-2-50。

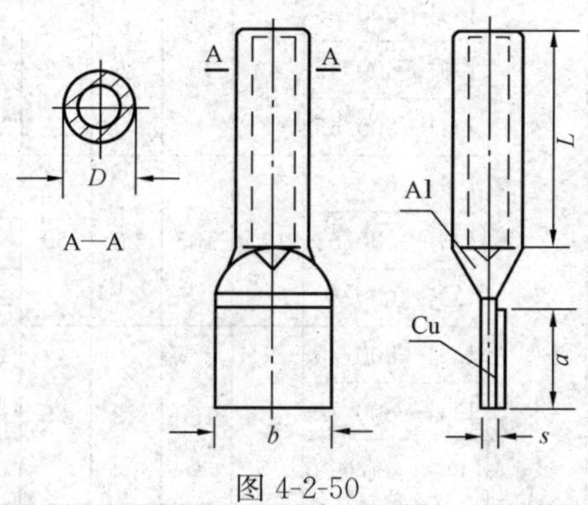

图 4-2-50

表 4-2-49　压缩型铜铝过渡设备线夹（90°、钎焊）规范

型　号	图号	适用导线型号	主要尺寸(mm)						质量(kg)
			b	*a*	*s*	*D*	*ϕ*	*L*	
SYG—120/7C	4-2-49	LGJ—120/7	50	85	10	26	16.0	80	0.22
SYG—150/8C		LGJ—150/8				30	17.5	90	0.28
SYG—150/20C		LGJ—150/20					18.0		0.27
SYG—185/10C		LGJ—185/10				32	19.5		0.32
SYG—185/25C		LGJ—185/25					20.5		0.31
SYG—210/10C		LGJ—210/10				34		100	0.36
SYG—210/25C		LGJ—210/25					21.5		0.35
SYG—240/30C		LGJ—240/30			12	36	23.0		0.38
SYG—300/15C		LGJ—300/15	63	105		40	24.5	110	0.61
SYG—300/20C		LGJ—300/20					25.0		0.60
SYG—300/25C		LGJ—300/25					25.5		0.59
SYG—300/40C		LGJ—300/40							0.59
SYG—400/20C		LGJ—400/20			13	45	28.5	120	0.70
SYG—400/25C		LGJ—400/25							0.70
SYG—400/35C		LGJ—400/35							0.70
SYG—400/50C		LGJ—400/50					29.5		0.68
SYG—500/35C		LGJ—500/35	80	85	16	52	31.5	130	0.91
SYG—500/45C		LGJ—500/45							0.91
SYG—500/65C		LGJ—500/65					32.5		0.89
SYG—630/45C		LGJ—630/45	100	105	20	60	35.5	150	1.52
SYG—630/55C		LGJ—630/55					36.0		1.50
SYG—630/80C		LGJ—630/80					36.5		1.49
SYG—800/55C		LGJ—800/55	125	130	22	65	40.0	170	2.25
SYG—800/70C		LGJ—800/70					40.5		2.20
SYG—800/100C		LGJ—800/100					40.5		2.20

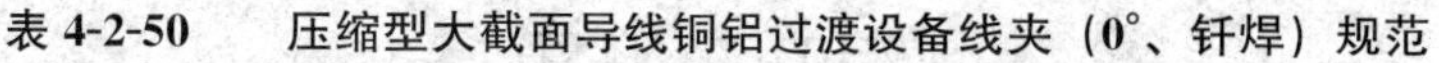

表 4-2-50　压缩型大截面导线铜铝过渡设备线夹（0°、钎焊）规范

<table>
<tr><th rowspan="2">型　号</th><th rowspan="2">图号</th><th rowspan="2">适用导线外径
(mm)</th><th colspan="5">主要尺寸(mm)</th><th rowspan="2">质量
(kg)</th></tr>
<tr><th>b</th><th>a</th><th>s</th><th>D</th><th>L</th></tr>
<tr><td>SYG—400NA—A</td><td rowspan="19">4-2-50</td><td rowspan="3">27.4</td><td>100</td><td>100</td><td rowspan="6">20</td><td rowspan="3">35</td><td rowspan="3">180</td><td>1.9</td></tr>
<tr><td>SYG—400NA—B</td><td>120</td><td>120</td><td>2.2</td></tr>
<tr><td>SYG—400NA—D</td><td>150</td><td>150</td><td>2.2</td></tr>
<tr><td>SYG—630NA—C</td><td rowspan="2">34.82</td><td>125</td><td>125</td><td rowspan="4">70</td><td rowspan="2">210</td><td>2.2</td></tr>
<tr><td>SYG—630NA—D</td><td>150</td><td>150</td><td>2.8</td></tr>
<tr><td>SYG—1000NA—B</td><td rowspan="2">42.08</td><td>120</td><td>120</td><td rowspan="2">220</td><td>3.3</td></tr>
<tr><td>SYG—1000NA—D</td><td>150</td><td>150</td><td>24</td><td>3.6</td></tr>
<tr><td>SYG—900KA—A</td><td rowspan="4">49.00</td><td>100</td><td>100</td><td rowspan="2">20</td><td rowspan="4">74</td><td rowspan="4">180</td><td>4.4</td></tr>
<tr><td>SYG—900KA—B</td><td>120</td><td>120</td><td>4.8</td></tr>
<tr><td>SYG—900KA—C</td><td>125</td><td>125</td><td>22</td><td>5.2</td></tr>
<tr><td>SYG—900KA—D</td><td>150</td><td>150</td><td>24</td><td>5.5</td></tr>
<tr><td>SYG—1400A—A</td><td rowspan="4">51.00</td><td>100</td><td>100</td><td rowspan="2">20</td><td rowspan="4">76</td><td rowspan="4">180</td><td>3.1</td></tr>
<tr><td>SYG—1400A—B</td><td>120</td><td>120</td><td>3.6</td></tr>
<tr><td>SYG—1400A—C</td><td>125</td><td>125</td><td>22</td><td>4.0</td></tr>
<tr><td>SYG—1400A—D</td><td>150</td><td>150</td><td>24</td><td>4.4</td></tr>
<tr><td>SYG—1440NA—A</td><td rowspan="4">51.36</td><td>100</td><td>100</td><td rowspan="2">20</td><td rowspan="4">80</td><td rowspan="4">240</td><td>3.2</td></tr>
<tr><td>SYG—1440NA—B</td><td>120</td><td>120</td><td>3.7</td></tr>
<tr><td>SYG—1440NA—C</td><td>125</td><td>125</td><td>22</td><td>4.1</td></tr>
<tr><td>SYG—1440NA—D</td><td>150</td><td>150</td><td>24</td><td>4.5</td></tr>
</table>

注　用于 LGKK—900 型导线时，应配一根芯棒，其长度应不小于铝管长度 1.25 倍。

2）压缩型大截面导线铜铝过渡设备线夹（45°、钎焊）形状及规范见图 4-2-51 及表 4-2-51。

3）压缩型大截面导线铜铝过渡设备线夹（90°、钎焊）形状及规范见图 4-2-52 及表 4-2-52。

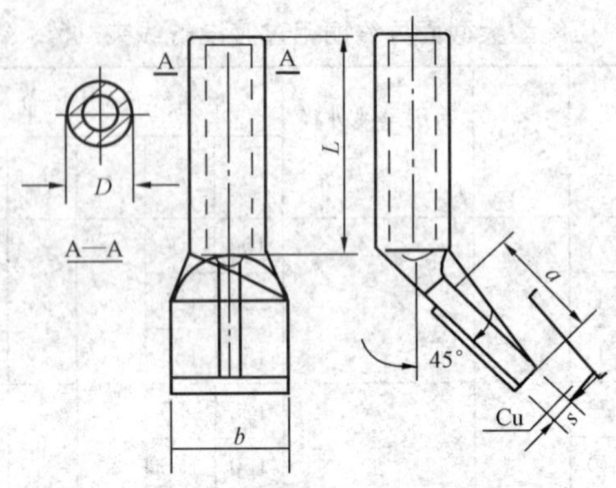

图 4-2-51

表 4-2-51　压缩型大截面导线铜铝过渡设备线夹（0°、钎焊）规范

型　号	图号	适用导线外径 (mm)	主要尺寸(mm)					质量 (kg)
			b	*a*	*s*	*D*	*L*	
SYG—400NC—A	4-2-51	27.40	100	100	20	55	180	1.9
SYG—400NC—B			120	120				2.2
SYG—400NC—D			150	150				2.6
SYG—630NC—C		34.82	125	125		70	210	2.2
SYG—630NC—D			150	150				2.8
SYG—1000NC—B		42.08	120	120			220	3.2
SYG—1000NC—D			150	150	24			3.6
SYG—900KC—A		49.00	100	100	20	74	100	4.4
SYG—900KC—B			120	120				4.8
SYG—900KC—C			125	125	22			5.2
SYG—900KC—D			150	150	24			5.5
SYG—1400C—A		51.00	100	100	20	76	100	3.1
SYG—1400C—B			120	120				3.6
SYG—1400C—C			125	125	22			4.0
SYG—1400C—D			150	150	24			4.9
SYG—1440NC—A		51.36	100	100	20	80	240	2.9
SYG—1440NC—B			120	120				3.6
SYG—1440NC—C			125	125	22			4.1
SYG—1440NC—D			150	150	24			4.5

注　用于 LGKK—900 型导线时，应配一根芯棒，芯棒长度应为铝管长度不小于 1.25 倍。

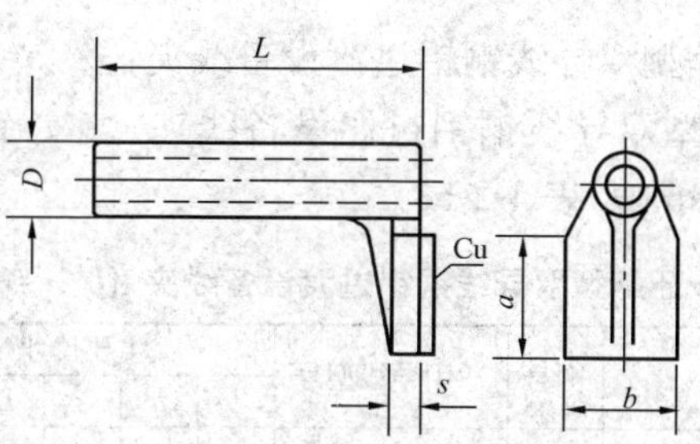

图 4-2-52

表 4-2-52 压缩型大截面导线铜铝过渡设备线夹（90°、钎焊）规范

<table>
<tr><th rowspan="2">型 号</th><th rowspan="2">图号</th><th rowspan="2">适用导线外径
(mm)</th><th colspan="5">主要尺寸(mm)</th><th rowspan="2">质量
(kg)</th></tr>
<tr><th>b</th><th>a</th><th>s</th><th>D</th><th>L</th></tr>
<tr><td>SYG—400ND—A</td><td rowspan="19">4-2-52</td><td rowspan="3">27.40</td><td>100</td><td>100</td><td rowspan="6">20</td><td rowspan="3">55</td><td rowspan="3">180</td><td>2.2</td></tr>
<tr><td>SYG—400ND—B</td><td>120</td><td>120</td><td>2.3</td></tr>
<tr><td>SYG—400ND—D</td><td>150</td><td>150</td><td>2.8</td></tr>
<tr><td>SYG—630ND—C</td><td rowspan="2">34.82</td><td>125</td><td>125</td><td rowspan="4">70</td><td rowspan="2">210</td><td>2.7</td></tr>
<tr><td>SYG—630ND—D</td><td>150</td><td>150</td><td>2.9</td></tr>
<tr><td>SYG—1000ND—B</td><td rowspan="2">42.08</td><td>120</td><td>120</td><td rowspan="2">220</td><td>3.6</td></tr>
<tr><td>SYG—1000ND—D</td><td>150</td><td>150</td><td>24</td><td>3.9</td></tr>
<tr><td>SYG—900KD—A</td><td rowspan="4">49.00</td><td>100</td><td>100</td><td rowspan="2">20</td><td rowspan="4">74</td><td rowspan="4">180</td><td>4.6</td></tr>
<tr><td>SYG—900KD—B</td><td>120</td><td>120</td><td>4.8</td></tr>
<tr><td>SYG—900KD—C</td><td>125</td><td>125</td><td>22</td><td>5.1</td></tr>
<tr><td>SYG—900KD—D</td><td>150</td><td>150</td><td>24</td><td>5.3</td></tr>
<tr><td>SYG—1400D—A</td><td rowspan="4">51.00</td><td>100</td><td>100</td><td rowspan="2">20</td><td rowspan="4">76</td><td rowspan="4">180</td><td>3.1</td></tr>
<tr><td>SYG—1400D—B</td><td>120</td><td>120</td><td>3.6</td></tr>
<tr><td>SYG—1400D—C</td><td>125</td><td>125</td><td>22</td><td>4.0</td></tr>
<tr><td>SYG—1400D—D</td><td>150</td><td>150</td><td>24</td><td>4.4</td></tr>
<tr><td>SYG—1440ND—A</td><td rowspan="4">51.36</td><td>100</td><td>100</td><td rowspan="2">20</td><td rowspan="4">80</td><td rowspan="4">240</td><td>3.2</td></tr>
<tr><td>SYG—1440ND—B</td><td>120</td><td>120</td><td>3.7</td></tr>
<tr><td>SYG—1440ND—C</td><td>125</td><td>125</td><td>22</td><td>4.1</td></tr>
<tr><td>SYG—1440ND—D</td><td>150</td><td>150</td><td>24</td><td>4.5</td></tr>
</table>

(3) 压缩型双导线铜铝过渡设备线夹：

1) 压缩型双导线铜铝过渡设备线夹（0°、钎焊）形状及规范见图 4-2-53 及表 4-2-53。

表 4-2-53　压缩型双导线铜铝过渡设备线夹（0°、钎焊）规范

型　号	图号	适用导线型号	主要尺寸(mm)						质量
			b	*a*	*s*	*D*	*ϕ*	*L*	(kg)
SYG—2×240/30A—200	4-2-53	LGJ—240/30-40	80	80	14	36	23.0	200	2.10
SYG—2×300/25A—200		LGJ—300/25-40	100	100	16	40	25.5	200	2.20
SYG—2×400/35A—200		LGJ—400/35	100	100	16	45	28.5	200	2.85
SYG—2×400/50A—200		LGJ—400/50	100	100	16	45	29.5	200	2.85
SYG—2×500/65A—200		LGJ—500/65	125	125	20	52	32.5	200	2.85
SYG—2×630/45A—200		LGJ—630/45	125	125	20	60	35.5	200	3.70
SYG—2×630/55A—200		LGJ—630/55	125	125	20	60	36.0	200	3.70
SYG—2×300/25A—400		LGJ—300/25-40	100	100	16	40	25.5	400	3.10
SYG—2×400/45A—400		LGJ—400/35	100	100	16	45	28.5	400	3.40
SYG—2×400/50A—400		LGJ—400/50	100	100	16	45	29.5	400	3.40
SYG—2×500/45A—400		LGJ—500/35-45	125	125	20	52	31.5	400	3.60
SYG—2×500/65A—400		LGJ—630/65	125	125	20	52	32.5	400	3.70
SYG—2×630/45A—400		LGJ—630/45	125	125	20	60	35.5	400	4.40
SYG—2×630/55A—400		LGJ—630/55	125	125	20	60	36.0	400	4.40

2) 压缩型双导线铜铝过渡设备线夹（30°、钎焊）形状及规范见图 4-2-54 及表 4-2-54。

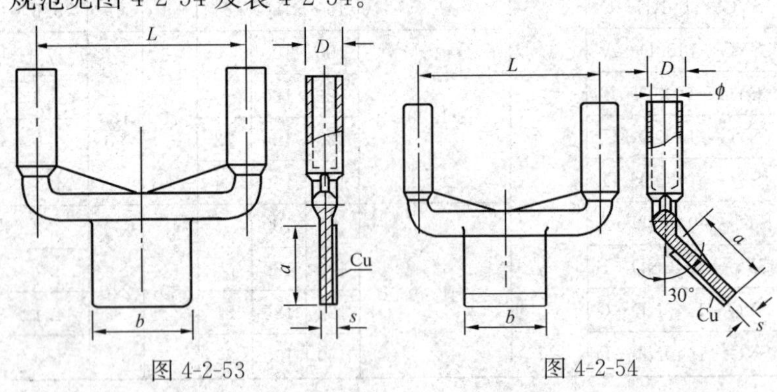

图 4-2-53　　图 4-2-54

表 4-2-54　　压缩型双导线铜铝过渡设备线夹（30°、钎焊）规范

型　号	图号	适用导线型号	主要尺寸(mm)						质量(kg)
			b	a	s	D	φ	L	
SYG—2×240/30B—200	4-2-54	LGJ—240/30-40	80	80	14	36	23.0	200	2.10
SYG—2×300/25B—200		LGJ—300/25-40	100	100	16	40	25.5	200	2.20
SYG—2×400/35B—200		LGJ—400/35	100	100	16	45	28.5	200	2.85
SYG—2×400/50B—200		LGJ—400/50	100	100	16	45	29.5	200	2.85
SYG—2×500/65B—200		LGJ—500/65	125	125	20	52	32.5	200	2.85
SYG—2×630/45B—200		LGJ—630/45	125	125	20	60	35.5	200	3.70
SYG—2×630/55B—200		LGJ—630/55	125	125	20	60	36.0	200	3.70
SYG—2×300/25B—400		LGJ—300/25-40	100	100	16	40	25.5	400	3.10
SYG—2×400/45B—400		LGJ—400/35	100	100	16	45	28.5	400	3.40
SYG—2×400/50B—400		LGJ—400/50	100	100	16	45	29.5	400	3.40
SYG—2×500/45B—400		LGJ—500/35-45	125	125	20	52	31.5	400	3.60
SYG—2×500/65B—400		LGJ—630/65	125	125	20	52	32.5	400	3.70
SYG—2×630/45B—400		LGJ—630/45	125	125	20	60	35.5	400	4.40
SYG—2×630/55B—400		LGJ—630/55	125	125	20	60	36.0	400	4.40

3）压缩型双导线铜铝过渡设备线夹（45°、钎焊）形状及规范见图 4-2-55 及表 4-2-55。

4）压缩型双导线铜铝过渡设备线夹（90°、钎焊）形状及规范见图 4-2-56 及表 4-2-56。

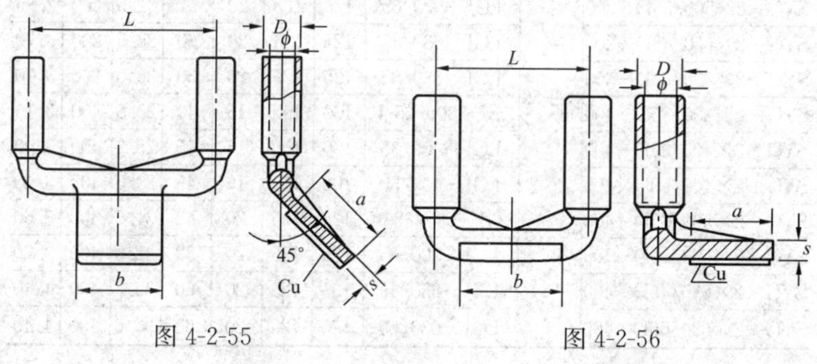

图 4-2-55　　　　　　　　图 4-2-56

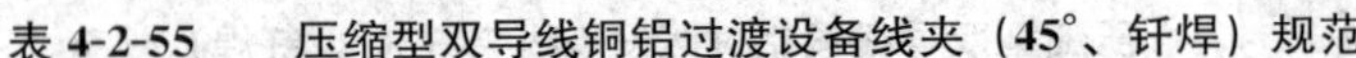

表 4-2-55　压缩型双导线铜铝过渡设备线夹（45°、钎焊）规范

型　号	图号	适用导线型号	主要尺寸(mm)						质量
			b	a	s	D	ϕ	L	(kg)
SYG—2×240/30C—200	4-2-55	LGJ—240/30-40	80	80	14	36	23.0	200	
SYG—2×240/25C—200		LGJ—300/25-40	100	100	16	40	25.5	200	
SYG—2×400/35C—200		LGJ—400/35	100	100	16	45	28.5	200	
SYG—2×400/50C—200		LGJ—400/50	100	100	16	45	29.5	200	
SYG—2×500/35C—200		LGJ—500/65	125	125	20	52	32.5	200	
SYG—2×530/45C—200		LGJ—630/45	125	125	20	60	35.5	200	
SYG—2×630/55C—300		LGJ—630/55	125	125	20	60	36.0	200	
SYG—2×300/25C—400		LGJ—300/25-40	100	100	16	40	25.5	400	
SYG—2×400/35C—400		LGJ—400/35	100	100	16	45	28.5	400	
SYG—2×400/50C—400		LGJ—400/50	100	100	16	45	29.5	400	
SYG—2×500/35C—400		LGJ—550/35-45	125	125	20	52	31.5	400	
SYG—2×500/65C—400		LGJ—500/65	125	125	20	52	32.5	400	
SYG—2×630/45C—400		LGJ—630/45	125	125	20	60	35.5	400	
SYG—2×630/55C—400		LGJ—630/55	125	125	20	60	36.0	400	

表 4-2-56　压缩型双导线铜铝过渡设备线夹（90°、钎焊）规范

型　号	图号	适用导线型号	主要尺寸(mm)						质量
			b	a	s	D	ϕ	L	(kg)
SYG—2×240/30D—200	4-2-56	LGJ—240/30-40	80	80	14	36	23.0	200	2.10
SYG—2×240/25D—200		LGJ—300/25-40	100	100	16	40	25.5	200	2.20
SYG—2×400/35D—200		LGJ—400/35	100	100	16	45	28.5	200	2.85
SYG—2×400/50D—200		LGJ—400/50	100	100	16	45	29.5	200	2.85
SYG—2×500/35D—200		LGJ—500/65	125	125	20	52	32.5	200	2.85
SYG—2×530/45D—200		LGJ—630/45	125	125	20	60	35.5	200	3.70
SYG—2×630/55D—300		LGJ—630/55	125	125	20	60	36.0	200	3.70
SYG—2×300/25D—400		LGJ—300/25-40	100	100	16	40	25.5	400	3.10
SYG—2×400/35D—400		LGJ—400/35	100	100	16	45	28.5	400	3.40
SYG—2×400/50D—400		LGJ—400/50	100	100	16	45	29.5	400	3.40
SYG—2×500/35D—400		LGJ—550/35-45	125	125	20	52	31.5	400	3.60
SYG—2×500/65D—400		LGJ—500/65	125	125	20	52	32.5	400	3.70
SYG—2×630/45D—400		LGJ—630/45	125	125	20	60	35.5	400	4.40
SYG—2×630/55D—400		LGJ—630/55	125	125	20	60	36.0	400	4.40

（4）压缩型大截面双导线铜铝过渡设备线夹：

1）压缩型大截面双导线铜铝过渡设备线夹（0°、钎焊）形状及规范见图 4-2-57 及表 4-2-57。

表 4-2-57　压缩型大截面双导线铜铝过渡设备线夹（0°、钎焊）规范

型　号	图号	适用导线外径(mm)	主要尺寸(mm)					质量(kg)
			b	a	s	D	L	
SYG—1000N/200A—B	4-2-57	42.08	120	120	22	70	200	6.8
SYG—1000N/200A—D		42.08	150	150	24			7.2
SYG—900K/200A—B		49.00	120	120	22	74		7.6
SYG—900K/200A—D			150	150	24			8.0
SYG—1400/200A—B		51.00	120	120	22	76		7.0
SYG—1400/200A—D			150	150	24			7.4
SYG—1440N/200A—B		51.36	120	120	22	80		7.2
SYG—1440N/200A—D			150	150	24			7.6
SYG—1000N/400A—B		42.08	120	120	22	70	400	9.0
SYG—1000N/400A—D			150	150	24			9.4
SYG—900K/400A—B		49.00	120	120	22	74		9.6
SYG—900K/400A—D			150	150	24			10.0
SYG—900K/400A—E			115	240	26			10.7
SYG—900K/400A—F			115	320	26			11.4
SYG—1400/400A—B		51.00	120	120	22	76		12.0
SYG—1400/400A—D			150	150	24			12.7
SYG—1400/400A—E			115	240	26			13.3
SYG—1400/400A—F			115	320	26			14.1
SYG—1440N/400A—B		51.36	120	120	22	80		12.3
SYG—1440N/400A—D			150	150	24			13.0
SYG—1440N/400A—E			115	240	26			13.6
SYG—1440N/400A—F			115	320	26			14.4

注　用于 LGKK—600、LGKK—900 型导线时，每只铝管配一根芯棒，芯棒长度不小于管长 1.25 倍。

2）压缩型大截面双导线铜铝过渡设备线夹（45°、钎焊）形状及规范见图 4-2-58 及表 4-2-58。

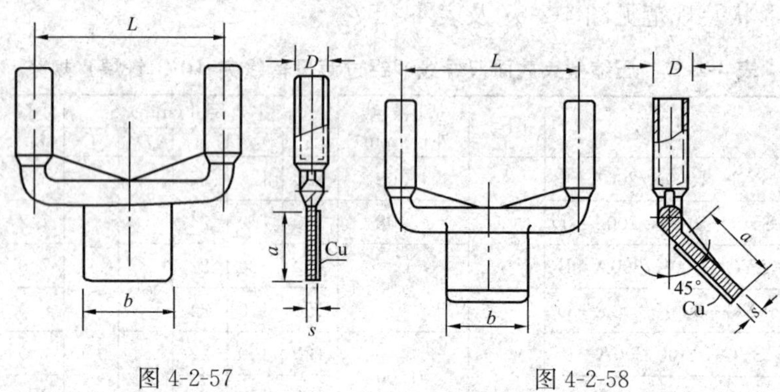

图 4-2-57　　　　图 4-2-58

表 4-2-58　压缩型大截面双导线铜铝过渡设备线夹（45°、钎焊）规范

型　号	图号	适用导线外径(mm)	主要尺寸(mm)					质量(kg)
			b	*a*	*s*	*D*	*L*	
SYG—1000N/200C—B	4-2-58	42.08	120	120	22	70	200	6.8
SYG—1000N/200C—D			150	150	24			7.2
SYG—900K/200C—B		49.00	120	120	22	74		7.6
SYG—900K/200C—D			150	150	24			8.0
SYG—1400/200C—B		51.00	120	120	22	76		7.0
SYG—1400/200C—D			150	150	24			7.4
SYG—1440N/200C—B		51.36	120	120	22	80		7.2
SYG—1440N/200C—D			150	150	24			7.6
SYG—1000N/400C—B		42.08	120	120	22	70	400	9.0
SYG—1000N/400C—D			150	150	24			9.4
SYG—900K/400C—B		49.00	120	120	22	74		9.6
SYG—900K/400C—D			150	150	24			10.0
SYG—900K/400C—E			115	240	26			10.7
SYG—900K/400C—F			115	320	26			11.4

续表

型　号	图号	适用导线外径(mm)	主要尺寸(mm)					质量(kg)
			b	a	s	D	L	
SYG—1400/400C—B	4-2-58	51.00	120	120	22	76	400	12.0
SYG—1400/400C—D			150	150	24			12.7
SYG—1400/400C—E			115	240	26			13.3
SYG—1400/400C—F			115	320	26			14.1
SYG—1440N/400C—B		51.36	120	120	22	80		12.3
SYG—1440N/400C—D			150	150	24			13.0
SYG—1440N/400C—E			115	240	26			13.6
SYG—1440N/400C—F			115	320	26			14.4

注　用于 LGKK—900 型导线时，每只铝管配一根芯棒，芯棒长度不小于管长 1.25 倍。

3）压缩型大截面双导线铜铝过渡设备线夹（90°、钎焊）形状及规范见图 4-2-59 及表 4-2-59。

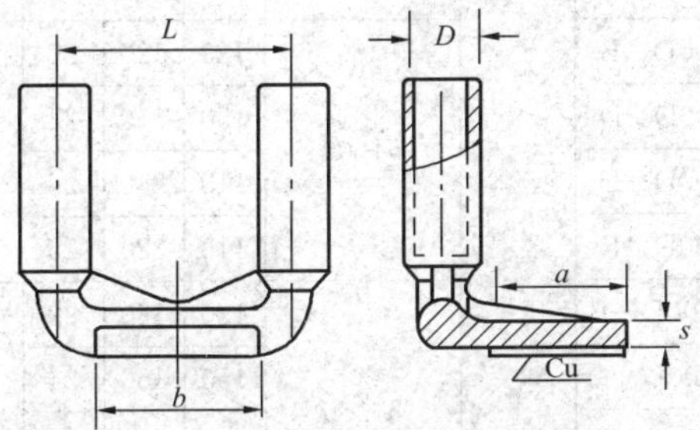

图 4-2-59

4）压缩型大截面双导线直角组装式铜铝过渡设备线夹（钎焊）形状及规范见图 4-2-60 及表 4-2-60。

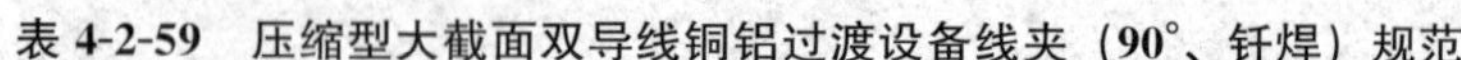

表 4-2-59 压缩型大截面双导线铜铝过渡设备线夹（90°、钎焊）规范

型 号	图号	适用导线外径(mm)	主要尺寸(mm)					质量(kg)
			b	*a*	*s*	*D*	*L*	
SYG—1000N/200D—B	4-2-59	42.08	120	120	22	70	200	6.8
SYG—1000N/200D—D			150	150	24			7.2
SYG—900K/200D—B		49.08	120	120	22	74		7.6
SYG—900K/200D—D			150	150	24			8.0
SYG—1400/200D—B		51.00	120	120	22	76		7.0
SYG—1400/200D—D			150	150	24			7.4
SYG—1440N/200D—B		51.36	120	120	22	80		7.2
SYG—1440N/200D—D			150	150	24			7.6
SYG—1000N/400D—B		42.08	120	120	22	70	400	9.0
SYG—1000N/400D—D			150	150	24			9.4
SYG—900K/400D—B		49.00	120	120	22	74		9.6
SYG—900K/400D—D			150	150	24			10.0
SYG—900K/400D—E			115	240	26			10.7
SYG—900K/400D—F			115	320	26			11.4
SYG—1400/400D—B		51.00	120	120	22	76		12.0
SYG—1400/400D—D			150	150	24			12.7
SYG—1400/400D—E			115	240	26			13.3
SYG—1400/400D—F			115	320	26			14.1
SYG—1440N/400D—B		51.36	120	120	22	80		12.3
SYG—1440N/400D—D			150	150	24			13.0
SYG—1440N/400D—E			115	240	26			13.6
SYG—1440N/400D—F			115	320	26			14.4

注 用于 LGKK—600、LGKK—900 型导线时，每只铝管配一根芯棒，芯棒长度不小于管长 1.25 倍。

表 4-2-60 压缩型大截面双导线直角组装式铜铝过渡设备线夹规范

型 号	图号	适用导线型号	主要尺寸(mm)						质量(kg)
			b	a	s	D	ϕ	L	
SYZ—600KA/200BF	4-2-60	LGKK—600	120	120	25	76	52.5	85	
SYZ—500KA/200DF			150	150					
SYZ—900KA/200BF		LGKK—900	120	120		74	51.5		
SYZ—900KA/200DF			150	150					
SYZ—1400A/200BF		LGJQT—1400	120	120		76	52.5		
SYZ—1400A/200DF			150	150					
SYZ—1440NA/200BF		NAHLGJQ—1440	120	120		80	53.5		
SYZ—1440NA/200DF			150	150					
SYZ—600KA/400BF		LGKK—600	120	120	25	76	52.5	185	
SYZ—600KA/400DF			150	150					
SYZ—900KA/400BF		LGKK—900	120	120		74	51.5		
SYZ—900KA/400DF			150	150					
SYZ—1400A/400BF		LGJQT—1400	120	120		76	52.5		
SYZ—1400A/400DF			150	150					
SYZ—1440NA/400BF		NAHLOJQ—1440	120	120		80	53.5		
SYZ—1440NA/400DF			150	150					

注 1. 型号中字母意义：Z—端手板，表示成直角并组合成套；尾字 B—端手板尺寸高 a×宽 b 为 120mm×120mm；尾字 D—端手板尺寸为 150mm×150mm；尾字 F—覆铜。

2. 一套线夹为左右各一。

3. 用于 LGKK—600、LGKK—900 型导线时，每只铝管配一根芯棒。

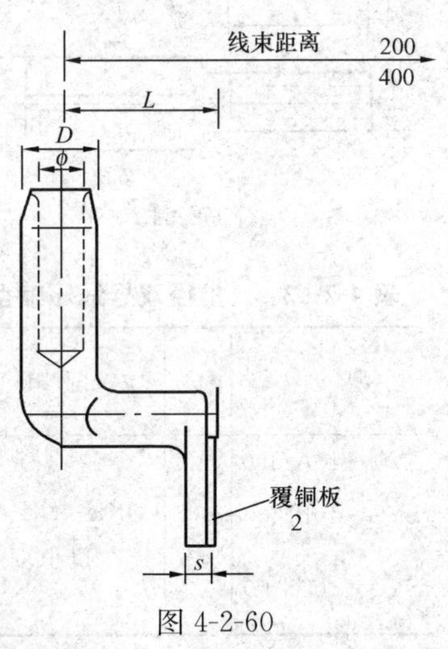

图 4-2-60

(5) 压缩型扩径导线铜铝过渡设备线夹：

1) 压缩型扩径单导线铜铝过渡设备线夹形状及规范如图 4-2-61及表 4-2-61 所示。

表 4-2-61　扩径单导线压缩型铜铝过渡设备线夹规范

型　号	图号	适 用 导 线	主要尺寸（mm）						质量 (kg)
			A	l	D	b	L	ϕ	
SYG—10A		LGKK—600、900(带芯棒) LGJQT—1400				22			4.9
SYG—10B			150	150	76	26	200	53	5.0
SYG—10C	4-2 -61					30			5.3
SYG—10NA		NAHKGJQ—1440				22			4.4
SYG—10NB			150	150	80	26	240	53	5.0
SYG—10NC						30			5.2

2）压缩型扩径双导线铜铝过渡设备线夹形状及规范如图4-2-62及表4-2-62所示。

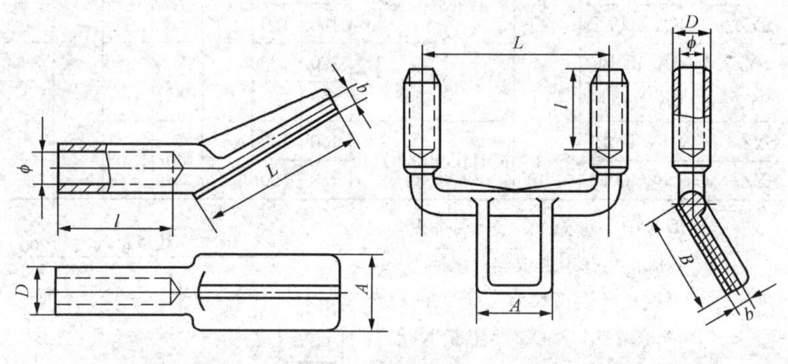

图 4-2-61　　图 4-2-62

表 4-2-62　扩径双导线压缩型铜铝过渡设备线夹规范

型　号	图号	适 用 导 线	主要尺寸（mm）							质量 (kg)
			A	B	L	b	l	D	ϕ	
SYG—10A/400						22				11.0
SYG—10B/400	4-2 -62	LGKK—600、900(带芯棒) LGJQT—1400	150	150	400	26	200	76	53	11.4
SYG—10C/400						30				11.4

三、螺栓型覆铜设备线夹

覆铜工艺是将0.5～0.8mm的铜板经处理后以轧制方法，压焊在不同厚度的铝板上。螺栓型设备线夹是将这种覆铜铝板进行冲压而成的。

螺栓型覆铜设备线夹的形状及规范如图4-2-63及表4-2-63所示。

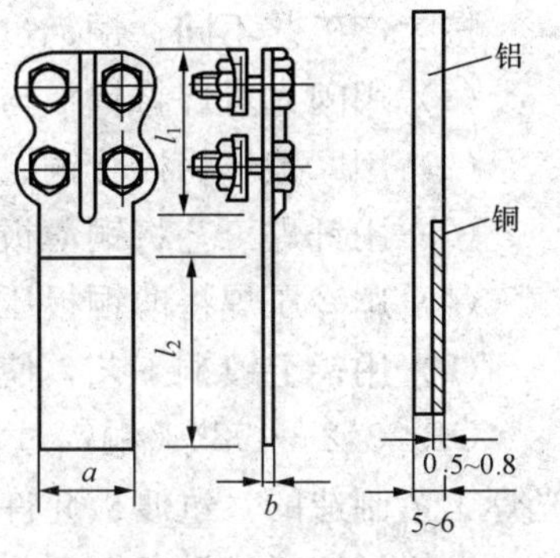

图 4-2-63

表 4-2-63　　螺栓型覆铜设备线夹规范

型　号	图　号	适用导线型号	主要尺寸（mm）				质量（kg）
			b	a	l_1	l_2	
SLF—1	4-25-63	LGJ—35～50	6	40	65	60	0.30
SLF—2		LGJ—70～95	6	40	80	60	0.32
SLF—3		LGJ—120～150	6	50	125	80	0.40
SLF—4		LGJ—185～240	6	50	125	80	0.48
SLF—3B		LGJ—120～150	6	50	125	80	0.40
SLF—4B		LGJ—185～240	6	50	125	80	0.48

第三节　铜铝过渡板和覆铜过渡片

一、铜铝过渡板

铜铝过渡板用于发电厂发电机出线铜导体与铝母线的过渡接续，以防止铜与铝直接连接产生电化腐蚀，保证安全送电。

铜铝过渡板亦适用于当缺少铜铝过渡设备线夹时，将铜设备端子经铜铝过渡板与铝设备线夹相接。

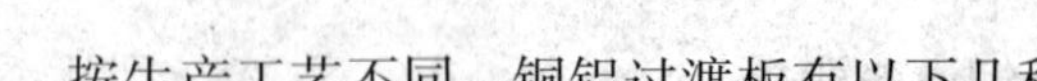

按生产工艺不同，铜铝过渡板有以下几种：

（1）用闪光对焊将铝板与铜板直接焊制而成；

（2）用摩擦焊将棒状铜、铝焊接后，压延为板状；

（3）用钎焊工艺将铜薄板粘在铝板上；

（4）用冷压焊将薄铜板压焊在铝板上；

（5）用铝上镀铜工艺，使铝板上覆上一层铜。

GB 2342—1985《铜铝过渡板》中的铜铝过渡板是采用闪光焊工艺制造的，过渡板允许载流量是按铝板计算的。

铜铝过渡板与设备铜端子连接时，应使过渡板的焊缝距设备铜端子 2～5mm（见图 4-3-1），以避免设备铜端子超过焊缝而与铝板接触，产生电化腐蚀。

铜铝过渡板长时间工作温度为 100℃，瞬时短路温度应不超过 200℃。

铜铝过渡板与铜排、铝排相接，可采用螺栓连接或焊接。当采用铝与铝焊接或铜与铜焊接时，铝端距铜铝接头不得小于 60mm，并应将闪光焊缝区进行冷却处理。

铜铝过渡板需要弯曲时，弯曲点距焊缝应不小于过渡板的板厚。

安装铜铝过渡板时，若发现有不平整缺陷，应进行加工。板与板进行螺栓连接前应将加工好的接触面涂上导电脂，然后将螺栓以扭力扳手均匀上紧。

铜铝过渡板的形状及规范如图 4-3-2 及表 4-3-1 所示。

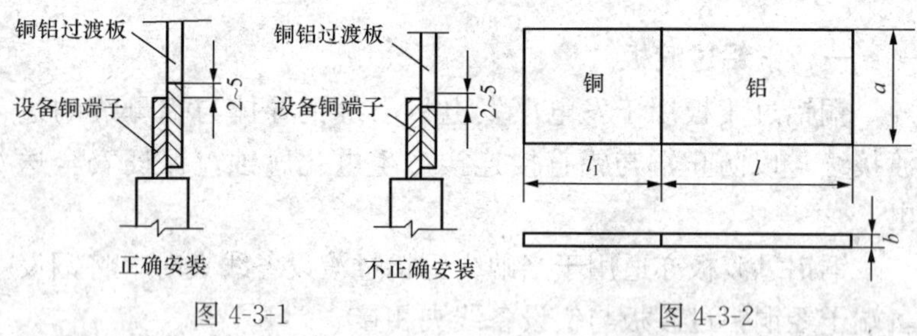

图 4-3-1　　图 4-3-2

表 4-3-1　　　　铜铝过渡板规范

型号	图号	母线规格	主要尺寸（mm）				质量（kg）
			a	b	l_1	l	
MG—50×5	4-3-2	50×5	50	5	50	60	0.15
MG—63×6.3		63×6.3	63	6.3	68	85	0.33
MG—63×8		63×8	63	8	68	85	0.42
MG—63×10		63×10	63	10	68	85	0.53
MG—80×6.3		80×6.3	80	6.3	85	100	0.52
MG—80×8		80×8	80	8	85	100	0.66
MG—80×10		80×10	80	10	85	100	0.83
MG—100×8		100×8	100	8	105	120	1.10
MG—100×10		100×10	100	10	105	120	1.26
MG—125×8		125×8	125	8	130	140	1.54
MG—125×10		125×10	125	10	130	140	1.92
MG—125×12.5		125×12.5	125	12.5	130	140	2.41

二、覆铜过渡片

覆铜过渡片是用铝上覆铜工艺制成的铝铜厚度相等的双金属片。在铝板和铜板的接触面中夹以覆铜过渡片用来进行过渡接触。覆铜过渡片是现代化压延成形的板材，质量稳定，节省材料，可根据设备端子尺寸裁料，安装方便。

覆铜过渡片定型尺寸，按端子标准分为单孔、双孔、四孔三种，形状及规范如图 4-3-3 及表 4-3-2 所示。

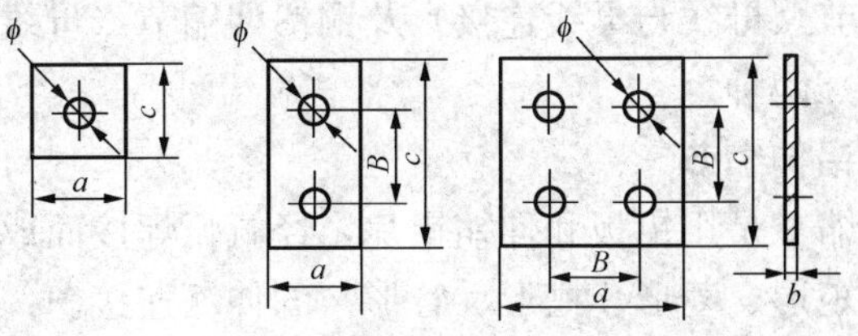

图 4-3-3

表 4-3-2 铜铝过渡片规范

型　号	图号	主要尺寸（mm）						类别
		a	B	c	ϕ	b	覆铜厚度	
MFT—45×45	4-3-3	45	—	45	13	1.0	0.5	单孔
MFT—40×60		40	30	60	11	1.0	0.5	双孔
MFT—50×80		50	40	80	13	1.0	0.5	双孔
MFT—60×60		60	30	60	11	2.0	0.5～0.8	四孔
MFT—80×80		80	40	80	13	2.0	0.5～0.8	四孔
MFT—100×100		100	50	100	17	2.0	0.5～0.8	四孔
MFT—125×125		125	60	125	17	2.0	0.5～0.8	四孔

第四节　母线伸缩节

母线伸缩节又名温度补偿器。发电厂配电装置中支柱绝缘子上固定的矩形母线、槽形母线、菱形母线，发电机出线，穿墙套管及变压器出线等处，由于母线遇热膨胀或振动，会使电气设备端子或支柱绝缘子产生附加应力。为消除这个应力，在相隔一定距离的母线与母线间、母线与设备间应安装伸缩节，使母线有纵向伸缩的可能。

伸缩节一般是先将 0.2～0.5mm 厚的铝片或铜片叠成与铝板或铜板相同截面与厚度，然后焊接而成。伸缩节最理想的材料是铜片，因铝片有硬化变脆现象，但铝母线采用铜伸缩节又出现两种金属的过渡电化腐蚀问题。因而现行标准的伸缩节分为铝伸缩节（母线与母线连接）及铜铝伸缩节（母线与设备铜端子连接）两种。

一、铝伸缩节

铝伸缩节是用铝板和伸缩铝片，经氩弧焊接而成。它用于铝母线（矩形、菱形、槽形、管形）的伸缩连接。

铝伸缩节的形状及规范如图 4-4-1 及表 4-4-1 所示。

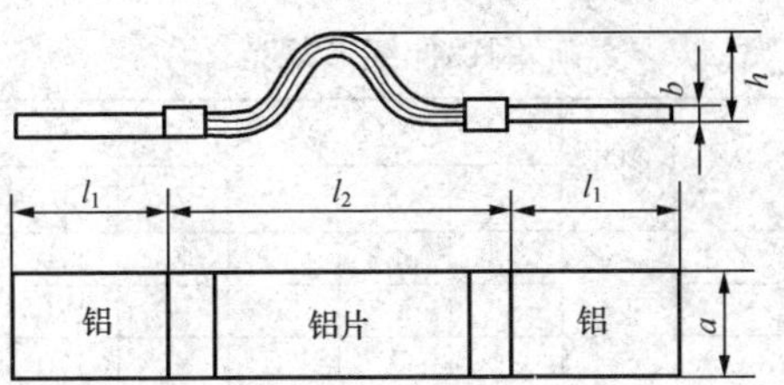

图 4-4-1

表 4-4-1　　　　　　铝伸缩节规范

型　　号	图号	主要尺寸（mm）					质量 (kg)
		a	b	h	l_1	l_2	
MS—63×6.3	4-4-1	63	63	50	73	170	0.39
MS—80×6.3		80	6.3	50	90	170	0.53
MS—80×8		80	8	50	90	170	0.70
MS—100×8		100	8	50	115	170	0.99
MS—100×10		100	10	60	115	190	1.31
MS—125×8		125	8	50	140	170	1.37
MS—125×10		125	10	60	140	190	1.80
MS—125×12.5		125	12.5	60	140	190	2.10

二、铜铝伸缩节

铜铝伸缩节是在铝伸缩节一端的铝板上用闪光焊接工艺加焊一块铜板而成。铜铝伸缩节用于母线终端与电气设备的铜端子相接。

铜铝伸缩节的形状及规范如图 4-4-2 及表 4-4-2 所示。

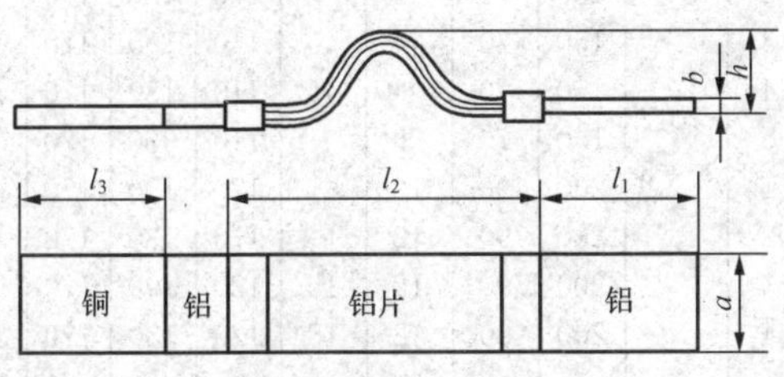

图 4-4-2

表 4-4-2　　铜铝伸缩节规范

型　　号	图号	主要尺寸（mm）						质量 (kg)
		a	b	h	l_1	l_2	l_3	
MSS—63×6.3	4-4-2	63	6.3	50	73	170	73	0.55
MSS—80×6.3		80	6.3	50	90	170	90	0.79
MSS—80×8		80	8	50	90	170	90	1.05
MSS—100×8		100	8	50	115	170	115	1.54
MSS—100×10		100	10	60	115	190	115	2.01
MSS—125×8		125	8	50	140	170	140	2.22
MSS—125×10		125	10	60	140	190	140	2.87
MSS—125×12.5		125	12.5	60	140	190	140	3.43

三、槽形母线伸缩节

槽形母线伸缩节形状及规范如图 4-4-3 及表 4-4-3 所示。

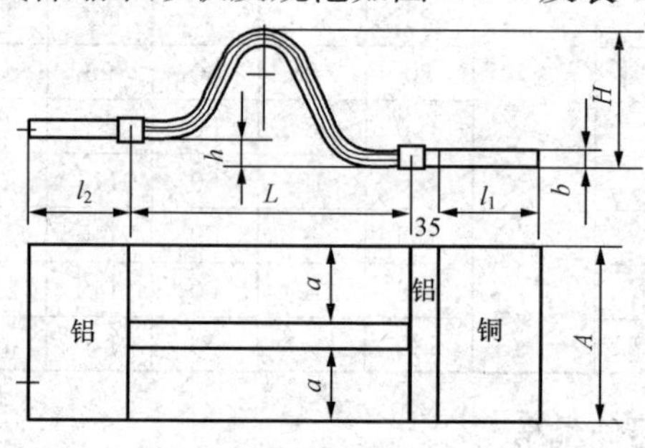

图 4-4-3

表 4-4-3　　槽形母线伸缩节规范

型　　号	图号	主要尺寸（mm）								质量 (kg)
		A	a	b	h	l_1	L	l_2	H	
MSC—150—1	4-4-3	150	70	8	—	170	190	170	60	1.75
MSC—150—2		150	70	8	—	170	130	170	60	1.60
MSC—150—3		150	70	8	45	110	190	170	75	2.30
MSC—150—4		150	70	8	45	110	130	170	75	2.00
MSC—150—5		150	70	8	—	110	330	170	60	2.70
MSC—200—1		200	90	12	—	170	190	170	60	3.50
MSC—200—2		200	90	12	—	170	130	170	60	3.20
MSC—200—3		200	90	12	15	120	190	170	75	5.10
MSC—200—4		200	90	12	15	120	130	170	75	4.70
MSC—200—5		200	90	12	—	120	330	170	60	5.80

四、管形母线伸缩节

MGS—□KB型管形母线伸缩节形状及规范见图 4-4-4 及表 4-4-4。

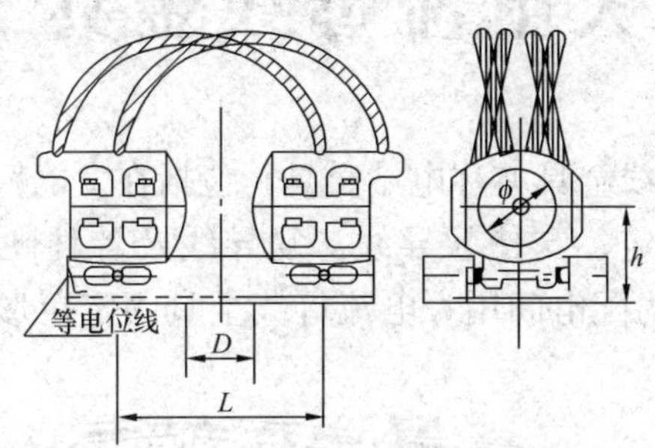

图 4-4-4

表 4-4-4　　MGS—□KB 型管形母线伸缩节

<table>
<tr><th rowspan="2">型　号</th><th rowspan="2">图号</th><th rowspan="2">适用母线规格（mm）</th><th colspan="4">主要尺寸（mm）</th><th rowspan="2">质量（kg）</th></tr>
<tr><th>ϕ</th><th>h</th><th>D</th><th>L</th></tr>
<tr><td>MGS—70KB</td><td rowspan="16">4-4-4</td><td>ϕ70</td><td>70</td><td>110</td><td rowspan="6">140</td><td rowspan="2">350</td><td>32.6</td></tr>
<tr><td>MGS—80KB</td><td>ϕ80</td><td>80</td><td>115</td><td>35.5</td></tr>
<tr><td>MGS—100KB</td><td>ϕ100</td><td>100</td><td>135</td><td rowspan="2">400</td><td>37.3</td></tr>
<tr><td>MGS—110KB</td><td>ϕ110</td><td>110</td><td>145</td><td>40.5</td></tr>
<tr><td>MGS—120KB</td><td>ϕ120</td><td>120</td><td>145</td><td rowspan="2">450</td><td>43.5</td></tr>
<tr><td>MGS—130KB</td><td>ϕ130</td><td>130</td><td>155</td><td>45.0</td></tr>
<tr><td>MGS—100KB—225</td><td>ϕ100</td><td>100</td><td>135</td><td rowspan="7">225</td><td rowspan="2">400</td><td>38.3</td></tr>
<tr><td>MGS—110KB—225</td><td>ϕ110</td><td>110</td><td>145</td><td>41.5</td></tr>
<tr><td>MGS—120KB—225</td><td>ϕ120</td><td>120</td><td>145</td><td rowspan="3">450</td><td>42.5</td></tr>
<tr><td>MGS—130KB—225</td><td>ϕ130</td><td>130</td><td>155</td><td>46.0</td></tr>
<tr><td>MGS—150KB—225</td><td>ϕ150</td><td>150</td><td>160</td><td>47.5</td></tr>
<tr><td>MGS—170KB—225</td><td>ϕ170</td><td>170</td><td>180</td><td rowspan="2">500</td><td>50.0</td></tr>
<tr><td>MGS—200KB—225</td><td>ϕ200</td><td>200</td><td>210</td><td>52.5</td></tr>
<tr><td>MGS—150KB—254</td><td>ϕ150</td><td>150</td><td>160</td><td rowspan="3">254</td><td>480</td><td>49.0</td></tr>
<tr><td>MGS—170KB—254</td><td>ϕ170</td><td>170</td><td>180</td><td rowspan="2">530</td><td>52.3</td></tr>
<tr><td>MGS—200KB—254</td><td>ϕ200</td><td>200</td><td>210</td><td>55.0</td></tr>
</table>

第五章

大电流母线金具

大电流母线金具亦称电站金具，包括在发电厂、变电所的配电装置中固定、支持软导线、复导线及各种硬母线用的金具。图 5-0-1 为配电间用大电流母线金具固定矩形铝母线的示意图。

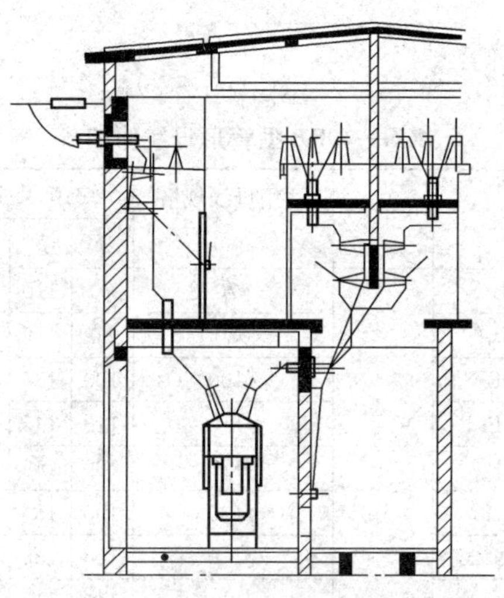

图 5-0-1

硬母线分为矩形母线、菱形母线、槽形母线和管形母线。母线需选择经济截面，并需考虑正常运行时使散热条件最合理。当电流不大时（4000A 以下），一片或多片矩形母线的组合方式，一般多用于中小型发电厂、变电所的配电装置中。其他型式硬母线多用于大型发电厂、变电所的配电装置中，以提高载流量。

在中小型发电厂、变电所配电装置中也普遍采用了软导线和复导线。软导线和复导线的固定和支持金具除少数外，均与架空线路所使用的金具相同。

当短路冲击电流超过 150kA 时，为了减少绝缘子数量和金具支持物的荷载，近年来多选用弹性固定悬吊式安装方式。这种方式可使作用于绝缘子上的荷载减少 40%左右。

硬母线是固定在支柱绝缘子上的，故母线固定金具必须与支柱绝缘子的允许抗弯强度相配合。支柱绝缘子有户内和户外两种。我国使用于 6～35kV 的支柱绝缘子类型较多。支柱绝缘子结构除按绝缘子电气性能、抗弯性能有所区别外，还按钢帽的不同分内浇装和外浇装两种。金属钢帽固定母线的螺孔有单孔 M10、M16、M20mm，双孔 M8、M10、M12、M16mm 及四孔 M12mm。定型的固定金具与支柱绝缘子固定螺孔配套，形成系列化、通用化。其系列如表 5-0-1。

表 5-0-1　　支柱绝缘子与硬母线配套金具系列

绝缘子					配套金具			
类	名　称	螺孔矩(mm)	螺栓数量/规格(mm)	型　号	矩形	槽形	管形	菱形
户外	棒式支柱绝缘子	ϕ140	4/M12	ZS—20/1600 ZS—60/400L ZS—20/3000 ZS—110/400L ZS—35/800 ZS—35/400 ZS—60/400 ZSX—35/400 ZS—110/400	○	○	○	○
		ϕ225	4/M12	ZS—1060—800 ZSX—110/400		○	○	

续表

绝缘子						配套金具			
类	名称		螺孔矩（mm）	螺栓数量/规格（mm）	型号	矩形	槽形	管形	菱形
户内	支柱绝缘子	单孔	—	M10	ZN—10/400N ZL—35/400Y ZL—10/400 ZL—35/400	○	○		
			—	M16	ZN—10/800N ZL—20/1600 ZL—10/800 ZL—35/600 ZL—10/1000				
			—	M20	ZL—20/3000				
		双孔	18	2/M8	ZN—6/400	○	○		
					ZN—10/400				
			36	2/M8	ZL—35/400Y				
					ZL—35/400				
			24	2/M10	ZN—10/800				
			46		ZL—35/800				
			36	2/M10	ZN—10/1000				
					ZN—20/1000				
			46	2/M16	ZN—20/3000				

注 “○”表示有配套金具。

第一节 矩形母线固定金具

在中小型发电厂和变电所配电装置中，矩形母线使用最为广泛。矩形母线的布置方式有三相母线水平布置（见图 5-1-1）和三相母线垂直布置（见图 5-1-2）两种。

三相母线水平布置时，在母线短路情况下，金具和绝缘子承受横向弯曲应力。三相母线垂直布置时，在母线短路情况

下，金具和绝缘子承受垂直压缩力和拉伸力。

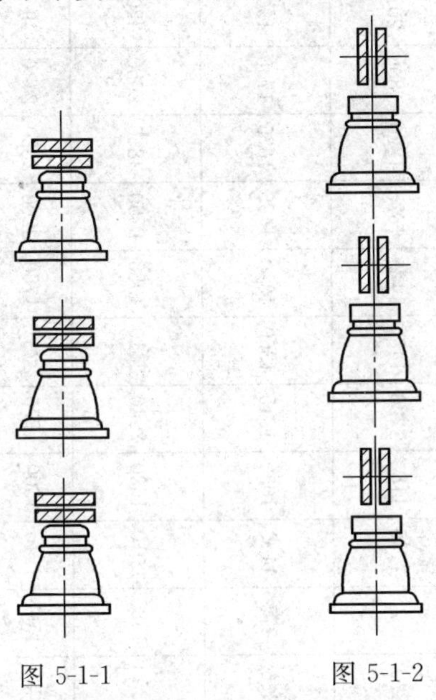

图 5-1-1　　　　图 5-1-2

矩形母线立放和平放的惯性半径不同，载流量亦不同。矩形母线不同布置时的最大容许持续电流见表 5-1-1。

一、户内矩形母线固定金具

户内矩形母线固定金具，根据母线布置方式分为平放和立放两类，适用于安装在单孔 M10mm（型号 ZN—10/400N，ZL—10/400，ZL—35/100Y、ZL—35/400）及单孔 M16mm（型号 ZN—10/800N，ZL—10/800，ZL—10/1000，ZL—20/1600、ZL—35/600）的支柱绝缘子上，以固定一片～三片、规格为 63mm×6.3mm～125mm×12.5mm 的矩形硬母线。

定型的平放固定金具是由钢板制成的底板和铝合金盖板及紧固件组成的框架式金具。盖板采用铝合金，以消除磁滞损失。

表 5-1-1　　矩形母线不同布置时的最大容许持续电流（25℃）　　(A)

矩形母线布置方式	截面系数 W	惯性半径 r_i	母线规格（$h\times b$，mm）										
			60×6	60×8	60×10	80×6	80×8	80×10	100×6	100×8	100×10	120×8	120×10
a a b h	$0.167hb^2$	$0.289b$	870	1025	1155	1150	1320	1480	1425	1625	1820	1800	2070
b h	$0.167bh^2$	$0.289h$	826	975	1100	1050	1215	1360	1310	1495	1675	1750	1905
h bbb	$1.44hb^2$	$1.04b$	1350	1680	2010	1630	2040	2410	1935	2390	2860	2650	3200
	$0.333bh^2$	$0.299h$	1282	1596	1910	1500	1876	2237	1780	2200	2630	2440	2945
	$3.3hb^2$	$1.66b$	1720	2180	2650	2100	2620	3120	2500	3050	3640	3380	4100
	$0.5bh^2$	$0.289h$	1582	2005	2520	1930	2410	2810	2300	2800	3350	3110	3770

立放固定金具有两块铝合金制成的夹板式立柱，用以夹住母线。这种金具也可消除磁滞损失。

1. 矩形母线平放固定金具（户内一片）

这种金具适用于安装在螺栓直径为 M10mm 及 M16mm 的支柱绝缘子上，以固定规格为 63mm × 6.3mm～125mm×12.5mm 的矩形硬母线。

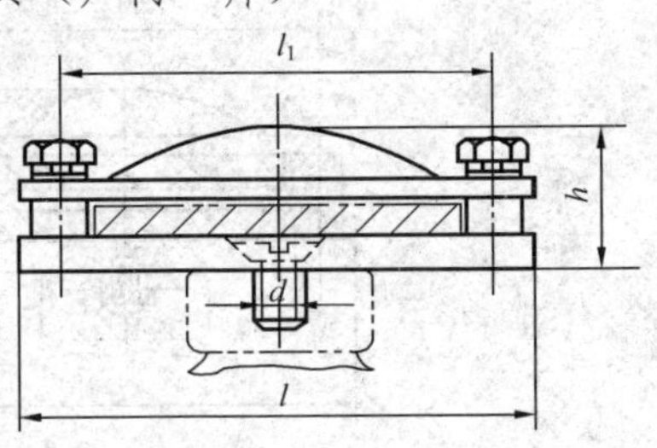

图 5-1-3

金具的形状及规范如图 5-1-3 及表 5-1-2 所示。

表 5-1-2 矩形母线平放固定金具（户内一片）规范

型号	图号	适用母线规格 (mm)	适用支柱绝缘子螺径 (mm)	主要尺寸 (mm)			质量 (kg)
				h	l	l_1	
MNP—101	5-1-3	63×6.3	M10	38	113	83	0.42
MNP—102		80×6.3，80×8		42	130	100	0.46
MNP—103		100×8，100×10		46	150	120	0.46
MNP—104		125×8，125×10，125×12.5		48	175	145	0.62
MNP—105		63×6.3	M16	38	113	83	0.41
MNP—106		80×6.3，80×8		42	130	100	0.45
MNP—107		100×8，100×10		46	150	120	0.55
MNP—108		125×8，125×10，125×12.5		48	175	145	0.61

2. 矩形母线平放固定金具（户内二片）

这种金具适用于安装在固定螺栓直径为 M10mm 及 M16mm 的支柱绝缘子上，以固定规格为 63mm×6.3mm～

125mm×12.5mm 的矩形硬母线。

金具的形状及规范如图 5-1-4 及表 5-1-3 所示。

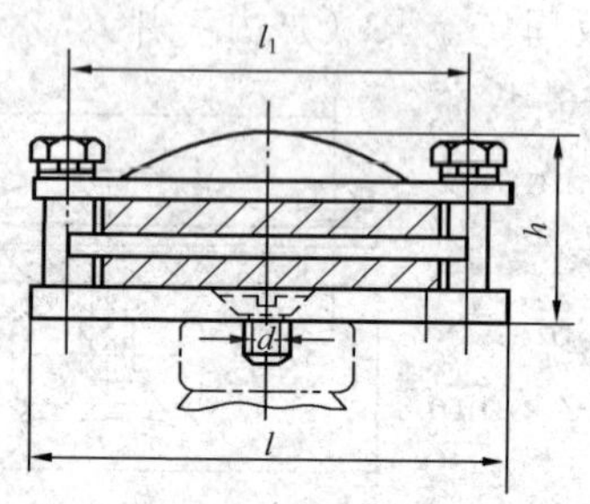

图 5-1-4

表 5-1-3　　矩形母线平放固定金具（户内二片）规范

型　号	图号	适用母线规格（mm）	适用支柱绝缘子螺径（mm）	主要尺寸（mm）			质量（kg）
				h	l	l_1	
MNP—201	5-1-4	63×6.3	M10	58	113	83	0.64
MNP—202		80×6.3，80×8		62	130	100	0.72
MNP—203		100×8，100×10		66	150	120	0.90
MNP—204		125×8，125×10，125×12.5		68	175	145	1.01
MNP—205		63×6.3	M16	58	113	83	0.64
MNP—206		80×6.3，80×8		62	130	100	0.71
MNP—207		100×8，100×10		66	150	120	0.90
MNP—208		125×8，125×10，125×12.5		68	175	145	1.00

3. 矩形母线平放固定金具（户内三片）

这种金具适用于安装在固定螺栓直径为 M10mm 及 M16mm 的支柱绝缘子上，以固定规格为 63mm×6.3mm～125mm×12.5mm 的矩形硬母线。

金具的形状及规范如图 5-1-5 及表 5-1-4 所示。

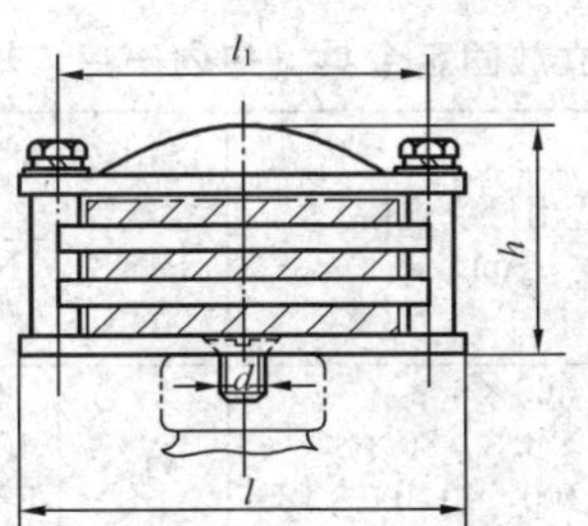

图 5-1-5

表 5-1-4　　矩形母线平放固定金具（户内三片）规范

型　号	图号	适用母线规格（mm）	适用支柱绝缘子螺径（mm）	主要尺寸（mm）			质量（kg）
				h	l	l_1	
MNP—301	5-1-5	63×6.3	M10	78	113	83	0.80
MNP—302		80×6.3，80×8		82	130	100	0.92
MNP—303		100×8，100×10		86	150	120	1.17
MNP—304		125×8，125×10，125×12.5		88	175	145	1.30
MNP—305		63×6.3	M16	78	113	83	0.82
MNP—306		80×6.3，80×8		82	130	100	0.91
MNP—307		100×8，100×10		86	150	120	1.15
MNP—308		125×8，125×10，125×12.5		88	175	145	1.29

4. 矩形母线立放固定金具（户内一片）

这种金具适用于安装在固定螺栓直径为 M10mm 及 M16mm 的支柱绝缘子上，以固定规格为 63mm × 6.3mm～125mm×12.5mm 的矩形硬母线。

金具的形状及规范如图 5-1-6 及表 5-1-5 所示。

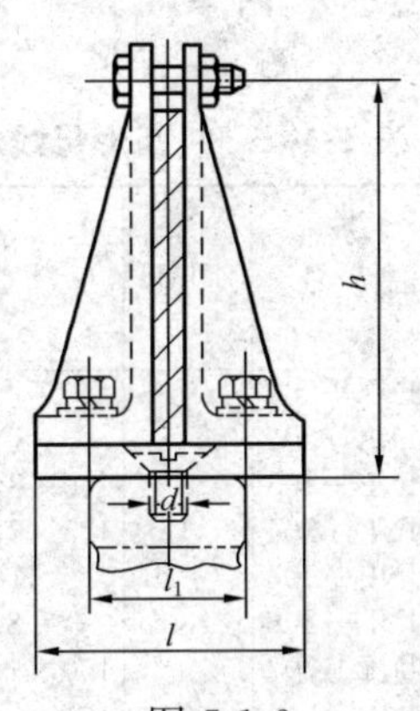

图 5-1-6

表 5-1-5　　矩形母线立放固定金具（户内一片）规范

型　号	图号	适用母线规格(mm)	适用支柱绝缘子螺径(mm)	主要尺寸(mm)			质量(kg)
				h	l_1	l	
MNL—101	5-1-6	63×6.3	M10	82	60	90	0.90
MNL—102		80×6.3，80×8		100			0.96
MNL—103		100×8,100×10,100×12.5		120			1.09
MNL—104		125×8,125×10,125×12.5		145			1.15
MNL—105		63×6.3	M16	82			0.90
MNL—106		80×6.3,80×8		100			0.96
MNL—107		100×8,100×10,100×12.5		120			1.09
MNL—108		125×8,125×10,125×12.5		145			1.15

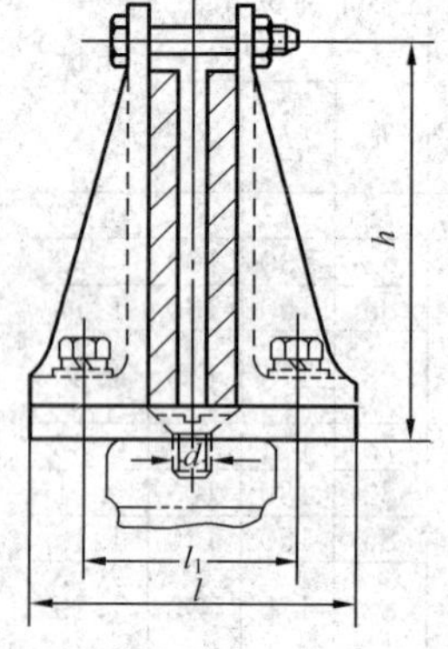

图 5-1-7

5. 矩形母线立放固定金具（户内二片）

这种金具适用于安装在固定螺栓直径为 M10mm 及 M16mm 的支柱绝缘子上，以固定规格为 63mm×6.3mm～125mm×12.5mm 的矩形硬母线。

金具的形状及规范如图 5-1-7 及表 5-1-6 所示。

表 5-1-6　　矩形母线立放固定金具（户内二片）规范

型　号	图号	适用母线规格(mm)	适用支柱绝缘子螺径(mm)	主要尺寸(mm)			质量(kg)
				h	l_1	l	
MNL—201	5-1-7	63×6.3	M10	82	83	113	0.92
MNL—202		80×6.3，80×8		100			0.98
MNL—203		100×8,100×10,100×12.5		120			1.11
MNL—204		125×8,125×10,125×12.5		145			1.17
MNL—205		63×6.3	M16	82			0.92
MNL—206		80×6.3,80×8		100			0.98
MNL—207		100×8,100×10,100×12.5		120			1.11
MNL—208		125×8,125×10,125×12.5		145			1.17

6. 矩形母线立放固定金具（户内三片）

这种金具适用于安装在固定螺栓直径为 M10mm 及 M16mm 的支柱绝缘子上，以固定规格为 63mm×6.3mm～125mm×12.5mm 的矩形硬母线。

金具的形状及规范如图 5-1-8 及表 5-1-7 所示。

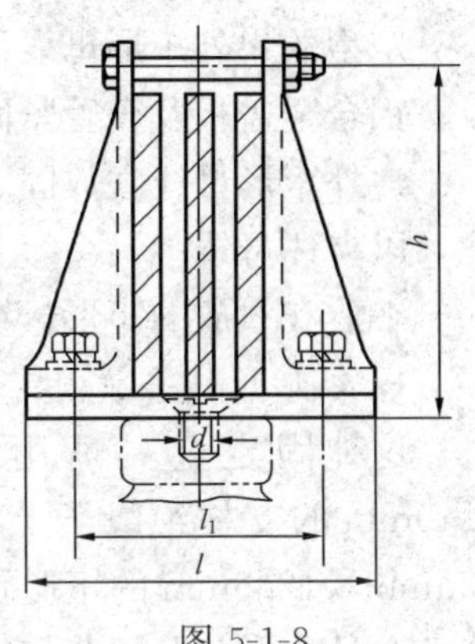

图 5-1-8

表 5-1-7　矩形母线立放固定金具（户内三片）规范

型　号	图号	适用母线规格（mm）	适用支柱绝缘子螺径（mm）	主要尺寸（mm）			质量（kg）
				h	l_1	l	
MNL—301	5-1-8	63×6.3	M10	82	100	130	0.94
MNL—302		80×6.3，80×8		100			1.00
MNL—303		100×8,100×10,100×12.5		120			1.13
MNL—304		125×8,125×10,125×12.5		145			1.19
MNL—305		63×6.3	M16	82			0.94
MNL—306		80×6.3,80×8		100			1.00
MNL—307		100×8,100×10,100×12.5		120			1.13
MNL—308		125×8,125×10,125×12.5		145			1.19

二、户外矩形母线固定金具

户外矩形母线固定金具，按母线布置方式可分为平放和立放两类，适用于安装在 4 孔 M12mm、孔距为 ϕ140mm（型号 ZS—20/1600，ZS—20/3000、ZS—35/800、ZS—60/400、ZS—110/400、ZS—35/400 等）的支柱绝缘子上，以固定一片～三片、规格为 63mm×6.3mm～125mm×12.5mm 的矩形硬母线。

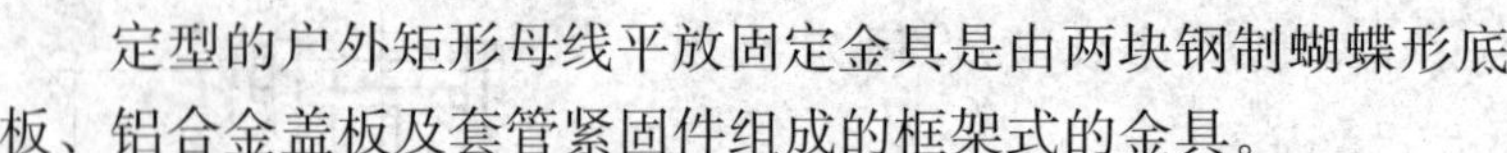

定型的户外矩形母线平放固定金具是由两块钢制蝴蝶形底板、铝合金盖板及套管紧固件组成的框架式的金具。

户外矩形母线立放固定金具有两块铝合金制成的夹板式支柱，以夹住母线。

平放和立放的矩形母线固定金具均消除了磁滞损失。

1. 矩形母线平放固定金具（户外一片）

这种固定金具适用于安装在 4 孔 M12mm、孔距为 ϕ140mm 的支柱绝缘子上，以固定规格为 63mm×6.3mm～125mm×12.5mm 的矩形硬母线。

金具的形状及规范如图 5-1-9 及表 5-1-8 所示。

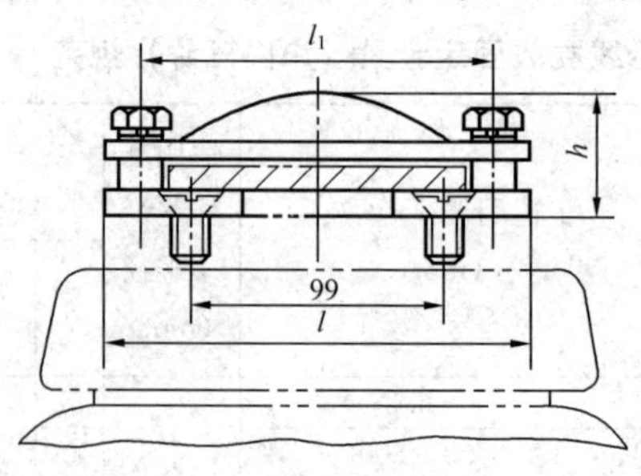

图 5-1-9

表 5-1-8　　矩形母线平放固定金具（户外一片）规范

型　号	图号	适用母线规格（mm）	适用支柱绝缘子螺径	主要尺寸（mm）			质量（kg）
				h	l	l_1	
MWP—101	5-1-9	63×6.3	M12 ϕ140	38	140	83	1.20
MWP—102		80×6.3 80×8		42		100	1.23
MWP—103		100×8 100×10 100×12.5		46	170	120	1.26
MWP—104		125×8 125×10 125×12.5		48		145	1.30

2. 矩形母线平放固定金具（户外二片）

这种固定金具适用于安装在 4 孔 M12mm、孔距为 ϕ140mm 的支柱绝缘子上，以固定规格为 63mm×6.3mm～125mm×12.5mm 的矩形硬母线。

金具的形状及规范如图 5-1-10 及表 5-1-9 所示。

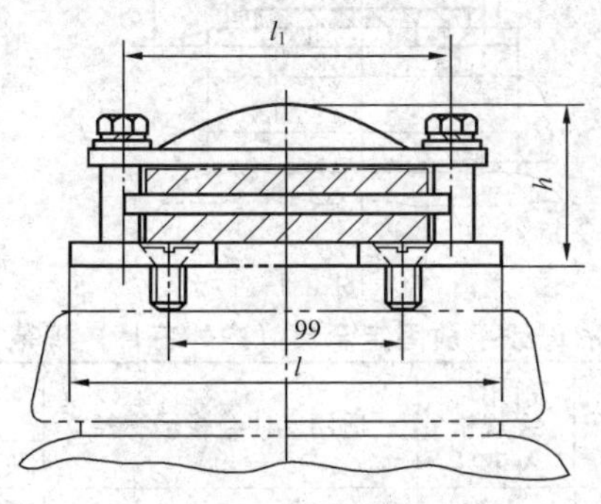

图 5-1-10

表 5-1-9　　矩形母线平放固定金具（户外二片）规范

<table>
<tr><th rowspan="2">型　号</th><th rowspan="2">图号</th><th rowspan="2">适用母线规格（mm）</th><th rowspan="2">适用支柱绝缘子螺径</th><th colspan="3">主要尺寸（mm）</th><th rowspan="2">质量（kg）</th></tr>
<tr><th>h</th><th>l</th><th>l₁</th></tr>
<tr><td>MWP—201</td><td rowspan="4">5-1-10</td><td>63×6.3</td><td rowspan="4">M12
φ140</td><td>58</td><td rowspan="2">140</td><td>83</td><td>1.47</td></tr>
<tr><td>MWP—202</td><td>80×6.3
80×8</td><td>62</td><td>100</td><td>1.50</td></tr>
<tr><td>MWP—203</td><td>100×8
100×10
100×12.5</td><td>66</td><td rowspan="2">170</td><td>120</td><td>1.63</td></tr>
<tr><td>MWP—204</td><td>125×8
125×10
125×12.5</td><td>68</td><td>145</td><td>1.67</td></tr>
</table>

3. 矩形母线平放固定金具（户外三片）

这种固定金具适用于安装在 4 孔 M12mm、孔距为 ϕ140mm 的支柱绝缘子上，以固定规格为 63mm×6.3mm～125mm×12.5mm

的矩形硬母线。

金具的形状及规范如图 5-1-11 及表 5-1-10 所示。

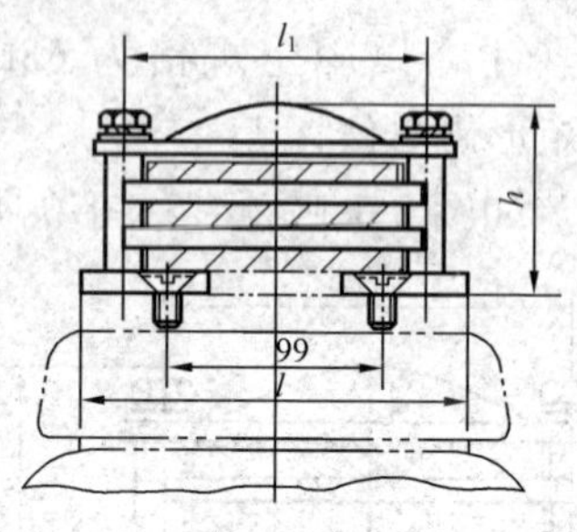

图 5-1-11

表 5-1-10　矩形母线平放固定金具（户外三片）规范

型　号	图号	适用母线规格（mm）	适用支柱绝缘子螺径	主要尺寸（mm）			质量（kg）
				h	l	l_1	
MWP—301	5-1-11	63×6.3	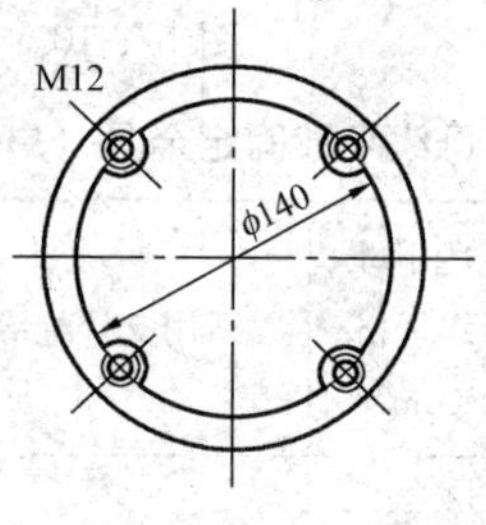 M12, ϕ140	78	140	83	1.70
MWP—302		80×6.3 80×8		82		100	1.75
MWP—303		100×8 100×10 100×12.5		86	170	120	1.82
MWP—304		125×8 125×10 125×12.5		88		145	1.86

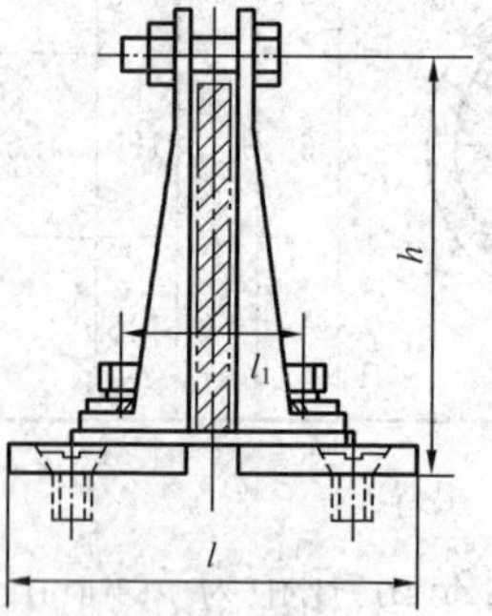

4. 矩形母线立放固定金具（户外一片）

这种固定金具适用于安装在 4 孔 M12mm、孔距为 ϕ140mm 的支柱绝缘子上，以固定规格为 63mm × 6.3mm～125mm×12.5mm 的矩形硬母线。

金具的形状及规范如图 5-1-12 及表 5-1-11 所示。

图 5-1-12

表 5-1-11　矩形母线立放固定金具（户外一片）规范

型　号	图号	适用母线规格（mm）	适用支柱绝缘子螺径	主要尺寸（mm）			质量（kg）
				h	l	l_1	
MWL—101	5-1-12	63×6.3	M12, ϕ140	82	140	60	2.15
MWL—102		80×6.3 80×8		100			2.20
MWL—103		100×8 100×10 100×12.5		120			2.25
MWL—104		125×8 125×10 125×12.5		145			2.30

5. 矩形母线立放固定金具（户外二片）

这种固定金具适用于安装在 4 孔 M12mm、孔距为 ϕ140mm 的支柱绝缘子上，以固定规格为 63mm×6.3mm～125mm×12.5mm 的矩形硬母线。

金具的形状及规范如图 5-1-13 及表 5-1-12 所示。

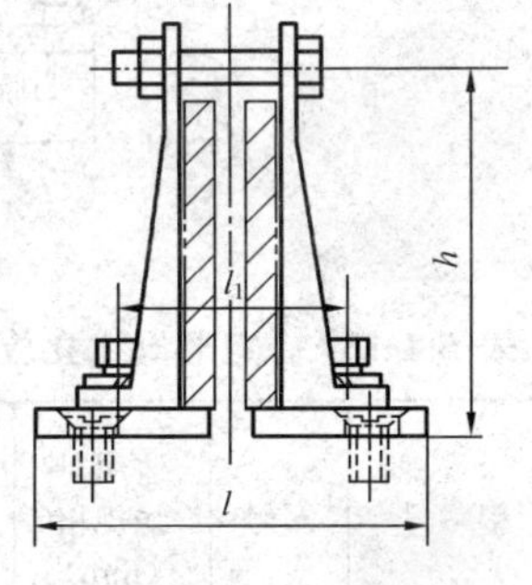

图 5-1-13

表 5-1-12　矩形母线立放固定金具（户外二片）规范

型　号	图号	适用母线规格（mm）	适用支柱绝缘子螺径	主要尺寸（mm）			质量（kg）
				h	l	l_1	
MWL—201	5-1-13	63×6.3	M12, ϕ140	82	140	80	2.18
MWL—202		80×6.3 80×8		100			2.23
MWL—203		100×8 100×10 100×12.5		120			2.28
MWL—204		125×8 125×10 125×12.5		145			2.33

6. 矩形母线立放固定金具（户外三片）

这种固定金具适用于安装在 4 孔 M12mm、孔距为 ϕ140mm 的支柱绝缘子上，以固定规格为 63mm×6.3mm～125mm×12.5mm 的矩形硬母线。

金具的形状及规范如图 5-1-14 及表 5-1-13 所示。

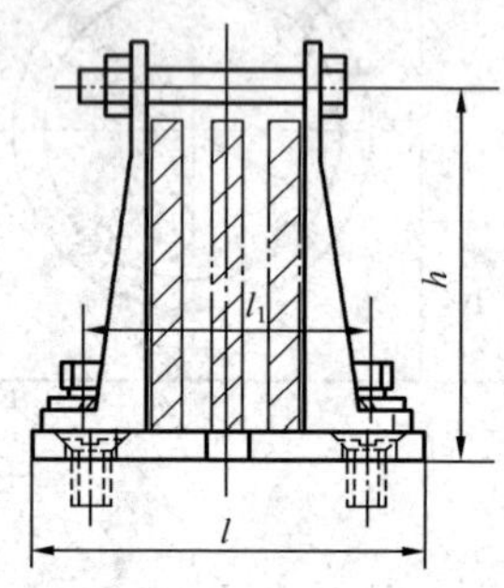

图 5-1-14

表 5-1-13　矩形母线立放固定金具（户外三片）规范

型　号	图号	适用母线规格（mm）	适用支柱绝缘子螺径	主要尺寸（mm）			质量（kg）
				h	l	l_1	
MWL—301	5-1-14	63×6.3	M12 φ140	82	140	100	2.21
MWL—302		80×6.3 80×8		100			2.26
MWL—303		100×8 100×10 100×12.5		120			2.31
MWL—304		125×8 125×10 125×12.5		145			2.36

7. 矩形母线间隔垫

根据对二片以上组成一相母线的机械和电气性能的要求，

母线片间距离应为单片母线的厚度，且母线的安装应保持片间距离不变。为达此目的，通常采用间隔垫来实现。

间隔垫由一根双螺柱和两片夹板组成。每两片母线用一付间隔垫，如图 5-1-15 所示。三片母线用两付间隔垫相隔一定距离固定之，如图 5-1-16 所示。

两个支柱绝缘子间，间隔垫安装数量在设计时给定。

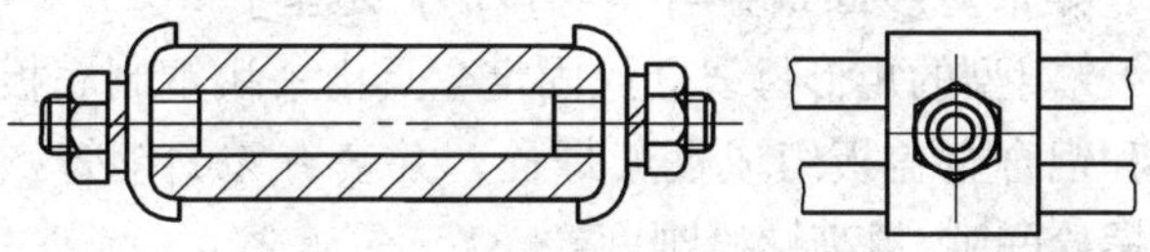

图 5-1-15

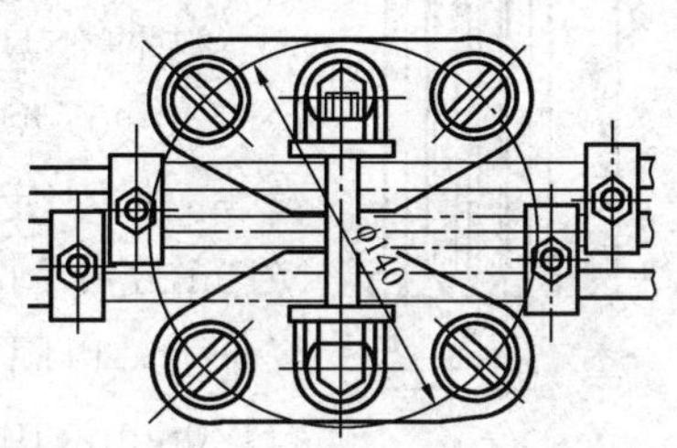

图 5-1-16

矩形母线间隔垫的形状及规范见图 5-1-17 及表 5-1-14。

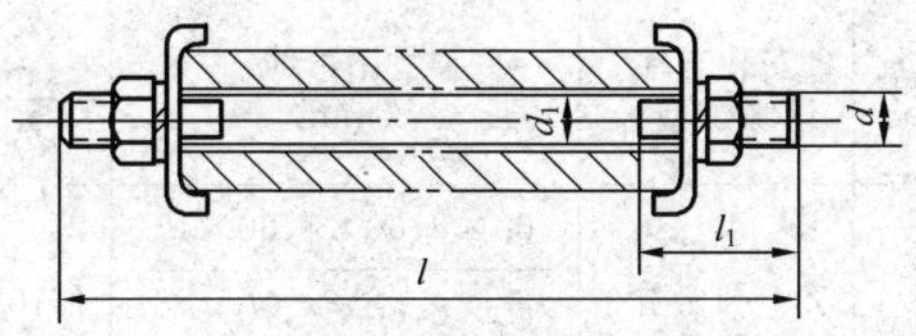

图 5-1-17

表 5-1-14　　矩形母线间隔垫规范

型　号	图号	标称规格 (mm)	主要尺寸 (mm)				质量 (kg)
			d	d_1	l_1	l	
MJG—01	5-1-17	M10×100	10	10	26	100	0.12
MJG—02		M10×120				120	0.14
MJG—03		M10×140				140	0.15
MJG—04		M10×160				160	0.16

三、矩形母线固定金具［（1974）定型］

〈74〉定型的矩形母线立放固定金具由一块钢制底板、两根长螺栓和铝合金盖板组成框架螺栓，并套有无缝钢管，以减少母线与螺栓间隙，提高螺栓刚度。

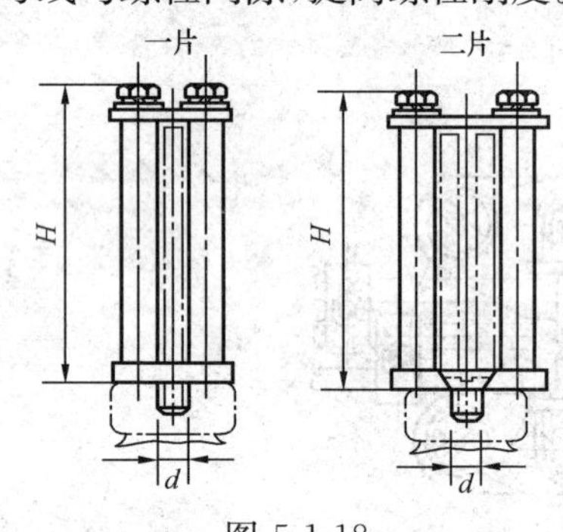

图 5-1-18

1. 矩形母线立放固定金具（户内一、二片）

这种金具适用于安装在ZN—10/400型，ZL—10/800型及其他固定螺栓直径为M10mm或M16mm的支柱绝缘子上，以固定60mm×6mm～120mm×10mm的矩形硬母线。金具的形状及规范见图5-1-18及表5-1-15。

表 5-1-15　　矩形母线立放固定金具（户内一、二片）规范

型　号	图号	安装支柱绝缘子型号	适用母线 (mm)	主要尺寸 (mm)		质量 (kg)
				d	H	
JNL—201	5-1-18	ZN—10/400 ZN—35/400	60×6,60×8,60×10	M10×20	91	0.69
JNL—202			80×6,80×8,80×10		111	0.79
JNL—203			100×6,100×8,100×10		131	0.86
JNL—204			120×8,120×10		151	0.96

续表

型号	图号	安装支柱绝缘子型号	适用母线(mm)	主要尺寸(mm) d	H	质量(kg)
JNL—205	5-1-18	ZL—10/800 ZL—10/1000 ZB—6 ZB—10 ZB—35 ZC—10 ZD—10	60×6,60×8,60×10	M16×25	91	0.70
JNL—206			80×6,80×8,80×10		111	0.78
JNL—207			100×6,100×8,100×10		131	0.87
JNL—208			120×8,120×10		151	0.97

2. 矩形母线立放固定金具（户内三片）

这种金具适用于安装在ZN—10/400型、ZL—10/800型及其他固定螺栓直径为M10mm或M16mm的支柱绝缘子上，以固定60mm×6mm～120mm×10mm的矩形硬母线。

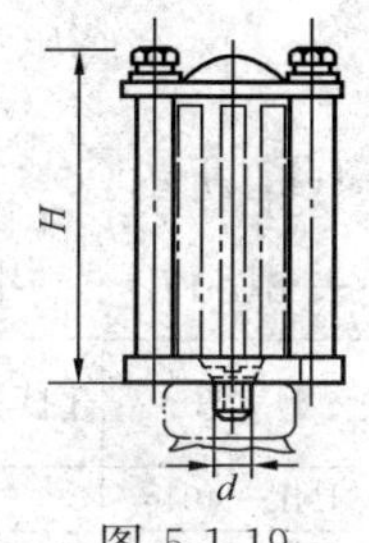

图 5-1-19

金具的形状及规范如图5-1-19及表5-1-16所示。

表 5-1-16　矩形母线立放固定金具(户内三片)规范

型号	图号	安装支柱绝缘子型号	适用母线(mm)	主要尺寸(mm) d	H	质量(kg)
JNL—301	5-1-19	ZN—10/400	60×6 60×8 60×10	M10×20	91	0.93
JNL—302			80×6 80×8 80×10		111	1.03
JNL—303		ZN—35/400	100×6 100×8 100×10		131	1.14
JNL—304			120×8 120×10		151	1.26
JNL—305		ZL—10/800	60×6 60×8 60×10	M16×25	91	0.98
JNL—306			80×6 80×8 80×10		111	1.04
JNL—307		ZL—10/1000	100×6 100×8 100×10		131	1.15
JNL—308			120×8 120×10		151	1.27

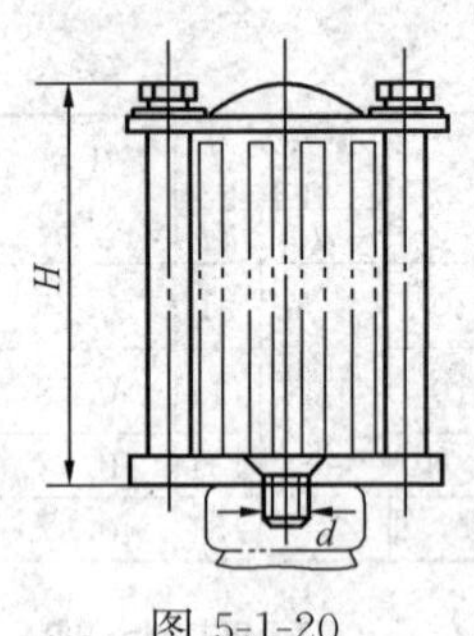

图 5-1-20

3. 矩形母线立放固定金具（户内四片）

这种金具适用于安装在 ZL—10/1000 型、ZL—10/800 型及其他固定螺栓直径为 M16mm 的支柱绝缘了上，以固定 100mm×10mm～120mm×10mm 的矩形硬母线。

金具的形状及规范如图 5-1-20 及表 5-1-17 所示。

表 5-1-17　　矩形母线立放固定金具（户内四片）规范

型　号	图号	安装支柱绝缘子型号	适用母线（mm）	主要尺寸（mm）		质量（kg）
				d	*H*	
JNL—401	5-1-20	ZL—10/800	100×10	M16×25	133	1.42
JNL—402		ZL—10/1000	120×10		153	1.55

4. 矩形母线立放固定金具（户外一片）

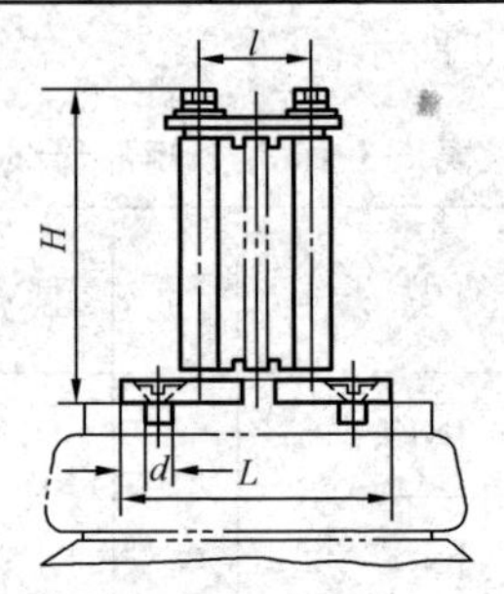

图 5-1-21

这种金具适用于安装在 ZPC—1—35 型、ZPC—2—35 型及螺距为 ϕ140、螺栓直径为 M12mm 的其他支柱绝缘子上，以固定 60mm×6mm～120mm×10mm 的矩形硬母线。

金具的形状及规范如图 5-1-21 及表 5-1-18 所示。

表 5-1-18　　矩形母线立放固定金具（户外一片）规范

型　号	图号	安装支柱绝缘子型号	适用母线（mm）	主要尺寸（mm）				质量（kg）
				d	*H*	*L*	*l*	
JWL—109	5-1-21	ZPC—1—35	60×6,60×8,60×10	4-M12×25	103	140	60	1.72
JWL—110			80×6,80×8,80×10		123			1.79
JWL—111		ZPC—2—35	100×6,100×8,100×10		143			1.86
JWL—112			120×8,120×10		163			1.93

5. 矩形母线立放固定金具（户外二片）

这种金具适用于安装在 ZPC—1—35 型、ZPC—2—35 型及螺距为 ϕ140mm、螺栓直径为 M12mm 的其他支柱绝缘子上，以固定 60mm×6mm～120mm×10mm 的矩形硬母线。

金具的形状及规范如图 5-1-22 及表 5-1-19 所示。

表 5-1-19　矩形母线立放固定金具（户外二片）规范

型号	图号	安装支柱绝缘子型号	适用母线（mm）	主要尺寸（mm）				质量（kg）
				d	H	L	l	
JWL—209	5-1-22	ZPC—1—35	60×6，60×8，60×10	4-M12×25	103	140	60	1.73
JWL—210			80×6，80×8，80×10		123			1.80
JWL—211		ZPC—2—35	100×6，100×8，100×10		143			1.86
JWL—212			120×8，120×10		163			1.94

6. 矩形母线立放固定金具（户外三片）

这种金具适用于安装在 ZPC—1—35 型、ZPC—2—35 型及螺距为 ϕ140mm、螺栓直径为 M12mm 的其他支柱绝缘子上，以固定 60mm×6mm～120mm×10mm 的矩形硬母线。

金具的形状及规范如图 5-1-23 及表 5-1-20 所示。

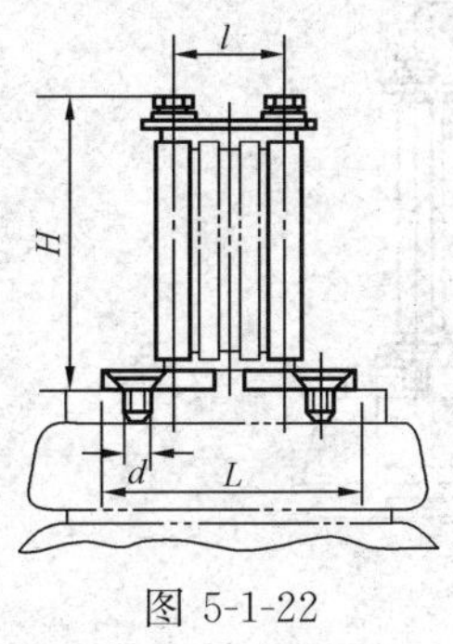

图 5-1-22

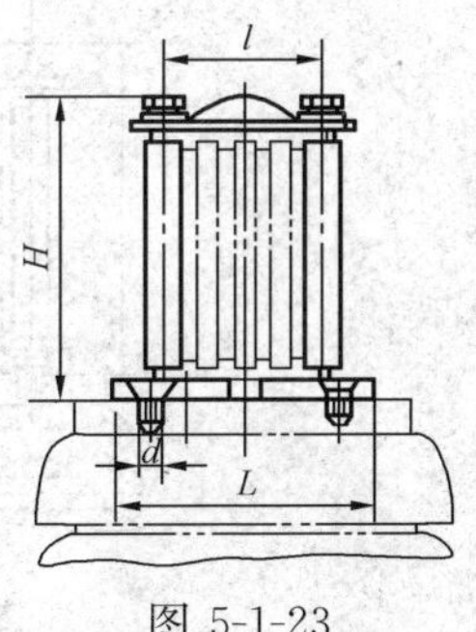

图 5-1-23

表 5-1-20　　矩形母线立放固定金具（户外三片）规范

<table>
<tr><th rowspan="2">型　号</th><th rowspan="2">图号</th><th rowspan="2">安装支柱绝缘子型号</th><th rowspan="2">适用母线（mm）</th><th colspan="4">主要尺寸（mm）</th><th rowspan="2">质量（kg）</th></tr>
<tr><th>d</th><th>H</th><th>L</th><th>l</th></tr>
<tr><td>JWL—309</td><td rowspan="4">5-1-23</td><td rowspan="2">ZPC—1—35</td><td>60×6，60×8，60×10</td><td rowspan="4">4-M12×25</td><td>103</td><td rowspan="4">140</td><td rowspan="4">80</td><td>1.77</td></tr>
<tr><td>JWL—310</td><td>80×6，80×8，80×10</td><td>123</td><td>1.84</td></tr>
<tr><td>JWL—311</td><td rowspan="2">ZPC—2—35</td><td>100×6，100×8，100×10</td><td>143</td><td>1.91</td></tr>
<tr><td>JWL—312</td><td>120×8，120×10</td><td>163</td><td>1.98</td></tr>
</table>

7. 矩形母线立放固定金具（户外四片）

这种金具适用于安装在 ZPC—1—35 型、ZPC—2—35 型及螺距为 ϕ140mm、螺栓直径为 M12mm 的其他支柱绝缘子上，以固定 100mm × 10mm ～ 120mm × 10mm 的矩形硬母线。

金具的形状及规范如图 5-1-24 及表 5-1-21 所示。

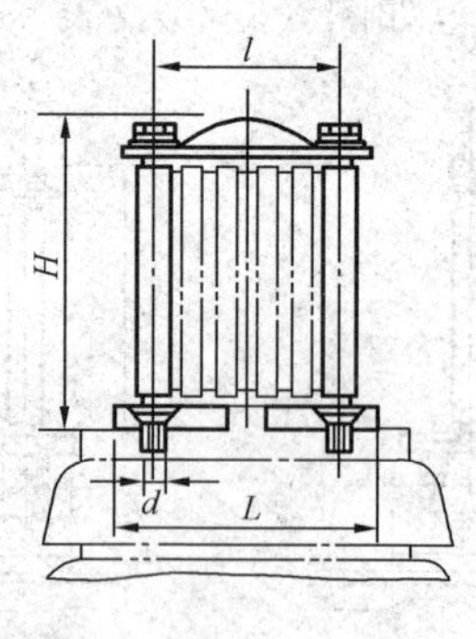

图 5-1-24

表 5-1-21　矩形母线立放固定金具（户外四片）规范

型　号	图号	安装支柱绝缘子型号	适用母线（mm）	主要尺寸（mm）				质量（kg）
				d	H	L	l	
JWL—403	5-1-24	ZPC—1—35	100×10	4-M12×25	145	140	100	1.95
JWL—404		ZPC—2—35	120×10		165			2.02

第二节　槽形母线固定金具

槽形母线是由两个槽形铝导体焊接成的一个矩形桶状母线，用于发电机引出线与升压变压器、发电机电压配电装置间的连接。

槽形母线固定金具由一个钢板底盘、两根长螺杆和盖板等组成。槽形母线固定金具分为户内和户外两类，与支柱绝缘子配套。

一、槽形母线固定金具

户外槽形母线固定金具适用于安装在 4 孔 M12mm、孔距为 ϕ140mm（型号 ZS—20/1600，ZS—20/3000，ZS—3/800，ZS—60/400，ZS—110/400，ZS—35/400 等）的支柱绝缘子上，以固定［100mm～［250mm 规格的槽形母线。

户内槽形母线固定金具适用于安装在单孔 M16mm 支柱绝缘子上，以固定［100mm～［250mm 规格的槽形母线。

槽形母线固定金具的形状及规范如图 5-2-1 及表 5-2-1 所示。

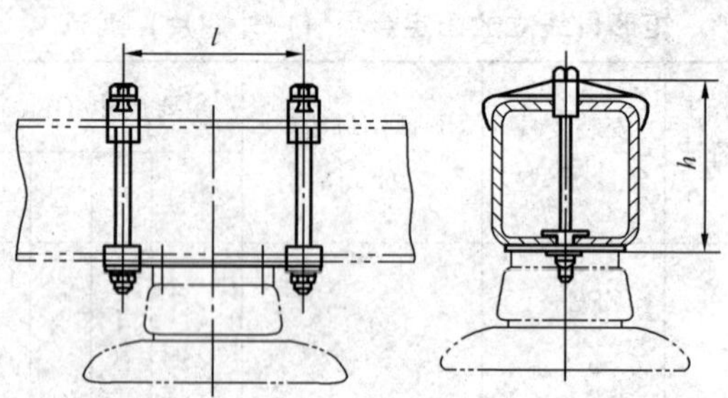

图 5-2-1

表 5-2-1　　　　槽形母线固定金具规范

型　号	图号	类别	适用母线规格（mm）	适用支柱绝缘子螺径	主要尺寸（mm）		质量（kg）
					h	l	
MCN—100	5-2-1	户内	[100	M16	132	200	3.90
MCN—125			[125		157		4.00
MCN—150			[150		182		4.10
MCN—175			[175		212		4.15
MCN—200			[200		245		4.30
MCN—225			[225		270		4.40
MCN—250			[250		300		4.60
MCW—100		户外	[100	M12, φ140	132	250	5.60
MCW—125			[125		157		5.70
MCW—150			[150		182		5.80
MCW—175			[175		212		5.95
MCW—200			[200		232		6.10
MCW—225			[225		270		6.30
MCW—250			[250		300		6.50

二、槽形母线吊挂金具

吊挂金具是供槽形母线弹性固定用的附件之一（见图5-2-2）。

吊挂金具由槽形母线间隔垫及吊架组成。吊挂在母线走廊内的吊挂槽形母线绝缘子串，可选用XP—70型悬式绝缘子进行组装。其他连接金具可根据相间距离，选用合适的金具。

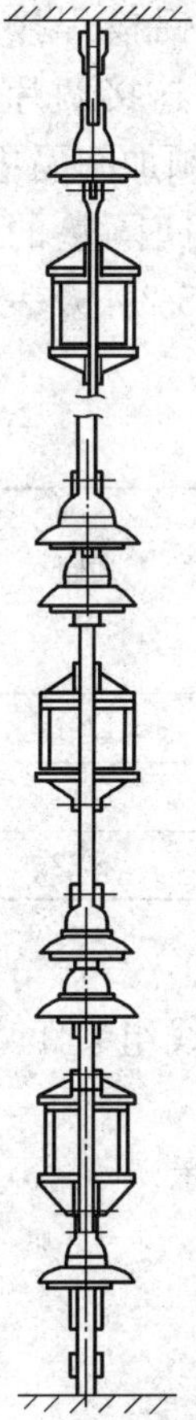

槽形母线吊挂金具的形状及规范如图5-2-3及表5-2-2所示。

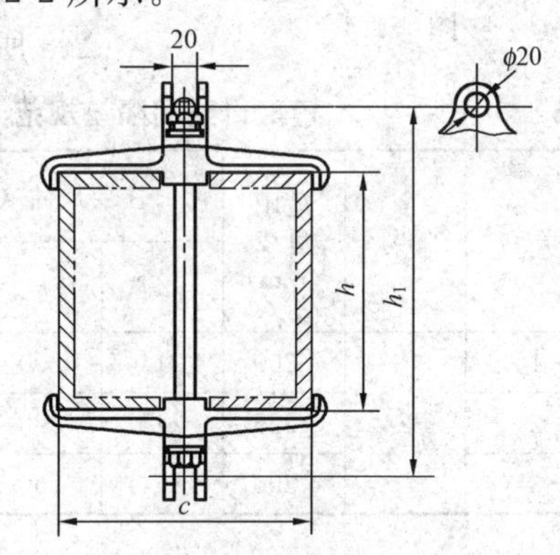

图 5-2-3

表 5-2-2　　槽形母线吊挂金具规范

型　号	图号	适用母线(mm)	主要尺寸（mm）			质量(kg)
			c	h	h_1	
MCD—1	5-2-3	[200	214	200	332	5.26
MCD—2		[225	244	225	357	5.64
MCD—3		[250	264	250	382	5.94

图 5-2-2

三、槽形母线间隔垫

在两个支柱绝缘子或两个吊挂式组装串之间的槽形母线

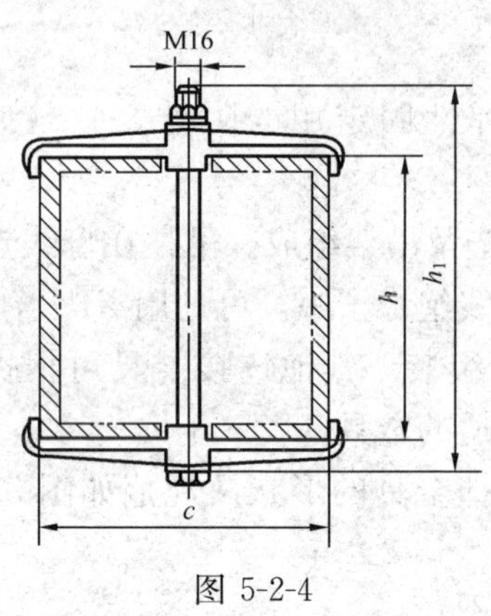

图 5-2-4

上，应安装间隔垫，以保持槽形母线的形状和尺寸。安装的数量和距离按设计要求进行。

如果采用铝板焊接槽形母线的方法连接两片槽形母线时，勿须加间隔垫。

槽形母线间隔垫的形状及规范如图 5-2-4 及表 5-2-3 所示。

表 5-2-3　　槽形母线间隔垫规范

型　号	图号	适用母线（mm）	主要尺寸（mm）			质量（kg）
			a	h	h_1	
MCG—1	5-2-4	[200	214	200	300	1.92
MCG—2		[225	244	225	320	2.11
MCG—3		[250	264	250	380	2.22

四、调整环

调整环用于发电厂母线桥，吊挂和调整硬母线组装距离，见图 5-2-2。

调整环的形状及规范如图 5-2-5 及表 5-2-4 所示。

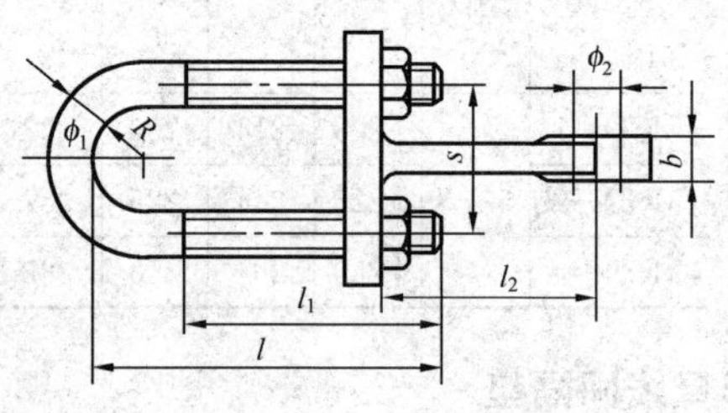

图 5-2-5

表 5-2-4　　调整环规范

型号	图号	主要尺寸（mm）								质量（kg）
		b	ϕ_1	ϕ_2	R	s	l	l_1	l_2	
DT—7	5-2-5	16	16	18	20	56	125	90	116	1.59

第三节　菱形母线固定金具

菱形母线可用于发电机引出线与升压变压器、发电机电压配电装置间的连接。

菱形母线是由四片矩形母线组成的菱形导体。菱形母线固定金具具有双重作用：一是保持母线呈菱形尺寸；二是将母线固定在支柱绝缘子上。

菱形母线的布置方式，可分为水平布置和垂直布置两种。

三相菱形母线呈水平布置时（如图 5-3-1 所示），在母线短路情况下，固定金具与绝缘子承受横向弯矩。这就要求金具应有足够的刚度，因而金具的支柱采用了可锻铸铁制造。

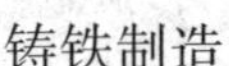

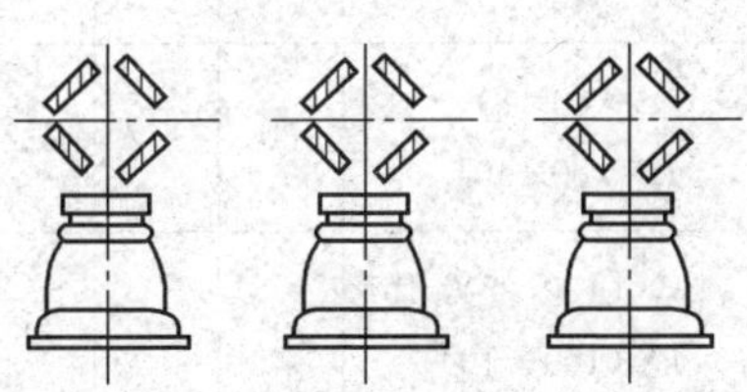

图 5-3-1

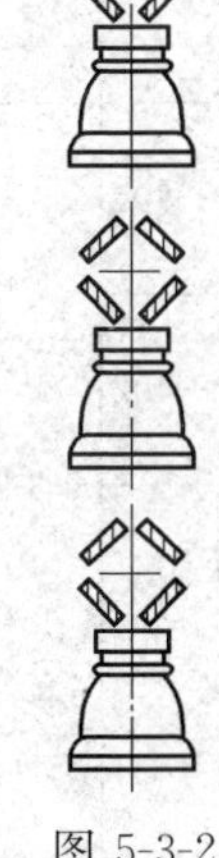

图 5-3-2

三相菱形母线呈垂直布置时（如图 5-3-2 所示），在母线短路情况下，固定金具与支柱绝缘子承受垂直压缩与拉伸力，因而金具的支柱采

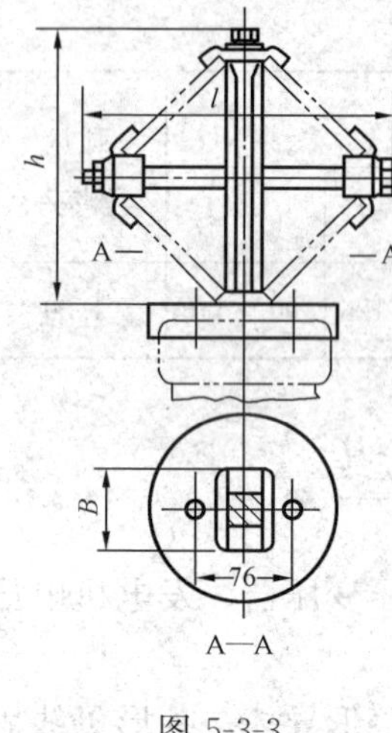

图 5-3-3

用圆钢制造。

由于施工中把母线组成菱形比较困难，故菱形母线在现有工程中已很少采用，国家标准中亦未列入。定型的菱形母线固定金具列出仅供参考。

一、户内菱形母线固定金具（三相水平布置）

这种金具适用于安装在 ZD—10 型及 ZD—20 型支柱绝缘子或 ZS—20/800 型户外棒式支柱绝缘子上，以固定 4 片 80mm×8mm～160mm×10mm 的菱形母线。

户内菱形母线固定金具的形状及规范如图 5-3-3 及表 5-3-1 所示。

表 5-3-1　　户内菱形母线固定金具规范

型号	图号	安装支柱绝缘子型号	适用母线（mm）	主要尺寸（mm）			质量（kg）
				B	*h*	*l*	
LNP—401	5-3-3	ZD—10	4×(80×8)， 4×(80×10)	60	177	222	3.15
LNP—402			4×(100×8)， 4×(100×10)	60	205	252	3.33
LNP—403		ZD—20	4×(120×10)	80	233	277	3.64
LNP—404			4×(160×10)	80	289	337	4.03

二、户内菱形母线固定金具

（三相垂直布置）

这种金具适用于安装在ZL—10/800型支柱绝缘子或单孔M16mm的其他支柱绝缘子上，以固定4片80mm×8mm～160mm×10mm的菱形母线。

户内菱形母线固定金具的形状及规范如图5-3-4及表5-3-2所示。

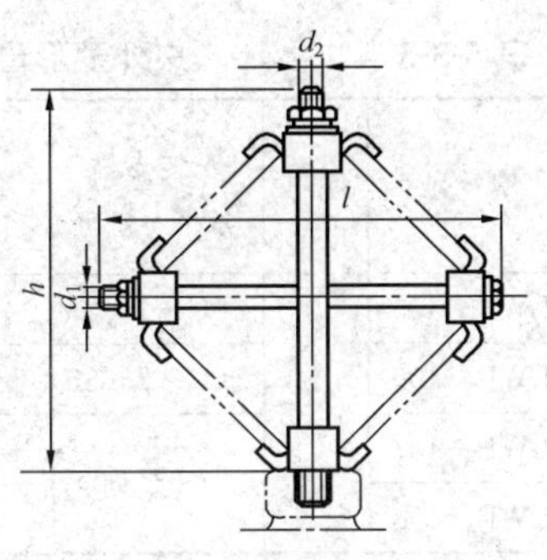

图 5-3-4

表 5-3-2　　户内菱形母线固定金具规范

型　号	图号	安装支柱绝缘子型号	适　用　母　线［片数×尺寸（mm）］	主要尺寸（mm）				质量（kg）
				d_1	d_2	h	l	
LNZ—401	5-3-4	ZN—10/800N	4×(80×8)，4×(80×10)	M12	M16	206	222	1.72
LNZ—402			4×(100×8)，4×(100×10)			234	252	1.79
LNZ—403		ZL—10/800	4×(120×10)	M12	M16	262	277	1.86
LNZ—404			4×(160×10)			318	337	1.98

三、户外菱形母线固定金具

户外菱形母线固定金具适用于菱形母线三相水平布置或三相垂直布置，安装在ZS—20/1600型、ZS—35/800型及螺栓孔距为ϕ140mm、以4孔M12mm螺栓固定的其他户外棒式支柱绝缘子上，以固定由4片80mm×8mm～160mm×10mm矩形硬母线组成的菱形母线。

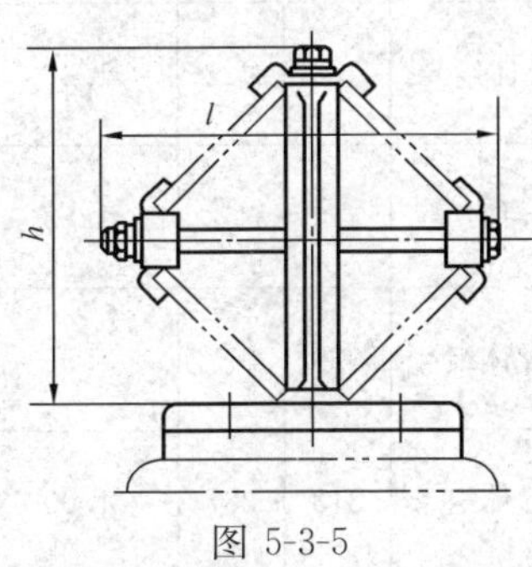

图 5-3-5

户外菱形母线固定金具的形状及规范如图5-3-5及表5-3-3所示。

表 5-3-3　户外菱形母线固定金具规范

型　号	图号	安装支柱绝缘子型号	适　用　母　线［片数×尺寸（mm）］	主要尺寸（mm）		质量（kg）
				h	l	
LWP—405	5-3-5	ZPC—1—35	4×(80×8),4×(80×10)	177	222	3.62
LWP—406		ZPC—2—35	4×(100×8),4×(100×10)	205	252	3.80
LWP—407		ZS 系列	4×(120×10)	233	277	4.10
LWP—408			4×(160×10)	289	337	4.51

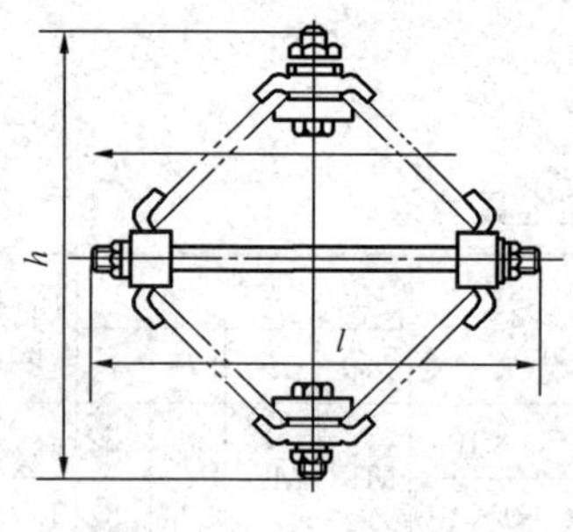

图 5-3-6

四、菱形母线间隔垫

两个支柱绝缘子之间的菱形母线上，应安置间隔垫，以保持菱形母线的形状和尺寸。间隔垫所选用的规格应与固定金具相同。安装数量和距离按设计要求进行。

菱形母线间隔垫的形状及规范如图 5-3-6 及表 5-3-4 所示。

表 5-3-4　菱形母线间隔垫规范

型　号	图号	适　用　母　线［片数×尺寸（mm）］	主要尺寸（mm）		质量（kg）
			h	l	
LG—1	5-3-6	4×(80×8) 4×(80×10) 导体组	204	222	1.49
LG—2		4×(100×8) 4×(100×10) 导体组	210	252	1.53
LG—3		4×(120×10)导体组	229	277	1.55
LG—4		4×(160×10)导体组	313	337	1.60

五、菱形母线吊挂金具

吊挂金具是供菱形母线弹性固定用的附件（见本章第二节二、槽形母线吊挂金具）。

吊挂金具由菱形母线间隔垫及吊架组成。吊挂金具在母线走廊内用于吊挂菱形母线用的绝缘子，可选用 XP—70 型悬式绝缘子进行组装。其他连接金具可根据相间距离选用合适的金具。

菱形母线吊挂金具的形状及规范如图 5-3-7 及表 5-3-5 所示。

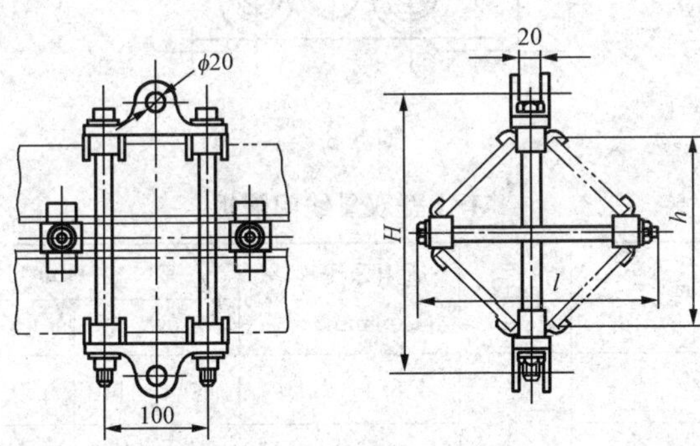

图 5-3-7

表 5-3-5　　菱形母线吊挂金具规范

型　号	图号	适用母线［片数×尺寸(mm)］	主要尺寸(mm)			质量(kg)
			H	h	l	
LD—1	5-3-7	4×(100×10)	280	195	252	4.70
LD—2		4×(120×10)	310	223	277	4.83
LD—3		4×(160×10)	365	279	337	4.96

六、母线铝间隔板

1）MRJ 型双母线间隔板形状及规范见图 5-3-8 及表 5-3-6。

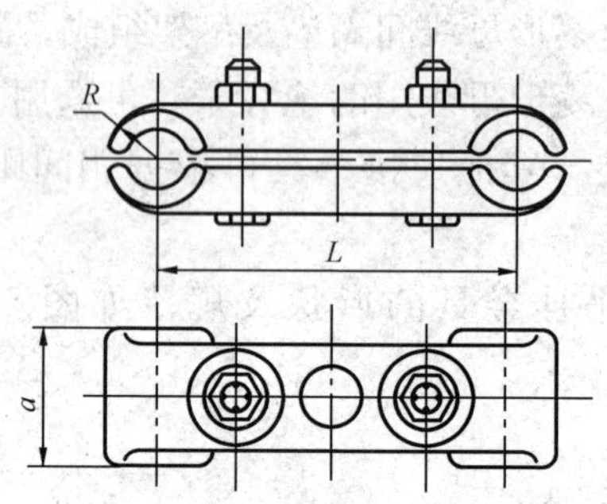

图 5-3-8

表 5-3-6　　MRJ 型双母线间隔板

型　号	图号	适用导线规格（mm）	主要尺寸（mm）			质量（kg）
			a	*R*	*L*	
MRJ—4/120	5-3-8	18.1～22.0	50	11	120	0.94
MRJ—5/120		23.0～29.0	60	14	120	1.14
MRJ—6/120		29.1～35.0	70	17	120	1.21
MRJ—4/200		18.1～22.0	50	11	200	0.85
MRJ—5/200		23.0～29.0	60	14	200	0.98
MRJ—6/200		29.1～35.0	70	17	200	1.12
MRJ—4/400		19.02～21.28	50	11	400	2.1
MRJ—5/400		23.70～27.36	60	14	400	2.5
MRJ—6/400		30.16～33.20	70	17	400	2.8

2）MRJ 型大截面双母线间隔板形状及规范见图 5-3-9 及表 5-3-7。

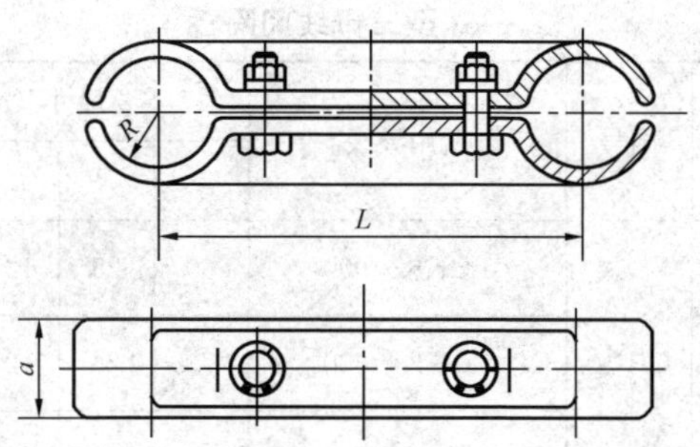

图 5-3-9

表 5-3-7 **MRJ 型大截面双母线间隔板**

型　号	图号	适用导线	主要尺寸（mm）			质量（kg）
			a	*R*	*L*	
MRJ—51-200	5-3-9	LGKK—600 LGJQT-1400	50	26.5	200	2.2
MRJ—51-400					400	2.5
MRJ—51-450					450	3.0
MRJ—1440N-200		NAHLGJQ—1440	60		200	2.6
MRJ—1440N-400					400	2.7

3）MSJ 型三母线间隔板形状及规范见图 5-3-10 及表5-3-8。

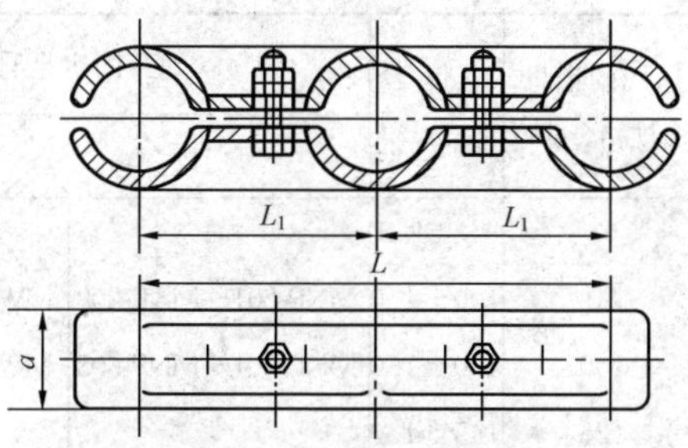

图 5-3-10

表 5-3-8　　　　MSJ 型三母线间隔板

型　号	图号	适用导线	主要尺寸（mm）				质量(kg)
			a	R	L_1	L	
MSJ—9/240	5-3-10	LGKK—900	60	25	120	240	2.2
MSJ—10/240		LGKK—600	70	26	120	240	2.2
MSJ—10/400		NAHLGJQ—1440	70	26	200	400	2.7

七、母线铝间隔垫

母线铝间隔垫形状及规范见图 5-3-11 及表 5-3-9。

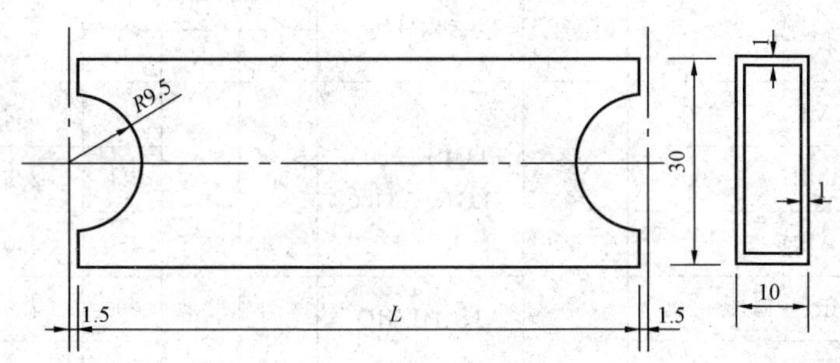

图 5-3-11

表 5-3-9　　　　母线铝间隔垫规范

型号	图号	适用硬铝母线规格(mm)	长度 L (mm)	配套固定金具型号	
				户　内	户　外
MJB—01	5-3-11	63	83±1.0	MNP-201～MNP-208	MWP-201～MWP-204
MJB—02		80	100±1.0	MNP-301～MNP-308	MWP-301～MWP-304
MJB—03		100	120±1.0		
MJB—04		125	145±1.0		

注　间隔棒材质为 LD-31，热挤压型材加工。

第四节 管形母线金具

管形母线高压配电装置是指用铝锰合金管作为母线，母线隔离开关选用单柱式，出线隔离开关选用双柱、三柱隔离开关的中、低型布置方式的配电装置。运行证明，这种管形母线高压配电装置与软母线高压配电装置比较有以下优点：

（1）缩小占地面积约1/3；

（2）节省钢材和基础工程量50%；

（3）布置清晰美观，运行维护方便；

（4）对无线电干扰小，临界电晕电压高。

铝管母线配电装置在发电厂、变电所的110kV及以上配电装置中采用，母线常用规格为ϕ50/40mm～ϕ100/90mm、跨距6～7.5m；在电压为220kV的户外铝管母线配电装置中，铝管常用规格为ϕ60/54mm～ϕ130/116mm，母线跨度一般为10～13m。为减少铝管母线的挠度和保证它的动态强度，在母线的支柱绝缘子上加装托架，以缩短跨度。母线的伸缩节也位于带托架的母线固定金具中。

管形母线金具主要包括母线固定金具、T接金具、母线封头、母线终端屏蔽和母线支架等。管形母线静触头及金具组装见图5-4-1。

一、管形母线固定金具

管形母线固定金具用于将管形母线固定在支柱绝缘子上或固定在带托架的支柱绝缘子上。固定金具应满足管形母线在固定金具中呈紧固定或松固定的（可以滑移的）安装要求。

定型的管形母线固定金具主要靠盖板的安装调向达到紧固定或松固定的目的，使一套金具有两种固定功能，安装方便，产品系列也可简化。其安装方法如图5-4-2所示。

（1）MGG型管形母线固定金具的形状及规范见图5-4-3及表5-4-1。

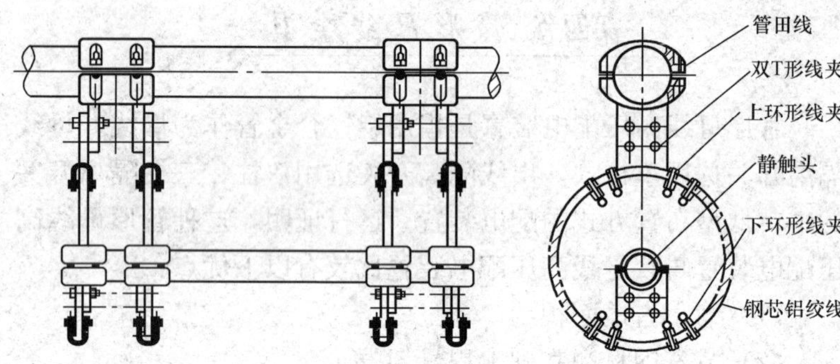

图 5-4-1

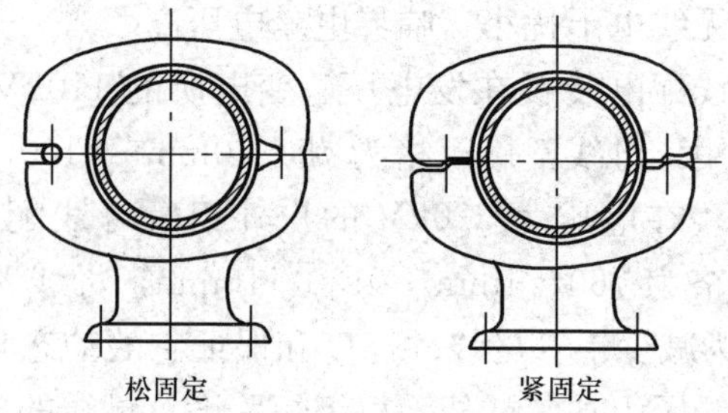

图 5-4-2

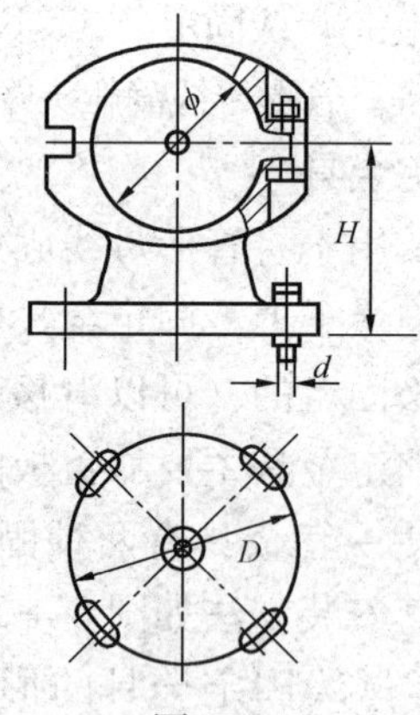

图 5-4-3

表 5-4-1　　　　MGG 型管形母线固定金具规范

型　号	图号	适用母线规格（mm）	主要尺寸（mm）				质量（kg）
			ϕ	H	D	d	
MGG—70		ϕ70/64	70	90			2.8
MGG—80		ϕ80/72	80	98			4.0
MGG—100		ϕ100/90	100	114			4.7
MGG—110		ϕ110/100	110	120	140	12	5.0
MGG—120		ϕ120/110	120	122			5.3
MGG—130		ϕ130/116	130				7.3
MGG—150		ϕ150/136	150	150			
MGG—130A		ϕ130/116	130				
MGG—150A		ϕ150/136	150	150	190	12	
MGG—170A		ϕ170/156	170	170			
MGG—130B		ϕ130/116	130				8.5
MGG—150B		ϕ150/136	150	150			
MGG—170B		ϕ170/156	170	170	225	16	
MGG—200B	5-4-3	ϕ200/180	200				
MGG—250B		ϕ250/230	250				
MGG—130C		ϕ130/116	130				
MGG—150C		ϕ150/136	150	150			10.0
MGG—170C		ϕ170/156	170	170	254	16	10.5
MGG—200C		ϕ200/180	200				
MGG—250C		ϕ250/230	250				
MGG—120D		ϕ120/110	120	122			
MGG—130D		ϕ130/116	130				
MGG—150D		ϕ150/136	150	150	280	16	
MGG—170D		ϕ170/156	170	170			
MGG—200D		ϕ200/180	200				
MGG—250D		ϕ250/230	250				

（2）MGG—□H 型管形母线滑动形固定金具形状及规范见图 5-4-4 及表 5-4-2。

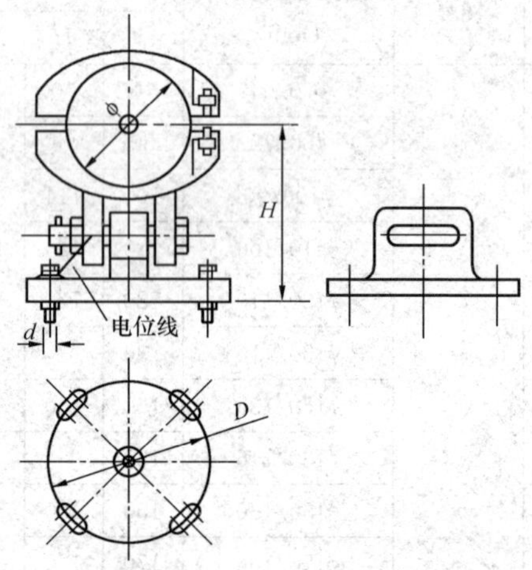

图 5-4-4

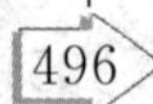

表 5-4-2　　MGG—□H 型管形母线滑动形固定金具规范

型　号	图号	适用母线规格 (mm)	主要尺寸（mm）				质量 (kg)
			ϕ	H	D	d	
MGG—70H	5-4-4	ϕ70/64	70	110	140	12	3.2
MGG—80H		ϕ80/72	80	115			3.5
MGG—100H		ϕ100/90	100	135			4.9
MGG—110H		ϕ110/100	110	145			5.5
MGG—120H		ϕ120/110	120	145			5.8
MGG—130H		ϕ130/116	130	155			8.2
MGG—100H/225		ϕ100/90	100	135	225	16	5.8
MGG—110H/225		ϕ110/100	110	145			6.5
MGG—120H/225		ϕ120/110	120	145			7.0
MGG—130H/225		ϕ130/116	130	155			9.0
MGG—150H/225		ϕ150/136	150	160			9.4
MGG—170H/225		ϕ170/156	170	180			9.8
MGG—200H/225		ϕ200/180	200	210			10.5
MGG—150H/254		ϕ150/136	150	160	254	16	10.4
MGG—170H/254		ϕ170/156	170	180			10.8
MGG—200H/254		ϕ200/180	200	210			11.0

（3）MGG—□K 型管形母线顺线可动型固定金具形状及规范见图 5-4-5 及表 5-4-3。

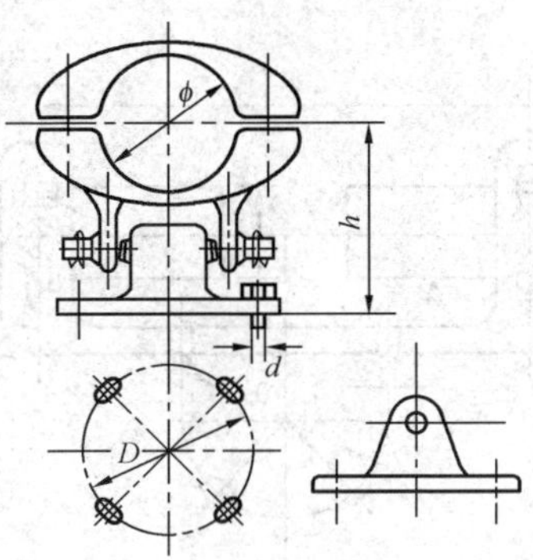

图 5-4-5

表 5-4-3　　MGG—□K 型管形母线顺线可动型固定金具

型　号	图号	适用母线规格（mm）	主要尺寸（mm）				质量（kg）
			ϕ	H	D	d	
MGG—70K	5-4-5	ϕ70/64	70	110	140	12	3.2
MGG—80K		ϕ80/72	80	115			3.5
MGG—100K		ϕ100/90	100	135			4.9
MGG—110K		ϕ110/100	110	145			5.5
MGG—120K		ϕ120/110	120	145			5.8
MGG—130K		ϕ130/116	130	155			8.2
MGG—100K/225		ϕ100/90	100	135	225	16	5.8
MGG—110K/225		ϕ110/100	110	145			6.5
MGG—120K/225		ϕ120/110	120	145			7.0
MGG—130K/225		ϕ130/116	130	155			9.0
MGG—150K/225		ϕ150/136	150	160			9.4
MGG—170K/225		ϕ170/156	170	180			9.8
MGG—200K/225		ϕ200/180	200	210			10.5
MGG—150K/254		ϕ150/136	150	160	254	16	10.4
MGG—170K/254		ϕ170/156	170	180			10.8
MGG—200K/254		ϕ200/180	200	210			11.0

（4）MGG—□S 型管形母线双支点固定金具形状及规范见图 5-4-6 及表 5-4-4。

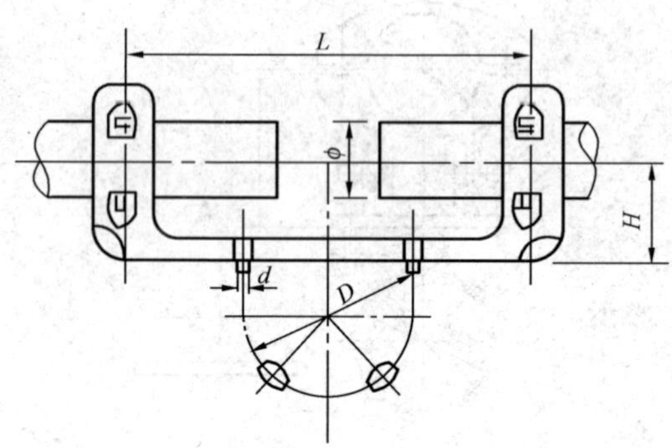

图 5-4-6

表 5-4-4　　MGG—□S 型管形母线双支点固定金具规范

型　号	图号	适用母线规格（mm）	主要尺寸（mm）				质量（kg）
			ϕ	H	D	d	
MGG—70S		ϕ70/64	70	90			
MGG—80S		ϕ80/72	80	98			
MGG—100S		ϕ100/90	100	114			
MGG—110S		ϕ110/100	110	120	140	12	
MGG—120S		ϕ120/110	120	122			
MGG—130S		ϕ130/116	130	135			
MGG—150S		ϕ150/136	150	150			
MGG—130SA	5-4-6	ϕ130/116	130	135			
MGG—150SA		ϕ150/136	150	150	190	12	
MGG—170SA		ϕ170/156	170	170			
MGG—130SB		ϕ130/116	130	135			
MGG—150SB		ϕ150/136	150	150			
MGG—170SB		ϕ170/156	170	170	225	16	
MGG—200SB		ϕ200/180	200	190			
MGG—250SB		ϕ250/230	250	190			

续表

型　号	图号	适用母线规格（mm）	主要尺寸（mm）				质量（kg）
			ϕ	H	D	d	
MGG—130SC	5-4-6	ϕ130/116	130	135	254	16	
MGG—150SC		ϕ150/136	150	150			
MGG—170SC		ϕ170/156	170	170			
MGG—200SC		ϕ200/180	200	190			
MGG—250SC		ϕ250/230	250	190			
MGG—120SD		ϕ120/110	120	122	280	16	
MGG—130SD		ϕ130/116	130	135			
MGG—150SD		ϕ150/136	150	150			
MGG—170SD		ϕ170/156	170	170			
MGG—200SD		ϕ200/180	200	190			
MGG—250SD		ϕ250/230	250	190			

注　L 尺寸按用户要求。

（5）MGD 型管形母线垂直端部固定金具形状及规范见图 5-4-7 及表 5-4-5。

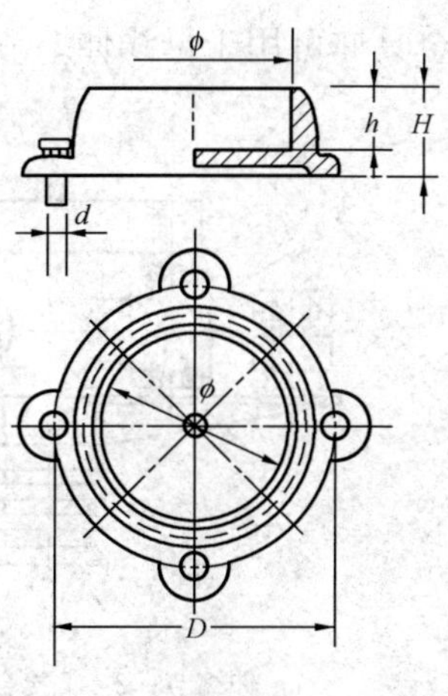

图 5-4-7

表 5-4-5　　MGD 型管形母线垂直端部固定金具

<table>
<tr><th rowspan="2">型　号</th><th rowspan="2">图号</th><th rowspan="2">适用母线规格（mm）</th><th colspan="5">主要尺寸（mm）</th><th rowspan="2">质量（kg）</th></tr>
<tr><th>ϕ</th><th>H</th><th>h</th><th>D</th><th>d</th></tr>
<tr><td>MGD—70</td><td rowspan="11">5-4-7</td><td>ϕ70/64</td><td>70</td><td>85</td><td rowspan="2">60</td><td rowspan="3">140</td><td rowspan="3">12</td><td>1.5</td></tr>
<tr><td>MGD—80</td><td>ϕ80/72</td><td>80</td><td>90</td><td>2.2</td></tr>
<tr><td>MGD—100</td><td>ϕ100/90</td><td>100</td><td>105</td><td>80</td><td>2.5</td></tr>
<tr><td>MGD—70/190</td><td>ϕ70/64</td><td>70</td><td>85</td><td rowspan="2">60</td><td rowspan="3">190</td><td rowspan="3">12</td><td></td></tr>
<tr><td>MGD—80/190</td><td>ϕ80/72</td><td>80</td><td>90</td><td></td></tr>
<tr><td>MGD—100/190</td><td>ϕ100/90</td><td>100</td><td>105</td><td>80</td><td></td></tr>
<tr><td>MGD—110/225</td><td>ϕ110/100</td><td>110</td><td>105</td><td>80</td><td rowspan="5">225</td><td rowspan="5">16</td><td>3.0</td></tr>
<tr><td>MGD—120/225</td><td>ϕ120/110</td><td>120</td><td>120</td><td rowspan="2">90</td><td>3.2</td></tr>
<tr><td>MGD—130/225</td><td>ϕ130/116</td><td>130</td><td>120</td><td>3.4</td></tr>
<tr><td>MGD—150/225</td><td>ϕ150/136</td><td>150</td><td>130</td><td rowspan="2">100</td><td rowspan="2">3.8</td></tr>
<tr><td>MGD—170/225</td><td>ϕ170/156</td><td>170</td><td>140</td></tr>
</table>

二、管形母线 T 接金具

管形母线 T 接金具用于管形母线 T 接引下到电气设备。引下为平面接触端子，可以与压缩型接线端子接续，亦可与螺栓型接线端子接续，如图 5-4-8 所示。

管形母线 T 接金具亦可用于母线伸缩节的接续，如图 5-4-9 所示。

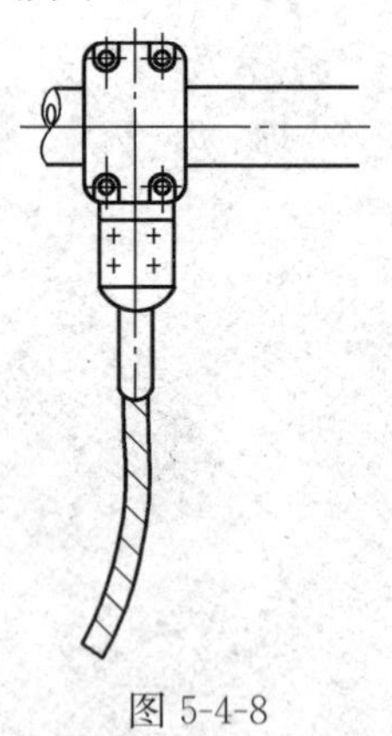

图 5-4-8

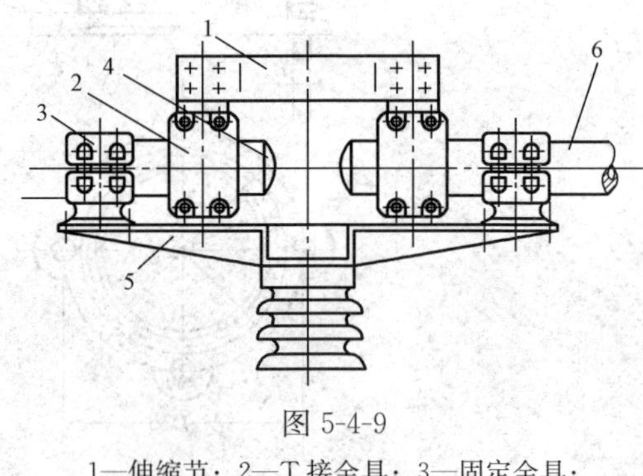

图 5-4-9

1—伸缩节；2—T 接金具；3—固定金具；4—封头；5—托架；6—管形母线

管形母线 T 接金具的形状及规范如图 5-4-10 及表 5-4-6 所示。

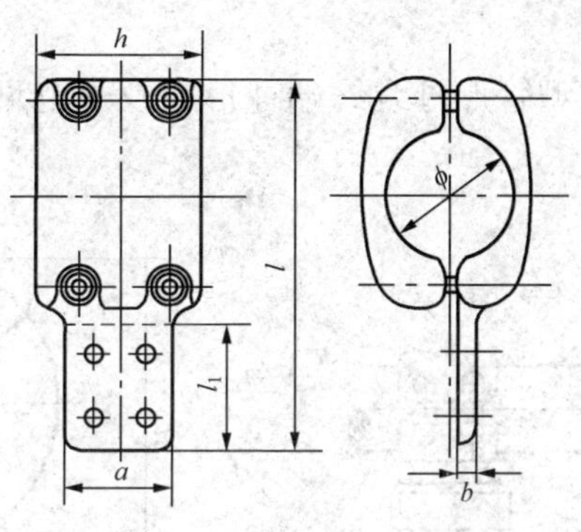

图 5-4-10

表 5-4-6　　管形母线 T 接金具规范

型　号	图号	适用母线 (mm)	主要尺寸 (mm)						质量 (kg)
			h	l	a	ϕ	l_1	b	
MGT—70	5-4-10	ϕ70/64	110	240	80	70	85	16	2.4
MGT—80		ϕ80/74	110	250	80	80	85	16	4.0
MGT—90		ϕ90/80	110	270	100	90	105	18	4.2
MGT—100		ϕ100/90	130	290	100	100	105	18	4.4
MGT—120		ϕ120/112	130	310	100	120	105	18	5.2
MGT—130		ϕ130/116	150	360	125	130	130	20	7.2
MGT—150		ϕ150/136	170	395	125	150	130	20	8.2
MGT—170		ϕ170/156	190	415	150	170	160	22	8.5
MGT—200		ϕ200/180	190	415	150	200	170	22	8.7
MGT—250		ϕ250/230	190	415	150	250	170	22	8.9

三、管形母线终端屏蔽金具

铝管母线在户外配电装置中为露天布置。若管口敞开，经常有雀类和其他小动物进入管内，会影响安全运行，且铝管端部在高压电场下也会产生电晕。因此在电压为 220kV 以上的铝管母线终端出口处加装了球形终端屏蔽金具，如图 5-4-11 所示。

（1）MGZ 型管形母线终端球形状及规范见图 5-4-12 及表 5-4-7。

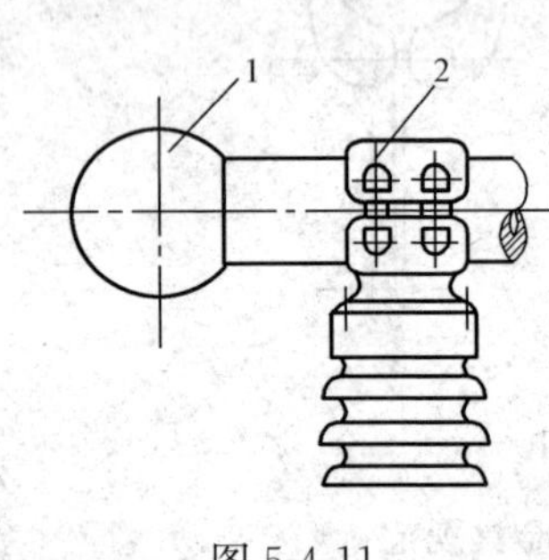

图 5-4-11

1—终端屏蔽金具；2—固定金具

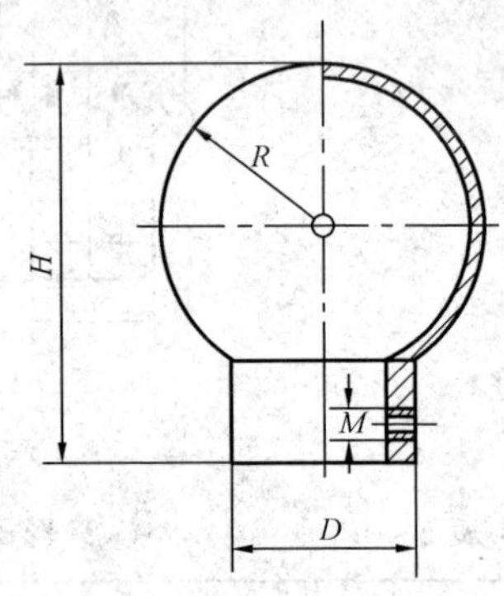

图 5-4-12

表 5-4-7　　MGZ 型管形母线终端球规范

型　号	图号	适用母线规格（mm）	主要尺寸（mm）				质量（kg）
			D	*H*	*R*	*M*	
MGZ—70	5-4-12	ϕ70/64	64	165	70	8	1.2
MGZ—80		ϕ80/72	72	165	70		1.3
MGZ—100		ϕ100/90	90	185	80		1.8
MGZ—110		ϕ110/100	100	215	90		2.3
MGZ—120		ϕ120/110	110	220	90	10	2.6
MGZ—130		ϕ130/116	116	220	90		2.6
MGZ—150		ϕ150/136	136	340	150		7.4
MGZ—170		ϕ170/156	156	385	170		8.0
MGZ—200		ϕ200/180	180	415	180	12	28.0
MGZ—250		ϕ250/230	230	515	230		34.0

（2）MGZ—▭A 型管形母线终端球（蘑菇形）形状及规范见图 5-4-13 及表 5-4-8。

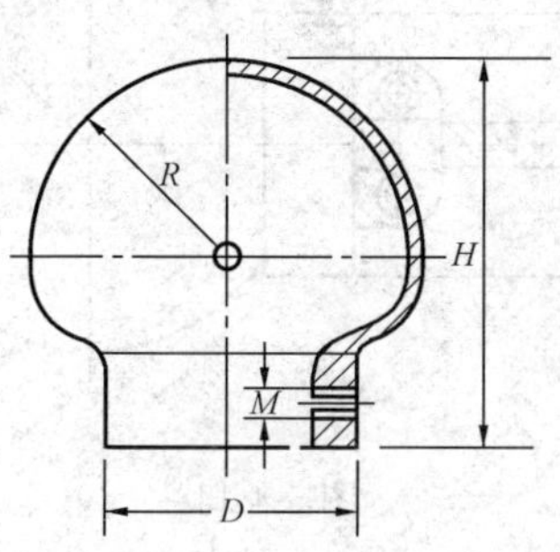

图 5-4-13

表 5-4-8　　MGZ—▭A 型管形母线终端球（蘑菇形）规范

型　号	图号	适用母线规格（mm）	主要尺寸（mm）				质量（kg）
			D	*H*	*R*	*M*	
MGZ—70A	5-4-13	ϕ70/64	64	135	70	8	1.2
MGZ—80A		ϕ80/72	72	150	80		1.3
MGZ—100A		ϕ100/90	90	150	100		2.8
MGZ—110A		ϕ110/100	100	210	110	10	3.1
MGZ—120A		ϕ120/110	110	220	120		3.6
MGZ—130A		ϕ130/116	116	240	130		4.3
MGZ—150A		ϕ150/136	136	270	160		5.0
MGZ—170A		ϕ170/156	156	300	170		6.4
MGZ—200A		ϕ200/180	180	360	200	12	8.0
MGZ—250A		ϕ250/230	230	440	250		

（3）MGZ—▭Z 型管形母线终端球（可装阻尼线用）形状及规范见图 5-4-14 及表 5-4-9。

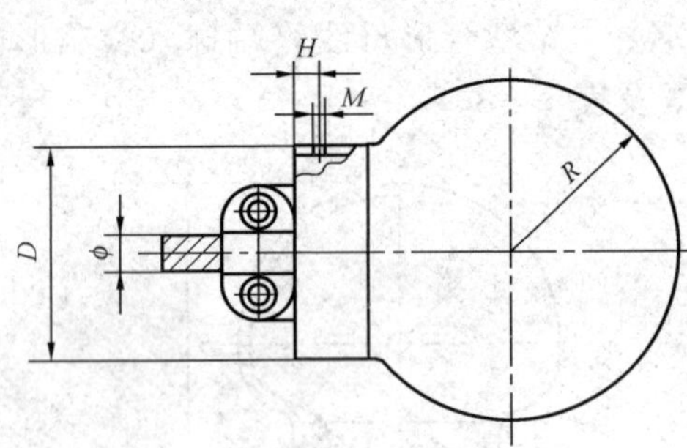

图 5-4-14

表 5-4-9　　MGZ—□Z 型管形母线终端球（可装阻尼线用）规范

型　号	图号	适用母线规格(mm)	阻尼线型号	主要尺寸(mm)					质量(kg)
				D	R	H	M	ϕ	
MGZ—70Z	5-4-14	ϕ70/64	LGJ-240/30	64	70	20	8	22	4.3
MGZ—80Z		ϕ80/72		72	70				4.5
MGZ—100Z		ϕ100/90	LGJ-300/25	90	80			25	4.9
MGZ—110Z		ϕ110/100		100	90	25	8		5.0
MGZ—120Z		ϕ120/110	LGJ-500/35	110	90		10	31	5.1
MGZ—130Z		ϕ130/116		116	90				5.3
MGZ—150Z		ϕ150/136	LGJ-630/45	136	150	30	10	35	5.5
MGZ—170Z		ϕ170/146		156	170				10.8
MGZ—200Z		ϕ200/180		180	190		12		14.9
MGZ—250Z		ϕ250/230		230	240				18.9

四、管形母线封头

铝管母线的端头以半圆形封头加以封闭。封头一般装在伸缩节处两根铝管端部。

(1) 管形母线封头形状及规范如图 5-4-15 及表 5-4-10 所示。

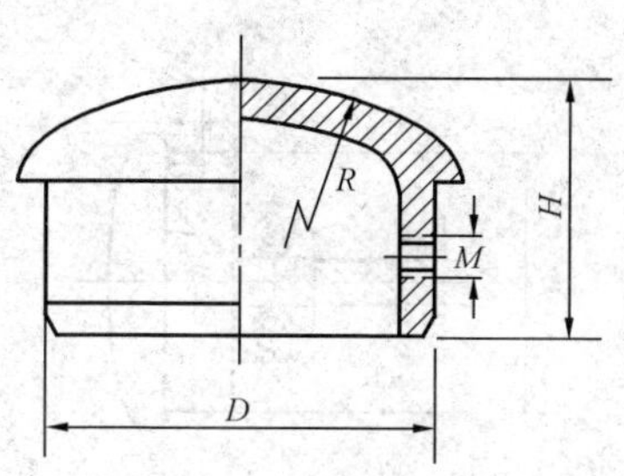

图 5-4-15

表 5-4-10　　　　**MGF 型管形母线封头规范**

型　号	图号	适用母线规格 (mm)	主要尺寸（mm）				质量 (kg)
			D	H	R	M	
MGF—70	5-4-15	ϕ70/64	64	42	70	8	0.20
MGF—80		ϕ80/72	72	50	70		0.30
MGF—100		ϕ100/90	90	60	90		0.43
MGF—110		ϕ110/100	100	60	100	10	0.50
MGF—120		ϕ120/110	110	65	120		0.55
MGF—130		ϕ130/116	116	65	120		0.68
MGF—150		ϕ150/136	136	70	150		1.00
MGF—170		ϕ170/156	156	80	160		1.30
MGF—200		ϕ200/180	180	85	180	12	1.50
MGF—250		ϕ250/230	230	90	250		2.70

（2）MGF—□Z 型带阻尼线封端盖形状及规范见图 5-4-16 及表 5-4-11。

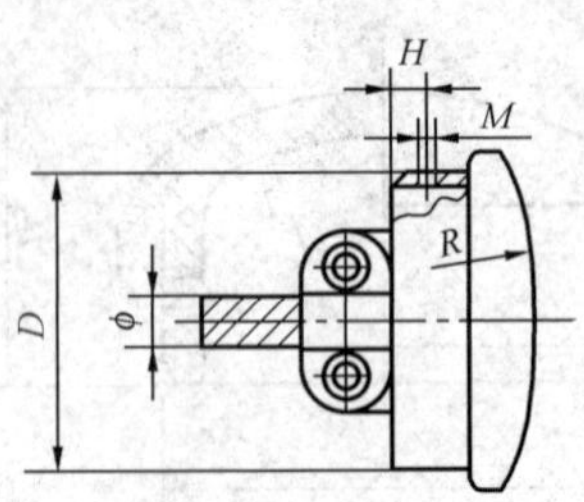

图 5-4-16

表 5-4-11　　　MGZ—□Z 型带阻尼线封端盖规范

<table>
<tr><th rowspan="2">型　号</th><th rowspan="2">图号</th><th rowspan="2">适用母线规格(mm)</th><th rowspan="2">阻尼线型号</th><th colspan="5">主要尺寸(mm)</th><th rowspan="2">质量(kg)</th></tr>
<tr><th>D</th><th>R</th><th>H</th><th>M</th><th>ϕ</th></tr>
<tr><td>MGF—70Z</td><td rowspan="10">5-4-16</td><td>ϕ70/64</td><td rowspan="2">LGJ-240/30</td><td>64</td><td rowspan="2">70</td><td>35</td><td rowspan="4">8</td><td rowspan="2">22</td><td>0.7</td></tr>
<tr><td>MGF—80Z</td><td>ϕ80/72</td><td>72</td><td rowspan="2">35</td><td>0.7</td></tr>
<tr><td>MGF—100Z</td><td>ϕ100/90</td><td rowspan="2">LGJ-300/25</td><td>90</td><td>80</td><td rowspan="2">25</td><td>1.1</td></tr>
<tr><td>MGF—110Z</td><td>ϕ110/100</td><td>100</td><td>90</td><td rowspan="4">40</td><td>1.1</td></tr>
<tr><td>MGF—120Z</td><td>ϕ120/110</td><td rowspan="2">LGJ-500/35</td><td>110</td><td rowspan="2">120</td><td rowspan="6">10</td><td rowspan="2">31</td><td>1.2</td></tr>
<tr><td>MGF—130Z</td><td>ϕ130/116</td><td>116</td><td>1.3</td></tr>
<tr><td>MGF—150Z</td><td>ϕ150/136</td><td rowspan="4">LGJ-630/45</td><td>136</td><td>150</td><td rowspan="4">35</td><td>1.6</td></tr>
<tr><td>MGF—170Z</td><td>ϕ170/156</td><td>156</td><td>160</td><td>45</td><td>2.1</td></tr>
<tr><td>MGF—200Z</td><td>ϕ200/180</td><td>180</td><td>200</td><td>55</td><td>2.7</td></tr>
<tr><td>MGF—250Z</td><td>ϕ250/230</td><td>230</td><td>250</td><td>60</td><td>3.3</td></tr>
</table>

五、管形母线引流线夹

（1）MGD 型引流线夹形状及规范见图 5-4-17 及表5-4-12。

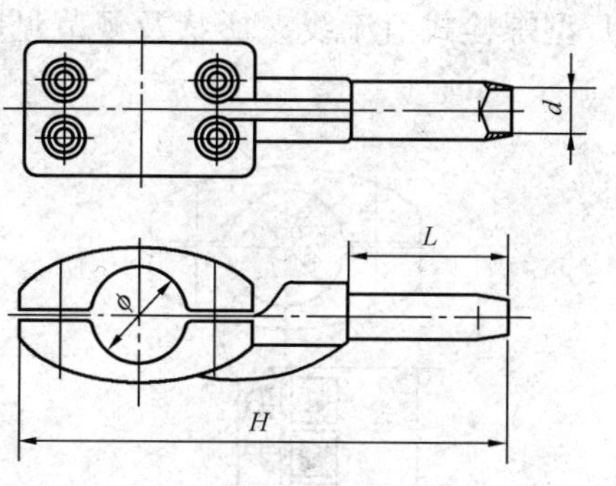

图 5-4-17

表 5-4-12　　MGD 型单引流线夹规范

型　号	图号	适用母线规格 (mm)	主要尺寸(mm)				质量 (kg)
			ϕ	d	H	L	
MGD—70(1/1)	5-4-17	ϕ70/64	70	根据用户需要确定	450	170	
MGD—80(1/1)		ϕ80/72	80		450	170	
MGD—100(1/1)		ϕ100/90	100		500	200	
MGD—110(1/1)		ϕ110/100	110		500	200	
MGD—120(1/1)		ϕ120/110	120		520	200	
MGD—130(1/1)		ϕ130/116	130		520	200	
MGD—150(1/1)		ϕ150/136	150		560	200	
MGD—170(1/1)		ϕ170/156	170		560	200	
MGD—200(1/1)		ϕ200/180	200		600	220	
MGD—250(1/1)		ϕ250/230	250		620	240	

（2）MTL 型螺栓式引流线夹形状及规范见图 5-4-18 及表 5-4-13。

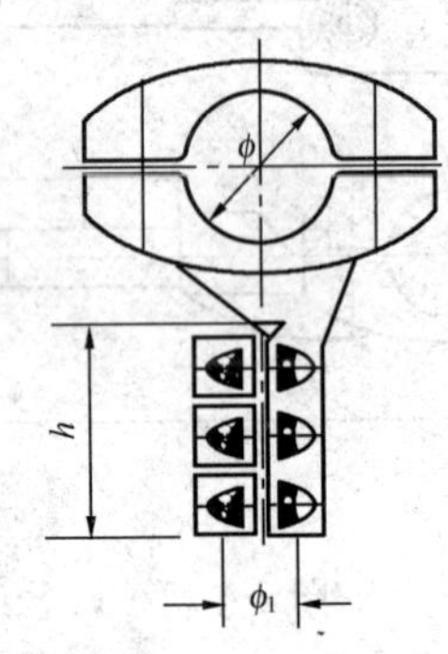

图 5-4-18

表 5-4-13　　MTL 型螺栓式引线线夹规范

型　号	图号	适用母线规格 (mm)	主要尺寸(mm)			质量 (kg)
			ϕ	ϕ_1	h	
MTL—70/400	5-4-18	ϕ70/64	70	根据用户需要确定	150	
MTL—80/400		ϕ80/72	80			
MTL—100/400		ϕ100/90	100			
MTL—110/400		ϕ110/100	110			
MTL—120/400		ϕ120/110	120			
MTL—130/400		ϕ130/116	130			
MTL—150/400		ϕ150/136	150			
MTL—170/400		ϕ170/156	170			
MTL—200/400		ϕ200/180	200			

六、管形母线悬吊（挂）线夹

（1）MGU—□Z 型直拉式悬吊线夹形状及规范见图 5-4-19 及表 5-4-14。

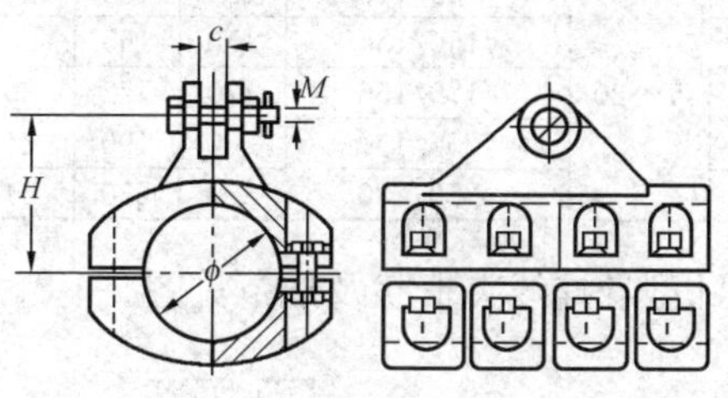

图 5-4-19

表 5-4-14　　MGU—□Z 型直拉式悬吊线夹规范

型　号	图号	适用母线规格 (mm)	主要尺寸(mm)				质量 (kg)
			ϕ	H	c	M	
MGU—130Z	5-4-19	ϕ130/116	130	150	20	18	11.0
MGU—150Z		ϕ150/136	150	165	20	18	13.0
MGU—170Z		ϕ170/156	170	172	20	18	14.0
MGU—200Z		ϕ200/180	200	190	24	22	15.5
MGU—250Z		ϕ250/230	250	230	26	27	22

（2）MGU—□C 型斜拉式悬吊线夹形状及规范见图 5-4-20 及表 5-4-15。

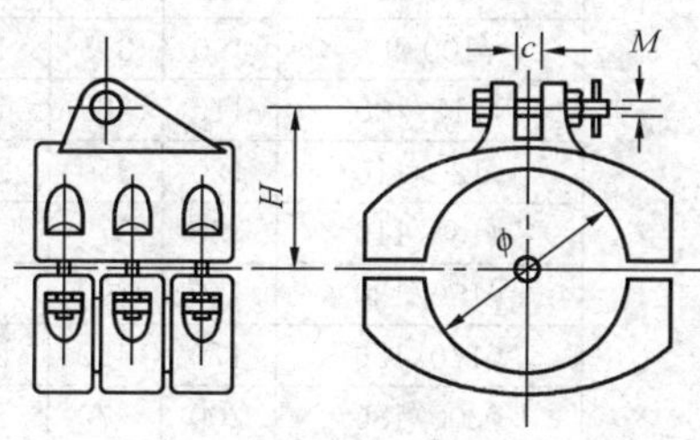

图 5-4-20

表 5-4-15　　MGU—□C 型斜拉式悬吊线夹规范

型　号	图号	适用母线规格 (mm)	主要尺寸(mm)				质量 (kg)
			ϕ	H	c	M	
MGU—130C	5-4-20	ϕ130/116	130	150	20	18	
MGU—150C		ϕ150/136	150	165	20	18	
MGU—170C		ϕ170/156	170	172	20	22	14.0
MGU—200C		ϕ200/180	200	190	24	22	15.5
MGU—250C		ϕ250/230	250	230	24	22	24.0

（3）MGU 型悬挂线夹形状及规范见图 5-4-21 及表 5-4-16。

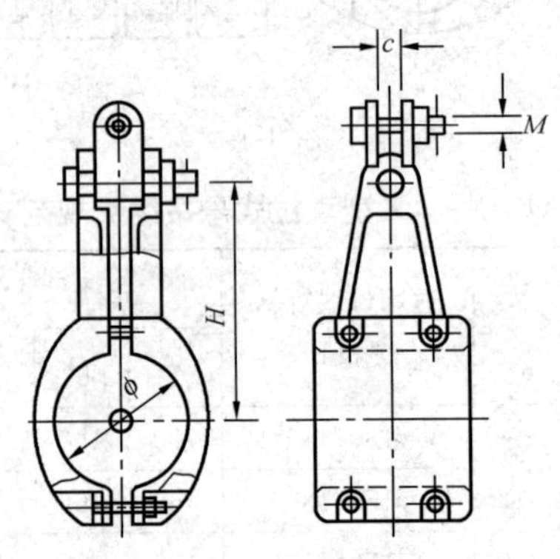

图 5-4-21

表 5-4-16　　MGU 型悬挂线夹规范

型　号	图号	适用母线规格 (mm)	主要尺寸(mm)				质量 (kg)
			ϕ	H	c	M	
MGU—70	5-4-21	ϕ70/64	70	275	18	16	4.0
MGU—80		ϕ80/72	80	285	18	16	4.6
MGU—100		ϕ100/90	100	315	18	16	7.0
MGU—110		ϕ110/100	110	325	18	16	8.3
MGU—120		ϕ120/110	120	350	20	18	10.0
MGU—130		ϕ130/116	130	370	20	18	13.5
MGU—150		ϕ150/136	150	390	20	18	14.0
MGU—170		ϕ170/156	170	420	20	18	19.2
MGU—200		ϕ200/180	200	470	24	22	22.0
MGU—250		ϕ250/230	250	490	24	22	

七、耐热导线散热器

FS 型耐热导线散热器形状及规范见图 5-4-22 及表 5-4-17。

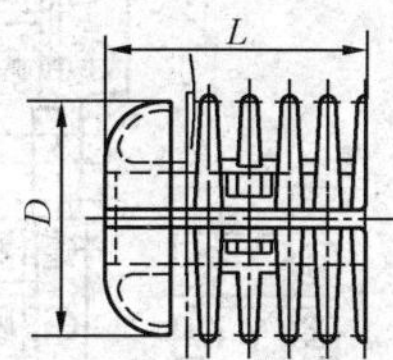

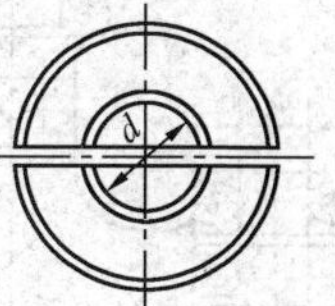

图 5-4-22

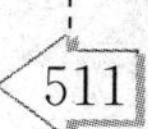

表 5-4-17　　FS 型耐热导线散热器规范

型　号	图号	适用母线规格（mm）	主要尺寸（mm）			质量（kg）
			d	*D*	*L*	
FS—300N	5-4-22	300N	26	100	150	1.4
FS—400N		400N	28	100	200	1.8
FS—500N		500N	30	110	200	1.9
FS—630N		630N	35	110	200	2.0
FS—800N		800N	39	120	200	2.0
FS—1000N		1000N	42	130	200	2.2
FS—1440N		1440N	52	130	200	2.3

八、管形母线转换线夹

（1）MGD—□A 型管形母线与软导线螺栓型转换线夹形状及规范见图 5-4-23 及表 5-4-18。

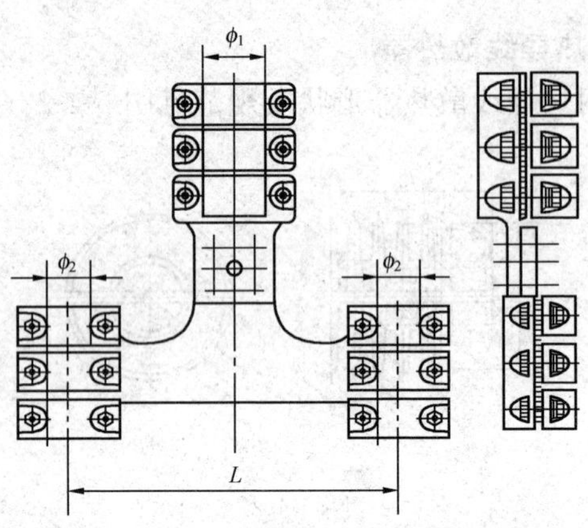

图 5-4-23

表 5-4-18　MGD—□A 型管形母线与软导线螺栓型转换线夹规范

型号	图号	适用母线规格（mm）	主要尺寸（mm）			质量（kg）
			ϕ_1	ϕ_2	L	
MGD—70A(1/2)	5-4-23	ϕ70/64	70	24	400	18.0
MGD—80A(1/2)		ϕ80/72	80			19.0
MGD—100A(1/2)		ϕ100/90	100			19.5
MGD—110A(1/2)		ϕ110/100	110			20.3
MGD—120A(1/2)		ϕ120/110	120			20.5
MGD—130A(1/2)		ϕ130/116	130			22.5
MGD—150A(1/2)		ϕ150/136	150			23.3
MGD—170A(1/2)		ϕ170/156	170			24.5
MGD—200A(1/2)		ϕ200/180	200			26.0
MGD—250A(1/2)		ϕ250/230	250			

（2）MGD—□B 型管形母线与软导线螺栓型转换线夹形状及规范见图 5-4-24 及表 5-4-19。

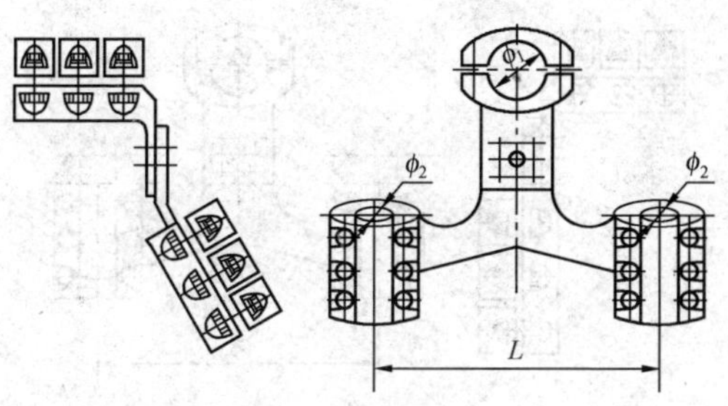

图 5-4-24

表 5-4-19　　MGD—▭B 型管形母线与软导线螺栓型转换线夹规范

型　号	图号	适用母线规格 (mm)	主要尺寸(mm)			质量 (kg)
			ϕ_1	ϕ_2	L	
MGD—70B(1/2)	5-4-24	ϕ70/64	70	24	400	18.0
MGD—80B(1/2)		ϕ80/72	80			19.0
MGD—100B(1/2)		ϕ100/90	100			19.5
MGD—110B(1/2)		ϕ110/100	110			20.3
MGD—120B(1/2)		ϕ120/110	120			20.5
MGD—130B(1/2)		ϕ130/116	130			22.5
MGD—150B(1/2)		ϕ150/136	150			23.3
MGD—170B(1/2)		ϕ170/156	170			24.5
MGD—200B(1/2)		ϕ200/180	200			26.0
MGD—250B(1/2)		ϕ250/230	250			

（3）MGD—▭D 型管形母线与软导线螺栓型转换线夹形状及规范见图 5-4-25 及表 5-4-20。

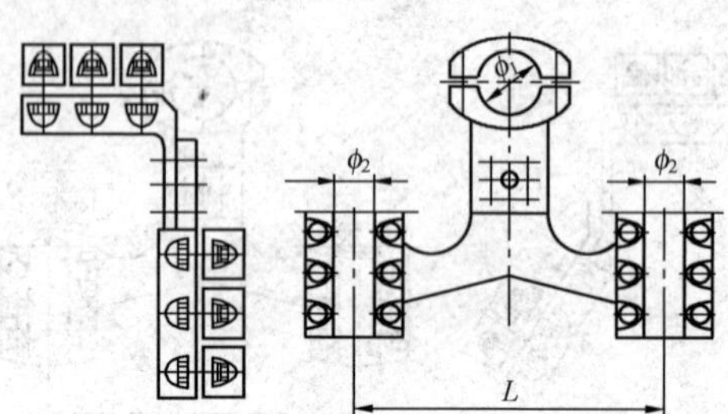

图 5-4-25

表 5-4-20　MGD—□D 型管形母线软与导线螺栓型转换线夹规范

型　号	图号	适用母线规格（mm）	主要尺寸（mm）			质量（kg）
			ϕ_1	ϕ_2	L	
MGD—70D(1/2)	5-4-25	ϕ70/64	70	24	400	18.0
MGD—80D(1/2)		ϕ80/72	80			19.0
MGD—100D(1/2)		ϕ100/90	100			19.5
MGD—110D(1/2)		ϕ110/100	110			20.3
MGD—120D(1/2)		ϕ120/110	120			20.5
MGD—130D(1/2)		ϕ130/116	130			22.5
MGD—150D(1/2)		ϕ150/136	150			23.3
MGD—170D(1/2)		ϕ170/156	170			24.5
MGD—200D(1/2)		ϕ200/180	200			26.0
MGD—250D(1/2)		ϕ250/230	250			

（4）MGD—□D（3/2）型三根管形母线与软导线转换线夹形状及规范见图 5-4-26 及表 5-4-21。

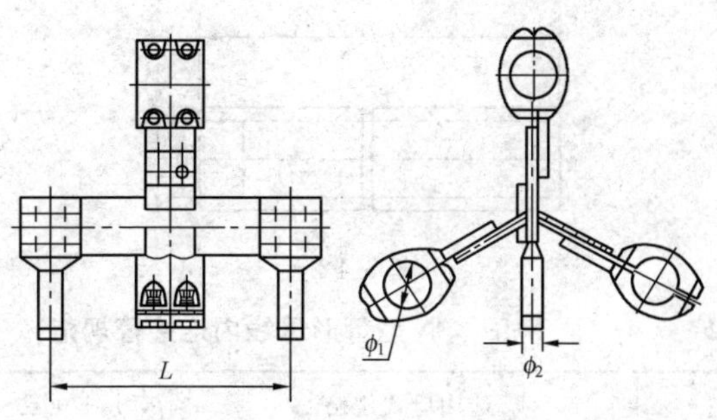

图 5-4-26

表 5-4-21 MGD—□D（3/2）型三根管形母线与软导线转换线夹规范

型 号	图号	适用母线规格（mm）	主要尺寸(mm)			质量（kg）
			ϕ_1	ϕ_2	L	
MGD—70D(3/2)	5-4-26	ϕ70/64	70	根据用户需要	400	8.0
MGD—80D(3/2)		ϕ80/72	80			9.0
MGD—100D(3/2)		ϕ100/90	100			10.0
MGD—110D(3/2)		ϕ110/100	110			
MGD—120D(3/2)		ϕ120/110	120			
MGD—130D(3/2)		ϕ130/116	130			
MGD—150D(3/2)		ϕ150/136	150			
MGD—170D(3/2)		ϕ170/156	170			

九、管形母线内、外连接管

（1）MJ—□N 型管形母线内连接管形状及规范见图 5-4-27 及表 5-4-22。

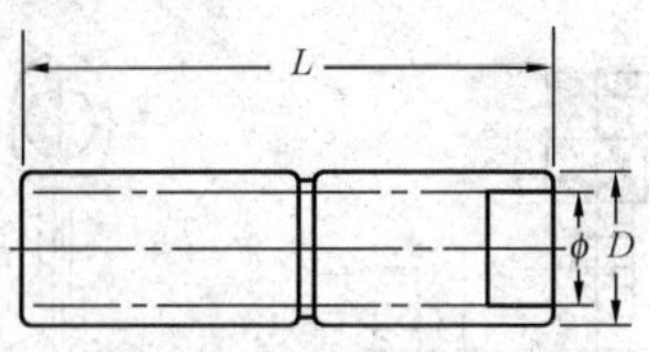

图 5-4-27

表 5-4-22　　　　MJ—▭N 型管形母线内连接管规范

型　号	图号	适用母线规格（mm）	主要尺寸（mm）			质量（kg）
			D	ϕ	L	
MJ—70N	5-4-27	ϕ70/64	62	42	300	1.4
MJ—80N		ϕ80/72	70	50	300	1.6
MJ—100N		ϕ100/90	88	68	400	3.7
MJ—110N		ϕ110/100	98	78	400	4.2
MJ—120N		ϕ120/110	108	88	400	5.2
MJ—130N		ϕ130/116	114	84	500	6.6
MJ—150N		ϕ150/136	134	114	500	7.5
MJ—170n		ϕ170/156	156	136	520	11.2

（2）MJ—▭W 型管形母线外连接管形状及规范见图 5-4-28 及表 5-4-23。

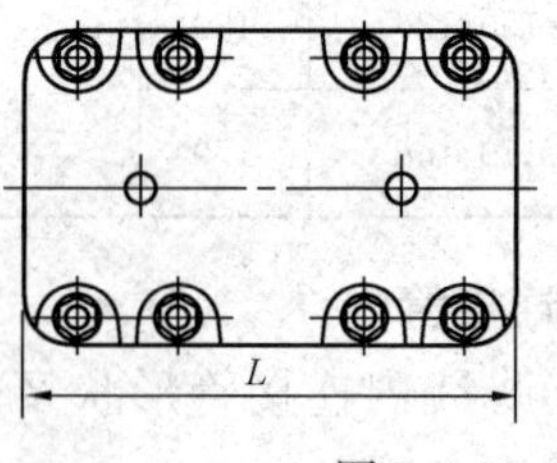

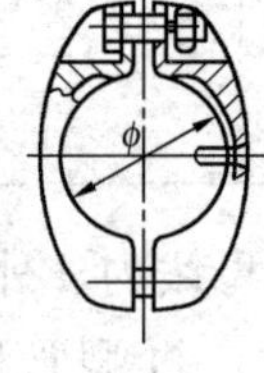

图 5-4-28

表 5-4-23　　MJ—▭W 型管形母线外连接管规范

型　号	图号	适用母线规格（mm）	主要尺寸（mm）		质量（kg）
			ϕ	L	
MJ—70W	5-4-28	ϕ70	70	180	
MJ—80W		ϕ80	80	195	
MJ—100W		ϕ100	100	220	
MJ—110W		ϕ110	110	235	
MJ—120W		ϕ120	120	245	
MJ—130W		ϕ130	130	260	
MJ—150W		ϕ150	150	280	

十、管形母线消振环

（1）MGH—▭L 型螺栓形管形母线消振环形状及规范见图 5-4-29 及表 5-4-24。

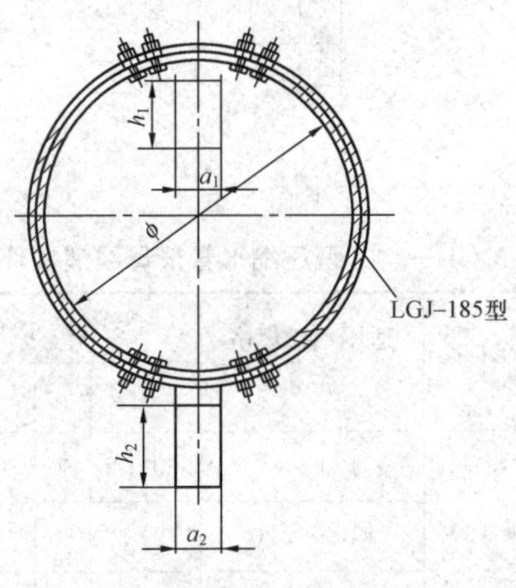

图 5-4-29

表 5-4-24　　MGH—□L 型螺栓形管形母线消振环规范

型　号	图号	适用母线规格（mm）	主要尺寸（mm）					质量（kg）
			ϕ	a_1	a_2	h_1	h_2	
MGH—1L	5-4-29	ϕ70～80	520	80	100	110	120	
MGH—2L		ϕ100～120	520	100	100	110	120	
MGH—3L		ϕ130～170	520	125	100	185	190	
MGH—1L-550		ϕ70～80	550	80	100	110	120	5.2
MGH—2L-550		ϕ100～120	550	100	100	110	120	6.7
MGH—3L-550		ϕ130～170	550	125	100	185	190	7.3

（2）MGH—□Y 型压缩形管形母线消振环形状及规范见图 5-4-30 及表 5-4-25。

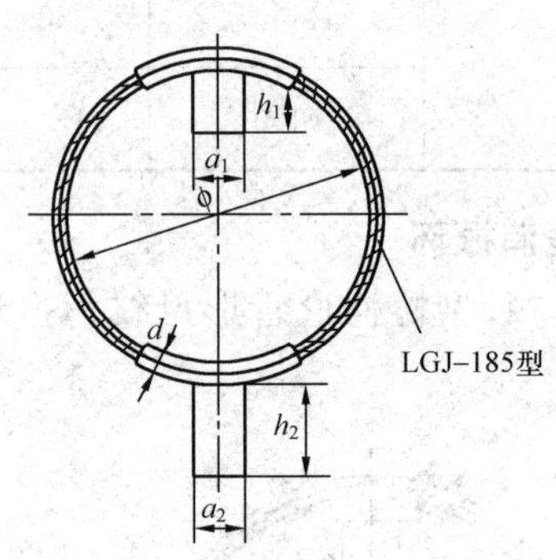

图 5-4-30

表 5-4-25　　MGH—□Y 型压缩形管形母线消振环规范

型　号	图号	适用母线规格（mm）	主要尺寸（mm）						质量（kg）
			ϕ	d	a_1	a_2	h_1	h_2	
MGH—1Y	5-4-30	ϕ70～80	550	32	80	80	155	195	3.7
MGH—2Y		ϕ100～120	550	32	80	100	155	175	3.8
MGH—3Y		ϕ130～170	550	32	100	125	155	185	4.0

十一、管形母线 T 接引流板

（1）MGT 型管形母线 T 接引流板形状及规范见图 5-4-31 及表 5-4-26。

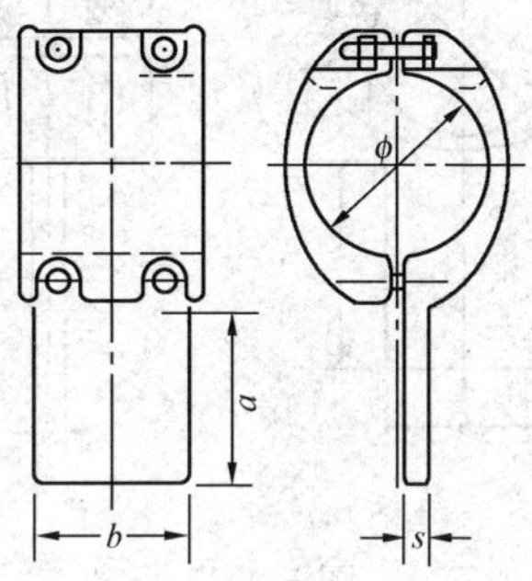

图 5-4-31

表 5-4-26　　MGT 型管形母线 T 接引流板规范

型号	图号	适用母线规格（mm）	主要尺寸（mm）				质量（kg）
			ϕ	a	b	s	
MGT—70	5-4-31	ϕ70	70	85	80	16	3.5
MGT—80		ϕ80	80	85	80	16	4.0
MGT—100		ϕ100	100	105	100	18	5.2
MGT—110		ϕ110	110	105	100	18	5.2
MGT—120		ϕ120	120	105	100	18	5.2
MGT—130		ϕ130	130	130	125	20	7.2
MGT—150		ϕ150	150	130	125	20	8.2
MGT—170		ϕ170	170	160	150	22	10.5
MGT—200		ϕ200	200	170	150	22	17.00
MGT—250		ϕ250	250	170	150	24	25.00

（2）MGT—□D 型管形母线 T 接引流板形状及规范见图

5-4-32 及表 5-4-27。

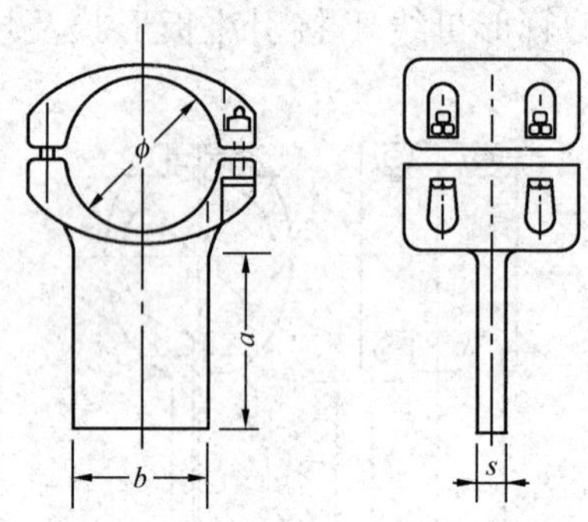

图 5-4-32

表 5-4-27　　MGT—□D 型管形母线 T 接引流板规范

型　号	图号	适用母线规格（mm）	主要尺寸（mm）				质量（kg）
			ϕ	b	a	s	
MGT—70D	5-4-32	ϕ70	70	80	85	16	2.50
MGT—80D		ϕ80	80	80	85	16	2.70
MGT—100D		ϕ100	100	100	105	18	3.80
MGT—110D		ϕ110	110	100	105	18	5.20
MGT—120D		ϕ120	120	100	125	18	5.40
MGT—130D		ϕ130	130	130	130	20	6.70
MGT—150D		ϕ150	150	130	130	20	8.00
MGT—170D		ϕ170	170	150	165	22	10.5
MGT—200D		ϕ200	200	150	170	22	17.00
MGT—250D		ϕ250	250	150	170	24	25.00

（3）MGT—□C 型管形母线 T 接引流板形状及规范见图 5-4-33 及表 5-4-28。

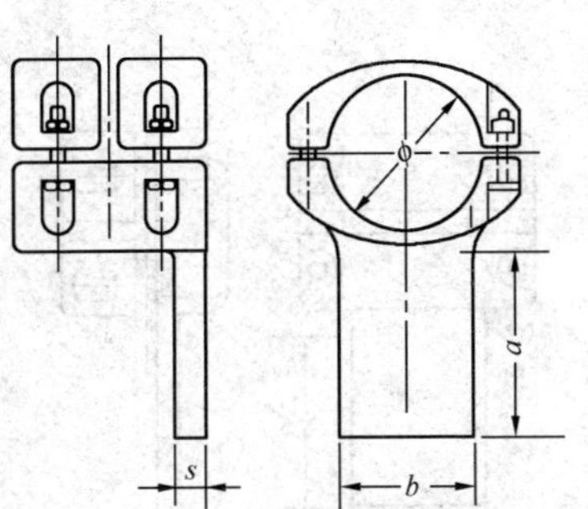

图 5-4-33

表 5-4-28　　MGT—□C 型管形母线 T 接引流板规范

型　号	图号	适用母线规格 (mm)	主要尺寸（mm）				质量 (kg)
			ϕ	b	a	s	
MGT—70C	5-4-33	ϕ70	70	80	85	16	2.50
MGT—80C		ϕ80	80	80	85	16	2.70
MGT—100C		ϕ100	100	100	105	18	3.80
MGT—110C		ϕ110	110	100	105	18	5.20
MGT—120C		ϕ120	120	100	105	18	5.40
MGT—130C		ϕ130	130	130	130	20	6.70
MGT—150C		ϕ150	150	130	130	20	8.00
MGT—170C		ϕ170	170	150	160	22	10.50
MGT—200C		ϕ200	200	150	170	22	17.00
MGT—250C		ϕ250	250	150	170	24	25.00

（4）MGP 型管形母线 T 接引流板形状及规范见图 5-4-34 及表 5-4-29。

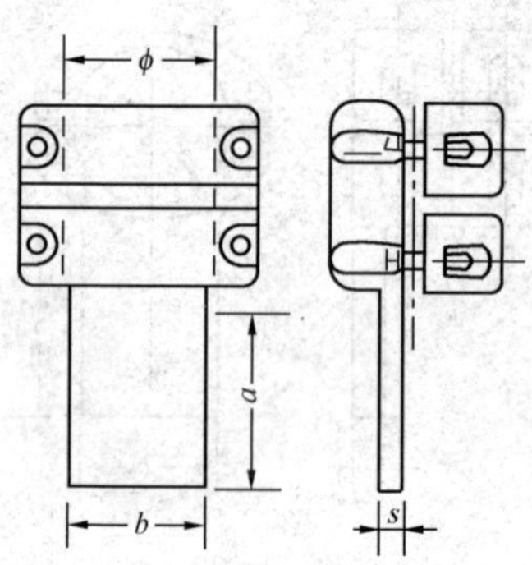

图 5-4-34

表 5-4-29　　MGP 型管形母线 T 接引流板规范

型　号	图号	适用母线规格（mm）	主要尺寸（mm）				质量（kg）
			ϕ	a	b	s	
MGP—70	5-4-34	ϕ70	70	80	85	16	2.50
MGP—80		ϕ80	80	80	85	16	2.70
MGP—100		ϕ100	100	100	105	18	3.80
MGP—110		ϕ110	110	100	105	18	5.20
MGP—120		ϕ120	120	100	105	18	5.40
MGP—130		ϕ130	130	125	130	20	6.70
MGP—150		ϕ150	150	125	130	20	8.00
MGP—170		ϕ170	170	150	160	22	10.5
MGP—200		ϕ200	200	150	170	22	17.00
MGP—250		ϕ250	250	150	170	24	25.00

十二、管形母线伸缩线夹

（1）MGS—□A 型管形母线伸缩线夹（0°）形状及规范见图 5-4-35 及表 5-4-30。

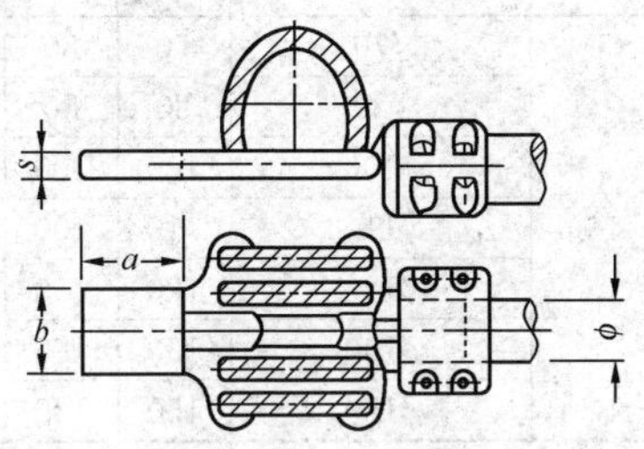

图 5-4-35

表 5-4-30　　MGS—□A 型管形母线伸缩线夹（0°）规范

型　号	图号	适用母线规格（mm）	主要尺寸（mm）				质量（kg）
			ϕ	b	a	s	
MGS—70A	5-4-35	ϕ70	70	80	85	16	10.2
MGS—80A		ϕ80	80	80	85	16	11.0
MGS—100A		ϕ100	100	100	105	18	13.0
MGS—110A		ϕ110	110	100	105	18	13.5
MGS—120A		ϕ120	120	100	105	18	14.0
MGS—130A		ϕ130	130	125	130	20	15.0
MGS—150A		ϕ150	150	125	130	20	18.0

（2）MGS—□B 型管形母线伸缩线夹（30°）形状及规范见图 5-4-36 及表 5-4-31。

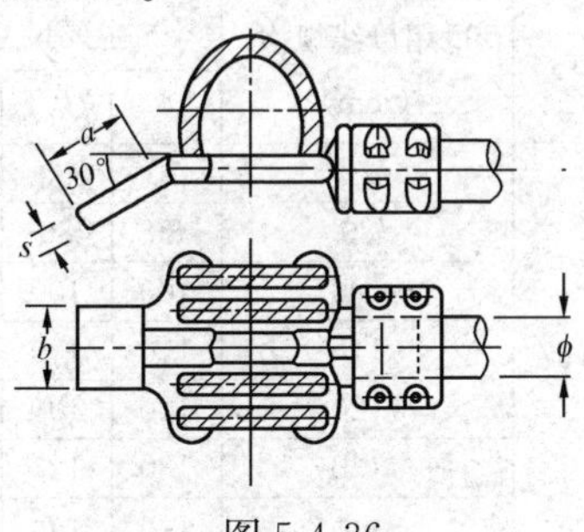

图 5-4-36

表 5-4-31　　MGS—□B 型管形母线伸缩线夹（30°）规范

型　号	图号	适用母线规格（mm）	主要尺寸（mm）				质量（kg）
			ϕ	b	a	s	
MGS—70B	5-4-36	ϕ70	70	80	85	16	10.2
MGS—80B		ϕ80	80	80	85	16	11.0
MGS—100B		ϕ100	100	100	105	18	13.0
MGS—110B		ϕ110	110	100	105	18	13.5
MGS—120B		ϕ120	120	100	105	18	14.0
MGS—130B		ϕ130	130	125	130	20	15.0
MGS—150B		ϕ150	150	125	130	20	18.0

（3）MGS—□D 型管形母线伸缩线夹（90°）形状及规范见图 5-4-37 及表 5-4-32。

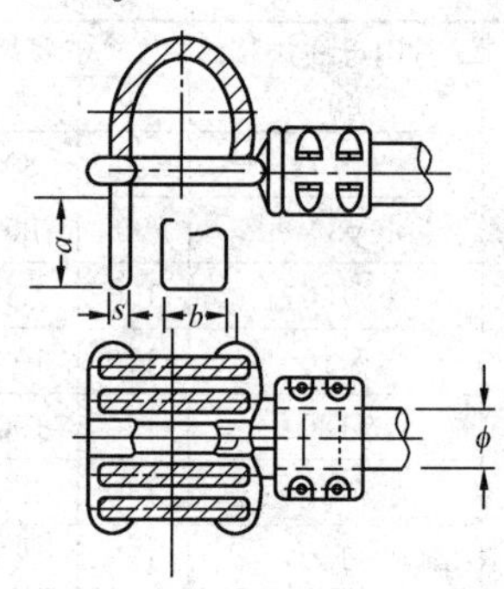

图 5-4-37

表 5-4-32　　MGS—□D 型管形母线伸缩线夹（90°）规范

型　号	图号	适用母线规格（mm）	主要尺寸（mm）				质量（kg）
			ϕ	b	a	s	
MGS—70D	5-4-37	ϕ70	70	80	85	16	10.2
MGS—80D		ϕ80	80	80	85	16	11.0
MGS—100D		ϕ100	100	100	105	18	13.0
MGS—110D		ϕ110	110	100	105	18	13.5
MGS—120D		ϕ120	120	100	105	18	14.0
MGS—130D		ϕ130	130	125	130	20	15.0
MGS—150D		ϕ150	150	125	130	20	18.0

（4）MGS—□KA 型管形母线伸缩线夹形状及规范见图 5-4-38 及表 5-4-33。

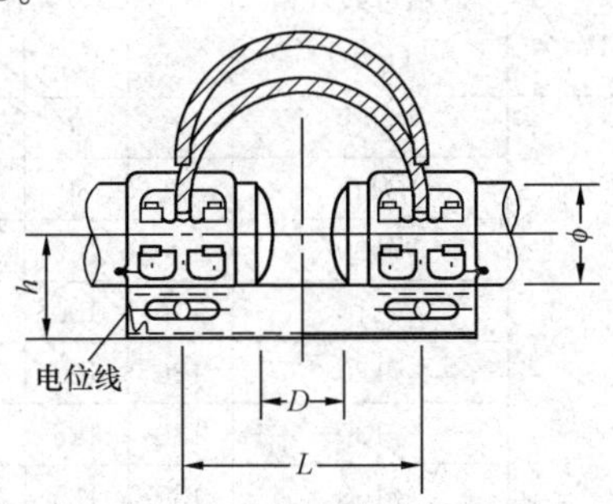

图 5-4-38

表 5-4-33　　MGS—□KA 型管形母线伸缩线夹规范

型　号	图号	适用母线规格（mm）	主要尺寸（mm）				质量（kg）
			ϕ	h	D	L	
MGS—100KA	5-4-38	ϕ100	100	135	140	400	
MGS—120KA		ϕ120	120	145		450	
MGS—130KA		ϕ130	130	155	225		
MGS—150KA		ϕ150	150	160			
MGS—170KA		ϕ170	170	180		500	
MGS—200KA		ϕ200	200	210			

十三、管形母线铜铝过渡伸缩线夹

（1）MGS—□GA 型管形母线铜铝过渡伸缩线夹（0°）形状及规范见图 5-4-39 及表 5-4-34。

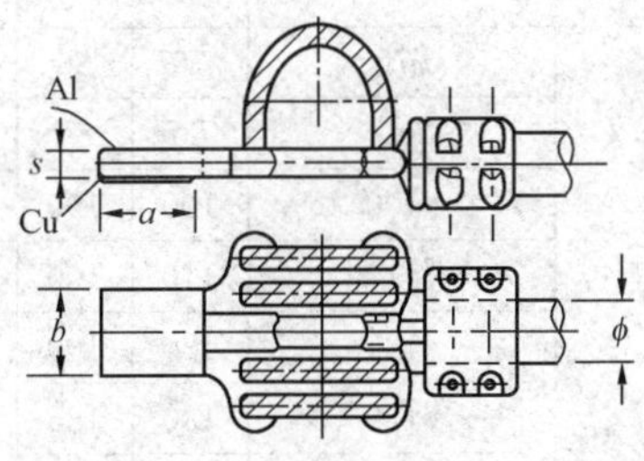

图 5-4-39

表 5-4-34　　MGS—□GA 型管形母线铜铝过渡伸缩线夹（0°）规范

型　号	图号	适用母线规格（mm）	主要尺寸（mm）				质量（kg）
			ϕ	b	a	s	
MGS—70GA	5-4-39	ϕ70	70	80	85	16	10.7
MGS—80GA		ϕ80	80	80	85	16	11.5
MGS—100GA		ϕ100	100	100	105	18	13.5
MGS—110GA		ϕ110	110	100	105	18	13.8
MGS—120GA		ϕ120	120	100	105	18	14.5
MGS—130GA		ϕ130	130	125	130	20	15.3
MGS—150GA		ϕ150	150	125	130	20	18.3

（2）MGS—□GB 型管形母线铜铝过渡伸缩线夹（30°）形状及规范见图 5-4-40 及表 5-4-35。

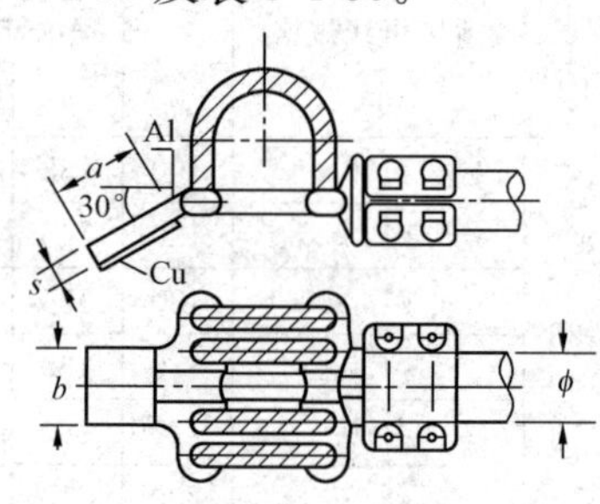

图 5-4-40

表 5-4-35　　MGS—□GB 型管形母线铜铝过渡伸缩线夹（30°）规范

型　号	图号	适用母线规格（mm）	主要尺寸（mm）				质量（kg）
			ϕ	b	a	s	
MGS—70GB	5-4-40	ϕ70	70	80	85	16	10.7
MGS—80GB		ϕ80	80	80	85	16	11.5
MGS—100GB		ϕ100	100	100	105	18	13.5
MGS—110GB		ϕ110	110	100	105	18	13.8
MGS—120GB		ϕ120	120	100	105	18	14.5
MGS—130GB		ϕ130	130	125	130	20	15.3
MGS—150GB		ϕ150	150	125	130	20	18.3

（3）MGS—□GD 型管形母线铜铝过渡伸缩线夹（90°）形状及规范见图 5-4-41 及表 5-4-36。

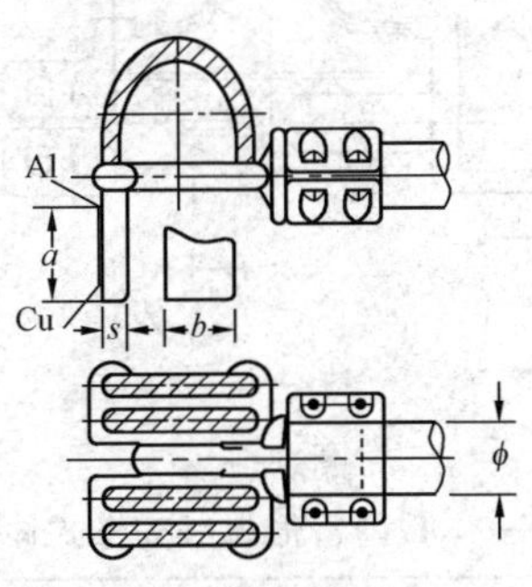

图 5-4-41

表 5-4-36　MGS—□GD 型管形母线铜铝过渡伸缩线夹（90°）规范

型　号	图号	适用母线规格（mm）	主要尺寸（mm）				质量（kg）
			ϕ	b	a	s	
MGS—70GD	5-4-41	ϕ70	70	80	85	16	10.7
MGS—80GD		ϕ80	80	80	85	16	11.5
MGS—100GD		ϕ100	100	100	105	18	13.5
MGS—110GD		ϕ110	110	100	105	18	13.8
MGS—120GD		ϕ120	120	100	105	18	14.5
MGS—130GD		ϕ130	130	125	130	20	15.3
MGS—150GD		ϕ150	150	125	130	20	18.3

十四、管形母线支撑式伸缩线夹

（1）MGS—□L 型管形母线支撑式伸缩线夹形状及规范见图 5-4-42 及表 5-4-37。

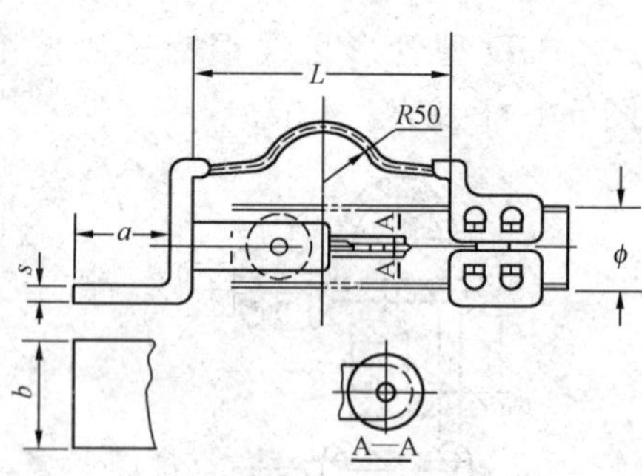

图 5-4-42

表 5-4-37　　MGS—□L 型管形母线支撑式伸缩线夹规范

型　号	图号	适用母线规格 (mm)	主要尺寸（mm）					质量 (kg)
			ϕ	b	a	L	s	
MGS—70L	5-4-42	ϕ70	70	80	85	470	16	6.5
MGS—80L		ϕ80	80	80	85	470		7.5
MGS—100L		ϕ100	100	100	105	520	18	10.0
MGS—110L		ϕ110	110	100	105	520		10.0
MGS—120L		ϕ120	120	100	105	520		12.0
MGS—130L		ϕ130	130	125	130	570	20	13.5
MGS—150L		ϕ150	150	125	130	570		15.5

（2）MGS—□Z 型管形母线支撑式双伸缩线夹形状及规范见图 5-4-43 及表 5-4-38。

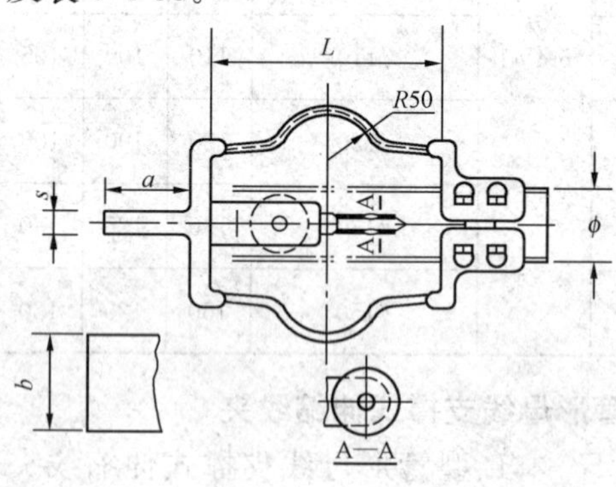

图 5-4-43

表 5-4-38 MGS—□Z 型管形母线支撑式双伸缩线夹规范

型　号	图号	适用母线规格（mm）	主要尺寸（mm）					质量（kg）
			ϕ	b	a	L	s	
MGS—70Z	5-4-43	ϕ70	70	80	85	470	16	9.6
MGS—80Z		ϕ80	80	80	85	470		10.0
MGS—100Z		ϕ100	100	100	105	520	18	14.6
MGS—110Z		ϕ110	110	100	105	520		15.0
MGS—120Z		ϕ120	120	100	105	520		15.5
MGS—130Z		ϕ130	130	125	130	570	20	16.5
MGS—150Z		ϕ150	150	125	130	570		17.0

（3）MGS—□LG 型管形母线支撑式双伸缩线夹形状及规范见图 5-4-44 及表 5-4-39。

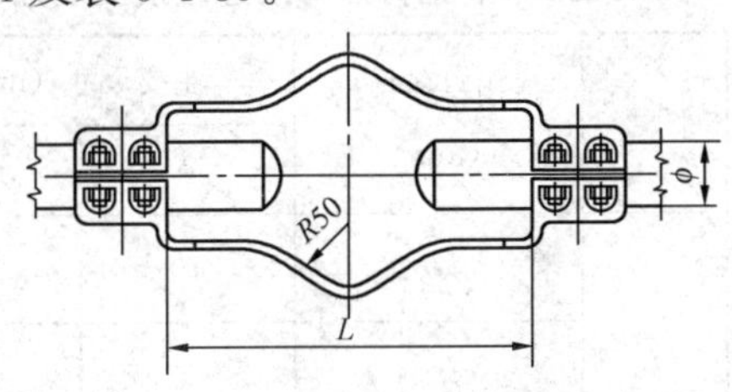

图 5-4-44

表 5-4-39 MGS—□LG 型管形母线支撑式双伸缩线夹规范

型　号	图号	适用母线规格（mm）	主要尺寸（mm）		质量（kg）
			ϕ	L	
MGS—80LG	5-4-44	ϕ80/72	80	400	
MGS—100LG		ϕ100/40	100	400	
MGS—110LG		ϕ120/110	120	400	

十五、管形母线过渡接头

MGS—□J 型管形母线过渡接头形状及规范见图 5-4-45 及表 5-4-40。

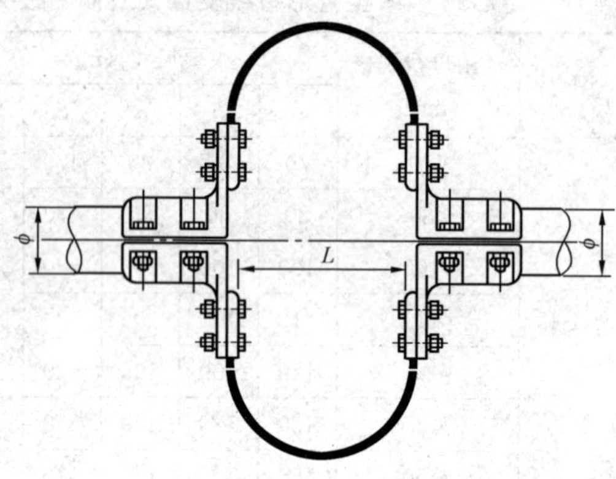

图 5-4-45

表 5-4-40　　MGS—□J 型管形母线过渡接头规范

型　号	图号	适用母线规格（mm）	主要尺寸（mm）		质量（kg）
			ϕ	L	
MGS—70J	5-4-45	ϕ70	70	400	
MGS—80J		ϕ80	80	400	
MGS—100J		ϕ100	100	400	
MGS—110J		ϕ110	110	400	
MGS—120J		ϕ120	120	400	
MGS—130J		ϕ130	130	400	
MGS—150J		ϕ150	150	400	

十六、管形母线跳线线夹

（1）MGT—□L 型管形母线跳线线夹形状及规范见图 5-4-46 及表 5-4-41。

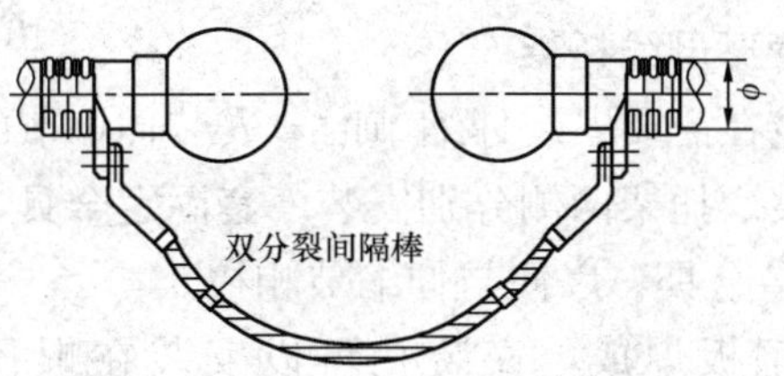

图 5-4-46

表 5-4-41　　MGT—□L 型管形母线跳线线夹规范

型　号	图号	适用母线规格（mm）	跳线导线型号	质量（kg）
MGT—150L	5-4-46	φ150/136	2 根 NAHLGJQ-1440	
MGT—170L		φ170/156		
MGT—200L		φ200/180		
MGT—250L		φ250/230		

（2）MGT—□S 型管形母线跳线线夹形状及规范见图 5-4-47 及表 5-4-42。

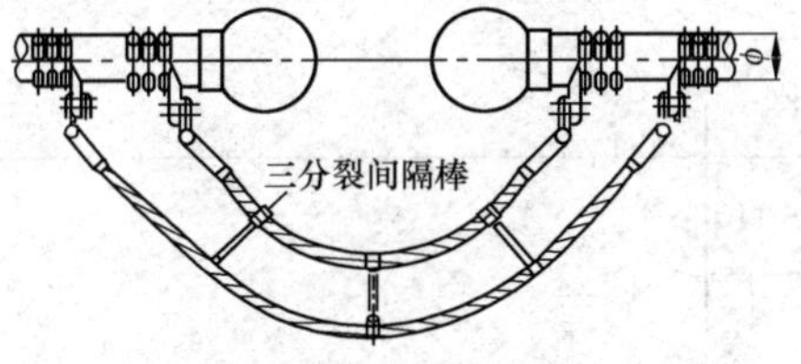

图 5-4-47

表 5-4-42　　MGT—□S 型管形母线跳线线夹规范

型　号	图号	适用母线规格（mm）	跳线导线型号	质量（kg）
MGT—150S	5-4-47	φ150/136	3 根 NAHLGJQ-1440	
MGT—170S		φ170/156		
MGT—200S		φ200/180		
MGT—250S		φ250/230		

十七、管形母线托架

管形母线在需要安装伸缩节时，安装伸缩节的支柱绝缘子上应安装托架。托架两侧分别安装一套固定金具，两固定金具内侧安装 T 接金具，以便与伸缩节相接。

托架用钢板焊成，安装孔可以安装在螺径 ϕ140mm 及 ϕ225mm 的支柱绝缘子上。

托架的形状及规范如表 5-4-43 所示。

表 5-4-43　　管形母线固定托架形状及规范

规　　范		托架图
型号	MGJ—104	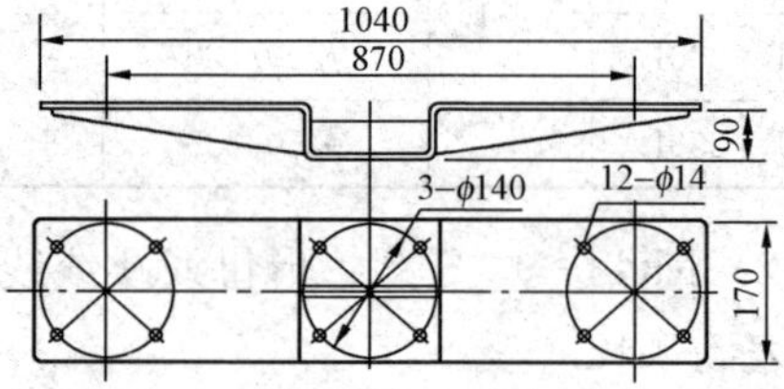 1040 870 90 3—ϕ140 12—ϕ14 170
支柱绝缘子4孔中心距	140mm	
适用安装固定金具型号	MGG—70 MGG—80 MGG—90 MGG—100 MGG—120	
质量	14kg	
型号	MGJ—110	1100 870 90 3—ϕ140 20—ϕ18 3—ϕ225 12—ϕ14 225
支柱绝缘子4孔中心距	225mm	
适用安装固定金具型号	MGG—130 MGG—150 MGG—170 MGG—200 MGG—250	
质量	21.5kg	

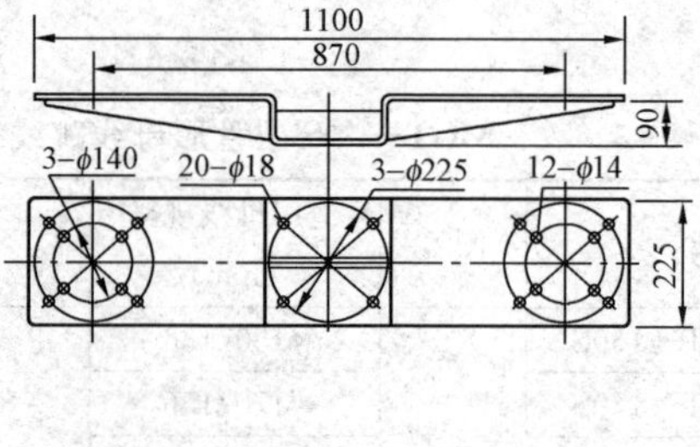

续表

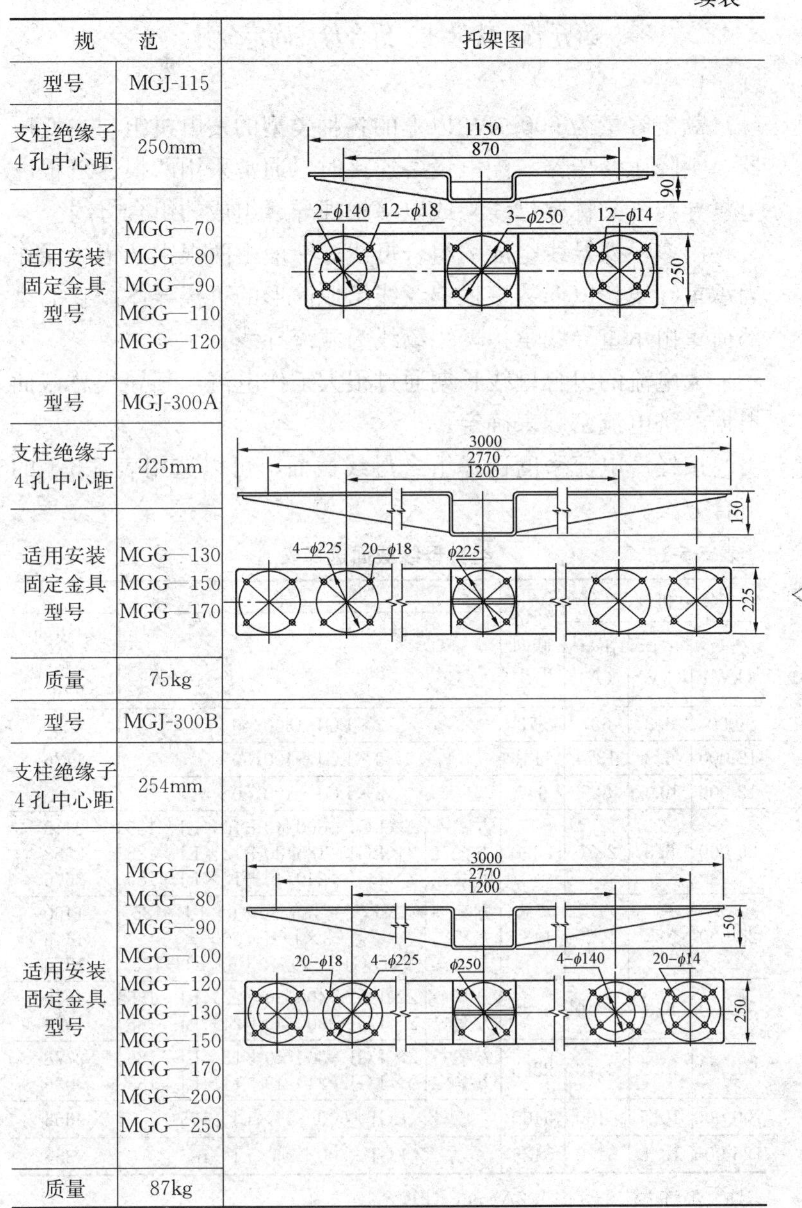

规　　范		托架图
型号	MGJ-115	
支柱绝缘子4孔中心距	250mm	
适用安装固定金具型号	MGG—70 MGG—80 MGG—90 MGG—110 MGG—120	
型号	MGJ-300A	
支柱绝缘子4孔中心距	225mm	
适用安装固定金具型号	MGG—130 MGG—150 MGG—170	
质量	75kg	
型号	MGJ-300B	
支柱绝缘子4孔中心距	254mm	
适用安装固定金具型号	MGG—70 MGG—80 MGG—90 MGG—100 MGG—120 MGG—130 MGG—150 MGG—170 MGG—200 MGG—250	
质量	87kg	

第五节 软母线、组合母线固定金具

额定容量为 6000kW 以上的各种类型的发电机组与主变压器、主降压变压器与配电设备连接时，通常采用两根、三根以上复导线（又称软母线）或以多根裸导线组成的组合母线。

由多根裸导线组成的组合母线，一般由两根钢芯铝绞线作为承重导线，以偶数多根铝绞线组成筒形的可挠导体。它的全部荷重由承重导线承担，铝绞线为载流导线。

大电流的组合母线长期通过很大工作电流，其导线总截面根据经济电流密度来确定。

按经济电流密度选择组合母线截面，可以选用表 5-5-1 的组合方案。

表 5-5-1　　组合母线截面选择表

发电机规范			经济截面（mm^2）	组合导线		
容量（kW）	电压（kV）	电流（A）		规范		铝线的总截面（mm^2）
6000	6.3	687	573	2×LGJ—300/40		582
12 000	6.3	1374	1146	3×LGJ—400/50		1176
12 000	10.5	825	687	2×LGJ—400/50		784
25 000	6.3	2870	2390	方案一	2×LGJ—300/40+10×LJ—185	2412
				方案二	2×LGJ—185/30+12×LJ—185	2558
				方案三	2×LGJ—240/40+12×LJ—185	2676
25 000	10.5	1720	1432	方案一	2×LGJ—185/30+6×LJ—185	1460
				方案二	3×LGJ—500	1446
				方案三	2×LGJ—240/40+6×LJ—185	1576
50 000	6.3	5740	4780	方案一	2×LGJ—400/50+22×LJ—185	4810
				方案二	2×LGJ—300/40+24×LJ—185	4974
50 000	10.5	3440	2865	方案一	2×LGJ—300/40+12×LJ—185	2778
				方案二	2×LGJ—240/40+14×LJ—185	3036
100 000	10.5	6480	5400	2×LGJ—500+24×LJ—185		5356
125 000	13.8	6150	5125	2×LGJ—500+24×LJ—185		5356

注　经济电流密度按 1.2A/mm^2 计算。

一、软母线固定金具

主回路每相是由两根裸导线组成的软母线，亦称为复导线。

软母线由两个耐张线夹经软母线用联板固定在单联或双联耐张绝缘子串上，用铝合金制造的固定金具将软母线夹紧，使软母线固定在支柱绝缘子上。

标准的软母线固定金具分为单导线、双导线两类。双导线软母线固定金具根据母线线间距离的不同，分为间距120、200mm及400mm三种。

软母线固定金具与户外支柱绝缘子配套安装于螺距为ϕ140mm、四孔 M12mm（型号为 ZS—20/1600型、ZS—20/3000型、ZS—35/800型、ZS—60/400型、ZS—110/400型等）支柱绝缘子上。

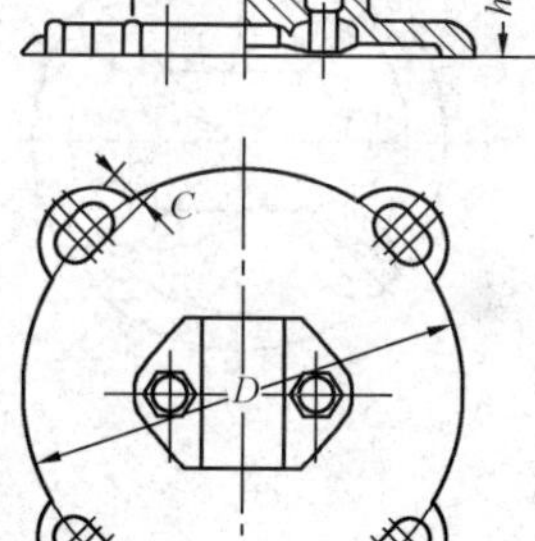

图 5-5-1

（1）MDG型单导线软母线固定金具的形状与规范如图5-5-1及表5-5-2所示。

表 5-5-2　　MDG型单导线软母线固定金具规范

型　号	图号	适用母线规格（mm^2）	主要尺寸（mm）				质量（kg）
			ϕ	h	D	C	
MDG—2	5-5-1	70～95	14	25	140	14	0.98
MDG—3		120～150	17	30			0.97
MDG—4		185～240	22	30			0.96
MDG—5		300～400	28	33			0.94
MDG—6		500～630	34	36			0.92
MDG—2—225		70～95	14	25	225	18	1.50
MDG—3—225		120～150	17	30			1.48
MDG—4—225		185～240	22	30			1.45
MDG—5—225		300～400	28	33			1.43
MDG—6—225		500～630	34	36			1.41

（2）MDG 型大截面单导线软母线固定金具形状及规范见图 5-5-2 及表 5-5-3。

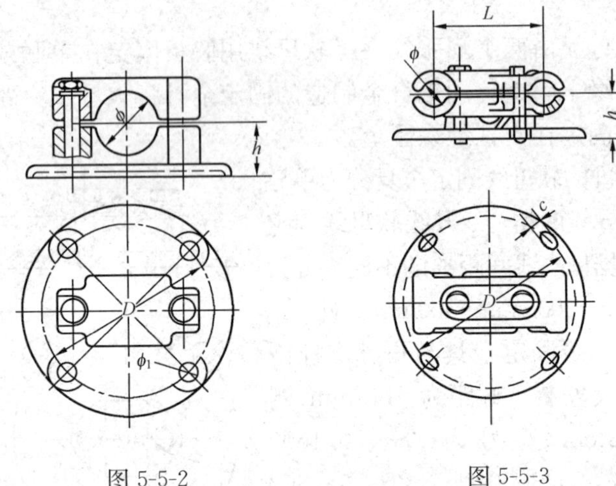

图 5-5-2　　　　图 5-5-3

表 5-5-3　　MDG 型大截面单导线软母线固定金具

型　号	图号	适用母线规格	主要尺寸（mm）				质量 (kg)
			ϕ	ϕ_1	D	h	
MDG—400N—140		400/54N	28			38	2.4
MDG—1000N—140		1000/45N	43	14	140	45	2.5
MDG—51—140		LGKK—600	52			52	2.8
MDG—400N—225		400/50N	28			38	3.0
MDG—1000N—225	5-5-2	1000/45N	43	18	225	45	3.1
MDG—51—225		LGKK—600	52			52	3.4
MDG—400N—254		400/54N	28			35	3.5
MDG—1000N—254		1000/45N	43	18	254	45	3.6
MDG—51—254		LGKK—600	52			52	4.0

（3）MSG 型双软母线固定金具形状及规范见图 5-5-3 及表 5-5-4。

表 5-5-4　　　　MSG 型双软母线固定金具规范

型　　号	图号	适用母线规格 (mm^2)	主要尺寸 (mm)					质量 (kg)
			ϕ	h	D	L	c	
MSG—4/120	5-5-3	185～240	22	44	140	120	14	1.64
MSG—5/120		300～400	28	47				1.84
MSG—6/120		500～630	34	53				1.91
MSG—4/200		185～240	22	44	140	200	14	1.55
MSG—5/200		300～400	28	47				1.68
MSG—6/200		500～630	34	53				1.82
MSG—4/400		185～240	22	44	140	400	14	2.75
MSG—5/400		300～400	28	47				3.11
MSG—6/400		500～630	34	53				3.48
MSG—4/120—225		185～240	22	44	225	120	18	2.14
MSG—5/120—225		300～400	28	47				2.34
MSG—6/120—225		500～630	34	53				2.41
MSG—4/200—225		185～240	22	44	225	200	18	2.05
MSG—5/200—225		300～400	28	47				2.18
MSG—6/200—225		500～630	34	53				2.32
MSG—4/400—225		185～240	22	44	225	400	18	3.25
MSG—5/400—225		300～400	28	47				3.05
MSG—6/400—225		500～630	34	53				4.48

（4）MSG 型大截面双软母线固定金具形状及规范见图 5-5-4及表 5-5-5。

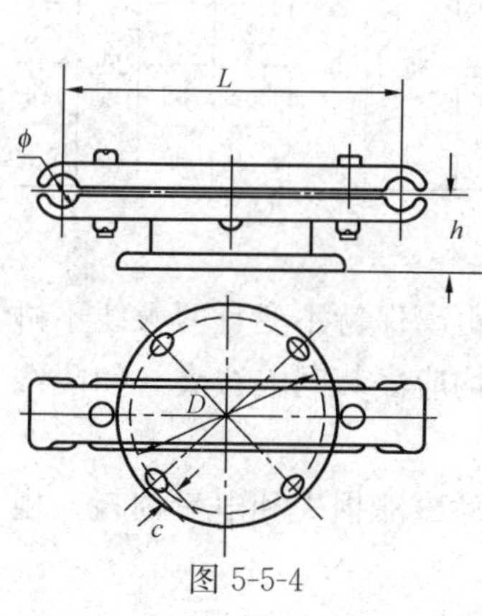

图 5-5-4

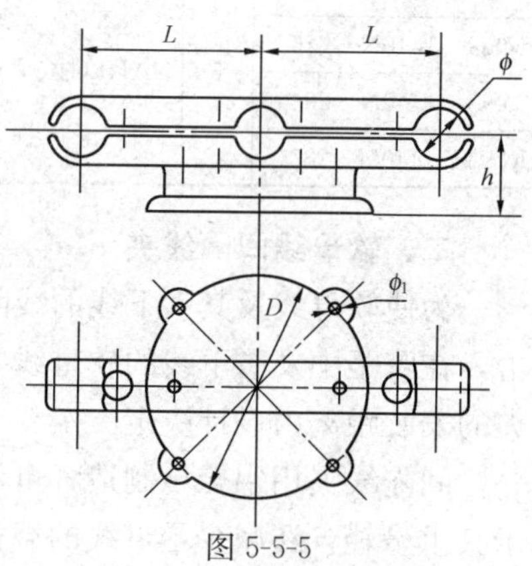

图 5-5-5

表 5-5-5　　MSG 型大截面双软母线固定金具规范

<table>
<tr><th rowspan="2">型号</th><th rowspan="2">图号</th><th rowspan="2">适用母线规格</th><th colspan="5">主要尺寸（mm）</th><th rowspan="2">质量（kg）</th></tr>
<tr><th>ϕ</th><th>h</th><th>D</th><th>L</th><th>c</th></tr>
<tr><td>MSG—400N/200</td><td rowspan="9">5-5-4</td><td>400N</td><td>28</td><td>63</td><td rowspan="3">140</td><td>200</td><td rowspan="3">14</td><td>3.1</td></tr>
<tr><td>MSG—51/120</td><td>LGKK—600</td><td>52</td><td>88</td><td>120</td><td>2.7</td></tr>
<tr><td>MSG—51/200</td><td>LGKK—600</td><td>52</td><td>88</td><td>200</td><td>3.1</td></tr>
<tr><td>MSG—51/200—225</td><td>LGKK—640</td><td>52</td><td>88</td><td rowspan="2">225</td><td>200</td><td rowspan="2">18</td><td>3.5</td></tr>
<tr><td>NSG—51/400—225</td><td>LGKK—640</td><td>52</td><td>88</td><td>400</td><td>5.0</td></tr>
<tr><td>MSG—630N/200C</td><td>630N</td><td>36</td><td>53</td><td rowspan="4">254</td><td rowspan="3">200</td><td rowspan="4">18</td><td>3.8</td></tr>
<tr><td>MSG—1000N/200C</td><td>1000N</td><td>43</td><td>72</td><td>4.1</td></tr>
<tr><td>MSG—51/200C</td><td>LGKK—600</td><td>52</td><td>88</td><td>4.3</td></tr>
<tr><td>MSG—51/400C</td><td>LGKK—600</td><td>52</td><td>88</td><td>400</td><td>5.2</td></tr>
</table>

（5）MSG 型大截面三软母线固定金具形状及规范见图 5-5-5 及表 5-5-6。

表 5-5-6　　MSG 型大截面三软母线固定金具规范

<table>
<tr><th rowspan="2">型号</th><th rowspan="2">图号</th><th rowspan="2">适用母线规格</th><th colspan="5">主要尺寸（mm）</th><th rowspan="2">质量（kg）</th></tr>
<tr><th>ϕ_1</th><th>ϕ</th><th>D</th><th>h</th><th>L</th></tr>
<tr><td>MSG—1440N—190</td><td rowspan="4">5-5-5</td><td rowspan="4">NAHLGJQ—1440</td><td rowspan="4">4-ϕ18</td><td rowspan="4">53</td><td>190</td><td>85</td><td rowspan="4">200</td><td>3.3</td></tr>
<tr><td>MSG—1440N—225</td><td>225</td><td>85</td><td>4.3</td></tr>
<tr><td>MSG—1440N—254</td><td>254</td><td>85</td><td>4.4</td></tr>
<tr><td>MSG—1440N—280</td><td>280</td><td>95</td><td>5.2</td></tr>
</table>

二、软母线间隔线夹

为使软母线及其引下线的线间距离保持不变且两根线不碰击，在跨距中及引下线的软母线上均应安装间隔线夹。间隔线夹的安装距离由设计决定。

间隔线夹用铝合金制造，可消除磁滞损失和电晕损耗。由于其重量轻，还减少了母线的载荷。

间隔线夹的形状及规范如图 5-5-6 及表 5-5-7 所示。

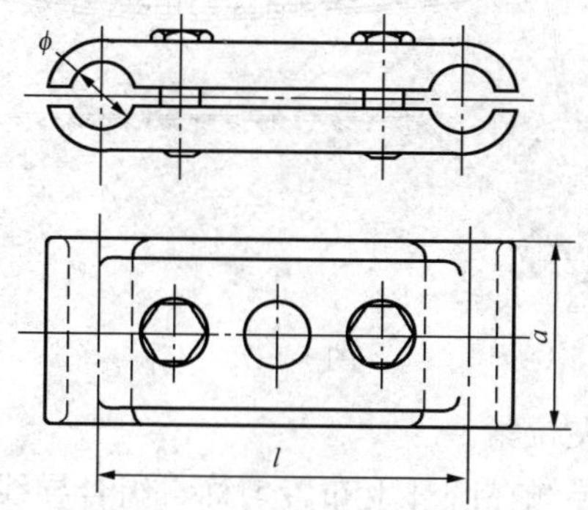

图 5-5-6

表 5-5-7　软母线间隔线夹规范

型　号	图号	适用导线 型　号	适用导线 外径（mm）	主要尺寸（mm） a	主要尺寸（mm） ϕ	主要尺寸（mm） l	质量（kg）
MRJ—4		LGJ—185/30～240/40	19.02～21.28	50	22		0.94
MRJ—5		LGJ—300/40～400/50	23.70～27.36	60	28	120	1.14
MRJ—6		LGJ—500/35～630/45	30.16～33.20	70	34		1.21
MRJ—300/200		LGJ—300/40	23.70	50	26		0.85
MRJ—400/200	5-5-6	LGJ—400/50	27.36	60	28	200	0.98
MRJ—500/200		LGJ—500/35	30.16	70	31		1.12
MRJ—300/400		LGJ—300/40	23.70	50	26		2.05
MRJ—400/400		LGJ—400/50	27.36	60	28	400	2.41
MRJ—500/400		LGJ—500/35	30.16	70	31		2.78

三、组合母线圆环

组合母线是发电机与主变压器连接时所采用的多导线的一种型式。组合母线圆环用来支撑多根导线，并使之组成圆筒形的导体，见图 5-5-7。

组合母线圆环由钢带制成，环的上下部装设双头螺栓，每个螺栓上有一副夹板，每副夹板可夹紧两根载流铝导线；圆环两侧为承重导线的固定点，两根承重导线的终端由耐张绝缘子

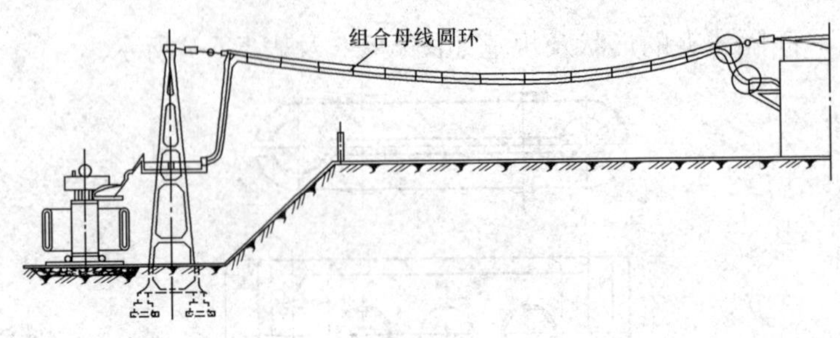

图 5-5-7

串上的耐张线夹拉紧。

为使多根导线在圆环上布置匀称，组合导线选用偶数，组合母线圆环分为（2＋8）mm、（2＋12）mm、（2＋16）mm、（2＋20）mm、（2＋24）mm 五种。

组合母线圆环的形状及规范如图 5-5-8 及表 5-5-8 所示。

表 5-5-8　　组合母线圆环规范

型号	图号	适用组合母线 承重导线	适用组合母线 载流导线	主要尺寸(mm) b	l	D	L	螺栓根数/直径(mm)	质量(kg)
		根数×型号							
MYH—(2＋8)	5-5-8 (a)	2×{LGJ—185/30, LGJ—240/40}	8×{LJ—120, LJ—150, LJ—185}	5	210	120	290	4/M12	2.25
MYH—(2＋12)	5-5-8 (b)	2×{LGJ—185/30, LGJ—240/40}	12×{LJ—120, LJ—150, LJ—185}	5	250	160	330	6/M12	2.80
MYH—(2＋16)	5-5-8 (c)	2×{LGJ—185/30, LGJ—240/40, LGJ—300/40}	16×{LJ—120, LJ—150, LJ—185}	5	290	200	370	8/M12	3.60
MYH—(2＋20)	5-5-8 (d)	2×{LGJ—240/40, LGJ—300/40, LGJ—400/50}	20×{LJ—120, LJ—150, LJ—185}	5	330	240	410	10/M12	4.10
MYH—(2＋24)	5-5-8 (e)	2×{LGJ—300/40, LGJ—400/50}	24×LJ—185	8	370	280	450	12/M12	4.70
MYH—24(A)	5-5-8 (e)	2×LGJ—500/35	24×LJ—185	8	370	280	450	12/M12	4.80

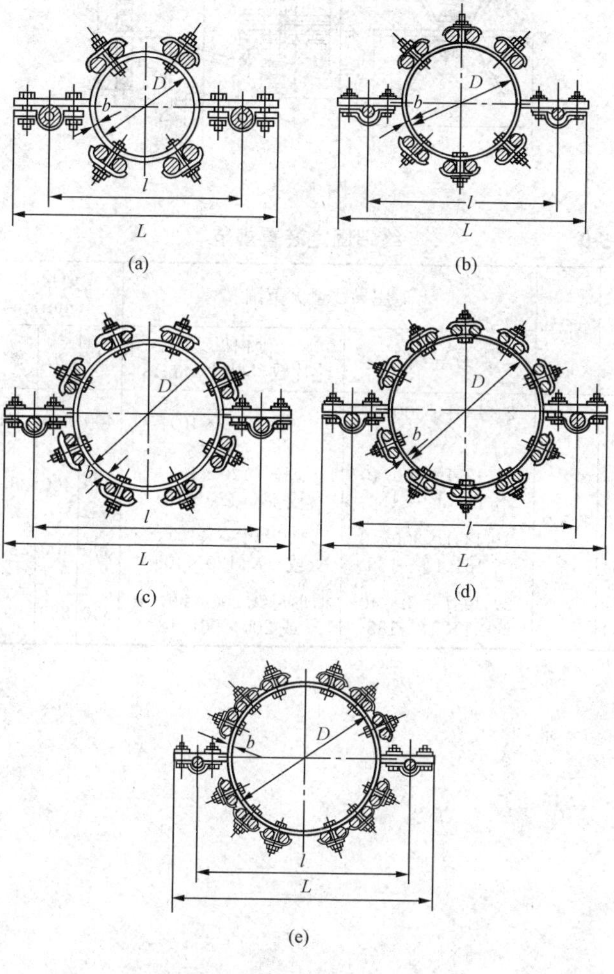

(a) (b)

(c) (d)

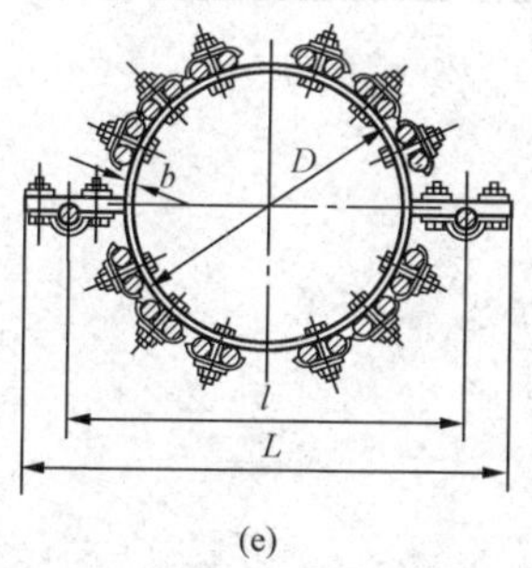

(e)

图 5-5-8

四、终端固定装置

终端固定装置形状及规范如图 5-5-9 及表 5-5-9 所示。

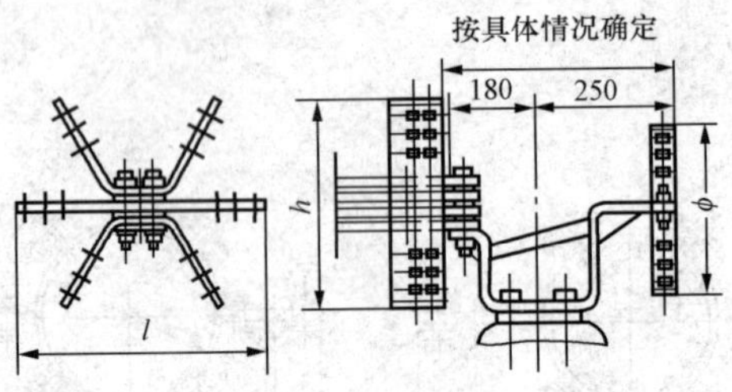

图 5-5-9

表 5-5-9　　终端固定装置规范

型　号	图号	适用导线最大范围		主要尺寸（mm）			质量（kg）
		软导线	硬铝母线［片数×尺寸（mm）］	l	h	ϕ	
MZD（2+8）	5-5-9	2×LGJ—300/40+8×LJ—185	2×（100×10）	400	360	200	22
MZD（2+12）		2×LGJ—300/40+12×LJ—185	3×（120×10）或 4×（120×10）	470	400	280	30
MZD（2+16）		2×LGJ—300/40+16×LJ—185	3×（120×10）或 4×（120×10）	590	400	280	38
MZD（2+24）		2×LGJ—300/40+24×LJ—185	槽形母线 200×90×10 或 200×90×12	330	380	320	45

第六章

金具的安装

金具的安装质量是架空电力线路和变电所安全运行的关键之一。送电线路的安装应遵循国家标准 GBJ233—1990《110～500kV 架空电力线路施工及验收规范》的有关规定。其他安装均应遵循有关施工技术规程。

第一节　导线及避雷线的接续

一、一般要求

（1）在档距内的导线、避雷线的接续，应采用按国家标准和有关技术条件制造的接续管，以液压、钳压或螺压进行接续。

（2）接续管的内外表面均应平滑，不得有砂眼、气泡、裂纹等缺陷。

（3）接续的导线、避雷线不应存在线股缠绕不良、线股断裂、线股交叉等缺陷。

（4）不同金属、不同规格、不同绞制方向的导线或避雷线严禁在一个耐张段内接续。

（5）导线、避雷线接续后，必须符合以下标准：

1）接续管必须平直，弯曲度（弯度与长度之比）不得过大。在接续前弯曲度不得超过 1%，压缩后弯曲度不得大于 2%，超过时应校直。校直后的接续管不得有裂纹或明显的槌痕。

2）接续管外毛边应锉平。

3）接续管两端的线股不应有鼓包现象。

4）钢接续管两端出口处应涂以防锈漆。

5）钢接续管在压缩后锌皮脱落时，亦应涂以防锈漆。

（6）切割导线或避雷线宜用手锯或电动无齿锯，不宜用凿子或其他工具进行。

（7）为使接续处有良好、可靠的电气接触性能，压接前，必须将导线或避雷线连接部位的表面用汽油清洗。清洗长度为接续部分长度的1.25倍。接续管内壁亦用汽油清洗干净。

（8）清洗后的导线及接续管内壁，应涂上一层导电脂，再用细钢丝刷擦刷，擦刷后的导电脂不应抹去。如导电脂被沾脏，可抹去后再重新涂上导电脂，而后擦刷，擦刷后连同导电脂一起进行压接。

二、钳压接续

（1）钳压接续的接续管应符合国家标准GB/T 2314—2008《电力金具通用技术条件》的规定。

（2）接续钢芯铝绞线时，导线之间应加垫片。

（3）钳压钢模应符合标准。

（4）被钳压的导线，应以搭接方法由管两端分别插入管内，使导线的端头露出钳压接续管之外20～25mm，并需使接续管最外边的压凹孔位于被连接导线断头侧，绑扎导线端头的绑线不应拆除见图6-1-1。

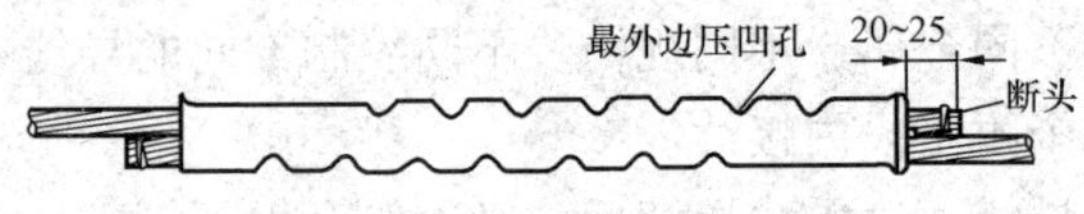

图6-1-1

（5）钳压接续的压口位置及操作顺序：

1）单金属绞线（铝绞线、铜绞线）钳压接续的压口位置及操作顺序如图6-1-2所示。

2）复合绞线（钢芯铝绞线）钳压接续的压口位置及操作顺序如图6-1-3所示。

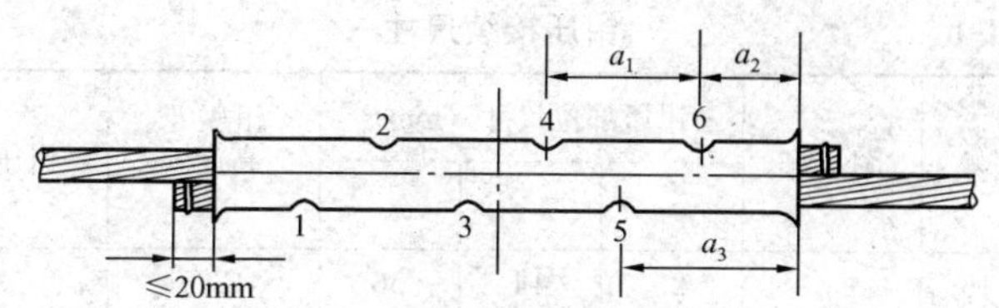

图 6-1-2

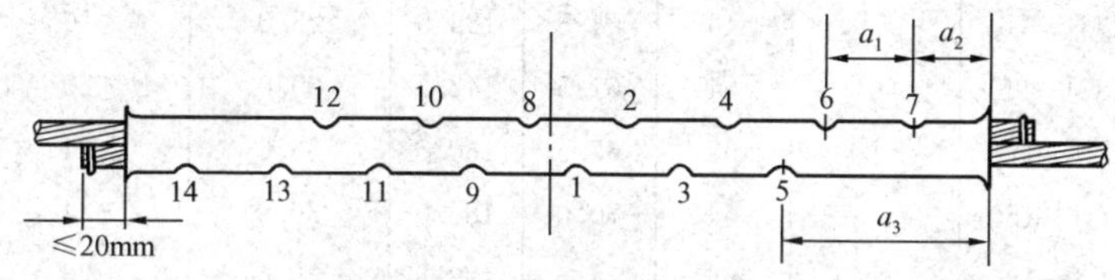

图 6-1-3

3）截面为 240mm² 钢芯铝绞线的钳压接续以两根短管串联接续，压口位置及操作顺序如图 6-1-4 所示。

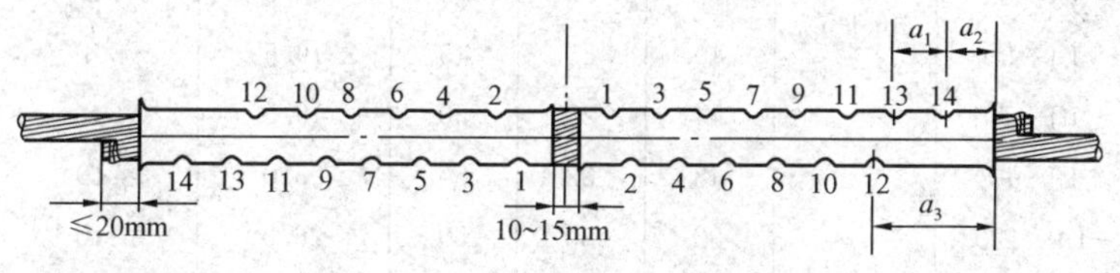

图 6-1-4

（6）钳压凹口距管边的高度 h 值、每模间距尺寸及钳压模数如图 6-1-5、图 6-1-6 及表 6-1-1 所示。

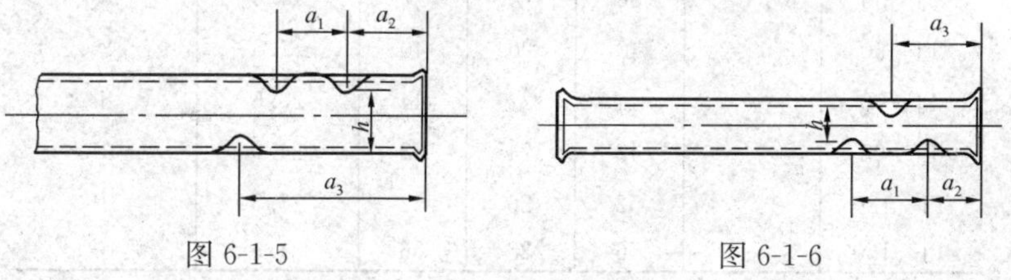

图 6-1-5　　图 6-1-6

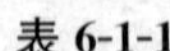

表 6-1-1　　钳压接续尺寸

导线型号	图　号	钳压部位尺寸（mm）			钳压处高度 h（mm）	钳压次数
		a_1	a_2	a_3		
LGJ—16	6-1-5 6-1-6	28	14	56	12.5	12
LGJ—25		32	15	63	14.5	14
LGJ—35		34	42.5	93.5	17.5	14
LGJ—50		38	48.5	105.5	20.5	16
LGJ—70		46	54.5	123.5	25.0	16
LGJ—95		54	61.5	142.5	29.0	20
LGJ—120		62	67.5	160.5	33.0	24
LGJ—150		64	70.0	166.0	36.0	24
LGJ—185		66	74.5	173.5	39.0	26
LGJ—240		62	68.5	161.5	43.0	2×14
LJ—16		28	20	34	10.5	6
LJ—25		32	20	36	12.5	6
LJ—35		36	25	43	14.0	6
LJ—50		40	25	45	16.5	8
LJ—70		44	28	50	19.5	8
LJ—95		48	32	56	23.0	10
LJ—120		52	33	59	26.0	10
LJ—150		56	34	62	30.0	10
LJ—185		60	35	65	33.5	10
TJ—16		28	14	28	10.5	6
TJ—25		32	16	32	12.0	6
TJ—35		36	18	36	14.5	6
TJ—50		40	20	40	17.5	8
TJ—70		44	22	44	20.5	8
TJ—95		48	24	48	24.0	10
TJ—120		52	26	52	27.5	10
TJ—150		56	28	56	31.5	10

（7）钳压处高度 h 的允许误差为：

铜钳压接续管±0.5mm；

铝钳压接续管±0.8mm。

三、液压接续

液压施工必须按照现行的《架空电力线路液压接续施工工艺规程》的规定进行。

导线、避雷线的接续用圆形直线接续管、耐张线夹、设备线夹及T形线夹时，采用液压接续。

液压接续分为：

钢芯对接接续；

钢芯搭接接续；

间隔压缩接续。

1. 一般规定

（1）接续管应与被连接的导线型号相符，规格尺寸应符合国家标准GB/T 2314—2008《电力金具通用技术条件》。

（2）选用的钢模应与相应的接续管相符，不能代用。

（3）用汽油清洗导线端部和接续管内壁的油脂和脏物，并涂以导电脂，然后擦刷，擦刷后的导电脂不应除掉。

2. 接续管压缩程序

（1）将被接续导线中的一根导线端头清洗1m左右，并涂上导电脂，以钢丝刷刷擦。

（2）清洗涂导电脂并刷擦好的导线端头，放松原来的绑线，同时套上铝接续管并将其拉进离导线端头1m处，然后在导线端重新绑上绑线 a（见图6-1-7），并拆掉早先绑扎的旧绑线 b。

（3）在导线端部，以剥钢线规量出钢芯需要剥露长度，划

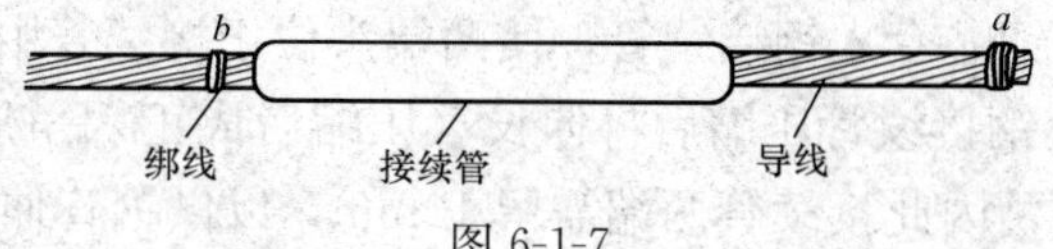

图6-1-7

以标记，并在距标记 20mm 处的导线上扎以新绑线 c（见图 6-1-8 和图 6-1-9），然后拆掉导线两端原先所绑扎的旧绑线。

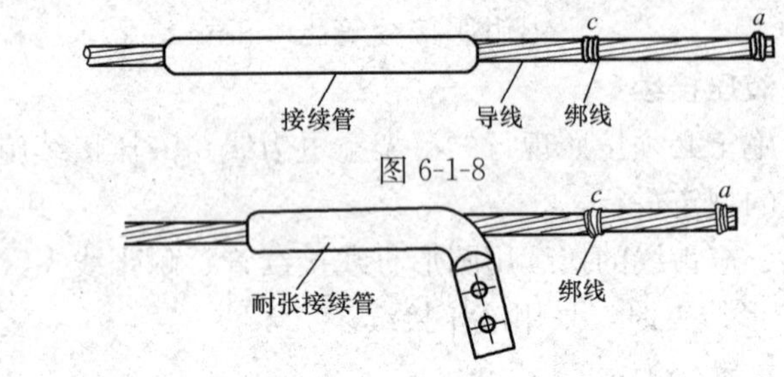

图 6-1-8

图 6-1-9

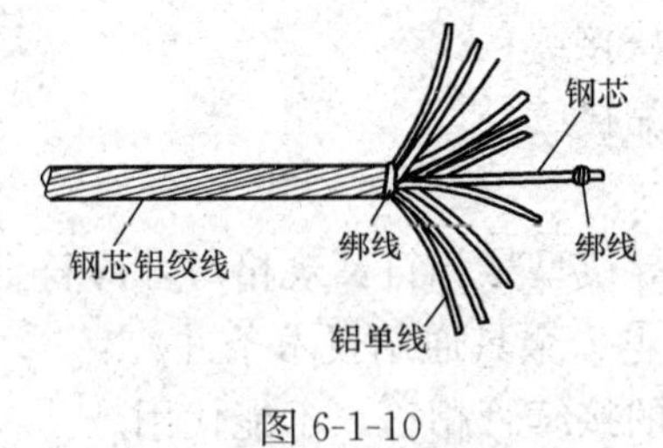

图 6-1-10

(4) 以剥铝线钳，在标记处剥掉外层铝丝，露出钢芯，并将钢芯端部立即扎上绑线（见图 6-1-10、图 6-1-11）。如果钢芯是采用散股搭接，端部可以不绑扎。

(5) 露出的钢芯用汽油洗净，再用干布擦干，然后涂上一层导电脂。如果是爆压，严禁涂导电脂。

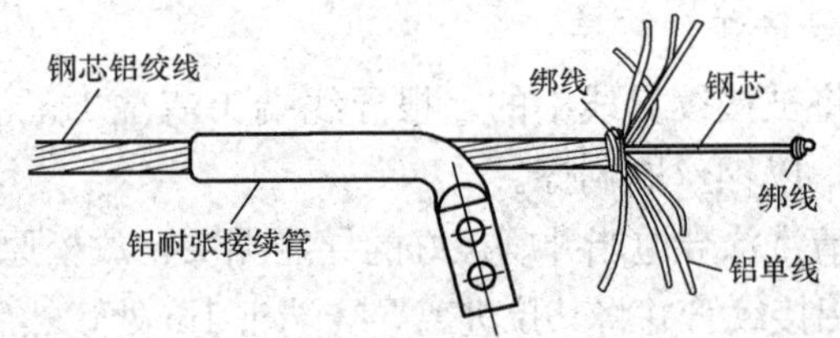

图 6-1-11

(6) 以剥线规量得接续管所需钢芯长度，划以记号；放松绑线，将钢芯套入钢接续管，使两端头位于接续管中央（见图 6-1-12）。钢接续管压缩后将伸长（压缩后成正六角形的钢管）12%左右，因此接续管两端需留 10mm，以供钢管伸长。

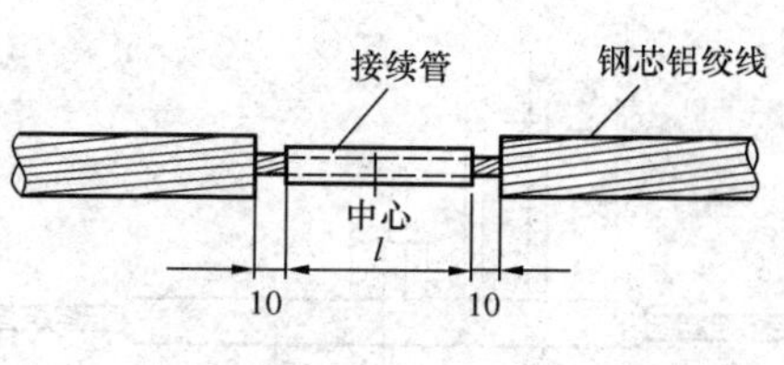

图 6-1-12

（7）对钢芯散股导线进行搭接液压时，两钢芯端头散股自由搭接在无缝钢接续管中，管两端留 10mm 空隙，以便填入钢芯单丝于钢管内。钢芯搭接压缩次数较少，伸长亦很少（见图 6-1-13）。

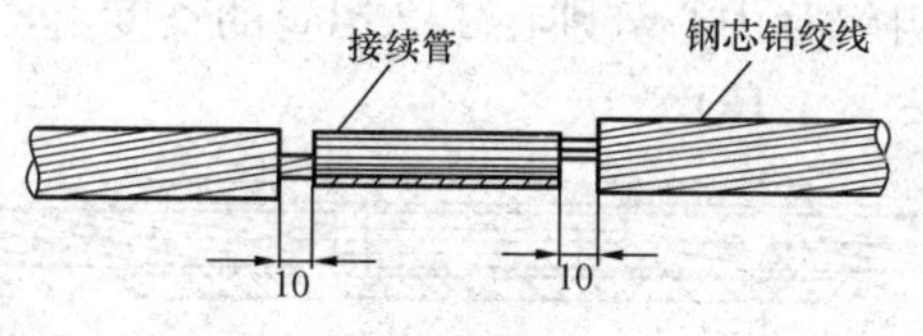

图 6-1-13

（8）散股钢芯搭接前将剥露出的钢芯散股调直，搭接于钢接续管内，管出口端距铝线 10mm。以钢接续管等长的 2～3 股钢芯单丝，插入已搭接的接续管空隙内，如图 6-1-14 所示。

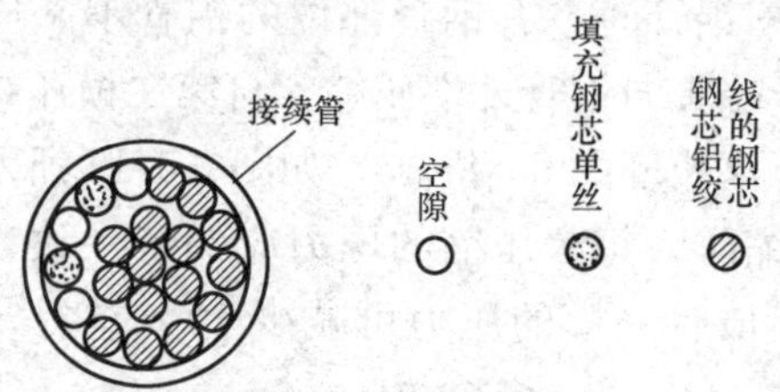

图 6-1-14

（9）液压时，钢接续管应由管中央先压一模，然后分别向两端进行压接，每模应重叠已压模长的 5～8mm（见图6-1-15）。

（10）钢接续管压好后，产生的弯曲度超过规定值（2%）时，应进行矫正。

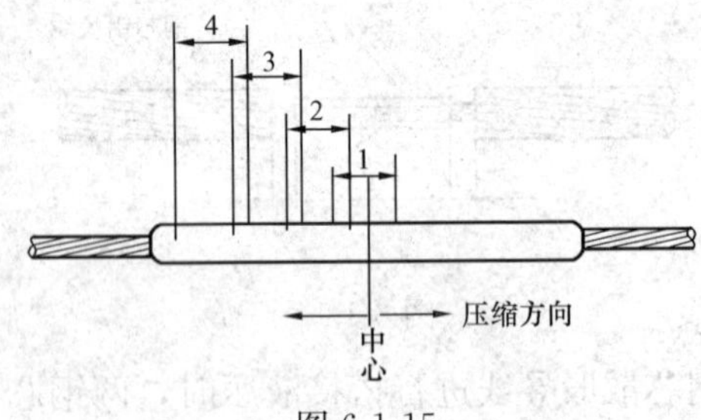

图 6-1-15

（11）如果发现钢管有裂纹，应切除后重新接续。

（12）将铝管移至带有钢管的线段，使钢管离铝管两端等距离，然后自钢管中心分别在 1/2 铝管的长度上，用红铅笔作一标记（见图 6-1-16）。

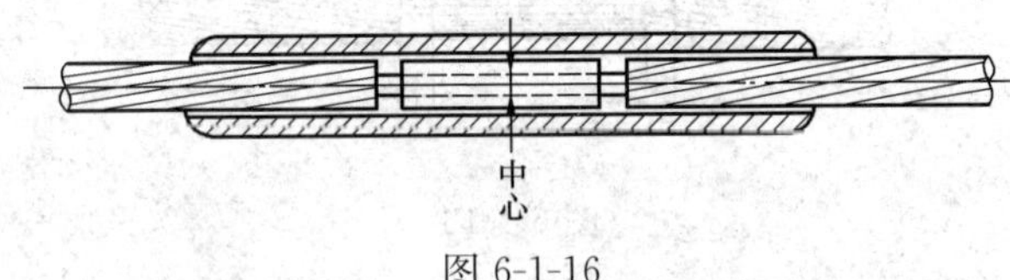

图 6-1-16

（13）将钢管套入铝管内，液压前应检查钢管中心与铝管中心是否重合。

（14）压缩铝管时，有钢管部位的铝管不予压缩，从钢管出口端的铝线端头向钢管外端压缩，自第二模压缩起，每次压缩应重叠已压模长度的 5～8mm，如图 6-1-17 所示。

（15）压缩时，每次压缩的压力应保持一致，在接续管距导线出口端，最后一模的压力可减少 10%左右（接续管出口

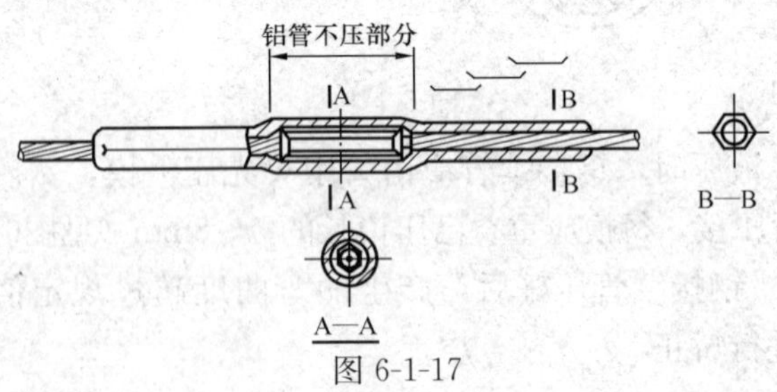

图 6-1-17

端为锥形者例外)。

(16)压缩后的接续管应清除飞边毛刺，检查是否有裂纹。出现裂纹时，应切除后重新进行接续。

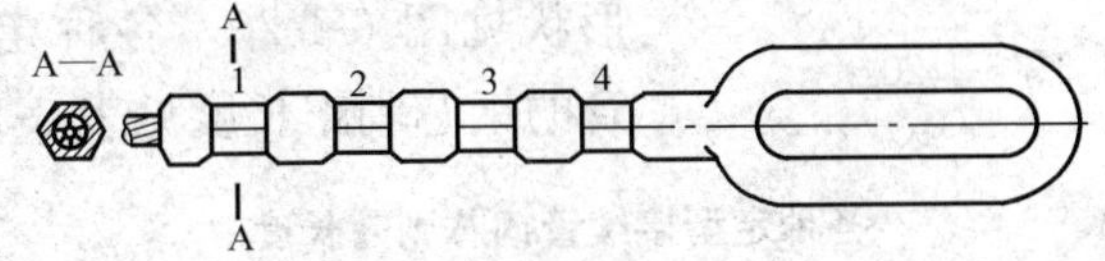

图 6-1-18

(17)间隔压缩用于钢绞线的耐张线夹、对接直线接续管。压缩方法是压缩一模，空一模宽距离，再压第二模。这种方法压缩的模数比后一模重叠前一模 5～8mm 的压缩方法减少40%，既提高施工效率又保证接续管的握着强度。图 6-1-18为钢绞线耐张线夹的间隔压缩示意图。

(18)圆形接续管压缩后成正六角形，对边尺寸用量规检查。量规形状及尺寸如图 6-1-19及表 6-1-2 所示。

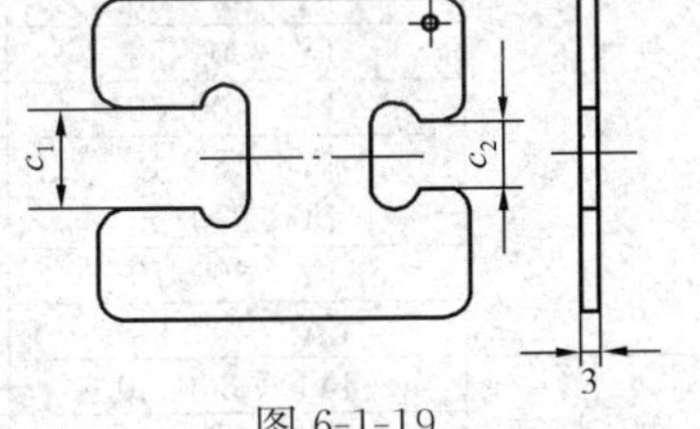

图 6-1-19

表 6-1-2 量 规 尺 寸 mm

图号	圆铝管外径	c_1		圆钢管外径	c_2	
		最大	最小		最大	最小
6-1-19	30	25.98	25.5	14	12.12	11.9
	32	27.71	27.2	16	13.85	13.6
	34	29.44	28.9	18	15.58	15.3
	36	31.77	30.6	20	17.32	17.0
	40	34.64	34.0	22	19.05	18.7
	45	38.97	38.2	24	20.78	20.4
	50	43.30	42.5	26	22.51	22.1
	55	47.63	46.7	28	24.24	23.8
	60	51.96	51.0	30	25.98	25.5
	65	56.29	55.2	32	27.71	27.2
	70	60.62	59.5	34	29.44	28.9
	75	64.95	63.75	36	31.17	30.6

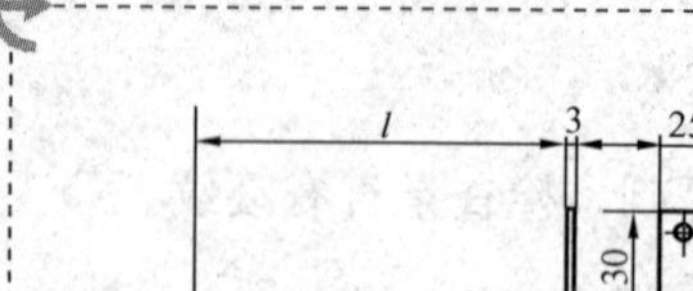

图 6-1-20

（19）钢芯在接续时，应将外层铝线（单根或双层、三层）剥露。剥露长度用测尺量出。测尺形状见图 6-1-20，各种定型接续管的钢芯剥露长度见表 6-1-3。

表 6-1-3　各种定型接续管钢芯剥露长度　mm

接续管类别	接续管型号	钢芯规格（根数×直径）	钢芯剥露长度 l
钢芯对接（液压）	JY—35G	7×2.6	120
	JY—50G	7×3.0	130
	JY—70G	19×2.2	155
	JY—100G	19×2.6	170
	JY—300/40	7×2.66	120
	JY—400/50	7×3.07	130
	JY—300/50	7×2.98	145
	JY—400/65	7×3.44	155
	JY—185/45	7×2.8	125
	JY—240/55	7×3.2	145
	JY—300/70	7×3.60	155
	JY—400/95	19×2.5	160
钢芯搭接（液压）	JYD—300/40	7×2.66	90
	JYD—400/50	7×3.07	100
	JYD—240/40	7×2.66	100
	JYD—300/50	7×2.98	110

（20）GB 2321—1985《耐张线夹（压缩型）》分为爆压和液压。钢锚插入铝管本体位置依压缩方法而定。液压时钢锚插入位置见图 6-1-21，钢锚插入尺寸应符合表 6-1-4 的规定。

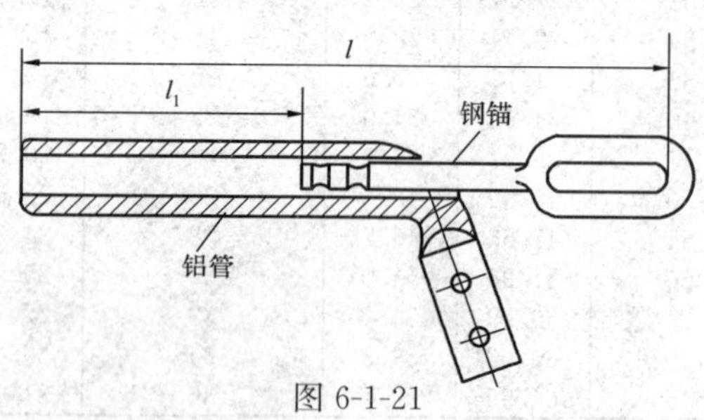

图 6-1-21

表 6-1-4　　　　钢锚插入尺寸　　　　mm

耐张线夹型号	图号	适用导线		液压时尺寸	
		型号	外径	l	l_1
NY—300/40	6-1-21	LGJ—300/40	23.94	440	190
NY—400/50		LGJ—400/50	27.65	495	220
NY—185/30		LGJ—185/30	18.88	380	150
NY—240/24		LGJ—240/24	21.66	430	170
NY—300/50		LGJ—300/50	24.26	495	200
NY—400/65		LGJ—400/65	28.00	535	220
NY—185/45		LGJ—185/45	19.60	420	155
NY—240/55		LGJ—240/55	22.40	450	170
NY—300/70		LGJ—300/70	25.20	520	205
NY—400/95		LGJ—400/95	29.14	565	230

注　尺寸 l 供计算耐张绝缘子串长度时参考。

(21) 各种接续管压缩程序如图 6-1-22～图 6-1-31 及表 6-1-5～表 6-1-14 所示。

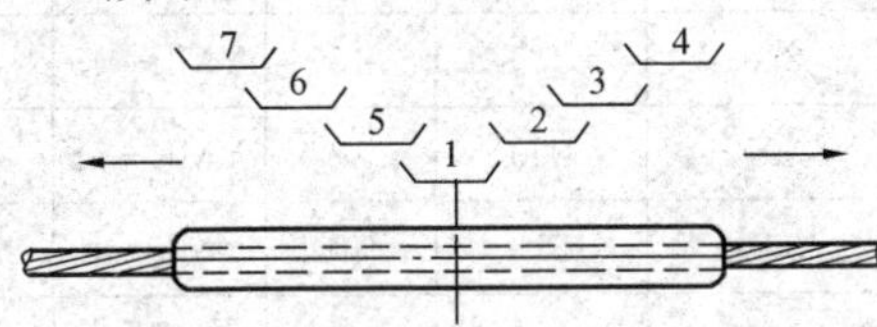

图 6-1-22

表 6-1-5　　钢绞线及钢芯铝绞线钢芯对接直线接续管压缩程序

钢绞线规格股数×直径(mm)	接续管尺寸(mm)		钢模		压缩次数	适用范围(钢绞线或钢芯铝绞线钢接续管型号)
	长度	管外径	型号	宽度(mm)		
7×2.6 7×2.66	220	16	YMG—16	40	8	JY—300/40 JY—35G
7×3.0 7×3.07	240	18	YMG—18	35	10	JY—400/50 JY—50G
7×3.2	270	20	YMG—20	32	12	JY—240/55
19×2.2	290	22	YMG—22	30	15	JY—70G
19×2.5	300	26	YMG—26	25	17	JY—400/95
19×2.6	320	26	YMG—26	25	18	JY—100G

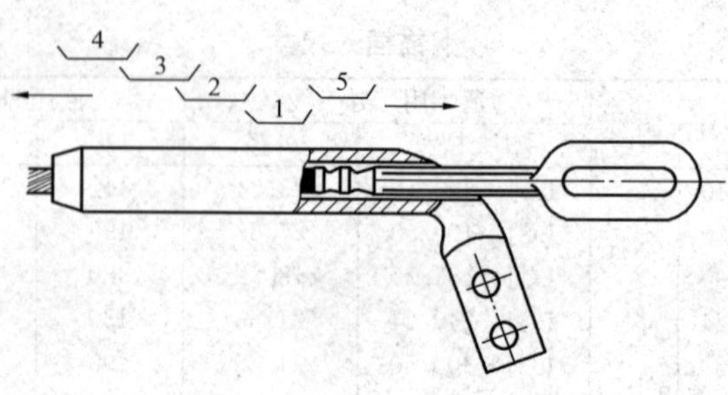

图 6-1-23

表 6-1-6　钢芯铝绞线钢芯对接铝直线接续管压缩程序

接续管型号	接续管尺寸（mm）			钢模		压缩次数
	中部不压部分	两端压缩长度	外径	型号	宽度（mm）	
JY—300/40	250	190	40	YML—40	70	4×2
JY—400/50	270	215	45	YML—45	45	6×2
JY—500/35	300	250	52	YML—52	45	8×2
JY—300/50	300	210	40	YML—40	70	4×2
JY—400/65	325	247	45	YML—45	45	8×2
JY—185/45	260	155	32	YML—32	70	3×2
JY—240/55	280	190	36	YML—36	70	4×2
JY—300/70	300	200	40	YML—40	70	4×2
JY—400/95	330	235	45	YML—45	45	7×2

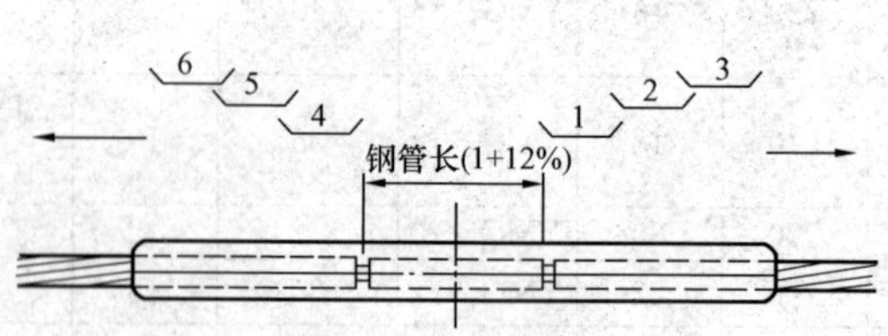

图 6-1-24

表 6-1-7　　耐张线夹铝管压缩程序

耐张线夹型号	接续管尺寸(mm)		钢模		压缩次数
	有效压缩长度	外径	型号	宽度(mm)	
NY—300/40	190	40	YML—40	70	4+1
NY—400/50	220	45	YML—45	45	6+1
NY—185/30	150	32	YML—32	70	3+1
NY—240/40	170	36	YML—36	70	3+1
NY—300/50	200	40	YML—40	70	4+1
NY—400/65	220	45	YML—45	45	8+1
NY—185/45	155	32	YML—32	70	3+1
NY—240/55	170	36	YML—36	70	4+1
NY—300/70	205	40	YML—40	70	4+1
NY—400/95	230	45	YML—45	45	7+1

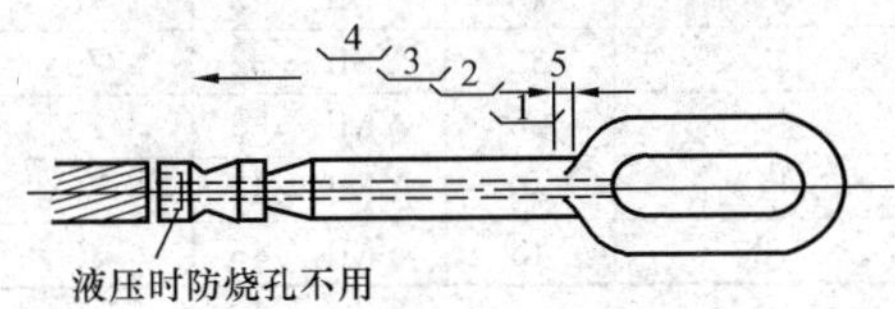

图 6-1-25

表 6-1-8　　耐张线夹钢锚压缩程序

耐张线夹型号	接续管尺寸(mm)		钢模		压缩次数
	有效压缩长度	外径	型号	宽度(mm)	
NY—300/40	110	22	YMG—22	30	5
NY—400/50	120	24	YMG—24	28	6
NY—185/30	80	18	YMG—18	35	3
NY—240/40	110	20	YMG—20	32	5
NY—300/50	140	24	YMG—24	28	7
NY—400/65	150	26	YMG—26	25	8
NY—185/45	110	20	YMG—20	32	5
NY—240/55	130	22	YMG—22	30	6
NY—300/70	150	24	YMG—24	25	7
NY—400/95	170	28	YMG—28	22	11

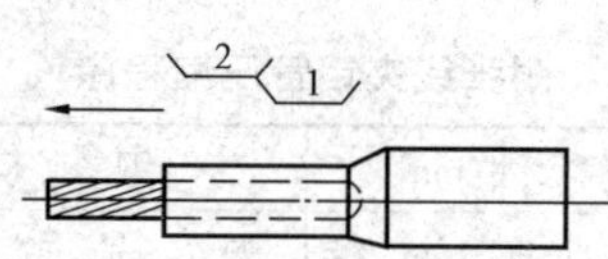

图 6-1-26

表 6-1-9　耐张线夹引流线夹、T形线夹引流线夹、设备线夹压缩程序

适用导线型号	接续管尺寸(mm)		钢模		压缩次数
	有效压缩长度	外径	型号	宽度(mm)	
LGJ—300/40	110	40	YML—40	70	2
LGJ—400/50	120	45	YML—45	45	3
LGJ—185/30	90	32	YML—32	70	2
LGJ—240/40	100	36	YML—36	70	2
LGJ—300/50	110	40	YML—40	70	2
LGJ—400/65	120	45	YML—45	45	3
LGJ—185/45	90	32	YML—32	70	2
LGJ—240/55	100	36	YML—36	70	2
LGJ—300/70	110	40	YML—40	70	2
LGJ—400/95	120	45	YML—45	45	3

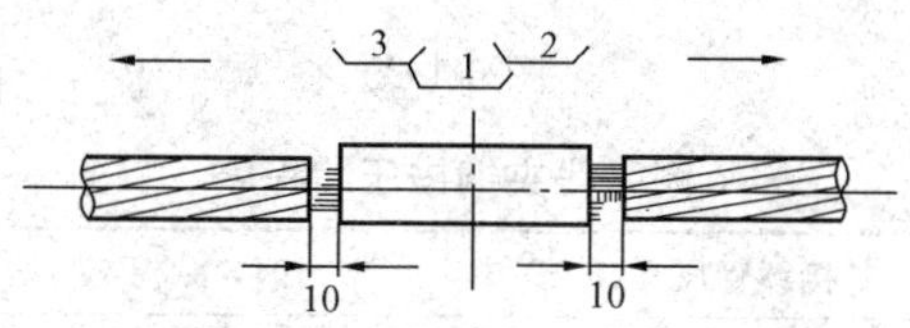

图 6-1-27

表 6-1-10　钢芯铝绞线钢芯搭接接续管压缩程序

接续管型号	接续管尺寸(mm)		钢模		压缩次数
	压缩长度	外径	型号	宽度(mm)	
JYD—240/40	90	20	YMG—20	32	4
JYD—300/50	100	24	YMG—24	28	5
JYD—150/20	60	16	YMG—16	40	2
JYD—185/25	60	16	YMG—16	40	2
JYD—240/30	80	18	YMG—18	35	3
JYD—300/40	80	20	YMG—20	32	3
JYD—400/50	90	22	YMG—22	30	4

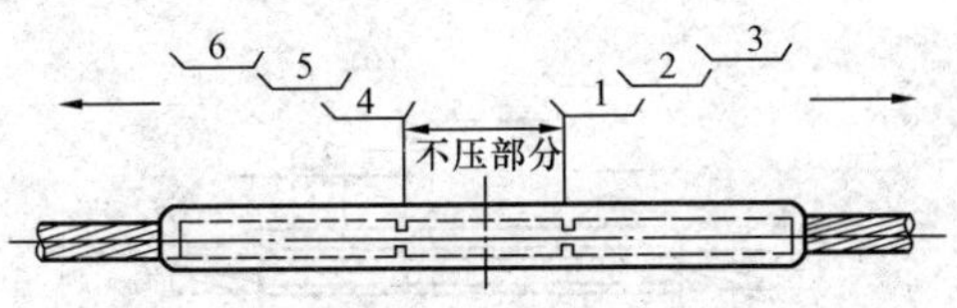

图 6-1-28

表 6-1-11　　钢芯铝绞线钢芯搭接铝接续管压缩程序

接续管型号	接续管尺寸(mm)		钢模		压缩次数
	压缩长度	外径	型号	宽度(mm)	
JYD—240/40	140	36	YML—36	70	3×2
JYD—300/50	145	40	YML—40	70	3×2
JYD—150/20	110	30	YML—32	70	2×2
JYD—185/25	120	32	YML—36	70	2×2
JYD—240/30	140	36	YML—36	70	3×2
JYD—300/40	155	40	YML—40	70	3×2
JYD—400/50	180	45	YML—45	45	6×2

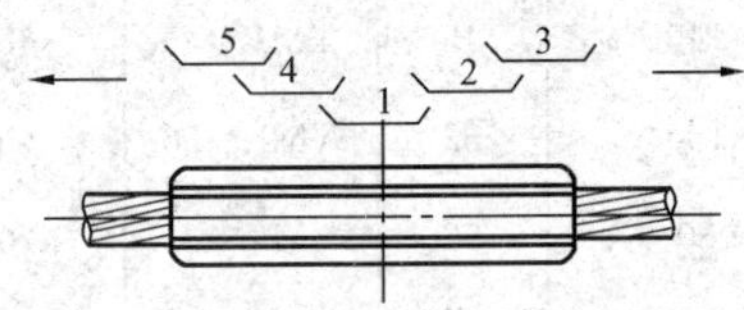

图 6-1-29

表 6-1-12　　补修管压缩程序

补修管型号	尺寸(mm)		钢模		压缩次数
	有效长度	外径	型号	宽度(mm)	
JX—185	200	32	YML—32	70	4
JX—240	250	36	YML—36	70	5
JX—300	250	40	YML—40	70	5
JX—400	300	45	YML—45	45	8
JX—500	300	52	YML—50	45	8
JX—35G	100	16	YMG—16	40	3
JX—50G	100	18	YMG—18	35	4
JX—70G	120	22	YMG—22	30	5
JX—100G	140	26	YMG—26	25	9

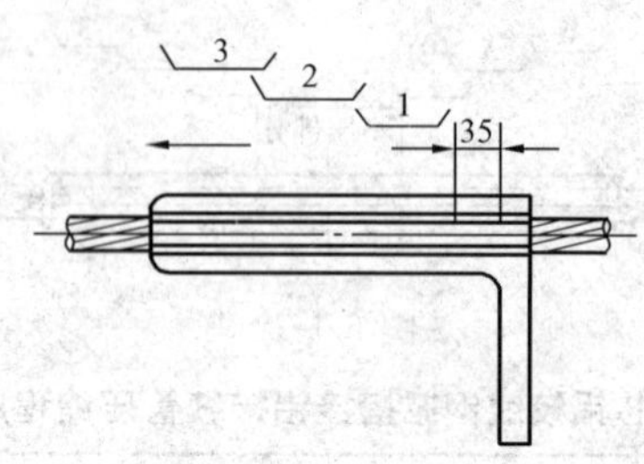

图 6-1-30

表 6-1-13　　T形线夹、90°设备线夹压缩程序

型　号	尺　寸（mm）		钢　模		压缩次数
	有效长度	外　径	型　号	宽度(mm)	
TY—240/30	120	36	YML—36	70	2
TY—300/50	130	40	YML—40	70	3
TY—400/65	140	45	YML—45	45	3
TY—500/35	160	52	YML—50	45	5
SY—185/25C	80	32	YML—32	70	1
SY—240/30C	85	36	YML—36	70	2
SY—300/40C	100	40	YML—40	70	2
SY—400/50C	110	45	YML—45	45	3
SY—500/35C	120	52	YML—50	45	4
SY—630/45C	145	60	YML—55	45	5

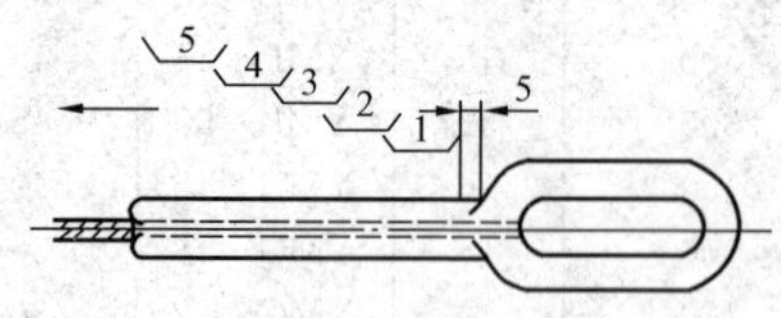

图 6-1-31

表 6-1-14　　钢绞线耐张线夹、拉线线夹压缩程序

型　号	尺　寸 (mm)		钢　模		压缩次数
	有效长度	外　径	型　号	宽度(mm)	
NY—35	130	16	YMG—16	40	4
NY—50	140	18	YMG—18	35	5
NY—150	230	32	YMG—32	18	17
NY—70G	155	22	YMG—22	30	7
NY—100G	185	26	YMG—26	25	10
NY—120G	200	28	YMG—28	22	13
NY—135G	210	30	YMG—30	20	15

四、爆压接续

(1) 爆压施工必须按照《架空电力线路爆炸压接施工工艺规程》的规定进行。

(2) 钢芯在接续时，应将外层铝线剥露。剥露长度用测尺量出。测尺形状见图 6-1-20。各种定型接续管的钢芯剥露长度见表6-1-15。

表 6-1-15　　各种定型接续管钢芯剥露长度　　mm

接续管类别	接续管型号	钢芯规格 根数×直径	钢芯剥露长度 l
钢芯搭接 (爆压)	JBD—300/40	7×2.66	100
	JBD—400/50	7×3.07	120
	JBD—300/50	7×2.98	120
	JBD—400/65	7×3.44	140
	JBD—300/70	7×3.60	140
	JBD—400/95	19×2.5	150

(3) 爆压时钢锚插入位置见图 6-1-32。钢锚插入尺寸应符合表 6-1-16 的规定。

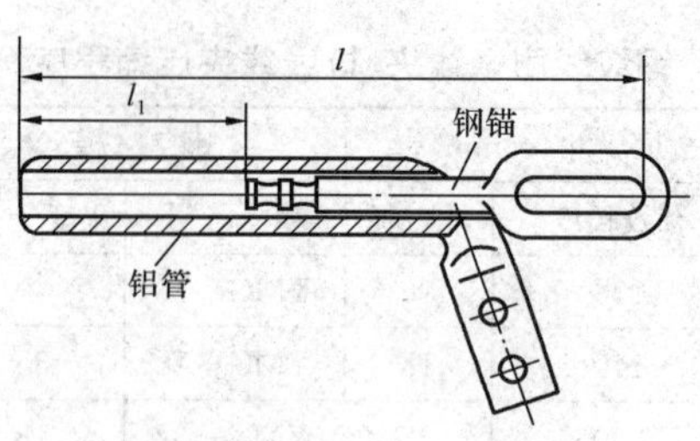

图 6-1-32

表 6-1-16　　钢锚插入尺寸　　mm

耐张线夹型号	适用导线		爆压时尺寸（图 6-1-32）	
	型号	外径	l	l_1
NB—300/40	LGJ—300/40	23.94	390	140
NB—400/50	LGJ—400/50	27.65	440	165
NB—185/30	LGJ—185/30	18.88	345	115
NB—240/24	LGJ—240/24	21.66	390	130
NB—300/50	LGJ—300/50	24.26	445	150
NB—400/65	LGJ—400/65	28.00	485	170
NB—185/45	LGJ—185/45	19.60	385	120
NB—240/55	LGJ—240/55	22.40	415	135
NB—300/70	LGJ—300/70	25.20	470	155
NB—400/95	LGJ—400/95	29.14	510	175

注　尺寸 l 供计算耐张绝缘子串长度时参考。

（4）采用圆形爆压直线接续管时钢管与铝管系一次爆压，钢芯端头搭接于钢管内，铝线内层剥露 10mm 亦插入钢管内，以防止钢芯烧伤，如图 6-1-33、图 6-1-34 所示。

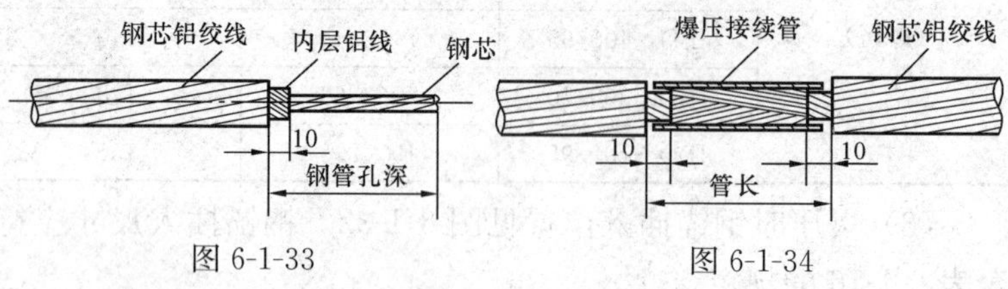

图 6-1-33　　图 6-1-34

(5) 爆压耐张线夹的钢锚出口备有防烧孔，钢芯铝绞线内层铝线剥露10mm，插入防烧孔内，然后钢锚与耐张线夹铝本体一并爆压，如图6-1-35所示。

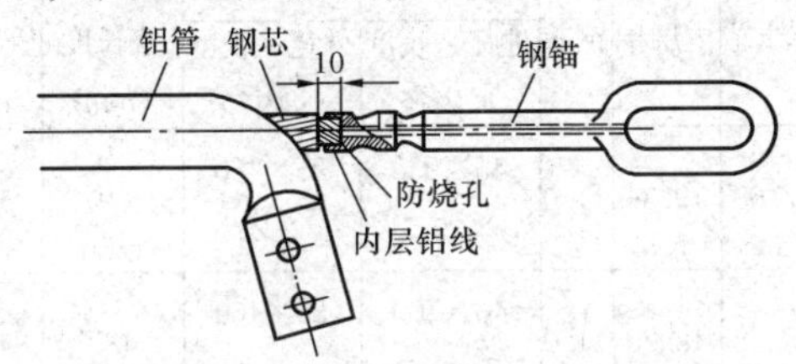

图6-1-35

(6) 各种铝、钢接续管采用导爆索爆压时，导爆索缠绕至管出口10mm；铝管内有钢管，在铝管上缠绕附加药包时，附加药包距钢管出口10mm。

(7) 使用导爆索爆压铝管时，在管外缠绕5或6层塑料带，再缠一层黑胶布，要求保护层总厚度约3mm。导爆索用于爆压钢带时，钢带表面需缠3或4层塑料带，保护层的长度应不大于药包长度5～10mm。

(8) 大截面导线直线爆压管规格及导爆索参数见表6-1-17。

表6-1-17　大截面导线直线爆压管规格及导爆索参数

型　　号	外径(mm)			直线爆压管尺寸(mm)		导爆索参数		
	导线芯	内层铝	钢芯	铝　管 外径×长度×内径	钢　管 外径×长度×内径	基准缠绕长度(mm)	附加钢管部分(mm)	导爆索用量(m)
LGJQ—300(1)	23.72	15.76	7.8	40×430×25.5	22×120×17	410	80	14.5
LGJQ—400(1)	27.40	18.20	9.0	45×500×29.0	25×140×20	480	100	18.5
LGJ—300	25.20	17.60	10.0	40×460×27.0	25×140×20	440	100	16.0

续表

型号	外径(mm)			直线爆压管尺寸(mm)		导爆索参数		
	导线芯	内层铝	钢芯	铝管 外径×长度×内径	钢管 外径×长度×内径	基准缠绕长度(mm)	附加钢管部分(mm)	导爆索用量(m)
LGJ—400	27.68	19.34	11.0	45×530×29.5	25×160×20	510	120	20.0
LGJJ—300	25.68	18.20	11.0	40×500×27.5	25×160×20	480	120	18.0
LGJJ—400	29.18	20.84	12.5	45×560×30.8	28×170×23	540	130	22.0

（9）大截面导线耐张线夹规格及导爆索参数如表 6-1-18。

表 6-1-18　大截面导线耐张线夹规格及导爆索参数

导线				耐张线夹规格(mm)		导爆索参数			压缩长度(mm)	
型号	外径(mm)			铝管本体	钢锚	基准缠绕长度(mm)	附加钢管部分长度(mm)	导爆索用量(m)	铝线	钢芯
	导线芯	内层铝	钢芯	外径×长度×内径	外径×长度×内径					
LGJQ—300(1)	23.72	15.76	7.8	40×300×25.5	22×160×8.5	250	70	10.0	140	110
LGJQ—400(1)	27.40	18.20	9.0	45×340×29.0	24×170×9.7	290	85	13.0	170	120
LGJ—300	25.20	17.60	10.0	40×340×27.0	24×190×10.7	290	100	12.0	150	140
LGJ—400	27.68	19.34	11.0	45×360×29.5	26×200×11.7	310	105	15.0	160	150
LGJJ—300	25.68	18.20	11.0	40×350×27.5	24×200×11.7	300	110	13.0	150	150
LGJJ—400	29.18	20.84	12.5	45×390×30.8	28×220×13.2	340	130	15.0	170	170

（10）大截面导线耐张线夹引流线夹规格及导爆索参数见表6-1-19。

表6-1-19　大截面导线耐张线夹引流线夹规格及导爆索参数

导线		耐张线夹型号	引流线夹管规格（mm）	导爆索参数		
型号	外径（mm）		外径×长度×内径	缠绕长度（mm）	层数	导爆索用量（m）
LGJQ—300(1)	23.72	NY—300Q NY—300Q—1	40×110×25.5	90	1	2.5
LGJQ—400(1)	27.40	NY—400Q NY—400Q—1	45×120×29.0	100	1	3.0
LGJ—300	25.20	NY—300 NY—300—1	40×110×27.0	90	1	2.5
LGJ—400	27.68	NY—400 NY—400—1	45×120×29.5	100	1	3.0
LGJJ—300	25.68	NY—300J NY—300J—1	40×110×27.5	90	1	2.5
LGJJ—400	29.18	NY—400J NY—400J—1	45×120×30.8	100	1	3.0

（11）避雷线用钢绞线耐张接续管规格及导爆索参数见表6-1-20。

表6-1-20　钢绞线耐张接续管规格及导爆索参数

钢绞线		耐张接续管		导爆索参数				
型号	外径（mm）	型号	外径×长度（mm）	基准		附加药环		导爆索用量（m）
				缠绕长度（mm）	层数	环长	个数	
GJ—70	11.0	NY—70	22×145	130	3	50	2	11.0
GJ—100	13.0	NY—100	26×170	150	3	50	2	14.0

（12）钢绞线对接直线爆压接续管规格及导爆索参数见表6-1-21。

表 6-1-21　　钢绞线对接直线爆压接续管规格及导爆索参数

钢绞线		爆压接续管规格		导爆索参数		
型　号	外径（mm）	型　号	外径×长度×内径（mm）	缠绕长度（mm）	层数	导爆索用量（m）
GJ—25	6.6	YG—25	14×190×7.2	170	2	7.0
GJ—35	7.8	YG—35	16×220×8.4	200	2	8.0
GJ—50	9.0	YG—50	18×240×9.6	220	2	10.0
GJ—70	11.0	YG—70	22×290×11.7	270	3	22.0
GJ—100	13.0	YG—100	26×320×13.7	300	3	26.0

注　爆压接续管为〈74〉定型产品。

（13）钢绞线搭接直线爆压接续管规格及导爆索参数见表6-1-22。

表 6-1-22　　钢绞线搭接直线爆压接续管规格及导爆索参数

钢绞线		爆压接续管规格		导爆索参数		
型　号	外径（mm）	型　号	外径×长度×内径（mm）	缠绕长度（mm）	层数	导爆索用量（m）
GJ—25	6.6	GD—25	18×100×12	80	2	3.0
GJ—35	7.8	GD—35	22×110×16	90	2	4.0
GJ—50	9.0	GD—50	25×130×17	110	2	4.5
GJ—70	11.0	GD—70	28×150×20	13.0	2	5.5
GJ—100	13.0	GD—100	32×170×23	150	2	7.0

（14）钢芯铝绞线椭圆管（长圆型）搭接爆压接续管规格及导爆索参数见表6-1-23。

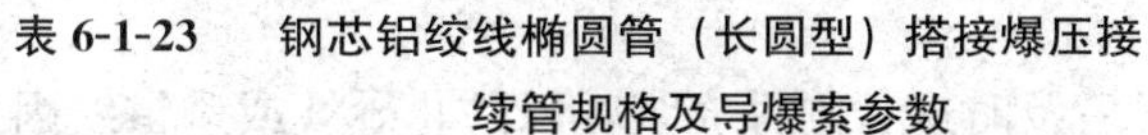

表 6-1-23　钢芯铝绞线椭圆管（长圆型）搭接爆压接续管规格及导爆索参数

钢芯铝绞线			爆压接续管规格					导爆索参数				
型　号	外径(mm)		型　号	尺寸(mm)				缠绕长度(mm)		层数	导爆索用量(m)	
	导线	钢芯		长度 导线	长度 跳线	长内径	短外径	导线	跳线		导线	跳线
LGJ—35	8.4	2.8	JTB—35	170	—	19	9.0	150	—	1	2.8	—
LGJ—50	9.6	3.2	JTB—50	210	—	22	10.5	190	—	1	3.0	—
LGJ—70	11.4	3.8	JTB—70	250	—	26	12.5	230	—	1	4.0	—
LGJ—95	13.68	5.4	JTB—95 JTT—95	260	110	31	15.0	240	90	1	4.8	2.5
LGJ—120	15.2	6.0	JTB—120 JTT—120	290	120	35	17.0	270	100	1	5.8	2.6
LGJ—150	16.72	6.6	JTB—150 JTT—150	300	130	39	19.0	280	110	1	7.0	3.2
LGJ—185	19.02	7.5	JTB—185 JTT—185	340	150	43	21.0	320	130	1	9.2	4.0
LGJ—240	21.28	8.4	JTB—240 JTT—240	360	170	48	23.5	340	150	1	12.0	7.0

第二节　附　件　安　装

一、绝缘子串安装

（1）绝缘子在组装前应逐个以干布擦洗，检查并清除表面尘垢及不应有的附着物。

（2）绝缘子擦干后，应逐个用 2500V 兆欧表进行绝缘测定，其绝缘电阻不得小于 500MΩ。

（3）金具的镀锌层有局部碰损、剥落或缺陷时，应除锈后补刷防锈漆。

（4）挂线后及时进行附件安装，以防止导线或避雷线因振动受伤。

（5）悬垂绝缘子串应垂直于地面，否则应调整悬垂线夹的安装位置。

（6）绝缘子串所用的螺栓、销钉和弹簧销的穿向应统一，一般应符合以下规定：

1）横向穿时，对于单导线，两边线由线路侧向内穿，中线由左向右穿（面向受电侧）；对于分裂导线，由线束外侧向内穿；

2）垂直穿时，由上向下穿。

（7）螺栓或销钉端部的闭口销，均应插到底。闭口销 R 形脱背应露出销孔之外。如采用开口销，开口总角度应为 60°～90°。不得用线材代替开口销。

（8）铝绞线、钢芯铝绞线、铝合金绞线及铝包钢绞线不得与钢制线夹直接接触。未使用预绞式护线条的导线，安装前须在导线表面紧密包缠一层（线槽大者两层）铝包带。铝包带的缠绕方向应与外层线股的绞制方向一致，在线夹出口两端露出 10～30mm，并将断头折回到线夹内压紧。

二、防振锤的安装

（1）防振锤的安装应按设计规定。

（2）防振锤的安装数量和距离应根据施工图的规定进行。

（3）在铝绞线和钢芯铝绞线上安装钢板线夹的防振锤时，应在导线上缠绕 1×10mm 铝包带。

（4）防振锤的安装方向应与导线在同一垂直面内。

（5）防振锤安装的位置误差不大于±30mm。

（6）防振锤安装距离的测定方法：

1）在直线杆塔上测量导线上安装的防振锤位置时，是测量悬垂绝缘子串上的悬垂线夹转动轴中心至防振锤固定线夹中心的距离，如图 6-2-1 所示。

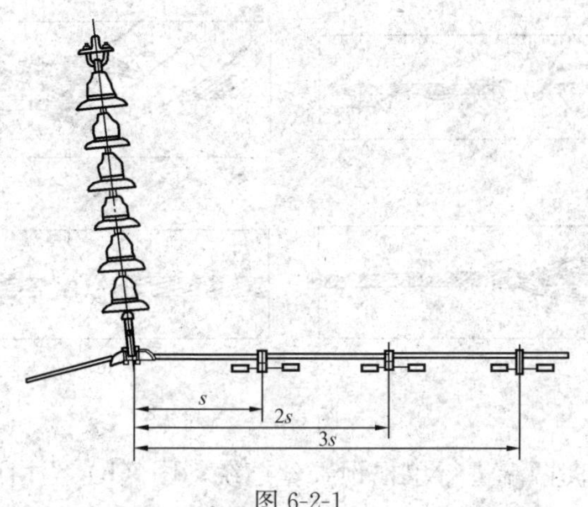

图 6-2-1

2）在非直线杆塔上测量导线上安装的防振锤位置时，是测量耐张绝缘子串上的耐张线夹导线出口至防振锤固定线夹中心的距离，如图 6-2-2 所示。

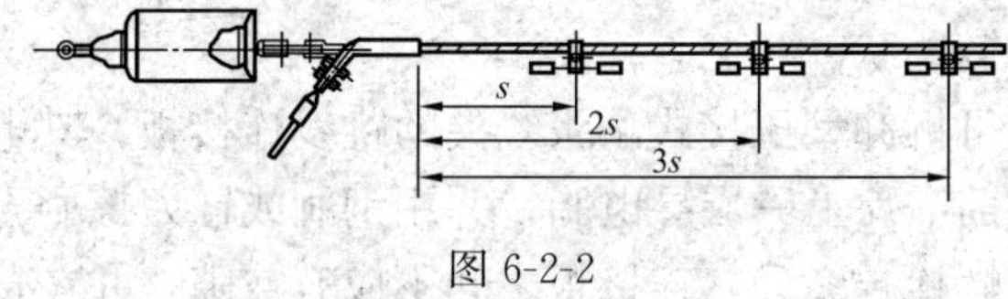

图 6-2-2

三、预绞式护线条的安装

（1）单根预绞丝由中心向两端缠绕。

（2）在缠绕预绞丝时，应使预绞丝紧靠导线，缠绕角不应超过预绞丝的捻角：铝合金制造的预绞丝捻角在 20°左右，钢预绞丝捻角在 24°左右。

（3）预绞丝在悬垂线夹中心应重合，在中心位置一段全部缠绕后，可以成组缠绕。

（4）在预绞丝端部可以整体扭转就位。

（5）线路杆塔上采用瓷横担时，预绞丝可与导线一起缠绕在瓷横担上。

（6）预绞丝护线条的安装程序如图 6-2-3 所示。图（a）

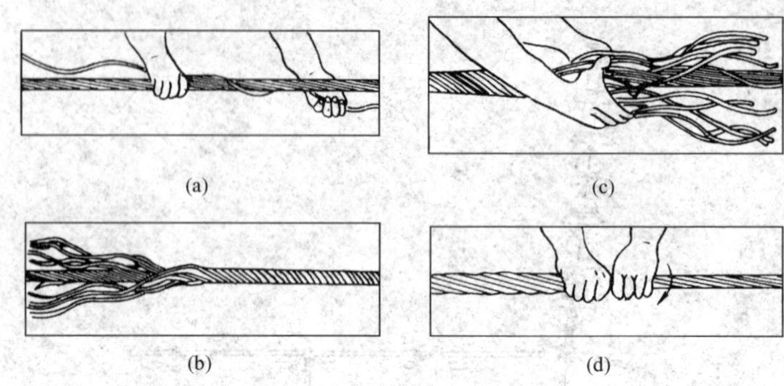

图 6-2-3

为由中心向两端进行单根预绞丝缠绕；图（b）为由中心向两端进行成组缠绕；图（c）为成组缠绕至端部的情况；图（d）为成组缠绕至端部，预绞丝端头扭绞就位情况。

四、跳线安装

（1）跳线安装后，不得有扭曲现象，应使其平滑下垂，且近似于悬链线状。

（2）可拆卸型压接式耐张线夹的跳线连接板，其电气接触面在连接前需涂上一层导电脂，并用钢刷或锉刀擦刷。接触面应平整，螺栓拧紧后，连接板之间不应有空隙，并在接触边缘四周涂以防湿油漆。

（3）跳线安装用并沟线夹及跳线压接连接线夹时，线夹应安装于跳线中央，如图 6-2-4、图 6-2-5 所示。采用跳线绝缘子串固定跳线时，绝缘子串应与导线在同一垂直面内，并位于跳线中央，如图 6-2-6 所示。

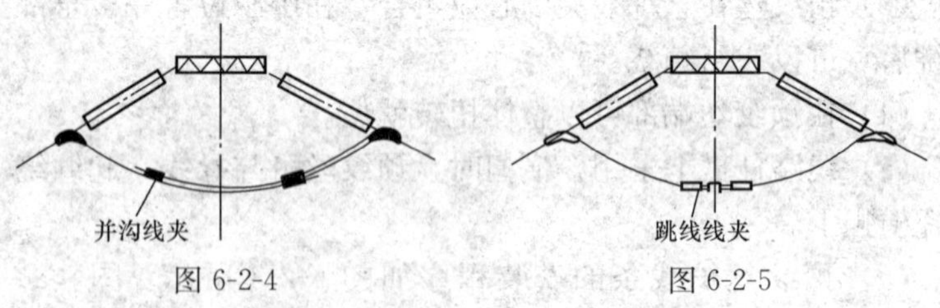

图 6-2-4　　图 6-2-5

(4) 当采用能使导线直接连续通过的耐张线夹（楔型或螺栓型）时，除设计规定跳线必须做成间断者外，跳线均应做成连续不断开的整体。

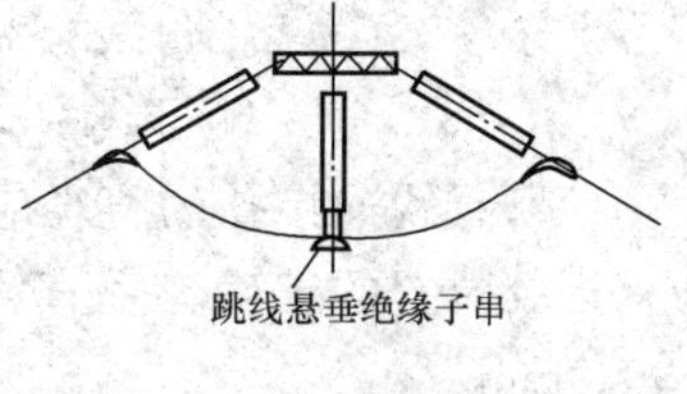

图 6-2-6

(5) 当采用楔型或螺栓型耐张线夹时，导线在跳线处是连续的，但为检修方便，一般应在相隔 15km 的跳线处，作一断开连接。

第三节 配电装置母线、绝缘子及金具的安装

配电装置中母线的安装应遵循国家标准 GBJ 149—1990《电气装置安装工程　母线装置施工及验收规范》有关规定。

一、硬母线的安装

(1) 母线表面应平整洁净，不应有裂纹、划痕、气孔、起皮等缺陷。

(2) 母线的矫正不得用铁锤直接敲打。

(3) 母线弯曲处应距母线固定金具 50mm 以上。

(4) 母线弯曲处不应有裂纹及显著的折皱。其弯曲半径不得小于下列数值：

1) 立弯时，50mm×5mm 及以下的铝母线，最小允许弯曲半径为母线宽度的 1.5 倍；120mm×10mm 及以下的铝母线，最小允许弯曲半径为母线宽度的 2.5 倍。

2) 平弯时，50mm×5mm 及以下的铝母线，最小允许弯曲半径为母线厚度的 2 倍；120mm×10mm 及以下的铝母线，最小允许弯曲半径为母线厚度的 2.5 倍。

(5) 母线扭转 90°时，其扭转部分的长度不应小于母线宽度的 2.5 倍。

(6) 矩形母线热弯时，其温度不应超过以下规定：

铝母线　250℃；

铜母线　350℃。

（7）母线连接孔的直径应比螺栓直径大 1mm，孔的加工应保证孔位置的正确、垂直。孔眼间相互距离的误差不应大于 0.5mm。

（8）母线搭接连接时，其接触部分的长度应等于或大于母线的宽度。

（9）用螺栓连接母线，当母线平放时，贯穿螺栓由下向上穿，其他情况，螺母应安装于便于维修侧。

（10）母线螺栓的两侧均应加大原垫圈，并应在螺母侧加装弹簧垫圈或蝶形垫圈。

（11）如条件允许，螺杆和螺母均应采用铝合金制造。

（12）当母线与螺杆端子相连接时，应用特殊加大的螺母，螺母的接触面应平整。

（13）母线接头的接触面应加工平整，而且不应有氧化膜。铝母线在加工过程进行一半时，应涂以导电脂，然后继续加工。加工后的接触面，如不立即装配，应采用油纸包好。

（14）母线经加工后，母线截面的减少，对铝母线不应超过 5％。

（15）母线的连接螺栓应逐个均匀拧紧，螺杆露出螺母应不少于 2～5 扣。

（16）菱形母线的相对母线片应平行，相邻片间的距离应一致。

二、软母线的安装

（1）软母线不得有扭结、松股、断股等缺陷。

（2）软母线在档距内不许有接头，当采用螺栓型耐张线夹引至设备时，导线不应切断。

（3）软母线安装于螺栓型耐张线夹时，对铝软母线，应在母线上缠绕铝包带或在线夹线槽内垫铝衬垫。

（4）导电用的铝制T形线夹、设备线夹，其线夹和接续管内表面及导线表面须清洗干净，无氧化膜，并涂以导电脂。

（5）铝绞线及钢芯铝绞线采用压缩接续时，应符合以下要求：

1）压缩时应采用标准钢膜；

2）压缩应按规定程序进行；

3）导线插入接续管的长度应与接续管深度一致；

4）压缩后的接续管表面不应有任何裂纹；

5）压缩后的接续管产生的弯曲小于管长的2%时，允许整形；

6）压缩后的接续管在管出口处应涂以防潮油封口。

三、绝缘子及套管的安装

（1）绝缘子的法兰、铁件和瓷件应完整无裂纹、破损或瓷釉损伤，瓷件与铁件应结合牢固，铁件应无锈蚀。

（2）安装在同一平面或垂直面上的支持绝缘子的顶面，应位于同一平面上。主母线每相支持绝缘子的中心线应在同一直线上。

（3）支持绝缘子与母线固定金具的安装应无松动现象。

（4）悬式绝缘子串各绝缘子的销子方向应一致，耐张绝缘子串的钢帽碗口应向上。

（5）绝缘子串的销子必须完整，弹簧销的弹性应充足。

第四节　安　装　工　具

一、钳压器

钳压器是用来安装中小截面导线的工具。钳压器的形状及尺寸如图6-4-1所示。

二、钳压器用钢压模

与钳压器配套的钢压模的形状及规范，如图6-4-2及表6-4-1所示。

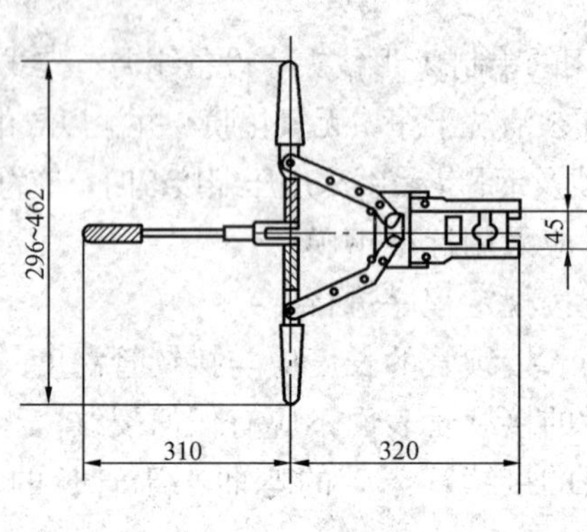

图 6-4-1

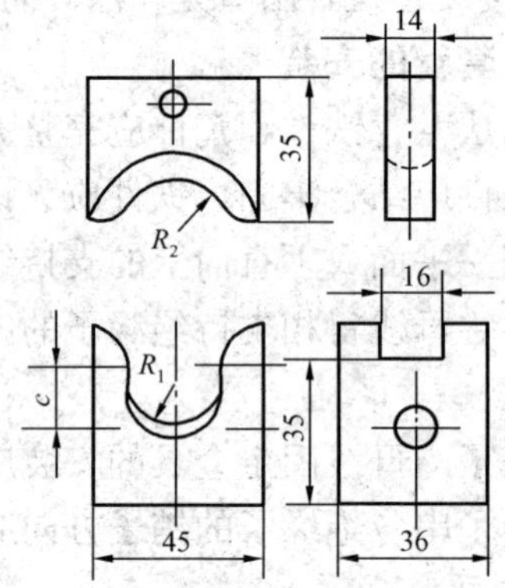

图 6-4-2

表 6-4-1　　钢压模规范

型　　号	图　号	适用导线型号	主要尺寸（mm）			质　量
			R_1	R_2	c	(kg)
QML—25	6-4-2	LJ—25	6.0	6.8	4.2	0.65
QML—35		LJ—35	6.65	7.5	5.0	0.63
QML—50		LJ—50	7.45	8.2	6.3	0.61
QML—70		LJ—70	8.25	9.0	8.5	0.61
QML—95		LJ—95	9.15	10.0	11.0	0.59
QML—120		LJ—120	10.25	11.0	13.0	0.57
QML—150		LJ—150	11.25	12.0	17.0	0.53
QML—185		LJ—185	12.25	13.0	18.5	0.51
QMLG—35		LGJ—35/6	7.35	8.5	7.0	0.61
QMLG—50		LGJ—50/8	8.30	9.5	9.0	0.59
QMLG—70		LGJ—70/10	9.00	10.5	12.5	0.58

续表

型　　号	图　号	适用导线型号	主要尺寸（mm）			质　量
			R_1	R_2	c	(kg)
QMLG—95	6-4-2	LGJ—95/15	11.00	12.0	15.0	0.56
QMLG—120		LGJ—120/20	12.45	13.5	17.5	0.51
QMLG—150		LGJ—150/25	13.45	14.5	19.5	0.50
QMLG—185		LGJ—185/30	14.75	15.5	21.5	0.49
QMLG—240		LGJ—240/40	16.50	17.5	23.5	0.47

三、液压机

液压机是用来压缩圆形钢接续管及铝接续管的工具。液压机种类很多，图 6-4-3 所示的液压机为分离式。液压机型号及技术参数见表 6-4-2。

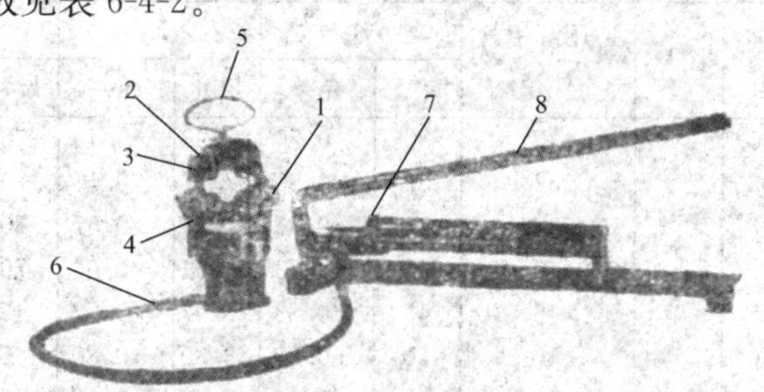

图 6-4-3

1—轭铁销；2—轭铁；3—上模；4—下模；5—提环；6—软管接头；7—放油螺杆；8—操纵杆

表 6-4-2　　液压机规范

技术参数			型　　号	
项　　目		单　　位	CY—50	CY—100
操纵杆压力		kg	25	25
输出压力		MPa	79±2	87±2
活塞行程		mm	28	30
活塞复位时间		s	7	7
油泵储油量		mL	430	640
油液（机油）			#5	#5～#10
质量	主机	kg	18	33
	油泵	kg	10.5	10.5
300Q 钢锚压接时间		s	40	60
300Q 铝管压接时间		s	80	90

四、液压机钢模

液压机钢模形状和型号、尺寸如图 6-4-4、图 6-4-5 及表 6-4-3、表 6-4-4 所示。

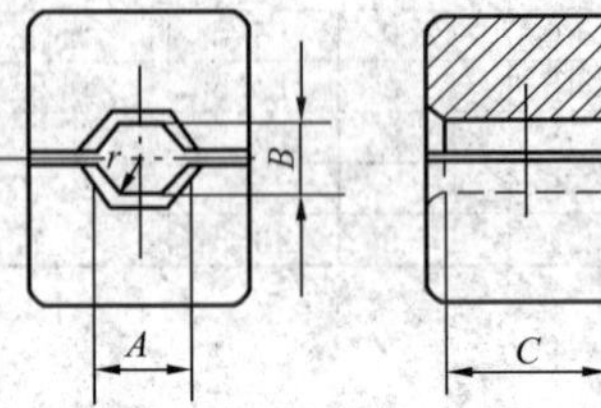

图 6-4-4

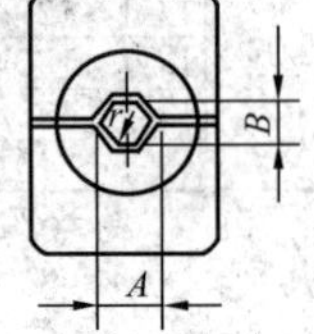

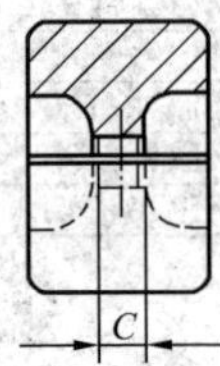

图 6-4-5

表 6-4-3　　液压机钢模规范（一）　　mm

型　号	图号	适用圆铝管外径	A		B		C	
			尺寸	允差	尺寸	允差	尺寸	允差
YML—30	6-4-4	30	30	−0.56	25.98	−0.48	70	±1.5
YML—32		32	32	−0.60	27.71	−0.51	70	±1.5
YML—36		36	36	−0.67	31.17	−0.57	70	±1.5
YML—40		40	40	−0.73	34.64	−0.64	70	±1.5
YML—45		45	45	−0.83	38.97	−0.72	45	±1.0
YML—50		50	50	−0.93	43.30	−0.80	45	±1.0
YML—55		55	55	−1.00	47.63	−0.88	45	±1.0
YML—60		60	60	−1.10	51.96	−0.96	45	±1.0

表 6-4-4　　液压机钢模规范（二）　　mm

型　号	图号	适用圆钢管外径	A		B		C	
			尺寸	允差	尺寸	允差	尺寸	允差
YMG—14	6-4-5	14	14	−0.26	12.12	−0.22	45	±0.5
YMG—16		16	16	−0.30	13.85	−0.25	40	±0.5
YMG—18		18	18	−0.34	15.59	−0.29	35	±0.5
YMG—20		20	20	−0.37	17.32	−0.32	32	±0.5
YMG—22		22	22	−0.41	19.05	−0.35	30	±0.5
YMG—24		24	24	−0.44	20.78	−0.38	28	±0.2
YMG—26		26	26	−0.48	22.51	−0.41	25	±0.2
YMG—28		28	28	−0.52	24.24	−0.44	22	±0.2
YMG—30		30	30	−0.56	25.98	−0.48	20	±0.2
YMG—32		32	32	−0.60	27.71	−0.51	18	±0.2

第七章 金具的制造与检验

第一节 金具的制造工艺标准

一、一般技术要求

（1）电力金具均应按现行有关标准及规定程序批准的加工图制造。

（2）未定型的非标准金具应根据有关部门提出的技术条件进行制造。

（3）电力金具所用的材料，应按金具加工图所规定的材料牌号选用，并按有关材料标准的技术要求进行加工。

（4）所有紧固件应按图样的规定，采用现行国家标准和行业标准中的标准紧固件，尽可能少用或不用非标准紧固件。

（5）电力金具的一般技术条件应符合 GB/T 2314—2008《电力金具通用技术条件》的规定。

（6）电力金具公称尺寸偏差，应符合加工图的规定。当图纸未注明公差时，其偏差值按自由公差。

二、铸铁件的制造工艺标准

（1）铸铁件的错箱不应超过 1mm，线夹线槽与导线或避雷线接触表面错型不大于 0.3mm。

（2）加工图未作规定，又无特殊要求时，铸铁件铸造斜度可按表 7-1-1 选用。

（3）铸铁件自由公差应不超过表 7-1-2 的标准。

（4）铸铁件的几何尺寸，除主要尺寸及公差应符合规定外，根据工艺需要，在不影响使用和降低质量的条件下，个别尺寸可以适当变动。

表 7-1-1　　可锻铸铁件起模斜度

模型高度（mm）	金属模		木模	
	≤α（mm）	≤α	≤α（mm）	≤α
<20	1.0	3°	1.0	3°
21～50	1.0	1°15′	1.5	1°30′
51～100	1.5	0°45′	2.0	1°15′
101～200	2.0	0°30′	2.5	0°45′
201～300	2.5	0°30′	3.0	0°30′

表 7-1-2　　可锻铸铁件自由公差表　　mm

铸铁件尺寸	最大自由公差	
	+	−
10 以下	0.50	0.30
11～50	1.00	0.50
51～100	2.00	0.50
101～200	2.00	1.00
201～300	3.00	1.00
301～500	3.50	1.00
501～800	4.00	1.50

三、钢制件的制造工艺标准

（1）模锻钢制件的错模不大于 0.3mm，连接或面接触部位不允许有错模痕迹。

（2）除加工图有特殊要求外，模锻钢制件的模锻斜度一般不应超过以下数值：

外轮壳 5°；

内轮壳 7°。

（3）模锻钢制件及火曲钢制件自由公差见表 7-1-3。

表 7-1-3　　锻件及火曲件自由公差表　　mm

尺寸	50 以下	51～100	101～200	201～300	301～500	500 以上
锻件公差	+1.0 −0.5	+1.5 −1.0	+2.0 −1.5	+2.5 −1.5	+3.5 −2.0	+4.5 −2.0
火曲件公差	+1.0 −0.5	+1.5 −1.0	+2.0 −1.0	+2.0 −1.5	—	—

（4）冲压钢制件自由公差见表 7-1-4。

表 7-1-4　　冲压钢制件自由公差表　　mm

尺　　寸	50 及以下	51～100	101～200	200 以上
落料公差	±0.5	±1.0	±1.5	+2.0 −1.5
弯曲公差	+1.0 −0.5	+1.5 −1.0	+2.0 −1.0	+2.0 −1.5

（5）钢接续管如系标准钢管应符合有关标准，采用棒料加工的钢锚、钢接续管，其表面粗糙度及加工误差应符合表7-1-5。

表 7-1-5　　钢管加工误差和表面粗糙度表

名　　称	加　工　误　差　(mm)				表面粗糙度	
	内　径	外　径	中心偏移	弯曲度	内孔	外圆
钢直线接续管	−0.15～0.2	+0.3～0.4	±0.25	3	四级	三级
钢　　锚	−0.15～0.2	+0.3～0.4	±0.35	3	四级	三级

四、铝制件的制造工艺标准

（1）铸铝件的错型不大于 0.5mm，与导线接触部位不允许错型。

（2）铸铝件的非加工部位自由公差见表 7-1-6。

表 7-1-6　　铸铝件非加工部位自由公差表　　mm

铸件尺寸 铸造方法	16以下	17～25	26～40	41～60	61～100	101～160	161～250	251～400	401～630	630以上
压力铸造	±0.10	±0.10	±0.10	±0.15	±0.20	±0.30	±0.40	—	—	—
硬模铸造	±0.30	±0.40	±0.40	±0.40	±0.50	±0.50	±0.60	±0.80	±1.00	±1.20
硬模砂芯孔	±0.50	±0.50	±0.50	—	—	—	—	—	—	—
砂模铸造	±0.50	±0.60	±0.60	±0.80	±0.90	±1.10	±1.20	±1.40	±1.70	±1.70
手工实样	±1.0	±1.0	±1.0	±1.20	±1.20	±1.30	±1.30	±1.50	±1.70	±2.00

（3）铸铝件铸造斜度见表 7-1-7。

表 7-1-7　　铸铝件铸造斜度表

铸造斜度 铸造方法	最小		合适		最大	
	内表面	外表面	内表面	外表面	内表面	外表面
砂　　模	1°	0°30′	1°30′	1°	2°30′	2°30′
硬　　模	1°	0°30′	1°30′	1°	—	—

（4）铝制品机加工自由公差见表 7-1-8。

表 7-1-8　　铝制品机加工自由公差表　　mm

尺寸 加工方法	16以下	17～25	26～40	41～60	61～100	101～250	251～400
车加工	±0.2	±0.3	±0.3	±0.4	±0.4	±0.4	±0.5
铣、刨加工	+0.2 −0.3	+0.3 −0.4	—	—	—	—	—
手工锉	±0.4	±0.4	±0.4	±0.6	±0.8	±0.1	±0.2

（5）铝制品冲压件自由公差见表 7-1-9。

表 7-1-9　　铝制品冲压件自由公差表　　mm

尺寸 加工方法	16以下	17～25	26～40	41～60	61～100	101～160	161～400	401～800
冲模下料	+0.3 −0.5	+0.3 −0.5	+0.5 −0.8	+0.5 −0.8	+0.7 −0.9	+0.8 −1.0	+0.8 −1.0	—
冷　曲	±0.5	±0.5	+0.8 −0.5	±0.8	±1.0	±1.2	—	—
剪　裁	+0.4 −0.7	+0.4 −0.7	+0.4 −0.7	+0.6 −0.8	+0.6 −0.8	+0.8 −1.0	±1.1	+1.6 −1.4

（6）线材直径及板材厚度公差见表 7-1-10。

表 7-1-10　　线材直径及板材厚度公差表　　mm

尺寸 材型	3以下	3.1～5.0	5.1～7.0	7.1～10.0	10.1～13.0	13.1～16.0
板　材	−0.30	−0.35	−0.40	−0.45	±0.5	±0.5
线　材	−0.05	−0.08	−0.10	−0.12	−0.12	−0.12

五、紧固件的制造工艺标准

（1）螺栓的螺纹基本尺寸按国家标准 GB/T 196—1981《普通螺纹基本尺寸（直径 1～600mm）》的规定加工，然后热镀锌。

（2）螺母内螺纹可以在热镀锌后加工，螺纹加大尺寸与有镀层的外螺纹配合，其公差按 GB/T 197—1981《普通螺纹公差与配合（直径 1～355mm）》粗牙 4 级精度。内螺纹无锌层，加涂防腐油。

（3）内螺纹扩大后不回锌。扩大尺寸可按以下规定：

M12 及以下　　0.25mm

>M12～M24　　0.38mm

>M24 及以上　　0.50mm

（4）镀锌螺母，镀锌后回锌，则热镀锌前螺母的螺纹外径、中径、内径应比标准内螺纹基本尺寸加大，牙型不变。镀锌后应进行回锌套扣处理，加大尺寸如下：

内螺纹公称径	镀锌前加大尺寸	镀锌后扣丝尺寸
d（mm）	d_1（mm）	d_2（mm）
10	d+0.4	d+0.2
12～16	d+0.5	d+0.3
18～42	d+0.6	d+0.4

第二节　金具的检验

一、金具的验收

（1）金具的验收应按GB/T 2317.4—2008《电力金具　试验方法　第4部分：验收规则》的规定进行。

（2）金具应由制造厂的检验部门验收。

（3）制造厂应保证所有出厂的金具符合国家标准GB/T 2314—2008《电力金具通用技术条件》及加工图有关技术条件。

（4）各种金具均应按以下文件进行检查。

1）该金具的标准和技术条件；

2）该金具的加工图样；

3）有关制造工艺标准；

4）有关制造质量标准。

（5）任何新设计或首次投产的金具或金具的原材料、结构、工艺改变时，均应进行型式试验。型式试验项目执行GB/T 2317.1—2008《电力金具试验方法　第1部分：机械试验》、GB/T 2317.2—2008《电力金具试验方法　第2部分：电晕和无线电干扰试验》及GB/T 2317.3—2008《电力金具试验方法　第3部分：热循环试验方法》的有关规定。

二、原材料检验

（1）直接用于制造金具的原材料，必须具有出厂质量合格证书，证书所列项目及标准应符合现行国家标准或行业标准，且应满足设计要求，如无出厂质量合格证书者，应按有关规定进行检验。

（2）未经检验或检验不合标准的原材料，不应投料进行金具制造。

（3）原材料具有下列情况之一者，必须重新进行试验：

1）虽经检验，亦有质量合格证书，但超过规定保管期限者；

2）因保管不良有变质可能者；

3）对检验结果发生怀疑或代表性不够者。

（4）原材料由于保管不善产生严重缺陷的，不应用于制造金具；①钢板、棒件严重锈蚀，产生麻点、重皮、截面（板厚或直径）减少者。②铝板、线材氧化严重，表面有刮伤、分层、麻面者。

（5）焊条应无药皮剥落和受潮现象，每批焊条均应进行工艺性能试验。

（6）钢绞线应符合标准，不得有锈蚀、松股现象，运行过的架空避雷线或拉线，不能再用于加工防振锤。

三、紧固件检验

（1）电力金具用的紧固件均应符合现行国家标准和行业标准。

（2）除另有特殊要求外，螺栓、螺母自行加工时，一律按国家标准 GB/T 196—1981《普通螺纹基本尺寸（直径 1～600mm）》制造。

（3）所有紧固件，均应按下列国家标准的技术条件进行检验：

1）GB/T 6890—1985《紧固件验收检查、标志与包装》；

2）GB/T 3098.1—1982《紧固件机械性能　螺栓、螺钉和螺柱》；

3）GB/T 3098.2—1982《紧固件机械性能　螺母》；

4）GB/T 94.1—1987《弹性垫圈技术条件　弹簧垫圈》；

5）GB/T 121—1986《销技术条件》；

6）GB/T 116—1986《铆钉技术条件》。

（4）作为紧固件的U形螺丝，其无扣部分的圆截面，不应小于螺纹部分的净截面。

（5）由于工艺原因引起的U形螺丝的根部螺纹损伤，不应多于两牙。

（6）所有紧固件均应热镀锌防腐，螺栓与螺母的镀锌配合，应扩大螺母内螺纹，不得缩小螺栓的螺纹外径。

四、钢制件检验

（1）钢制件（冲压、锻造、气割）及配件的尺寸应按加工图进行检验，未注明公差者按自由公差标准检验。

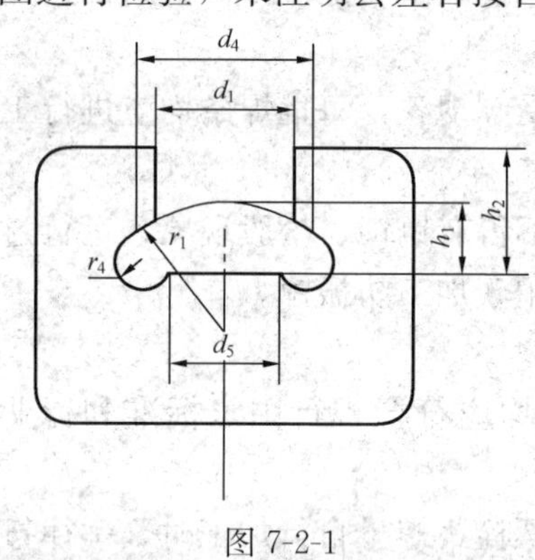

图 7-2-1

（2）钢制金具的长度用钢直尺或钢卷尺测量，直径、孔径、厚度用卡尺测量，钢接续管内径用内塞规检查。

（3）球、窝的尺寸应采用“过规”和“不过规”进行检验。

球头“不过规”应符合国际电工委员会（IEC）标准120规定。球头“不过规”的形状及尺寸见图7-2-1及表7-2-1。

表 7-2-1　　球头“不过规”尺寸　　mm

标称连接尺寸	图号	量规	d_1	d_4	d_5	h_1	h_2	r_1	r_4
16	7-2-1	公称	23.70	30.0	18.0	12.100	22.0	23.000	5.0
20			28.42	36.0	23.0	18.100	30.0	27.000	7.0
24			34.54	42.0	28.0	19.300	32.0	40.000	8.0
28			37.00	47.0	32.0	21.700	45.0	55.000	10.0
32			41.00	52.0	36.0	25.100	48.0	70.000	12.0

球头“过规”的外形及尺寸见图 7-2-2 及表 7-2-2。

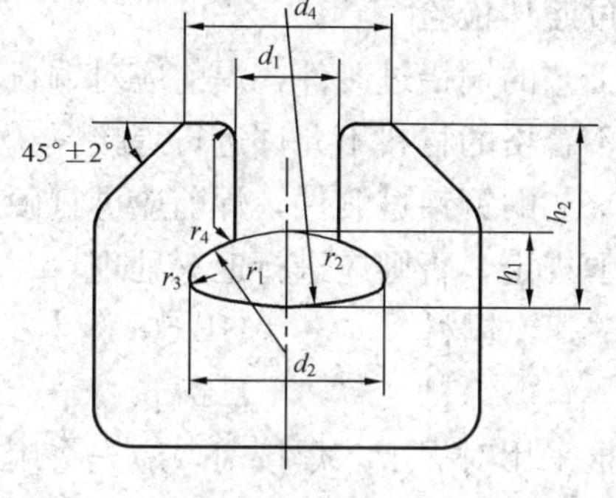

图 7-2-2

表 7-2-2　　　　　　　　球头“过规”尺寸　　　　　　　　mm

标称连接尺寸	图号	量规	d_1	d_2	d_4	h_1	h_2	r_1	r_2	r_3	r_4
16	7-2-2	公称	16.932	33.222	35.0	13.320	32.10	22.960	49.960	2.952	4.034
20			20.928	40.920	45.0	19.418	42.60	26.959	59.959	5.711	4.536
24			24.924	48.912	50.0	20.908	46.61	39.954	69.954	6.567	5.538
28			28.919	56.905	68.0	23.402	51.62	54.951	79.951	7.814	6.038
32			32.913	64.897	87.0	26.892	62.12	69.946	89.946	9.517	5.538

五、铝制件检验

（1）铝制件（铸造、轧制板件、拉制管件等）及配件的尺寸应按加工图进行检验，未注明公差者按自由公差标准检验。

（2）铝制件应检验材料的化学成分，需要进行热处理的制件应检验材料的硬度和机械强度。

（3）管件壁厚用两端对称卡具检查，其厚度不应超过允许公差。

（4）经机加工的制品，其长度用钢直尺测量，厚度及外径用外卡或游标卡测量，内孔用内卡或塞规检查，角度线槽用样板检查。

（5）铸铝件表面缺陷，准许用放大倍数为 10 的放大镜进

行检查。

六、铜铝过渡件检验

(1) 对焊工艺的铜铝过渡件，焊前应对铜材、铝材进行化学成分分析，不合格的材料不允许进行焊接。

(2) 对焊工艺的铜铝过渡件，焊前应进行硬度测定，其硬度不应超过以下规定，否则应进行退火处理：

铜材　　　HB 50；

铝材　　　HB 25。

(3) 在成批采用对焊工艺焊接前，应先将用对焊工艺连续焊成的 4 个试焊接件进行弯曲试验。

做弯曲试验时将焊件铝材端夹在台钳内，焊缝离钳口 8～12mm，用活动扳手钳住上部铜板进行弯曲至 180°，无裂纹者，即为合格。经弯曲试验合格后，可按试焊接件的工艺参数进行成批焊接，否则应改变工艺参数重新试焊后，再进行试验。

(4) 钎焊的覆铜件应进行剥离试验，试件弯曲 90°时覆铜不应脱层剥落。

七、可锻铸铁件检验

(1) 可锻铸铁件的牌号及机械性能应符合加工图及有关标准规定。

(2) 用可锻铸铁制造的金具应检验如下项目：

1) 试棒的抗拉强度和延伸率应符合标准；

2) 产品的检验“搭子”折断后，断面金相组织应符合标准；

3) 金具组装后，成套进行的抗拉试验应合格。

(3) 铸件毛坯应进行以下检验：

1) 生坯检验——浇铸后逐只进行生坯检验，合格后再进行热处理。

2) 热处理检验——逐只敲断经退火处理后的铸件“检验

搭子”，经检验搭子断面合格后转入下一工序；搭子断面不合格，应重新进行退火处理。

3）镀锌检验——检查镀锌后铸件是否存在因回火引起脆性及缺镀部位。

（4）铸件生坯检验：

1）浇口断面不得有灰口、麻口、缩孔，若浇口敲伤本体，深度不超过铸件厚度的 1/10；

2）本体上不应缺少“检验搭子”，如多年一直稳定，可以省去“检验搭子”；

3）新模具或首批生产的金具，应进行几何尺寸检查。

（5）热处理后检验退火质量的要点：

1）检查当炉试棒试验资料；

2）敲断“检验搭子”，搭子断面呈天鹅绒色（黑心）为合格；

3）铸件不得有过烧、脱皮等缺陷；

4）经检验不合格，不准转入下道工序；

5）检验合格，方可清理加工矫正，进行酸洗抛丸镀锌。

（6）热镀锌后检验：

1）铸件锌层应均匀，不得有黄点，漏镀锌渣、锌刺；

2）碗头窝的尺寸应采用“过规”和“不过规”检验；

碗头窝“不过规”应符合国际电工委员会（IEC）标准 120 的规定。碗头窝“不过规”的形状及尺寸见图 7-2-3 及表7-2-3。

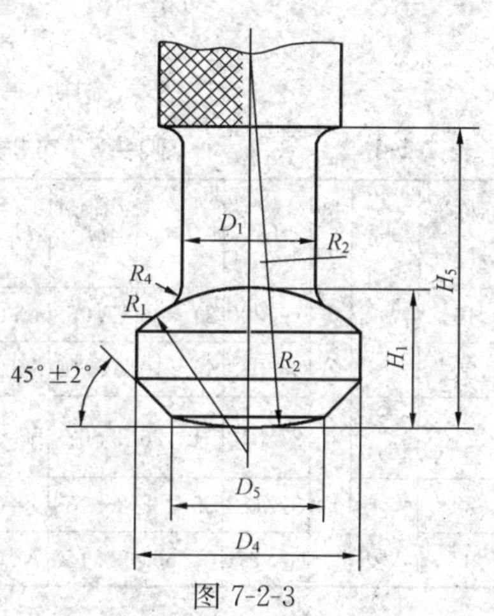

图 7-2-3

表 7-2-3　　碗头窝“不过规”尺寸　　mm

标称连接尺寸	图号	量规	D_1	D_4	D_5	H_1	H_5	R_1	R_2	R_4
16	7-2-3	公称	15.8	30.0	18.0	18.600	40.0	23.000	50.000	3.0
20			19.7	36.0	23.0	22.600	50.0	27.000	60.000	3.5
24			23.6	42.0	28.0	26.000	55.0	40.000	70.000	4.0
28			27.5	47.0	32.0	28.900	60.0	55.000	80.000	4.5
32			31.4	52.0	36.0	33.300	70.0	70.000	90.000	5.0

碗头窝“过规”的形状及尺寸见图 7-2-4 及表 7-2-4。

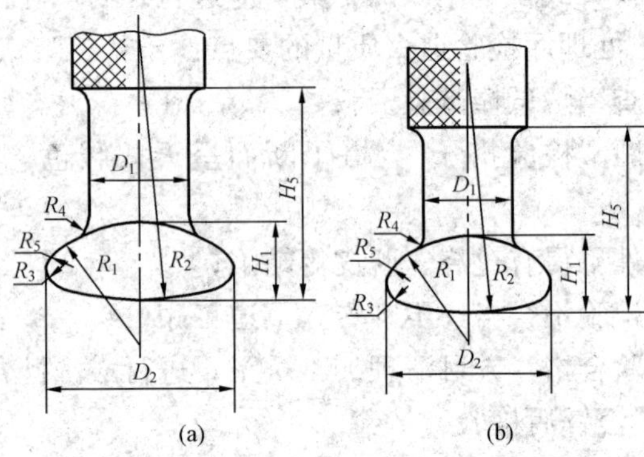

图 7-2-4

表 7-2-4　　碗头窝“过规”尺寸　　mm

标称连接尺寸	图号	量规	D_1	D_2	H_1	H_5	R_1	R_2	R_3	R_4	R_5
16	7-2-4 (b)	公称	19.280	34.588	17.088	40.0	23.044	50.044	3.044	2.960	3.044
20			23.093	42.610	20.606	50.0	27.053	60.053	6.055	3.451	5.555
24	7-2-4 (a)		27.610	51.126	23.622	55.0	40.061	70.061	7.881	3.945	7.881
28	7-2-4 (b)		32.122	59.138	26.135	60.0	55.067	80.068	8.069	4.440	10.069
32			36.134	67.650	30.150	70.0	70.075	90.075	10.075	4.935	11.875

八、金具的标志及包装

（1）电力金具的标志及包装应符合国家标准 GB/T 2317.4—2008《电力金具试验方法　第 4 部分：验收规则》的规定。

（2）金具必须按标准和图纸规定作出标志。

（3）金具标志部位应明显清晰永不脱落。

1）用铸造方法生产的金具，应在铸造时将金具标志一并铸出，凸字应与金具表面在同一水平面上，外加凹槽边框，凹槽深度不小于 1mm。

2）用冲压或锻造方法生产的金具，应在冲压或锻造时将金具标志一并压出；铝制品应采用压印法压出标志，压痕深度不大于 0.15mm。

3）预绞丝等无法压印标志者可用塑料标签胶纸标贴。

（4）金具的包装必须保证在运输中不致因包装不良而引起金具损破。根据用户要求，经双方协商，亦可采用其他特殊包装。为了节约包装材料和提高运输效率，应积极采用集装箱。

（5）用有色金属材料制造的作为导电体的金具，在包装前应按规定在表面涂以导电脂或防腐脂，并加套保护；管状金具还应将管口封闭，以防止潮气侵入产生腐蚀。

（6）超高压用防晕金具应加塑料袋包装后再装箱。

（7）金具应配套包装，不得将部件分别散装。

（8）严禁钢制件与铝制件混装。

（9）每件中包装物的重量不宜超过 50kg。

（10）在包装件（箱、袋、篓）内或交货时，制造厂家应向用户提交以下文件：

1）有技术检验部门及检验员印章的产品合格证书及必要的技术文件；

2）试验记录副本；

3）安装使用说明书。

（11）在包装件外明显位置应有：

1）制造厂名称及商标；

2）金具名称及型号；

3）包装数量（套、件、组）；

4）包装件净质量、毛质量（kg）；

5）金具的标准号（GB/T ×××—××××）。

金具的试验

第一节 概 述

金具的试验用组装好的成品进行。

金具的试验分为例行试验、抽查试验和型式试验。试验应按国家标准 GB/T 2317.1—2008～GB/T 2317.3—2008 的规定进行。

一、例行试验

金具应按标准规定逐只进行例行试验，如发现与标准中任何一项要求不符时，则此金具为不合格金具。金具的例行试验项目见表 8-1-1。

表 8-1-1　　金具的例行试验项目

序　号	试验项目	试验标准
1	外观质量检查	按产品标准规定
2	组装检查	按产品标准规定

二、抽查试验

（1）金具应按批进行抽查试验，抽查试验应在例行检验合格后进行。抽查试件数量为每批产品的 0.5%，但不少于 6 件。

（2）抽查试验项目见表 8-1-2。

（3）在抽查试验时，如试件有一只不符合表 8-1-2 中任何一项要求时，则应在同一批中抽取加倍数量的试件，再进行不合格项目的试验；如在再试验中仍有一只试件不符合规定要求，则该批金具为不合格。如仅为外观尺寸、质量不合格，允许逐只精选。

表 8-1-2　　抽查试验项目

序号	试验项目	试验标准	试件数量
1	尺寸检查	按产品标准	抽出总数的全部
2	热镀锌层均匀性检查	按标准 GB/T 2317—2008	抽出总数的 1/2
3	破坏载荷试验	按产品标准	抽出总数的全部

三、型式试验

（1）新产品试制定型或定型产品修改结构、改变原材料及加工工艺方法后，均应进行型式试验。试件数量按国家标准 GB/T 2317—2008 的规定。

（2）型式试验项目及试件数量见表 8-1-3。

表 8-1-3　　型式试验项目

序号	试验项目	金具类别							试件数量（件）
		悬垂线夹	耐张线夹		接续金具	接触金具	防护金具	母线金具	
			螺栓型	压缩型					
1	尺寸、外观检查	○	○	○	○	○	○	○	10
2	组装检查	○	○	○	○	○	○	○	10
3	热镀锌均匀性试验	○	○						3
4	握力试验	○	○	○	○	○	○		4
5	破坏载荷试验	○	○						6
6	振动试验						●		3
7	电阻试验			○	○	○			3
8	温升试验			○	○	○			3
9	热循环试验			○	○	○			3
10	电晕损失测试	●		●	●	●			4
11	无线电干扰电平测试	●		●	●	●			4
12	冲击动荷试验	●							4

注　“○”为需要进行的型式试验项目；

“●”为 330kV 及以上超高压金具需要进行的型式试验项目。

（3）根据设计的特殊需要，可提出超出表 8-3 中规定的型式试验项目和试件数量。

第二节　金具试验项目和试验方法

一、尺寸、重量及组装检查

（1）金具的主要尺寸及加工误差用测量准确度为 0.05mm 的量具或特制的样板、卡具检查。金具的外观以目力检查，对铸铝件在必要时可用不超过 10 倍的放大镜检查。

（2）金具的重量用准确度为 0.01kg 的衡器进行测定，测定结果取全部试件的平均值。

（3）金具的组装成套检查，包括检查配套的完整性和装卸的灵活性。

二、热镀锌均匀性试验

1. 硫酸铜溶液的配制

（1）在每 100mL 的蒸馏水中加入 35g 化学纯硫酸铜（$CuSO_4 \cdot 5H_2O$）制成硫酸铜溶液，必要时，可加热以促进晶体的溶解，然后待其冷却以备使用。

（2）在每 1000mL 硫酸铜溶液中加入约 1g 碳酸铜（或氢氧化铜、黑色氧化铜）充分搅拌之，配制好的溶液静置不少于 24h，然后过滤，缓慢倒出澄清的溶液，弃去沉淀物。溶液的相对密度在＋20℃时应为 1.170±0.010。

（3）试验用的容器应该使用与硫酸铜不起化学作用的惰性材料制成，它的内部尺寸应使试件浸入溶液后与容器内壁的最小距离不少于 25mm。

（4）在整个试验过程中，硫酸铜溶液的温度应保持在 20±4℃，且不得搅动溶液。

（5）每平方厘米的镀锌面积，至少应有 6mL 的溶液，试品按规定次数浸渍后，溶液不应回收再用于试验。

2. 试验步骤

（1）试件应从已经外观检查合格的同一批产品中抽取。

（2）试件先用腐蚀性小的溶剂除去镀件表面附着的油污，经清洗擦干后浸入2%的硫酸溶液中15s，取出用清水洗净，并用清洁软布擦干，然后浸入硫酸铜溶液中进行试验。

（3）试件应连续4次浸入溶液中，每次浸入时间为1min。试件应全部浸入，但不能互相接触。试件和溶液均不得摇动。

（4）试件每次取出后立即用清洁的流动水洗涤，如有沉积物质须用纤维刷刷去沉淀物，然后用清洁软布擦干，进行外观检查。

从试件浸入硫酸铜溶液到外观检查完毕，为一次试验。

3. 试验结果判断

（1）每次试验完毕后，如在试件上发现有金属铜的附着物，可用硬质橡皮或不致损坏锌层的工具擦拭或浸入10%盐酸溶液中15s，如果铜点去掉露出锌层，则认为该次试验通过，如露出铁基则认为热镀锌不合格。

（2）在切削边的棱角线和距切削边小于25mm的局部，允许存在微小的红色金属铜附着物。

三、破坏荷重试验

1. 一般要求

（1）凡承受载荷的所有金具，均应进行破坏荷重试验。

（2）破坏荷重试验应在经过计量鉴定过的试验机上进行，试验机的读数误差应在2%以下。

（3）金具所处的位置及受力情况应与金具实际运行条件的受力情况相符。

（4）在试验前应测量金具尺寸，必要时确定测标点，以便于测量变形情况。

（5）在试验前应检查金具表面情况，如检查有无裂纹等缺陷。

（6）根据各种金具的不同形状，试验时应用专用夹具进行安装。螺栓型耐张线夹的破坏载荷试验应用高于导线强度的钢丝绳安装在线夹内进行，如图 8-2-1 所示。

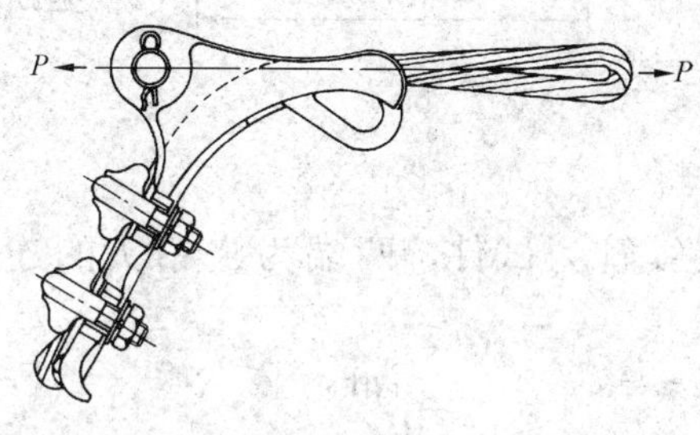

图 8-2-1

悬垂线夹的破坏载荷试验利用特制夹具，用夹具调整线夹的悬垂角（α）保持在 8°～10°范围内进行试验，如图 8-2-2 所示。

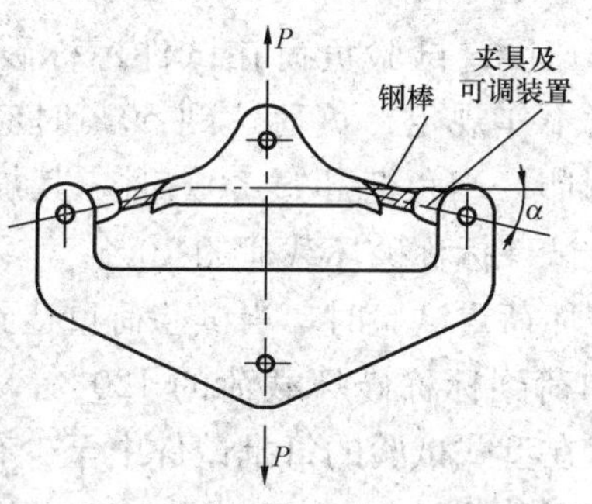

图 8-2-2

2. 试验方法

（1）用于安装导线的各种线夹、接续管，须在安装导线后做整体试验，试件与夹具（或试件）的有效间距不小于被安装导线直径的 100 倍。

压缩型耐张线夹为试件亦为夹具的连接方法如图 8-2-3 所示。

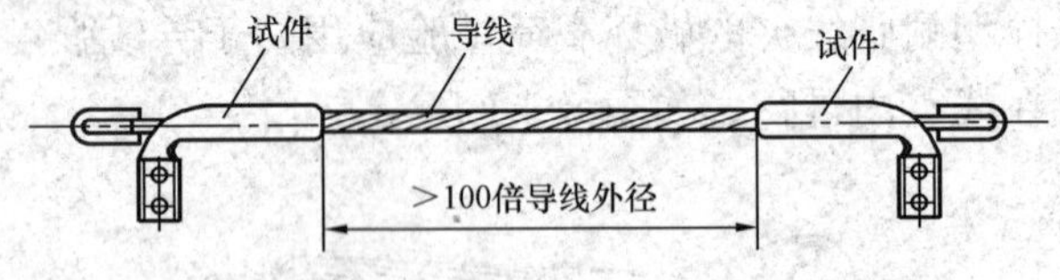

图 8-2-3

压缩型接续管为试件，两端为浇铅头的连接方法如图 8-2-4所示。

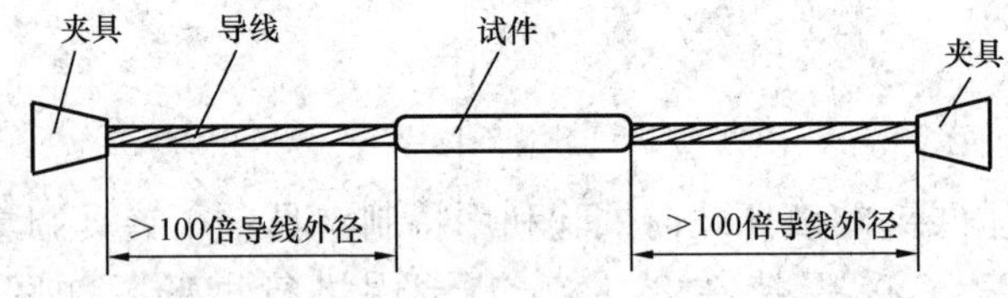

图 8-2-4

（2）试验加荷速度：试验负荷在试件标称破坏载荷 50％ 以内时，加荷速度不作规定；负荷达到 50％时应在线夹或接续管出口处表面划印；当负荷超过 50％时，其加荷速度为每分钟上升值不超过试件标称破坏载荷的 10％。

（3）在进行破坏荷重试验时，当试验荷重达到标称破坏载荷时未破断，可加荷到标称破坏载荷的 120％；若仍未破断，可不再继续试。但在型式试验的每批试件中至少有一个试件的破坏载荷试验要试至破断为止。

四、握力试验

握力试验是检验各种紧固导线的耐张线夹、悬垂线夹及接续管等金具的主要试验项目。

（1）线夹应按与施工安装条件相同的方法进行安装。

（2）在安装螺栓型的各种线夹时，应根据线夹适用导线范围，选用最大及最小直径导线分别试验。

（3）安装各种螺栓型线夹时，应使用标准扳手紧固，扭力矩应符合标准。

（4）试验加荷速度与破坏载荷试验相同。

（5）试件与夹具、试件与试件之间有效间距不小于被安装导线直径的 100 倍。

（6）滑动的定义：导线在线夹的线槽内或接续管出口处，离开原有划印位置，载荷还可以继续上升的不作为滑动；在载荷不增加而导线继续发生位移时，谓之滑动。

（7）于试验负荷 50％时在被试验的导线上划印。

（8）拉力机上采用锥形浇铅夹头时，浇铅温度不宜过高，以避免夹头处导线损伤，降低了试验数值。

（9）试验钢芯铝绞线的直线钢接续管时，应首先进行钢管握力试验。当钢接续管对钢芯握力不足时，不必进行该接续管综合试验。

五、电阻试验

（1）作为导电的接续管、线夹等金具，均应进行电阻测定。

（2）用直流压降法测定电气接续的设备线夹、耐张线夹、接续管的接触部分的电阻和导线本身的电阻，其值应小于 $10^{-5}\Omega$。

（3）试验应在 25±2℃的室内进行，导线通过电流可达 20A 以上，试件测量点距线夹边缘为 5mm，导线电阻的两测点应与被测试件等长。

直线接续管的电阻测定仪表接线位置见图 8-2-5。

耐张线夹的电阻测定仪表接线位置见图 8-2-6。

并沟线夹的电阻测定仪表接线位置见图 8-2-7。

（4）每个试件应测量 3 次，并以 3 次计算电阻的平均数值作为试件的电阻值。

（5）试件接触部分测出的电阻，对未经运行的新品，不应

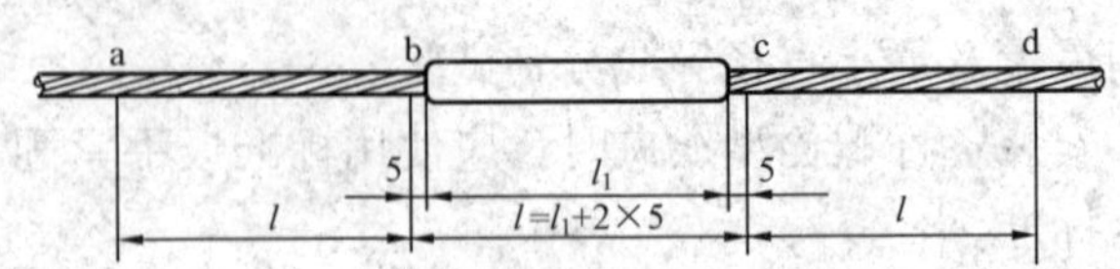

图 8-2-5

a、b、c、d—测试仪表接线位置

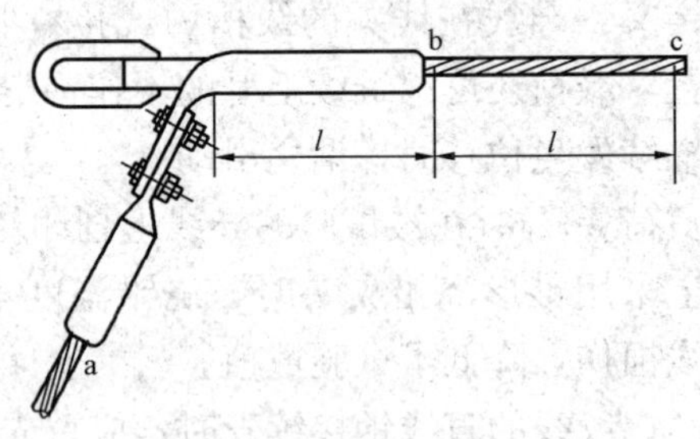

图 8-2-6

a、b、c—测试仪表接线位置

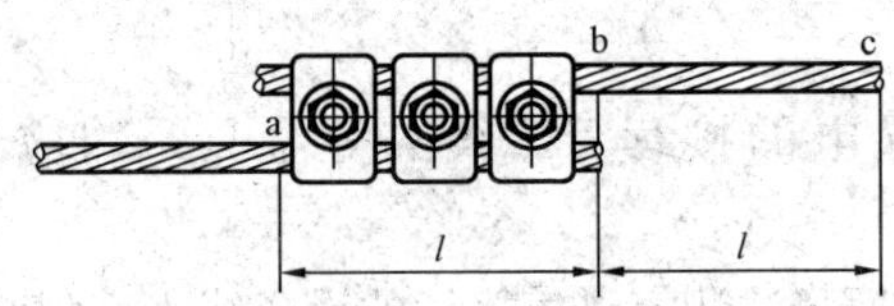

图 8-2-7

a、b、c—测试仪表接线位置

超过等长导线电阻的 75%。

（6）经运行后的线夹、接续管等金具，测得的电阻与等长导线的电阻之比应为：

螺栓型线夹 ≤1.2；

压缩型线夹 ≤1.0。

六、温升试验

（1）作为导电的接续管、耐张线夹、并沟线夹及设备线夹等金具均应进行接续点的温升试验。

（2）试验在 25±2℃自然通风的室内进行，被安装的导线通上 50Hz 的额定电流后测量接续点的温升。

（3）测量温度时，可用误差不超过 1℃的温度计、热电偶或半导体点温计。

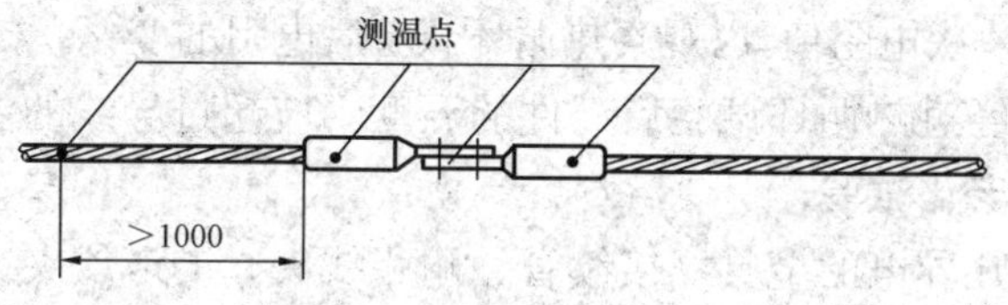

图 8-2-8

（4）在 10min 内 3 次测定的温度无变化时，作为绝对温升值。导线测温点距测试件的距离不小于 1000mm，如图8-2-8～图 8-2-10 所示。

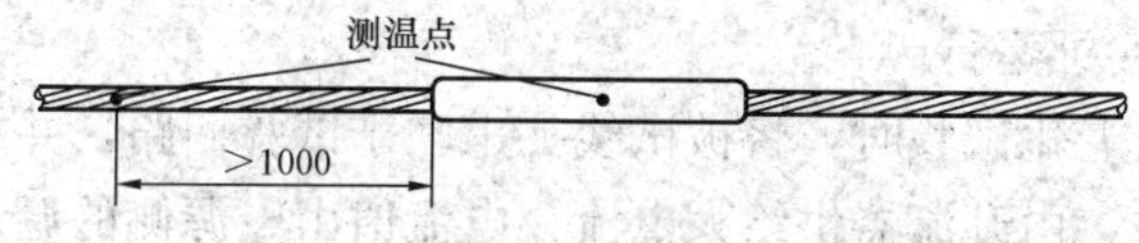

图 8-2-9

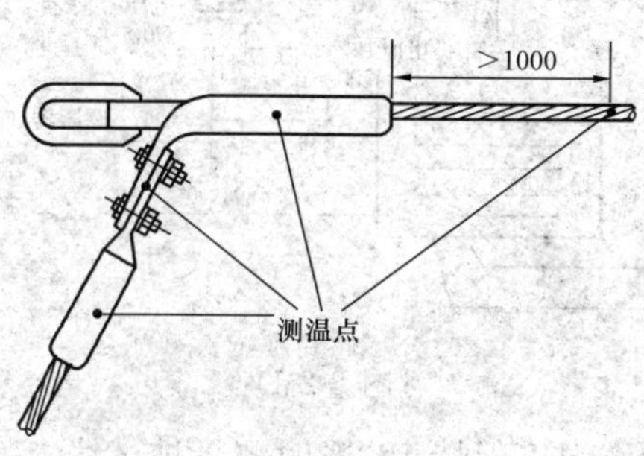

图 8-2-10

七、热循环试验

（1）热循环试验：每当试件电流升至额定电流后，断开电源，自然冷却至室温，再通入电流进行升温，为一次循环。热循环试验需试验 120 次循环。

（2）热循环试验前应测出试件的电阻值，每 30 次循环后，对试件测量一次电阻值，以观察热循环试验后电阻的变化。

（3）经过热循环试验后试件的温度不应超过导线的温度。

八、老化试验

（1）凡导电的金具（接续管、耐张线夹、T 形线夹、并沟线夹及设备线夹等）在条件可能的情况下，均应进行老化试验。

（2）老化试验可在以下三种运行条件下进行：

1）变温或恒温干燥运行；

2）潮湿运行；

3）腐蚀运行。

（3）老化试验时，将被试线夹串联于试验回路，并放置在密闭箱内，由升流器供给大电流，电流值由电源侧的调压器进行调节。其接线图如图 8-2-11 所示。

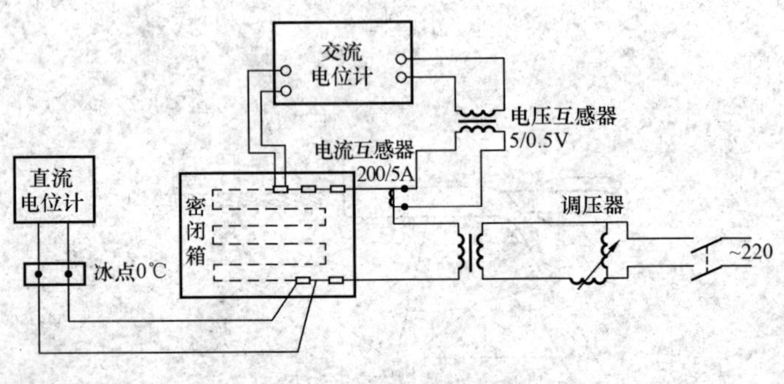

图 8-2-11

（4）在导线温度保持 100℃时测量被试线夹的电阻。

（5）线夹的温度用热电偶进行测量。

（6）试验的循环方式：

1）干燥运行时试验的循环方式——加电流保持导线温度100℃，2h后切断电流，使其自然冷却0.5h，此时箱温约30～40℃，为一个循环。每天循环6次，运行30天。

2）潮湿运行时试验的循环方式——加电流使导线温度达到100℃，保温2h，切断电流，然后通水蒸气入密闭箱内，湿度达到100%，保持2h，为一个循环。每天循环3次，运行30天。

3）腐蚀运行时试验的循环方式——腐蚀运行试验即盐雾运行试验，其循环方式与潮湿运行时的相同，但需每隔一天用3%氯化钠溶液喷雾一次。

九、振动试验

用于消除导线振动的防振锤、护线条、间隔棒及伸缩节等金具，均应进行振动试验。其他连接金具，必要时应进行疲劳磨损试验。

振动试验分为以下三种：

（1）功率特性试验［测定固有频率及消耗（吸收）功率］；

（2）耐振试验（疲劳试验）；

（3）消振试验。

1. 防振锤功率特性试验

防振锤功率特性表示防振锤固有频率和消耗功率大小的能力。防振锤功率特性测量是在振动台上进行的，如图8-2-12所示。试验频率（单位：Hz）范围为$0.18/d$～$1.4/d$（d为导线外径，mm），线性扫描速度不超过0.2Hz/s，线夹振动速度v恒定，可取v=7.5cm/s，也可由用户确定，记录防振锤消耗功率与振动频率，并绘制成防振锤功率特性曲线。图8-2-13为FD型防振锤功率特性曲线示意图，图8-2-14为FR型防振锤功率特性曲线示意图。图中曲线峰值所对应的频率为防振锤的固有频率。

图 8-2-12

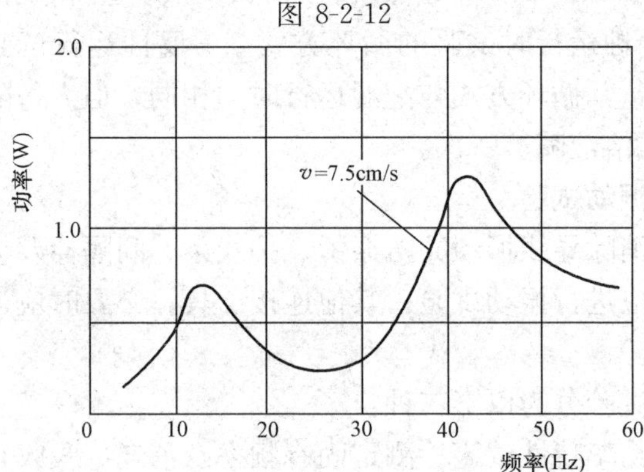

图 8-2-13

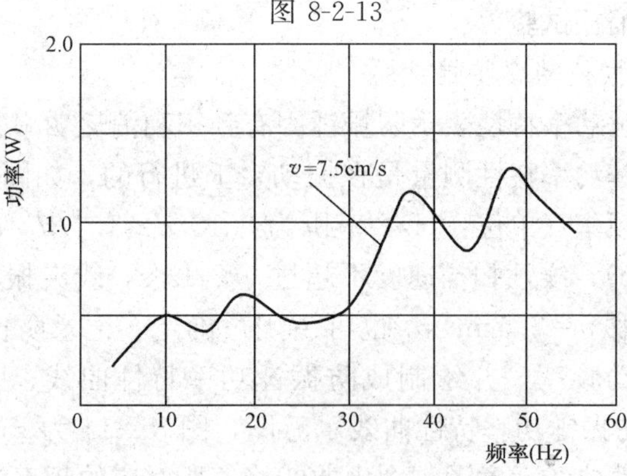

图 8-2-14

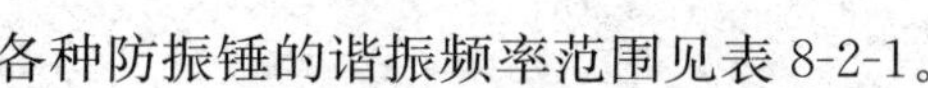

各种防振锤的谐振频率范围见表 8-2-1。

表 8-2-1　　谐振频率范围

防振锤型号	谐振频率范围(Hz)	防振锤型号	谐振频率范围(Hz)
FD—1(F—8)	18～60	FD—6(F—1)	7～16
FD—2(F—5)	16～34	FR—1	12～75
FD—3(F—3)	12～26	FR—2	12～75
FD—4(F—2)	13～30	FR—3	9～45
FD—5	10～24	FR—4	6～30

注　括号内为（1974）定型产品型号。

2. 耐振试验

（1）防振锤的耐振试验在振动台上进行。

（2）根据功率特性曲线，选择高阶的固有频率作为耐振试验的频率，振幅恒定为 0.5mm，振动次数 10^7 次（或按用户要求）。

（3）经耐振试验后，应再次测量该防振锤的功率特性曲线。

（4）将耐振试验后的功率特性曲线与原功率特性曲线相比较，两者固有频率和消耗功率前后不得相差±20%，防振锤钢绞线不断股，且钢绞线对锤头的握力和钢绞线对线夹的握力达到设计要求，则耐振试验通过。

3. 消振试验

（1）防振锤消振试验的目的是用来评估它能否将导线的振动水平抑制在安全范围以内。

（2）试验条件：

1）试验档距不小于 50m。

2）导线采用真型导线、张力为 25%的导线额定拉断力（或按用户要求）。

3）试验频率范围 $0.18/d$～$1.04/d$（d 为导线外径，mm）。

防振锤按设计的安装位置固定在导线上，安装位置由下式求得

$$S=\frac{159}{4f_{\mathrm{av}}},\ \mathrm{m}$$

$$f_{av}=\frac{66}{d}$$

式中　f_{av}——平均振动频率（Hz/s）；

　　d——导线外径（cm）。

上式可简化为

$$S=0.6d$$

（3）试验及评估：

1）试验在导线共振条件下进行，试验的共振频率不少于12个。

2）测量导线振动系统吸收的功率、日时记录导线振幅、终端出口处导线上的动弯应变、防振锤线夹出口处导线上的动弯应变和防振锤振幅值。

3）通过输入风功率与导线振动系统吸收功率间的能量平衡计算，获得防振锤的防振效果。当其将导线振动水平抑制在许用动弯应变以下，则该防振锤消振性能满足要求。

十、均压试验

均压试验用于测试各种绝缘子串的绝缘子电压分布。

（1）均压试验在试验大厅进行。绝缘子串应悬挂在模拟的杆塔构架上，施加工频电压，利用小球放电方法，测出外加工频电压平均值。

（2）绝缘子测出的电阻不小于2500MΩ，电容不小于50μF，每片绝缘子上的最大电压不大于22～25kV。

（3）将测试的电压分布结果分别画成曲线，并将不加均压环的和加装均压环的绝缘子串电压分布进行比较。

（4）试验电气接线如图8-2-15所示。

十一、电晕损失及干扰电平测试

超高压线路及变电金具均应进行电晕损失和无线电干扰电平的测试。

（1）电晕损失测试应分别测试自身屏蔽的防晕金具和加装

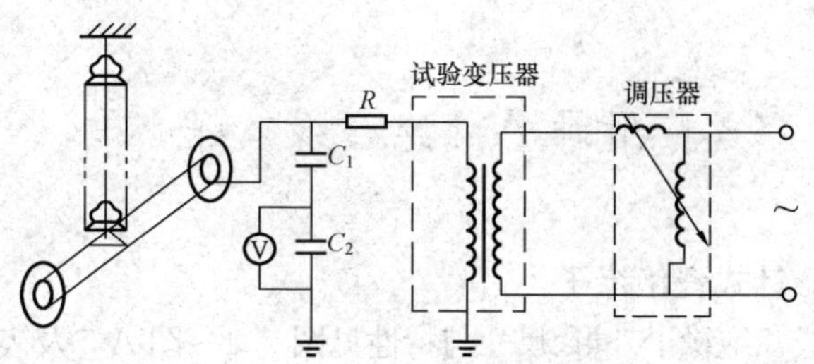

图 8-2-15

屏蔽装置后金具的电晕损失。

（2）试验前应对被试的绝缘子和金具进行表面污垢或用水淋湿。

（3）试验应在夜间或暗室内进行，试验时应记录当时当地气象条件（温度、湿度、气压等）。

（4）试验工频电压升至可见电晕电压。考虑不同因素试验电压可取

$$\frac{\text{线电压}}{\sqrt{3}}\times K，K=1.1，1.05，1.0$$

（5）无线电干扰晴天不大于 50dB，雨天不大于 80dB，室内不超过 60dB，则认为是满意的。

（6）金具电晕损失及导线无线电干扰电平测试接线见图8-2-16。

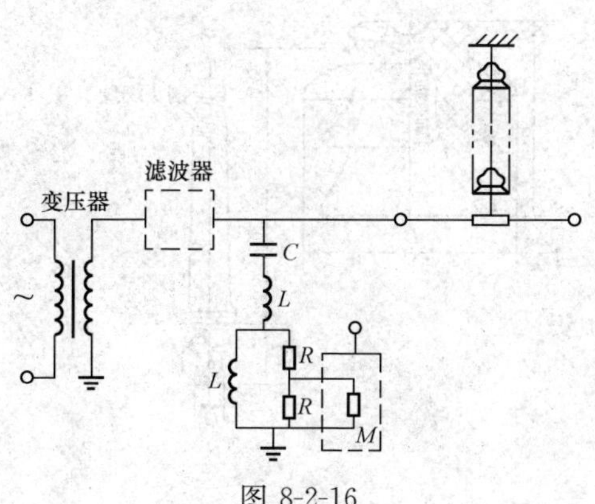

图 8-2-16

附录A 绝 缘 子

A1. 针式瓷绝缘子

针式瓷绝缘子外形、尺寸与特性见图 A-1～图 A-5 及表 A-1。

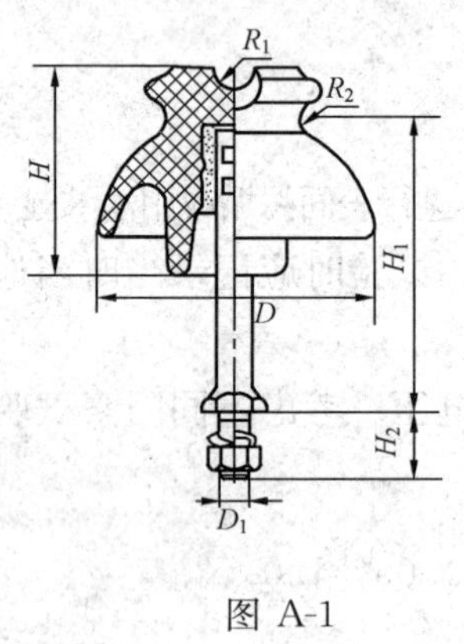

图 A-1

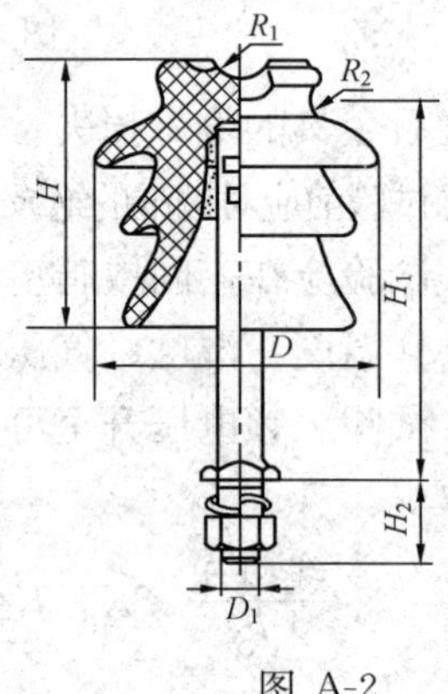

图 A-2

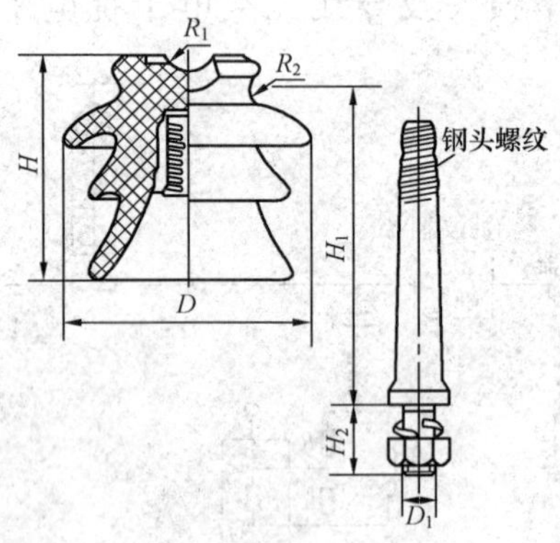

图 A-3

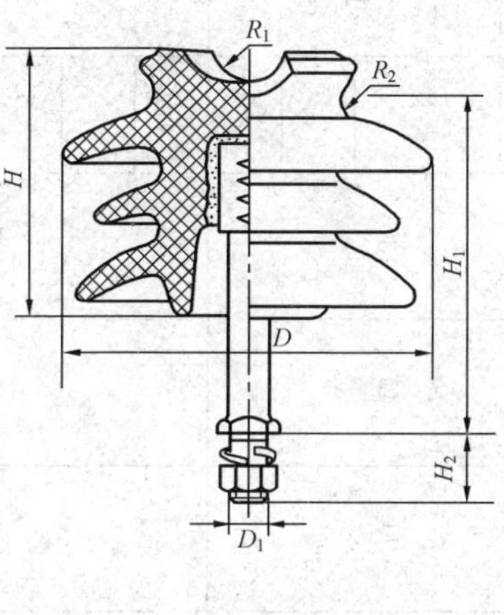

图 A-4

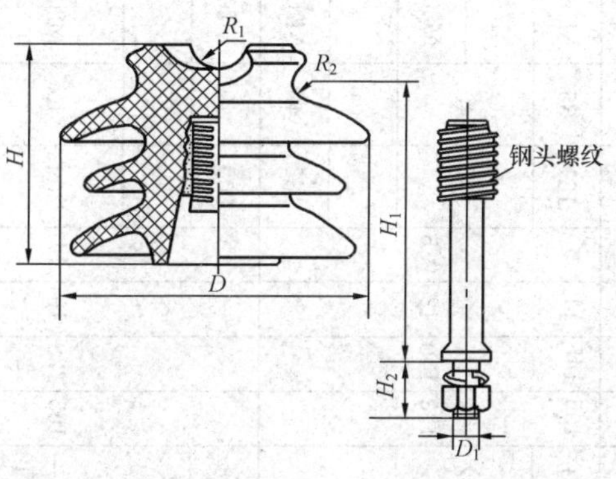

图 A-5

表 A-1　　针式瓷绝缘子尺寸与特性（GB/T 1000.2—1988）

绝缘子型号	图号	主要尺寸（mm）							最小公称爬电距离（mm）	冲击耐受电压（kV）	工频湿耐受电压（kV，不小于）	工频击穿电压（kV）	弯曲负荷	瓷件弯曲破坏
		H	D	R_1	R_2	H_1	H_2	D_1					（kN，不小于）	
P—10T	A-1	105	145	11	9	151	35	M16	195	75	28	95	1.4	13.7
PQ1—10T16	A-2					183	40	M16					2.0	
PQ1—10T20	A-2	133	140	13	9.5			M20	255	90	40	130		10.6
PQ1—10L	A-3													
PQ1—10LT	A-3					183	40	M20					4.0	
PQ2—10T	A-4					209	40	M20					3.0	
PQ2—10L	A-5													
PQ2—10LT	A-5												3.5	
PQ2—10BT	A-4	165	228	19	14	209	40	M20	450	110	50	145	3.0	13.3
PQ2—10BL	A-5													
PQ2—10BLT	A-5					209	40	M20					3.5	

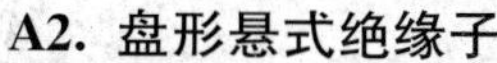

A2. 盘形悬式绝缘子

盘形悬式绝缘子外形、尺寸与特性见图 A-6 及表 A-2。

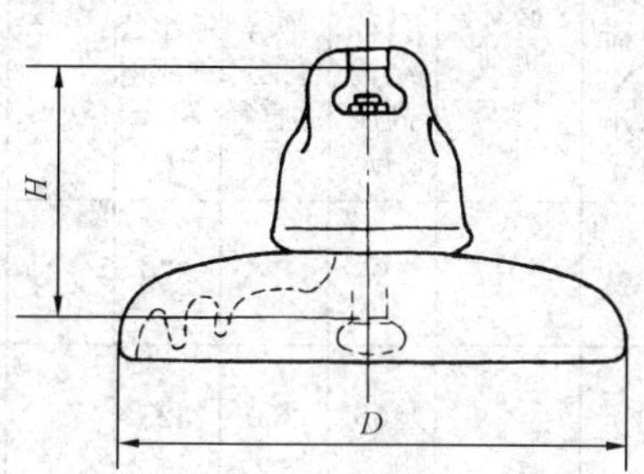

图 A-6

表 A-2 盘形悬式绝缘子尺寸与特性（GB/T 7253—1987）

绝缘子型号	图号	机电破坏负荷（kN，不小于）	打击破坏负荷（N·cm，不小于）	主要尺寸（mm） 公称结构高度 *H*	绝缘件公称直径 *D*	最小公称爬电距离 *L*	连接型式标记	冲击耐受电压（kV，不小于）	工频电压（kV，不小于） 1min	击穿
XP—70	A-6	70	565	146	255	295	16	100	40	110
LXP1—70				146	255	295		100	40	110
XP1—70				127	255	295		95	35	110
XP2—70				146	190	200		85	30	90
XP—100 LXP—100		100	678	146	255	295	16	100	40	110
XP—120 LXP—120		120	678	146	255	295	16	100	40	110
XP1—160 LXP1—160		160	1017	146	255	305	20	100	40	110
XP2—160 LXP2—160					280	330		105	42	
XP1—210 LXP1—210		210	1017	170	280	335		105	42	120

续表

绝缘子型号	图号	机电破坏负荷（kN，不小于）	打击破坏负荷（N·cm，不小于）	主要尺寸（mm）			连接型式标记	冲击耐受电压（kV，不小于）	工频电压（kV，不小于）	
				公称结构高度 H	绝缘件公称直径 D	最小公称爬电距离 L			1min	击穿
XP—300 LXP—300	A-6	300	1017	195	320	370	24	110	45	120
XP—400 LXP—400		400		205	360	525	28			
XP1—400 LXP1—400				220	380	550				
XP—530 LXP—530		530		240	380	600	32			
XP1—530 LXP1—530				255	440	640				

A3. 户内支柱绝缘子

户内支柱绝缘子外形、尺寸与机械特性见图A-7～图A-19及表A-3。

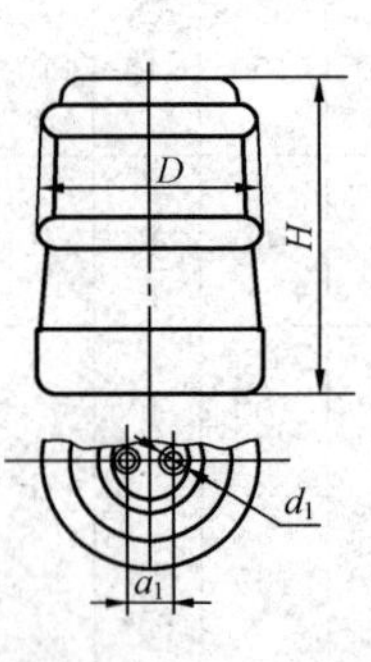

图 A-7

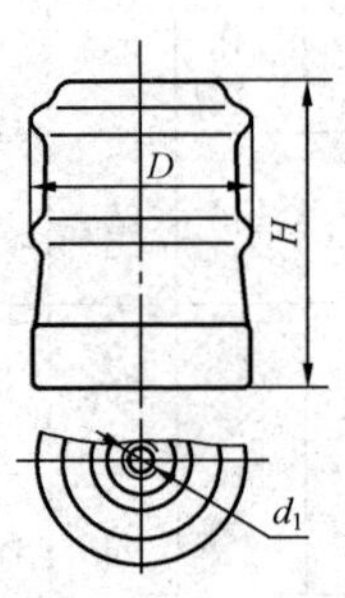

图 A-8

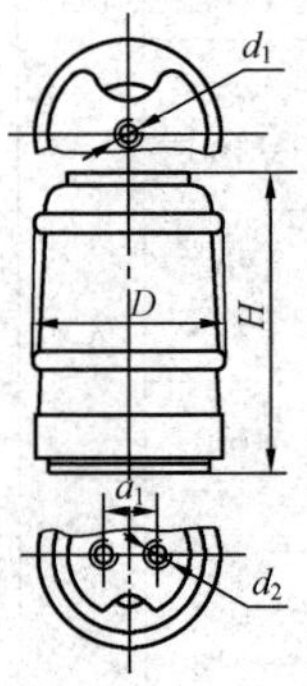

图 A-9

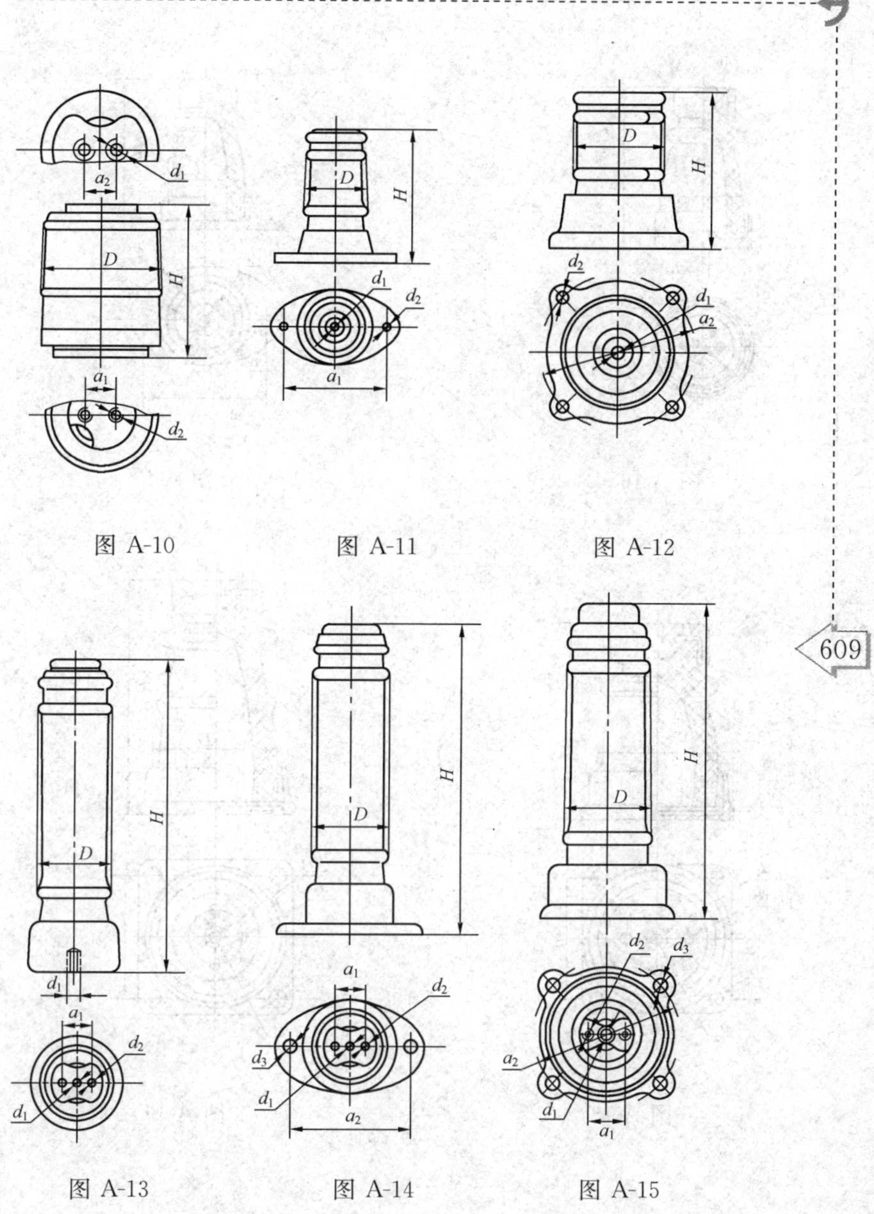

图 A-10

图 A-11

图 A-12

图 A-13

图 A-14

图 A-15

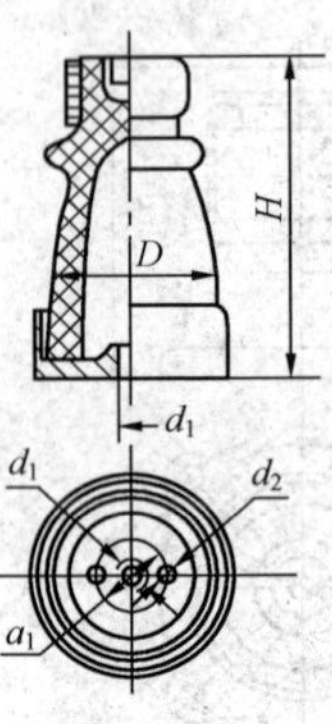

图 A-16

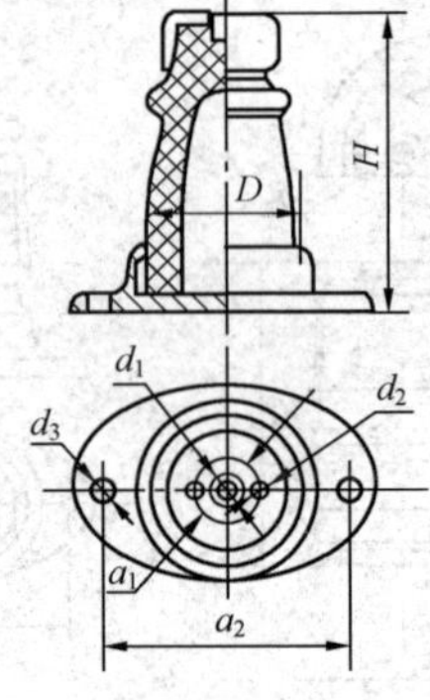

图 A-17

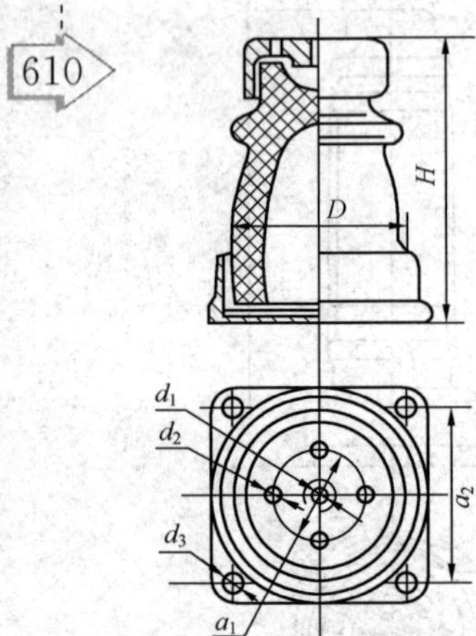

图 A-18

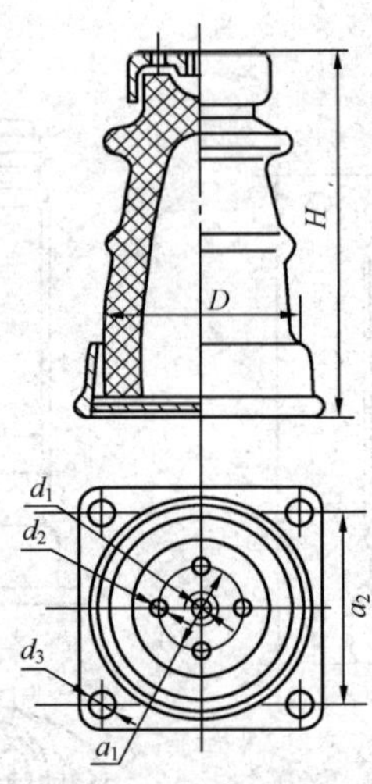

图 A-19

表 A-3　户内支柱绝缘子尺寸与机械特性(GB/T 8287.2—1987)

等级号	图号	机械破坏负荷(N,不小于)		总高 H (mm)	绝缘件最大公称直径 D (mm)	上附件安装尺寸			
						中心孔径 d_1	旁孔		
		弯曲	拉伸				孔中心圆直径 a_1 (mm)	孔径 d_2 (mm)	孔数(个)
ZN—10/4N	A-8	4000		120	85	M10	—	—	—
ZN—10/8N		8000		120	105	M16			
ZL—10/4	A-11	4000		160	95	M10			
ZL—10/8		8000		170	95	M16			
ZL—10/16	A-12	16000		185	120	M16			
ZL—20/16		16000		265	130	M16			
ZL—35/4Y	A-13	4000		380	105	M10	36	M8	2
ZL—34/4	A-14	4000		380	105	M10	36	M8	2
ZL—35/8	A-15	8000		400	120	M16	46	M10	2
ZA—6Y	A-16	3750		165	90	M10	36	M6	2
ZB—6Y		7500		185	110	M16	46	M10	2
ZA—6T	A-17	3750		165	90	M10	36	M6	2
ZB—6T		7500		185	110	M16	46	M10	2
ZA—10Y	A-16	3750		190	90	M10	36	M6	2
ZB—10Y		7500		215	110	M16	46	M10	2
ZA—10T	A-17	3750		190	90	M10	36	M6	2
ZB—10T		7500		215	110	M16	46	M10	2
ZC—10F	A-18	12500		225	135	M16	66	M10	4
ZD—10F	A-19	20000		235	170	M16	76	M12	4

A4. 户外棒形支柱绝缘子

户外棒形支柱绝缘子外形、尺寸与机械特性见图 A-20～图 A-29 及表 A-4。

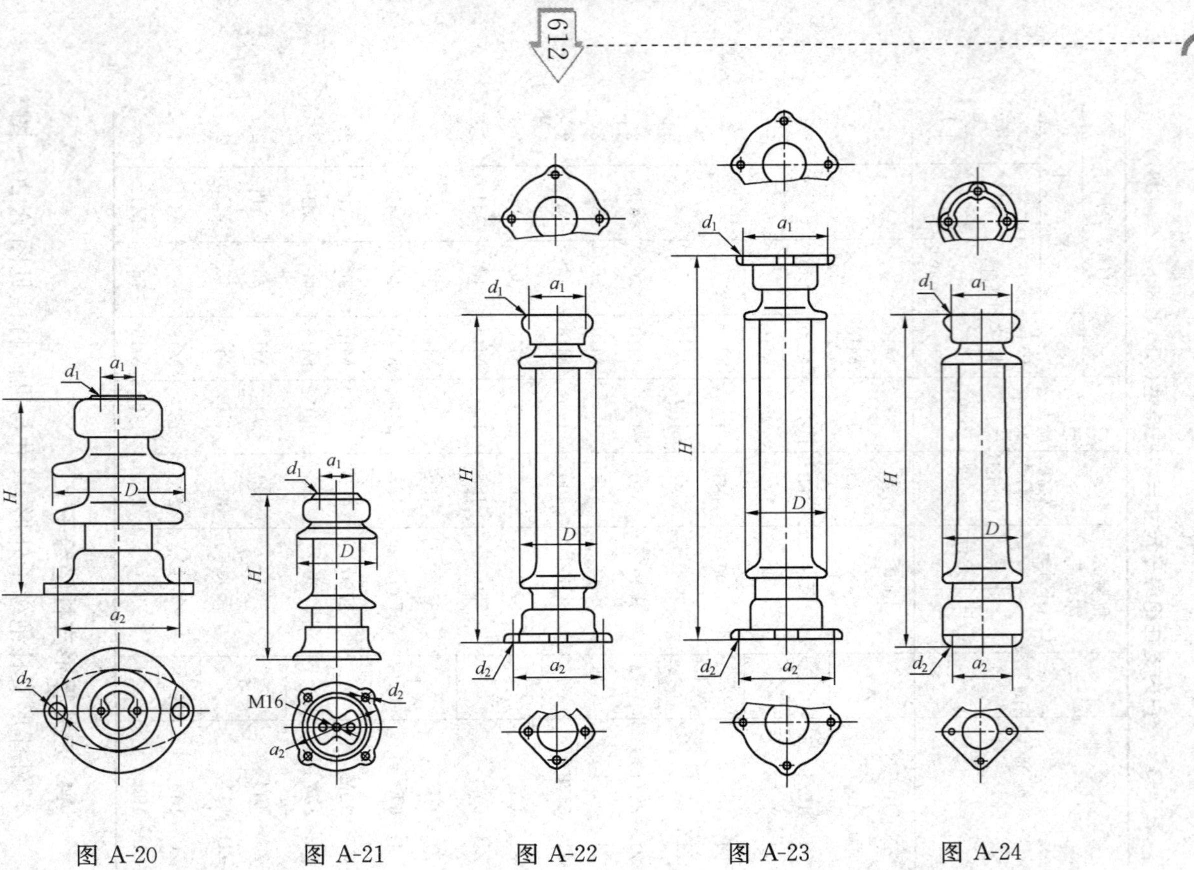

图 A-20　图 A-21　图 A-22　图 A-23　图 A-24

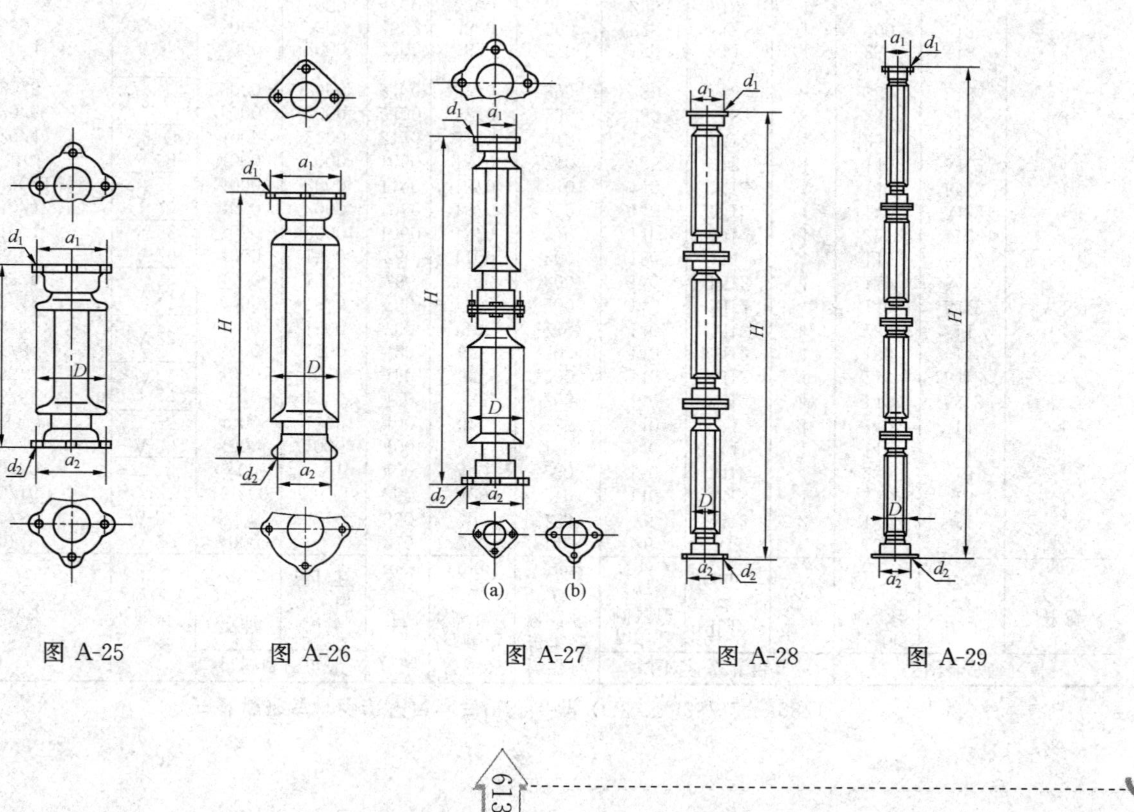

图 A-25　图 A-26　图 A-27　图 A-28　图 A-29

表 A-4　　户外棒形支柱绝缘子尺寸与机械特性（GB/T 8287.2—1987）

等级号	图号	机械破坏负荷		总高	最小公称爬电距离	绝缘件最大公称直径	上附件安装尺寸			下附件安装尺寸		
		弯曲（N，不小于）	扭转（N·m，不小于）	H（mm）	L（mm）	D（mm）	孔中心圆直径 a_1（mm）	孔径 d_1（mm）	孔数（个）	孔中心圆直径 a_2（mm）	孔径 d_2（mm）	孔数（个）
ZS—10/4	A-20	4000		210	200	145	36	M8	2	130	12	2
ZS—20/8	A-21	8000		350	400	185	76	M12	2	180	14	4
ZS—20/16	A-22	16 000		350	400	210	140	M12	4	210	18	4
ZS—20/30		30 000		400	400	230	140	M12	4	250	18	4
ZS—35/4	A-23	4000	1000	400	625	185	140	14	4	140	14	4
ZSX—35/4	A-25	4000	1000	400	625	185	140	14	4	140	14	4
ZS—35/6L	A-24	6000	1000	420	625	200	140	M12	4	140	M12	4
ZS5—35/4L		4000	1000	450	625	200	140	M12	4	140	M12	4
ZS—35/8	A-22	8000	1500	420	625	200	140	M12	4	180	14	4
ZS—63/4		4000	1500	760	1100	200	140	M12	4	180	14	4
ZS—63/4L	A-24	4000	1500	785	1100	200	140	M12	4	140	M12	4
ZS5—63/4L		4000	1500	760	1100	200	140	M12	4	140	M12	4
ZSX—63/4	A-26	4000	1500	760	1100	200	180	14	4	140	M12	4
ZS—110/4	A-22	4000	2000	1060	1870	210	140	M12	4	225	18	4
ZS—110/4L	A-24	4000	2000	1080	1870	210	140	M12	4	140	M12	4
ZS5—110/4L		4000	2000	1190	1870	210	140	M12	4	140	M12	4
ZSX—110/4	A-26	4000	2000	1060	1870	210	225	18	4	140	M12	4
ZS—220/4	A-27(a)	4000	2000	2120	3740	270	140	M12	4	250	18	4
ZS—220/6	A-27(b)	6000	2000	2400	3740	290	280	18	8	280	18	8
ZS—220/8		8000	2000	2400	3740	290	280	18	8	280	18	8
ZS—330/4	A-28	4000	2000	3200	5630	270	190	14	4	250	18	8
ZS1—500/5	A-29	5000	2000	4582	8800	300	225	18	4	300	18	8
ZS—500—5	A-28	5000	2000	4200	8800	300	225	18	4	300	18	8

A5. 耐污盘形悬式瓷绝缘子

耐污盘形悬式瓷绝缘子外形、尺寸与特性见图 A-30～图 A-32 及表 A-5。

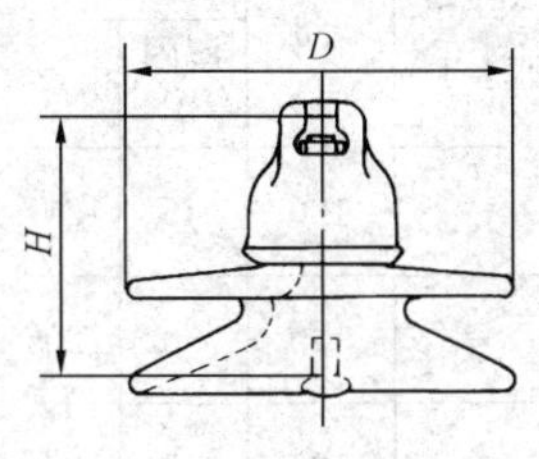

图 A-30

图 A-31

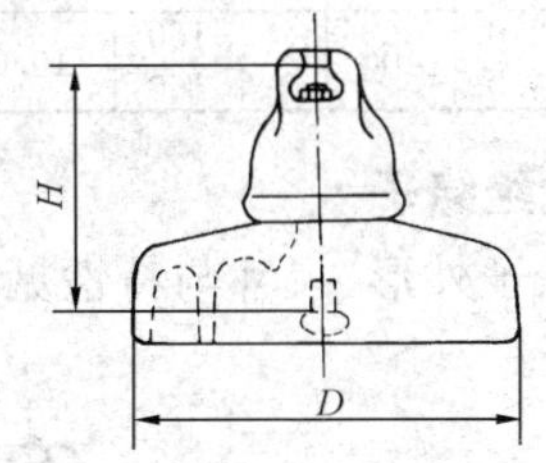

图 A-32

表 A-5　耐污盘形悬式瓷绝缘子尺寸与特性（ZB K50 008—1990）

绝缘子型号	图号	主要尺寸(mm)			连接型式标记	机电破坏负荷(kN)	打击试验负荷(N·m,不小于)	冲击闪络电压(kV,不小于)	工频电压(kV,不小于)	
		公称结构高度 H	瓷件公称盘径 D	最小公称爬电距离 L					湿闪络	击穿
XWP1—60	A-30	160	255	400	16	60	—	120	45	120
XWP1—70		160				70				
XWP2—60		146				60				
XWP2—70		146				70				
XWP3—70		160				70				
			280	450						

续表

绝缘子型号	图号	主要尺寸(mm)			连接型式标记	机电破坏负荷(kN)	打击试验负荷(N·m,不小于)	冲击闪络电压(kV,不小于)	工频电压(kV,不小于)	
		公称结构高度 H	瓷件公称盘径 D	最小公称爬电距离 L					湿闪络	击穿
XWP1—100 XWP2—100	A-30	160	255 280	400 450	16	100	—	120	45	120
XWP1—160 XWP6—160	A-30 A-31	160	280	400	20	160	—	130	50	120
XHP1—60 XHP1—70	A-32	160	255	400	16	60 70	5.6	120	45	120
XHP1—100	A-32	160	270	400	16	100	6.8	120	45	120
XHP1—160 XAP1—160	A-32	160	280 300	400	20	160 160	10.0	130	50	120

A6. 直流盘形悬式绝缘子

直流盘形悬式绝缘子外形、尺寸与特性见图 A-33～图A-35及表A-6。

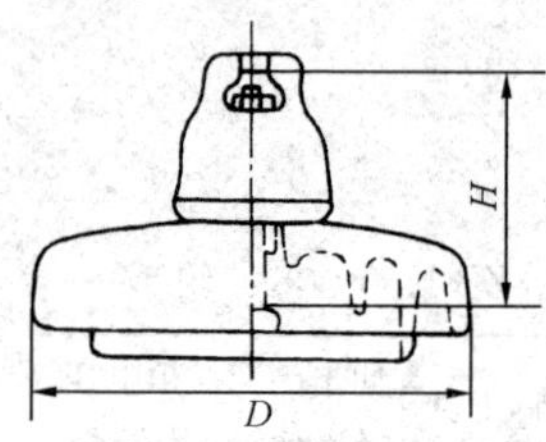

图 A-33

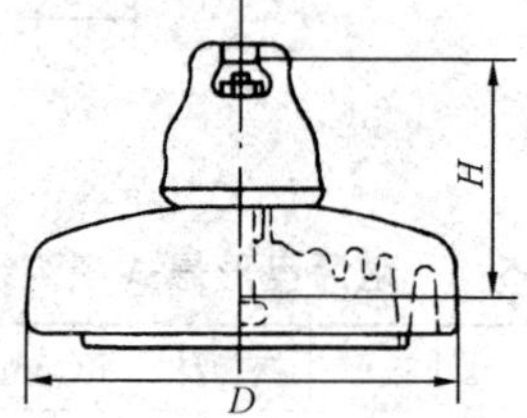

图 A-34

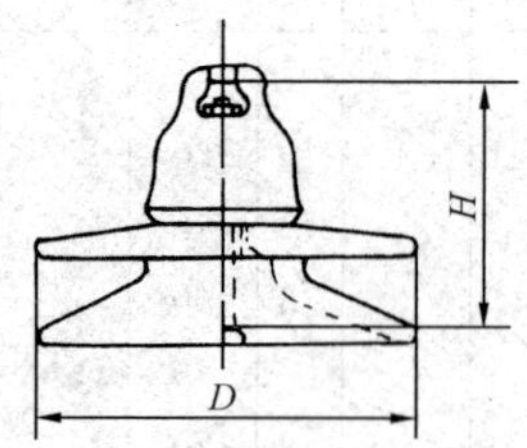

图 A-35

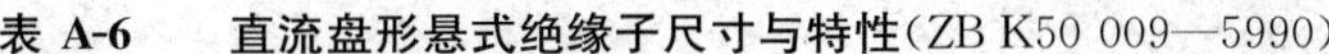

表 A-6　　直流盘形悬式绝缘子尺寸与特性(ZB K50 009—5990)

<table>
<tr><th rowspan="2">绝缘子型号</th><th rowspan="2">图号</th><th colspan="3">主要尺寸(mm)</th><th rowspan="2">连接型式标记</th><th rowspan="2">机电破坏负荷(kN)</th><th rowspan="2">冲击破坏负荷(N·m,不小于)</th><th rowspan="2">冲击耐受电压(kV,不小于)</th><th rowspan="2">直流正负极性湿耐受电压(kV,不小于)</th><th rowspan="2">工频击穿电压(kV,不小于)</th></tr>
<tr><th>公称结构高度 H</th><th>公称盘径 D</th><th>最小公称爬电距离 L</th></tr>
<tr><td rowspan="2">XZP—160</td><td rowspan="2">A-33
A-34</td><td rowspan="5">170</td><td rowspan="5">320</td><td rowspan="2">545</td><td rowspan="5">20</td><td rowspan="3">160</td><td>10</td><td rowspan="5">140</td><td rowspan="5">55</td><td rowspan="5">130</td></tr>
<tr><td>—</td></tr>
<tr><td>XZWP—160</td><td>A-35</td><td>490</td><td>10</td></tr>
<tr><td>LXZP—160</td><td>A-33</td><td>545</td><td rowspan="2">210</td><td rowspan="2">10</td></tr>
<tr><td>XZP—210</td><td>A-33
A-34</td><td>545</td></tr>
<tr><td>XZP—300</td><td>A-33
A-34</td><td>195</td><td>400</td><td>635</td><td>24</td><td>300</td><td>10</td><td>—</td><td>60</td><td>140</td></tr>
</table>

A7. 绝缘地线用盘形悬式瓷绝缘子

绝缘地线用盘形悬式瓷绝缘子外形及尺寸见图 A-36、图A-37及表A-7。

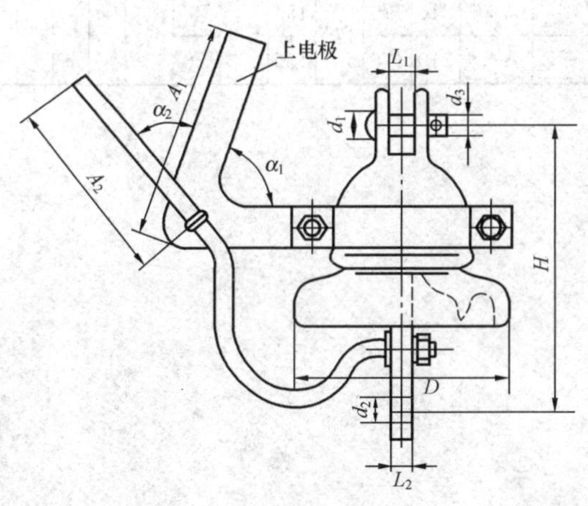

图 A-36

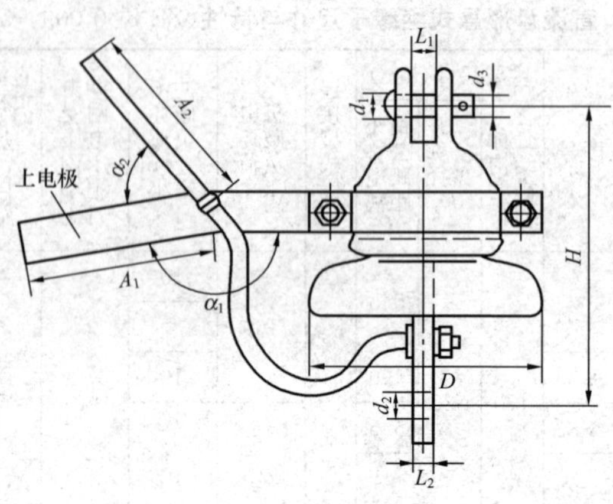

图 A-37

表 A-7　绝缘地线用盘形悬式瓷绝缘子尺寸（ZB K50 006—1989）

<table>
<tr><th rowspan="2">绝缘子型号</th><th rowspan="2">图号</th><th colspan="12">主 要 尺 寸 （mm）</th><th rowspan="2">间隙调整范围（mm）</th></tr>
<tr><th>H</th><th>D</th><th>L</th><th>A_1</th><th>A_2</th><th>α_1</th><th>α_2</th><th>L_1</th><th>L_2</th><th>d_1</th><th>d_2</th><th>d_3</th></tr>
<tr><td>XDP—70C</td><td>A-36</td><td>200</td><td>160</td><td rowspan="2">160</td><td>155</td><td rowspan="4">135</td><td>70°</td><td rowspan="4">60°</td><td rowspan="4">19</td><td rowspan="4">16</td><td rowspan="4">18</td><td rowspan="4">18</td><td rowspan="4">16</td><td rowspan="4">10～30</td></tr>
<tr><td>XDP—70CN</td><td>A-37</td><td>200</td><td>160</td><td>135</td><td>170°</td></tr>
<tr><td>XDP—100C</td><td>A-36</td><td>210</td><td>170</td><td rowspan="2">170</td><td>155</td><td>70°</td></tr>
<tr><td>XDP—100CN</td><td>A-37</td><td>210</td><td>170</td><td>135</td><td>170°</td></tr>
</table>

附录B 导线及导体

B1. 圆线同心绞架空导线

一、圆线同心绞架空导线型号和名称（见表B-1）

表B-1 导线的型号和名称（GB/T 1179—2009）

名 称	型 号	单丝强度σ_b（MPa）
铝绞线	JL	L铝 150～160
铝合金绞线	JLHA1 JLHA2	LH铝合金 315 295
钢芯铝绞线	JL/G1A JL/G1B JL/G2A JL/G2B JL/G3A	铝/钢 钢普通强度 1300 1200 高强度 1400 1500 特高强度 1600
钢芯铝合金绞线	JLHA2/G1A JLHA2/G1B JLHA2/G3A	铝合金/钢 铝合金 295 钢 1300 1200 1600
铝包钢芯铝绞线	JL/LB/A	铝/铝包钢 铝160 铝包钢 1340
铝包钢绞线	JLB2 JLB1A JLB1B	LB铝包钢 1080 1340 1320
钢芯铝合金绞线	JLHA1/G1A JLHA1/G1B JLHA1/G3A	LH铝合金/钢 铝合金315 钢 1300 1200 1600

续表

名称	型号	单丝强度 σ_b（MPa）
钢芯铝合金绞线	JLHA2/G1A JLHA2/G1B JLHA2/G3A	LH 铝合金/钢　铝合金 295　钢 1300 1200 1600
铝包钢芯铝合金绞线	JLHA1/LB1A JLHA2/LB1A	LH 铝合金/铝包钢　铝合金 315 295 铝包钢 1340
镀锌钢绞线（绞线钢芯）	JG1A JG1B JG2A JG2B JG3A	钢　普通强度 1300 1200 高强度 1400 1500 特高强度 1600
铝合金芯铝绞线	JL/LHA1 JL/LHA2	铝/铝合金　铝 160　铝合金 315 295

注　型号中字母意义：J—同心绞合；F—防腐；LH—铝合金圆线；LB—铝包钢线；L—铝绞线；G1A、G1B—普通强度钢线；G2A、G2B—高强度钢线；G3A—特高强度钢线；A1、A2—高强度。

二、JL 铝绞线性能（见表 B-2）

表 B-2　　JL 铝绞线性能（GB/T 1179—2009）

标称截面（铝，mm^2）	规格号	面积（mm^2）	单线根数 n	直径（mm）		单位长度质量（kg/km）	额定抗拉力（kN）	直流电阻 20℃（Ω/km）
				单线	绞线			
10	10	10	7	1.35	4.05	27.4	1.95	2.863 3
16	16	16	7	1.71	5.12	43.8	3.04	1.789 6
25	25	25	7	2.13	6.40	68.4	4.50	1.145 3
40	40	40	7	2.70	8.09	109.4	6.80	0.715 8
63	63	63	7	3.39	10.2	172.3	10.39	0.454 5

续表

标称截面（铝，mm^2）	规格号	面积（mm^2）	单线根数 n	直径（mm）		单位长度质量（kg/km）	额定抗拉力（kN）	直流电阻 20℃（Ω/km）
				单线	绞线			
100	100	100	19	2.59	12.9	274.8	17.00	0.287 7
125	125	125	19	2.89	14.5	343.6	21.25	0.230 2
160	160	160	19	3.27	16.4	439.8	26.40	0.179 8
200	200	200	19	3.66	18.3	549.7	32.00	0.143 9
250	250	250	19	4.09	20.5	687.1	40.00	0.115 1
315	315	315	37	3.29	23.0	867.9	51.97	0.091 6
400	400	400	37	3.71	26.0	1102.0	64.00	0.072 1
450	450	450	37	3.94	27.5	1239.8	72.00	0.064 1
500	500	500	37	4.15	29.0	1377.6	80.00	0.057 7
560	560	560	37	4.39	30.7	1542.9	89.60	0.051 5
630	630	630	61	3.63	32.6	1738.3	100.80	0.045 8
710	710	710	61	3.85	34.6	1959.1	113.60	0.040 7
800	800	800	61	4.09	36.8	2207.4	128.00	0.036 1
900	900	900	61	4.33	39.0	2483.3	144.00	0.032 1
1000	1000	1000	61	4.57	41.1	2759.2	160.00	0.028 9
1120	1120	1120	91	3.96	43.5	3093.5	179.20	0.025 8
1250	1250	1250	91	4.18	46.0	3452.6	200.00	0.023 1
1400	1400	1400	91	4.43	48.7	3866.9	224.00	0.020 7
1500	1500	1500	91	4.58	50.4	4143.1	240.00	0.019 3

三、JLHA1 铝合金绞线性能（见表B-3）

表B-3　JLHA1 铝合金绞线性能（GB/T 1179—2009）

标称截面（铝合金，mm^2）	规格号	面积（mm^2）	单线根数 n	直径（mm）		单位长度质量（kg/km）	额定抗拉力（kN）	直流电阻 20℃（Ω/km）
				单线	绞线			
20	16	18.6	7	1.84	5.52	50.8	6.04	1.789 6
30	25	29.0	7	2.30	6.90	79.5	9.44	1.145 3
45	40	46.5	7	2.91	8.72	127.1	15.10	0.715 8
75	63	73.2	7	3.65	10.9	200.2	23.06	0.454 5
120	100	116	19	2.79	14.0	319.3	37.76	0.287 7
145	125	145	19	3.12	15.6	399.2	47.20	0.230 2
185	160	186	19	3.53	17.6	511.0	58.56	0.179 8
230	200	232	19	3.95	19.7	638.7	73.20	0.143 9

续表

标称截面（铝合金，mm²）	规格号	面积（mm²）	单线根数 n	直径（mm）		单位长度质量（kg/km）	额定抗拉力（kN）	直流电阻 20℃（Ω/km）
				单线	绞线			
300	250	290	19	4.41	22.1	798.4	91.50	0.115 1
360	315	366	37	3.55	24.8	1008.4	115.29	0.091 6
465	400	465	37	4.00	28.0	1280.5	146.40	0.072 1
520	450	523	37	4.24	29.7	1440.5	164.70	0.064 1
580	500	581	37	4.47	31.3	1600.6	183.00	0.057 7
650	560	651	61	3.69	33.2	1795.3	204.96	0.051 6
720	630	732	61	3.91	35.2	2019.8	230.58	0.045 8
825	710	825	61	4.15	37.3	2276.2	259.86	0.040 7
930	800	930	61	4.40	39.6	2564.8	292.80	0.036 1
1050	900	1046	91	3.83	42.1	2888.3	329.40	0.032 1
1150	1000	1162	91	4.03	44.4	3209.3	366.00	0.028 9
1300	1120	1301	91	4.27	46.9	3594.4	409.92	0.025 8

四、JLHA2 铝合金绞线性能（见表 B-4）

表 B-4　JLHA2 铝合金绞线性能（GB/T 1179—2009）

标称截面（铝合金，mm²）	规格号	面积（mm²）	单线根数 n	直径（mm）		单位长度质量（kg/km）	额定抗拉力（kN）	直流电阻 20℃（Ω/km）
				单线	绞线			
20	16	18.4	7	1.83	5.49	50.4	5.43	1.789 6
30	25	28.8	7	2.29	6.86	78.7	8.49	1.145 3
45	40	46.0	7	2.89	8.68	125.9	13.58	0.715 8
75	63	72.5	7	3.63	10.9	198.3	21.39	0.454 5
120	100	115	19	2.78	13.9	316.3	33.95	0.287 7
145	125	144	19	3.10	15.5	395.4	42.44	0.230 2
185	160	184	19	3.51	17.6	506.1	54.32	0.179 8
230	200	230	19	3.93	19.6	632.7	67.91	0.143 9
300	250	288	19	4.39	22.0	790.8	84.88	0.115 1
360	315	363	37	3.53	24.7	998.9	106.95	0.091 6
465	400	460	37	3.98	27.9	1268.4	135.81	0.072 1
520	450	518	37	4.22	29.6	1426.9	152.79	0.064 1
580	500	575	37	4.45	31.2	1585.5	169.76	0.057 7
650	560	645	61	3.67	33.0	1778.4	190.14	0.051 6
720	630	725	61	3.89	35.0	2000.7	213.90	0.045 8
825	710	817	61	4.13	37.2	2254.8	241.07	0.040 7
930	800	921	61	4.38	39.5	2540.6	271.62	0.036 1
1050	900	1036	91	3.81	41.8	2861.1	305.58	0.032 1
1150	1000	1151	91	4.01	44.1	3179.0	339.53	0.028 9
1300	1120	1289	91	4.25	46.7	3560.5	380.27	0.025 8
1450	1250	1439	91	4.49	49.4	3973.7	424.41	0.023 1

五、JL/G1A、JL/G1B、JL/G2A、JL/G2B、JL/G3A钢芯铝绞线性能（见表B-5）

表B-5 JL/G1A、JL/G1B、JL/G2A、JL/G2B、JL/G3A钢芯铝绞线性能（GB/T 1179—2009）

标称截面（铝/钢，mm²）	规格号	钢比（%）	面积（mm²）			单线根数		单线直径（mm）		直径（mm）		单位长度质量（kg/km）	额定抗拉力（kN）					直流电阻20℃（Ω/km）
			铝	钢	总和	铝	钢	铝	钢	钢芯	绞线		JL/G1A	JL/G1B	JL/G2A	JL/G2B	JL/G3A	
16/3	16	17	16	2.67	18.7	6	1	1.84	1.84	1.84	5.53	64.6	6.08	5.89	6.45	6.27	6.83	1.793 4
25/4	25	17	25	4.17	29.2	6	1	2.30	2.30	2.30	6.91	100.9	9.13	8.83	9.71	9.42	10.25	1.147 8
40/6	40	17	40	6.67	46.7	6	1	2.91	2.91	2.91	8.74	161.5	14.40	13.93	15.37	14.87	16.20	0.717 4
65/10	63	17	63	10.5	73.5	6	1	3.66	3.36	3.66	11.0	254.4	21.63	20.58	22.37	21.63	24.15	0.455 5
100/17	100	17	100	16.7	117	6	1	4.61	4.61	4.61	13.8	403.8	34.33	32.67	35.50	34.33	38.33	0.286 9
125/7	125	6	125	6.94	132	18	1	2.97	2.97	2.97	14.9	397.9	29.17	28.68	30.14	29.65	31.04	0.230 4
125/20	125	16	125	20.4	145	26	7	2.47	1.92	5.77	15.7	503.9	45.69	44.27	48.54	47.12	51.39	0.231 0
160/9	160	6	160	8.89	169	18	1	3.66	3.36	3.36	16.8	509.3	36.18	35.29	37.42	36.80	38.67	0.180 0
160/26	160	16	160	26.1	186	26	7	2.80	2.18	6.53	17.7	644.9	57.69	55.86	61.34	59.51	64.99	0.180 0
200/11	200	6	200	11.1	211	18	1	3.76	3.76	3.76	18.8	636.7	44.22	43.11	45.00	44.22	46.89	0.144 0
200/32	200	16	200	32.6	233	26	7	3.13	2.43	7.30	19.8	806.2	70.13	67.85	74.69	72.41	78.93	0.144 0
250/25	250	10	250	24.6	275	22	7	3.80	2.11	6.34	21.6	880.6	68.72	67.01	72.16	70.44	75.60	0.115 4
250/40	250	16	250	40.7	291	26	7	3.50	2.72	8.16	22.2	1007.7	87.67	84.82	93.37	90.52	98.66	0.115 5
315/22	315	7	315	21.8	337	45	7	2.99	1.99	5.97	23.9	1039.6	79.03	77.51	82.08	80.55	85.13	0.091 7
315/50	315	16	315	51.3	366	26	7	3.93	3.05	9.16	24.9	1269.7	106.83	101.70	114.02	110.43	121.20	0.091 7
400/28	400	7	400	27.7	428	45	7	3.36	2.24	6.73	26.9	1320.1	98.36	96.42	102.23	100.29	106.10	0.072 2
400/50	400	13	400	51.9	452	54	7	3.07	3.07	9.21	27.6	1510.3	123.04	117.85	130.30	126.69	137.56	0.072 3

续表

标称截面（铝/钢，mm^2）	规格号	钢比（%）	面积（mm^2）			单线根数		单线直径（mm）		直径（mm）		单位长度质量（kg/km）	额定抗拉力（kN）					直流电阻20℃（Ω/km）
			铝	钢	总和	铝	钢	铝	钢	钢芯	绞线		JL/G1A	JL/G1B	JL/G2A	JL/G2B	JL/G3A	
450/30	450	7	450	31.1	181	45	7	3.57	2.38	7.14	28.5	1485.2	107.47	105.29	111.82	109.64	115.87	0.064 2
450/60	450	13	450	58.3	508	54	7	3.26	3.26	9.77	29.3	1699.1	138.42	132.58	146.58	142.50	154.75	0.064 3
500/35	500	7	500	34.6	535	45	7	3.76	2.51	7.52	30.1	1650.2	119.41	116.99	124.25	121.83	128.74	0.057 8
500/65	500	13	500	64.8	565	54	7	3.43	3.43	10.3	30.9	1887.9	153.80	147.31	162.87	158.33	171.94	0.057 8
560/40	560	7	560	38.7	599	45	7	3.98	2.65	7.96	31.8	1848.2	133.74	131.03	139.16	136.45	144.19	0.051 6
560/70	560	13	560	70.9	631	54	19	3.63	2.18	10.9	32.7	2103.4	172.59	167.63	182.52	177.56	192.45	0.051 6
630/45	630	7	630	43.6	674	45	7	4.22	2.81	8.44	33.8	2079.2	150.45	147.40	156.55	153.50	162.21	0.045 9
630/80	630	13	630	79.8	710	54	19	3.85	2.31	11.6	34.7	2366.3	191.77	186.19	202.94	197.36	213.32	0.045 9
710/50	710	7	710	49.1	759	45	7	4.48	2.99	8.96	35.9	2343.2	169.56	166.12	176.43	172.99	182.81	0.040 7
710/90	710	13	710	89.9	800	54	19	4.09	2.45	12.3	36.8	2666.8	216.12	209.83	228.71	222.42	240.41	0.040 7
800/35	800	4	800	34.6	835	72	7	3.76	2.51	7.52	37.6	2480.2	167.41	164.99	172.25	169.83	176.74	0.036 1
800/65	800	8	800	66.7	867	84	7	3.48	3.48	10.4	38.3	2732.7	205.33	198.67	214.67	210.00	224.00	0.036 2
800/100	800	13	800	101	901	54	19	4.34	2.61	13.0	39.1	3004.9	243.52	236.43	257.71	250.61	270.88	0.036 2
900/40	900	4	900	38.9	939	72	7	3.99	2.66	7.98	39.9	2790.2	188.33	185.61	193.78	191.66	198.83	0.032 1
900/75	900	8	900	75.0	975	84	7	3.69	3.69	11.1	40.6	3074.2	226.50	219.00	231.75	226.50	244.50	0.032 2
1000/45	1000	4	1000	43.2	1043	72	7	4.21	2.80	8.41	42.1	3100.3	209.26	206.23	215.31	212.28	220.93	0.028 9
1120/50	1120	4	1120	47.3	1167	72	19	4.45	1.78	8.90	44.5	3464.9	234.53	231.22	241.15	237.84	247.77	0.025 8
1120/90	1120	8	1120	91.2	1211	84	19	4.12	2.47	12.4	45.3	3811.5	283.17	276.78	295.94	289.55	307.79	0.025 8
1250/50	1250	4	1250	52.8	1303	72	19	4.70	1.88	9.40	47.0	3867.1	261.75	258.06	269.14	265.44	276.53	0.023 1
1250/100	1250	8	1250	102	1352	84	19	4.35	2.61	13.1	47.9	4253.9	316.04	308.91	330.29	323.16	343.52	0.023 2

六、JLHA2/G1A、JLHA2/G1B、JLHA2/G3A钢芯铝合金绞线性能（见表B-6）

表B-6　JLHA2/G1A、JLHA2/G1B、JLHA2/G3A钢芯铝合金绞线性能（GB/T 1179—2009）

标称截面（铝合金/钢，mm^2）	规格号	钢比（%）	面积（mm^2）			单线根数		单线直径（mm）		直径（mm）		单位长度质量（kg/km）	额定抗拉力（kN）			直流电阻20℃（Ω/km）
			铝	钢	总和	铝	钢	铝	钢	钢芯	绞线		JLHA2/G1A	JLHA2/G1B	JLHA2/G3A	
18/3	16	17	18.4	3.07	21.5	6	1	1.98	1.98	1.98	5.93	74.4	9.02	8.81	9.88	1.793 4
30/5	25	17	28.8	4.80	33.6	6	1	2.47	2.47	2.47	7.41	116.2	13.96	13.62	15.25	1.147 8
40/7	40	17	46.0	7.67	53.7	6	1	3.13	3.13	3.13	9.38	185.9	22.02	21.25	24.17	0.717 4
70/12	63	17	72.5	12.1	84.6	6	1	3.92	3.92	3.92	11.8	292.8	34.68	33.48	37.58	0.455 5
115/6	100	6	115	6.39	121	18	1	2.85	2.85	2.85	14.3	366.4	41.24	40.79	42.97	0.288 0
145/8	125	6	144	7.99	152	18	1	3.19	3.19	3.19	16.0	458.0	51.23	50.43	53.47	0.230 4
145/23	125	16	144	23.4	167	26	7	2.65	2.06	6.19	16.8	579.9	69.86	68.22	76.42	0.231 0
185/10	160	6	184	10.2	194	18	1	3.61	3.61	3.61	18.0	586.2	65.58	64.56	68.03	0.180 0
185/30	160	16	184	30.0	214	26	7	3.00	2.34	7.01	19.0	742.3	88.52	86.42	96.61	0.180 5
230/13	200	6	230	12.8	243	18	1	4.04	4.04	4.04	20.2	732.8	81.97	80.69	85.04	0.144
230/38	200	16	230	37.5	268	26	7	3.36	2.61	7.83	21.3	927.9	110.64	108.02	120.77	0.144 4
290/28	250	10	288	28.3	316	22	7	4.08	2.27	6.80	23.1	1013.5	117.09	115.12	124.72	0.115 4
290/45	250	16	288	46.9	385	26	7	3.75	2.92	8.76	23.8	1159.8	138.31	135.03	150.96	0.115 5
365/25	315	7	363	25.1	388	45	7	3.20	2.14	6.41	25.6	1196.5	136.28	134.52	143.30	0.091 7
365/60	315	16	363	59.0	422	26	7	4.21	3.28	9.83	26.7	1461.4	171.90	166.00	188.44	0.091 7

续表

标称截面（铝合金/钢，mm^2）	规格号	钢比（%）	面积（mm^2）			单线根数		单线直径（mm）		直径（mm）		单位长度质量（kg/km）	额定抗拉力（kN）			直流电阻20℃（Ω/km）
			铝	钢	总和	铝	钢	铝	钢	钢芯	绞线		JLHA2/G1A	JLHA2/G1B	JLHA2/G3A	
460/30	400	7	460	31.8	492	45	7	3.61	2.41	7.22	28.9	1519.4	172.10	169.87	180.69	0.072 2
460/60	400	13	460	59.7	520	54	7	3.29	3.29	9.88	29.7	1738.3	201.46	195.49	218.17	0.072 3
520/35	450	7	518	35.8	554	45	7	3.83	2.55	7.66	30.6	1709.3	193.61	191.10	203.28	0.064 2
520/67	450	13	518	67.1	585	54	7	3.49	3.49	10.5	31.5	1955.6	226.64	219.93	245.44	0.064 3
575/40	500	7	575	39.8	615	45	7	4.04	2.69	8.07	32.3	1899.3	215.12	212.33	225.86	0.057 8
575/75	500	13	575	74.6	650	54	7	3.68	3.68	11.1	33.2	2172.9	251.82	244.36	269.73	0.057 8
645/45	560	7	645	44.6	689	45	7	4.27	2.81	8.54	34.2	2127.2	240.93	237.82	252.97	0.051 6
645/80	560	13	645	81.6	726	54	19	3.90	2.34	11.7	35.1	2420.9	283.21	277.49	305.25	0.051 6
725/30	630	4	725	31.3	756	72	7	3.58	2.39	7.16	35.8	2248.0	249.62	247.43	258.08	0.045 9
725/90	630	13	725	91.8	817	54	19	4.13	2.48	12.4	37.2	2723.5	318.61	312.18	343.4	0.045 9
820/35	710	4	817	35.3	852	72	7	3.80	2.53	7.60	38.0	2533.4	281.32	278.85	290.85	0.040 7
820/100	710	13	817	104	921	54	19	4.39	2.63	13.2	39.5	3069.4	359.06	351.82	387.01	0.040 7
920/40	800	4	921	39.8	961	72	7	4.04	2.69	8.07	40.4	2854.6	316.98	314.19	327.72	0.036 1
920/75	800	8	921	76.7	997	84	7	3.74	3.74	11.2	41.1	3145.1	356.03	348.35	374.44	0.036 2
1040/45	900	4	1036	44.8	1081	72	7	4.28	2.85	8.6	42.8	3211.4	356.60	353.47	368.69	0.032 1
1040/85	900	8	1036	86.3	1122	84	7	3.96	3.96	11.9	43.6	3538.3	400.53	391.90	421.25	0.032 2
1150/95	1000	8	1151	93.7	1245	84	19	4.18	2.51	12.5	45.9	3916.8	446.37	439.81	471.67	0.028 9
1300/105	1120	8	1289	105	1394	84	19	4.42	2.65	13.3	48.6	4386.8	499.93	492.59	528.27	0.025 8

七、JL/LB1A铝包钢芯铝绞线性能（见表B-7）

表 B-7　**JL/LB1A 铝包钢芯铝绞线性能**（GB/T 1179—2009）

规格号	钢比（%）	面积（mm^2）			单线根数		单线直径(mm)		直径（mm）		单位长度质量（kg/km）	额定抗拉力（kN）	直流电阻20℃（Ω/km）
		铝	铝包钢	总和	铝	铝包钢	铝	铝包钢	铝包钢芯	绞线			
16	16.7	15	2.56	17.9	6	1	1.81	1.81	1.81	5.43	59.0	5.91	1.792 3
25	16.7	24	4.00	28.0	6	1	2.26	2.26	2.26	6.78	92.1	9.00	1.147 1
40	16.7	38	6.40	44.8	6	1	2.85	2.85	2.85	8.55	147.4	14.21	0.916 9
63	16.7	60	10.08	70.6	6	1	3.58	3.58	3.58	10.7	232.2	21.17	0.455 2
100	16.7	96	16.00	112.0	6	1	4.51	4.51	4.51	13.5	368.6	31.84	0.286 8
125	5.6	123	6.85	130	18	1	2.95	2.95	2.95	14.8	384.3	29.18	0.230 4
125	16.3	120	19.6	140	26	7	2.43	1.89	5.66	15.4	460.8	44.49	0.230 8
160	5.6	158	8.77	167	18	1	3.34	3.34	3.34	16.7	491.9	36.38	0.180 0
160	16.3	154	25.00	179	26	7	2.74	2.13	6.40	17.4	589.8	56.18	0.180 3
200	5.6	197	10.96	208	18	1	3.74	3.74	3.74	18.7	614.9	43.62	0.144 0
200	16.3	192	31.3	223	26	7	3.07	2.39	7.16	19.4	737.2	69.27	0.144 3
250	9.8	244	24.0	268	22	7	3.76	2.09	6.26	21.3	830.9	67.80	0.115 3
250	16.3	240	39.1	279	26	7	3.43	2.67	8.00	21.7	921.5	86.58	0.115 4
315	6.9	310	21.4	331	45	7	2.96	1.97	5.92	23.7	996.4	78.33	0.091 7
315	16.3	303	49.3	352	26	7	3.85	2.99	8.98	24.4	1161.1	107.58	0.091 6
400	6.9	393	27.2	420	45	7	3.34	2.22	6.67	26.7	1265.3	97.50	0.072 2
400	13.0	387	50.2	438	54	7	3.02	3.02	9.07	27.2	1402.9	124.20	0.072 3
450	6.9	442	30.6	473	45	7	3.54	2.36	7.08	28.3	1423.4	107.48	0.064 2
450	13.0	436	56.5	492	54	7	3.21	3.21	9.62	28.9	1578.2	139.72	0.064 2
500	6.9	492	34.0	525	45	7	3.73	2.49	7.46	29.8	1581.6	119.42	0.057 8

续表

规格号	钢比(%)	面积(mm²)			单线根数		单线直径(mm)		直径(mm)		单位长度质量(kg/km)	额定抗拉力(kN)	直流电阻20℃(Ω/km)
		铝	铝包钢	总和	铝	铝包钢	铝	铝包钢	铝包钢芯	绞线			
500	13.0	484	62.8	547	54	7	3.38	3.38	10.14	30.4	1753.6	153.99	0.057 8
560	6.9	550	38.1	589	45	7	3.95	2.63	7.89	31.6	1771.4	133.75	0.051 6
560	12.7	543	68.8	612	54	19	3.58	2.15	10.73	32.2	1956.3	169.36	0.051 6
630	6.9	619	42.8	662	45	7	4.19	2.79	8.37	33.5	1992.8	150.47	0.045 8
630	12.7	611	77.3	688	54	19	3.79	2.28	11.38	34.2	2200.9	190.52	0.045 9
710	6.9	698	48.3	746	45	7	4.44	2.96	8.89	35.6	2245.8	169.57	0.040 7
710	12.7	688	87.2	775	54	19	4.03	2.42	12.08	36.3	2480.3	214.72	0.040 7
800	4.3	791	34.2	826	72	7	3.74	2.49	7.48	37.4	2412.8	167.67	0.036 1
800	8.3	784	65.3	849	84	7	3.45	3.45	10.34	37.9	2598.9	206.37	0.036 2
800	12.7	775	98.2	874	54	19	4.28	2.57	12.83	38.5	2794.7	241.94	0.036 1
900	4.3	890	38.5	929	72	7	3.97	2.65	7.94	39.7	2714.4	188.63	0.032 1
900	8.3	882	73.5	955	84	7	3.66	3.66	10.97	40.2	2923.8	224.82	0.032 1
1000	4.3	989	42.7	1032	72	7	4.18	2.79	8.37	41.8	3016.0	209.59	0.028 9
1120	4.2	1108	46.8	1155	72	19	4.43	1.77	8.85	44.3	3372.6	233.48	0.025 8
1120	8.1	1098	89.4	1187	84	19	4.08	2.45	12.24	44.9	3628.4	282.88	0.025 8
1250	4.2	1237	52.2	1289	72	19	4.68	1.87	9.35	46.8	3764.1	260.58	0.023 1
1250	8.1	1225	99.8	1325	84	19	4.31	2.59	12.93	47.4	4049.5	315.72	0.023 1

八、JLB2型铝包钢绞线性能（见表B-8）

表B-8　**JLB2型铝包钢绞线性能**（GB/T 1179—2009）

标称截面（钢，mm^2）	规格号	面积（mm^2）	单线根数 n	直径（mm）		单位长度质量（kg/km）	额定抗拉力（kN）	直流电阻20℃（Ω/km）
				单线	绞线			
35	16	36.2	7	2.56	7.69	216.4	39.04	1.789 6
55	25	56.5	7	3.21	9.62	338.2	61.00	1.145 4
100	40	90.4	7	4.05	12.2	541.1	97.61	0.715 9
100	40	90.4	19	2.46	12.3	543.7	97.61	0.719 3
150	63	142	19	3.09	15.4	856.4	153.73	0.456 7
220	100	226	37	2.79	19.5	1362.6	244.02	0.288 4
300	125	282	37	3.12	21.8	1703.2	305.02	0.230 7
350	160	362	37	3.53	24.7	2180.1	390.43	0.180 3
450	200	452	37	3.94	27.6	2725.1	488.03	0.144 2
450	200	452	61	3.07	27.6	2729.1	488.03	0.144 4

九、JLB1A、JLB1B型铝包钢绞线性能（见表B-9）

表B-9　**JLB1A、JLB1B型铝包钢绞线性能**（GB/T 1179—2009）

标称截面（钢，mm^2）	规格号	面积（mm^2）	单线根数 n	直径（mm）		单位长度质量（kg/km）		额定抗拉力（kN）		直流电阻20℃（Ω/km）
				单线	绞线	JLB1A型	JLB1B型	JLB1A型	JLB1B型	
15	4	12	7	1.48	4.43	80.1	79.4	16.08	15.84	7.159 2
20	6.3	18.9	7	1.85	5.56	126.2	125.0	25.33	24.95	4.545 5
30	10	30	7	2.34	7.01	200.3	198.5	40.20	39.60	2.863 7
35	12.5	37.5	7	2.61	7.84	250.4	248.1	50.25	49.50	2.291 0
50	16	48	7	2.95	8.86	320.5	317.5	64.32	63.36	1.789 8
75	25	75	7	3.69	11.08	500.7	496.2	93.75	99.00	1.145 5
120	40	120	7	4.67	14.02	801.2	793.9	132.00	158.40	0.715 9
120	40	120	19	2.84	14.18	805.0	797.7	160.80	158.40	0.719 4
200	63	189	19	3.56	17.79	1267.9	1256.4	240.03	249.48	0.456 8
300	100	300	37	3.21	22.49	2017.3	1999.0	402.00	396.00	0.288 4
350	125	375	37	3.59	25.15	2521.7	2498.7	476.25	495.00	0.230 7
450	160	480	37	4.06	28.45	3227.7	3198.3	580.80	633.60	0.180 3
600	200	600	37	4.54	31.81	4034.7	3997.9	684.00	792.00	0.144 2
600	200	600	61	3.54	31.85	4040.6	4003.8	762.00	792.00	0.144 4

十、JLHA1/G1A、JLHA1/G1B、JLHA1/G3A 型钢芯铝合金绞线性能（见表 B-10）

表 B-10　JLHA1/G1A、JLHA1/G1B、JLHA1/G3A 型钢芯铝合金绞线性能

标称截面（铝合金/钢，mm^2）	规格号	钢比（%）	面积（mm^2）			单线根数		单线直径（mm）		直径（mm）		单位长度质量（kg/km）	额定拉断力（kN）			直流电阻 20℃（Ω/km）
			铝	钢	总和	铝	钢	铝	钢	钢芯	绞线		JLHA1/G1A	JLHA1/G1B	JLHA1/G3A	
18/3	16	17	18.6	3.10	21.7	6	1	1.99	1.99	1.99	5.96	75.1	9.67	9.45	10.53	1.793 4
30/5	25	17	29.0	4.84	33.9	6	1	2.48	2.48	2.48	7.45	117.3	14.96	14.62	16.27	1.147 8
35/7	40	17	46.5	7.75	54.2	6	1	3.14	3.14	3.14	9.42	187.7	23.63	22.85	25.79	0.717 4
70/12	63	17	73.2	12.2	85.4	6	1	3.94	3.94	3.94	11.8	295.6	36.48	35.26	39.41	0.455 5
115/6	100	6	116	6.46	123	18	1	2.87	2.87	2.87	14.3	369.9	45.12	44.67	46.86	0.288 0
145/8	125	6	145	8.07	153	18	1	3.21	3.21	3.21	16.0	462.3	56.08	55.27	58.34	0.230 4
145/23	125	16	145	23.7	169	26	7	2.67	2.07	6.22	16.9	585.4	74.88	73.22	81.50	0.231 0
185/10	160	6	186	10.3	196	18	1	3.63	3.63	3.63	18.1	591.8	69.92	68.89	72.40	0.180 0
185/30	160	16	186	30.3	216	26	7	3.02	2.35	7.04	19.1	749.4	94.94	92.82	103.11	0.180 5
230/13	200	6	232	12.9	245	18	1	4.05	4.05	4.05	20.3	739.8	87.40	86.11	90.50	0.144 4
230/38	200	16	232	37.8	270	26	7	3.37	2.62	7.87	21.4	936.7	118.67	116.02	128.89	0.144 4
290/28	250	10	290	28.5	319	22	7	4.10	2.28	6.83	23.2	1023.2	124.02	122.02	131.72	0.115 4
290/45	250	16	290	47.3	338	26	7	3.77	2.93	8.80	23.9	1170.9	145.43	142.12	158.21	0.115 5
365/25	315	7	366	25.3	391	45	7	3.22	2.15	6.44	25.7	1207.9	148.56	146.78	155.64	0.091 7
365/60	315	16	366	59.6	426	26	7	4.23	3.29	9.88	26.8	1475.3	180.86	174.90	197.55	0.091 7

续表

标称截面（铝合金/钢，mm^2）	规格号	钢比（%）	面积（mm^2）			单线根数		单线直径（mm）		直径（mm）		单位长度质量（kg/km）	额定拉断力（kN）			直流电阻20℃（Ω/km）
			铝	钢	总和	铝	钢	铝	钢	钢芯	绞线		JLHA1/G1A	JLHA1/G1B	JLHA1/G3A	
460/30	400	7	465	32.1	497	45	7	3.63	2.42	7.25	29.0	1533.9	183.03	180.78	191.71	0.072 2
460/60	400	13	465	60.2	525	54	7	3.31	3.31	9.93	29.8	1754.9	217.32	211.29	234.19	0.072 3
520/35	450	7	523	36.1	559	45	7	3.85	2.56	7.69	30.8	1725.6	205.91	203.38	215.67	0.064 2
520/67	450	13	523	67.8	591	54	7	3.51	3.51	10.5	31.6	1974.2	239.26	232.48	255.52	0.064 3
575/40	500	7	581	40.2	621	45	7	4.05	2.70	8.11	32.4	1917.3	228.79	225.98	239.63	0.057 8
575/75	500	13	581	75.3	656	54	7	3.70	3.70	11.1	33.3	2193.6	265.84	258.31	283.91	0.057 8
645/45	560	7	651	45.0	696	45	7	4.29	2.86	8.58	34.3	2147.4	256.24	253.09	268.39	0.051 6
645/80	560	13	651	82.4	733	54	19	3.92	2.35	11.8	35.3	2444.0	298.92	293.15	321.17	0.051 6
725/30	630	4	732	31.6	764	72	7	3.60	2.40	7.20	36.0	2269.4	266.64	264.42	275.18	0.045 9
725/90	630	13	732	92.7	825	54	19	4.15	2.49	12.5	37.4	2749.5	336.28	329.79	361.32	0.045 9
820/35	710	4	825	35.6	861	72	7	3.82	2.55	7.64	38.2	2557.6	300.50	298.00	310.12	0.040 7
820/100	710	13	825	104	929	54	19	4.41	2.65	13.2	39.7	3098.6	378.98	371.67	407.20	0.040 7
920/40	800	4	930	40.2	970	72	7	4.05	2.70	8.11	40.5	2881.8	338.59	335.78	349.43	0.036 1
920/75	800	8	930	77.5	1007	84	7	3.75	3.75	11.3	41.3	3175.1	378.01	370.26	396.60	0.036 2
1040/45	900	4	1046	45.2	1091	72	7	4.30	2.87	8.60	43.0	3242.0	380.91	377.75	393.11	0.032 1
1040/85	900	8	1046	87.1	1133	84	7	3.98	3.98	11.9	43.8	3572.0	425.26	416.54	446.17	0.032 2
1150/95	1000	8	1162	94.6	1257	84	19	4.20	2.52	12.6	46.2	3954.1	473.86	467.24	499.40	0.028 9
1300/105	1120	8	1301	106	1407	84	19	4.44	2.66	13.3	48.9	4428.6	530.72	523.30	559.33	0.025 8

十一、JL/LHA2 型铝合金芯铝绞线性能（见表 B-11）

表 B-11　　JL/LHA2 型铝合金芯铝绞线性能

标称截面（铝/铝合金，mm^2）	规格号	直径（mm）		单线根数 n		面积（mm^2）			单位长度质量（kg/km）	额定拉断力（kN）	直流电阻 20℃（Ω/km）
		单线	导体	铝	铝合金	铝	铝合金	总			
10/7	16	1.76	5.28	4	3	9.73	7.30	17.0	46.6	3.85	1.789 6
15/10	25	2.20	6.60	4	3	15.2	11.4	26.6	72.8	5.93	1.145 3
24/20	40	2.78	8.35	4	3	24.3	18.3	42.6	116.5	9.25	0.715 8
40/30	63	3.49	10.5	4	3	38.3	28.7	67.1	183.5	14.38	0.454 5
60/45	100	4.40	13.2	4	3	60.8	45.6	106	291.2	22.52	0.286 3
80/50	125	2.97	14.9	12	7	83.3	48.6	132	362.7	27.79	0.230 2
105/60	160	3.36	16.8	12	7	107	62.2	169	464.2	35.04	0.179 8
135/80	200	3.76	18.8	12	7	133	77.8	211	580.3	43.13	0.143 9
170/95	250	4.21	21.0	12	7	167	97.2	264	725.3	53.92	0.115 1
130/140	250	3.04	21.3	18	19	131	138	269	742.2	60.39	0.115 4
265/60	315	3.34	23.4	30	7	26.3	61.3	324	892.6	60.52	0.091 6
165/175	315	3.42	23.9	18	19	165	174	339	935.1	76.09	0.091 6
335/80	400	3.76	26.3	30	7	334	77.8	411	1133.5	75.19	0.072 1
210/220	400	3.85	27.0	18	19	210	221	431	1187.5	95.58	0.072 1
375/85	450	3.99	27.9	30	7	375	87.6	463	1275.2	84.59	0.064 1
235/250	450	4.08	28.6	18	19	236	249	485	1335.9	107.52	0.064 1
415/95	500	4.21	29.4	30	7	417	97.3	514	1416.9	93.98	0.057 7

续表

标称截面（铝/铝合金，mm^2）	规格号	直径（mm）		单线根数 n		面积（mm^2）			单位长度质量（kg/km）	额定拉断力（kN）	直流电阻20℃（Ω/km）
		单线	导体	铝	铝合金	铝	铝合金	总			
260/275	500	4.31	30.1	18	19	262	277	539	1484.3	119.47	0.057 7
465/110	560	4.45	31.2	30	7	467	109	576	1586.9	105.26	0.051 5
505/65	560	3.45	31.0	54	7	504	65.4	570	1571.9	101.54	0.051 6
455/205	630	3.71	33.4	42	19	454	205	660	1820.0	130.25	0.045 8
270/420	630	3.79	34.1	24	37	271	417	688	1897.5	160.19	0.045 8
514/230	710	3.94	35.5	42	19	512	232	743	2051.2	146.78	0.040 7
307/470	710	4.02	36.2	24	37	305	470	775	2138.4	180.53	0.040 7
580/260	800	4.18	37.6	42	19	577	261	838	2311.2	165.39	0.036 1
345/530	800	4.27	38.4	24	37	344	530	873	2409.5	203.41	0.036 1
650/295	900	4.43	39.9	42	19	649	294	942	2600.1	186.06	0.032 1
570/390	900	3.66	40.2	54	37	567	388	955	2638.4	199.54	0.032 1
820/215	1000	3.80	41.8	72	19	816	215	1032	2849.1	190.94	0.028 9
630/430	1000	3.85	42.4	54	37	630	432	1061	2931.6	221.71	0.028 9
915/240	1120	4.02	44.2	72	19	914	241	1155	3191.0	213.85	0.025 8
705/485	1120	4.08	44.9	54	37	705	483	1189	3283.4	248.32	0.025 8
1020/270	1250	4.25	46.7	72	19	1020	269	1289	3561.4	238.68	0.0231
790/540	1250	4.31	47.4	54	37	787	539	1327	3664.5	277.14	0.023 1
1145/300	1400	4.50	49.4	72	19	1143	302	1444	3988.8	267.32	0.020 7

十二、JLHA2/LB1A型铝包钢芯铝合金绞线性能（见表B-12）

表 B-12　　**JLHA2/LB1A型铝包钢芯铝合金绞线性能**

标称截面（铝/铝包钢，mm^2）	规格号	钢比（%）	面积（mm^2）			单线根数		单线直径(mm)		直径（mm）		单位长度质量（kg/km）	额定拉断力（kN）	直流电阻20℃（Ω/km）
			铝	铝包钢	总	铝	铝包钢	铝	铝包钢	铝包钢芯	绞线			
15/5	16	16.7	17.6	2.93	20.5	6	1	1.93	1.93	1.93	5.79	67.5	8.7	1.769 4
25/5	25	16.7	27.5	4.58	32.0	6	1	2.41	2.41	2.41	7.23	105.4	13.59	1.132 4
45/10	40	16.7	43.9	7.32	51.2	6	1	3.05	3.05	3.05	9.15	168.7	21.74	0.707 7
70/10	63	16.7	69.2	11.5	80.7	6	1	3.83	3.83	3.83	11.5	265.6	33.09	0.449 4
110/20	100	16.7	110	18.3	128	6	1	4.83	4.83	4.83	14.5	421.6	50.70	0.283 1
140/10	125	5.6	142	7.87	149	18	1	3.16	3.16	6.16	15.8	441.4	51.21	0.229 3
135/20	125	16.3	137	22.4	160	26	7	2.59	2.02	6.05	16.4	527.2	67.40	0.227 9
180/10	160	5.6	181	10.1	191	18	1	3.58	3.58	3.58	17.9	565.0	64.94	0.179 2
175/30	160	16.3	176	28.6	205	26	7	2.93	2.28	6.85	18.6	674.8	86.27	0.178 1
227/10	200	5.6	227	12.6	239	18	1	4.00	4.00	4.00	20.0	706.2	80.67	0.143 3
220/35	200	16.3	220	35.8	256	26	7	3.28	2.55	7.66	20.8	843.5	107.8	0.142 5
280/30	250	9.8	280	27.5	307	22	7	4.02	2.24	6.71	22.8	952.9	115.53	0.114 4
275/45	250	16.3	275	44.8	320	26	7	3.67	2.85	8.56	23.2	1054.4	134.7	0.114 0
355/25	315	6.9	355	24.6	380	45	7	3.17	2.11	6.34	25.4	1143.9	134.3	0.091 2
345/55	315	16.3	346	56.4	403	26	7	4.12	3.20	9.61	26.1	1328.5	169.84	0.090 4
450/30	400	6.9	451	31.2	483	45	7	3.57	2.38	7.15	28.6	1452.5	170.62	0.071 8
445/60	400	13.0	444	57.5	501	54	7	3.23	3.23	9.70	29.1	1606.8	199.94	0.071 5
560/35	450	6.9	508	35.1	543	45	7	3.79	2.53	7.58	30.3	1634.1	191.94	0.063 8

续表

标称截面（铝/铝包钢，mm^2）	规格号	钢比（%）	面积（mm^2）			单线根数		单线直径(mm)		直径（mm）		单位长度质量（kg/km）	额定拉断力（kN）	直流电阻 20℃（Ω/km）
			铝	铝包钢	总	铝	铝包钢	铝	铝包钢	铝包钢芯	绞线			
500/65	450	13.0	499	64.7	564	54	7	3.43	3.43	10.3	30.9	1807.7	223.6	0.063 6
565/40	500	6.9	564	39.0	603	45	7	4.00	2.66	7.99	32.0	1815.7	213.2	0.057 4
555/70	500	13.0	555	71.9	627	54	7	3.62	3.62	10.8	32.6	2008.5	245.6	0.057 2
630/45	560	6.9	632	43.7	676	45	7	4.23	2.82	8.46	33.8	2033.6	238.8	0.051 3
630/75	560	12.7	622	78.8	701	54	19	3.83	2.30	11.5	34.5	2241.0	277.9	0.051 1
710/50	630	6.9	711	49.2	760	45	7	4.49	2.99	8.97	35.9	2287.8	268.72	0.045 6
700/90	630	12.7	700	88.6	788	54	19	4.06	2.44	12.2	36.5	2521.1	312.6	0.045 4
800/55	710	6.9	801	55.4	857	45	7	4.76	3.17	9.52	38.1	2578.3	302.8	0.040 5
790/100	710	12.7	788	99.9	888	54	19	4.31	2.59	12.9	38.8	2841.3	352.3	0.040 3
910/40	800	4.3	909	39.3	949	72	7	4.01	2.67	8.02	40.1	2772.7	315.4	0.036 0
900/75	800	8.3	899	74.9	974	84	7	3.69	3..9	11.1	40.6	2982.3	347.7	0.035 9
890/115	800	12.5	888	113	1001	54	19	4.58	2.75	13.7	41.2	3201.5	397.0	0.035 8
1025/45	900	4.3	1023	44.2	1067	72	7	4.25	2.84	8.51	42.5	3119.3	354.89	0.032 0
1015/85	900	8.3	1012	84.3	1096	84	7	3.92	3.92	11.7	43.1	3355.1	391.1	0.031 9
1140/50	1000	4.3	1137	49.1	1186	72	7	4.48	2.99	8.97	44.8	3465.9	394.3	0.028 8
1275/55	1120	4.2	1274	53.8	1327	72	19	4.75	1.90	9.49	47.5	3875.8	440.2	0.025 7
1260/100	1120	8.1	1260	103	1362	84	19	4.37	2.62	13.1	48.1	4164.0	494.7	0.025 7
1420/60	1250	4.2	1421	60.0	1482	72	19	5.01	2.01	10.0	50.1	4325.6	491.3	0.023 1
1405/115	1250	8.1	1406	114	1520	84	19	4.62	2.77	13.8	50.8	4647.3	552.1	0.023 0

十三、JLHA1/LB1A型铝包钢芯铝合金绞线性能（见表B-13）

表B-13　**JLHA1/LB1A型铝包钢芯铝合金绞线性能**

标称截面（铝/铝包钢，mm^2）	规格号	钢比（%）	面积（mm^2）			单线根数		单线直径(mm)		直径（mm）		单位长度质量（kg/km）	额定拉断力（kN）	直流电阻20℃（Ω/km）
			铝	铝包钢	总	铝	铝包钢	铝	铝包钢	铝包钢芯	绞线			
15/5	16	16.7	17.7	2.96	20.7	6	1	1.94	1.94	1.94	5.82	68.1	9.31	1.769 1
25/5	25	16.7	27.7	4.62	32.3	6	1	2.42	2.42	2.41	7.26	106.4	14.54	1.132 3
45/5	40	16.7	44.3	7.39	51.7	6	1	3.07	3.07	3.07	9.21	170.2	23.27	0.707 7
70/10	63	16.7	69.8	11.6	81.4	6	1	3.85	3.85	3.85	11.6	268.0	34.79	0.449 3
110/20	100	16.7	110	18.5	129	6	1	4.85	4.85	4.85	14.6	425.5	53.38	0.283 1
143/5	125	5.6	143	7.94	151	18	1	3.18	3.18	3.18	15.9	445.5	55.97	0.229 3
140/20	125	16.3	139	22.6	161	26	7	2.61	2.03	6.08	16.5	532.0	72.17	0.227 9
185/10	160	5.6	183	10.2	193	18	1	3.60	3.60	3.60	18.0	570.3	69.21	0.179 2
180/30	160	16.3	178	28.9	206	26	7	2.95	2.29	6.88	18.7	680.9	92.38	0.178 1
230/15	200	5.6	229	12.7	241	18	1	4.02	4.02	4.02	20.1	712.8	86.00	0.143 3
220/36	200	16.3	222	36.1	358	26	7	3.30	2.56	7.69	20.9	851.2	115.4	0.142 4
282/30	250	9.8	282	27.7	310	22	7	4.04	2.25	6.74	22.9	961.7	122.25	0.114 4
275/45	250	16.3	277	45.2	323	26	7	3.69	2.87	8.60	23.4	1064.0	141.5	0.114 0
360/25	315	6.9	359	24.8	384	45	7	3.19	2.12	6.37	25.5	1154.6	146.3	0.091 2
350/55	315	16.3	349	56.9	406	26	7	4.14	3.22	9.65	26.2	1340.6	178.38	0.090 4
455/30	400	6.9	456	31.5	487	45	7	3.59	2.39	7.18	28.7	1466.1	181.32	0.071 8
450/60	400	13.0	448	58.1	506	54	7	3.25	3.25	9.75	29.3	1621.6	215.22	0.071 5
515/35	450	6.9	513	35.4	548	45	7	3.81	2.54	7.62	30.5	1649.4	203.99	0.063 8

续表

标称截面（铝/铝包钢，mm²）	规格号	钢比（%）	面积（mm²）			单线根数		单线直径(mm)		直径（mm）		单位长度质量（kg/km）	额定拉断力（kN）	直流电阻 20℃（Ω/km）
			铝	铝包钢	总	铝	铝包钢	铝	铝包钢	铝包钢芯	绞线			
505/65	450	13.0	504	65.3	569	54	7	3.45	3.45	10.3	31.0	1824.3	240.8	0.063 6
570/40	500	6.9	570	39.4	609	45	7	4.01	2.68	8.03	32.1	1832.6	226.6	0.057 4
560/70	500	13.0	560	72.6	632	54	7	3.63	3.63	10.9	32.7	2027.0	259.0	0.057 2
640/45	560	6.9	638	44.1	682	45	7	4.25	2.83	8.50	34.0	2052.6	253.8	0.051 3
630/80	560	12.7	628	79.5	707	54	19	3.85	2.31	11.5	34.6	2261.6	293.0	0.051 1
715/50	630	6.9	718	49.6	767	45	7	4.51	3.00	9.01	36.1	2309.1	285.58	0.045 6
705/90	630	12.7	706	89.4	795	54	19	4.08	2.45	12.2	36.7	2544.3	329.6	0.045 4
810/55	710	6.9	809	55.9	865	45	7	4.78	3.19	9.57	38.3	2602.3	321.8	0.040 5
800/100	710	12.7	796	101	896	54	19	4.33	2.60	13.0	39.0	2867.4	371.5	0.040 3
920/40	800	4.3	918	39.7	958	72	7	4.03	2.69	8.06	40.3	2798.8	336.7	0.036 0
910/75	800	8.3	908	75.6	983	84	7	3.71	3.71	11.1	40.8	3010.0	369.1	0.035 9
900/115	800	12.7	896	114	1010	54	19	4.60	2.76	13.8	41.4	3230.9	418.6	0.035 8
1035/45	900	4.3	1033	44.6	1077	72	7	4.27	2.85	8.55	42.7	3148.6	378.9	0.032 0
1020/85	900	8.3	1021	85.1	1106	84	7	3.9	3.93	11.8	43.2	3386.3	415.2	0.031 9
1150/50	1000	4.3	1148	49.6	1197	72	7	4.50	3.00	9.01	45.0	3498.5	420.9	0.028 8
1290/55	1120	4.2	1286	54.3	1340	72	19	4.77	1.91	9.54	47.7	3912.3	470.1	0.025 7
1270/105	1120	8.1	1271	104	1375	84	19	4.39	2.63	13.2	48.3	4202.7	524.73	0.025 7
1435/60	1250	4.2	1435	60.6	1495	72	19	5.04	2.01	10.1	50.4	4366.4	524.6	0.023 1
1420/115	1250	8.1	1419	116	1535	84	19	4.64	2.78	13.9	51.0	4690.5	585.6	0.023 0

十四、JG1A、JG1B、JG2A、JG3A 型钢绞线性能（见表 B-14）

表 B-14　**JG1A、JG1B、JG2A、JG3A 型钢绞线性能**

标称截面（钢，mm^2）	规格号	面积（mm^2）	单线根数 n	直径（mm）		单位长度质量（kg/km）	额定拉断力（kN）				直流电阻 20℃（Ω/km）
				单线	绞线		JG1A	JG1B	JG2A	JG3A	
30	4	27.1	7	2.22	6.66	213.3	36.3	33.6	39.3	43.9	7.144 5
40	6.3	42.7	7	2.79	8.36	335.9	55.9	51.7	60.2	67.9	4.536 2
65	10	67.8	7	3.51	10.53	533.2	87.4	80.7	93.5	103.0	2.857 8
85	12.5	84.7	7	3.93	11.78	666.5	109.3	100.8	116.9	128.8	2.286 2
100	16	108.4	7	4.44	13.32	853.1	139.9	129.0	199.7	164.8	1.786 1
100	16	108.4	19	2.70	13.48	857.0	142.1	131.2	152.9	172.4	1.794 4
150	25	169.4	19	3.37	16.85	1339.1	218.6	201.6	238.9	262.6	1.148 4
250	40	271.1	19	4.26	21.31	2142.6	349.7	322.6	374.1	412.1	0.717 7
250	40	471.1	37	3.05	21.38	2148.1	349.7	322.6	382.3	420.2	0.719 6
400	63	427.0	37	3.83	26.83	3383.2	550.8	508.1	589.3	649.0	0.456 9

十五、JL/LHA1型铝合金芯铝绞线性能（见表B-15）

表B-15　　JL/LHA1型铝合金芯铝绞线性能

标称截面（铝/铝合金，mm^2）	规格号	直径（mm）		单线根数 n		面积（mm^2）			单位长度质量（kg/km）	额定拉断力（kN）	直流电阻20℃（Ω/km）
		单线	导体	铝	铝合金	铝	铝合金	总			
10/7	16	1.76	5.29	4	3	9.78	7.33	17.1	46.8	4.07	1.789 6
15/10	25	2.21	6.62	4	3	15.3	11.5	26.7	73.1	6.29	1.145 3
24/20	40	2.79	8.37	4	3	24.4	18.3	42.8	117.0	9.82	0.715 8
40/30	63	3.50	10.5	4	3	38.5	28.9	67.4	184.3	14.80	0.454 5
60/45	100	4.41	13.2	4	3	61.1	45.8	107	292.5	23.49	0.286 3
80/50	125	2.98	14.9	12	7	84	48.8	132	364.1	29.49	0.230 2
105/60	160	3.37	16.9	12	7	107	62.5	170	466.0	36.95	0.179 8
135/80	200	3.77	18.8	12	7	134	78.1	212	582.5	44.78	0.143 9
170/95	250	4.21	21.1	12	7	167	97.6	265	728.1	55.98	0.115 1
130/140	250	3.05	21.4	18	19	132	139	271	746	64.67	0.115 4
265/60	315	3.34	23.4	30	7	263	61.4	325	894.4	62.40	0.091 6
165/175	315	3.43	24.0	18	19	166	175	341	940.0	81.48	0.091 6
335/80	400	3.77	26.4	30	7	334	78	412	1135.8	76.82	0.072 1
210/220	400	3.86	27.0	18	19	211	222	433	1193.7	100.30	0.072 1
375/85	450	3.99	28.0	30	7	376	87.7	464	1277.8	86.42	0.064 1
235/250	450	4.10	28.7	18	19	237	250	487	1342.9	112.84	0.064 1
415/95	500	4.21	29.5	30	7	418	97.5	515	1419.8	96.03	0.057 7

续表

标称截面（铝/铝合金，mm^2）	规格号	直径（mm）		单线根数 n		面积（mm^2）			单位长度质量（kg/km）	额定拉断力（kN）	直流电阻 20℃（Ω/km）
		单线	导体	铝	铝合金	铝	铝合金	总			
260/275	500	4.32	30.2	18	19	263	278	542	1492.1	125.38	0.057 7
465/110	560	4.46	31.2	30	7	468	109	577	1590.1	107.55	0.051 5
505/65	560	3.45	31.1	54	7	505	65.5	570	1573.9	103.53	0.051 6
455/205	630	3.72	33.4	42	19	456	206	662	1826.0	134.59	0.045 8
270/420	630	3.80	34.2	24	37	272	420	692	1909.0	169.14	0.045 8
514/230	710	3.95	35.5	42	19	514	232	746	2057.8	151.68	0.040 7
307/470	710	4.03	36.3	24	37	307	473	780	2151.4	190.61	0.040 7
580/260	800	4.19	37.7	42	19	579	262	840	2318.7	170.9	0.036 1
345/530	800	4.28	38.5	24	37	346	533	879	2424.2	214.78	0.036 1
650/295	900	4.44	40.0	42	19	651	294	945	2608.5	192.27	0.032 1
570/390	900	3.66	40.3	54	37	569	390	959	2649.5	207.79	0.032 1
820/215	1000	3.80	41.8	72	19	818	216	1034	2855.4	195.47	0.028 9
630/430	1000	3.86	42.5	54	37	632	433	1066	2943.9	230.88	0.028 9
915/240	1120	4.02	44.3	72	19	916	242	1158	3198.1	218.92	0.025 8
705/485	1120	4.09	45.0	54	37	708	485	1194	3297.2	258.58	0.025 8
1020/270	1250	4.25	46.8	72	19	1022	270	1292	3569.3	244.33	0.023 1
790/540	1250	4.32	47.5	54	37	791	542	1332	3679.9	288.6	0.023 1
1145/300	1400	4.50	49.5	72	19	1145	302	1447	3997.6	273.65	0.020 7

B2. LJ 型铝绞线

LJ 型铝绞线结构和主要技术参数见表 B-16、表 B-17。

表 B-16 LJ 型铝绞线结构和主要技术参数（GB 1179—1983）

标称截面（mm^2）	结构（根数/直径，mm）	计算截面（mm^2）	外径（mm）	直流电阻（Ω/km，不大于）	额定抗拉力（N）	单位质量（kg/km）	制造长度（m）
16	7/1.70	15.89	5.10	1.802	2340	43.51	4000
25	7/2.15	25.41	6.45	1.127	4355	69.59	3000
35	7/2.50	34.36	7.50	0.833 2	5760	94.09	2000
50	7/3.00	49.48	9.00	0.578 6	7930	135.5	1500
70	7/3.60	71.25	10.80	0.401 8	1095 0	195.1	1000
95	7/4.16	95.14	12.48	0.300 9	14 450	260.5	800
120	19/2.80	116.99	14.00	0.245 9	18 750	321.9	1500
150	19/3.15	148.07	15.75	0.194 3	23 310	407.4	1250
185	19/3.50	182.80	17.50	0.157 4	28 440	503.0	1000
210	19/3.75	209.85	18.75	0.137 1	32 260	577.4	1000
240	19/4.00	238.76	20.00	0.120 5	36 260	656.9	1000
300	37/3.20	297.57	22.40	0.096 89	46 850	820.4	1000
400	37/3.70	397.83	25.90	0.072 47	61 150	1097	1000
500	37/4.16	502.90	29.12	0.057 30	76 370	1387	1000
630	61/3.63	631.30	32.67	0.045 77	91 940	1744	800
800	61/4.10	805.36	36.90	0.035 88	115 900	2205	800

表 B-17　　LJ 型铝绞线结构和主要技术参数（GB 1179—1974）

标称截面（mm^2）	导线结构（根数/直径，mm）	实际铝截面（mm^2）	导线直径（mm）	直流电阻（20℃）（Ω/km）	额定抗拉力（N）	弹性系数（N/mm^2）	线胀系数（$\times10^{-6}$/℃）	单位质量（kg/km）	载流量（A）			制造长度（m，不小于）
									70℃	80℃	90℃	
10	3/2.07	10.1	4.46	2.896	1597			27.6	64	76	86	4500
16	7/1.70	15.9	5.10	1.847	2518			43.5	83	98	111	4500
25	7/2.12	24.7	6.36	1.188	3920	58 800		67.6	109	129	147	4000
35	7/2.50	34.4	7.50	0.854	5439			94.0	133	159	180	4000
50	7/3.00	49.5	9.00	0.593	7350			135	166	200	227	3500
70	7/3.55	69.3	10.65	0.424	9702			190	204	246	280	2500
95	19/2.50	93.3	12.50	0.317	14 798	55 860		257	244	296	328	2000
95（1）	7/4.14	94.2	12.42	0.311	18 032	58 800	23.0	258	246	298	341	2000
120	19/2.80	117.0	14.00	0.253	17 444			323	280	340	390	1500
150	19/3.15	148.1	15.75	0.200	22 050			409	323	395	454	1250
185	19/3.50	182.8	17.50	0.162	27 244			504	366	450	518	1000
240	19/3.98	236.4	19.90	0.125	33 026	55 860		652	427	528	610	1000
300	37/3.20	297.6	22.40	0.099 6	44 296			822	490	610	707	1000
400	37/3.70	397.8	25.90	0.074 5	55 566			1099	583	732	851	800
500	37/4.14	498.1	28.98	0.059 5	69 580			1376	667	842	982	600
600	61/3.55	603.8	31.95	0.049 1	79 870	53 900		1669	747	949	1110	500

B3. 钢芯铝绞线

钢芯铝绞线结构和主要技术参数见表 B-18～表 B-21。

表 B-18　LGJ 型钢芯铝绞线结构和主要技术参数（GB/T 1179—1983）

标称截面（铝/钢，mm^2）	结构（根数/直径，mm）		计算截面（mm^2）			外径（mm）	直流电阻不大于（Ω/km）	额定抗拉力（N）	单位质量（kg/km）	制造长度（m）
	铝	钢	铝	钢	总计					
10/2	6/1.50	1/1.50	10.60	1.77	12.37	4.50	2.706	4120	42.88	3000
16/3	6/1.85	1/1.85	16.13	2.69	18.82	5.55	1.779	6130	65.22	3000
25/4	6/2.32	1/2.32	25.36	4.23	29.59	6.96	1.131	9290	102.6	3000
35/6	6/2.72	1/2.72	34.86	5.81	40.67	8.16	0.823	12 630	141.0	3000
50/8	6/3.20	1/3.20	48.25	8.04	56.29	9.60	0.5946	16 870	195.1	2000
50/30	12/2.32	7/2.32	50.73	29.59	80.32	11.60	0.569 2	42 620	372.0	3000
70/10	6/3.80	1/3.80	68.05	11.34	79.39	11.40	0.421 7	23 390	275.2	2000
70/40	12/2.72	7/2.72	69.73	40.67	110.40	13.60	0.414 1	58 300	511.3	2000
95/15	26/2.15	7/1.67	94.39	15.33	109.72	13.61	0.305 8	35 000	380.8	2000
95/20	7/4.16	7/1.85	95.14	18.82	113.96	13.87	0.301 9	37 200	408.9	2000
95/55	12/3.20	7/3.20	96.51	56.30	152.81	16.00	0.299 2	78 110	707.7	2000
120/7	18/2.90	1/2.90	118.89	6.61	125.50	14.50	0.242 2	27 570	379.0	2000
120/20	26/2.38	7/1.85	115.67	18.82	134.49	15.07	0.249 6	41 000	466.8	2000
120/25	7/4.72	7/2.10	122.48	24.25	146.73	15.74	0.234 5	47 880	526.6	2000
120/70	12/3.60	7/3.60	122.15	71.25	193.40	18.00	0.236 4	98 370	895.6	2000
150/8	18/3.20	1/3.20	144.76	8.04	152.80	16.00	0.198 9	32 860	461.4	2000
150/20	24/2.78	7/1.85	145.68	18.82	164.50	16.67	0.198 0	46 630	549.4	2000
150/25	26/2.70	7/2.10	148.86	24.25	173.11	17.10	0.193 9	54 110	601.0	2000
150/35	30/2.50	7/2.50	147.26	34.36	181.62	17.50	0.196 2	65 080	676.2	2000
185/10	18/3.60	1/3.60	133.22	10.18	193.40	18.00	0.157 2	40 880	584.0	2000
185/25	24/3.15	7/2.10	187.04	24.25	211.29	18.90	0.154 2	59 420	706.1	2000
185/30	26/2.98	7/2.32	181.34	29.59	210.93	18.88	0.159 2	64 250	732.6	2000
185/45	30/2.80	7/2.80	184.73	43.10	227.83	19.60	0.156 4	80 190	848.2	2000
210/10	18/3.80	1/3.80	204.14	11.34	215.48	19.00	0.141 1	45 140	650.7	2000

续表

标称截面（铝/钢，mm^2）	结构（根数/直径，mm）		计算截面（mm^2）			外径（mm）	直流电阻不大于（Ω/km）	额定抗拉力（N）	单位质量（kg/km）	制造长度（m）
	铝	钢	铝	钢	总计					
210/25	24/3.33	7/2.22	209.02	27.10	236.12	19.98	0.138 0	65 990	789.1	2000
210/35	26/3.22	7/2.50	211.73	34.36	246.09	20.38	0.136 3	74 180	853.9	2000
210/50	30/2.98	7/2.98	209.24	48.82	258.06	20.86	0.138 1	90 830	960.8	2000
240/30	24/3.60	7/2.40	244.29	31.67	275.96	21.60	0.118 1	75 560	922.2	2000
240/40	26/3.42	7/2.66	238.85	38.90	277.75	21.66	0.120 9	83 370	964.3	2000
240/55	30/3.20	7/3.20	241.27	56.30	297.57	22.40	0.119 8	102 100	1108	2000
300/15	42/3.00	7/1.67	296.88	15.33	312.21	23.01	0.097 24	68 060	939.8	2000
300/20	45/2.93	7/1.95	303.42	20.91	324.33	23.43	0.095 20	75 680	1002	2000
300/25	48/2.85	7/2.22	306.21	27.10	333.31	23.76	0.094 33	83 410	1058	2000
300/40	24/3.99	7/2.66	300.09	38.90	338.99	23.94	0.096 14	92 220	1133	2000
300/50	26/3.83	7/2.98	299.54	48.82	348.36	24.26	0.096 36	103 400	1210	2000
300/70	30/3.60	7/3.60	305.36	71.25	376.61	25.20	0.094 63	128 000	1402	2000
400/20	42/3.51	7/1.95	406.40	20.91	427.31	26.91	0.071 04	88 850	1286	1500
400/25	45/3.33	7/2.22	391.91	27.10	419.01	26.64	0.073 70	95 940	1295	1500
400/35	48/3.22	7/2.50	390.88	34.36	425.24	26.82	0.073 89	103 900	1349	1500
400/50	54/3.07	7/3.07	399.73	51.82	451.55	27.63	0.072 32	123 400	1511	1500
400/65	26/4.42	7/3.44	398.94	65.06	464.00	28.00	0.072 36	135 200	1611	1500
400/95	30/4.16	19/2.50	407.75	93.27	501.02	29.14	0.070 87	171 300	1860	1500
500/35	45/3.75	7/2.50	497.01	34.36	531.37	30.00	0.058 12	119 500	1642	1500
500/45	48/3.60	7/2.80	488.58	43.10	531.68	30.00	0.059 12	128 100	1688	1500
500/65	54/3.44	7/3.44	501.88	65.06	566.94	30.96	0.057 60	154 000	1897	1500
630/45	45/4.20	7/2.80	623.45	43.10	666.55	33.60	0.046 33	148 700	2060	1200
630/51	48/4.12	7/3.20	639.92	56.30	696.22	34.32	0.045 14	164 400	2209	1200
630/80	54/3.87	19/2.32	635.19	80.32	715.51	34.82	0.045 51	192 900	2388	1200
800/55	45/4.80	7/3.20	814.30	56.30	870.60	38.40	0.035 47	191 500	2690	1000
800/70	48/4.63	7/3.60	808.15	71.25	879.40	38.58	0.035 74	207 000	2791	1000
800/100	54/4.33	19/2.60	795.17	100.88	896.05	38.98	0.036 35	241 100	2991	1000

表 B-19　　LGJ普通型钢芯铝绞线结构和主要技术参数（GB1179—1974）

标称截面（mm^2）	结构（根数/直径，mm）		截面（mm^2）		铝钢截面比	直径（mm）		直流电阻（20℃）（Ω/km）	额定抗拉力（N）	弹性系数（N/mm^2）	线胀系数（$\times10^{-6}$/℃）	单位质量（kg/km）	制造长度（m，不小于）
	铝	钢	铝	钢		导线	钢芯						
10	6/1.50	1/1.5	10.6	1.77	6.0	4.50	1.5	2.774	3596		19.1	42.9	1500
16	6/1.80	1/1.8	15.3	2.54	6.0	5.40	1.8	1.926	5194		19.1	61.7	1500
25	6/2.20	1/2.2	22.8	3.80	6.0	6.60	2.2	1.289	7742		19.1	92.2	1500
35	6/2.80	1/2.8	37.0	6.16	6.0	8.40	2.8	0.796	11 662	76 440	19.1	149	1000
50	6/3.20	1/3.2	48.3	8.04	6.0	9.60	3.2	0.609	15 190		19.1	195	1000
70	6/3.80	1/3.8	68.0	11.3	6.0	11.40	3.8	0.432	20 874		19.1	275	1000
95	28/2.07	7/1.8	94.2	17.8	5.3	13.68	5.4	0.315	34 202		18.8	401	1500
95（1）	7/4.14	7/1.8	94.2	17.8	5.3	13.68	5.4	0.312	32 438		18.8	398	1500
120	28/2.30	7/2.0	116.3	22.0	5.3	15.20	6.0	0.255	42 238		18.8	495	1500
120（1）	7/4.60	7/2.0	116.3	22.0	5.3	15.20	6.0	0.253	40 082		18.8	492	1500
150	28/2.53	7/2.2	140.8	26.6	5.3	16.72	6.6	0.211	49 784	78 400	18.8	598	1500
185	28/2.88	7/2.5	182.4	34.4	5.3	19.02	7.5	0.163	64 386		18.8	774	1500
240	28/3.22	7/2.8	228.0	43.1	5.3	21.28	8.4	0.130	77 028		18.8	969	1500
300	8/3.80	19/2.0	317.5	59.7	5.3	25.20	10.0	0.093 5	108 780		18.8	1348	1000
400	8/4.17	19/2.2	382.4	72.2	5.3	27.68	11.0	0.077 8	131 320		18.8	1626	1000

表 B-20　　LGJQ 轻型钢芯铝绞线结构和主要技术参数（GB1179—1974）

标称截面（mm²）	结构（根数/直径，mm）		截面（mm²）		铝钢截面比	直径（mm）		直流电阻（20℃）（Ω/km）	额定抗拉力（N）	弹性系数（N/mm²）	线胀系数（×10⁻⁶/℃）	单位质量（kg/km）	制造长度（m，不小于）
	铝	钢	铝	钢		导线	钢芯						
150	24/2.76	7/1.8	143.6	17.8	8.0	16.44	5.4	0.207	40670	72520	19.8	537	1500
185	24/3.06	7/2.0	176.5	22.0	8.0	18.24	6.0	0.168	50 078		19.8	661	1500
240	24/3.67	7/2.4	253.9	31.7	8.0	21.88	7.2	0.117	69 776		19.8	951	1500
300	54/2.65	7/2.6	297.8	37.2	8.0	23.70	7.8	0.099 7	84 574		19.8	1116	1000
300（1）	24/3.98	7/2.6	298.6	37.2	8.0	23.72	7.8	0.099 4	81 928		19.8	1117	1000
400	54/3.06	7/3.0	397.1	49.5	8.0	27.36	9.0	0.074 8	108 780		19.8	1487	1000
400（1）	24/4.60	7/3.0	398.9	49.5	8.0	27.40	9.0	0.074 4	104 860		19.8	1491	1000
500	54/3.36	19/2.0	478.8	59.7	8.0	30.16	10.0	0.062 0	136 220		19.8	1795	1000
600	54/3.70	19/2.2	580.6	72.2	8.0	33.20	11.0	0.051 1	158 760		19.8	2175	1000
700	54/4.04	19/2.4	692.2	86.0	8.0	36.24	12.0	0.042 9	190 120		19.8	2592	1000

表 B-21　　LGJJ 加强型钢芯铝绞线结构和主要技术参数（GB 1179—1974）

标称截面（mm²）	结构（根数/直径，mm）		截面（mm²）		铝钢截面比	直径（mm）		直流电阻（20℃）（Ω/km）	额定抗拉力（N）	弹性系数（N/mm²）	线胀系数（×10⁻⁶/℃）	单位质量（kg/km）	制造长度（m，不小于）
	铝	钢	铝	钢		导线	钢芯						
150	30/2.50	7/2.5	147.3	34.4	4.3	17.50	7.5	0.202	61 700	83 700	18.2	677	1500
185	30/2.80	7/2.8	184.7	43.1	4.3	19.60	8.4	0.161	720 00	83 700	18.2	850	1500
240	30/3.20	7/3.20	241.3	56.3	4.3	22.40	9.6	0.123	94 100	83 700	18.2	1110	1500
300	30/3.67	19/2.2	317.4	72.2	4.3	25.68	11.0	0.093 7	125 000	83 300	18.3	1446	1000
400	30/4.17	19/2.5	409.7	93.3	4.3	29.18	12.5	0.072 6	161 000	83 300	18.3	1868	1000

B4. 镀锌钢绞线

镀锌钢绞线结构和主要技术参数见表B-22。

表 B-22　镀锌钢绞线的结构和主要技术参数（YB/T 5004—2001）

结构	公称直径(mm)		全部钢丝断面面积(mm^2)	公称抗拉强度（MPa）				参考质量(kg/100m)
	钢绞线	钢丝		1270	1370	1470	1570	
				钢绞线最小破断拉力（kN）				
1×7	3.0	1.00	5.50	6.42	6.92	7.43	7.94	4.58
	3.6	1.20	7.92	9.25	9.97	10.70	11.40	6.59
	4.2	1.40	10.78	12.50	13.50	14.50	15.50	8.97
	4.8	1.60	14.07	16.40	17.70	19.00	20.30	11.71
	5.4	1.80	17.81	20.80	22.40	24.00	25.70	14.83
	6.0	2.00	21.99	25.60	27.70	29.70	31.70	18.31
	6.6	2.20	26.61	31.00	33.50	35.90	38.40	22.15
	7.2	2.40	31.67	37.00	39.90	42.80	45.70	26.36
	7.8	2.60	37.16	43.40	46.80	50.20	53.60	30.93
	8.4	2.80	43.10	50.30	54.30	58.20	62.20	35.88
	9.0	3.00	49.48	57.80	62.30	66.90	71.40	41.19
	9.6	3.20	56.30	65.70	70.90	76.10	81.30	46.87
	10.5	3.50	67.35	78.60	84.80	91.00	97.20	56.07
	11.4	3.80	79.39	92.70	100.00	107.00	114.00	66.09
	12.0	4.00	87.96	102.00	110.00	118.00	127.00	73.22
1×19	8.0	1.60	38.20	43.60	47.10	50.50	53.90	31.80
	9.0	1.80	48.35	55.20	59.60	63.90	68.30	40.25
	10.0	2.00	59.69	68.20	73.60	78.90	8430	49.69
	11.0	22.0	72.22	82.50	89.00	95.50	102.00	60.12
	12.0	2.40	85.95	98.20	105.00	113.00	121.00	71.55
	12.5	2.50	93.27	106.00	114.00	123.00	131.00	77.64
	13.0	2.60	100.88	115.00	124.00	133.00	142.00	83.98
	14.0	2.80	116.99	133.00	144.00	154.00	165.00	97.39
	15.0	3.00	134.30	153.00	165.00	177.00	189.00	118.80
	16.0	3.20	152.81	174.00	188.00	202.00	215.00	127.21
	17.5	3.50	182.80	208.00	225.00	241.00	258.00	152.17
	20.0	4.00	238.76	272.00	294.00	315.00	337.00	198.76

B5. 扩径导线

扩径导线结构和主要技术参数见表 B-23。

表 B-23　　扩径中空导线结构和主要技术参数

型号			LGJK—300	LGKK—587（600）	LGKK—900	LGKK—1400
导线外径（mm）			27.4	51	49	57
计算截面积（mm^2）	铝		301	586.7	906.4	1387.8
	钢		72	49.5	84.83	106.0
	总计		373	636.2	991.23	1493.8
导线结构（根数/直径，mm）	中芯支撑层金属软管外径		27.4	39.0	27.0	27.0
	内层	铝	6/2.59	35/3.0	18/3.0	15/3.0
		钢	19/2.2	7/3.0	12/3.0	15/3.0
	邻内层、铝			48/3.0	28/4.0	28/4.0
	邻外层、铝		18/2.59		34/4.0	34/4.0
	外层、铝		24/3.04			40/4.0
计算总拉断力（kN）			140	137	205	289
弹性系数（kN/mm^2）			84.77	71.54	58.7	58.02
线胀系数（10^{-6}/℃）			18.1	20.6	20.4	20.8
直流电阻 20℃（Ω/km）			0.100	0.051 4	0.033 17	0.021 63
载流量 70℃（A）			500	750	1020	1290
单位质量（kg/km）			1420	2711	3650	5159

B6. 耐热铝合金钢芯绞线

耐热铝合金钢芯绞线结构和主要技术参数见表 B-24。

表 B-24　耐热铝合金钢芯绞线结构和主要技术参数（$NRLH_{58}GJ$、$NRLH_{60}GJ$）

标称截面（铝/钢，mm²）	结构根数/直径（mm）		计算截面（mm²）			外径（mm）	20℃直流电阻（不大于，Ω/km）	计算拉断力（N）	计算质量（kg/km）	载流量（A）	
	耐热铝合金	钢	耐热铝合金	钢	总计					110℃	150℃
185/25	24/3.15	7/2.10	187.04	24.25	211.29	18.9	0.162 2	568 50	706.1	647	822
185/30	26/2.98	7/2.32	181.44	29.59	210.93	18.88	0.167 4	621 40	732.6	636	809
210/10	18/3.80	1/3.80	204.14	11.34	215.48	19.00	0.148 4	435 30	650.7	649	826
240/30	24/3.60	7/2.40	244.29	31.67	275.96	21.60	0.124 2	73 710	922.2	769	981
240/40	26/3.42	7/2.66	238.85	38.90	277.75	21.66	0.127 1	80 570	964.3	760	970
300/25	48/2.85	7/2.22	306.21	27.10	333.31	23.76	0.099 20	79 830	1058	870	1104
300/40	24/3.99	7/2.66	300.09	38.90	338.99	23.94	0.101 11	89 880	1133	878	1124
300/50	26/3.83	7/2.98	299.57	48.82	348.36	24.26	0.101 35	101 000	1210	880	1127
400/25	45/3.33	7/2.22	391.95	27.10	419.01	26.64	0.077 51	904 10	1295	1016	1295
400/35	48/3.22	7/2.50	390.88	34.36	425.24	26.82	0.077 72	958 10	1349	1013	1288
400/50	54/3.07	7/3.07	399.73	51.82	451.55	27.63	0.073 60	117 900	1511	1027	1302
500/35	45/3.75	7/2.5	497.01	34.36	513.37	30.00	0.062 18	114 600	1642	1177	1504
500/45	48/3.60	7/2.80	488.58	43.10	531.68	30.00	0.060 58	123 300	1688	1162	1481
630/45	45/4.20	7/2.80	623.45	43.10	666.55	33.60	0.048 73	140 600	2060	1351	1733
800/55	45/4.80	7/3.20	814.30	56.30	870.60	38.40	0.037 31	181 800	2690	1591	2052
1440/120	84/4.07	19/2.8	1438.81	116.99	1555.8	51.36	0.021 14	344 600	4898	2352	3093

B7. 软铜绞线

TJRX1、TJR1 型软铜绞线结构和主要技术参数见表 B-25。

表 B-25　TJRX1、TJR1 型软铜绞线结构和主要技术参数

标准号	标称截面 (mm²)	计算截面 (mm²)	TJR1 TJRX1 型结构		计算外径 (mm)	20℃直流电阻 (不大于, Ω/km)		计算质量 (kg/km)
			单线总数	股数×根数/单线标称直径 (mm)		TJR1	TJR	
GB 12970—1991	50	48.30	133	19×7/0.68	10.20	0.382		459
	63	62.72	183	27×7/0.65	12.00	0.294		597
	70	68.64	189	27×7/0.68	12.53	0.269		653
	80	78.20	259	37×7/0.62	13.02	0.236		744
	95	94.06	259	37×7/0.68	14.28	0.196		895
	100	99.68	259	37×7/0.70	14.70	0.185		948
	120	117.67	324	27×12/0.68	17.39	0.157		1119
	125	124.69	324	27×12/0.70	17.90	0.148		1186
	160	162.86	324	27×12/0.80	20.20	0.113		1549
	185	183.85	324	27×12/0.85	21.74	0.100		1749
	200	196.15	444	37×12/0.75	21.80	0.094 0		1866
	250	251.95	444	37×12/0.85	24.72	0.073 2		2397
	315	310.58	703	37×19/0.75	26.25	0.059 4		2954
	400	398.92	703	37×19/0.85	29.75	0.046 2		3795
	500	498.2	703	37×19/0.95	33.25	0.037 0		4740
	630	627.1	1159	61×19/0.83	37.35	0.029 4		5965
	800	804.3	1159	61×19/0.94	42.30	0.022 9		7651
	1000	1003.6	1159	61×19/1.05	47.25	0.018 4		9547
Q/1YRF01	95	95.42	5400	27×4×50/0.15	18.71	0.19	0.20	884
	120	117.51	6650	19×7×50/0.15	18.90	0.155	0.164	1088
	150	143.13	8100	27×6×50/0.15	23.26	0.13	0.14	1325
	185	173.17	9800	14×14×50/0.15	24.54	0.105	0.11	1603
	240	228.83	129 50	37×7×50/0.15	26.46	0.079	0.084	2119
	300	296.9	9450	27×7×50/0.20	31.01	0.061	0.065	2749
	400	394.1	8029	37×7×31/0.25	35.2	0.046	0.049	3649
	500	483	9842	37×19×14/0.25	38.6	0.038	0.039	4472
	610	610.2	3108	37×7×12/0.50	43.4	0.030	0.031	5644

B8. 防振锤用钢绞线

防振锤用钢绞线钢丝直径及偏差、力学性能见表B-26，其破断拉力总和见表B-27。

表B-26 钢丝直径及偏差、力学性能（YB/T 4165—2007）

钢丝公称直径 d（mm）	直径允许偏差（mm）	抗拉强度（不小于，MPa）			扭转次数 $L=100d$（不小于）
		普通强度	高强度	特高强度	
1.50	±0.05	1470	1570	1670	20
1.60	±0.05				20
1.80	±0.06				20
2.00	±0.06				20
2.20	±0.06				19
2.30	±0.06				19
2.60	±0.08				18
2.90	±0.08				18
3.00	±0.08				17
3.20	±0.08				17

表B-27 钢绞线破断拉力总和（YB/T 4165—2007）

结构	钢丝公称直径（mm）	钢绞线公称直径（mm）	钢绞线断面积（mm^2）	破断拉力总和（不小于，kN）			参考质量（kg/100m）
				普通强度	高强度	特高强度	
1×19	1.50	7.5	33.58	49.36	52.72	56.08	26.73
	1.60	8.0	38.20	56.15	59.97	68.79	30.40
	1.80	9.0	48.30	71.03	75.91	80.74	38.49
	2.00	10.0	59.60	87.74	93.71	99.68	47.51
	2.20	11.0	72.22	106.16	113.39	120.61	57.49
	2.30	11.5	78.94	116.04	123.94	131.83	62.84
	2.60	13.0	100.88	148.29	158.38	168.47	80.30
	2.90	14.0	125.50	184.48	197.03	209.58	99.90
	3.00	15.00	134.30	197.42	210.85	224.28	106.91
	3.20	16.0	152.81	234.63	230.91	255.19	121.64

B9. 铝母线

铝母线规格见表 B-28。

表 B-28　　铝　母　线

标称尺寸(mm)	厚度	4.0	4.5	5.0	5.6	6.3	7.1	8.0	9.0	10.0
宽度	允许偏差(mm)	±0.2			±0.3					
16.0	±0.5	64.0	72.0	80.0	89.6	100.8	113.6	128.0	144.0	160.0
18.0		72.0	81.0	90.0	100.8	113.4	127.8	144.0	162.0	180.0
20.0		80.0	90.0	100.0	112.0	126.0	142.0	160.0	180.0	200.0
22.4		89.6	100.8	112.0	125.4	141.1	159.0	179.2	201.6	224.0
25.0		100.0	112.5	125.0	140.0	157.5	177.5	200.0	225.0	250.0
28.0	±0.7	112.0	126.0	140.0	156.8	176.4	198.8	224.0	252.0	280.0
31.5		126.0	141.8	157.5	176.4	198.5	223.7	252.0	283.5	315.0
35.5		142.0	159.8	177.5	198.8	223.7	252.1	284.0	319.5	355.0
40.0		160.0	180.0	200.0	224.0	252.0	284.0	320.0	360.0	400.0
45.0		180.0	202.5	225.0	252.0	283.5	319.5	360.0	405.0	450.0
50.0		200.0	225.0	250.0	280.0	315.0	355.0	400.0	450.0	500.0
56.0	±0.9	224.0	252.0	280.0	313.6	352.8	397.6	448.0	504.0	560.0
63.0		252.0	283.5	315.0	352.8	396.9	447.3	504.0	567.0	630.0
71.0				355.0	397.6	447.3	504.1	568.0	639.0	710.0
80.0				400.0	448.0	504.0	568.0	640.0	720.0	800.0
90.0				450.0	504.0	567.0	639.0	720.0	810.0	900.0
100.0				500.0	560.0	630.0	710.0	800.0	900.0	1000.0
112.0						705.6	795.2	896.0	1008.0	1120.0
125.0							887.5	1000.0	1125.0	1250.0

规 格

11.2	12.5	14.0	16.0	18.0	20.0	22.4	25.0	28.0	31.5
±0.4			±0.5						
224.0	250.0								
250.9	280.0								
280.0	312.5	350.0	400.0						
313.6	350.0	392.0	448.0						
352.8	393.8	441.0	504.0	567.0	630.0	705.6	787.5	882.0	992.3
397.6	443.8	497.0	568.0	639.0	710.0	795.2	887.5	994.0	1118.3
448.0	500.0	560.0	640.0	720.0	800.0	896.0	1000.0	1120.0	1260.0
504.0	562.5	630.0	720.0	810.0	900.0				
560.0	625.0	700.0	800.0	900.0	1000.0				
627.2	700.0	784.0	896.0	1008.0	1120.0				
705.6	787.5	882.0	1008.0	1134.0	1260.0				
795.2	887.5	994.0	1136.0						
896.0	1000.0	1120.0	1280.0						
1008.0	1125.0	1260.0	1440.0						
1120.0	1250.0	1400.0	1600.0						
1254.4	1400.0								
1400.0	1562.5								

B10. 铜母线

铜母线规格见表 B-29。

表 B-29　　　　铜　母　线

标称尺寸（mm）	厚度	4.0	4.5	5.0	5.6	6.3	7.1	8.0	9.0	10.0
宽度	允许偏差（mm）	±0.05			±0.07					
16.0	±0.12									
18.0										
20.0										200.0
22.4	±0.20									224.0
25.0								200.0	225.0	250.0
28.0								224.0	252.0	280.0
31.5						198.5	223.7	252.0	283.5	315.0
35.5				177.5	198.8	223.7	252.1	284.0	319.5	355.0
40.0	±0.25	160.0	180.0	200.0	224.0	252.0	284.0	320.0	360.0	400.0
45.0		180.0	202.5	225.0	252.0	283.5	319.5	360.0	405.0	450.0
50.0		200.0	225.0	250.0	280.0	315.0	355.0	400.0	450.0	500.0
56.0		224.0	252.0	280.0	313.6	352.8	397.6	448.0	504.0	560.0
63.0	±0.30	252.0	283.5	315.0	352.8	396.9	447.3	504.0	567.0	630.0
71.0		284.0	319.5	355.0	397.6	447.3	504.1	568.0	639.0	710.0
80.0		320.0	360.0	400.0	448.0	504.0	568.0	640.0	720.0	800.0
90.0	±0.35	360.0	405.0	450.0	504.0	567.0	639.0	720.0	810.0	900.0
100.0		400.0	450.0	500.0	560.0	630.0	710.0	800.0	900.0	1000.0
112.0							795.2	896.0	1008.0	1120.0
125.0							887.5	1000.0	1125.0	1250.0

规　格

11.2	12.5	14.0	16.0	18.0	20.0	22.4	25.0	28.0	31.5
±0.09			±0.12			±0.20			
179.2	200.0	224.0	256.0						
201.6	225.0	252.0	288.0						
224.0	250.0	280.0	320.0	360.0	400.0				
250.9	280.0	313.6	358.4	403.2	448.0				
280.0	312.5	350.0	400.0	450.0	500.0	560.0	625.0		
313.6	350.0	392.0	448.0	504.0	560.0	627.2	700.0		
352.8	393.8	441.0	504.0	567.0	630.0	705.6	787.5	882.0	992.3
397.6	443.8	497.0	568.0	639.0	710.0	795.2	887.5	994.0	1118.3
448.0	500.0	560.0	640.0	720.0	800.0	896.0	1000.0	1120.0	1260.0
504.0	562.5	630.0	720.0	810.0	900.0				
560.0	625.0	700.0	800.0	900.0	1000.0				
627.2	700.0	784.0	896.0	1008.0	1120.0				
705.6	787.5	882.0	1008.0	1134.0	1260.0				
795.2	887.5	994.0	1136.0						
896.0	1000.0								
1008.0	1125.0								
1120.0	1250.0								
1254.0	1400.0								

B11. 槽形铝导体

槽形铝导体外形及规范见图 B-1 和表 B-30。

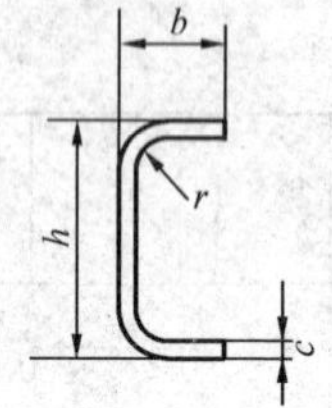

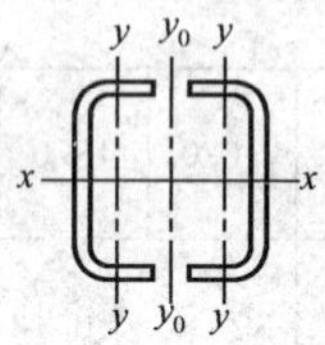

图 B-1

表 B-30　　槽形铝导体规格参数

截面尺寸(mm)				双槽导体截面(mm²)	截面系数 W_y (cm³)	惯性矩 J_y (cm⁴)	惯性半径 r_y (cm)
h	b	c	r				
75	35	4	6	1040	2.52	6.2	1.09
75	35	5.5	6	1390	3.17	7.6	1.05
100	45	4.5	8	1550	4.51	14.5	1.33
100	45	6	8	2020	5.9	18.5	1.37
125	55	6.5	10	2740	9.5	37	1.65
150	65	7	10	3570	14.7	68	1.97
175	80	8	12	4880	25	144	2.40
200	90	10	14	6870	40	254	2.75
200	90	12	16	8080	46.5	294	2.70
225	105	12.5	16	9760	66.5	490	3.20
250	115	12.5	16	10900	81	660	3.52

导体温度为 70℃时载流量(A)			导体温度为 85℃时载流量(A)		
环境温度(℃)			环境温度(℃)		
25	35	40	25	35	40
2280	2000	1840	2668	2435	2309
2620	2280	2110	3054	2911	2642
2740	2420	2240	3175	2916	2774
3590	3140	2900	4145	3783	3587
4620	4070	3700	5340	4873	4619
5650	5000	4600	6530	5959	5641
6600	5850	5400	7476	6859	6522
7550	6670	6200	8384	7699	7324
8800	7750	7150	9526	8122	8284
101 50	8900	8300	110 11	100 83	9578
112 00	9850	9100	120 37	110 20	104 69

B12. 矩形铝导体

矩形铝导体规格参数见表 B-31。

表 B-31 矩形铝导体规格参数

运行温度	70℃				70℃							
环境温度	25℃		40℃		25℃		40℃		25℃		40℃	
放置方式	平放	竖放	平放	竖放	平放	竖放	平放	竖放	平放	竖放	平放	竖放
条数 导体规格（宽×厚，mm）	单条				双条				三条			
25×4	292	308	236	249								
25×5	332	350	269	283								
40×4	456	480	368	388	631	665	515	542				
40×5	515	543	417	438	719	756	586	617				
50×4	565	594	456	480	779	820	633	666				
50×5	637	671	515	542	884	930	718	756				
63×6.3	872	949	705	767	1211	1319	985	1070				
63×8	995	1082	805	875	1511	1644	1219	1325	1908	2075	1535	1670
63×10	1129	1227	912	992	1800	1954	1444	1570	2107	2290	1711	1860
80×6.3	1100	1193	887	964	1517	1649	1233	1340				
80×8	1249	1358	1010	1097	1858	2020	1500	1631	2355	2560	1890	2055
80×10	1411	1535	1141	1241	2185	2375	1756	1910	2806	3050	2244	2440
100×6.3	1363	1481	1100	1197	1840	2000	1492	1622				
100×8	1547	1682	1250	1359	2259	2455	1819	1978	2778	3020	2235	2430
100×10	1663	1807	1344	1461	2613	2840	2093	2275	3284	3570	2603	2830
125×6.3	1693	1840	1368	1487	2276	2474	1845	2006				
125×8	1920	2087	1550	1686	2670	2900	2144	2330	3206	3485	2577	2801
125×10	2063	2242	1666	1811	3152	3426	2530	2750	3903	4243	3161	3436

B13. 铝锰合金管形导体

铝锰合金管形导体外形及规范见图 B-2 和表 B-32。

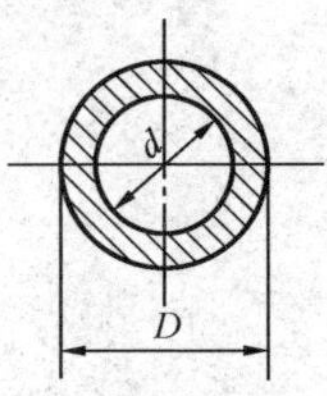

图 B-2

表 B-32　　铝锰合金管形导体规格参数

导体规格 D/d (mm)	导体截面 (mm^2)	截面系数 W (cm^3)	惯性半径 r_i (cm)	惯性矩 J (cm^4)	导体温度为 70℃时载流量(A)			导体温度为 85℃时载流量(A)		
					环境温度(℃)			环境温度(℃)		
					25	35	40	25	35	40
ϕ30/25	216	1.37	0.976	2.06	519	440	394	614	552	518
ϕ40/35	294	2.60	1.329	5.20	651	548	487	775	696	652
ϕ50/45	373	4.22	1.682	10.55	775	649	574	928	832	778
ϕ60/54	539	7.29	2.018	21.88	972	810	714	1172	1049	980
ϕ70/64	631	10.15	2.37	35.51	1095	909	796	1327	1186	1107
ϕ80/72	954	17.29	2.69	69.16	1392	1117	1003	1696	1513	1411
ϕ100/90	1491	33.77	3.36	168.9	1841	1508	1304	2261	2013	1874
ϕ110/100	1649	41.43	3.72	228	1982	1618	1394	2444	2174	2022
ϕ120/110	1806	49.88	4.07	299	2121	1725	1480	2624	2332	2167
ϕ130/116	2705	78.97	4.36	513	2648	2146	1834	3288	2920	2711

附录C 紧 固 件

C1. 六角头螺栓— C 级（GB/T 5780—2000）

六角头螺栓—C 级外形及规范见图 C-1 和表 C-1。

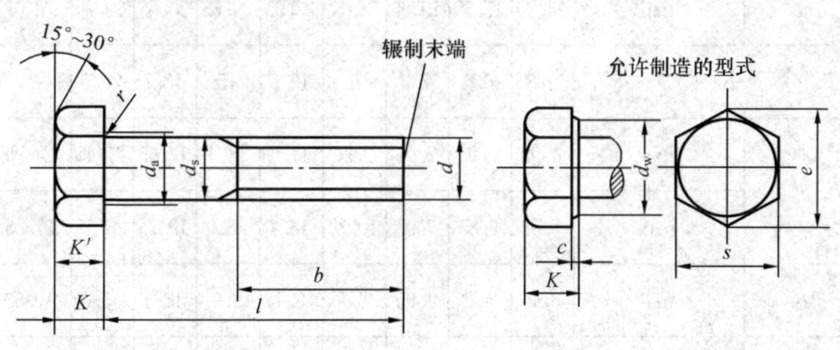

图 C-1

表 C-1　　六角头螺栓— C 级规范　　mm

螺纹规格 d		M8	M10	M12	M16	M20	M24	M30	M36	M42
b（参考）	l≤125	22	26	30	38	46	54	66	78	
	125<l≤200	28	32	36	44	52	60	72	84	96
	l>200	—	—	—	57	65	73	85	97	109
c	max	0.6	0.6	0.6	0.8	0.8	0.8	0.8	0.8	1.0
d_a	max	10.2	12.2	14.7	18.7	24.4	28.4	35.4	42.4	48.6

续表

螺纹规格 d		M8	M10	M12	M16	M20	M24	M30	M36	M42
d_s	max	8.58	10.58	12.7	16.7	20.84	24.84	30.84	37	43
	min	7.42	9.42	11.3	15.3	19.16	23.16	29.16	35	41
d_w	min	11.4	14.4	16.4	22	27.7	33.2	42.7	51.1	60.6
e	min	14.20	17.59	19.85	26.17	32.95	39.55	50.85	60.79	72.02
$K_{公称}$		5.3	6.4	7.5	10	12.5	15	18.7	22.5	26
K	min	4.92	5.95	7.05	9.25	11.6	14.1	17.65	21.45	24.95
	max	5.68	6.85	7.95	10.75	13.4	15.9	19.75	23.55	27.05
K'	min	3.45	4.2	4.95	6.5	8.1	9.9	12.4	15.0	17.50
r	min	0.4	0.4	0.6	0.6	0.8	0.8	1.0	1.0	1.2
s	max	13	16	18	24	30	36	46	55	65
	min	12.57	15.57	17.57	23.16	29.16	35	45	53.8	63.8

C2. 六角头螺栓—全螺纹—C 级（GB/T 5781—2000）

六角头螺栓—全螺纹—C 级外形及规范见图 C-2 和表C-2。

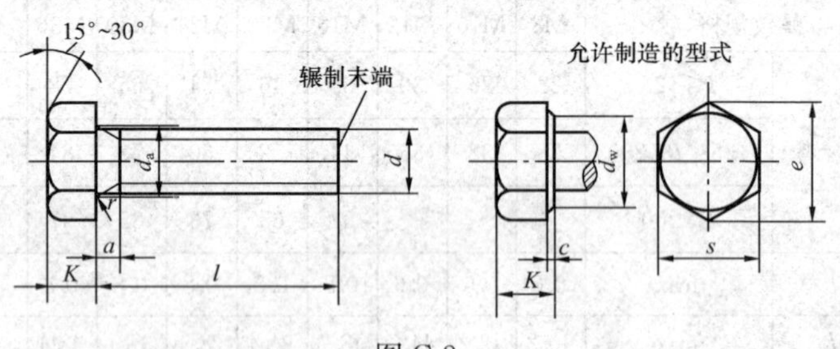

图 C-2

表 C-2　　六角头螺栓—全螺纹—C 级规范　　mm

螺纹规格 d		M5	M6	M8	M10	M12	M16	M20	M24	M30	M36
a	max	3.2	4	5	6	7	8	10	12	14	16
c	max	0.5	0.5	0.6	0.6	0.6	0.8	0.8	0.8	0.8	0.8
d_a	max	6	7.2	10.2	12.2	14.7	18.7	24.4	28.4	35.4	42.4
d_w	min	6.7	8.7	11.4	14.4	16.4	22	27.7	33.2	42.7	51.1
e	min	8.63	10.89	14.20	17.59	19.85	26.17	32.95	39.55	50.85	60.79
$K_{公称}$		3.5	4	5.3	6.4	7.5	10	12.5	15	18.7	22.5
K	min	3.12	3.62	4.92	5.95	7.05	9.25	11.6	14.1	17.65	21.45
	max	3.88	4.38	5.68	6.85	7.95	10.75	13.4	15.9	19.75	23.55
r	min	0.2	0.25	0.4	0.4	0.6	0.6	0.8	0.8	1	1
s	max	8	10	13	16	18	24	30	36	46	55
	min	7.64	9.64	12.57	15.57	17.57	23.16	29.16	35	45	53.8

C3. 半圆头方颈螺栓（GB/T 12—1988）

半圆头方颈螺栓外形及规范见图 C-3 和表 C-3。

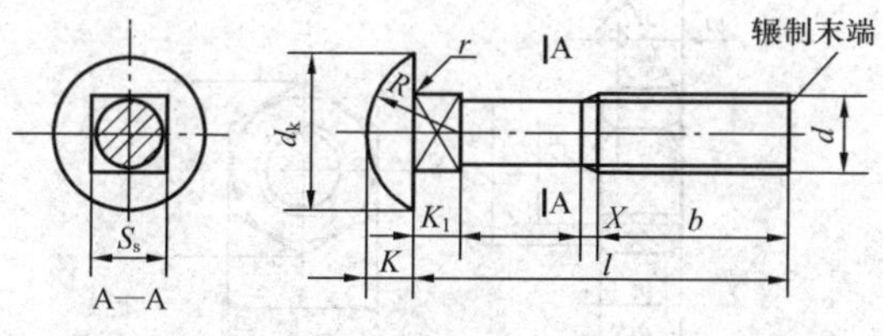

图 C-3

表 C-3　　半圆头方颈螺栓规范　　mm

螺纹规格 d		M6	M8	M10	M12	M14	M16	M20
b	l≤125	18	22	26	30	34	38	46
	125<l≤200	—	28	32	36	40	44	52
d_k	max	13.1	17.1	21.3	25.3	29.3	33.6	41.6
	min	11.3	15.3	19.16	23.16	27.16	31	39
K_1	max	4.4	5.4	6.4	8.45	9.45	10.45	12.55
	min	3.6	4.6	5.6	7.55	8.55	9.55	11.45
K	max	4.08	5.28	6.48	8.9	9.9	10.9	13.1
	min	3.2	4.4	5.6	7.55	8.55	9.55	11.45
S_s	max	6.3	8.36	10.36	12.43	14.43	16.43	20.52
	min	5.84	7.8	9.8	11.76	13.76	15.76	19.22
r	min	0.5	0.5	0.5	0.8	0.8	1	1
	R	7	9	11	13	15	18	22
X	max	2.5	3.2	3.8	4.3	5	5	6.3

C4. I型六角螺母—C级（GB/T 41—2000）

I型六角螺母—C级外形及规范见图 C-4 和表 C-4。

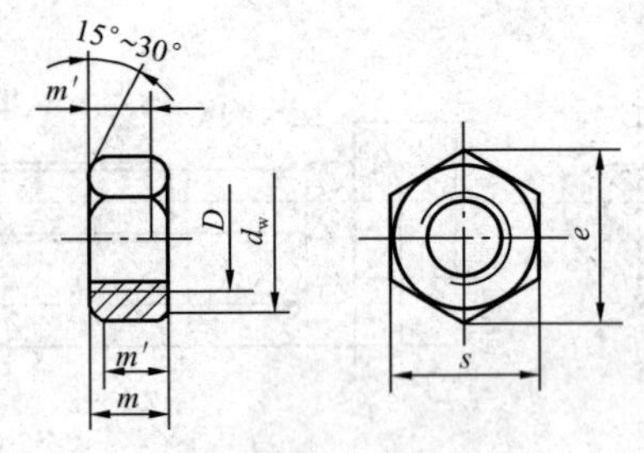

图 C-4

表 C-4　　**I 型六角螺母—C 级规范**　　mm

螺纹规格 D		M5	M6	M8	M10	M12	M16	M20	M24	M30
d_w	min	6.9	8.7	11.5	14.5	16.5	22	27.7	33.2	42.7
e	min	8.63	10.89	14.20	17.59	19.85	26.17	32.95	39.55	50.85
m	max	5.6	6.4	7.94	9.54	12.17	15.9	19.0	22.3	26.4
	min	4.4	4.9	6.44	8.04	10.37	14.1	16.9	20.2	24.3
m'	min	3.5	3.9	5.1	6.4	8.3	11.3	13.3	16.2	
s	max	8	10	13	16	18	24	30	36	46
	min	7.64	9.64	12.57	15.57	17.57	23.16	29.16	35	45
螺纹规格 D		M36	M42	M48	M18	M22	M27	M33	M39	M45
d_w	min	51.1	60.6	69.4	24.8	31.4	38	46.6	55.9	64.7
e	min	60.79	72.02	82.6	29.56	37.29	45.2	55.37	66.44	76.95
m	max	31.9	34.9	38.9	16.9	20.2	24.7	29.5	34.3	36.9
	min	29.4	32.4	36.4	15.1	18.1	22.5	27.4	31.8	34.4
m'	min	23.5	25.9	29.1	12.1	14.5	18	21.9	25.4	27.5
s	max	55	65	7527	34	41	50	60	70	
	min	53.8	63.1	73.1	26.16	33	40	49	58.8	68.1

C5. 开槽沉头螺钉（GB/T 68—2000）

开槽沉头螺钉外形及规范见图 C-5 和表 C-5。

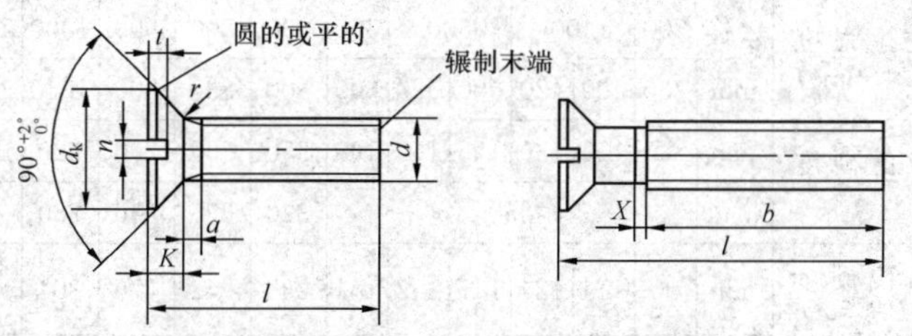

图 C-5

表 C-5　　　　　　　开槽沉头螺钉规范　　　　　　　mm

螺纹规格 d			M1.6	M2	M2.5	M3	M4	M5	M6	M8	M10
P（螺距）			0.35	0.4	0.45	0.5	0.7	0.8	1	1.25	1.5
a		max	0.7	0.8	0.9	1	1.4	1.6	2	2.5	3
b		min	25	25	25	25	38	38	38	38	38
d_k	理论值	max	3.6	4.4	5.5	6.3	9.4	10.4	12.6	17.3	20
	实际值	max	3	3.8	4.7	5.5	8.4	9.3	11.3	15.8	18.3
		min	2.7	3.5	4.4	5.2	8	8.9	10.9	15.4	17.8
K		max	1	1.2	1.5	1.65	2.7	2.7	3.3	4.65	5
n		公称	0.4	0.5	0.6	0.8	1.2	1.2	1.6	2	2.5
		min	0.46	0.56	0.66	0.86	1.26	1.26	1.66	2.06	2.56
		max	0.6	0.7	0.8	1	1.51	1.51	1.91	2.31	2.81
r		max	0.4	0.5	0.6	0.8	1	1.3	1.5	2	2.5
t		min	0.32	0.4	0.5	0.6	1	1.1	1.2	1.8	2
		max	0.5	0.6	0.75	0.85	1.3	1.4	1.6	2.3	2.6
X		max	0.9	1	1.1	1.25	1.75	2	2.5	3.2	3.8

注　l—螺钉总长，为用户要求长度。

C6. 螺栓、螺钉和螺柱

螺栓、螺钉和螺柱的机械性能见表 C-6。

表 C-6　　　　　　螺栓、螺钉和螺柱的机械性能

序号	机械性能		性能等级										
			3.6	4.6	4.8	5.6	5.8	6.8	8.8 ≤M16	8.8 >M16	9.8	10.9	12.9
1	抗拉强度 σ_b（N/mm²）	公称	300	400		500		600	800	800	900	1000	1200
		min	330	400	420	500	520	600	800	830	900	1040	1220
2	维氏硬度 HV_{30}	min	95	120	130	155	160	190	250	255	290	320	385
		max	250						320	335	336	380	435
3	布氏硬度 HB $P=30D^2$（HB≤140 时，$P=10D^2$）	min	90	114	124	147	152	181	238	242	276	304	366
		max	242						304	318	342	361	414

续表

序号	机械性能			性能等级										
				3.6	4.6	4.8	5.6	5.8	6.8	8.8 ≤M16	8.8 >M16	9.8	10.9	12.9
4	洛氏硬度 HR	min	HRB	52	67	70	80	83	89	—				
			HRC	—						22	23	28	32	39
		max	HRB	100						—				
			HRC	—						32	34	37	39	44
5	表面硬度 $HV_{0.3}$		max	—						见注				
6	屈服点 σ_s (N/mm^2)		公称	180	240	320	300	400	480					
			min	190	240	340	300	420	480					
7	屈服强度 $\sigma_{0.2}$ (N/mm^2)		公称	—						640	640	720	900	1080
			min	—						640	660	720	940	1100
8	保证应力	$S_p/\sigma_{s,min}$ $S_p/\sigma_{0.2,min}$		0.94	0.94	0.91	0.94	0.91	0.91	0.91	0.91	0.91	0.88	0.88
		S_p (N/mm^2)		180	230	310	280	380	440	580	600	660	830	970
9	伸长率 δ_s (%)			25	22	14	20	10	8	12	12	10	9	8
10	楔负载强度			对螺栓和螺钉(不包括螺柱)的数值等于最小抗拉强度										
11	冲击吸收功 A_{KU} (J)			—			25	—		30	30	25	20	15
12	头部坚固性			在头部及钉杆与头部交接的圆角处不应产生任何裂缝										
13	螺纹未脱碳层的最小高度 E			—						$\frac{1}{2}H_1$			$\frac{2}{3}H_1$	$\frac{3}{4}H_1$
	全脱碳层的最大深度 G(mm)			—						0.015				

注 表面硬度不应比总部硬度大于 30HV30，但对 10.9 级的表面硬度应不大于 $390HV_{30}$。

C7. 标准型弹簧垫圈（GB/T 93—1987）

标准型弹簧垫圈的外形及规范见图 C-6 和表 C-7。

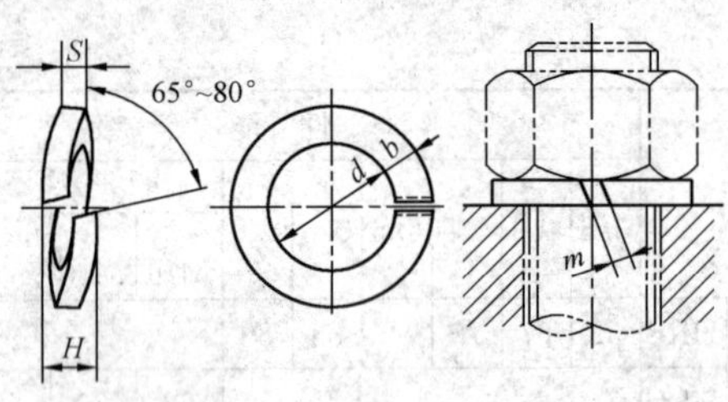

图 C-6

表 C-7　　　　　　　　　标准型弹簧垫圈规范　　　　　　　　　mm

规格（螺纹大径）	d		S，b			H		m
	min	max	公称	min	max	min	max	≤
6	6.1	6.68	1.6	1.5	1.7	3.2	4	0.8
8	8.1	8.68	2.1	2	2.2	4.2	5.25	1.05
10	10.2	10.9	2.6	2.45	2.75	5.2	6.5	1.3
12	12.2	12.9	3.1	2.95	3.25	6.2	7.75	1.55
(14)	14.2	14.9	3.6	3.4	3.8	7.2	9	1.8
16	16.2	16.9	4.1	3.9	4.3	8.2	10.25	—
(18)	18.2	19.04	4.5	4.3	4.7	9	11.25	2.25
20	20.2	21.04	5	4.8	5.2	10	12.5	2.5
(22)	22.5	23.34	5.5	5.3	5.7	11	13.75	2.75
24	24.5	25.5	6	5.8	6.2	12	15	3
(27)	27.5	28.5	6.8	6.5	7.1	13.6	17	3.4
30	30.5	31.5	7.5	7.2	7.8	15	18.75	3.75
(33)	33.5	34.7	8.5	8.2	8.8	17	21.25	4.25
36	36.5	37.7	9	8.7	9.3	18	22.5	4.5
(39)	39.5	40.7	10	9.7	10.3	20	25	5
42	42.5	43.7	10.5	10.2	10.8	21	26.25	5.25
(45)	45.5	46.7	11	10.7	11.3	22	27.5	5.5
48	48.5	49.7	12	11.7	12.3	24	30	2

C8. 平垫圈 C 级（GB/T 95—2002）

平垫圈 C 级外形及规范见图 C-7 和表 C-8。

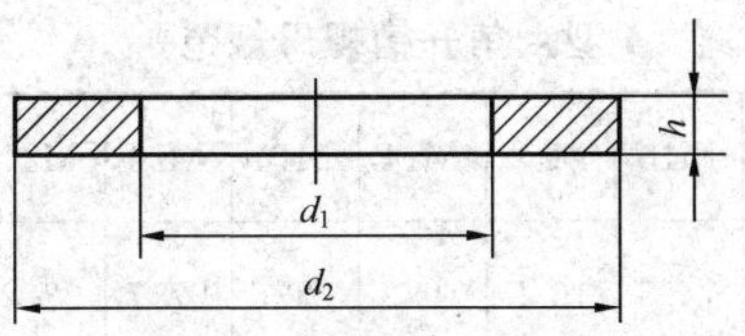

图 C-7

表 C-8 **平垫圈 C 级规范** mm

规格（螺纹大径）	内径 d_1		外径 d_2		厚度 h		
	公称，min	max	公称，max	min	公称	max	min
5	5.5	5.8	10	9.1	1	1.2	0.8
6	6.6	6.96	12	10.9	1.6	1.9	1.3
8	9	9.36	16	14.9	1.6	1.9	1.3
10	11	11.43	20	18.7	2	2.3	1.7
12	13.5	13.93	24	22.7	2.5	2.8	2.2
14	15.5	15.93	28	26.7	2.5	2.8	2.2
16	17.5	17.93	30	28.7	3	3.6	2.4
20	22	22.52	37	35.4	3	3.6	2.4
24	26	26.52	44	42.4	4	4.6	3.4
30	33	33.62	56	54.1	4	4.6	3.4
36	39	40	66	64.1	5	6	4

C9. I 型六角开槽螺母（GB/T 6179—1986）

I 型六角开槽螺母外形及规范见图 C-8 和表 C-9。

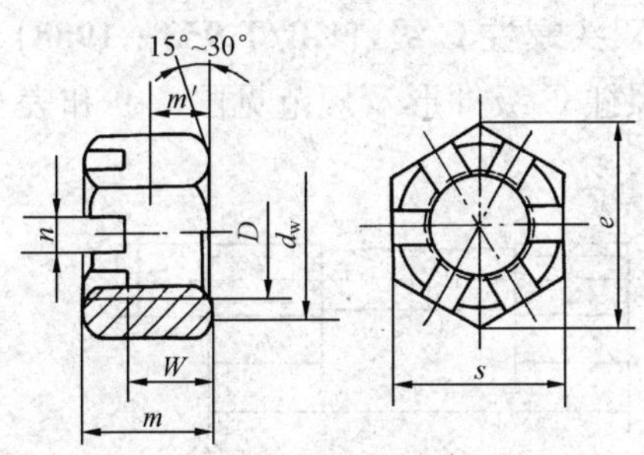

图 C-8

表 C-9　　I 型六角开槽螺母规范　　mm

螺纹规格 D		M8	M10	M12	M14	M16	M20	M24	M30	M36
d_w	min	11.5	14.5	16.5	19.2	22	27.7	33.2	42.7	51.1
e	min	14.20	17.59	19.85	22.78	26.17	32.95	39.55	50.85	60.79
m	max	10.94	3.54	7.19	18.9	21.9	25	30.3	35.4	40.9
	min	9.14	11.74	15.37	16.8	19.8	22.9	27.8	32.4	38.4
m'	min	5.1	6.4	8.3	9.7	11.3	13.5	16.2	19.5	23.5
n	max	3.1	3.4	4.25	4.25	5.7	6.7	6.7	8.5	8.5
	min	2.5	2.8	3.5	3.5	4.5	4.5	5.5	7	7
s	max	13	16	18	21	24	30	36	46	55
	min	12.57	15.57	17.57	20.16	23.16	29.16	35	45	53.8
W	max	7.94	9.54	12.17	13.9	15.9	19	22.3	26.4	31.9
	min	6.44	8.04	10.37	12.1	14.1	16.9	20.2	24.3	29.4
开口销		2×16	2.5×20	3.2×22	3.2×26	4×28	4×36	5×40	6.3×50	6.3×63

C10. 等长双头螺柱 C 级（GB/T 953—1988）

等长双头螺柱 C 级外形及规范见图 C-9 和表 C-10。

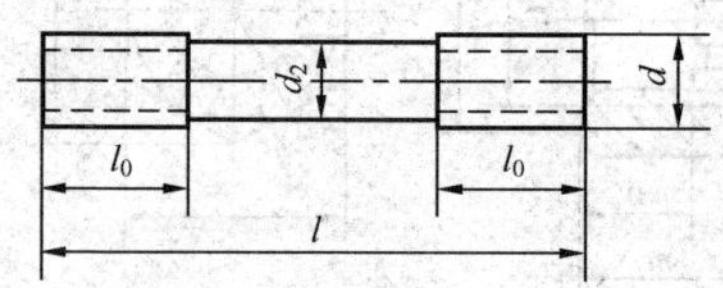

图 C-9

表 C-10 等长双头螺柱 C 级规范 mm

d		8	10	12	(14)	16	(18)	20	(22)	24	(27)	30	36	42	48
l_0	标准	22	26	30	34	38	42	46	50	54	60	66	78	90	102
	加长	41	45	49	53	57	61	65	69	73	79	85	97	109	121
l		每1000个钢螺柱的质量(kg)													
公称尺寸	允差														
100	±1.5	31.85	50.23												
110		35.04	55.25												
120		38.23	60.27												
130		41.41	65.30												
140		44.60	70.32												
150		47.78	75.34	108.6	149.2										
160		50.97	80.34	115.8	159.1										
170		54.15	85.39	123.1	169.1										
180		57.34	90.41	130.3	179.0										
190		60.52	95.43	137.6	189.0										
200		63.71	100.5	144.8	198.9	266.5	330.7								
220		70.08	110.5	159.3	218.8	293.1	363.8								
240		76.45	120.6	173.7	238.7	319.8	396.8								
260		82.82	130.6	188.2	258.6	346.4	429.9	541.3	665.5						
280		89.19	140.6	202.7	278.5	373.1	463.0	583.0	716.7						
300		95.56	150.7	217.2	298.4	399.7	496.0	624.6	767.9	899.5	1161				
320		101.9	160.7	231.7	318.3	426.4	529.1	666.2	819.1	959.4	1238				
350	±2.0	111.2	175.6	254.4	348.0	466.2	578.2	728.0	895.3	1049	1354	1658	2407		
380		121.1	190.9	275.1	377.9	506.3	628.3	791.1	972.7	1139	1470	1801	2614		
400		127.4	200.9	289.6	397.8	533.0	661.4	832.8	1024	1199	1548	1896	2752		
420		133.8	211.0	304.1	417.7	559.0	694.4	874.4	1075	1259	1625	1991	2889		
450		143.0	225.7	327.1	447.5	599.4	743.4	936.0	1151	1349	1741	2132	3095		
480		152.9	241.1	347.5	477.4	639.6	793.6	999.3	1229	1439	1857	2275	3302		
500		159.3	251.1	361.9	497.3	666.2	826.7	1041	1280	1499	1935	2370	3439		

注 d_2 约等于螺纹中径。

C11. 开口销（GB91—1986）

开口销外形及规范见图 C-10 和表 C-11。

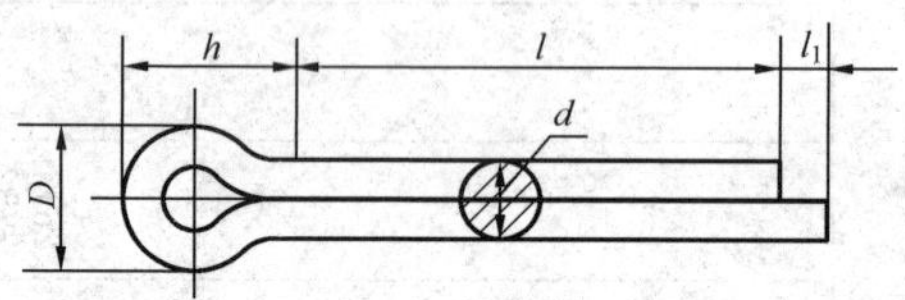

图 C-10

表 C-11　　开口销规范　　mm

d	公称	1.2	1.6	2.0	2.5	3.2	4.0	5.0	6.3	8	10	12
	min	0.9	1.3	1.7	2.1	2.7	3.5	4.4	5.7	7.3	9.3	11.1
	max	1.0	1.4	1.8	2.3	2.9	3.7	4.6	5.9	7.5	9.5	11.4
D	max	2	2.8	3.6	4.6	5.8	7.4	9.2	11.8	15	19	24.8
	min	1.7	2.4	3.2	4	5.1	6.5	8	10.3	13.1	16.6	21.7
h	≈	3	3.2	4	5	6.4	8	10	12.6	16	20	26
l_1	max	2.5				3.2	4		6	7	8	10
l（公称）		每 1000 个钢销的质量（kg）										
10		0.12	0.23	0.38								
12		0.14	0.26	0.42	0.7							
14		0.16	0.29	0.47	0.78	1.39						
16		0.18	0.32	0.52	0.87	1.51						
18		0.19	0.35	0.57	0.93	1.64	2.77					
20		0.21	0.38	0.62	1.01	1.76	2.97					
22		0.23	0.41	0.67	1.08	1.89	3.16	5.24				
24		0.25	0.44	0.72	1.16	2.01	3.36	5.55				
26		0.26	0.48	0.77	1.24	2.14	3.55	5.85				
28			0.51	0.82	1.31	2.26	3.75	6.16				
30			0.54	0.86	1.39	2.39	3.94	6.46	10.96			

C12. W 型锁紧销（GB/T 11031—1989）

W 型锁紧销外形及规范见图 C-11 和表 C-12。

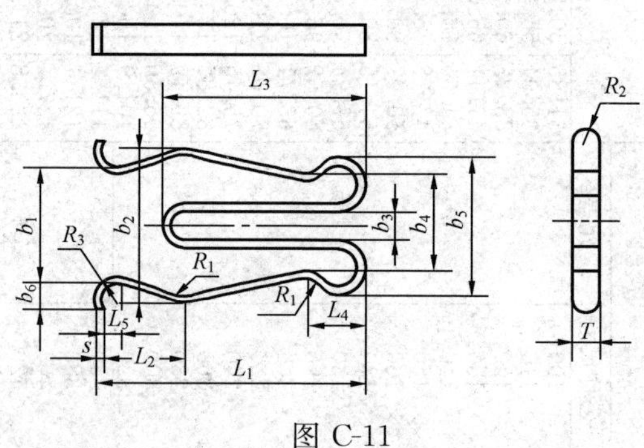

图 C-11

表 C-12 W型锁紧销规范

标记	L_1	L_2	L_3	L_4	L_5	b_1	b_2	b_3	b_4	b_5	b_6	R_1	R_2	R_3	s	T
16W	50±1.5	15.5	36	10.5	3	22	28	5	19	24	5^{+1}_{0}	2.5	4.5	2.5	1.5	$7.9^{+0.2}_{0}$
20W	62±1.5	15.5	42	10.5	3	22	30	5	19	24	5^{+1}_{0}	2.5	4.5	2.5	2	$7.0^{+0.2}_{0}$

C13. R型锁紧销（GB/T 11031—1989）

R型锁紧销外形及规范见图C-12和表C-13。

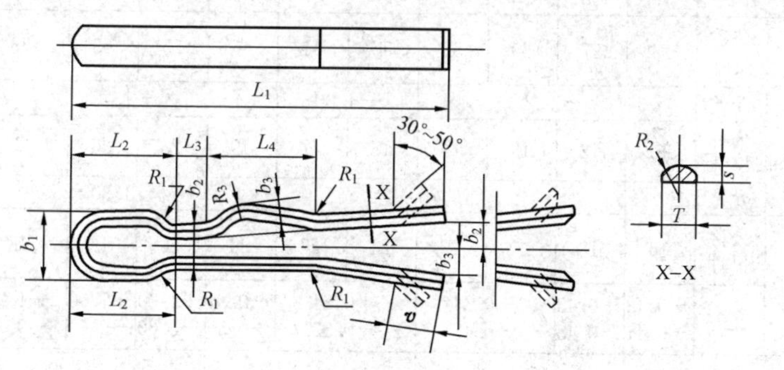

图 C-12

表 C-13 R型锁紧销规范 mm

标记	锁紧销型号	s	T	R_2	b_1	b_2	b_3	L_1	L_2	L_3	L_4	R_1	R_3
16	16R	3.2	7.9	4.8	16.4	4.5	3.5	65	18.5	6.5	22	3	8.5
20	20R	3.2	7.0	4.8	16.4	4.5	3.5	80	22.5	6.5	22	3	8.5
24	24R1	4.0	8.7	5.7	20.0	7.0	4.0	100	29.5	7.7	28	4	10.0
	24R2	4.0	8.7	5.7	20.0	7.0	4.0	90	22.0	7.7	28	4	10.0
28	28R	4.5	10.0	6.2	22.5	7.5	4.5	115	32.5	8.7	31	5	12.0
32	32R	5.2	11.5	7.2	26.0	8.5	5.0	130	37.0	10.0	36	6	14.0

C14. 六角头带销孔螺栓（DL/T 764.1—2001）

六角头带销孔螺栓外形及规范见图C-13和表C-14。

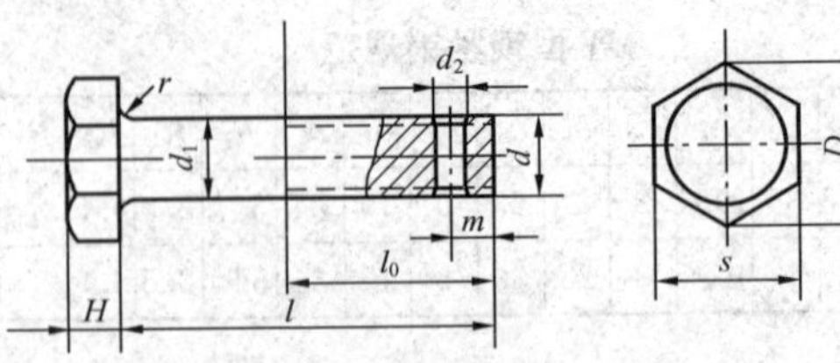

图 C-13

表 C-14　　　　六角头带销孔螺栓规范　　　　mm

<table>
<tr><td colspan="2">d</td><td>16</td><td>18</td><td>20</td><td>22</td><td>24</td><td>27</td><td>30</td><td>36</td><td>42</td><td>48</td></tr>
<tr><td rowspan="2">s</td><td>公称尺寸</td><td>24</td><td>27</td><td>30</td><td>32</td><td>36</td><td>41</td><td>46</td><td>55</td><td>65</td><td>75</td></tr>
<tr><td>允差</td><td colspan="4">−0.52</td><td colspan="2">−1.00</td><td colspan="4">−1.20</td></tr>
<tr><td rowspan="2">H</td><td>公称尺寸</td><td>10</td><td>12</td><td>13</td><td>14</td><td>15</td><td>17</td><td>19</td><td>23</td><td>26</td><td>30</td></tr>
<tr><td>允差</td><td>±0.45</td><td colspan="5">±0.70</td><td colspan="4">±1.30</td></tr>
<tr><td rowspan="2">d_1</td><td>公称尺寸</td><td>16</td><td>18</td><td>20</td><td>22</td><td>24</td><td>27</td><td>30</td><td>36</td><td>42</td><td>48</td></tr>
<tr><td>允差</td><td>+0.43
−0.41</td><td>+0.43
−0.48</td><td colspan="2">+0.84
−0.48</td><td colspan="2">+0.84
−0.52</td><td>+0.84
−0.55</td><td>+1.00
−0.60</td><td>+1.00
−0.65</td><td>+1.00
−0.70</td></tr>
<tr><td colspan="2">r≤</td><td colspan="4">1.0</td><td colspan="3">1.5</td><td colspan="3">2.0</td></tr>
<tr><td colspan="2">D</td><td>27.7</td><td>31.2</td><td>34.6</td><td>36.9</td><td>41.6</td><td>47.3</td><td>53.1</td><td>63.5</td><td>75</td><td>86.5</td></tr>
<tr><td colspan="2">m</td><td colspan="2">7</td><td colspan="2">8</td><td colspan="2">9</td><td colspan="4">10</td></tr>
<tr><td colspan="2">l_0</td><td colspan="2">25</td><td>30</td><td colspan="2">35</td><td>40</td><td>45</td><td>50</td><td>55</td><td>60</td></tr>
<tr><td colspan="2">d_2</td><td colspan="5">6</td><td colspan="3">8</td><td colspan="2">10</td></tr>
<tr><td colspan="2">闭口销规格</td><td>A型</td><td colspan="4">B型</td><td colspan="3">C型</td><td colspan="2">D型</td></tr>
</table>

注　l 螺栓长度，为用户要求尺寸。

C15. 闭口销（DL/T 764.2—2001）

闭口销外形及规范见图 C-14 和表 C-15。

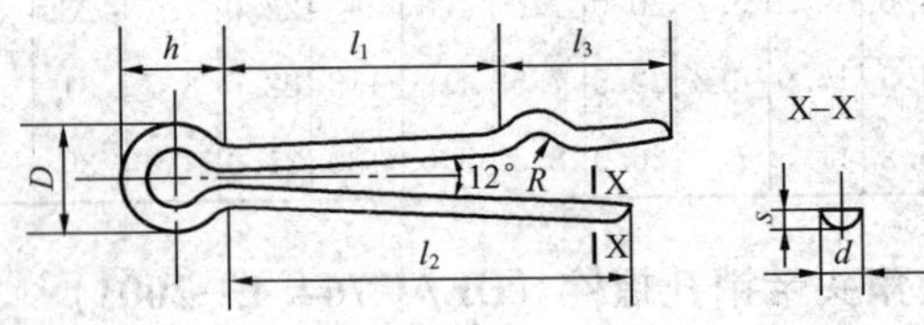

图 C-14

表 C-15　　　　**闭 口 销 规 范**　　　　mm

d_0（销孔直径）		6		8	10
d	公称尺寸	3.6		4.6	5.6
	允　　差	−0.16			
l_1	公称尺寸	18	24	36	48
	允　　差	+1.5 −1.0		+2.0 −1.5	
l_3		15		18	21
l_2		32	38	52	66
s		1.8		2.3	2.8
D		9.1		11.1	13.5
h		11.5		14.0	16.0
R		2.0		2.5	3.0
型　　号		A型	B型	C型	D型
适用螺栓直径		M16～M18	M20～M24	M27～M36	M42～M48

C16. 加厚大垫圈（SD 27—1982）

加厚大垫圈外形及规范见图 C-15 和表 C-16。

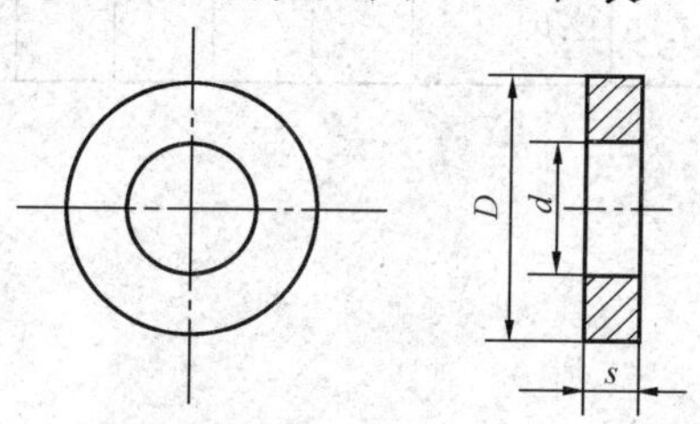

图 C-15

表 C-16　　　　**加厚大垫圈规范**　　　　mm

公称直径	d		D		s	孔的允许偏　心	1000 个质量（kg）
	公称尺寸	允差	公称尺寸	允差			
12	14	+0.43	34	−0.62	6	0.5	35
16	18	+0.43	42	−0.62	6	0.6	53
18	20	+0.52	42	−0.62	6	0.6	49.5

C17. 紧固件 1000 件质量（见表 C-17）

表 C-17　　　　紧固件每 1000 件质量　　　　kg

名称 \ 规格	8	10	12	16	20	24	30	36	42	48
螺栓 $L=50$mm (GB/T5780)	21.54	35.06	51.38							
螺栓 $L=100$mm (GB/T5780)		62.64	90.49	172.1	281.9	424.3	720.9			
螺栓 $L=50$mm (GB/T5781)	20.96	30.59	50.59	100.1	171.1	266.4				
螺栓 $L=100$mm (GB/T5781)			86.22	165.6	273.5	413.8	712	1100	1612	2256
(GB/T41)螺母	4.05	7.08	11.55	26.81	51.55	88.8	184.4	317	502.9	744.4
(GB/T93)弹簧垫圈	0.35	0.68	1.15	2.68	5.0	8.76	17.02	29.32	46.44	69.2
(GB/T95)平垫圈	1.38	2.80	5.10	9.51	14.14	27.49	45.03	79.27		
(GB/T12) $L=50$ 半圆头方颈	19.88	33.02	53.03	104.5						
(GB/T68)$L=20$ 开槽沉头螺钉	7.89	12.02								

附录D　材　料

D1. 可锻铸铁件（GB/T 9440—1988）

黑心可锻铸铁和珠光体可锻铸铁的机械性能见表D-1。

表D-1　　黑心可锻铸铁和珠光体可锻铸铁的机械性能

牌号		试样直径 d (mm)	抗拉强度 σ_b	屈服强度 σ	伸长率 δ(%) ($L_0=3d$)	硬度 HB
			(N/mm²)			
A	B		不小于			
KTH300—06	—	12或15	300	—	6	不大于150
	KTH330—08		330	—	8	
KTH350—10	—		350	200	10	
	KTH370—12		370	—	12	
KTZ450—06	—		450	270	6	150～200
KTZ550—04	—		550	340	4	180～230
KTZ650—02	—		650	430	2	210～260
KTZ700—02	—		700	530	2	240～290

D2. 一般工程用铸造碳钢件（GB/T 11352—1989）

一般工程用铸造碳钢件的化学成分和机械性能分别见表D-2、表D-3。

表D-2　　化　学　成　分

牌号	元素最高含量（%）									
	C	Si	Mn	S	P	残余元素				
						Ni	Cr	Cu	Mo	V
ZG200—400	0.20	0.50	0.80	0.04	0.04	0.30	0.35	0.30	0.20	0.05
ZG230—450	0.30		0.90							
ZG270—500	0.40									
ZG310—570	0.50	0.60								
ZG340—640	0.60									

表 D-3　　机 械 性 能

牌号	最小值					
	屈服强度 σ_s 或 $\sigma_{0.2}$ (N/mm²)	抗拉强度 σ_b (N/mm²)	伸长率 δ (%)	根据合同选择		
				收缩率 ψ (%)	冲击吸收功 A_{kU} (J)	冲击韧性 α_k (N·m/cm²)
ZG200－400	200	400	25	40	30	60
ZG230－450	230	450	22	32	25	45
ZG270－500	270	500	18	25	22	35
ZG310－570	310	570	15	21	15	30
ZG340－640	340	640	10	18	10	20

D3. 碳素结构钢（GB/T 700—2006）

碳素结构钢的化学成分和机械性能分别见表 D-4、表 D-5。

表 D-4　　化 学 成 分

牌号	等级	元素含量（%）					脱氧方法
		C	Mn	Si	S	P	
				不大于			
Q195	—	0.06～0.12	0.25～0.50	0.30	0.050	0.045	F、b、z
Q215	A	0.09～0.15	0.25～0.55	0.30	0.050	0.045	F、b、z
	B				0.045		
Q235	A	0.14～0.22	0.30～0.65	0.30	0.050	0.045	F、b、z
	B	0.12～0.20	0.30～0.70		0.045		
	C	≤0.18	0.35～0.80		0.040	0.040	Z
	D	≤0.17			0.035	0.035	TZ
Q255	A	0.18～0.28	0.40～0.70	0.30	0.050	0.045	F、b、z
	B				0.045		
Q275	—	0.28～0.38	0.50～0.80	0.35	0.050	0.045	b、z

注　脱氧方法栏中字母意义：F—沸腾钢；b—半镇静钢；z—镇静钢；TZ—特殊镇静钢。

表 D-5

机 械 性 能

牌号	等级	拉伸试验													冲击试验	
		屈服点 σ_s(N/mm²)						抗拉强度 σ_b (N/mm²)	伸长率 δ_s(%)						温度(℃)	V型冲击功(纵向)(J)
		钢材厚度(直径)(mm)							钢材厚度(直径)(mm)							
		≤16	>16~40	>40~60	>60~100	>100~150	>150		≤16	>16~40	>40~60	>60~100	>100~150	>150		
		不小于							不小于							不小于
Q195	—	(195)	(185)	—	—	—	—	315~430	33	32	—	—	—	—	—	—
Q215	A	215	205	195	185	175	165	335~450	31	30	29	28	27	26	—	—
	B														20	27
Q235	A	235	225	215	205	195	185	375~500	26	25	24	23	22	21	—	—
	B														20	27
	C														0	
	D														−20	
Q255	A	255	245	235	225	215	205	410~550	24	23	22	21	20	19	—	—
	B														20	27
Q275	—	275	265	255	245	235	225	490~630	20	19	18	17	16	15	—	—

D4. 优质碳素结构钢（GB/T 699—1999）

优质碳素结构钢的化学成分和机械性能分别见表 D-6、表 D-7。

表 D-6　化学成分

序号	牌号	元素含量（%）							
		C	Si	Mn	P	S	Ni	Cr	Cu
					不大于				
4	08	0.05～0.12	0.17～0.37	0.35～0.65	0.035	0.035	0.25	0.10	0.25
5	10	0.07～0.14	0.17～0.37	0.35～0.65	0.035	0.035	0.25	0.15	0.25
6	15	0.12～0.19	0.17～0.37	0.35～0.65	0.035	0.035	0.25	0.25	0.25
7	20	0.17～0.24	0.17～0.37	0.35～0.65	0.035	0.035	0.25	0.25	0.25
8	25	0.22～0.30	0.17～0.37	0.50～0.80	0.035	0.035	0.25	0.25	0.25
9	30	0.27～0.35	0.17～0.37	0.50～0.80	0.035	0.035	0.25	0.25	0.25
10	35	0.32～0.40	0.17～0.37	0.50～0.80	0.035	0.035	0.25	0.25	0.25
11	40	0.37～0.45	0.17～0.37	0.50～0.80	0.035	0.035	0.25	0.25	0.25
12	45	0.42～0.50	0.17～0.37	0.50～0.80	0.035	0.035	0.25	0.25	0.25
13	50	0.47～0.55	0.17～0.37	0.50～0.80	0.035	0.035	0.25	0.25	0.25
14	55	0.52～0.60	0.17～0.37	0.50～0.80	0.035	0.035	0.25	0.25	0.25
15	60	0.57～0.65	0.17～0.37	0.50～0.80	0.035	0.035	0.25	0.25	0.25
16	65	0.62～0.70	0.17～0.37	0.50～0.80	0.035	0.035	0.25	0.25	0.25
17	70	0.67～0.75	0.17～0.37	0.50～0.80	0.035	0.035	0.25	0.25	0.25
18	75	0.72～0.80	0.17～0.37	0.50～0.80	0.035	0.035	0.25	0.25	0.25
19	80	0.77～0.85	0.17～0.37	0.50～0.80	0.035	0.035	0.25	0.25	0.25
20	85	0.82～0.90	0.17～0.37	0.50～0.80	0.035	0.035	0.25	0.25	0.25
21	15Mn	0.12～0.19	0.17～0.37	0.70～1.00	0.035	0.035	0.25	0.25	0.25
22	20Mn	0.17～0.24	0.17～0.37	0.70～1.00	0.035	0.035	0.25	0.25	0.25
23	25Mn	0.22～0.30	0.17～0.37	0.70～1.00	0.035	0.035	0.25	0.25	0.25
24	30Mn	0.27～0.35	0.17～0.37	0.70～1.00	0.035	0.035	0.25	0.25	0.25
25	35Mn	0.32～0.40	0.17～0.37	0.70～1.00	0.035	0.035	0.25	0.25	0.25
26	40Mn	0.37～0.45	0.17～0.37	0.70～1.00	0.035	0.035	0.25	0.25	0.25
27	45Mn	0.42～0.50	0.17～0.37	0.70～1.00	0.035	0.035	0.25	0.25	0.25
28	50Mn	0.48～0.56	0.17～0.37	0.70～1.00	0.035	0.035	0.25	0.25	0.25
29	60Mn	0.57～0.65	0.17～0.37	0.70～1.00	0.035	0.035	0.25	0.25	0.25
30	65Mn	0.62～0.70	0.17～0.37	0.90～1.20	0.035	0.035	0.25	0.25	0.25
31	70Mn	0.67～0.75	0.17～0.37	0.90～1.20	0.035	0.035	0.25	0.25	0.25

表 D-7　　　　机 械 性 能

序号	牌号	试样毛坯尺寸(mm)	推荐热处理温度(℃)			力 学 性 能						钢材交货状态硬度 HB	
			正火	淬火	回火	σ_b (N/mm^2)	σ_s (N/mm^2)	δ_s (%)	ψ (%)	A_{KU} (J)	α_K (N·m/cm^2)	不 大 于	
						不 小 于						未热处理	退火钢
4	08	25	930			325	195	33	60			131	
5	10	25	930			335	205	31	55			137	
6	15	25	920			375	225	27	55			143	
7	20	25	910			410	245	25	55			156	
8	25	25	900	870	600	450	275	23	50	71	90	170	
9	30	25	880	860	600	490	295	21	50	63	80	179	
10	35	25	870	850	600	530	315	20	45	55	70	197	
11	40	25	860	840	600	570	335	19	45	47	60	217	187
12	45	25	850	840	600	600	355	16	40	39	50	229	197
13	50	25	830	830	600	630	375	14	40	31	40	241	207
14	55	25	820	820	600	645	380	13	35			255	217
15	60	25	810			675	400	12	35			255	229
16	65	25	810			695	410	10	30			255	229

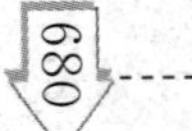

续表

序号	牌号	试样毛坯尺寸(mm)	推荐热处理温度(℃)			力学性能						钢材交货状态硬度 HB	
			正火	淬火	回火	σ_b (N/mm²)	σ_s (N/mm²)	δ_s (%)	ψ (%)	A_{KU} (J)	α_K (N·m/cm²)	不大于	
						不小于						未热处理	退火钢
17	70	25	790			715	420	9	30			269	229
18	75	试样		820	480	1080	880	7	30			285	241
19	80	试样		820	480	1080	930	6	30			285	241
20	85	试样		820	480	1130	980	6	30			302	255
21	15Mn	25	920			410	245	26	55			163	
22	20Mn	25	910			450	275	24	50			197	
23	25Mn	25	900	870	600	490	295	22	50	71	90	207	
24	30Mn	25	880	860	600	540	315	20	45	63	80	217	187
25	35Mn	25	870	850	600	560	335	18	45	55	70	229	197
26	40Mn	25	860	840	600	590	355	17	45	47	60	229	207
27	45Mn	25	850	840	600	620	375	15	40	39	50	241	217
28	50Mn	25	830	830	600	645	390	13	40	31	40	255	217
29	60Mn	25	810			695	410	11	35			269	229
30	65Mn	25	810			735	430	9	30			285	229
31	70Mn	25	790			785	450	8	30			285	229

D5. 铆钉用铝及铝合金线材（GB/T 3196—2001）

铆钉用铝及铝合金线材直径及允许偏差见表D-8，机械性能见表D-9。

表D-8　　铝合金铆钉线材直径及允许偏差　　mm

直　径	允许偏差	
	普通精度	较高精度
−1.60	−0.04	−0.03
2.00～3.98	−0.05	−0.04
4.00～6.00	−0.08	−0.05
6.50～10.00	−0.12	−0.06

表D-9　　铝合金铆钉线材机械性能

合金类别	牌　号	状　态	直径（mm）	抗剪强度（不小于，N/mm^2）
热处理不强化	L4	Y		60
	LF5			120
	LF6			170
	LF10			160
	LF11			170
	LF21			70
淬火时效强化	LY1	CZ	所有的	190
	LY4	CZ	≤6.0	280
			>6.0	270
	LY8	CZ	所有的	240
	LY9	CZ	所有的	270
	LY10	CZ	≤8.0	250
			>8.0	240
	LC3	CS	所有的	290

D6. 球墨铸铁件（GB/T 1348—1988）

球墨铸铁件机械性能见表 D-10。

表 D-10　　单铸试块的机械性能

牌　号	抗拉强度 σ_b (N/mm²)	屈服强度 $\sigma_{0.2}$ (N/mm²)	伸长率 δ (%)	供参考	
	最小值			布氏硬度 HB	主要金相组织
QT400－18	400	250	18	130～180	铁素体
QT400－15	400	250	15	130～180	铁素体
QT450－10	450	310	10	160～210	铁素体
QT500－7	500	320	7	170～230	铁素体＋珠光体
QT600－3	600	370	3	190～270	珠光体＋铁素体
QT700－2	700	420	2	225～305	珠光体
QT800－2	800	480	2	245～335	珠光体或回火组织
QT900－2	900	600	2	280～360	贝氏体或回火马氏体

D7. 热轧圆钢、方钢及六角钢（GB/T 702—1986、GB/T 705—1989）

热轧圆钢、方钢及六角钢的截面积和理论质量见表 D-11。

表 D-11　　热轧圆钢、方钢及六角钢的截面积和理论质量

d，a (mm)	圆钢（d）		方钢（a）		六角钢（a）	
	截面积 (cm²)	理论质量 (kg/m)	截面积 (cm²)	理论质量 (kg/m)	截面积 (cm²)	理论质量 (kg/m)
10	0.785 4	0.617	1.0	0.785	0.866	0.68
12	1.131	0.888	1.44	1.13	1.247	0.979
14	1.539	1.21	1.96	1.54	1.697	1.33
15	1.767	1.39	2.25	1.77	1.948	1.53
16	2.011	1.58	2.56	2.01	2.217	1.74

续表

d，a (mm)	圆 截面积 (cm^2)	圆 理论质量 (kg/m)	方 截面积 (cm^2)	方 理论质量 (kg/m)	六角 截面积 (cm^2)	六角 理论质量 (kg/m)
18	2.545	2.00	3.24	2.54	2.806	2.20
20	3.142	2.47	4.00	3.14	3.464	2.72
22	3.801	2.98	4.84	3.80	4.191	3.29
24	4.524	3.55	5.76	4.52	4.993	3.92
25	4.909	3.85	6.25	4.91	5.412	4.25
26	5.309	4.17	6.76	5.30	5.847	4.59
28	6.158	4.83	7.84	6.15	6.790	5.33
30	7.069	5.55	9.00	7.06	7.794	6.12
32	8.042	6.31	10.24	8.04	8.868	6.96
34	9.079	7.13	11.56	9.07	10.010	7.86
35	9.621	7.55	12.25	9.62		
36	10.18	7.99	12.96	10.17	11.220	8.81
38	11.34	8.90	14.44	11.24	12.510	9.82
40	12.57	9.87	16.00	12.56	13.86	10.88
42	13.85	10.87	17.64	13.85	15.27	11.99
45	15.90	12.48	20.25	15.90	17.54	13.77
48	18.10	14.21	23.04	18.09	20.00	15.66
50	19.64	15.42	25.00	19.63	21.64	16.99
52	21.24	16.67	27.04	21.23		
55	23.76	18.65	30.25	23.75		
56	24.63	19.33	31.36	24.61	27.15	21.32
58	26.42	20.74	33.64	26.41	28.13	22.08
60	28.27	22.19	36.00	28.26	31.18	24.5
65	33.18	26.05	42.25	33.17	36.59	28.7
70	38.48	30.21	49.00	38.47	42.43	33.3
75	44.18	34.68	56.25	44.16		
80	50.27	39.46	64.00	50.24		
85	56.75	44.55	72.25	56.72		
90	63.62	49.94	81.00	63.59		
95	70.88	55.64	90.25	70.85		
100	78.54	61.65	100.00	78.50		

D8. 热轧扁钢（GB/T 704—1988）

热轧扁钢的理论质量见表 D -12。

表 D -12　　热轧扁钢的理论质量

宽度 (mm)	厚度 (mm)										
	3	4	5	6	7	8	9	10	11	12	14
	理论质量 (kg/m)										
10	0.24	0.31	0.39	0.47	0.55	0.63					
12	0.28	0.38	0.47	0.57	0.66	0.75					
14	0.33	0.44	0.55	0.66	0.77	0.88					
16	0.38	0.50	0.63	0.75	0.88	1.00	1.15	1.26			
18	0.42	0.57	0.71	0.85	0.99	1.13	1.27	1.41			
20	0.47	0.63	0.79	0.94	1.10	1.26	1.41	1.57	1.73	1.88	
22	0.52	0.69	0.86	1.04	1.21	1.38	1.55	1.73	1.90	2.07	
25	0.59	0.79	0.98	1.18	1.37	1.57	1.77	1.96	2.16	2.36	2.75
28	0.66	0.88	1.10	1.32	1.54	1.76	1.98	2.20	2.42	2.64	3.08
30	0.71	0.94	1.18	1.41	1.65	1.88	2.12	2.36	2.59	2.83	3.36
32	0.75	1.01	1.25	1.50	1.76	2.01	2.26	2.54	2.76	3.01	3.51
35	0.82	1.10	1.37	1.65	1.92	2.20	2.47	2.75	3.02	3.30	3.85
40	0.94	1.26	1.57	1.88	2.20	2.51	2.83	3.14	3.45	3.77	4.40
45	1.06	1.41	1.77	2.12	2.47	2.83	3.18	3.53	3.89	4.24	4.95
50	1.18	1.57	1.96	2.36	2.75	3.14	3.53	3.93	4.32	4.71	5.50
55		1.73	2.16	2.59	3.02	3.45	3.89	4.32	4.75	5.18	6.04
60	1.41	1.88	2.36	2.83	3.30	3.77	4.24	4.71	5.18	5.65	6.59
63	1.48	1.98	2.47	2.97	3.46	3.95	4.45	4.94	5.44	5.93	6.92
65	1.53	2.04	2.55	3.06	3.57	4.08	4.59	5.10	5.61	6.12	7.14
70	1.65	2.20	2.75	3.30	3.85	4.40	4.95	5.50	6.04	6.59	7.69
75	1.77	2.51	3.14	3.53	4.12	4.71	5.30	5.89	6.48	7.07	8.24
80	1.88	2.67	3.34	3.77	4.40	5.02	5.65	6.28	6.91	7.54	8.79
85	2.00	2.83	3.53	4.00	4.67	5.34	6.01	6.67	7.34	8.01	9.34
90	2.12	2.98	3.73	4.24	4.95	5.65	6.36	7.07	7.77	8.48	9.89

续表

宽度 (mm)	厚度 (mm)										
	16	18	20	22	25	28	30	32	36	40	45
	理论质量 (kg/m)										
10											
12											
14											
16											
18											
20											
22											
25	3.14										
28	3.53										
30	3.77	4.24	4.71								
32	4.02	4.52	5.02								
35	4.40	4.95	5.50								
40	5.02	5.65	6.28	6.91	7.85	8.79					
45	5.65	6.36	7.07	7.77	8.83	9.89	10.60	11.30	12.72		
50	6.28	7.07	7.85	8.64	9.81	10.99	11.78	12.56	14.13		
55	6.91	7.77	8.64	9.50	10.79	12.09	12.95	13.82	15.54		
60	7.54	8.48	9.42	10.36	11.78	13.19	14.13	15.07	16.95	18.84	21.20
63	7.91	8.90	9.69	10.88	12.36	13.85	14.34	15.82	17.80	19.78	22.25
65	8.16	9.19	10.21	11.23	12.76	14.29	15.31	16.33	18.37	20.41	22.96
70	8.79	9.89	10.99	12.09	13.74	15.39	16.49	17.58	19.78	21.98	24.73
75	9.42	10.60	11.78	12.95	14.72	16.49	17.66	18.84	21.19	23.55	26.49
80	10.05	11.30	12.56	13.82	15.70	17.58	18.84	20.09	22.61	25.12	28.26
85	10.68	12.01	13.35	14.68	16.68	18.68	20.02	21.35	24.02	26.69	30.03
90	11.30	12.72	14.13	15.54	17.66	19.78	21.20	22.61	25.43	28.26	31.79

D9. 热轧等边角钢（GB/T 9787—1988）

热轧等边角钢的外形和主要参数见图 D-1 及表 D-13。

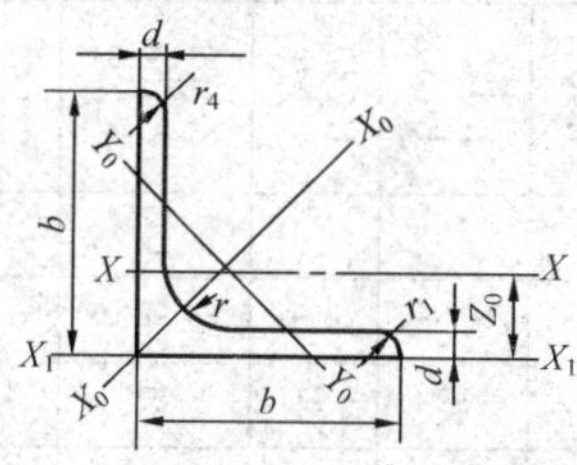

图 D-1

表 D-13　　主要参数

角钢号数	图D-1中的尺寸(mm) b	d	r	截面积 (cm^2)	质量 (kg/m)	外表面积 (m^2/m)	参考数值 X—X J_X (cm^4)	i_X (cm)	W_X (cm^3)	$X_0—X_0$ J_{X0} (cm^4)	i_{X0} (cm)	W_{X0} (cm^3)	$Y_0—Y_0$ J_{Y0} (cm^4)	i_{Y0} (cm)	W_{Y0} (cm^3)	$X_1—X_1$ J_{X1} (cm^4)	Z_0 (cm)
2	20	3	3.5	1.132	0.889	0.078	0.40	0.59	0.29	0.63	0.75	0.45	0.17	0.39	0.20	0.81	0.60
		4		1.459	1.145	0.077	0.50	0.58	0.36	0.78	0.73	0.55	0.22	0.38	0.24	1.09	0.64
2.5	25	3		1.432	1.124	0.098	0.82	0.76	0.46	1.29	0.95	0.73	0.34	0.49	0.33	1.57	0.73
		4		1.859	1.459	0.097	1.03	0.74	0.59	1.62	0.93	0.92	0.43	0.48	0.40	2.11	0.76
3.0	30	3	4.5	1.749	1.373	0.117	1.46	0.91	0.68	2.31	1.15	1.09	0.61	0.59	0.51	2.71	0.85
		4		2.276	1.786	0.117	1.84	0.90	0.87	2.92	1.13	1.37	0.77	0.58	0.62	3.63	0.89
3.6	36	3	4.5	2.109	1.656	0.141	2.58	1.11	0.99	4.09	1.39	1.61	1.07	0.71	0.76	4.68	1.00
		4		2.756	2.163		3.29	1.09	1.28	5.22	1.38	2.05	1.37	0.70	0.93	6.25	1.04
		5		3.382	2.654		3.95	1.08	1.56	6.24	1.36	2.45	1.65	0.70	1.09	7.84	1.07
4	40	3	5	2.359	1.852	0.157	3.59	1.23	1.23	5.69	1.55	2.01	1.49	0.79	0.96	6.41	1.09
		4		3.086	2.422	0.157	4.60	1.22	1.60	7.29	1.54	2.58	1.91	0.79	1.19	8.56	1.13
		5		3.791	2.976	0.156	5.53	1.21	1.96	8.76	1.52	3.10	2.30	0.78	1.39	10.74	1.17
4.5	45	3		2.659	2.088	0.177	5.17	1.40	1.58	8.20	1.76	2.58	2.14	0.90	1.24	9.12	1.22
		4		3.486	2.736	0.177	6.65	1.38	2.05	10.56	1.74	3.32	2.75	0.89	1.54	12.18	1.26
		5		4.292	3.369	0.176	8.04	1.37	2.51	12.74	1.72	4.00	3.33	0.88	1.81	15.25	1.30
		6		5.076	3.985	0.176	9.33	1.36	2.95	14.76	1.70	4.64	3.89	0.88	2.06	18.36	1.33

续表

角钢号数	图D-1中的尺寸(mm)			截面积 (cm²)	质量 (kg/m)	外表面积 (m²/m)	参考数值									
							X−X			X_0-X_0			Y_0-Y_0			X_1-X_1	Z_0
	b	d	r				J_X (cm⁴)	i_X (cm)	W_X (cm³)	J_{X0} (cm⁴)	i_{X0} (cm)	W_{X0} (cm³)	J_{Y0} (cm⁴)	i_{Y0} (cm)	W_{Y0} (cm³)	J_{X1} (cm⁴)	(cm)
5	50	3	5.5	2.971	2.332	0.197	7.18	1.55	1.96	11.37	1.96	3.22	2.98	1.00	1.57	12.50	1.34
		4		3.897	3.059	0.197	9.26	1.54	2.56	14.70	1.94	4.16	3.82	0.99	1.96	16.69	1.38
		5		4.803	3.770	0.196	11.21	1.53	3.13	17.79	1.92	5.03	4.64	0.98	2.31	20.90	1.42
		6		5.088	4.465	0.196	13.05	1.52	3.68	20.68	1.91	5.85	5.42	0.98	2.63	25.14	1.46
5.6	56	3	6	3.343	2.624	0.221	10.19	1.75	2.48	16.14	2.20	4.08	4.24	1.13	2.02	17.56	1.48
		4		4.390	3.446	0.220	13.18	1.73	3.24	20.92	2.18	5.28	5.46	1.11	2.52	23.43	1.53
		5		5.415	4.251	0.220	16.02	1.72	3.97	25.42	2.17	6.42	6.61	1.10	2.98	29.33	1.57
		8		8.367	6.568	0.219	23.63	1.68	6.03	37.37	2.11	9.44	9.89	1.09	4.16	47.24	1.68
6	60	5	6.5	5.82	4.57		19.9	1.85		31.4	2.32		8.29	1.19		35.9	1.66
		6		6.91	5.42		23.3	1.84		36.8	2.31		9.76	1.19		43.3	1.70
		8		9.03	7.09		29.6	1.81		46.8	2.28		12.4	1.17		58.2	1.78
6.3	63	4	7	4.978	3.907	0.248	19.03	1.96	4.13	30.17	2.46	6.78	7.89	1.26	3.29	33.35	1.70
		5		6.143	4.822	0.248	23.17	1.94	5.08	36.77	2.45	8.25	9.57	1.25	3.90	41.73	1.74
		6		7.288	5.721	0.247	27.12	1.93	6.00	43.03	2.43	9.06	11.20	1.24	4.46	50.14	1.73
		8		9.515	7.469	0.247	34.46	1.90	7.75	54.56	2.40	12.25	14.33	1.23	5.47	67.11	1.85
		10		11.657	9.151	0.246	41.09	1.88	9.39	64.85	2.36	14.56	17.33	1.22	6.36	84.31	1.93

续表

角钢号数	图 D-1 中的尺寸(mm)			截面积 (cm^2)	质量 (kg/m)	外表面积 (m^2/m)	参考数值										Z_0 (cm)
							$X-X$			X_0-X_0			Y_0-Y_0			X_1-X_1	
	b	d	r				J_X (cm^4)	i_X (cm)	W_X (cm^3)	J_{X0} (cm^4)	i_{X0} (cm)	W_{X0} (cm^3)	J_{Y0} (cm^4)	i_{Y0} (cm)	W_{Y0} (cm^3)	J_{X1} (cm^4)	
6.5	65	6		7.55	5.93		29.8	1.98		47.2	2.50		12.3	1.28		54.8	1.82
		8		9.87	7.75		38.1	1.96		60.3	2.48		15.8	1.27		73.7	1.90
7	70	4	8	5.570	4.372	0.275	26.39	2.18	5.14	41.80	2.74	8.44	10.99	1.40	4.17	45.74	1.86
		5		6.875	5.397	0.275	32.21	2.16	6.32	51.08	2.73	10.32	13.34	1.39	4.95	57.21	1.95
		6		8.100	6.406	0.275	37.77	2.15	7.48	59.93	2.71	12.11	15.61	1.38	5.67	68.73	1.91
		7		9.484	7.398	0.275	43.09	2.14	8.59	68.35	2.69	13.81	17.82	1.38	6.34	80.29	1.99
		8		10.667	8.373	0.274	48.17	2.12	9.68	76.37	2.68	15.43	19.98	1.37	6.98	91.92	2.03
(7.5)	75	5	9	7.367	5.818	0.295	39.97	2.33	7.32	63.30	2.92	11.94	16.63	1.50	5.77	70.56	2.04
		6		8.797	6.905	0.294	46.95	2.31	8.64	74.38	2.90	14.02	19.51	1.49	6.67	84.55	2.07
		7		10.160	7.976	0.294	53.57	2.30	9.93	84.96	2.89	16.02	22.18	1.48	7.44	98.71	2.11
(7.5)	75	8	9	11.503	9.030	0.294	59.96	2.28	11.20	95.07	2.88	17.93	24.86	1.47	8.19	112.97	2.15
		10		14.126	11.089	0.293	71.98	2.26	13.64	113.92	2.84	21.48	30.05	1.46	9.56	141.71	2.22
8	80	5	9	7.912	6.211	0.315	48.79	2.48	8.34	77.33	3.13	13.67	20.25	1.60	6.66	85.36	2.15
		6		9.397	7.376	0.314	57.35	2.47	9.87	90.98	3.11	16.08	23.72	1.59	7.65	102.50	2.19
		7		10.860	8.525	0.314	65.58	2.46	11.37	104.07	3.10	18.40	27.09	1.58	8.58	119.70	2.23
		8		12.303	9.658	0.314	73.49	2.44	12.83	116.60	3.08	20.61	30.39	1.57	9.46	136.97	2.27
		10		15.126	11.874	0.313	88.43	2.42	15.64	140.09	3.04	24.76	36.77	1.56	11.08	171.74	2.35

续表

角钢号数	图D-1中的尺寸(mm)			截面积(cm²)	质量(kg/m)	外表面积(m²/m)	参考数值										Z₀
							X−X			X_0-X_0			Y_0-Y_0			X_1-X_1	
	b	d	r				J_X (cm⁴)	i_X (cm)	W_X (cm³)	J_{X0} (cm⁴)	i_{X0} (cm)	W_{X0} (cm³)	J_{Y0} (cm⁴)	i_{Y0} (cm)	W_{Y0} (cm³)	J_{X1} (cm⁴)	(cm)
9	90	6	10	10.637	8.350	0.354	82.77	2.79	12.61	131.26	3.51	20.63	34.28	1.80	9.95	145.87	2.44
		7		12.301	9.656	0.354	94.83	2.78	14.54	150.47	3.50	23.64	39.18	1.78	11.19	170.30	2.44
		8		13.944	10.946	0.353	106.47	2.76	16.42	168.97	3.48	26.55	43.97	1.78	12.35	194.80	2.52
		10		17.167	13.476	0.353	128.58	2.74	20.07	203.90	3.45	32.04	53.26	1.76	14.52	244.07	2.59
		12		20.306	15.940	0.352	149.22	2.71	23.57	236.21	3.41	37.12	62.22	1.75	16.49	293.76	2.67
10	100	6	12	11.932	9.066	0.393	114.95	3.10	15.68	181.98	3.90	25.74	47.92	2.00	12.69	200.07	2.67
		7		13.796	10.830	0.393	131.86	3.09	18.10	208.97	3.89	29.55	54.74	1.99	14.26	233.54	2.71
		8		15.638	12.276	0.393	148.24	3.08	20.47	235.07	3.88	33.24	61.41	1.98	15.75	267.09	2.76
		10		19.261	15.120	0.392	179.51	3.05	25.06	284.68	3.84	40.26	74.35	1.96	18.54	334.48	2.84
		12		22.800	17.898	0.391	208.90	3.03	29.48	330.95	3.81	46.80	86.84	1.95	21.08	402.34	2.91
		14		26.256	20.611	0.391	236.53	3.00	33.73	374.06	3.77	52.90	99.00	1.94	23.44	470.75	2.99
		16		29.627	23.257	0.390	262.53	2.98	37.82	414.16	3.74	58.57	110.89	1.94	25.63	539.80	3.06
11	110	7	12	15.196	11.928	0.433	177.16	3.41	22.05	280.94	4.30	36.12	73.38	2.20	17.51	310.64	2.96
		8		17.238	13.532	0.433	199.46	3.40	24.95	316.49	4.28	40.69	82.42	2.19	19.39	355.20	3.01
		10		21.261	16.090	0.432	42.19	3.38	30.60	384.39	4.25	49.42	99.98	2.17	22.91	444.65	3.09
		12		25.200	19.782	0.431	82.55	3.35	36.05	448.17	4.22	57.62	116.93	2.15	26.15	534.60	3.16
		14		29.056	22.809	0.431	320.71	3.32	41.31	508.01	4.18	65.31	133.40	2.14	29.14	625.16	3.24

续表

角钢号数	图D-1中的尺寸(mm)			截面积（cm²）	质量（kg/m）	外表面积（m²/m）	参考数值										Z₀
							$X-X$			X_0-X_0			Y_0-Y_0			X_1-X_1	
	b	d	r				J_X (cm⁴)	i_X (cm)	W_X (cm³)	J_{X0} (cm⁴)	i_{X0} (cm)	W_{X0} (cm³)	J_{Y0} (cm⁴)	i_{Y0} (cm)	W_{Y0} (cm³)	J_{X1} (cm⁴)	(cm)
12	120	10	13	23.3	18.3		316	3.68		503	4.64		130	2.36		575	2.33
		12		27.6	21.7		371	3.66		590	4.62		153	2.35		693	3.41
		14		31.9	25.1		423	3.64		671	4.59		174	2.34		811	3.49
		16		36.1	28.4		474	3.62		749	4.56		199	2.34		931	3.56
12.5	125	8	14	19.750	15.504	0.492	297.03	3.88	32.52	470.89	4.88	53.28	123.16	2.50	25.86	521.01	3.37
		10		24.373	19.133	0.491	361.67	3.85	39.97	573.89	4.85	64.93	149.46	2.48	30.62	651.93	3.45
		12		28.912	22.696	0.491	423.16	3.83	41.17	671.44	4.82	75.96	174.88	2.46	35.03	783.42	3.53
		14		33.367	26.193	0.490	481.65	3.80	54.16	763.73	4.78	86.41	199.57	2.45	39.13	915.61	3.61
14	140	10	14	27.373	21.488	0.551	514.65	4.34	50.58	817.27	5.46	82.56	212.04	2.78	39.20	915.11	3.82
		12		32.512	25.522	0.551	603.68	4.31	59.80	958.79	5.43	96.85	248.57	2.76	45.02	1099.28	3.90
		14		37.567	29.490	0.550	688.81	4.28	68.75	1093.56	5.40	110.47	284.06	2.75	50.45	1284.22	3.98
		16		42.539	33.393	0.549	770.24	4.26	77.46	1221.81	5.36	123.42	318.67	2.74	55.55	1470.07	4.09

注 b—边宽；d—边厚；r—内圆弧半径；r_1—边端内圆弧半径，$r_1=\frac{1}{2}d$；J—惯性矩；i—惯性半径；W—截面系数；Z_0—重心距离。

D10. 铸造铝合金(GB/T 1173—1995)

铸造铝合金的化学成分和机械性能分别见表D-14、表D-15。

表 D-14　　化 学 成 分

序号	合金牌号	合金代号	主 要 元 素 (%)							
			Si	Cu	Mg	Zn	Mn	Ti	其他	Al
1	ZAlSi7Mg	ZL101	6.5~7.5		0.25~0.45					余量
2	ZAlSi7MgA	ZL101A	6.5~7.5		0.25~0.45			0.08~0.20		余量
3	ZAlSi12	ZL102	10.0~13.0							余量
4	ZAlSi9Mg	ZL104	8.0~10.5		0.17~0.3		0.2~0.5			余量
5	ZAlSi5Cu1Mg	ZL105	4.5~5.5	1.0~1.5	0.4~0.6					余量
6	ZAlSi5Cu1MgA	ZL105A	4.5~5.5	1.0~1.5	0.4~0.55					余量
7	ZAlSi8Cu1Mg	ZL106	7.5~8.5	1.0~1.5	0.3~0.5		0.3~0.5	0.10~0.25		余量
8	ZAlSi7Cu4	ZL107	6.5~7.5	3.5~4.5						余量
9	ZAlSi12Cu2Mg1	ZL108	11.0~13.0	1.0~2.0	0.4~1.0		0.3~0.9			余量
10	ZAlSi12Cu1Mg1Ni1	ZL109	11.0~13.0	0.5~1.5	0.8~1.3				Ni0.8~1.5	余量
11	ZAlSi9Cu2Mg	ZL111	8.0~10.0	1.3~1.8	0.4~0.6		0.10~0.35	0.10~0.35		余量
12	ZAlSi7Mg1A	ZL114A	6.5~7.5		0.45~0.60			0.10~0.20	Be 0.04~0.07(1)	余量
13	ZAlSi5Zn1Mg	ZL115	4.8~6.2		0.4~0.65	1.2~1.8			Sb 0.1~0.25	余量
14	ZAlSi8MgBe	ZL116	6.5~8.5		0.35~0.55			0.10~0.30	Be 0.15~0.40	余量

续表

序号	合金牌号	合金代号	主要元素（%）							
			Si	Cu	Mg	Zn	Mn	Ti	其他	Al
15	ZAlCu5Mn	ZL201		4.5～5.3			0.6～1.0	0.15～0.35		余量
16	ZAlCu5MnA	ZL201A		4.8～5.3			0.6～1.0	0.15～0.35		余量
17	ZAlCu10	ZL202		9.0～11.0						余量
18	ZAlCu4	ZL203		4.0～5.0						余量
19	ZAlCu5MnCdA	ZL204A		4.6～5.3			0.6～0.9	0.15～0.35	Cd0.15～0.25	余量
20	ZAlCu5MnCdVA	ZL205A		4.6～5.3			0.3～0.5	0.15～0.35	Cd0.15～0.25	余量
21	ZAlR5Cu3Si2	ZL207	1.6～2.0	3.0～3.4	0.15～0.25		0.9～1.2		V0.05～0.3 Zr0.05～0.2 B0.005～0.06 Ni0.2～0.3 Zr0.15～0.25 R4.4～5.0(2)	余量
22	ZAlMg10	ZL301			9.5～11.0					余量
23	ZAlMg5Si1	ZL303	0.8～1.3		4.5～5.5		0.1～0.4			余量
24	ZAlMg8Zn1	ZL305			7.5～9.0	1.0～1.5		0.1～0.2	Be0.03～0.1	余量
25	ZAlZn11Si7	ZL401	6.0～8.0		0.1～0.3	9.0～13.0				余量
26	ZAlZn6Mg	ZL402			0.5～0.65	5.0～6.5		0.15～0.25	Cr0.4～0.6	余量

注 1. 在保证合金机械性能前提下，可以不加铍(Be)。

2. 混合稀土中含各种稀土总量不小于98%，其中含铈(Ce)约45%。

表 D-15　　机　械　性　能

序号	合金牌号	合金代号	铸造方法	合金状态	机械性能(不低于) 抗拉强度 σ_b (MPa)	伸长率 δ_s (%)	布氏硬度 HB (5/250/30)
1	ZAlSi7Mg	ZL101	S、R、J、K	F	153	2	50
			S、R、J、K	T2	133	2	45
			JB	T4	182	4	50
			S、R、K	T4	173	4	50
			J、JB	T5	202	2	60
			S、R、K	T5	192	2	60
			SB、RB、KB	T5	192	2	60
			SB、RB、KB	T6	222	1	70
			SB、RB、KB	T7	192	2	60
			SB、RB、KB	T8	153	3	55
2	ZAlSi7MgA	ZL101A	S、R、K	T4	192	5	70
			J、JB	T4	222	5	70
			S、R、K	T5	231	4	80
			SB、RB、KB	T5	231	4	80
			JB、J	T5	261	4	80
			SB、RB、KB	T6	271	2	90
			JB、J	T6	290	3	90
3	ZA1Si12	ZL102	SB、JB、RB、KB	F	143	4	50
			J	F	153	2	50
			SB、JB、RB、KB	T2	133	4	50
			J	T2	143	3	50
4	ZA1S19Mg	ZL104	S、J、R、K	F	143	2	50
			J	T1	192	1.5	70
			SB、RB、KB	T6	222	2	70
			J、JB	T6	231	2	70
5	ZAlSi5Cu1Mg	ZAL105	S、J、R、K	T1	153	0.5	65
			S、R、K	T5	212	1	70
			J	T5	231	0.5	70
			S、R、K	T6	222	0.5	70
			S、J、R、K	T7	173	1	65
6	ZA1Si5Cu1MgA	ZL105A	SB、R、K	T5	271	1	85
			J、JB	T5	290	2	85

续表

序号	合金牌号	合金代号	铸造方法	合金状态	机械性能（不低于）		
					抗拉强度 σ_b（MPa）	伸长率 δ_s（%）	布氏硬度 HB（5/250/30）
7	ZA1Si8Cu1Mg	ZL106	SB	F	173	1	75
			JB	T1	192	1.5	70
			SB	T5	231	2	60
			JB	T5	251	2	70
			SB	T6	241	1	90
			JB	T6	262	2	70
			SB	T7	222	2	60
			J	T7	241	2	60
8	ZAlSi7Cu4	ZL107	SB	F	163	2	65
			SB	T6	241	2.5	90
			J	F	192	2.5	70
			J	T6	271	3	100
9	ZAlSi12Cu2Mg1	ZL108	J	T1	192	—	85
			J	T6	251	—	90
10	ZAlSi12Cu1Mg1Ni1	ZL109	J	T1	192	0.5	90
			J	T6	241	—	100
11	ZAlSi9Cu2Mg	ZL111	J	F	202	1.5	80
			SB	T6	251	1.5	90
			J、JB	T6	310	2	100
12	ZAlSi7Mg1A	ZL114A	SB	T5	290	2	85
			J、JB	T5	310	3	100
13	ZAlSi5Zn1Mg	ZL115	S	T4	222	4	70
			J	T4	271	6	80
			S	T5	271	3.5	90
			J	T5	310	5	100

D11. 加工青铜（GB/T 5233—1985）

加工青铜化学成分见表 D-16。

表 D-16 化学成分

牌号	代号	元素	元素含量（%，质量）									
			Sn	Al	Zn	Fe	Pb	Sb	Bi	Si	P	杂质总和
4-3 锡青铜	QSn4-3	最小值	3.5	—	2.7	—	—	—	—	—	—	—
		最大值	4.5	0.002	3.3	0.05	0.02	0.002	0.002	0.002	0.03	0.2
4-4-2.5 锡青铜	QSn4-4-2.5	最小值	3.0	—	3.0	—	1.5	—	—	—	—	—
		最大值	5.0	0.002	5.0	0.05	3.5	0.002	0.002	—	0.03	0.2
4-4-4 锡青铜	QSn4-4-4	最小值	3.0	—	3.0	—	3.5	—	—	—	—	—
		最大值	5.0	0.002	5.0	0.05	4.5	0.002	0.002	—	0.03	0.2
6.5-0.1 锡青铜	QSn6.5-0.1	最小值	6.0	—	—	—	—	—	—	—	0.10	—
		最大值	7.0	0.002	—	0.05	0.02	0.002	0.002	0.002	0.25	0.1
6.5-0.4 锡青铜	QSn6.5-0.4	最小值	6.0	—	—	—	—	—	—	—	0.26	—
		最大值	7.0	0.002	—	0.02	0.02	0.002	0.002	0.002	0.40	0.1
7-0.2 锡青铜	QSn7-0.2	最小值	6.0	—	—	—	—	—	—	—	0.10	—
		最大值	8.0	0.01	—	0.05	0.02	0.002	0.002	0.02	0.25	0.15
4-0.3 锡青铜	QSn4-0.3	最小值	3.5	—	—	—	—	—	—	—	0.20	—
		最大值	4.5	0.002	—	0.02	0.02	0.002	0.002	0.002	0.40	0.1

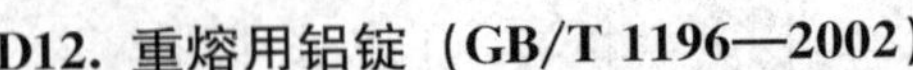

D12. 重熔用铝锭（GB/T 1196—2002）

重熔用铝锭化学成分见表 D-17。

表 D-17　　化学成分

牌号	元素含量（%）							
	Al	杂质（不大于）						
	不小于	Fe	Si	Cu	Ga	Mg	其他每种	总和
Al99.85	99.85	0.12	0.08	0.005	0.030	0.030	0.015	0.15
Al99.80	99.80	0.15	0.10	0.01	0.03	0.03	0.02	0.20
Al99.70	99.70	0.20	0.13	0.01	0.03	0.03	0.03	0.30
Al99.60	99.60	0.25	0.18	0.01	0.03	0.03	0.03	0.40
Al99.50	99.50	0.30	0.25	0.02	0.03	0.05	0.03	0.50
Al99.00	99.00	0.50	0.45	0.02	0.05	0.05	0.05	1.00

D13. 灰铸铁件（GB/T 9439—1988）

灰铸铁件附铸试棒（块）的抗拉强度见表 D-18。

表 D-18　　附铸试棒（块）抗拉强度

牌号	铸件壁厚（mm）		最小抗拉强度 σ_b（N/mm²）				
			附铸试棒		附铸试块		铸件（参数）
	大于	至	ϕ30mm	ϕ50mm	R15mm	R25mm	
HT150	20	40	130	—	—	—	120
	40	80	115	—	110	—	105
	80	150	—	105	—	100	90
	150	300	—	100	—	90	80
HT200	20	40	180	—	—	—	165
	40	80	160	—	150	—	145
	80	150	—	145	—	140	130
	150	300	—	135	—	130	120
HT250	20	40	220	—	—	—	205
	40	80	200	—	190	—	180
	80	150	—	180	—	170	165
	150	300	—	—	—	160	150

D14. 铝及铝合金热轧板（GB/T 3193—1996）

铝及铝合金热轧板的机械性能见表 D-19。

表 D-19　　机　械　性　能

合金牌号	状　态	厚　度 (mm)	抗拉强度 σ_b (N/mm²)	屈服强度 $\sigma_{0.2}$ (N/mm²)	伸长率 δ_{10} (%)
			不　小　于		
L1～L4	R	5～10 11～25 26～80	70 80 65	— — —	15 18 10
L5～L6	R	5～10 11～25 26～80	70 80 65	— — —	18 18 15
LF2	R	5～25 26～80	180 160	— —	7 6
LF3	R	5～10 11～25 26～50	190 180 170	80 70 60	15 12 11
LF5、LF11	R	5～10 11～25 26～50	280 270 260	130 120 110	15 13 12
LF6	R	5～10 11～25 26～50	320 310 300	160 150 140	15 11 6
LF21	R	5～10 11～25 26～50	110 120 110	— — —	15 15 12
LY11	CZ	5～10 11～25 26～40	360 380 340	190 220 200	12 11 8
LY12	CZ	5～10 11～25 26～40 41～70	420 430 400 380	260 280 260 250	10 7 5 4
LY16	CS	11～80	380	280	8

D15. 工业用铝及铝合金热挤压型材（GB/T 6892—2006）

工业用铝及铝合金热挤压型材的机械性能见表 D-20。

表 D-20　　　　机 械 性 能

合金牌号	状　态	试样部位厚度（mm）	抗拉强度 σ_b（N/mm²）	屈服强度 $\sigma_{0.2}$（N/mm²）	伸长率 δ（%）
			不　小　于		
L2～L6	R、M	所有	＜130	—	20
LF2			＜250	—	12
LF3			180	80	12
LF5，LF11			260	130	15
LF6			320	160	15
LFZ1 LD2	R、M	所有	＜190	—	16
	CZ		180	—	12
	CS		300	230	10
LY11	CZ	＜10	340	190	12
		10.1～20.0	360	200	10
		＞20.0	370	210	10
	M	所有	＜250	—	12
LY12	CZ	＜5.0	400	300	10
		5.1～10.0	420	300	
		10.1～20.0	430	310	
		＞20.0	450	320	
	M	所有	＜250	—	12
LC4	CS	＜10.0	510	440	6
		10.0～20.0	540	450	
		＞20.0	570	470	
	M	所有	＜280	—	10
LD30	CZ		180	110	8
	CS		270	250	
LD31	CS		210	180	
	RCS		160	110	

D16. 铝及铝合金加工产品（GB/T 3190—1996）

铝及铝合金加工产品的化学成分见表 D-21。

表 D-21 化学成分

合金名称	代号	元素含量（%）								
		Cu	Mg	Mn	Zn	Fe	Si	Ti	Fe+Si	Al
一号工业纯铝	L1	0.01				0.16	0.16		0.26	99.7
二号工业纯铝	L2	0.01				0.25	0.20		0.36	99.6
三号工业纯铝	L3	0.015				0.30	0.30		0.45	99.5
四号工业纯铝	L4	0.05				0.35	0.40		0.60	99.3
五号工业纯铝	L5	0.05				0.50	0.50			99.0
六号工业纯铝	L6	0.10	0.10	0.10					1.0	98.8
二号防锈铝	LF2	0.10	2.0～2.8	0.15～0.4		0.40	0.40	0.15	0.60	余量
三号防锈铝	LF3	0.10	3.2～3.8	0.30～0.6	0.20	0.50	0.50～0.8	0.15		余量
五号防锈铝	LF5	0.10	4.8～5.5	0.30～0.6	0.20	0.50	0.50			余量
十号防锈铝	LF10	0.20	4.7～5.7	0.2～0.6	—	0.40	0.40	0.15		余量
十一号防锈铝	LF11	0.10	4.8～5.5	0.3～0.6	0.20	0.50	0.50	0.02～0.15		余量
一号硬铝	LY1	2.2～3.0	0.20～0.5	0.20	0.10	0.50	0.50	0.15		余量
二号硬铝	LY2	2.6～3.2	2.0～2.4	0.45～0.7	0.10	0.30	0.30	0.15		余量
八号硬铝	LY8	3.8～4.5	0.4～0.8	0.4～0.8	0.10	0.50	0.50	0.15		余量
九号硬铝	LY9	3.8～4.5	1.2～1.6	0.3～0.7	0.10	0.50	0.50	0.15		余量
十号硬铝	LY10	3.9～4.5	0.15～0.3	0.3～0.5	0.10	0.20	0.25	0.15		余量
二号锻铝	LD2	0.2～0.6	0.45～0.9	0.15～0.35	0.20	0.50	0.50～1.2			余量
十一号锻铝	LD11	0.5～1.3	0.8～1.3	0.20	0.25	1.0	11.5～13.5			余量
三十号锻铝	LD30	0.15～0.4	0.80～1.2	0.15	0.25	0.7	0.4～0.8			余量
三十一号锻铝	LD31	0.10	0.45～0.9	0.10	0.10	0.35	0.2～0.6			余量

D17. 热轧钢板

热轧钢板的宽度及其允许偏差见表 D-22。

表 D-22　　宽度及允许偏差　　mm

长　度	宽　度	
	≤1000	>1000
	宽度允许偏差	
1000～2000	±7	±9
>2000～3000	±14	±18
>3000～4000	±18	±24
>4000～5000	±24	±28
>5000～6000	—	±34

D18. 热挤压铝及铝合金管（GB/T 4436—1984）

热挤压铝及铝合金管材理论质量见表 D-23。

表 D-23　　理　论　质　量

外径(mm)		内径允许偏差(mm)	壁　厚　(mm)						
标称尺寸	允许偏差		5.0	5.25	5.5	5.75	6	6.25	6.5
			管材理论质量(kg/m)(密度为 2.8g/cm²)						
26	+1.5	−1.5							
28			1.012	1.049	1.086	1.123	1.161		
30			1.100	1.141	1.183	1.225	1.267	1.304	1.341
32			1.188	1.234	1.280	1.326	1.372	1.413	1.455
34			1.275	1.325	1.376	1.427	1.478	1.524	1.570
36			1.363	1.418	1.473	1.528	1.583	1.633	1.684
38			1.451	1.510	1.570	1.629	1.689	1.744	1.795
40			1.539	1.656	1.666	1.730	1.794	1.853	1.913
42			1.627	1.695	1.763	1.831	1.900	1.963	2.027
45	+2.0	−2.0	1.759	1.833	1.908	1.983	2.058	2.128	2.199
48			1.891				2.217	2.294	2.371
50			1.979				2.322		
52			2.067				2.428		
55			2.199				2.586		
60			2.419				2.850		

续表

外径(mm)		内径允许偏差(mm)	壁厚(mm)						
标称尺寸	允许偏差		6.75	7	7.25	7.5	7.75	8	8.25
			管材理论质量(kg/m)(密度为2.8g/cm²)						
26									
28									
30			1.378	1.416					
32			1.497	1.539	1.577	1.616			
34	+1.5	−1.5	1.616	1.663	1.705	1.748	1.785	1.830	
36			1.735	1.786	1.833	1.880	1.925	1.970	2.012
38			1.852	1.909	1.980	2.012	2.061	2.111	2.057
40			1.972	2.032	2.088	2.144	2.198	2.252	2.302
42			2.090	2.155	2.215	2.276	2.334	2.393	2.448
45			2.269	2.340	2.407	2.474	2.535	2.604	2.665
48			2.448	2.525	2.598	2.672	2.743	2.815	2.883
50	+2.0	−2.0		2.648	2.726	2.804	2.880	2.956	3.028
52				2.771		2.936		3.096	
55				2.956		3.134		3.307	
60				3.263		3.464		3.659	

外径(mm)		内径允许偏差(mm)	壁厚(mm)						
标称尺寸	允许偏差		8.5	8.75	9.0	9.25	9.5	9.25	10
			管材理论质量(kg/m)(密度为2.8g/cm²)						
26									
28									
30									
32									
34	+1.5	−1.5	1.904		1.979		2.045		2.111
36			2.054	2.096	2.138		2.212		2.287
38			2.203	2.249	2.296		2.379		2.463
40			2.357	2.405	2.454	2.500	2.546	2.592	2.639
42			2.503	2.558	2.613	2.663	2.714	2.764	2.815
45			2.727	2.788	2.850	2.907	2.964	3.021	3.079
48			2.951	3.019	3.088	3.151	3.215	3.275	3.343
50	+2.0	−2.0	3.100	3.173	3.246	3.314	3.382	3.450	3.519
52					3.404	3.476	3.549	3.622	3.695
55					3.642	3.721	3.800	3.879	3.958
60					4.038				4.398

续表

外径(mm)		内径允许偏差(mm)	壁厚 (mm)						
标称尺寸	允许偏差		10.25	10.5	10.75	11	11.25	11.5	11.75
			管材理论质量(kg/m)(密度为2.8g/cm²)						
50	+2.0	−2.0	3.582	3.646	3.709	3.773			
52			3.764	3.832	3.900	3.967	4.030	4.094	4.158
55			4.034	4.110	4.180	4.250	4.320	4.394	4.466
60			4.483	4.569	4.655	4.741	4.822	4.903	4.987
62						4.934	5.019	5.105	5.193
65									
68									
70									
72									
76									
80									

外径(mm)		内径允许偏差(mm)	壁厚 (mm)						
标称尺寸	允许偏差		12	12.25	12.5	12.75	13.0	13.25	13.5
			管材理论质量(kg/m)(密度为2.8g/cm²)						
50	+2.0	−2.0							
52			4.222						
55			4.539						
60			5.066	5.145	5.221	5.274	5.377		
62			5.277	5.361	5.440	5.521	5.603		
65			5.594	5.684	5.772	5.859	5.946	6.031	
68					6.102	6.195	6.289	6.381	6.469
70							6.518	6.612	6.707
72							6.746	6.845	6.944
76									
80									

续表

外径(mm)		内径允许偏差(mm)	壁　厚　(mm)							
标称尺寸	允许偏差		13.75	14	14.25	14.5	14.75	15	15.25	15.5
			管材理论质量(kg/m)(密度为 2.8g/cm²)							
50										
52										
55										
60										
62										
65	+2.0	−2.0								
68			6.559	6.650						
70			6.801	6.896	6.988	7.079				
72			7.043	7.142	7.239					
76				7.635	7.739	7.844	7.946	8.048		
80				8.127	8.239	8.351	8.463	8.576	8.686	8.793

D19. 铸造铝合金热处理

铸造铝合金热处理工艺规范见表 D-24。

表 D-24　铸造铝合金热处理工艺规范（GB/T 1173—1995）

合金牌号	合金代号	合金状态	固熔处理		时　效	
			温度(±5℃)	时间(h)	温度(±5℃)	时间(h)
ZAlSi7MgA	ZL101A	T4 T5 T6	535 535 535	6～12 6～12 6～12	室温 再*155 室温 再180	不少于8 2～12 不少于8 3～8
ZAlSi5Cu1MgA	ZL105A	T5	525	4～12	160	3～5
ZAlSi7Mg1A	ZL114A	T5	535	10	室温 再160	不少于8 4～8
ZAlSi5Zn1Mg	ZL115	T4 T5	540 540	10～12 10～12	 150	 3～5

续表

合金牌号	合金代号	合金状态	固熔处理		时效	
			温度（±5℃）	时间（h）	温度（±5℃）	时间（h）
ZAlSi8MgBe	ZL116	T4 T5	535 535	10 10	175	6
ZAlCu5MnA	ZL201A	T5	535 再*545	7～9 7～9	160	6～9
ZAlCu5MnCdA	ZL204A	T5	530 再*540	9 9	175	3～5
ZAlCu5MnCdVA	ZL205A	T5 T6 T7	538 538 538	10～18 10～18 10～18	155 175 190	8～10 4～5 2～4
ZAlR5Cu3Si2	ZL207	T1	—	—	200	5～10
ZAlMg8Zn1	ZL305	T4	435 再*490	8～10 6～8	—	—

注 “再”字意义为室温后再加到的温度。

D20. 铝及铝合金挤压厚壁管

铝及铝合金挤压厚壁管的机械性能见表D-25。

表D-25　　机械性能

合金牌号	供应状态及代号	直径（mm）	抗拉强度 σ_b（N/mm²）	屈服强度 $\sigma_{0.2}$（N/mm²）	伸长率 δ（%）
			不小于		
LC4	淬火人工时效（CS）	≤120 >120	529.2 509.6	401.8 401.8	6 5
LY11	退火（M）	所有	≤245	—	10
	淬火自然时效（CZ）	≤120 >120	352.8 372.4	196 215.6	12 10
LY12	退火（M）	所有	≤245	—	10
	淬火自然时效（CZ）	≤120 >120	392 421.4	254.8 274.4	12 10
LD2	退火(M) 淬火自然时效(CZ) 淬火人工时效(CS)	所有	≤147.0 205.4 294.0	— — —	17 14 8
LF21 LF2 LF3	热挤压的(R) 热挤压的(R) 热挤压的(R)	所有	≤166.6 ≤225.4 176.4	— — 68.6	— — 15
LF6	热挤压的(R) 成退火的(M)	所有	313.6	147	15
L2,L3 L4,L6	热挤压的(R)	所有	≤117.6	—	20

D21. 纯铜板(GB/T 2040—2002)

纯铜板的尺寸及允许偏差见表D-26。

表D-26 **尺寸及允许偏差** mm

厚 度	宽 度					
	200～500	>500～1000	>1000～1500	>1500～2000	>2000～2500	>2500～3000
	厚度允许偏差					
4.0～6.0	±0.22	±0.22	±0.35	±0.36	—	—
>6.0～8.0	±0.23	±0.25	±0.35	±0.38	—	—
>8.0～12.0	±0.30	±0.34	±0.45	±0.50	±0.55	±0.60
>12.0～16.0	±0.35	±0.45	±0.60	±0.65	±0.70	±1.00
>16.0～20.0	±0.50	±0.65	±0.75	±0.75	±0.80	±1.50
>20.0～25.0	±0.65	±0.80	±0.95	±1.00	±1.05	±2.10
>25.0～30.0	±0.80	±0.90	±1.05	±1.10	±1.20	±2.30
>30.0～40.0	±1.00	±1.10	±1.25	±1.30	±1.40	±2.70
>40.0～50.0	—	±1.40	±1.50	±1.55	±1.65	±3.50
>50.0～60.0	—	±1.70	±2.00	±2.20	±2.70	±4.30

D22. 锌锭(GB/T 470—1997)

锌锭的化学成分见表D-27。

表D-27 **化 学 成 分**

品号	牌号	元 素 含 量 (%)									
		锌(不小于)	杂质(不大于)								
			铅	铁	镉	铜	锡	铝	砷	锑	总和
0号锌	Zn-0	99.995	0.003	0.001	0.001	0.001	—	—	—	—	0.0050
一号锌	Zn-1	99.99	0.005	0.003	0.002	0.001	—	—	—	—	0.010
二号锌	Zn-2	99.95	0.020	0.010	0.02	0.001	—	—	—	—	0.050
三号锌	Zn-3	99.9	0.05	0.02	0.02	0.002	—	—	—	—	0.10
四号锌	Zn-4	99.5	0.3	0.03	0.07	0.002	0.002	0.005	0.005	0.01	0.50
五号锌	Zn-5	98.7	1.0	0.07	0.2	0.005	0.002	0.005	0.01	0.02	1.3

D23. 结构用无缝钢管 (GB/T 8162—1987)

结构用无缝钢管理论质量和尺寸及允许偏差分别见表D-28、表D-29。

表 D-28　　钢管理论质量　　kg/m

外径 (mm)	壁厚 (mm)						
	0.25	0.30	0.40	0.50	0.6	0.8	1.0
2.0	0.0108						
2.5	0.0139	0.0163	0.0207				
3	0.0169	0.0200	0.0256				
4	0.0231	0.0274	0.0355	0.043	0.050	0.063	0.074
5	0.0292	0.0348	0.0454	0.055	0.065	0.083	0.099
6	0.0354	0.0421	0.055	0.068	0.080	0.103	0.123
7	0.0416	0.0496	0.065	0.080	0.095	0.122	0.148
8	0.0477	0.057	0.075	0.092	0.110	0.142	0.173
9	0.0540	0.064	0.085	0.105	0.125	0.162	0.197
10	0.060	0.072	0.095	0.117	0.139	0.182	0.222
11	0.066	0.079	0.105	0.129	0.154	0.201	0.247
12	0.072	0.087	0.115	0.142	0.169	0.221	0.271
14	0.085	0.101	0.134	0.166	0.199	0.260	0.321
16	0.097	0.116	0.154	0.191	0.228	0.300	0.370
18	0.109	0.131	0.174	0.216	0.258	0.340	0.419
20	0.122	0.146	0.193	0.240	0.288	0.379	0.469
22			0.212	0.265	0.318	0.419	0.518
25			0.242	0.302	0.363	0.478	0.592
28			0.272	0.340	0.406	0.536	0.666
29			0.282	0.352	0.418	0.553	0.691
30			0.292	0.364	0.436	0.576	0.715
32			0.311	0.389	0.466	0.615	0.755
34			0.331	0.413	0.496	0.655	0.814
36			0.350	0.438	0.525	0.695	0.863
38			0.370	0.464	0.555	0.734	0.912
40			0.390	0.494	0.585	0.774	0.962
42							1.010
44.5							1.070
45							1.090
48							1.150
50							1.21
53							1.28
56							1.36
60							1.46

续表

外径 (mm)	壁厚 (mm)							
	1.2	1.4	1.6	1.8	2.0	2.2	2.5	2.8
2.0								
2.5								
3								
4	0.083							
5	0.112	0.124	0.134					
6	0.142	0.159	0.174	0.186	0.197			
7	0.172	0.193	0.213	0.230	0.247	0.260	0.277	
8	0.202	0.227	0.253	0.275	0.296	0.315	0.339	
9	0.231	0.262	0.292	0.319	0.345	0.369	0.401	0.427
10	0.261	0.296	0.332	0.363	0.395	0.423	0.462	0.496
11	0.290	0.331	0.371	0.407	0.444	0.477	0.524	0.566
12	0.320	0.365	0.411	0.452	0.493	0.532	0.586	0.635
14	0.379	0.434	0.490	0.541	0.592	0.640	0.709	0.772
16	0.438	0.503	0.568	0.629	0.691	0.747	0.832	0.91
18	0.497	0.572	0.647	0.717	0.789	0.856	0.956	1.05
20	0.556	0.642	0.726	0.806	0.888	0.965	1.08	1.19
22	0.616	0.710	0.806	0.895	0.986	1.07	1.20	1.33
25	0.703	0.813	0.925	1.03	1.13	1.24	1.39	1.53
28	0.792	0.916	1.04	1.16	1.28	1.40	1.57	1.74
29	0.823	0.951	1.076	1.22	1.33	1.47	1.63	1.83
30	0.851	0.986	1.12	1.25	1.38	1.51	1.70	1.88
32	0.910	1.053	1.20	1.34	1.48	1.62	1.76	2.02
34	0.968	1.122	1.28	1.43	1.58	1.72	1.94	2.15
36	1.027	1.192	1.36	1.52	1.68	1.83	2.07	2.29
38	1.087	1.26	1.44	1.61	1.78	1.94	2.19	2.43
40	1.146	1.33	1.52	1.69	1.87	2.05	2.31	2.56
42	1.208	1.41	1.60	1.79	1.97	2.16	2.44	2.70
44.5	1.281	1.48	1.65	1.88	2.10	2.29	2.59	2.89
45	1.295	1.51	1.71	1.91	2.12	2.32	2.62	2.91
48	1.382	1.61	1.83	2.05	2.27	2.48	2.82	3.11
50	1.44	1.68	1.91	2.14	2.37	2.59	2.93	3.25
53	1.53	1.78	2.03	2.27	2.51	2.76	3.11	3.46
56	1.62	1.89	2.15	2.40	2.66	2.92	3.30	3.66
60	1.74	2.02	2.31	2.58	2.86	3.13	3.55	3.94

续表

外径 (mm)	壁厚 (mm)							
	3.0	3.2	3.5	4.0	4.5	5.0	5.5	6.0
2.0								
2.5								
3								
4								
5								
6								
7								
8								
9								
10	0.518	0.536	0.561					
11	0.592	0.615	0.647					
12	0.666	0.694	0.734	0.789				
14	0.814	0.852	0.906	0.986				
16	0.96	1.01	1.08	1.18	1.28	1.35		
18	1.11	1.17	1.25	1.38	1.50	1.60		
20	1.26	1.33	1.42	1.58	1.72	1.85	1.97	2.07
22	1.41	1.49	1.60	1.77	1.94	2.10	2.24	2.37
25	1.63	1.72	1.86	2.07	2.28	2.47	2.64	2.81
28	1.85	1.96	2.11	2.37	2.61	2.84	3.05	3.26
29	1.92	2.02	2.20	2.47	2.72	2.96	3.19	3.40
30	2.00	2.12	2.29	2.56	2.83	3.08	3.32	3.55
32	2.15	2.28	2.46	2.76	3.05	3.33	3.59	3.85
34	2.29	2.43	2.63	2.96	3.27	3.58	3.87	4.14
36	2.44	2.59	2.81	3.16	3.50	3.82	3.14	4.44
38	2.59	2.75	2.98	3.35	3.72	4.07	4.41	4.74
40	2.74	2.91	3.15	3.55	3.94	4.32	4.68	5.03
42	2.89	3.07	3.32	3.75	4.16	4.56	4.95	5.33
44.5	3.07	3.25	3.54	4.00	4.44	4.87	5.29	5.70
45	3.11	3.31	3.58	4.04	4.49	4.93	5.36	5.77
48	3.33	3.54	3.84	4.34	4.83	5.30	5.76	6.21
50	3.48	3.70	4.01	4.54	5.05	5.55	6.04	6.51
53	3.70	3.94	4.27	4.83	5.38	5.92	6.44	6.95
56	3.92	4.17	4.53	5.13	5.71	6.29	6.85	7.40
60	4.22	4.49	4.83	5.52	5.16	6.78	7.39	7.99

表 D-29 尺寸及允许偏差 mm

钢管种类	钢管尺寸	允许偏差	
		普通级	较高级
热轧（挤压、扩）管	外径<50 ≥50	±0.50 ±1%	±0.25 ±0.5%
	壁厚≤4 >4～20 >20	±12.5% $^{+15}_{-12.5}$% ±12.5%	±10%
冷拔（轧）管	外径6～10 >10～30 >30～50 >50	±0.20 ±0.40 ±0.45 ±1%	±0.10 ±0.20 ±0.25 ±0.5%
	壁厚≤1 >1～3 >3	±0.15 $^{+15}_{-10}$% $^{+12}_{-10}$%	±0.12 ±10% ±10%

D24. 结构用无缝钢管(热轧)(GB/T 8167—1987)

结构用无缝钢管热轧的理论质量见表 D-30。

表 D-30 **理 论**

外径	壁								
(mm)	2.5	2.8	3	3.5	4	4.5	5	5.5	6
32	1.76	2.02	2.15	2.46	2.76	3.05	3.33	3.59	3.85
38	2.19	2.43	2.59	2.98	3.35	3.72	4.07	4.41	4.74
42	2.44	2.70	2.89	3.35	3.75	4.16	4.56	4.95	5.33
45	2.62	2.91	3.11	3.58	4.04	4.49	4.93	5.36	5.77
50	2.93	3.25	3.48	4.01	4.54	5.05	5.55	6.04	6.51
54			3.77	4.36	4.93	5.49	6.04	6.58	7.10
57			4.00	4.62	5.23	5.83	6.41	6.99	7.55
60			4.22	4.88	5.52	6.16	6.78	7.39	7.99
63.5			4.48	5.18	5.87	6.55	7.21	7.87	8.51
68			4.81	5.57	6.31	7.05	7.77	8.48	9.17
70			4.96	5.74	6.51	7.27	8.01	8.75	9.47
73			5.18	6.00	6.81	7.60	8.38	9.16	9.91
76			5.40	6.26	7.10	7.93	8.75	9.50	10.36
83				6.86	7.79	8.71	9.62	10.51	11.39
89				7.38	8.38	9.38	10.36	11.33	12.28
95				7.90	8.98	10.04	11.10	12.14	13.17
102				8.50	9.67	10.82	11.96	13.09	14.21
108					10.26	11.49	12.70	13.90	15.09
114					10.85	12.15	13.44	14.72	15.98
121					11.54	12.93	14.30	15.67	17.02
127					12.13	13.59	15.04	16.48	17.90
133					12.73	14.26	15.78	17.29	18.79
140						15.04	16.65	18.24	19.83
146						15.70	17.39	19.06	20.72
152						16.37	18.13	19.87	21.60
159						17.15	18.99	20.82	22.64
168							20.10	22.04	23.97
180							21.59	23.70	25.75
194							23.31	25.60	27.82
203									29.14
219									31.52
245									
273									
299									
325									
351									

注 理论质量 $P=0.02466S(D-S)$。式中，D 为外径；S 为壁厚。

质 量

厚(mm)

7	8	9	10	11	12	14	16	18	20
4.32	4.74								
5.35	5.92								
6.04	6.71	7.32	7.88						
6.56	7.30	7.99	8.63						
7.42	8.29	9.10	9.86						
8.11	9.08	9.99	10.85	11.67					
8.63	9.67	10.65	11.59	12.48	13.32				
9.15	10.26	11.32	12.33	13.29	14.21	15.88			
9.75	10.95	12.10	13.19	14.24	15.24	17.09			
10.53	11.84	13.10	14.30	15.46	16.57	18.64	20.52		
10.88	12.23	13.54	14.80	16.01	17.16	19.33	21.31		
11.39	12.82	14.21	15.54	16.82	18.05	20.37	22.49	24.41	
11.91	13.42	14.37	16.28	17.63	18.94	21.41	25.68	25.75	
13.12	14.80	16.42	18.00	19.53	21.01	23.82	26.44	28.85	34.03
14.16	15.98	17.76	19.48	21.16	22.79	25.89	28.80	31.52	36.99
15.19	17.16	19.09	20.96	22.79	24.56	27.97	31.17	34.18	40.44
16.40	18.55	20.64	22.69	24.69	26.63	30.38	33.93	37.29	43.40
17.44	19.73	21.97	24.17	26.31	28.41	32.45	36.30	39.95	46.36
18.47	20.91	23.31	25.65	27.94	30.19	34.53	38.67	42.62	49.82
19.68	22.29	24.86	27.37	29.84	32.26	36.94	41.43	45.72	52.78
20.72	23.48	26.19	28.85	31.47	34.03	39.01	43.80	48.39	55.73
21.75	24.66	27.52	30.33	33.10	35.81	41.00	46.17	51.65	59.19
22.96	26.04	29.08	32.06	34.99	37.88	43.50	48.93	54.16	62.15
24.00	27.23	30.41	33.54	36.62	39.66	45.57	51.30	56.82	65.11
25.03	28.41	31.74	35.02	38.25	41.43	47.65	53.66	59.48	68.56
26.24	29.79	33.29	36.75	40.15	43.50	50.06	56.43	62.59	73.00
27.79	31.57	35.29	38.97	42.59	46.17	53.17	59.98	66.59	78.92
29.87	33.93	37.95	41.92	45.85	49.72	57.31	64.71	71.91	85.28
32.28	36.70	41.06	45.38	49.64	53.86	62.15	70.24	78.13	90.26
33.83	38.47	43.05	47.59	52.08	56.52	65.94	73.78	82.12	98.15
36.60	41.63	46.61	51.54	56.43	61.26	70.78	80.10	89.23	110.78
41.09	46.76	52.38	57.95	63.48	68.95	79.76	90.36	100.77	124.79
45.92	52.28	58.60	64.86	71.07	77.24	89.42	101.41	113.20	137.61
	57.41	64.37	71.27	78.13	84.93	98.40	111.67	124.74	150.44
	62.54	70.14	77.68	85.18	92.63	107.38	121.93	136.28	163.26
	67.67	75.91	84.10	92.23	100.32	116.35	132.19	147.82	176.08

附录E　设计参考资料

E1. 钢芯铝绞线载流量(见表E-1)

表E-1　　钢芯铝绞线载流量

导线截面 (mm^2)	载流量(A)		
	+70℃	+80℃	+90℃
10/2	66	78	87
16/3	85	100	113
25/4	111	131	149
35/6	134	158	180
50/8	161	191	218
50/30	166	195	218
70/10	194	232	266
70/40	196	230	257
95/15	252	306	351
95/20	233	277	318
95/55	230	270	301
120/7	287	350	401
120/20	285	348	399
120/25	265	315	365
120/70	258	301	385
150/8	323	395	454
150/20	326	400	461
150/25	331	407	469
150/35	331	407	469
185/10	372	458	528
185/25	379	468	540
185/30	373	460	531
185/45	379	469	541
210/10	397	490	565
210/25	405	501	579
210/35	409	507	586

续表

导线截面（mm^2）	载流量(A)		
	+70℃	+80℃	+90℃
210/50	400	507	586
240/30	445	552	639
240/40	440	546	633
240/55	445	554	641
300/15	495	615	711
300/20	502	624	722
300/25	505	628	726
300/40	503	628	728
300/50	504	629	730
300/70	512	641	745
400/20	575	746	864
400/25	584	790	845
400/35	583	729	844
400/50	592	741	857
400/65	597	752	876
400/95	608	767	895
500/35	670	842	977
500/45	664	834	967
500/65	676	850	983
630/45	763	964	1120
630/55	775	979	1136
630/80	774	977	1131
800/55	887	1126	1310
800/70	884	1121	1301
800/100	878	1113	1288
1400/100	1272	1563	1808
900/40	987	1258	1473
900/75	978	1252	1470
1000/45	1028	1329	1566

E2. 矩形母线载流量(见表 E-2)

表 E-2　　矩形母线载流量

规　格 (mm)	截面积 (mm²)	载流量 (A)	电流密度 j(A/mm²)
40×4	160	480	0.34
40×5	200	542	0.37
50×4	200	586	0.34
50×5	250	661	0.378
63×6.3	397	910	0.43
63×8	504	1038	0.485
80×6.3	504	1128	0.446
80×8	640	1274	0.500
80×10	800	1427	0.560
100×6.3	630	1371	0.459
100×8	800	1542	0.510
100×10	1000	1728	0.510
125×6.3	787	1674	0.470
125×8	1000	1876	0.530
125×10	1250	2089	0.590

E3. 铝锰合金管载流量（见表 E-3）

表 E-3　　铝锰合金管载流量

铝锰合金管 (mm)	载流量(A)		截面积 S(mm²)	电流密度 j(A/mm²)
	+70℃	+80℃		
ϕ30×25	572	565	216	2.64
ϕ40×35	770	712	294	2.60
ϕ50×45	970	850	373	2.60
ϕ60×54	1240	1072	539	2.30
ϕ70×64	1413	1211	631	2.23
ϕ80×72	1900	1545	954	1.80
ϕ100×90	2350	2054	1419	1.60 1.50
ϕ110×100	2569	2217	1649	1.50
ϕ120×110	2782	2377	1806	1.50
ϕ130×116	3511	2976	2705	1.3
ϕ150×136		3140	3144	1.2

续表

铝锰合金管 (mm)	载流量(A)		截面积 $S(mm^2)$	电流密度 $j(A/mm^2)$
	+70℃	+80℃		
ϕ170×156		3200	5588	1.2
ϕ200×180		5600	7539	1.2
ϕ250×230		7500		
ϕ270				
ϕ300				

E4. 端子板的电流密度、载流量（见表E-4、表E-5）

表E-4　　端子板的电流密度、载流量（一）

端子板尺寸 ($a\times b$, mm)	端子板截面				电流密度 $j(A/mm^2)$		
	板截面 (毛) (mm^2)	螺栓孔		总截面 (净) (mm^2)	0.07	0.12	0.16
		数量×直径 (mm)	截面 (mm^2)		载流量(A)		
40×80	3200	2×M12	265	2935	205	352	469
50×95	4750	2×M12	265	4485	314	538	717
63×100	6300	2×M16	454	5848	409	701	935
80×80	6400	4×M12	530	5780	410	704	939
100×100	10 000	4×M16	908	9090	636	1091	1454
120×120	14 400	4×M16	908	13 492	944	1619	2158
		4×M20	1385	14 240	996	1308	2278
125×125	15 625	4×M16	908	14 717	1030	1766	2354
150×150	22 500	9×M16	2042	20 458	1432	2455	3273

表E-5　端子板的电流密度、载流量(双导线、耐热铝)(二)

标称截面	钢芯铝绞线 (GB 50060—1992)			钢芯耐热铝合金绞线			钢芯铝绞线(2倍载流量)		
	端子尺寸 (mm)	载流量 (A)	j (A/mm^2)	端子尺寸 (mm)	载流量 (A)	j (A/mm^2)	端子尺寸 (mm)	载流量 (A)	j (A/mm^2)
185	50×95	370	0.12	63×100	703		80×80	740	0.128
240	50×95	490	0.12	100×100	931		100×100	980	0.107
300	63×100	505	0.12	100×100	997		100×100	1050	0.115

续表

标称截面	钢芯铝绞线（GB 50060—1992）			钢芯耐热铝合金绞线			钢芯铝绞线（2 倍载流量）		
	端子尺寸（mm）	载流量（A）	j（A/mm²）	端子尺寸（mm）	载流量（A）	j（A/mm²）	端子尺寸（mm）	载流量（A）	j（A/mm²）
400	63×100	590	0.12	120×120	1120	0.12	100×100	1180	0.129
500	80×80	670	0.12	120×120	1270		120×120	1340	0.10
630	100×100	770	0.12	120×120	1463		120×120	1540	0.114
800	100×100	880	0.12	125×125	1670		125×125	1760	0.119
1440	120×120	1270	0.12	150×150	2410		150×150	2540	0.124

E5. 电气接线端子参数（见表 E-6）

表 E-6　　接线端子参数

端子尺寸（mm）	螺栓规格	数量	螺栓紧固力矩（N/m）	母线接头压强（MPa）	端子面积 S（mm²）	扣除螺母净截面（mm²）	载流量（电流密度 j=0.12A/mm²）（A）
40×80	M14	2	50.99～61.78	12.8～15.5	3200	2935	352
50×80	M14	2		11.22～13.59	4000	3735	
50×100	M16	2	78.45～98.07	10.79～13.48	5000	4485	538
63×80	M12	2	31.38～39.23	11.6～14.50	5040	4730	
63×100	M16	2		8.39～10.48	6300	5848	701
80×80	M12	4		8.91～11.14	6400	5780	704
100×100	M16	4		10.79～13.48	10 000	9090	1091
125×100	M16	4		8.46～10.50	12 500	11 350	940
125×125	M20	4	156.91～196.13	11.11～13.96	15 625	14 717	1706
150×150	M16	9			22 500	20 458	2455

E6. 各种接触面的电流密度(见表E-7)

表E-7　　接触面电流密度　　A/mm²

材　　料	200A以下	201～600A	601～1000A
铜　钢	0.30	0.20	0.10～0.15
铜　铝	0.23	0.155	0.11
铝　铝	0.20	0.133	0.07
紫铜　黄铜	0.15	0.10	0.05
铜　钢	0.043	0.03	0.014
钢　钢	0.010	0.006	0.004

E7. 管形母线有关参数(见表E-8、表E-9)

表E-8　　管形母线物理及力学性能

合金牌号	3A21	LD31(6063)		LDRe(6063Re)	
状　态	H14	T10	T6(G)	T10	T6(G)
密度(g/cm³)(20℃)	2.73～2.75	2.73～2.75		2.73～2.75	
熔点(℃)	634～656	616～660		616～665	
抗拉强度(MPa)	≥135	≥180	≥205	≥180	≥205
屈服强度(MPa)	—	≥160	≥175	≥160	≥175
伸长率(%)	—	≥8		≥8	
相对导电率(%)	≥43	≥51		≥53	
泊松比	0.305	0.315		0.317	
膨胀系数(1/℃)(100℃附近)	22.6×10^{-6}	23.4×10^{-6}		24.7×10^{-6}	
弹性模量E(MPa)	72 000	70 000		72 000	
使用环境及条件	为管形母线初始阶段产品，现在较少使用	高热、高寒及地震多发区及多种条件		湿度大、温度高、风力大，特别适合沿海地区	
执行标准	GB/T 6893—2000	YS/T 454—2003			

表 E-9　　常用管形母线计算数据

规格(mm)	导体截面(mm²)	+70℃载流量(A)			截面系数 W (cm³)	惯性半径 R (cm)	惯性矩 J (cm⁴)	理论质量(kg/m)			供货长度(m)
		3A21	6063	6063Re				3A21	6063	6063Re	
ϕ70/64	631	1560	1645	1700	10.3	2.37	35.5	1.73	1.72		≤13
ϕ80/72	955	2100	2226	2289	17.6	2.69	69.2	2.62	2.60		≤13
ϕ90/80	1335	2486	2635	2810	27.4	3.01	121	3.66	3.64		≤13
ϕ100/90	1491	2810	2979	3063	34.4	3.36	169	4.10	4.07		≤13
ϕ110/100	1649	2850	3021	3107	42.2	3.72	228	4.53	4.50		≤13
ϕ120/110	1805	3090	3275	3368	50.8	4.07	299	4.96	4.93		≤13
ϕ130/116	2703	3900	4134	4251	80.4	4.36	513	7.43	7.38		≤13
ϕ150/136	3143	4400	4664	4796	109.4	5.06	806	8.64	8.58		≤13
ϕ170/156	3583	4694	4976	5116	142.9	5.77	1193	9.88	9.81		≤10
ϕ200/180	5966	7460	7908	8131	275.1	6.73	2701	16.40	16.30		≤9
ϕ250/230	7536	8300	8798	9047	443.1	8.49	6487	20.74	20.6		≤8

E8. 悬式盘形绝缘子钢帽、钢脚有关参数（见表 E-10、表 E-11）

表 E-10　　悬式盘形绝缘子钢帽、钢脚拉伸试验负荷

强度等级		40	70	100	120	160	210	250	300	400	550	备　注
机电 1h 负荷(kN)		30	52.5	75	90	120	157.5	187.5	225	300	412.5	机械载荷75%
拉伸试验负荷(kN)	钢帽	48	85	120	140	185		240	330	440	605	GB 10215—1988
	钢脚		80	115	135	185		240	345	465	615	ZB K50 001—1987

表 E-11　　悬式盘形绝缘子钢帽、钢脚强度

<table>
<tr><td rowspan="4">材料标准</td><td rowspan="2">钢帽</td><td colspan="3">GB/T 9440—1988</td><td colspan="3">GB/T 1348—1988</td><td rowspan="2">参考标准
ZB K50 001
—1987</td></tr>
<tr><td colspan="3">KT 33—8</td><td colspan="3">QT 50—50</td></tr>
<tr><td rowspan="2">钢脚</td><td colspan="2">GB/T 700</td><td colspan="3">GB/T 699</td><td>GB/T 3077</td><td rowspan="2">ZB K50 001
—1987</td></tr>
<tr><td>Q235A</td><td>40</td><td>40
35Mn</td><td>45
40Mn</td><td>45
40Mn</td><td>70Mn</td></tr>
<tr><td colspan="2">强度
（N/mm^2）</td><td>408</td><td>570</td><td>570</td><td>600</td><td>600</td><td>790</td><td></td></tr>
</table>